EUROPA-FACHBUCHREIHE
für Metallberufe

Fenster-, Türen- und Fassadentechnik

für Metallbauer und Holztechniker

6. Auflage

W0249735

VERLAG EUROPA-LEHRMITTEL · Nourney, Vollmer GmbH & Co. KG
Düsselberger Straße 23 · 42781 Haan-Gruiten

Europa-Nr.: 18316

Autoren:

Pahl, Hans-Joachim	Dipl.-Ing. (FH), Oberstudienrat	Hamburg
Weller, Claus	Dr.-Ing., Beratender Ingenieur	Urbach

Lektorat und Leitung des Arbeitskreises:
Hans-Joachim Pahl

Illustrationen:
Grafische Produktionen Jürgen Neumann, 97222 Rimpar

Betreuung der Bildbearbeitung:
Zeichenbüro des Verlags Europa-Lehrmittel, Ostfildern

Diesem Buch wurden die neuesten Ausgaben der Normblätter und sonstiger technischer Regelwerke zugrunde gelegt. Verbindlich sind jedoch nur die Normblätter mit dem neuestem Ausgabedatum der DIN (Deutsches Institut für Normung e. V.) selbst. Sie können durch die Beuth Verlag GmbH, Burggrafenstraße 6, 10787 Berlin, bezogen werden.

Haftungsausschluss

In diesem Fachbuch sind die bei Redaktionsschluss aktuellen Begriffe und der heutige Stand der Technik sowie die anerkannten Regeln der Technik berücksichtigt worden.
Gleichwohl wird im Einzelfall, dort wo es sich als zweckmäßig zeigte, auch auf historische Bildbeispiele verwiesen.
Für mögliche inhaltliche Fehler und Mängel in Text und Bild übernehmen die Autoren und der Verlag keine Haftung.

6. Auflage 2018, korrigierter Nachdruck 2020
Druck 5 4 3 2
Alle Drucke derselben Auflage sind parallel einsetzbar, da sie bis auf die Korrektur von Druckfehlern untereinander unverändert sind.

ISBN 978-3-8085-1836-6

Satz: Grafische Produktionen Jürgen Neumann, 97222 Rimpar
Umschlag: braunwerbeagentur, 42477 Radevormwald
Umschlagfoto: Hans-Joachim Pahl (Lektor und Autor des Autorenkreises)
Druck: RCOM print GmbH, 97222 Würzburg-Rimpar

Vorwort zur 6. Auflage

Das vorliegende Fachbuch wendet sich an interessierte Leser, die weiterführende Zusammenhänge und vertiefende Einblicke in die Themenkreise Fenster, Türen und Fassaden erhalten wollen. Das Interesse für diese Themen hängt meistens auch mit der beruflichen Orientierung der Leserschaft zusammen:

angehende Ingenieure, Techniker und Meister aus dem Metallbau und der Holztechnik; aufstrebende Auszubildende aus diesen Gewerken; Lehrer aus Bildungseinrichtungen, die sich im Rahmen der beruflichen Bildung mit den Inhalten dieses Fachbuches eingehend auseinandersetzen wollen; Betriebsleiter und Vorarbeiter, die neu in diesen Bereichen in verantwortlicher Stellung sind oder auch technische Kaufleute, die mit den Produkten Glas, Fenster, Türen und Fassaden zu tun haben und bestrebt sind, sich das nötige Fachwissen anzueignen.

Ein Anliegen der Autoren sind die im Fachbuch aufgeführten hochwertigen Bauelemente. Zwar kennt jeder Fenster und Türen vom Gebrauch her, weiß um Fassaden in seinem Sichtbereich und beispielsweise werden für die Bauwirtschaft etwa 12 Millionen Fenstereinheiten pro Jahr hergestellt und verbaut. Es fehlt aber ein Fachbuch, das grundlegende und weiterführende Informationen zu diesen Bauelementen präsentieren kann.

Die Autoren sind sich sicher, das sich für den Leser der Blickwinkel für die aufgeführten Bauelemente verändern wird. Die technische Schönheit neuer Objekte und die historische Gefälligkeit althergebrachter Funktionselemente am Bau wird stärker wahrgenommen werden. Die Anerkennung für moderne bauphysikalisch durchdachte Konstruktionen und für das meisterliche Wissen und Können früherer Handwerker wird wachsen. Ebenso wird das Erstaunen über gewagte zukunftsweisende Projekte und über solide Handwerksarbeit aus alten Zeiten wieder stärker spürbar werden.

Dieses Fachbuch liegt jetzt in der **6. Auflage** vor. Zahlreiche Normänderungen, bzw. die Umstellung vieler nationaler Normen auf europäische Normung, machten diese Neufassung notwendig. Hinzu kamen technische Entwicklungen, die mit dem Terminus „heutiger Stand der Technik" umschrieben werden können und redaktionelle Gestaltungsideen, die der Übersichtlichkeit dienlich und für die Verständlichkeit hilfreich sein können.

Eine besondere Überarbeitung erfuhr das Kapitel 7 „Statische Vorbemessung". Zwar fällt die statische Auslegung von Fenstern und Fassaden letztlich in die Zuständigkeit des vom Bauherrn beauftragten Architekten bzw. dessen Fachplaner als Statiker; vor dem Hintergrund des weitreichenden Einflusses der Dimensionierung auf Standfestigkeit, Gebrauchstauglichkeit und Wirtschaftlichkeit sind Grundkenntnisse der Vorgehensweise bei Verwendung der geltenden Normen und Richtlinien für jeden an Planung und Ausführung Beteiligten aber geboten. Kapitel 7 vermittelt in diesem Zusammenhang einen umfassenden Überblick über die relevanten Berechnungsverfahren und erläutert deren Anwendung anhand von Beispielen.

Die Autoren wünschen den Lesern eine aufschlussreiche Lektüre. Verbesserungsvorschläge können dem Verlag und somit dem Autorenteam über lektorat@europa-lehrmittel.de übermittelt werden.

Autoren und Verlag — Sommer 2018

Inhaltsverzeichnis

1 Glas und Scheibe

Fenster-, Tür- und Fassadenkonstruktionen werden von Metallbauern und Konstruktionsmechanikern aus Aluminium-, Stahl- und z. T. aus PVC-Profilen gefertigt. Tischler und Holzmechaniker verarbeiten für diese Konstruktionen Holz- und PVC-Profile. Die Verarbeiter dieser Profil-Werkstoffe kennen ihr Material, so dass in diesem Fachbuch auf die Herstellung dieser spezifischen Profile verzichtet werden darf. Weniger geläufig ist in diesen Berufsgruppen das Fachwissen über den Werkstoff Glas, obwohl ihre Konstruktionen überwiegend verglast ihre Funktion erfüllen. Glas am Baukörper hat außerdem in den letzten Jahrzehnten eine herausragende Entwicklung genommen. Moderne Fenster-, Türen- und Fassadenkonstruktionen sind hinsichtlich ihrer Anforderungen nur im Gesamtverständnis mit diesem Werkstoff zu verstehen.

Glas wird bei einer Temperatur von ca. 1550 °C aus einem Rohstoffgemenge erschmolzen. Das Gemenge besteht meist aus dem Glasbildner Quarzsand (Kieselsäure 70 - 72 %), dem Flussmittel Soda (etwa 14 %), dem Stabilisator Kalk (etwa 10 %) und verschiedenen Oxiden (z. B. Aluminiumoxid, Magnesiumoxid), die die physikalischen Eigenschaften verbessern. Glas ist zwar ein fester Stoff, in Bezug auf seine Struktur und sein Verhalten im Abkühlungsvorgang entspricht es jedoch einer Flüssigkeit, weil die Schmelze beim raschen Abkühlungsvorgang nicht kristalisiert. Deshalb spricht man bei Glas auch von einer unterkühlten Schmelze.

Bereits während der Steinzeit wurde natürliches Glas als Speerspitze oder Messer verwendet. Seit dem 4. Jahrtausend v. Chr. ist die Kunst der Glasherstellung bekannt. Seit 2000 Jahren ist die Fertigung von durchsichtigem Glas möglich.

Die Herstellung von Flachglas geschieht heute nach verschiedenen Verfahren. Bei dem veralteten **Fourcault-Verfahren** von 1904 wird aus der zähflüssigen Glasschmelze ein flaches Glasband über ein System von Transportwalzen und Führungsrollen gezogen. Beim heute überwiegend verbreiteten **Float-Verfahren** (Bild 1) wird die Glasschmelze „schwimmend" auf einem Bad von flüssigem Zinn (Schmelztemperatur 232 °C) soweit abgekühlt, dass Glas in fester Form herausgezogen werden kann. Das Float-Verfahren gewährleistet in hohem Maße ein planparalleles, verzerrungsfreies Glas mit Glasdicken ab etwa 0,5 mm. Die Ziehgeschwindigkeit mit der das feste Glas aus dem halbflüssigen Zustand gezogen wird, bestimmt dabei die Glasdicke.

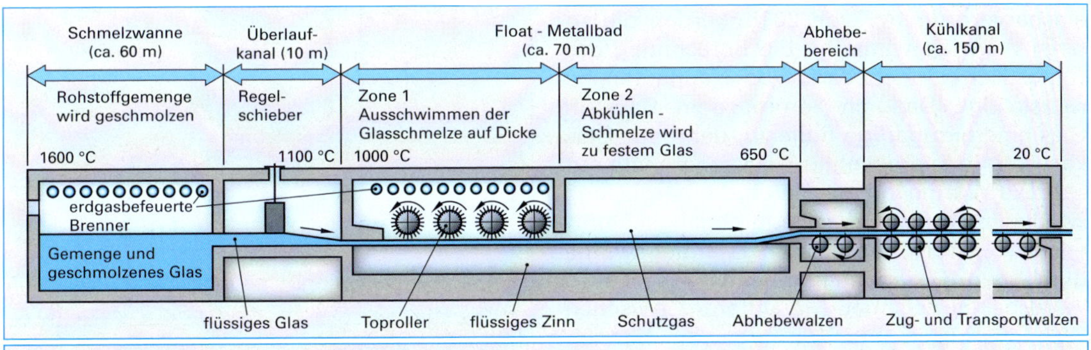

Bild 1: Float- oder Schwimmverfahren

1.1 Eigenschaften von Flachglas und Isolierverglasung

Neben den Kenntnissen über die Werkstoffe Aluminium, Stahl, Edelstahl, Kunststoff und Holz muss ein Fenster- und Fassadenbauer über die Eigenschaften von Glas Bescheid wissen:

- Dichte ϱ: ca. 2,5 g/cm^3 (eine 1 m^2 große Glasscheibe von 1 mm Dicke wiegt 2,5 kg),
- Ritzhärte nach Mohs: 5 bis 6 (Topas: Härte 8),
- Elastizitätsmodul E_{stat}: ca. 70 000 N/mm^2,
- Druckfestigkeit σ_{dB}: 1000 N/mm^2,

- Zugfestigkeit σ_z: ca. 30 N/mm²,
- Biegefestigeit von Floatglas: ca. 45 N/mm²,
- Biegefestigkeit von Einscheibensicherheitsglas: 120 – 200 N/mm², teilvorgespanntes Glas (TVG): 70 N/mm²,
- Längenausdehnungskoeffizient (Temperaturdehnzahl) α: 0,000009 1/K (= $9 \cdot 10^{-6}$ 1/K),
- Poisson`sche Zahl μ = 0,22,
- Erweichungstemperatur 560 °C - 580 °C,
- Wärmeleitfähigkeit λ: 0,8 W/(m · K) (Quarzglas),
- Spezifische Wärmekapazität c: 0,72 kJ/(kg · K),
- Wärmedurchgangskoeffizient (U_g-Wert) je nach Scheibenaufbau: 0,5 bis 5,8 W/(m² · K),
- U_g-Wert von Einfachverglasung: 5,8 W/(m² · K),
- Gesamtenergie-Durchlassgrad (g-Wert) von normalem Isolierglas: 60 bis 80 %,
- Lichtdurchlässigkeit (Lichttransmissionsgrad) τ_V: 0,72 % bis 0,88 %, je nach Glasdicke und Glasart (siehe S. 308, Tabelle 1),
- Beständigkeit gegen Temperaturdifferenzen $\Delta\vartheta$ über die Scheibenfläche
  → technisch entspannte Gläser: 40 K,
  → thermisch vorgespannte Gläser: 150 K,
- Emissionsvermögen (Abstrahlvermögen) von normalen Isolierglas ε_n: ca. 0,85,
- Emissionsvermögen von Glas mit „niedrig-emissiven" Beschichtungen: $\varepsilon_n < 0,1$,
- Schalldämmung bei 3 mm Glasdicke: 22 bis 24 dB (entspricht etwa der Schalldämmung von 8 mm Sperrholz),
- Isolierfähigkeit: nichtleitend in trockenem Zustand,
- Zulässige Spannungen für den statischen Nachweis (siehe S. 308, Tabelle 2),
- Standard-Glasdicken: 2, 3, 4, 5, 6, 8, 10, 12, 15 und 19 mm,
- Standard-Floatglas-Tafel: 1600 mm × 2250 mm × 4 mm,
- Großformat: 3210 mm x 15000 mm für Floatglas und Mehrscheiben-Isolierglas.

1.2 Funktionsgläser

Das mit dem Jahr 2020 verabschiedete Gebäudeenergiegesetz (GEG) stellt hohe Anforderungen an die Wärmedämmfunktion des Baustoffes Glas. Wie auch schon mit der Energie einsparverordnung[1] von 2016 werden die **solaren Wärmegewinne** für die Berechnung des Jahres-Heizwärmebedarfs von Neubauten berücksichtigt. Dadurch kommt dem Baustoff Glas eine einzigartige Rolle zu, denn nur Glas kann solare Energie ohne Zusatzaggregate nutzen. Die Wärmeverluste durch die Verglasung werden mit dem Wärmedurchgangskoeffizienten (U_g-Wert), die solaren Energiegewinne durch den Gesamtenergie-Durchlassgrad (g-Wert) gekennzeichnet. Die Differenz zwischen Wärmeverlusten und Wärmegewinn bezeichnet man als Energiebilanz (Bild 1).

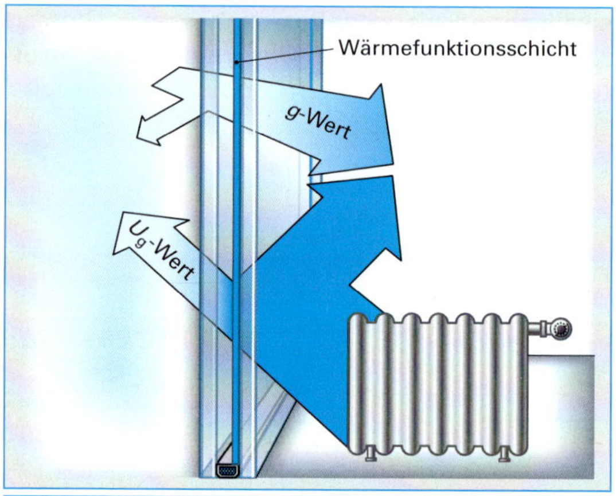

Bild 1: Energiefluss bei einer Verglasung

Durch moderne Fertigungstechniken stehen den Bauherren, Architekten und Metallbauern eine Vielzahl von Funktionsgläsern zur Auswahl, die teilweise nur eine, aber auch eine Vielzahl spezieller Funktionen erfüllen. An eine Verglasung kann beispielsweise der Anspruch bestehen, auf Wärmeschutz, erhöhten Einbruch- und Schallschutz, auf Wärmeschutz während der Heizperiode und im Sommer zusätzlich Sonnenschutz zu gewährleisten.

Funktionsgläser unterscheidet man nach ihren Aufgaben:

[1] Die erste Fassung der EnEV mit dem Titel „Verordnung über energiesparenden Wärmeschutz und energiesparende Anlagentechnik bei Gebäuden" geht auf das Jahr 2002 zurück. Weitere Fortschreibungen fanden statt.

- Isolierglas,
- Wärmefunktionsglas,
- Sonnenschutzglas,
- Schallschutzglas,
- Brandschutzglas,
- Sicherheitsglas,
- angriffhemmendes Glas.

1.2.1 Isolierglas

Isolierglas besteht aus zwei, drei oder vier Floatglasscheiben, die durch einen oder mehrere Metall- oder Kunststoffrahmen auf einen bestimmten Abstand gehalten werden. An den Rändern sind die Scheiben durch eine innere und äußere Dichtung zum umlaufenden Abstandhalter-Rahmen fest und gasdicht verbunden. Positionszahlen (Bild 1) geben die Lage der Einzelscheiben an.

Die innere Dichtung aus Butyl sorgt für die Haftung zwischen den Glasscheiben und dem Abstandhalter. Die äußere Dichtung aus Polysulfid (Thiokol) füllt den Raum zwischen den Scheibenkanten und dem Rahmenunterteil aus und dient hauptsächlich einer verbesserten mechanischen Festigkeit des Scheibenverbundes (Randverbundes).

Achtung: Polysulfid (Thiokol) und der Dichtstoff Silikon vertragen sich nicht (Ausnahme: neutrales Silikon).

Im Scheibenzwischenraum (SZR; 10, 12, 14 oder 16 mm breit) befindet sich trockene Luft. Der an der Deckfläche perforierte Abstandhalter-Rahmen ist mit einem Trockenmittel gefüllt. Geringe Mengen Feuchtigkeit, die trotz doppelt gedichtetem Randverbund in den SZR gelangt oder aus der Restfeuchte der eingeschlossenen Luft zu Tage tritt, wird vom Trockenmittel absorbiert. Damit wird ein Beschlagen der Scheibeninnenseiten verhindert (Bild 1). Etwa 70 % aller Isolierverglasung kommen heute als Dreischeiben-Isolierverglasung zur Anwendung. Für historisch wertvolle Fenster mit ihren geringen Profildicken werden im Rahmen des Denkmalschutzes Vakuum-Isoliergläser eingesetzt (U_g = 0,9 W/(m^2 · K)).

Auch **Stufen-Isolierglas** (Bild 2 u. S. 236, Bild 1) besteht aus zwei Glasscheiben. Dabei schließen die Glasränder nicht bündig ab, sondern die Oberscheibe überlappt die Unterscheibe, wodurch ein ungehinderter Wasserablauf gesichert wird. Das überstehende Scheibenstück darf aus statischen Gründen nicht aufliegen oder die Scheibe tragen. Der freiliegende Randverbund bedarf eines besonderen Schutzes durch UV-beständiges, neutrales Silikon, Siebdruck oder ein Schattenblech.

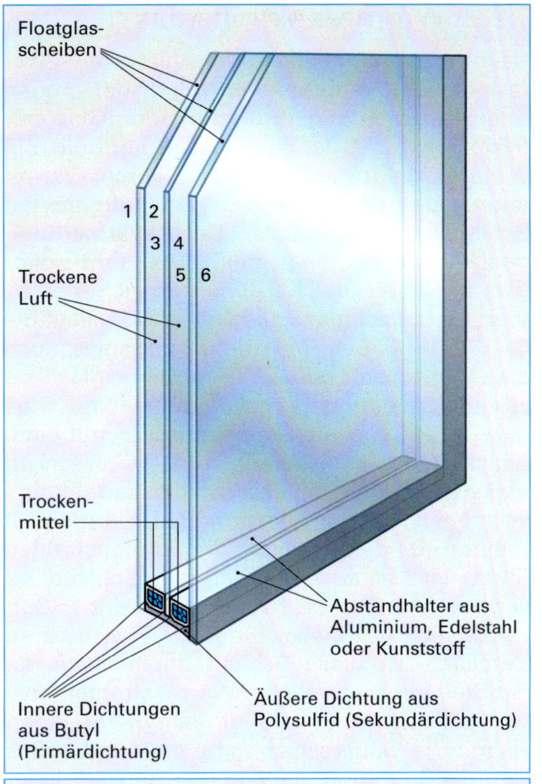

Bild 1: Isolier-Verglasung

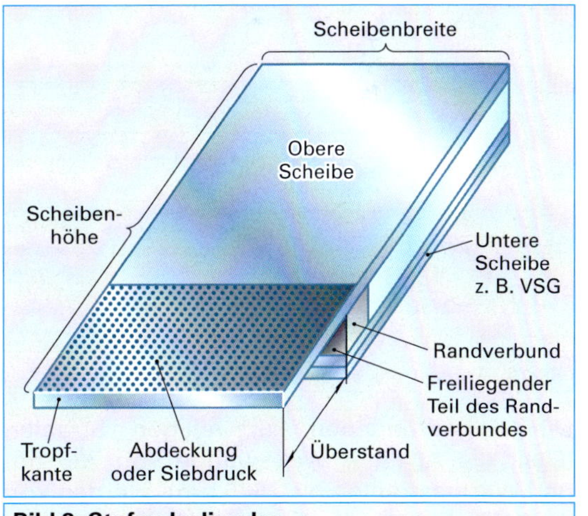

Bild 2: Stufen-Isolierglas

Anwendungsbeispiele für Stufen-Isoliergläser sind Ganzglasfassaden und Überkopfverglasungen (siehe Kapitel 5.5.3 und 5.5.7).

1.2.2 Wärmefunktionsglas

Beim konventionellen unbeschichteten Zweifach-Isolierglas gehen aufgrund der hohen Energieabstrahlung (Emission) der Glasoberfläche etwa 65 % der Raumwärme verloren. Ein weiterer Wärmeverlust erfolgt durch Wärmeleitung und Wärmeströmung im luftgefüllten Scheibenzwischenraum. Der Wärmedurchgangskoeffizient liegt beim Standard-Isolierglas bei 3,0 W/(m^2 · K). Zum Vergleich: der U_g-Wert für Einfachglas (Einscheibenglas) liegt bei 5,8 W/(m^2 · K). Beim Wärmefunktionsglas (auch als „Warmglas" oder „Wärmeschutzglas" bezeichnet) ist hingegen die raumseitige Glasscheibe auf der Innenseite zum SZR mit einer hauchdünnen, transparenten Edelmetallschicht versehen (Bild 1), die das Energieabstrahlungsvermögen (Emissionsvermögen)[1] erheblich mindert. Da diese Schicht die Sonnenstrahlen filtert, wird sie auch als „selektive Schicht" bezeichnet. Für den kurzwelligen Anteil der Sonnenstrahlen – insbesondere im sichtbaren Bereich – ist diese Schicht durchlässig; der Großteil der langwelligen Wärmestrahlen aber wird reflektiert und gelangt nicht in den Innenraum. Die Silberschicht „trennt" und reflektiert die Strahlung; die Zinnoxidschicht (neuerdings auch eine Bismutoxidschicht) dient der Entspiegelung und schützt vor Oxidation der Silberschicht.

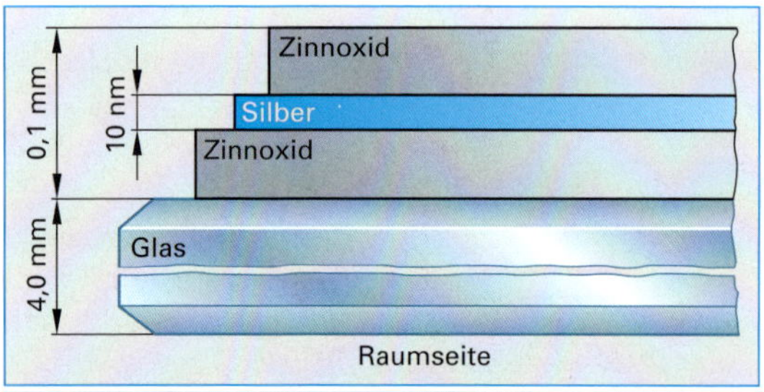

Bild 1: Aufbau der selektiven Schicht

Die eingedrungenen kurzwelligen Strahlen (Licht bis zu einer Wellenlänge von 780 nm und Wärmestrahlen bis 2500 nm)[2] werden von den Wänden, der Decke, dem Boden und den Gegenständen im Innenraum absorbiert und zum großen Teil als langwellige Wärmestrahlen wieder abgegeben (siehe S. 264, Bild 2). Die Wärmefunktionsschicht verringert den Austritt dieser langwelligen Wärmestrahlung (Bild 2). Der so bis auf 0,9 W/(m^2 · K) verbesserte U_g-Wert erfüllt die Mindestanforderungen der Energieeinsparverordnung (EnEV) von U_g = 1,1 W/(m^2 · K). Wird zudem die Luft im Scheibenzwischenraum durch ein Edelgas (Argon, Xenon oder Krypton) ersetzt und für den Randverbund Kunststoff oder nichtrostender Stahl verwendet, wird der U_g-Wert noch einmal vermindert.

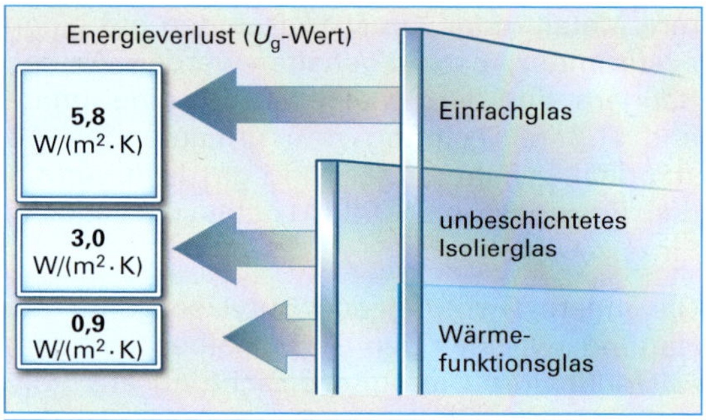

Bild 2: Wärmefunktionsglas im Vergleich

Dreifach verglaste Elemente, bei denen der Randverbund von der Außen- zur Innenscheibe durch die mittlere Scheibe unterbrochen ist (Bild 3), erzielen noch geringere U_g-Werte (bis zu 0,7 W/(m^2 · K)). Siehe Bild 3 u. S. 309.

Ein Randverbund aus Kunststoff oder Edelstahl mit schwarzer Oberfläche verringert die Wärmeverluste im Glasrandbereich.

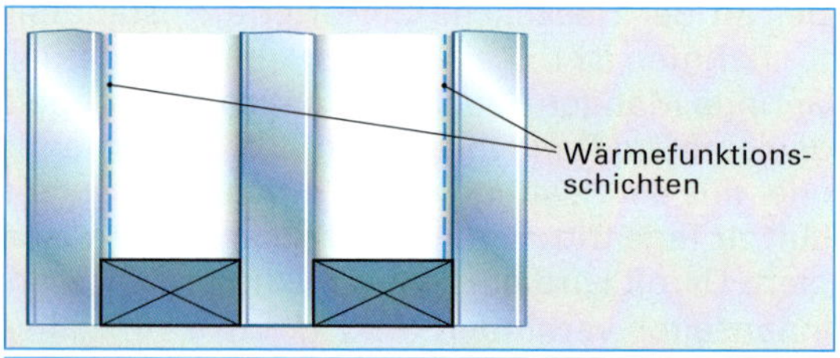

Bild 3: Superwarmglas als Dreischeibenkonstruktion

1.2.3 Sonnenschutzglas

Sonnenschutzgläser sind vor allem an Gebäuden mit großen Glasflächen in Südlage von Bedeutung. In Verbindung mit inneren Blendschutzeinrichtungen (siehe Kapitel 3) können sie die Kosten, die eine Klimaanlage verursachen würde, deutlich senken (die Kühlkosten können bis zum Vierfachen der Heizkosten im Winter ausmachen). Allerdings verschlechtern Sonnenschutzgläser die energetische Jahresbilanz. Sie reduzieren einerseits im Sommer

[1] Das Emissionsvermögen ε_n gibt das Verhältnis der von einem Körper abgestrahlten Energiemenge zu der Energiemenge an, die von einem schwarzen Körper unter gleichen Temperaturbedingungen abgestrahlt wird. Je niedriger das Emissionsvermögen, desto kleiner (besser) ist der U-Wert.

[2] 1 Nanometer = 10^{-9} m ≙ 0,000001 mm

den Wärmeeintrag und andererseits werden im Winter auch die gewollten Wärmegewinne durch Sonneneinstrahlung verringert.

Sonnenschutzgläser schützen das Gebäudeinnere durch teilweise Reflexion und Absorption der Sonnenstrahlung über den gesamten Bereich des Sonnenspektrums - also dem UV-Bereich, dem Bereich des sichtbaren Lichts und der langwelligen Wärmestrahlung.

Herkömmliche Sonnenschutzgläser vermindern entsprechend ihrer Lichtdurchlässigkeit die Raumhelligkeit. Durch ihre Färbung verändern sie die Farbwahrnehmung im Raum. Außerdem absorbieren sie einen Teil der Sonnenstrahlung, erwärmen sich dabei und geben die Wärmestrahlung nach innen ab. Diese herkömmlichen getönten Sonnenschutzgläser werden im Unterschied zu neueren Entwicklungen als Absorptionsgläser bezeichnet.

Die Lichtdurchlässigkeit τ_V gibt den Anteil der direkt durchgelassenen sichtbaren Strahlung im Bereich der Wellenlänge des sichtbaren Lichts von 380 nm bis 780 nm, bezogen auf die Hellempfindlichkeit des menschlichen Auges, an. Sie wird in Prozent angegeben und wird (u. a.) von der Glasdicke beeinflusst. Bedingt durch den unterschiedlichen Eisenoxidgehalt des Glases sind geringfügige Schwankungen möglich. So verfügt Floatglas als Einzelscheibe im sichtbaren Spektralbereich über eine Lichtdurchlässigkeit von 88 %. Dabei ist die Bezugsgröße 100 % eine unverglaste Maueröffnung.

Die Selektivitätskennzahl S ist das Verhältnis der Lichtdurchlässigkeit τ_V zum Gesamtenergie-Durchlassgrad g:

$$S = \frac{\tau_V}{g}$$

Diese Kennzahl bewertet die Sonnenschutzgläser in Bezug auf eine erwünschte hohe Lichtdurchlässigkeit im Verhältnis zum jeweils angestrebten niedrigen Gesamtenergie-Durchlassgrad g. Ein kleiner g-Wert ergibt eine gute Sonnenschutzwirkung. Der g-Wert liegt bei Sonnenschutzgläsern im Bereich 0,18 – 0,48. Eine hohe Selektivitätskennzahl drückt ein günstiges Verhältnis aus.

Beispiel:

Bei einer Scheibe (Bild 1) mit der Typenbezeichnung 51/38 mit selektiver Beschichtung gelangen 51 % des einfallenden Tageslichtes in den Innenraum (Lichtdurchlässigkeit τ_V = 51 %), dagegen nur 38 % der Gesamtenergie (g-Wert 38 %). Die Selektivitätskennzahl beträgt S = 1,34 (Bild 1).

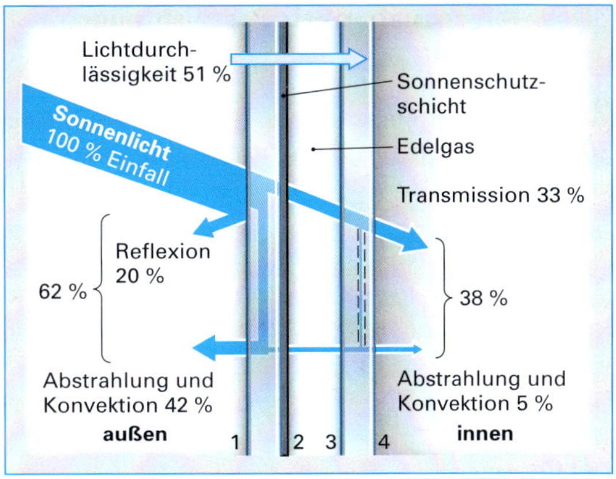

Bild 1: Strahlendurchlässigkeit von Sonnenschutzglas

Eine Selektivitätskennzahl $S \approx 2{,}0$ für normale Sonnenschutzgläser kennzeichnet die Grenze des physikalisch Machbaren. Ziel eines hochwertigen Sonnenschutzglases ist es, die Gesamt- Energiedurchlässigkeit bei hoher Lichtdurchlässigkeit herabzusetzen.

Ein modernes Sonnenschutzglas besteht aus zwei Floatglasscheiben. Der mit Edelgas gefüllte Scheibenzwischenraum ist durch den Randverbund gasdicht abgeschlossen. Den entscheidenden Unterschied zu anderen Funktionsgläsern macht die hauchdünne Beschichtung aus Edelmetall, die auf der Innenseite der äußeren Scheibe (Bild 1) aufgetragen ist. Diese Schicht selektiert die einfallenden Sonnenstrahlen: Sie reflektiert den langwelligen Strahlenanteil (Wärmestrahlung), während das kurzwellige Tageslicht weitgehend durchgelassen wird. Bei niedrigen Außentemperaturen erfolgt die Selektion in umgekehrter Richtung: Raumwärme, die durch das Fenster zu entweichen droht, wird von der Beschichtung reflektiert.

Eine hochwertige Kombination aus Sonnenschutzglas und Warmglas weist einen kleinen U_g-Wert (g für glazing), einen kleinen g-Wert und eine hohe Lichtdurchlässigkeit (τ_V) auf.

Neue Entwicklungen sind auf der Glasoberfläche aufgebrachte thermooptisch variable Polymerwerkstoffe (TOP). Der Brechungsindex der 45 nm dicken TOP-Schicht verändert temperaturabhängig den Brechungsindex.

Gläser mit **thermotropen Beschichtungen** reagieren auf Wärme:
Bei Außentemperaturen unter 20 °C wird mehr Wärme durchgelassen; bei Temperaturen über 30 °C trübt sich die Schicht ein und reflektiert einen großen Teil der Sonnenstrahlung (Bild 1).

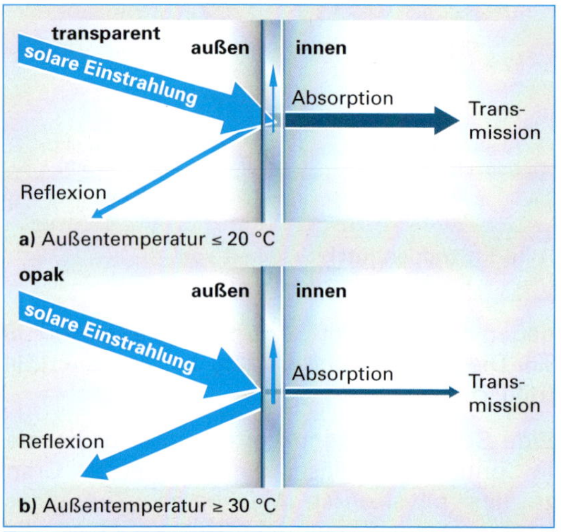

Bild 1: Strahlenverlauf durch eine thermotrope Schicht

Anders aufgebaute Sonnenschutzgläser arbeiten nach einem photochromen Effekt. Auf den Floatglasscheiben werden auf einer Platinschicht nanoporöses Wolframoxid und Katalysatoren aufgetragen. Bei Bestrahlung mit Sonnenlicht färbt sich die **photochrome Beschichtung** der Scheibe ein. Gläser dieser Art werden als Absorptionsgläser bezeichnet. Sie fanden bisher nur bei Brillengläsern Anwendung.

Eine andere Entwicklung wird mit „schaltbarem Glas" beschritten. Dabei weist die Floatglasscheibe im Wesentlichen eine Flüssigkristallbeschichtung mit einer externen Spannungsversorgung und -regelung auf. Mit einer geringen Spannung wird ein Impuls ausgelöst, der im Flüssigkeitskristall einen Ionenaustausch auslöst und die Scheibe einfärbt. Das Glas zeigt sich dabei in verschieden gestuften Blautönen, die einen Schutz vor Sonnenlicht bewirken. Die Lichttransmission liegt zwischen 50 % und 15 %. Die Ein- und Entfärbung (kein Stromfluss) dauert je nach Scheibengröße einige Minuten. Diese Glastechnologie wird im Gegensatz zur photochromen Beschichtung als **elektrochrome Beschichtung** bezeichnet. Gläser dieser Art werden als Reflexionsgläser gekennzeichnet.

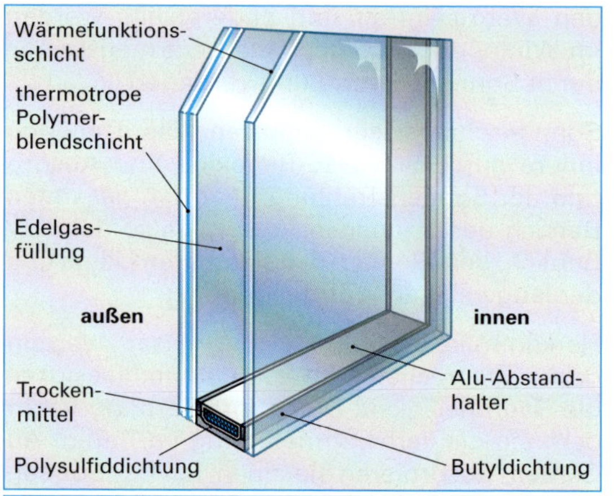

Bild 2: Isolierverglasung mit thermotroper Schicht

Bild 3: Thermotrope Verglasung links und rechts bei erhöhter Sonneneinstrahlung

Weitere Entwicklungen von elektrochromen Beschichtungen des Glases gehen dahin, dass beim Abschalten einer geringen Spannung die Isolierverglasung sich weiß eintrübt und undurchsichtig wird. Durch Umschalten und der damit verbundenen elektrischen Umladung von Metalloxiden wird innerhalb einer Sekunde die Verglasung wieder transparent.

Thermotrope Glasbeschichtungen, photochromer Sonnenschutz und „schaltbares Glas" finden in Isolierverglasungen (Bild 2) und in Fassaden-Verglasungen ihre Anwendung. Die fehlende Durchsicht dieses Sonnenschutzglases bei Sonneneinstrahlung kann durch Kombination mit herkömmlicher Isolierverglasung ausgeglichen werden (Bild 3).

1.2.4 Schallschutzglas

Moderne Schallschutz-Isoliergläser sind nach dem Prinzip ungleicher Scheibendicke, elastischer Scheibenkombinationen und dämpfender Scheibenzwischenräume konstruiert.

In erster Linie bestimmt die Masse der Scheiben den Schalldämmwert R_w (in dB): Je größer die Masse, desto höher ist in der Regel die Schalldämmung. Daneben bewirkt der zweischalige Aufbau mit vergrößertem Scheibenzwischenraum eine Verbesserung des Schalldämm-Maßes. Durch die Koppelung der Scheiben mit dem dazwischen liegenden Gaspolster treten Resonanzen auf, die die Schalldämmung im unteren Frequenzbereich mindern. Eine weitere Verbesserung bringt eine Gießharzeinlage oder eine Schallschutz PVB-Folie zwischen den Einzelscheiben aus speziellem Verbundglas (Bild 1). Die elastische Einlage dämpft das Schwingverhalten.

Eine Schwergasfüllung im Scheibenzwischenraum verbessert die Schalldämmwerte um bis zu 5 dB. Als Füllgase kommen Argon, Krypton oder Gasgemische zur Anwendung.

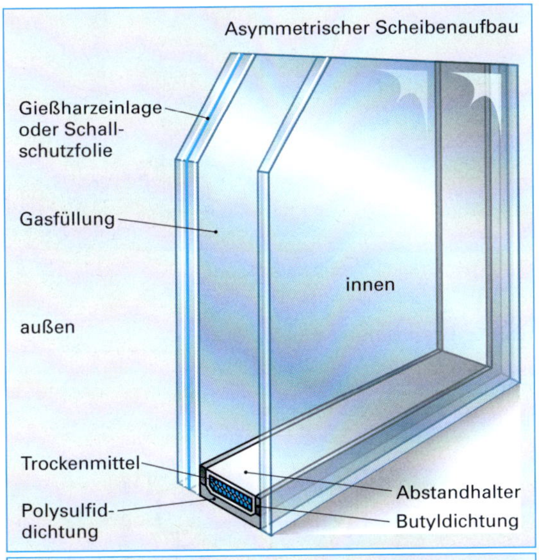

Bild 1: Schnitt durch ein Schallschutz-Isolierglas

Die Dicke der Außen- und Innenscheibe muss verschieden sein. Je unterschiedlicher die Scheiben in der Dicke sind, desto höher ist in der Regel der Schalldämmwert. Dabei ist es unerheblich, ob sich die dickere Scheibe auf der Innen- oder Außenseite befindet.

Wichtig ist nicht allein die Schalldämmung des Glases; nur Verglasung, Rahmen und Bauanschluss bilden eine Einheit und bestimmen die Dämmwirkung des Fensters.

Wärmefunktions-, Sicherheits- und Sonnenschutzglas oder durch Sprossen gestaltete Gläser sind mit allen schalldämmenden Ausführungen kombinierbar.

1.2.5 Brandschutzglas

Normales Fensterglas (Floatglas) ist für den Brandschutzbereich ungeeignet. Die Glasscheibe zerspringt bei einseitiger Hitzeeinwirkung nach kurzer Zeit, großflächige Bruchstücke fallen heraus und durch Feuerüberschlag droht eine rasche Ausbreitung des Brandes.

Seit 1977 gibt es Brandschutzverglasungen. Es sind stets komplette Systeme, die aus einem Rahmen, lichtdurchlässigen Brandschutzgläsern, Halterungen, Dichtungen sowie Befestigungsmaterial bestehen. Je nach Aufbau und Konstruktion müssen sie 30, 60, 90 oder 120 Minuten den Durchgang von Feuer, Rauch und Wärmestrahlung widerstehen, ohne die Standsicherheit zu verlieren.

Nach europäischer Norm werden drei Arten von Brandschutzgläsern unterschieden: E-; EW- und EI-Gläser. **E** (E´tanche´ite´) steht dabei für Brandschutzverglasungen die als Raumabschluss eingesetzt werden, **W** (Radiation) kennzeichnet die Begrenzung des Durchganges der Wärmestrahlung und **I** (Isolation) weist auf die Wärmedämmwirkung im Brandfall hin.

Im Rahmen der europäischen Normung gehört die alte Bezeichnung G-Verglasung zur Feuerwiderstandsklasse E bzw. EW und die alte Bezeichnung F-Verglasung wird der Feuerwiderstandsklasse EI zugeordnet (siehe S. 318, Anlage 8).

E-Verglasungen für Brüstungsbereiche von Fassaden, Trennwänden, Oberlichter von Rettungsfluren und Schrägverglasungen in Dächern sind lichtdurchlässige Bauteile, die – entsprechend ihrer Feuerwiderstandsdauer – nur die Ausbreitung von Feuer oder Rauch verhindern. Man geht davon aus, dass ein Durchtritt der Wärmestrahlung nicht verhindert wird. In der Praxis reduzieren E-Verglasungen die Temperatur der nach außen durchtretenden Wärmestrahlung um etwa die Hälfte. Die meisten E-Verglasungen bleiben im Brandfall durchsichtig. Drei Glassorten kommen zur Anwendung:

- Spezielle VSG oder ESG -Kombinationen,
- Vorgespanntes Borsilikatglas,
- Verbundglas mit Brandschutz-Zwischenschichten.

EW-Verglasungen stehen für bauliche Anforderungen bei der der Strahlendurchgang auf max. 15 kW/m^2 begrenzt werden soll (siehe S. 16, Bild 1).

EI-Verglasungen sind lichtdurchlässige Bauteile, die entsprechend ihrer Feuerwiderstandsdauer nicht nur die Ausbreitung von Feuer und Rauch, sondern auch den Durchtritt der Wärmestrahlung zur feuerabgekehrten Seite verhindern. Diesen Effekt nennt man „thermische Isolation".

Die vom Feuer abgekehrte Oberfläche darf sich im Mittel um nicht mehr als 140 K erwärmen und ein (beim Brandschutztest) angehaltener Wattebausch darf nicht glimmen oder sich entzünden.

Als EI-Brandschutzgläser kommen Mehrfach-Verbundglasscheiben zum Einsatz, bei denen zwei oder mehrere ESG- oder VSG-Scheiben durch Abstandhalter miteinander verbunden sind. Der Zwischenraum ist mit einer glasklaren Gelschicht als Brandschutzschicht gefüllt, die im Brandfall die Wärmestrahlung absorbiert. Das Gel besteht aus einem Polymer, in dem eine hoch wasserhaltige Salzlösung eingebettet ist. Im Brandfall bildet sich daraus eine aufgeschäumte wärmedämmende Isolierschicht, die erhebliche Energiemengen durch das verdampfende Wasser verzehrt.

Wenn die Temperatur in der feuerseitigen Schicht ca. 120 °C erreicht hat, zerspringt die dem Feuer zugekehrte Glasscheibe und die Gelschicht schäumt auf. Erst dann wird die Scheibe undurchsichtig und bildet einen Hitzeschild (Bild 2).

EI-Verglasungen bieten den gleichen Feuerschutz wie massive Wände der gleichen Feuerwiderstandsklasse. Die in Bild 3 dargestellte Verglasung der Feuerwiderstandsklasse EI 90 besteht aus vorgespannten Einscheiben-Sicherheitsgläsern und einem Floatglas in der Mitte. Die Zwischenräume sind mit einer Gelschicht gefüllt. Häufig werden EI-Verglasungen in Feuerschutztüren eingebaut.

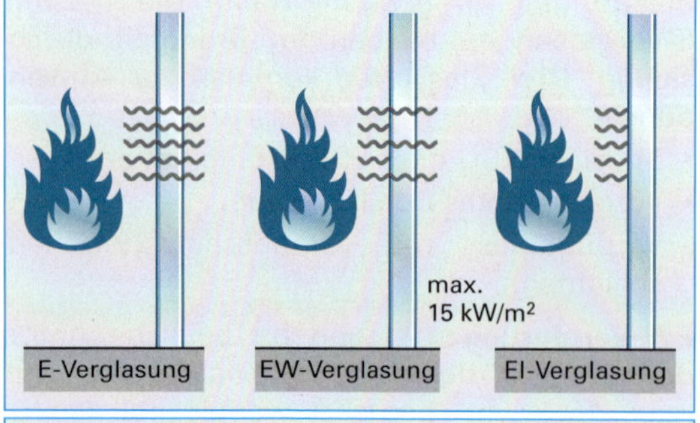

Bild 1: Bildzeichen

a) b)

Vor dem Brand a), transparent und nach dem Brand b), undurchsichtig.

Bild 2: Brandschutzglas EI 30

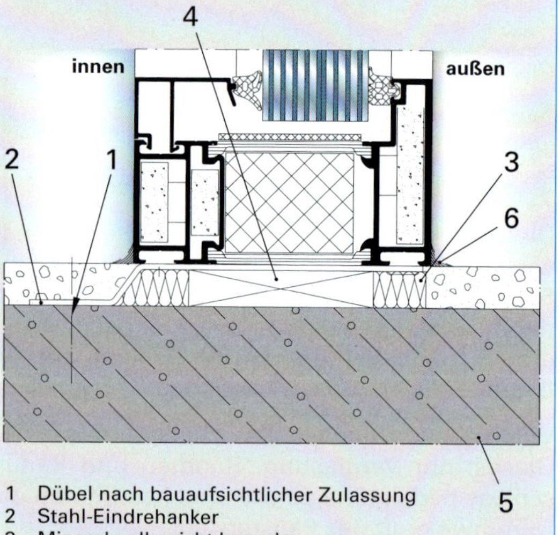

1 Dübel nach bauaufsichtlicher Zulassung
2 Stahl-Eindrehanker
3 Mineralwolle nicht brennbar
4 Hartholz zum druckfesten Unterbauen
5 Brandschutzwand
6 Dichtungsmasse

Bild 3: Einzelheiten einer EI-Verglasung

Aufgrund ihrer Transparenz können Brandschutzverglasungen eine wichtige Funktion im Brandfall bei der raschen Wahrnehmung eines Brandes und der Brandausbreitung in einem Gebäude für betroffene Personen oder für Rettungskräfte leisten. Ebenso bietet die Transparenz und der Lichteinlass für betroffene Personen die Möglichkeit zielgerichtet den Brandort zu verlassen.

1.2.6 Sicherheitsglas

Diese Funktionsgläser sollen aktiven Schutz (Einbruchschutz) und passiven (Schutz vor Verletzungen) ermöglichen. Zu den Sicherheitsgläsern gehören:

- Einscheiben-Sicherheitsglas (ESG),
- Teilvorgespanntes Glas (TVG),
- Verbundsicherheitsglas (VSG),
- Drahtglas.

Das **Einscheiben-Sicherheitsglas** ist ein thermisch vorgespanntes Floatglas. Die Scheibe wird nach dem Zuschneiden und evtl. anderer Arbeiten gleichmäßig auf ca. 600 °C erhitzt und anschließend mit kalter Luft abgeblasen. Durch die unterschiedlich rasche Abkühlung zwischen der Glasoberfläche und dem Glasinneren stehen die äußeren Scheibenflächen unter Druckspannung, während das Scheibeninnere unter Zugspannung steht (Bild 1).

Beim Bruch zerfällt das Glas durch Zerstörung der Oberflächenspannung schlagartig in ein Netz von kleinen stumpfkantigen Bruchstücken, die untereinander lose zusammenhängen (Bild 2). Dadurch ist die Verletzungsgefahr erheblich verringert.

Die verzögerte Zerstörung von ESG ohne erkennbare äußere Einwirkung wird als Spontanbruch bezeichnet.

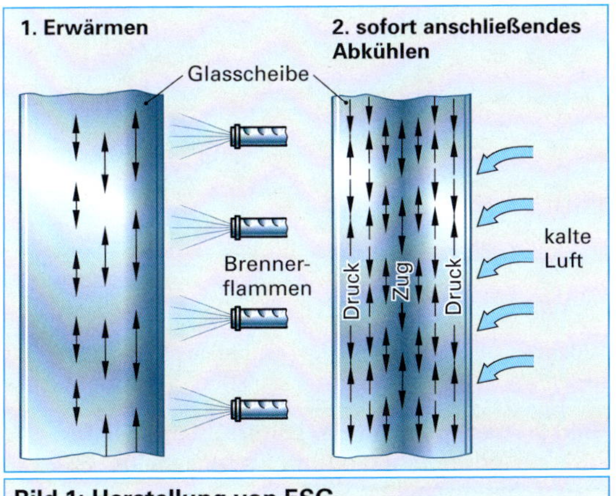

Bild 1: Herstellung von ESG

ESG ist schlagfest, elastisch und unempfindlicher gegen Temperaturwechsel als normales Floatglas.

Verwendung findet es bei Ausfachungen von Treppengeländern, Glasinnentüren, Rauchschutztüren, Sporthallen (Ballwurfsicherheit), Fassaden, im Heizkörperbereich (kein Spannungsbruch), Glasvitrinen und Umwehrungen aller Art.

ESG kann aufgrund seiner Vorspannung nachträglich nicht mehr geschnitten, geschliffen oder gebohrt werden. Beschädigungen der Oberfläche, Kantenverletzungen oder unsachgemäßer Transport führen zum Bruch der Scheibe.

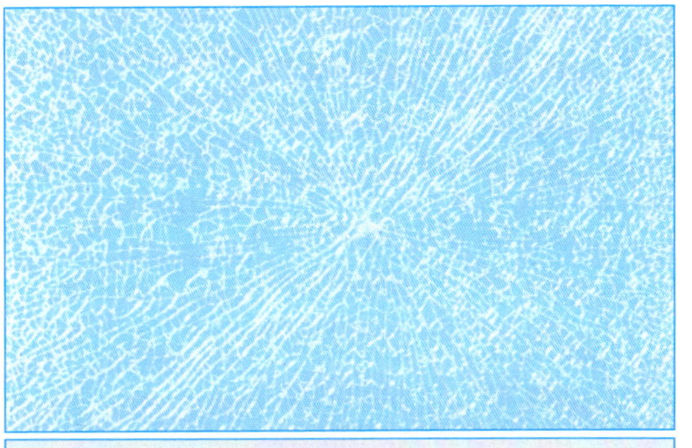

Bild 2: Bruchbild von ESG

ESG-Scheiben durchlaufen einen Heißlagerungstest (Heat-Soak), wenn sie als hinterlüftete Außenwandbekleidung eingesetzt werden.

Teilvorgespanntes Glas (TVG) entsteht durch einen ähnlichen Herstellungsprozess wie ESG: Auch hier wird die Glasscheibe auf über 600 °C erhitzt, dann aber wesentlich langsamer abgekühlt. Dadurch entsteht im Glas eine erhöhte Widerstandsfähigkeit gegen thermische und mechanische Belastung, die zwischen den Werten von Floatglas und ESG liegt. TVG ist dem Floatglas und ESG vorzuziehen, wenn die Belastbarkeit von Floatglas nicht ausreicht, aber ESG wegen seiner Krümelstruktur im Zerstörungsfall nicht die geforderte Resttragfähigkeit bietet. Im Zerstörungsfall lösen sich keine Bruchstücke – allseitige Lagerung der Scheibe vorausgesetzt (siehe S. 18, Bild 1).

Wie beim ESG müssen auch beim TVG mechanische Bearbeitungen (Bohren, Ausschneiden, Kantenbearbeitung) vor dem Verfestigungsprozess erfolgen. In der Praxis wird Teilvorgespanntes Glas als Verbundsicherheitsglas (VSG) verarbeitet. Erst durch diese Verarbeitung wird es zum hochwertigen Sicherheitsglas.

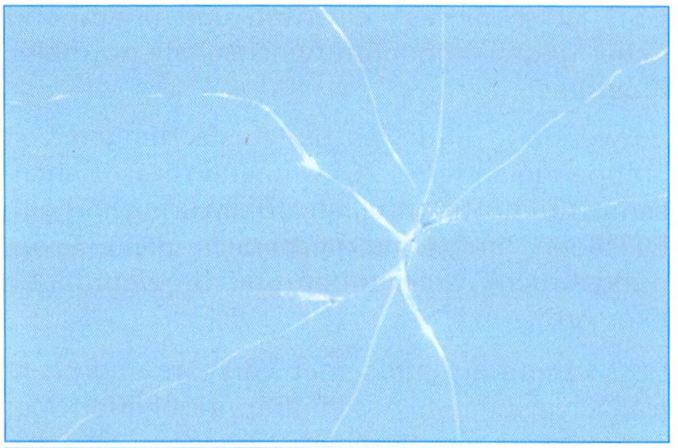

Bild 1: Bruchbild von TVG

Verbundsicherheitsgläser (VSG) bestehen aus zwei oder mehr übereinanderliegenden Glasscheiben, die durch zähelastische, hochreißfeste PVB-Folien (Polyvinyl-Butyral-Folien), PC-Folien (Polycarbonat-Folien) oder EVA-Folien (Ethylen-Vinylacetat-Folien) zu einer Einheit verbunden sind. Die Folienstärke beträgt dabei 0,38 mm oder 0,76 mm.

Beim Bruch der Glasscheibe haften die Bruchstücke an der Folie und es können sich keine scharfkantigen Glassplitter lösen (Bild 2). Die verglaste Öffnung bleibt verschlossen und teilweise durchsichtig. Mit Kombinationen aus mehreren Scheiben und verschieden dicken Folien oder Gießharzen verbessern sich der Schallschutz und die Einbruchhemmung. Es kann sogar eine durchschusshemmende Wirkung erzielt werden.

Anwendungen: Überkopfverglasungen (als innere Scheibe muss VSG oder Drahtglas eingesetzt werden), Schulen, Eingangsbereiche öffentlicher Gebäude, Sportstättenbau, Einbruchschutz, Schutz vor Durchschuss und Sprengwirkung, Schallschutz. VSG erlaubt eine Kombination mit anderen Gläsern wie Gussglas, Ornamentglas, Drahtspiegelglas, Sonnenschutzglas und Wärmeschutzglas.

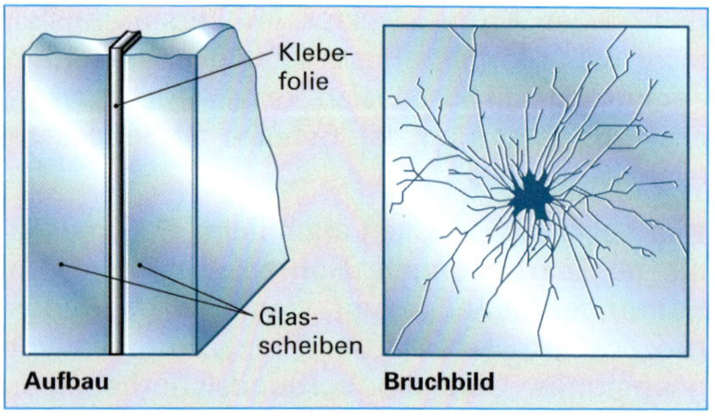

Bild 2: Aufbau und Bruchbild von VSG

Panzerglas ist Verbundsicherheitsglas mit mindestens vier Scheiben und 25 mm Dicke. Störend wirkt sich bei diesem Glas die Verzerrung durch Lichtbrechung aus. Mit der Dicke des Glasverbundes nimmt die Eigenfarbe in Form eines Grün-Gelbstiches zu.

Drahtglas ist Gussglas mit einem eingewalzten Stahldrahtnetz. Bei einer Beschädigung springt zwar die Scheibe, die Scherben bleiben aber durch das Drahtnetz verbunden. Die Drahteinlage kann im Bereich der Schnittkante zu rosten anfangen, wenn sie dem Wetter ausgesetzt wird. Rost führt durch Expansion zu Beschädigungen des Glases. Drahtglas hat als Sicherheitsglas heute nur noch eingeschränkte Anwendung bei Vordachkonstruktionen.

Beim **Alarmglas** ist in der oberen Ecke einer Isolierglasscheibe eine elektrische Leiterschleife eingebrannt, die mit einer Alarmanlage verbunden wird (Bild 3). Geht die Scheibe zu Bruch, wird die Leiterschleife unterbrochen und ein Alarm an die Einbruchmeldezentrale ausgelöst.

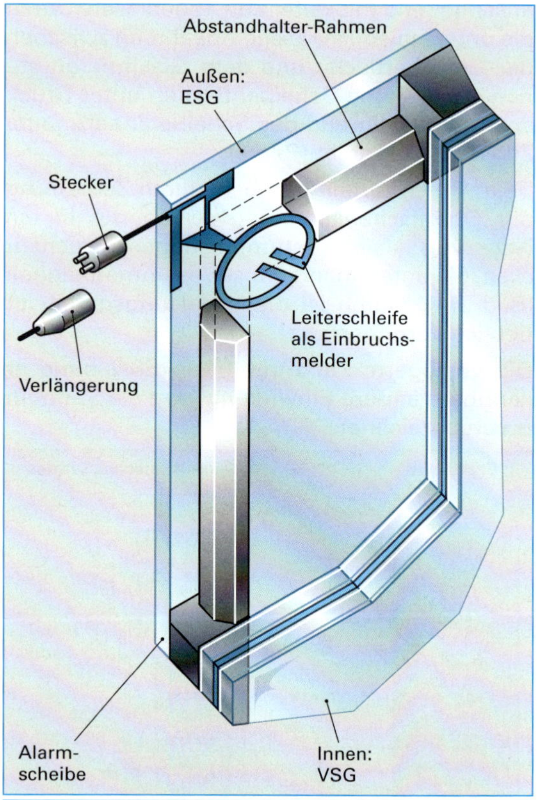

Bild 3: Alarmglas mit der Leiterschleife auf der Angriffseite (außen). Außenscheibe: ESG, Innenscheibe: VSG

1.2.7 Angriffhemmendes Glas

Herkömmliches Glas setzt in aller Regel bei verschlossenen Türen und Fenstern dem Einbrecher den geringsten Widerstand entgegen. Deshalb fordern öffentliche Einrichtungen, die Post, Banken, Sparkassen und die Versicherungswirtschaft im Verband „VdS Schadenverhütung GmbH“[1] Mindestanforderungen an das Bauteil Glas. Diese genormten Standards werden in der DIN EN 356 dokumentiert.

Angriffshemmende Verglasungen werden nach ihrer Schutzwirkung in durchwurfhemmende, durchbruchhemmende, durchschusshemmende und sprengwirkunghemmende Gläser unterteilt. Alle diese Gläser bestehen auf unterschiedlich aufgebautem Verbundsicherheitsglas (VSG).

Durchwurfhemmende Verglasungen (A-Gläser) gliedern sich in fünf Gruppen mit steigender Schutzwirkung:

Verglasungen der Gruppe P1A müssen einen Aufprall einer 4,11 kg schweren Stahlkugel (ø 100 mm, Härte: 60 bis 65 HRC) aus 1,5 m Höhe dreimal aushalten, ohne zu zerspringen.

In der Gruppe P2A beträgt die Fallhöhe 3 m, in der Gruppe P3A 6 m, in den Gruppen P4A und P5A beträgt die Fallhöhe 9 m. In der Widerstandsklasse P5A wird der Versuch dreimal wiederholt (3 × 3 Versuche). Die DIN EN 356 legt weitere Einzelheiten zu den Versuchsabläufen fest.

Durchbruchhemmende, einbruchhemmende Verglasungen (B-Gläser):
In der B-Klasse werden die Verglasungen in drei Widerstandsklassen gegen Durchbruch eingeteilt: P6B bis P8B mit steigendem Sicherheitsgrad. Die Eignungsprüfung erfolgt mit einer maschinell geführten Axt, die mit einer definierten Energie auf die Scheibe trifft (Bild 1). Dabei wird die Anzahl der Schläge ermittelt, um eine 400 mm × 400 mm große Durchbruchöffnung zu schlagen. In der Gruppe P6B sind es 30 bis 50 Schläge, in der Gruppe P7B 51 bis 70 Schläge und für Glas aus der Gruppe P8B sind es mehr als 70 Schläge (siehe S. 49, Tabelle 1).

Der VdS hat zur Prämienfestsetzung fünf Klassen EH01, EH02, EH1 bis EH3 eingeführt.

[1] Bis 1995 Verband der Sachversicherer (VdS). Es ist ein Unternehmen des „Gesamtverbandes der Deutschen Versicherungswirtschaft“.

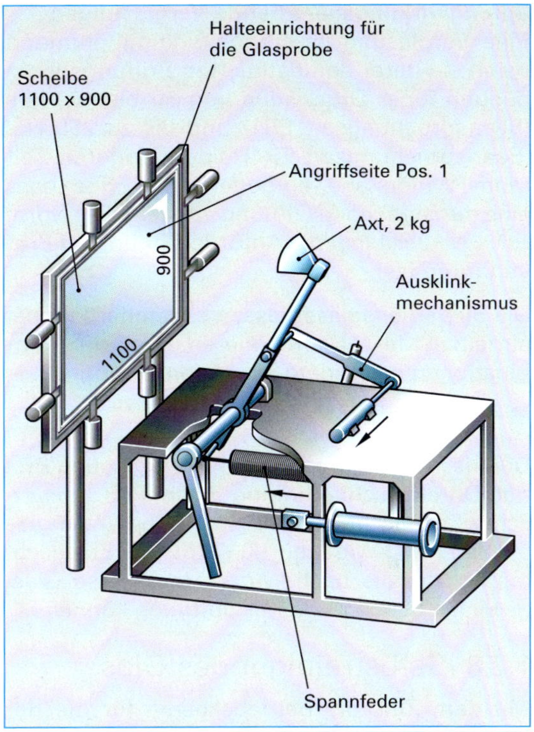

Bild 1: Prüfeinrichtung für durchbruchhemmende Verglasungen

Durchschusshemmende Verglasungen (C-Gläser)
In der C-Klasse kommen Panzergläser zum Einsatz, die eine verbesserte Einbruchhemmung aufweisen. Bei der Prüfung werden mit unterschiedlichen Geschossen aus Pistole und Gewehr und verschiedenen Schussentfernungen drei Einschüsse in vorgeschriebenem Abstand platziert. Dabei darf das Geschoss die Scheibe nicht durchdringen.

Nach DIN EN 1063 gibt es die Widerstandklassen BR1 bis BR7 und SG1 und SG2. Zusätzlich wird unterschieden in nicht splitternde Verglasung (NS) und Verglasungen mit „Splitterabgang“ (S). Splitterfreie Verglasung wird dort eingesetzt, wo sich im Ernstfall Personen unmittelbar hinter der Scheibe befinden können. Mit höheren Widerstandsklassen nehmen die Glasdicke und die Glasmasse erheblich zu. Beispielsweise in der Klasse BR7 beträgt die Glasdicke 78 mm und die Glasmasse 186 kg/m^2.

Die DIN EN 1522 für Fenster, Türen und Abschlüsse ordnet den Widerstand gegen Durchschuss acht Klassen zu: FB1 bis FB7 und FSG (Kaliber 12,0; Geschossmasse 31 g, Schussentfernung 10 m).

Sprengwirkungshemmende Verglasungen
Eine Verglasung ist sprengwirkunghemmend, wenn sie unter den definierten Prüfungsbedingungen einer Druckwelle von 50 bis 100 kPa (Beanspruchungsart ER1) und bis zu 250 kPa (Beanspruchungsart ER4) einen längeren Zeitraum Widerstand entgegensetzt, ohne dass eine durchgehende Öffnung entsteht. Die Norm DIN EN 13541 legt die Anforderungen und Prüfverfahren fest.

Die Sicherheitsgläser lassen sich innerhalb der einzelnen Klassen kombinieren. Auch sind Kombinationen mit anderen Funktionen möglich.

Beispiel:

Durchschusshemmende Isolierverglasung BR4 mit Durchbruchhemmung nach P8B, zusätzlicher Schallschutz $R_{w,R} > 45$ dB und Warmglas mit einem U_g-Wert von 1,0 W/(m^2 · K). Zu beachten ist, dass je nach Widerstandsklasse Glasgewichte bis zu 186 kg/m^2 auftreten können.

1.2.8 Selbstreinigendes Glas

Mit dem Ziel, die Betriebskosten für die Reinigung von Glasflächen für Fenster, Wintergärten, Fassaden und Dachflächen zu senken, wurden mit Beginn der Jahrtausendwende von der Glasindustrie Gläser mit selbstreinigender Oberfläche entwickelt. Dabei handelt es sich um eine Titandioxid-Beschichtung, die als photokatalytische Oberfläche wirkt.

Diese Schicht baut organische Schmutzablagerungen (z. B. Ruß aus Autoabgasen, Blütenstaub) aus der Umgebungsluft mit Hilfe der Luftfeuchtigkeit und der UV-Strahlung des Tageslichtes ab. Sie wirkt als dauerhafter Katalysator und hat hydrophile Eigenschaften. Das heißt, dass Regenwasser sich auf dieser Oberfläche als Film ausbreitet und abläuft – ohne Wassertropfen oder Trocknungsrückstände zu hinterlassen.

Die zeitlichen Abstände für die Reinigung der Glasoberflächen durch Reinigungspersonal werden dadurch deutlich vergrößert und damit die laufenden Betriebskosten verringert.

Die photokatalytische Oberfläche darf nicht mit Silikon in Verbindung gebracht werden. Kratzerbildungen durch z. B. Transport und Montage sind unbedingt zu vermeiden. Bei der Montage ist darauf zu achten, dass die photokatalytische Oberfläche nach außen zeigt.

Diese Glasflächen sind nicht für den Innenbereich geeignet, da hier die UV-Strahlung im Gebäudeinneren zu gering ist, um den photokatalytischen Effekt zu erzielen. Hier kommen hydrophobe Beschichtungen auf der Basis fluorierender Silane zum Einsatz, die die flächige Ausbreitung des Wassers auf der Glasoberfläche verhindert und die Tröpfchenbildung fördert (Lotus-Effekt). Dadurch wird das Abfließen des Wassers auf der Glasoberfläche und damit die Selbstreinigung gefördert.

1.2.9 Zusammenfassung: Funktionsgläser am Bau[1]

Glasarten	Einsatzbereich
Einfachverglasung	Scheunen, Kellerfenster, unbeheizte Räume
Doppelverglasung (Isolierglas)	Üblich in allen beheizten Räumlichkeiten im privaten und beruflichen Bereich ohne besondere Ansprüche an den Wärmeschutz
Dreifachverglasung (Isolierglas)	Üblich in allen beheizten Räumlichkeiten, an die besondere Wärme- und Schallschutzanforderungen bestehen
Einscheiben-Sicherheitsglas (ESG)	Treppengeländer, Brüstungen, Ganzglastüren, Oberlichter; Bereiche, wo Menschen in das Glas fallen können, Vordächer
Verbundsicherheitsglas (VSG)	Treppengeländer, Brüstungen, Fahrstuhltüren und -schächte, Oberlichter; Bereiche, wo Menschen in das Glas fallen können
Durchwurfhemmendes Sicherheitsglas	Wohnhäuser und Büros, die vor Einbrechern besonders geschützt werden sollen
Durchbruchhemmendes Sicherheitsglas	Abseits gelegene exklusive Wohnhäuser, Museen, Vitrinen und Ausstellungsräume

[1] Aus M&T Metallhandwerk und Technik 3/2001 S. 17

Glasarten	Einsatzbereich
Durchschusshemmendes Sicherheitsglas mit Splitterabgang	Abgelegene Bereiche, in denen dennoch mit Schusswaffenangriffen zu rechnen ist, z.B. auf Sachwerte oder auf Personen, wenn es Splitterschutzvorhänge gibt
Durchschusshemmendes Sicherheitsglas nicht splitternde Verglasung	Wohn- und Arbeitsbereiche von Personen, die mit Schusswaffenangriffen zu rechnen haben
Sprengstoffhemmendes Sicherheitsglas	Hochsicherheitsbereiche, bei denen mit Sprengstoffangriffen gerechnet werden muss
Drahtglas	Balkonverkleidungen, Türgläser, Oberlichter, Rauchschutztüren, Überdachungen, Hallentore
Kunststoffglas	Vorgesetzte Scheiben vor oder hinter konventioneller Verglasung, um Personen oder Sachen zu schützen, Tischglasplatten, Gewächshäuser
Folienbeklebtes Glas (durchsichtig)	Türen und Fenster, die durchsichtig bleiben sollen und Menschen vor Verletzungen schützen sollen
Folienbeklebtes Glas (undurchsichtig)	Türen und Fenster, die Menschen vor Verletzungen und Blicken schützen sollen
Brandschutzglas E, EW	Gebäudeaußen- und innenwände, um Flammen und Rauch für 30, 60, 90 oder 120 Minuten abzuhalten
Brandschutzglas EI	Gebäudeaußen- und innenwände, um Flammen, Rauch und Wärmestrahlung für 30, 60, 90 oder 120 Minuten abzuhalten

1.3 Arbeitsregeln für den Umgang mit Isolierglas

- Glaselement auf Kantenbeschädigungen überprüfen. Beschädigte Scheiben dürfen nicht eingebaut bzw. verglast werden.
- Für Transport und Montage spezielle Glastransporteinrichtungen verwenden.
- Die Scheibe nie direkt auf harten Untergründen (Beton, Steinfußboden), einer Scheibenecke oder Scheibenkante abstellen. Unterleghölzer oder Gummi-Eckschuhe verwenden.
- Isolierglas muss auf seiner ganzen Elementdicke bündig auf zwei Unterlagen stehen.
- Glas nur stehend lagern und gegen Umkippen sichern. Zwischenlagen aus Pappe o. ä. zwischen die einzelnen Glasscheiben klemmen. Die Unterlagen sollten rechtwinklig zur Scheibenfläche angeordnet sein (Bild 1).
- Glaselemente trocken lagern.
- Glas nur in vertikaler Lage reinigen.
- Bei Schweiß- oder Schleifarbeiten Scheiben gegen Funkenflug schützen (Einbrandstellen).
- Nie Glas zum Transport über den Boden ziehen oder stoßen.
- Verglasungselemente nicht der Sonnenstrahlung aussetzen. Der Randverbund ist UV-empfindlich!
- Isoliergläser im Freien vor anhaltender Feuchtigkeit schützen.

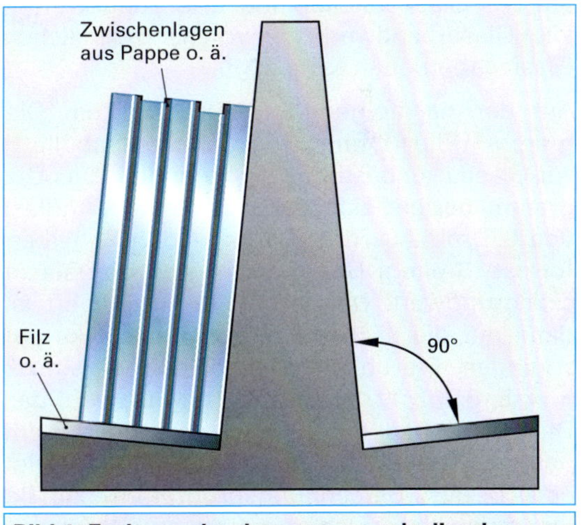

Bild 1: Fachgerechte Lagerung von Isolierglasscheiben

Silikon darf mit dem Randverbund nicht in Berührung kommen.

- Der Abstand der Scheibe zu einem Heizkörper sollte mindestens 30 cm betragen.
- Bemalte, beschichtete, beklebte Scheiben erhöhen bei Sonneneinstrahlung das Bruchrisiko.
- Persönliche Schutzausrüstung (PSA) tragen.

1.4 Bestimmung der Glasscheibendicke

Die Verglasung von Fenstern und Fassaden (meist Isolierglas und Brüstungselemente) hat aufgrund ihrer raumabschließenden Wirkung die Aufgabe, alle flächig einwirkenden Lasten in die Unterkonstruktion abzuleiten. Um die Tragfähigkeit von Glas sicherzustellen, ist die Verglasung statisch zu berechnen.

„Die Dicke von ebenen und gebogenen Scheiben muss, wenn in der Leistungsbeschreibung nicht anders vorgeschrieben ist, entsprechend der Randauflage (zweiseitig, dreiseitig, vierseitig) und entsprechend den Lastaufnahmen bemessen werden." (Quelle: DIN 18361 „Verglasungsarbeiten")

Die Entwicklungsschritte zur Glasdickenbemessung ist eng verzahnt mit den fortschreitenden Entwicklungen eindrucksvoller moderner Baukonstruktionen und den damit, verbundenen innovativen Glaserzeugnissen seitens der Glashersteller. Die erste Norm (DIN 18056) zur Glasdickenbestimmung wurde 1966 der Öffentlichkeit übergeben. Sie war gültig für große Glasformate über 9 m^2 und für eine Kantenlänge von über 2 m. Kleinere Abmessungen der Flachglaserzeugnisse wurden über Tabellen der Glashersteller und Erfahrungswerten vom Glaserhandwerk oder von handwerklichen Glasfachbetrieben festgelegt.

Auf der nachfolgenden Seite sind ein Diagramm (Bild 1) und eine Tabelle (Tabelle 1) zur Glasdickenbestimmung zu finden. Das Diagramm bezieht sich dabei auf eine Windlast von 0,6 m^2. Aus dem vorliegenden Scheibenformat (Breite x Höhe) ergibt sich der Glasdickengrundwert. Der ermittelte Grundwert ist dann auf die nächsthöhere Handelsdicke aufzurunden. Die üblichen Handelsdicken sind 2, 3, 4, 5, 6, 10, 12, 15 und 19 mm. Obwohl das Diagramm und die Tabelle nicht mehr dem heutigen Stand der Technik entsprechen zeigt es sich, dass Berechnungsprogramme zur Bestimmung der Glasbemessung zu Glasdicken einer höheren Glasdickenstufe führen, so dass das Diagramm und die Tabelle zur überschlägigen Dimensionierung einer Glasdicke heran gezogen werden können.

Die Bestimmung der Mindestglasdicke einer Isolierverglasung erfolgt heute über das moderne Bemessungsverfahren der Teilsicherheitsbeiwerte. Es wird in der DIN EN 1990 allgemein beschrieben.

$$\sigma_{S,k} \cdot \gamma_E \leq \frac{\sigma_{R,k}}{\gamma_M}$$

$\sigma_{S,k}$ = Spannung aus charakteristischer Einwirkung,
γ_E = Teilsicherheitsbeiwert für Einwirkung,
$\sigma_{R,k}$ = Charakteristischer Tragwiderstand,
γ_M = Teilsicherheitsbeiwert für Material.

Konkret wird die Bemessung der Glasdicke in der DIN 18008 dargestellt. Für die Glasdickenbemessung werden die Grenzzustände der Tragfähigkeit und der Gebrauchstauglichkeit festgelegt und mit den zulässige Biegespannungen und max. zulässigen Durchbiegung in einen rechnerischen Zusammenhang gestellt. Dabei ist festgelegt, dass die Durchbiegung auf 1/100 der Stützweite begrenzt wird und max. 8 mm nicht überschreiten darf.

Für die praxisnahe Glasdickenbemessung wird ein Rechenprogramm im Eingabeverfahren mit dem Anwender gestartet. Mit dem Rechenprogramm werden Scheibenformate bis 3500 x 7000 mm erfasst.

Dieses Programm gilt für die Glasarten Floatglas, ESG und VSG und die Kombination dieser Glasarten untereinander für Zweischeiben- bis Vierscheiben-Isolierverglasungen.

Das Seitenverhältnis der Glasscheibenkanten von Länge und Breite ist im Rechenprogramm auf 1 : 10 ($L_2/L_1 \leq 10$) begrenzt. Der übliche Sicherheitsfaktor im Rechenprogramm ist 1,2. Das bedeutet einen Sicherheitszuschlag von 20 %. Der Sicherheitszuschlag kann verändert werden. Die Windlastermittlung basiert auf der DIN EN 1991-1-4. Ebenfalls kann bei Bedarf die Klimalast (nach DIN 18008) ermittelt werden und als zusätzliche Last eingegeben werden.

Die Bildschirmdarstellung eines Rechenprogramms zeigt Bild 2 auf der nachfolgenden Seite.

Allgemein betrachtet ist die Glasdicke abhängig von:

- Glasart (z. B. Floatglas, Einscheibensicherheitsglas, Verbundsicherheitsglas),
- Länge der Glaskanten,
- Dicke der außenliegenden, der mittigen und der raumseitigen Glasscheibe,
- Breite der Scheibenzwischenräume,
- Neigungswinkel bei Schrägverglasung,
- Einbauhöhe über Meeresniveau,
- Windlast von außen,
- gegebenenfalls Windlast von innen,
- Schneelast bei Schrägverglasung.

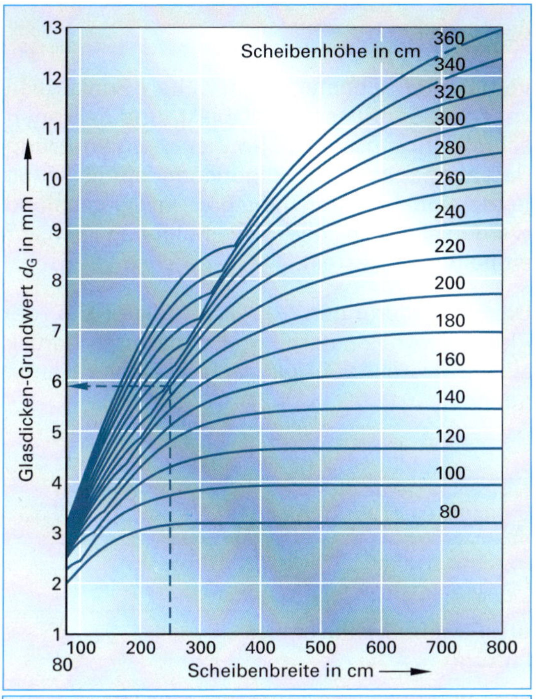

Bild 1: Glasdickenbestimmung für Floatglas

Tabelle 1: Glasdicken für Senkrechtverglasungen (Isolierglas aus Spiegelglas, Floatglas (Auszug)[1]

Stützweite in cm	Breite in cm 250 a	250 b	250 c	275 a	275 b	275 c	300 a	300 b	300 c	
150	6	8	10	6	8	10	6	8	10	außen
	5	6	6	5	6	8	6	6	8	innen
175	8	8	10	8	8	10	8	10	10	außen
	5	6	8	5	6	8	5	6	8	innen
200	8	10	10	8	10	10	8	10	12	außen
	5	6	8	5	8	8	6	8	8	innen
225	8	10	10	8	10	12	8	10	12	außen
	5	8	8	6	8	8	6	8	10	innen
250	8	10	10	8	10	12	8	10	12	außen
	5	8	8	6	8	8	6	8	10	innen
275	8	10	12	8	10	12	8	10	12	außen
	6	8	8	6	8	8	8	10	10	innen
300	8	10	12	8	10	12	10	12	12	außen
	6	8	10	8	10	10	8	8	10	innen

a: 0 m bis 8 m Gebäudehöhe; b: 8 m bis 20 m Gebäudehöhe; c: 20 m bis 100 m Gebäudehöhe

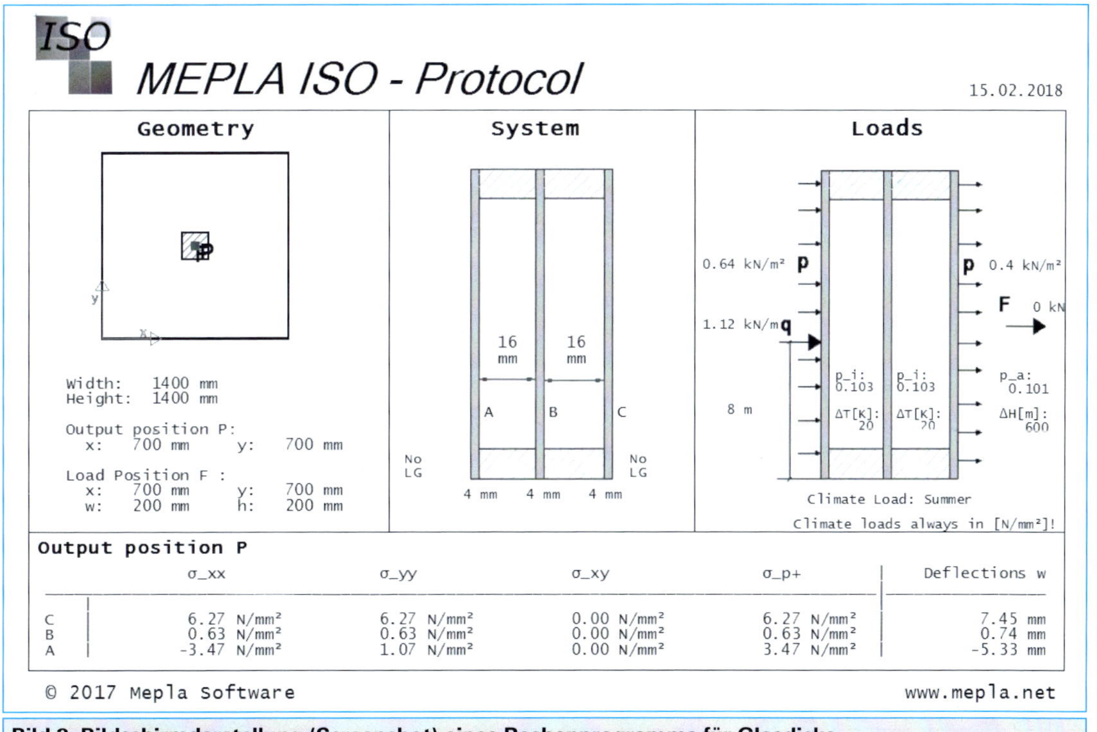

Bild 2: Bildschirmdarstellung (Screenshot) eines Rechenprogramms für Glasdicke

[1] Eberhard Achenbach, Glasdickentabellen für senkrechte und nichtsenkrechte Verglasungen, Verlag Karl Hoffmann GmbH & Co., Schorndorf 2001

2 Fenster

„Das Fenster ist das wichtigste, die Fassade gliedernde Element. Es bestimmt nach Stil und Format nach Rhythmus und Symetrie den ästhetischen Eindruck und Wert einer Fassade."

Prof. Dr. Andreae

Fenster haben darüber hinaus viele Funktionen zu erfüllen. Sie müssen Licht und Luft in das Gebäude lassen, vor Kälte (Wärmeschutz ist Umweltschutz!), Hitze und Lärm (Lärmschutz ist Gesundheitsschutz!) schützen und das Gebäude gegen Wind und Regen abdichten. Oft werden vom Bauteil „Fenster" noch weitere Funktionen verlangt: Sonnenschutz, Objekt- und Personenschutz, Brandschutz, Sonnenenergienutzung, Raumbehaglichkeit. Folgerichtig spricht man heute von Funktionsfenstern. In Deutschland werden jährlich etwa 12 Millionen Fenstereinheiten hergestellt.

Die Anforderungen, die vor allem bei der Planung von Fenstern und Fenstertüren berücksichtigt werden müssen, sind in Tabelle 1 angegeben.

Tabelle 1: Anforderungen an Fenster und Fenstertüren

Anforderungen werden gestellt an die Bereiche		Anforderungen
Gestaltung		Größe, Aufteilung, Form, Öffnungsart, Werkstoff, Sprossen, Mittelpfosten, Kämpfer, Farbe
Technik	Bauphysik	Wärme- und Schallschutz, Fugendurchlässigkeit, Schlagregendichtheit, Lüftung
	Belichtung	Lichteinstrahlung blendfrei und dosierbar; Aus- und Einsicht ermöglichen oder unterbinden können
	Sicherheit	gegen unerwünschten Zugang, im Brandfall, bei Bedienung und mechanischer Beanspruchung
Wirtschaftlichkeit		möglichst niedrige Investitions-, Unterhaltungs- und Energiekosten
Menschliches Wohlbefinden		Bedürfnis nach Kontakt, privater Sphäre, Orientierung, Aufmerksamkeit und Ablenkung berücksichtigen
Umweltschutz		Werkstoff und Werkstoffverarbeitung, Wiederverwendbarkeit und Entsorgungsmöglichkeit berücksichtigen

Einzelfenster werden in die einzelnen Maueröffnungen einer Gebäudefassade, die sogenannte Lochfassade, eingesetzt. Die Fensterflächen sind im Vergleich zur Fassadenfläche verhältnismäßig klein.

Fensterwände sind eine Aneinanderreihung von Fenstern innerhalb größerer Fassadenteile. Fensterwände (auch als Fensterbänder bezeichnet) sind horizontal oder vertikal gegliedert.

Fassadensysteme oder Vorhangwände eignen sich für den Skelettbau. Hier bilden Fenster, Fensterbrüstungen und Stützenverkleidungen eine Einheit (siehe Kapitel 5).

Einzelfenster, Lochfenster — Fensterwände — Fassadensystem: Vorhangfassade

Bild 1: Ausführungsformen von Fenstern und Fassaden

2.1 Unterscheidungsmerkmale

Unterscheidungsmerkmale von Fenstern sind hauptsächlich Konstruktionsart, Öffnungsart, Rahmenwerkstoff und Verwendung (Funktion).

2.1.1 Konstruktionsart

Je nach Anordnung der Flügel kann man Fenster nach Einfach- und Doppelfenstern unterscheiden. Doppelfenster sind entweder Kasten- oder Verbundfenster (Bild 1).

Einfachfenster (a) haben einen feststehenden Blendrahmen und einen beweglichen Flügel mit Einfachscheibe (historisch), Isolierverglasung (Zweischeiben- oder Dreischeiben-Isolierverglasung) oder Sonderverglasung.

Bei Verbundfenstern[1] (b) sind an einem Blendrahmen zwei Flügel (Haupt- und Putzflügel) angeschlagen. Sie liegen direkt hintereinander und sind über einen zusätzlichen Beschlag miteinander verbunden. Zur Belüftung werden die beiden verbundenen Flügel gemeinsam, zu Reinigungszwecken einzeln geöffnet. Der Putzflügel kann auch direkt am Hauptflügel angeschlagen sein. Durch die Kombination von einer mehrfachen Verglasung erreicht man erhöhte Werte für den Wärme- und Schallschutz.

Das Verbundfenster ist die Weiterentwicklung der einfach verglasten Einfachfenster.

Kastenfenster (c) bestehen aus zwei Einfachfenstern, deren Blendrahmen durch ein umlaufendes Futter (Kasten) miteinander verbunden sind. Die beiden Drehflügel sind getrennt voneinander zu öffnen. Wegen des großen Scheibenabstandes ist die Schalldämmung beim Kastenfenster besonders hoch.

Von den Konstruktionsarten sind die Fensterformen zu unterscheiden. Neben den typischen Rechteckfenstern werden auch Schräg-, Dreieck-, Rund-, Rundbogen-, Segment- und Korbbogenfenster gebaut (siehe S. 37, Bild 1).

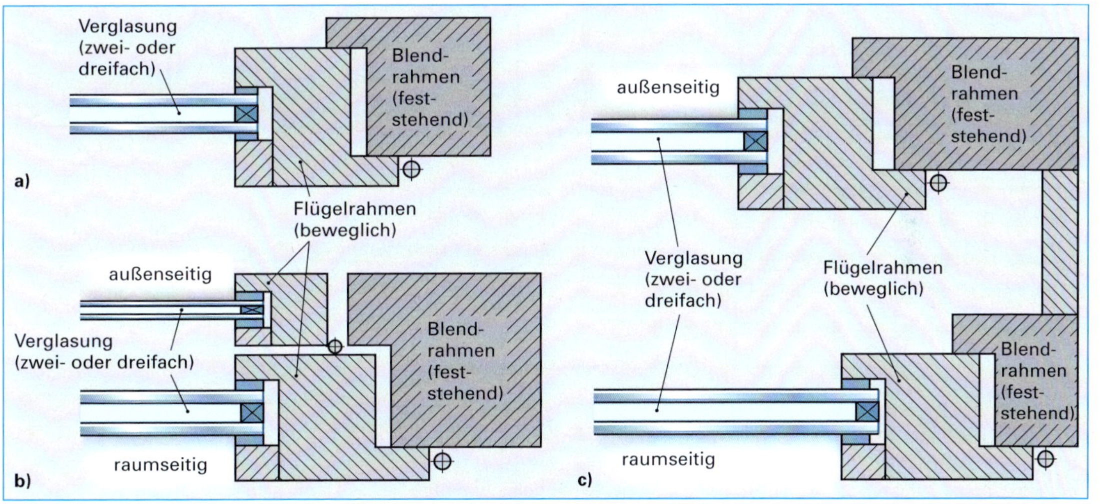

Bild 1: Flügelanordnung: a) Einfachfenster mit Isolierverglasung, b) Verbundfenster, c) Kastenfenster

2.1.2 Öffnungsart

Nach der Öffnungsart der Fensterflügel (siehe S. 26, Bild 1) unterscheidet man verschiedene Flügelarten wie Drehflügel, Drehkippflügel, Kippflügel usw. Die Sinnbilder sind in DIN 1356 und DIN EN 12519 genormt.

Die verschiedenen Öffnungsarten von Fenstern unterscheiden sich besonders hinsichtlich ihrer Lüftungseigenschaften:

Drehflügel: Vorteilhaft sind schmale hohe Drehflügel. In Drehstellung ist eine wirkungsvolle Stoßlüftung möglich.

Kippflügel: Je nach Anordnung des Kippflügels im Fensterelement überwiegt die Zuluft- oder die Abluftwirkung. Ein Kippflügel-Oberlicht ist wenig wirksam, weil durch die fehlende Zuluft im unteren Bereich die Abluft im oberen Bereich nicht oder nur wenig bewegt wird.

[1] Mit dem Begriff Verbundfenster wird häufig auch die Materialkombination des Rahmenwerkstoffes, z. B. Holz und Aluminium, bezeichnet.

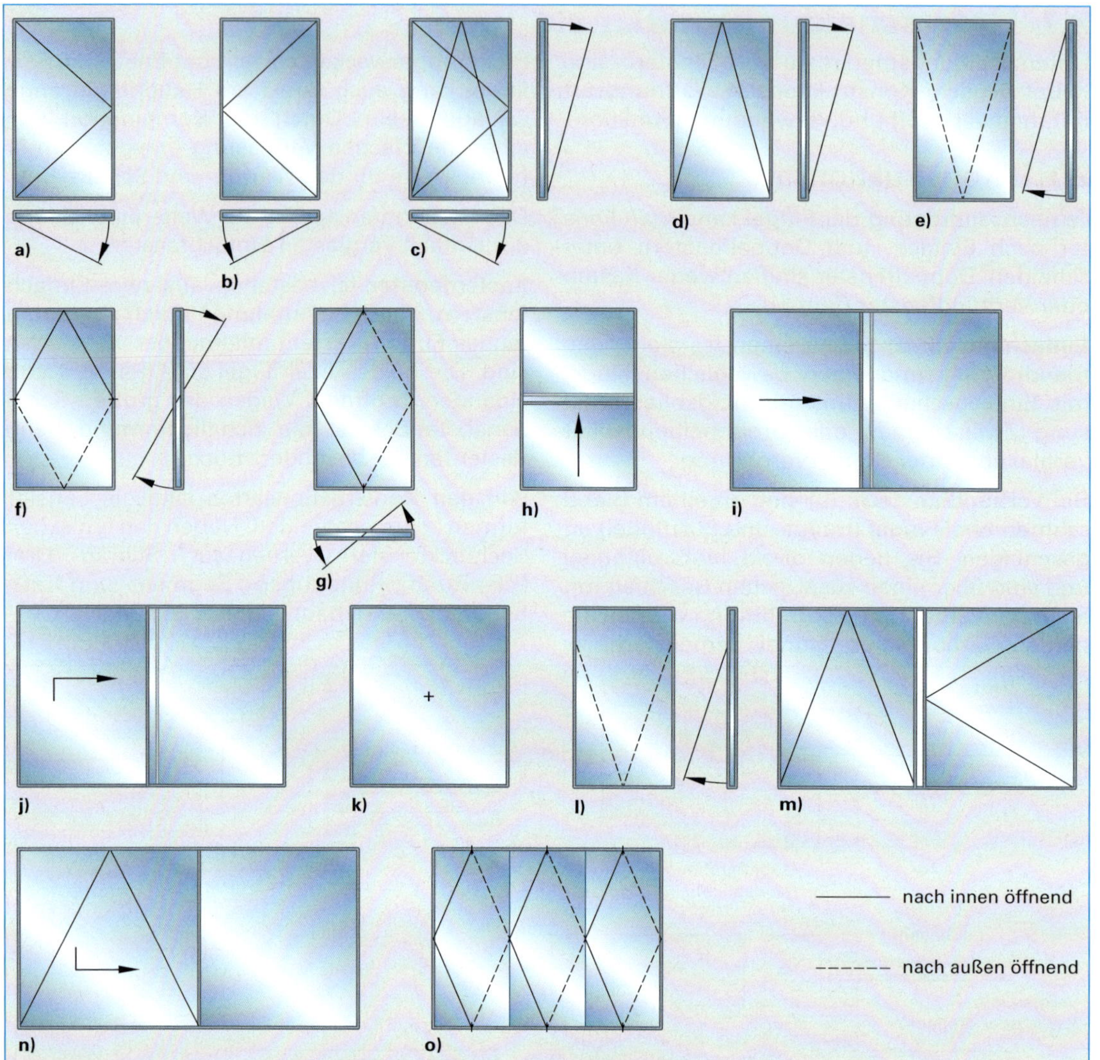

- **a** linker Drehflügel
- **b** rechter Drehflügel
- **c** linker Drehkippflügel
- **d** Kippflügel
- **e** Klappflügel (nach außen öffnend)
- **f** Schwingflügel (mittig angeschlagen)
- **g** Wendeflügel (mittig, rechtsöffnend)
- **h** Vertikalschiebeflügel (einflügelig, unten)
- **i** Horizontalschiebeflügel (einflügelig, nach rechts)
- **j** Hebeschiebeflügel (Flügel nach rechts öffnend)
- **k** Festverglasung
- **l** Senk-Klapp-Flügel (siehe Seite 56, Bild 3)
- **m** Kipp- und Drehflügel mit Setzpfosten (Mittelpfosten)
- **n** Parallel-Abstell-Schiebe-Kippflügel (PASK)
- **o** Lamellenfenster (vertikal)

Bild 1: Öffnungsarten von Fenstern[1]

Schwingflügel: Beim Schwingflügel ergeben sich in jeder Öffnungslage immer gleich große Zu- und Abluftzonen, sodass diese Flügelart lüftungstechnisch eine gute Lösung darstellt.

Klappflügel: Die Lüftungswirkung ähnelt bei gleicher Lage des Fensters jener des Kippflügels. Auch ein Klappflügel-Oberlicht zeigt keine herausragenden Lüftungseigenschaften.

[1] Zu beachten ist, dass der Fensterbauer ein Fenster oder eine Tür von innen betrachtet. Ist die Symbollinie wie bei a) eine dünne, nicht unterbrochene Linie, öffnet der Flügel nach innen. Ist die Symbollinie wie bei e) gestrichelt, öffnet der Flügel nach außen. Architekten betrachten Fenster und die Türen in ihren Bauzeichnungen von außen, sie vertauschen also die gestrichelten und durchgehenden Linien.

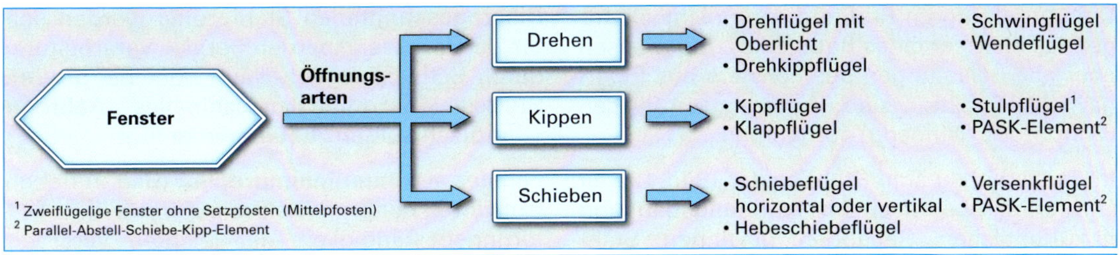

Bild 1: Übersicht über die Fenster-Öffnungsarten

Drehkippflügel: In Kippstellung überwiegt die Abluftwirkung. Die Abluft gelangt im oberen Bereich ins Freie, an den beiden Seiten strömt die Zuluft ein. Je höher der Flügel ist, desto besser ist die Lüftungswirkung. Die Lüftungswirkung ist darüber hinaus abhängig von der Tiefe der Fensternische sowie vom seitlichen und oberen Abstand des Flügels von den Leibungen und vom Sturz. Bei einem Drehkippflügel mit dem Maßen 1,20 m x 1,60 m gelangen bei geöffneter Drehstellung und einem Luftdruckunterschied von 4 Pa etwa 550 m^3 Frischluft je Stunde in den Innenraum. Dieser Luftaustausch führt zu einem hohen Lüftungswärmeverlust.

Wendeflügel: Die Lüftungszone ist durch die senkrechte Lagerung des Flügels in zwei Zonen mit je einer Zu- und Abluftzone unterteilt (Bild 2). Sie ermöglichen einen schnellen Luftwechsel im Raum, weil durch den nach außen gestellten Flügelteil Frischluft von außen in den Raum gelenkt wird und Raumluft schnell hinaus gedrückt wird.

Schiebeflügel: Die stufenlos einstellbare Öffnungslage ermöglicht sowohl die Dauer- wie auch die Stoßlüftung. Der Horizontal-Schiebeflügel ähnelt in seiner Lüftungswirkung dem Drehflügel, der Vertikalschiebeflügel dem Kipp- und dem Klappflügel (Bild 2). Vertikalschiebeflügel werden z. B. in Dachflächen von Wintergärten eingebaut.

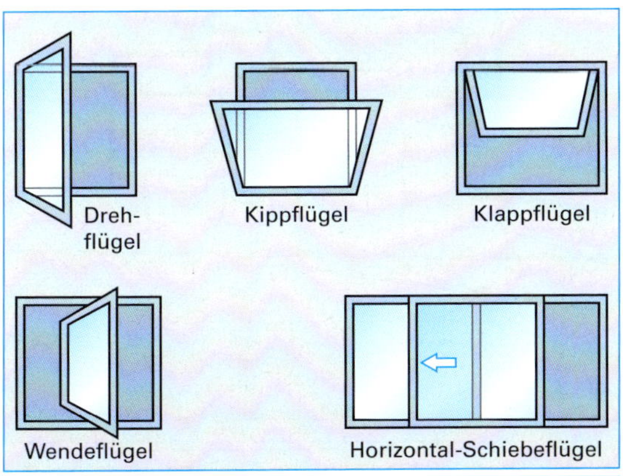

Bild 2: Öffnungsarten (Auswahl)

2.1.3 Rahmenwerkstoff

Fensterbaubetriebe fertigen und montieren Fensterrahmen aus Stahl, nichtrostendem Stahl, Aluminium, Kunststoff oder einem Verbund aus unterschiedlichen Werkstoffen, z. B. Holz und Aluminium oder Kunststoff, Holz und Stahl. Bei richtiger Konstruktion und werkstoffgerechter Verarbeitung sind die verschiedenen Werkstoffe in ihren Funktionswerten gleichzustellen. Etwa 56 % der rund 12,2 Millionen Fenster, die in Deutschland hergestellt wurden, sind aus Kunststoff, 16,2 % aus Holz, 19,5 % aus Aluminium und der Rest von etwa 9 % verteilt sich auf Stahl- und Verbundwerkstoffe, z. B. Holz-Aluminium.

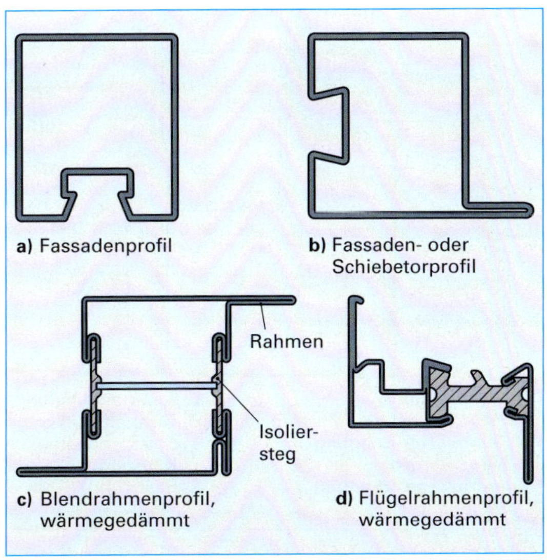

Bild 3: Verschiedene Rahmenprofile aus Stahl

Die vorgefertigten Profile dienen **nicht** als tragendes Element eines Bauwerkes. Sie müssen aber alle Belastungen des Fensters aus Eigengewicht, Funktion und Witterungseinflüssen (Winddruck, Windsog) aufnehmen.

Im Industriebau sind **Stahlfenster** (Bild 1) weit verbreitet. Aber auch im Wohnungsbau und in öffentlichen Gebäuden gewinnen Stahlfenster aufgrund ihrer Verschleißfestigkeit und verschärften Brandschutzbestimmungen Marktanteile zurück. Hinzu kommt, dass wärmegedämmte Stahlprofile (wie auch die wärmegedämmten Aluminiumprofile) die Anforderungen der Energieeinsparverordnung (EnEV) erfüllen und die geforderten Profilformen aus Stahlblech erzeugt werden können (siehe S. 27, Bild 3). Die Stahlprofile werden auf Walzgerüsten aus Blechbändern geformt und anschließend an der Stoßstelle verschweißt.

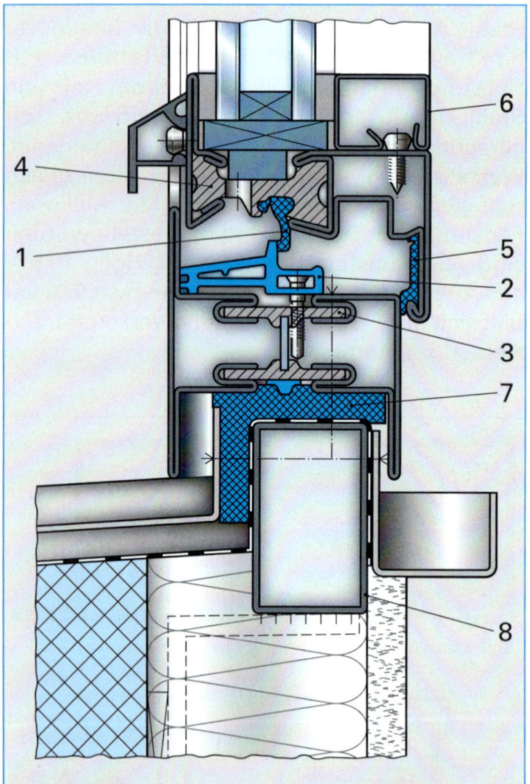

1 Mitteldichtung
2 PVC-Blendrahmen-Zusatzprofil
3 Thermische Trennung Blendrahmen
4 Thermische Trennung Flügelrahmen
5 Anschlagdichtung
6 Glashalteleiste
7 Basisprofil aus Kunststoff
8 Basisrohr

Bild 1: Unterer Bauanschluss eines Drehkipp-Fensters aus wärmegedämmten Stahlrohrprofilen

Die zugeschnittenen Stahlprofile werden später im Handwerksbetrieb bei der Verarbeitung durch Schweißen von Hand oder bei großen Stückzahlen durch maschinelles Abbrennstumpfschweißen zu Rahmen gefügt.

Fenster aus **Aluminiumprofilen** (Bild 2) haben trotz ihres höheren Preises aufgrund ihrer Witterungsbeständigkeit, der leichten Verarbeitbarkeit, der relativ hohen mechanischen Festigkeit, der Fugendichtheit und des dekorativen Aussehens einen großen Marktanteil erworben.

Strangpressprofile für Fenster, Türen und Fassaden werden überwiegend aus der Legierung ENAW-6060 hergestellt. Die Mindestzugfestigkeit beträgt 215 N/mm² und der Mindestwert der 0,2-Streckgrenze beträgt 160 N/mm². Aufgrund der guten Fließfähigkeit können Querschnitte für mehrere Funktionen in einem Arbeitsgang realisiert werden: Profilstege für die Aufnahme von Dichtungen, Beschlägen, Dämmstegen, Schraubkanälen und Hohlräume für Eckverbinder.

Spezialbetriebe walzen die geraden Systemprofile für Sonderanfertigungen zu Rundbögen und anderen Formen.

Hier: Modernisierungsblendrahmen, der über den alten Bestand gesetzt wurde.

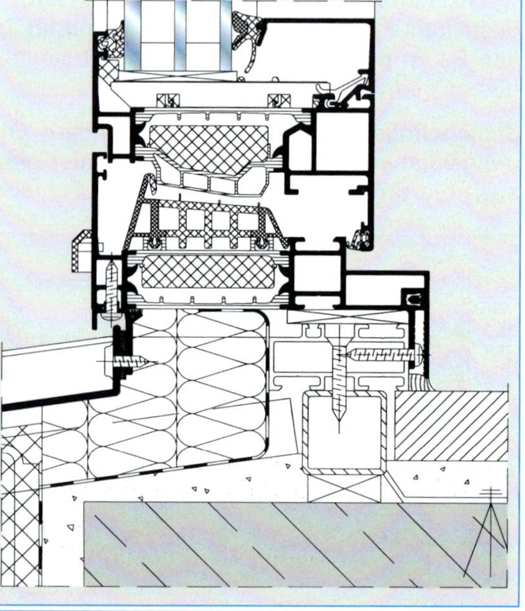

Bild 2: Thermisch getrenntes Aluminiumprofil mit Dreischeiben-Isolierglas

Bei modernen thermisch getrennten Profilen sind Dreikammer-Systeme üblich. Dabei bilden die Außenschale, das Mittelteil mit den Isolierstegen und die Innenschale je eine Kammer (Bilder 1 u. 2). Die Isolierstege aus glasfaserverstärktem Polyamid (PA) oder Polyethylen (PE) unterbrechen den Wärmedurchgang und sorgen so für eine bessere Wärmedämmung unter Beibehaltung der statischen Eigenschaften. Mit dieser Trennung erreicht das Aluminiumfenster Wärmedämmwerte in der Größe der Isolierglasscheibe. Auch entfällt (weitgehend) die unerwünschte Tauwasserbildung. Die 10°-Isotherme verläuft durch das Fenster und nicht auf der raumseitigen Fensteroberfläche (siehe S. 88, Bild 2).

Mit in Kammern aufgeteilten Isolierstegen in Verbindung mit einer speziellen Mitteldichtung können hochwertige Wärmeschutzwerte erzielt werden. Bei den meisten Systemen liegt die Mitteldichtung am Isoliersteg an und trägt zur Verringerung des Wärmedurchganges bei.

Die Aluminiumprofile werden während der Lagerung, beim Transport und bei der Montage mit (restlos) abziehbaren Klebebändern und Kunststoff-Folien gegen mechanische und korrosive Einwirkungen durch Putz, Mörtel, Gips, Zement und Beton geschützt.

Die Profiloberfläche kann durch anodische Oxidation, Tauchfärbung oder eine Pulverbeschichtung geschützt und farblich gestaltet werden. Aluminium lässt sich beliebig oft recyclen.

Fenster aus **Kunststoffprofilen** sind seit 1954 im Bauwesen in der Anwendung. Sie haben aufgrund der geringen Wärmeleitfähigkeit eine bessere Wärmedämmung als Metallfenster. Sie benötigen deshalb keine thermische Trennung. Dabei kann für den Rahmen ein Wärmedurchgangskoeffizient U_f bis zu 1,0 W/(m^2 · K) erzielt werden. Die Profile werden überwiegend aus thermoplastischem, hochschlagzähem PVC durch Extrudieren geformt und zu Blendrahmen und Flügeln im sogenannten „Schweißspiegelverfahren" verbunden. Um die nötige Festigkeit zu gewährleisten, werden bei größeren Fenstern die Hohlprofile durch Armierungen aus Stahlblech ausgesteift (siehe Seite 30, Bild 1 u. 3). Die Zugfestigkeit des PVC liegt zwischen 3,5 N/mm^2 und 5,0 N/mm^2. PVC-Fenster haben derzeit einen Marktanteil von mehr als 50 %.

Ein Nachteil von Fenstern aus Kunststoff ist die hohe Wärmeausdehnung, die besonders bei der Montagefuge berücksichtigt werden muss. Außerdem sind aufgrund der hohen Wärmeausdehnung überwiegend weiße Kunststoffprofile im Angebot.

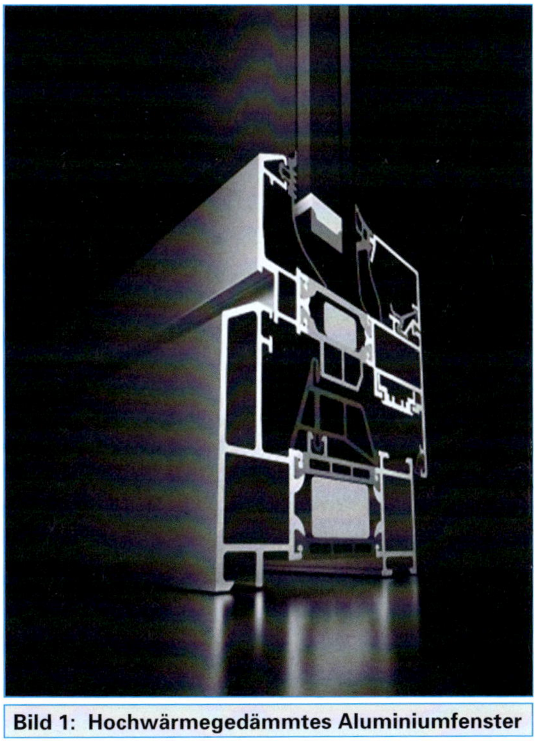

Bild 1: Hochwärmegedämmtes Aluminiumfenster

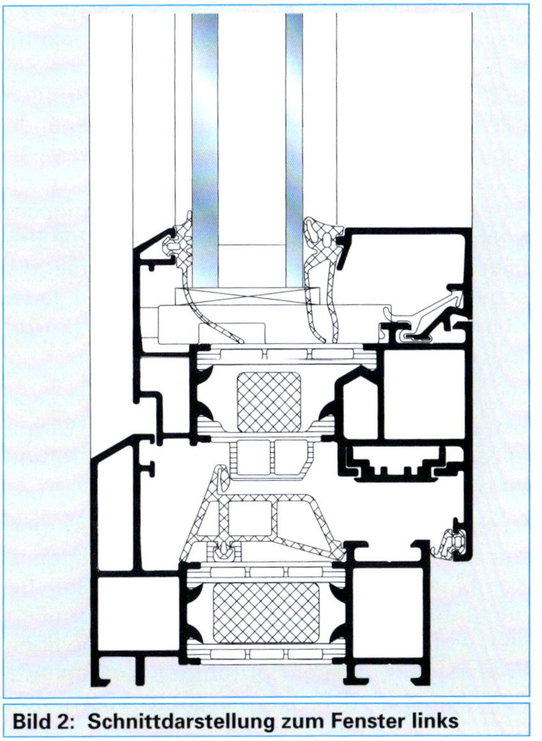

Bild 2: Schnittdarstellung zum Fenster links

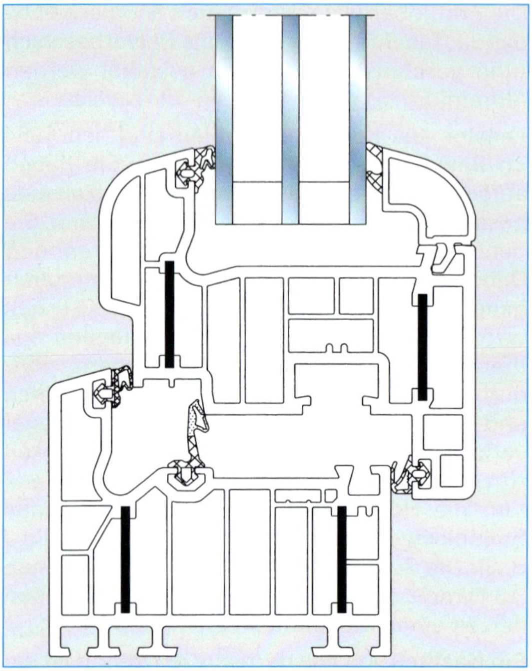

Bild 1: Kunststofffenster mit Stahlblech verstärkt

Die Temperaturdehnzahl α der Kunststoffprofile beträgt etwa 0,08 mm/(m · K), d. h. bei einem Fensterprofil von 1000 mm Länge verändert sich bei einer Temperaturänderung von 1 K die Profillänge um 0,08 mm. Nimmt man eine maximale Temperaturänderung von 50 K an (siehe Seite 31, Tabelle 1), kann bei weißen PVC-Profilen mit einer temperaturbedingten Längenänderung von 4,0 mm/m gerechnet werden. Die Längenänderungen machen es notwendig, dass im Falz zwischen Flügel und Blendrahmen ringsum 6 mm Luft (Spiel) bleiben muss. Die in die Profile eingeführten Verstärkungen aus Metall, die sogenannten Armierungen, müssen an jeder Kunststoff-Schweißnaht um etwa 10 mm kürzer sein als die Kunststoffprofile.

Die Wärmeleitfähigkeit von Kunststoffprofilen beträgt 0,17 W/(m·K)– zum Vergleich: Wärmeleitfähigkeit von Holz: 0,09 - 0,19 W/(m · K) und von Aluminium: 236 W/ (m·K).

Verbundprofile: Aluminium, Stahl, Holz und Kunststoff werden oftmals in verschiedenen Kombinationen verwendet. Die größte Bedeutung hat hierbei das Holz-Aluminium-Fenster, wobei das Aluminium den außenseitigen Wetterschutz und der Holzrahmen die tragende Funktion und den Wärmeschutz übernimmt (Bild 2). Der Marktanteil von Holz-Aluminium-

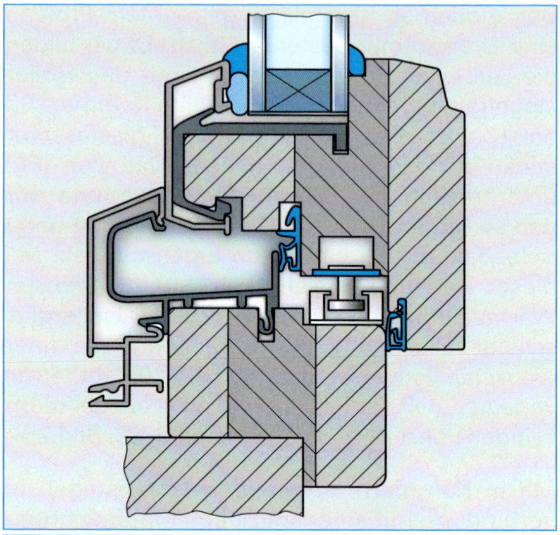

Bild 2: Fenster im Holz-Aluminium-Verbund

fenstern liegt bei 7 %. Die beiden Schalen müssen hinterlüftet sein, um Feuchteschäden zu verhindern. Aufgrund der unterschiedlich großen Temperaturdehnzahlen (Ausdehnungskoeffizienten) ist die Aluminiumschale über Klemmbolzen gleitend auf dem Holzrahmen befestigt.

Die neuste Entwicklung sind Blend- und Flügelrahmen aus Polyurethan (PUR), Polyvinylchlorid (PVC) und aus glasfaserverstärktem Kunststoff (GFK) in Verbindung mit einer Aluminiumvorsatzschale.

Bild 3 zeigt ein Verbundfenster aus drei verschiedenen Rahmenwerkstoffen: Grundaufbau Kunststoff, Armierung aus Stahlblech und Vor satzschale aus einem Aluminiumprofil.

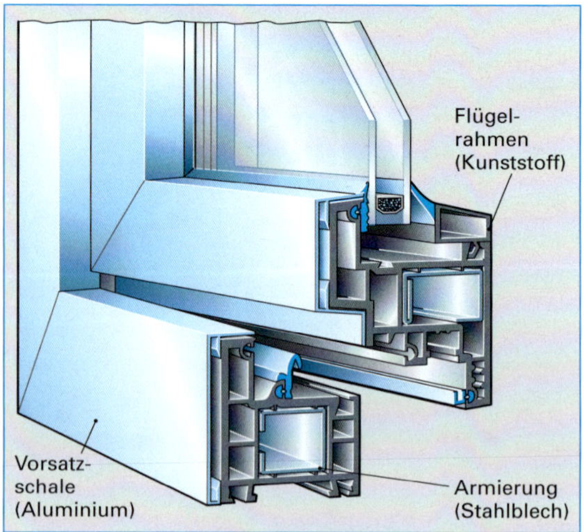

Bild 3: Kunststofffenster mit Al-Vorsatzschale

Tabelle 1: Maximale Oberflächentemperaturen von Fensterprofilen

Farbgebung		max. mögliche Oberflächentemperaturen °C von	bis
hell:	naturfarben	40	50
	weiß	40	45
	chromgelb/bronze	50	60
mittel:	mittelbraun	65	70
	mittelrot	60	70
	gelborange	55	60
dunkel:	dunkelgrau, dunkelgrün, dunkelblau, dunkelbraun }	70	75
	schwarz		80

Holzprofile: Für den Rahmenbau eignet sich nur Holz mit bestimmten Eigenschaften. Es muss in verhältnismäßig großen Abmessungen verfügbar, gleichmäßig gewachsen und von geringer Astigkeit sein. Es muss ein gutes Stehvermögen sowie eine hohe Widerstandsfähigkeit gegen Pilze, Insektenfraß, Witterungseinflüsse und mechanische Einwirkungen aufweisen. Das Holz muss genügend fest sein, sich gut bearbeiten, imprägnieren und anstreichen lassen und außerdem im naturbelassenen Zustand gut aussehen. Die Holzarten der Nadelbäume: Fichte, Kiefer, Lärche, Tanne und der Laubbäume: Afzelia, Dark Red Meranti, Makoré, Niangon, Oregon Pine, Robinie, Sipo und Teak haben weitgehend diese Eigenschaften. Die DIN EN 350 teilt die Holzarten für den Fensterbau nach natürlichen Dauerhaftigkeitsklassen („Resistenz") hauptsächlich gegen holzzerstörende Pilze ein.

Ein Großteil der Rahmenhölzer wird vor allem aus Gründen der Formstabilität aus Schichtholz, das auch als Lagenholz bezeichnet wird, hergestellt. Hinweise zur Herstellung und Qualitätssicherung sind in der Richtlinie „Lamellierung von Profilen für Holzfenster", herausgegeben vom Institut für Fenstertechnik, Rosenheim, angegeben.

Holzprofile bestechen mit ihrer Oberfläche durch Optik und angenehme haptische Eigenschaft. Weitere Beurteilungskriterien für die Auswahl der Rahmenwerkstoffe Aluminium, Holz-Aluminium-Verbund, PVC und PUR zeigt Tabelle 2.

Tabelle 2: Rahmenwerkstoffe im Vergleich

Beurteilungskriterien	Werkstoffe und Kombinationen – Punktbewertung der Eigenschaften und Kriterien (0 = unbefriedigend; 1 = gerade noch tragbar; 2 = ausreichend; 3 = gut; 4 = sehr gut)								
	Aluminium		Holz-Oberfläche		Holz-Aluminium-Oberfläche			Kunststoff	
	ohne therm. Trennung	mit therm. Trennung	Lasur	deckend	außen (Alu)	innen (Holz) Lasur	innen (Holz) deckend	PVC	PUR
1. Oberflächenaussehen									
1.1 Natürlichkeit (Maserung, Charakter usw.)	1...2	1...2	3...4	1...2	1...2	3...4	1...2	1...3	1...2
1.2 Farbgebungsmöglichkeit	3...4	3...4	1...3	3...4	3...4	1...3	3...4	1...3	1...2
2. Gestaltungsmöglichkeit									
2.1 Größe/Abmessungen	4	3	3	3	├──	3	──┤	2...3	1...2
2.2 Form/Gestaltung (alle Bogenformen usw.)	3	2	4	4	├──	3	──┤	2...3	1...2
2.3 Teilung (Stulp, Sprossen usw.)	3	2...3	4	4	├──	2...3	──┤	2...3	1...2
2.4 Profilgestaltung	2	2	4	4	2	3	3	2	1...2
3. Alterungs- und Witterungsbeständigkeit	3...4	3...4	2...3	3	3...4	3	3	3	3
4. Dichtheit (Fugendurchlässigkeit Schlagregensicherheit)	3...4	3...4	3...4	3...4	├──	3...4	──┤	3...4	3...4
5. Wärmeschutz	0...2	1...3	4	4	├──	4	──┤	3...4	3...4
6. Tauwasserschutz	0	1...2	4	4	├──	3...4	──┤	3	3
7. Schallschutz	3...4	3...4	3...4	3...4	├──	3...4	──┤	3...4	3...4
8. Einbruchschutz	3	3	2	2	├──	3	──┤	2	2
9. Einbaumöglichkeit von Zusatzeinrichtungen (Lüftungen, Rolläden usw.)	3	3	4	4	├──	4	──┤	3	2
10. Reinigung	3	3	2	3	3	2	3	3	3
11. Instandahltungsaufwand (Rahmen einschl. Dichtungen, Beschläge)	3...4	3...4	2	2	3...4	3	3	3	3
12. Instandsetzung									
12.1 Oberfläche	3...4	3...4	2	2	3...4	3	3	3	3
12.2 Sonstiges (Reparatur von Beschädigungen, ausgebrochenen Teilen usw.)	1...2	1...2	3	3	1...2	3	3	1...2	0...1

2.2 Aufbau von Fenstern und Fensterwänden

Am Beispiel eines Drehkippfensters aus Aluminium (Bild 1) sollen Aufbau und Bezeichnungen eines modernen Fensters erläutert werden.

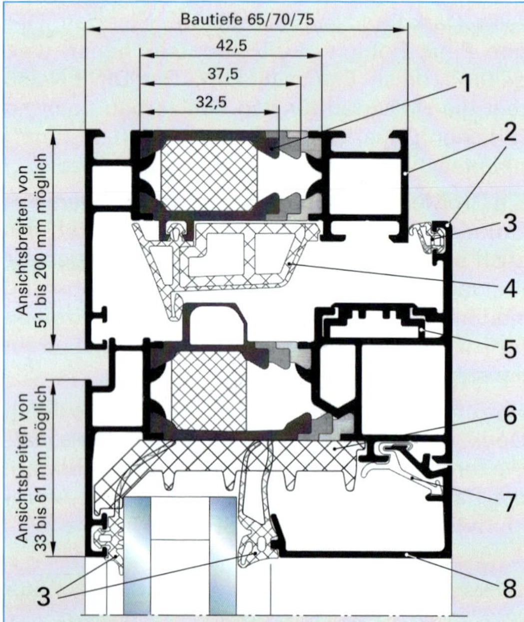

1 Isoliersteg
2 Innenschale
3 Dichtung
4 Mitteldichtung
5 Riegelstange
6 Glasfalzdämmung
7 Glasleistenhalter aus Kunststoff
8 Glasleiste

Bild 1: Bezeichnungen am Drehkippfenster

Der in der Gebäudeöffnung befestigte **Blendrahmen** bildet den äußeren Rahmen für den Fensterflügel. Der Flügel ist der bewegliche Teil des Fensters. Der **Flügelrahmen** nimmt die **Verglasung** auf. Die senkrechten Rahmenteile werden als **Pfosten** bezeichnet, die waagerechten Rahmenteile als **Riegel** (Kämpfer). **Sprossen** sind leichte Profile innerhalb des Flügels. Sie können waagerecht, senkrecht oder als Kreuzsprosse die Verglasung aufteilen.

Zum **Beschlag** gehören die Zubehörteile, die der Flügelbewegung und die zum Verschluss des Flügels dienen. Die **Glasleisten**, auch als Glashalteleisten bezeichnet, sind in einer Nut des Flügelrahmens geklemmt und drücken das **innere Dichtprofil** (Glasfalzdichtung, Glasdichtung) gegen die Glasscheibe.

Die inneren und äußeren **Dichtprofile** sorgen für eine dichte und elastische Lagerung der Scheibe. Sie verhindern, dass Stöße aus der Flügelbewegung direkt an die Scheibe weitergegeben werden. Die **Mitteldichtung**, ein im Blendrahmen umlaufendes profiliertes Band aus elastischem Dichtungsmaterial, trennt über eine Vorkammer den Außen- vom Innenbereich. Die im Flügelrahmen zur Innenseite eingesetzte **Anschlagdichtung** dient als Zusatzdichtung und trägt zur Senkung des Wärmedurchgangswertes des Rahmens (U_f-Wert) bei.

Ein **Basisprofil aus Kunststoff** unterhalb des Blendrahmens schafft eine ebene, flächige Auflage und erleichtert dadurch die Fenstermontage, entlastet die Befestigungselemente vom Eigengewicht des Fensters und vermindert einen Wärmeverlust durch den „Wärmebrückeneffekt". Abdichtungsbahnen und Fensterbänke decken die Brüstung nach innen und außen ab (siehe S. 34, Bild 1).

Bei mehrflügeligen Fensterelementen, Fensterbändern oder Fensterwänden (Bild 2) kommen bei Metall-, Holz- und Kunststofffenstern als Bauteile noch zusätzliche Pfosten, Riegel (oder Kämpfer) und Sprossen hinzu.

Fenster und Fenstertüren sind Rahmenkonstruktionen mit transparenter Füllung (meist Glas) mit oder ohne bewegliche Flügel (siehe S. 33, Bild 1). Der Blendrahmen läuft **allseitig** um.

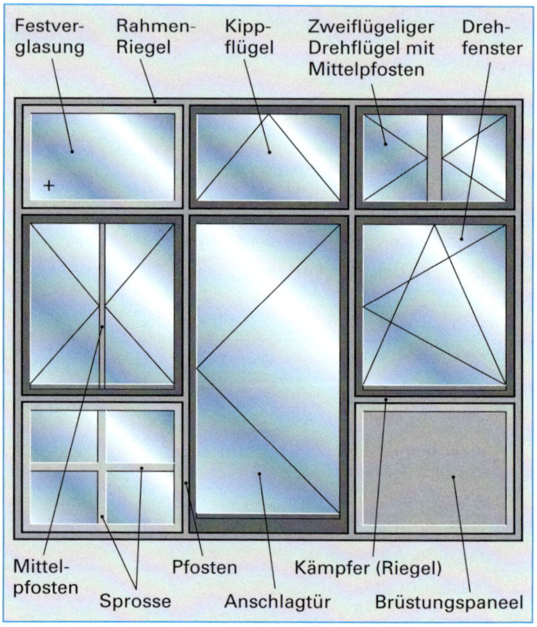

Bild 2: Elemente einer Fensterwand

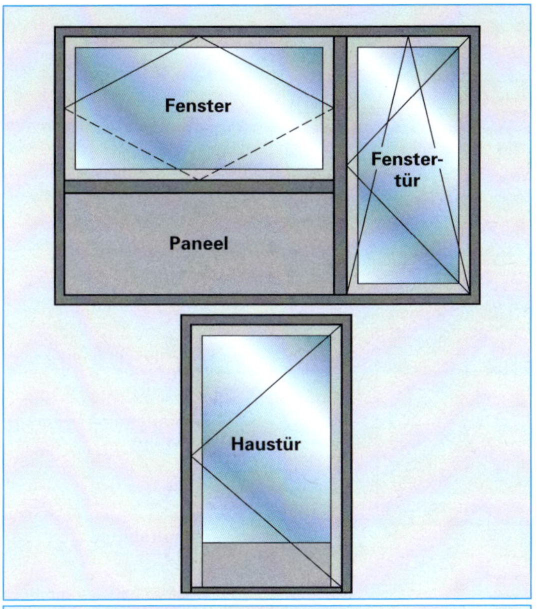

Bild 1: Definition von Begriffen

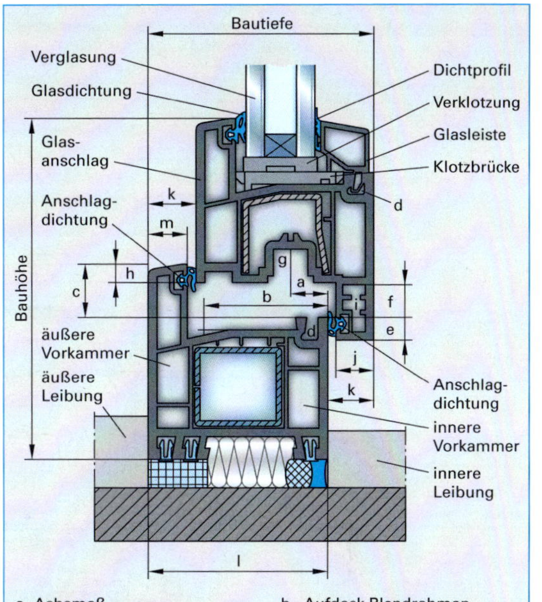

a Achsmaß
b Falzmaß
c Blendrahmenüberschlag
d Aufnahmenut für Glasleiste
e Aufdeck Flügel
f Falzluft
g Beschlagnut
h Aufdeck Blendrahmen
i Flügelüberstand
j Flügelüberschlagtiefe
k Überschlagtiefe
l Profiltiefe
m Blendrahmenüberschlagtiefe

Bild 3: Konstruktionsbegriffe am Drehkipp-Fenster (hier: Kunststoff)

Außen liegende Türen (Haustüren) sind Rahmenkonstruktionen mit beweglichen Flügeln, bei denen der Blendrahmen **dreiseitig** umläuft. Eine Schwelle bildet den unteren Abschluss.

Leichte Außenwände sind im Bereich der Fassade Rahmenkonstruktionen mit nichttransparenten Füllungen, wie z. B. Paneele oder Brüstungselemente und andere Ausfachungen (Bild 2).

Konstruktive Einzelheiten für den Profilaufbau und den Bauanschluss am Beispiel eines Kunststoff-Fensters zeigt Bild 1 mit aufgesetztem Rollladen auf der nachfolgenden Seite.

Im Holzfensterbau sind die besonderen Fachbegriffe für die Benennung der einzelnen Teile eines Fensters dem Bild 4 zu entnehmen.

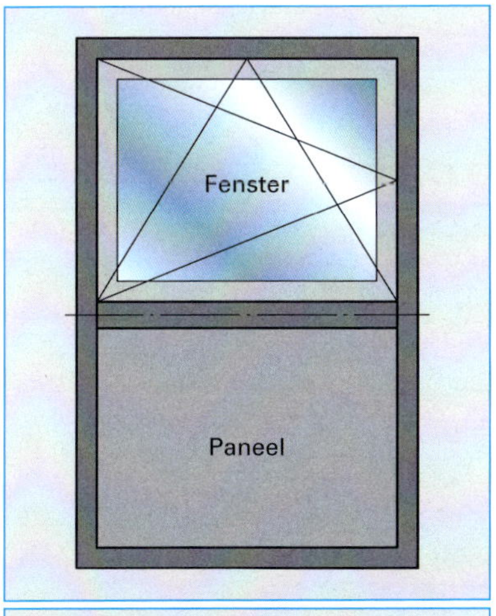

Bild 2: Fassadenelement „leichte Außenwand"

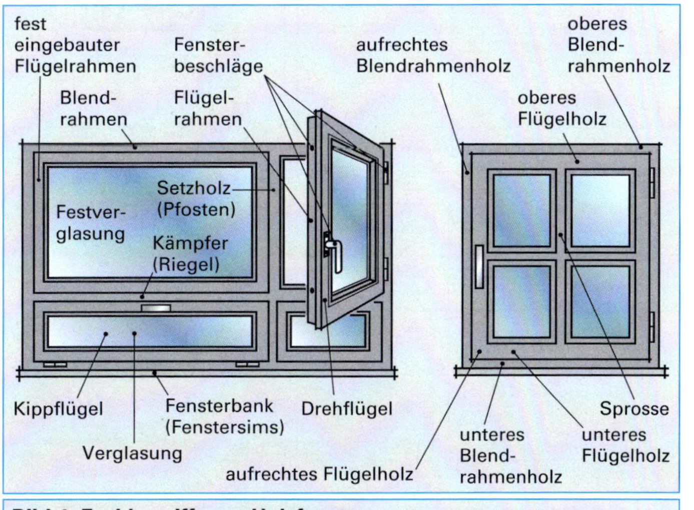

Bild 4: Fachbegriffe am Holzfenster

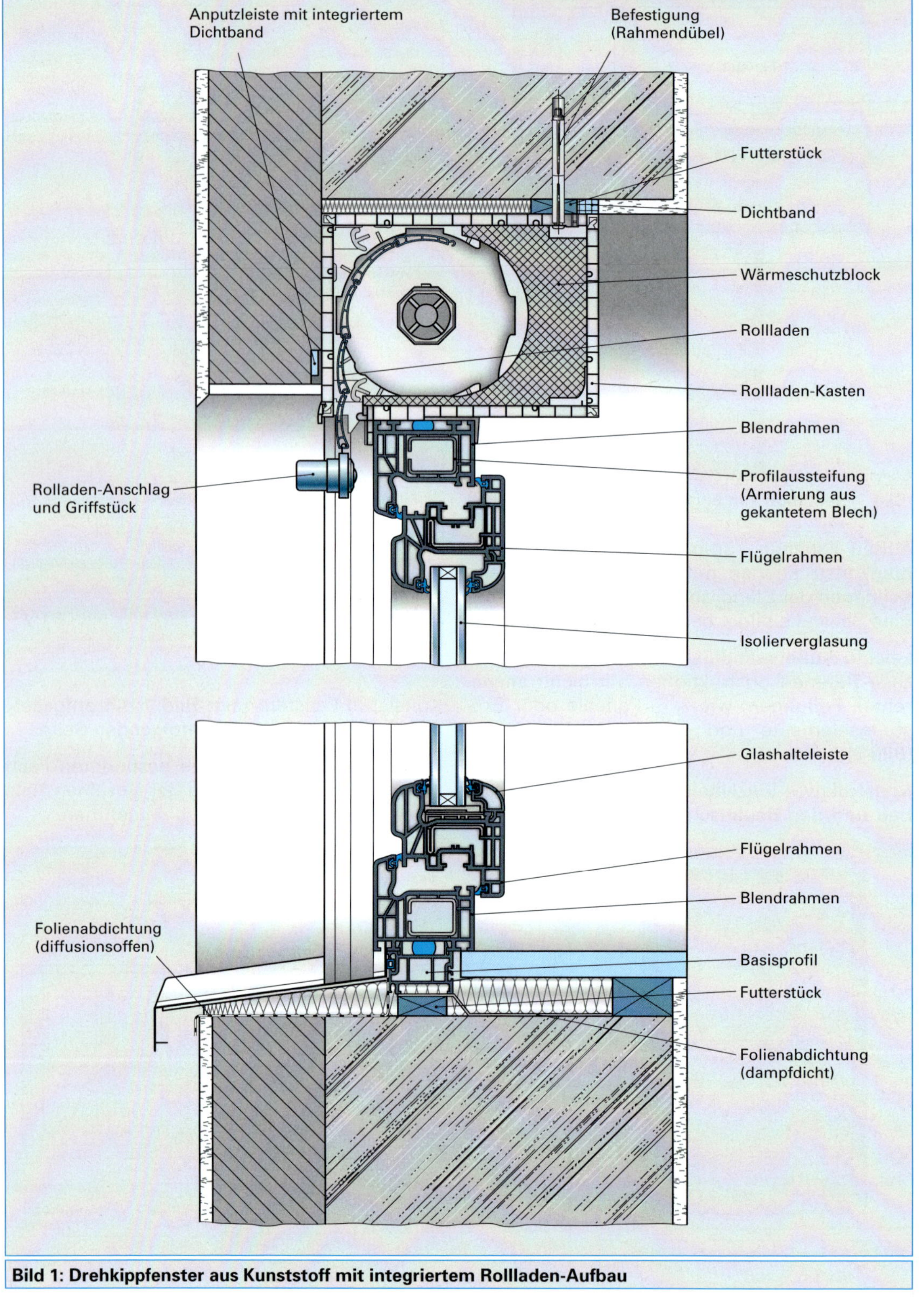

Bild 1: Drehkippfenster aus Kunststoff mit integriertem Rollladen-Aufbau

2.2.1 Maßbezeichnungen

Die wichtigsten Maße am Bauteil Fenster sind[1]

- Rohbaumaß (Nennmaß, Zeichnungsmaß),
- Fugenbreite umlaufend,
- Baurichtmaß (Rohbaulichte, Kleinstmaß des Rohbaumaßes; Breite und Höhe),
- Blendrahmen-Außenmaße (Breite und Höhe),
- Blendrahmen-Innenmaße (Bezugskante; Breite und Höhe),
- Flügelrahmen-Außenmaße (Breite und Höhe),
- Lichte Flügelmaße (Breite und Höhe),
- Glasmaße.

Am Beispiel eines Aluminium- und eines Holzfensters werden diese Maße am Baukörper erläutert (Bild 2 und S. 36, Bild 1).

Zu den wichtigen Maßbezeichnungen am Fenster gehört für den Fensterplaner auch die Bautiefe des Blendrahmens. Mit der Bautiefe wird die Profiltiefe, Profilstärke bzw. die Profildicke bezeichnet (siehe S. 33, Bild 3). Für die Planung der Lage eines Fensters in der Leibung, für den Bauanschluss bzw. der Auswahl der Befestigungselemente eines Fensters ist die Bautiefe von Bedeutung. Bild 1 zeigt für ein Holzfenster die Bautiefe des Blendrahmens. Die Bautiefe wird im Bild 1 auf dieser Seite als Profil-Nenndicke bezeichnet und beträgt hier 78 mm.

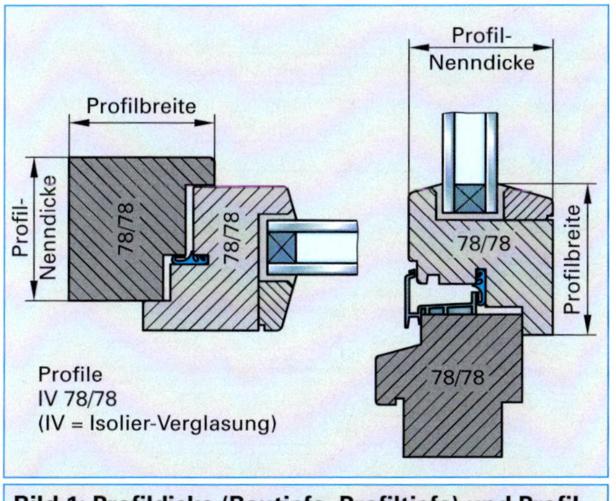

Bild 1: Profildicke (Bautiefe, Profiltiefe) und Profilbreite bei einem Holzfenster

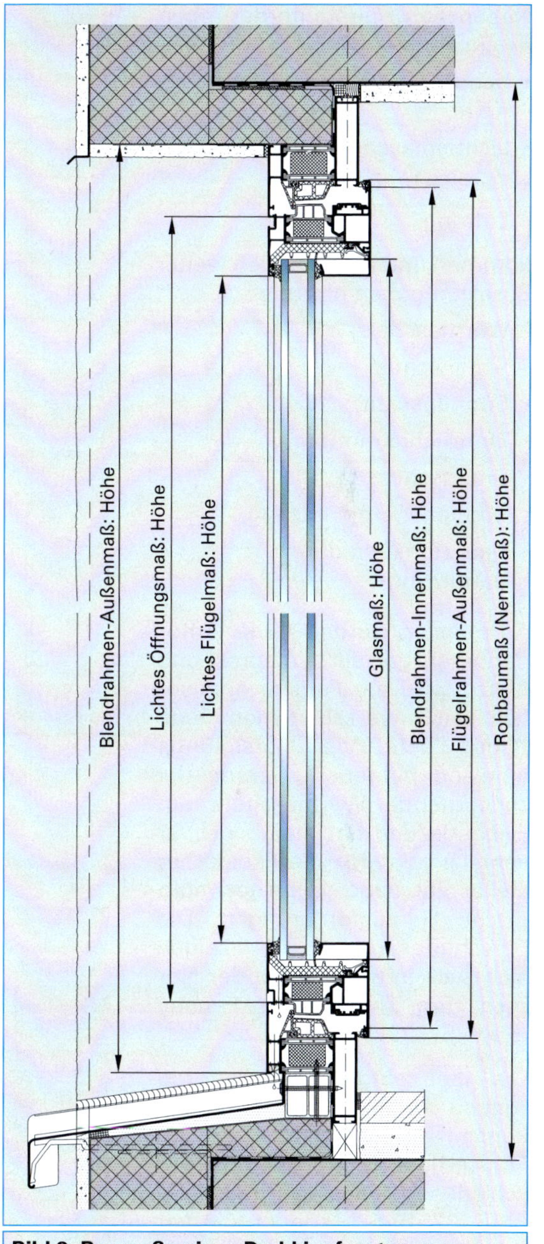

Bild 2: Baumaße eines Drehkippfensters aus Aluminium

Von der Bautiefe ist die Ansichtsbreite der Profile zu unterscheiden. Eine schmale Ansichtsbreite der Profile erhöht den Glasanteil des Fensters. Ist wärmetechnisch gesehen günstig und entspricht den Wünschen vieler Kunden.

[1] Siehe auch Kapitel 4.2

2.3 Anforderungen

Neben den Hauptanforderungen an ein Fenster wie

- Schutz vor Regen, Wind und Kälte,
- Lichteinlass und freie Aussicht,
- Tageslichtnutzung,
- Lüftung,

kommen unter Umständen weiter Zusatzaufgaben hinzu:

- Wärmeschutz,
- Schallschutz,
- Sonnenschutz,
- Einbruchhemmung,
- Brandschutz,
- Sonnenenergienutzung,
- Dauerfunktion durch Benutzung

An Fenster werden hohe Anforderungen gestellt. Entsprechend hierzu wird am Fenster hinsichtlich seiner verschiedenen Funktionen sehr viel Forschungsaufwand betrieben. Gerade der zunehmende Wärmeschutz am Gebäude und der steigende Verkehrslärm stellen die Fensterhersteller vor neue große technologische Herausforderungen. Die Forschungsergebnisse zeigen sich auch in der Vielzahl der Normen zum Themenkreis Fenster (siehe S. 323).

Die oben aufgezeigten Anforderungen an das Produkt Fenster können alle Werkstoffe für den Fensterbau leisten. Auch die verschiedenen Fensterformen (siehe S. 37, Bild 1) können die verschiedenen Werkstoffe für die Rahmenmaterialien der Fenster einschließlich der Fensterkomponenten Glas und Fensterbeschlag erfüllen.

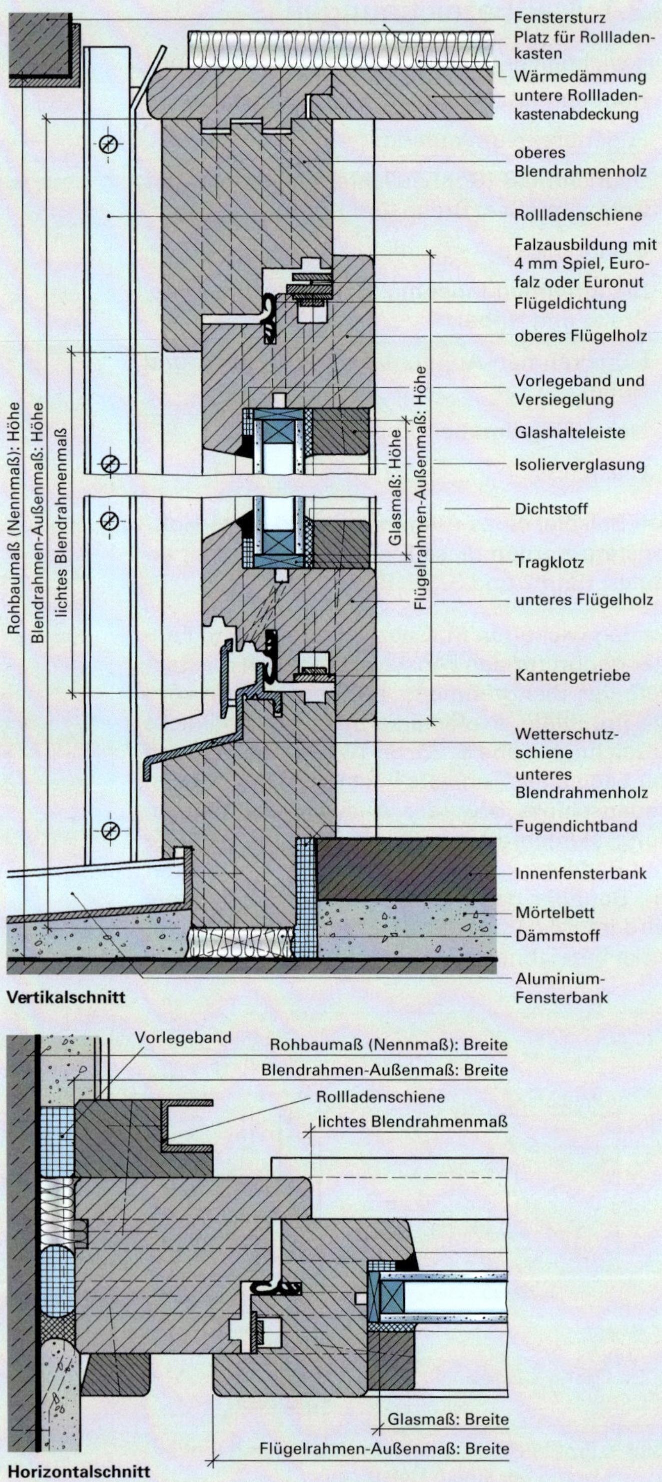

Bild 1: Baumaße und Bezeichnungen eines Drehflügelfensters aus Holz

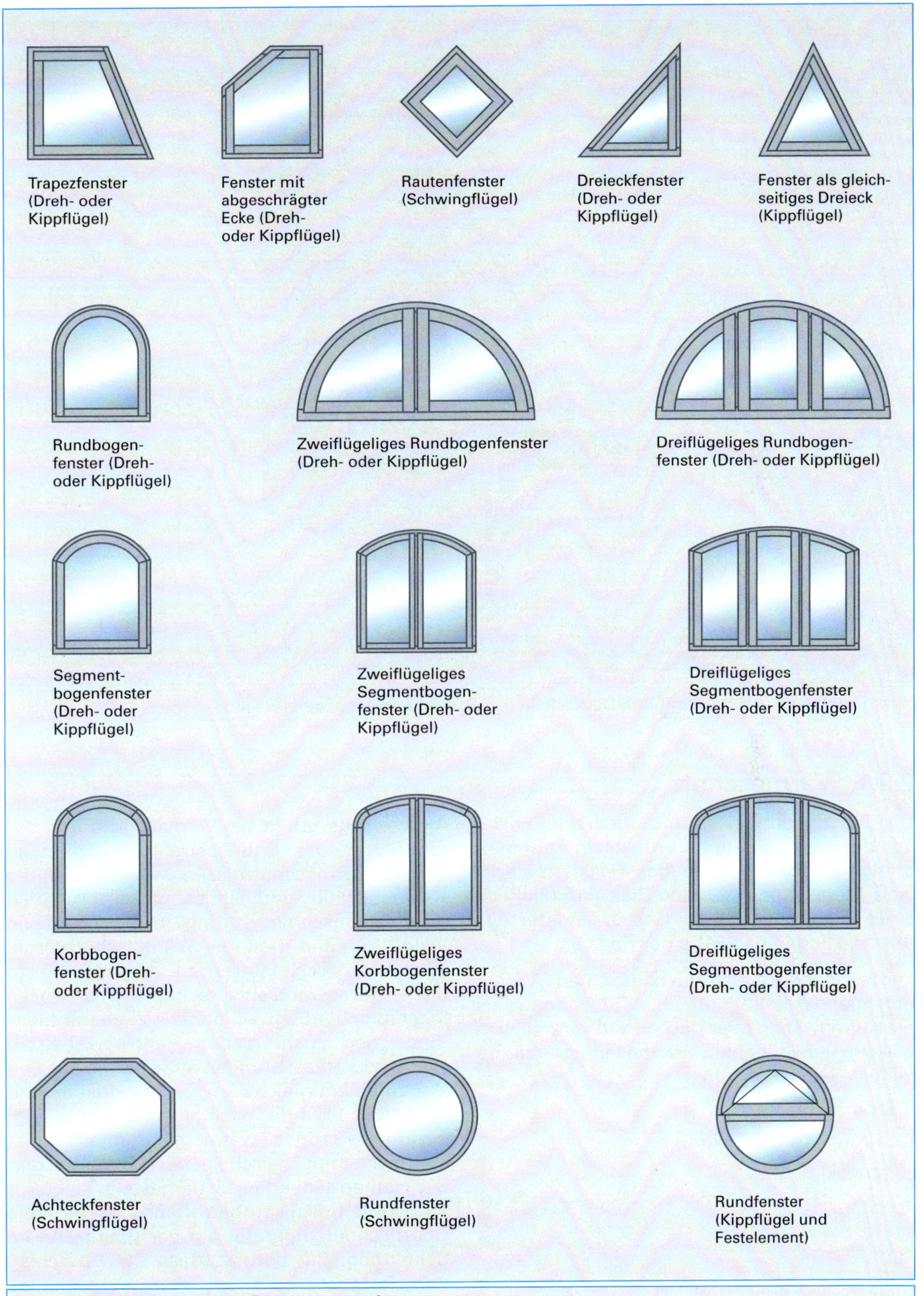

Bild 1: Fensterformen ohne Sprossengestaltung

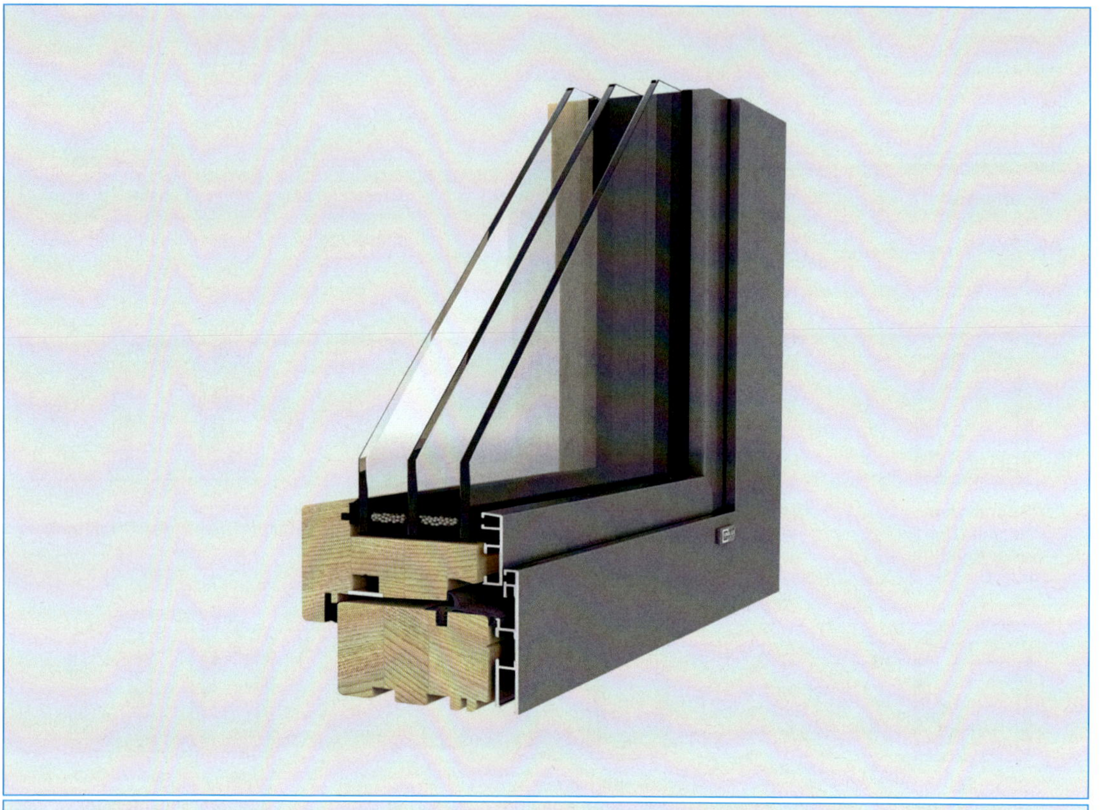

Bild 1: Holzfenster mit Aluminium-Deckschale und Dreischeiben-Isolierverglasung

2.3.1 Wärmeschutz

Der Durchgang von Wärme durch ein Fenster von der warmen Raumluft zur kalten Außenluft erfolgt einerseits durch das Fenstermaterial Holz, Metall, Kunststoff und Glas einschließlich eines eingeschlossenen Gases, andererseits über die Fugen und Falze des Fensters.

Fenster haben meist einen größeren Wärmedurchgangskoeffizienten U_w ($_w$ für window) als die Außenwände oder Dächer und verursachen deshalb einen hohen Wärmeverlust. Wärmeverluste entstehen durch:

- Strahlung,
- Leitung (Transmission),
- Konvektion[1].

Andererseits bringt die Verglasung durch das Eindringen der Sonnenstrahlung Wärmegewinne. Wärmeschutzgläser, wärmegedämmte Rahmenprofile und ein bauphysikalisch richtiger Bauanschluss verringern die Wärmever luste. Während moderne Wärmeschutzverglasungen U_g-Werte aufweisen, die einer 30 cm dicken Betonwand entsprechen, liegt bei vielen Systemen der Schwachpunkt im Bauanschluss durch den ausführenden Handwerksbetrieb. Hier sind Verbesserungen in Sicht, die das Fenster zu einem gleichwertigen Wandbauteil machen. Bild 1 auf der nachfolgenden Seite zeigt ein hochwertiges wärmegedämmtes Kunststofffenster mit Dreischeiben-Isolierverglasung. Der Isothermenverlauf ist dargestellt. Zu beachten ist die positiv zu bewertende relativ hohe Oberflächentemperatur auf der Raumseite im Schnittbild. Sie bewirkt, dass der Ausschlag von Tauwasser auf der raumseitigen Glasfläche verhindert wird (siehe S. 88, Bild 2).

[1] Konvektion auf dem Weg der Luftströmung durch Lüftung und Undichtheiten

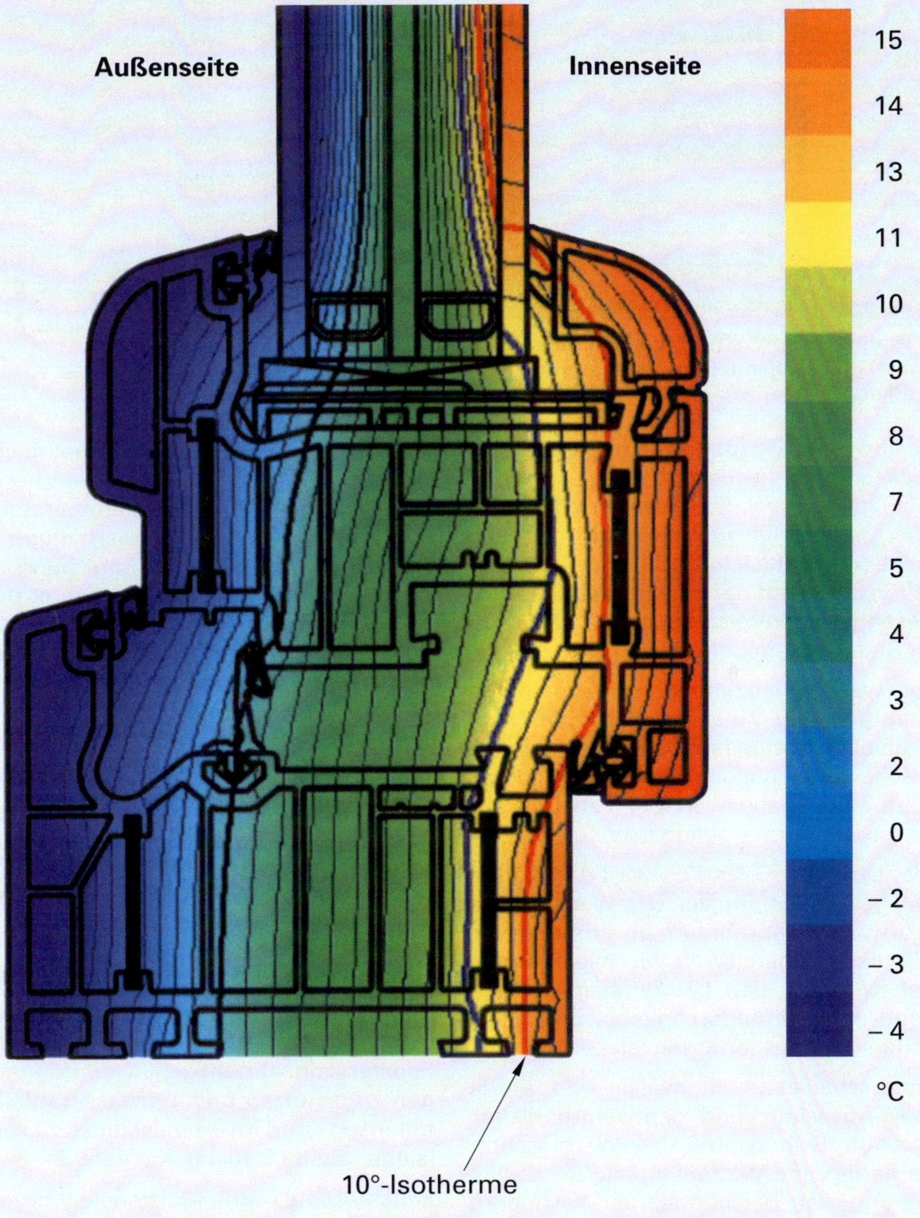

Bild 1: Isothermenverlauf mit 10°-Isotherme bei einem Kunststofffenster

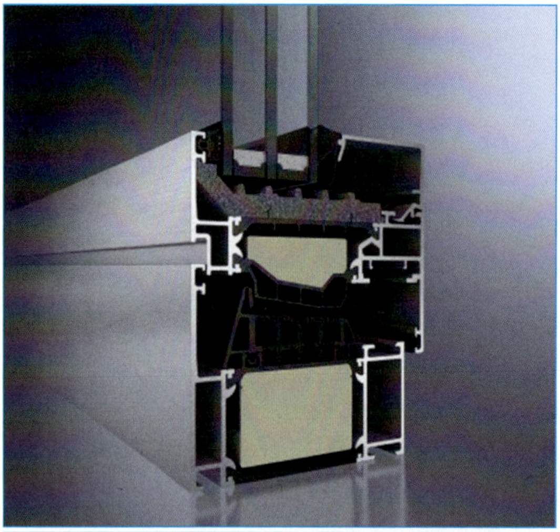

Bild 1: Thermisch getrenntes Aluminiumfenster mit Dreischeiben-Isolierverglasung (Bautiefe 90 mm)

Bild 2: Isothermenverlauf zum Fenster links

Mit stärker werdenden Profilen, Dreifach-Isolierverglasung mit beschichteten Gläsern und Edelgasfüllungen im Scheibenzwischenraum werden U_w-Werte bis zu 0,65 W/(m² · K) beim Holzfenster erreicht (siehe S. 38, Bild 1). Bei Aluminiumfenstern liegt der derzeit niedrigste U_w-Wert bei ähnlicher Verglasung bei 0,7 W/(m² · K) und bei Stahlfenstern bei 1,0 W/(m² · K).

Eine hochwertige Fenstertechnik ist aber immer im Zusammenhang mit der zugehörigen Wandfläche zu sehen. Um Schimmelpilzbefall an der Wandfläche zu vermeiden gilt der Grundsatz: Der Wärmedurchgangswert der Fensters soll nicht besser als der der Wand sein.

Nach der DIN EN ISO 10077-1 wird der Wärmedurchgangswert für Fenster (U_w-Wert) aus Tabellen bzw. Rechenprogrammen ermittelt, die den Wärmedurchgangswert für das Rahmenmaterial (U_f-Wert), den Glasrandverbund (φ_g-Wert) und den Wärmedurchgangswert für die Verglasung (U_g-Wert) erfassen (siehe S. 309 ff).

Man unterscheidet im Bauwesen den winterlichen Wärmeschutz und den sommerlichen Wärmeschutz. Beim winterlichen Wärmeschutz geht es darum, die Wärmeverluste im Gebäude während der Heizperiode zu verringern. Energiepolitisches Ziel ist es, dabei den Energieverbrauch für Raumwärme zu senken, einen effizienten Einsatz der Energiereserven zu leisten, um damit auch die Reduzierung des CO_2-Ausstoßes in Hinblick auf die belastende Klimaerwärmung voranzutreiben.

Der winterliche Wärmeschutz hat auch zur Folge, dass die raumseitigen Fensterflächen eine ausreichende Oberflächentemperatur aufweisen können, um Tauwasserbildung dort zu vermeiden. (Bild 2). Die Forschung und Entwicklung der Fenstertechnik richtet daher ihre Bestrebungen auf die wärmetechnische Verbesserung der Rahmen, der Isolierverglasung einschließlich des Randverbundes („warme Kante") der Isolierverglasung.

Der sommerliche Wärmeschutz hat zum Ziel, die Raumaufheizung durch Sonneneinstrahlung im Sommer zu verringern, um damit zu einer Verbesserung des Raumklimas beizutragen. Gleichfalls werden damit die Energiekosten für die Anlagen zur Klimatechnik im Gebäude gesenkt.

2.3.2 Feuchteschutz

Beim Feuchteschutz kommt es darauf an, das Fenster von außen gegen eindringenden Regen zu schützen und Tauwasseranfall auf der Innenseite und im Bauanschluss zu verhindern (siehe Kapitel 2.10.4 u. Kapitel 9.2).

Feuchteschutz am Holzfenster bezieht sich neben der fachgerechten Ausbildung der Anschlussfuge auch auf die fachgerechte Beschichtung des Holzes. Mängel in der Oberflächenbeschichtung können zu holzzerstörenden und holzverfärbenden Pilzbefall (Holzfäulepilze) führen.

2.3.3 Fugendurchlässigkeit und Schlagregendichtheit

Ein dichtes Fenster verringert zwar Energieverluste während der Heizperiode, führt aber zu hoher Luftfeuchtigkeit. Bauschäden und Schimmelpilzbildung können die Folge sein. Nur bedarfsgerechtes Lüften schafft Abhilfe.

Die **Fugendurchlässigkeit** beschreibt den Luftaustausch über die Fugen zwischen Flügel und Blendrahmen. Ein Maß für die Fugendurchlässigkeit bei **geschlossenem Fenster** ist der Fugendurchlasskoeffizient *a*[1]. Er besagt, wie viel Kubikmeter Luft in einer Stunde durch einen Meter Fugenlänge bei einem Druckunterschied von 10 Pa über die Fuge ausgetauscht wird. Je größer der *a*-Wert ist, desto größer sind auch die Wärmeverluste durch die Luftströmung und um so ungünstiger ist die Schalldämmung. Ein Luftaustausch über mögliche Undichtheiten im Anschluss zwischen Blendrahmen und Baukörper wird vom *a*-Wert nicht erfasst. Angestrebt wird ein *a*-Wert der möglichst gegen Null geht.

Schon eine Absenkung des Fugendurchlasskoeffizienten um 2 $m^3/(h \cdot m \cdot daPa)$ würde den Schalldämmwert um bis zu 10 dB mindern.

Der Fugendurchlasskoeffizient *a* wird als Kenngröße dann verwendet, wenn bei der Fertigung gleiche Fenster untereinander auf Fugendurchlässigkeit zu überprüfen sind. Mit der längenbezogenen Fugendurchlässigkeit V_l werden die am Bauwerk tatsächlich vorhandenen Luftdruckunterschiede berücksichtigt. Die von der Bauplanung vorgegebenen *a*-Werte und die Werte für V_l dürfen nicht überschritten werden.

Neben der längenbezogenen Fugendurchlässigkeit ist in der Fensterprüfung auch der flächenbezogene Fugendurchlasskoeffizient a_f in der Anwendung. Dieser benennt bei einer Luftdruckdifferenz von 10 Pa die ausgetauschte Luftmenge über die zu öffnende Fensterfläche eines Fensters.

Die Anforderungen an die Fugendurchlässigkeit sind in Form von Luftdurchlässigkeitsgrenzen der Klasse 1 bis 4 für längenbezogene und flächenbezogene Prüfverfahren angegeben. Beispielsweise darf ein Fenster der Luftdichtigkeitsklasse 2 bezogen auf 1 Meter Fugenlänge

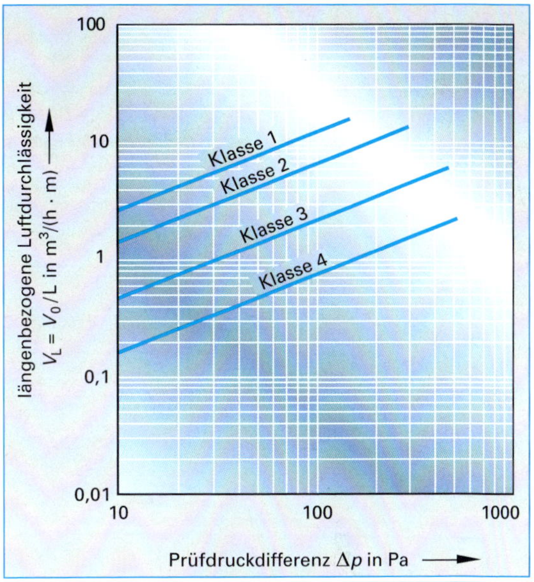

Bild 1: Längenbezogene Fugendurchlässigkeit nach DIN EN 12207

bei einem Prüfdruck von 100 Pa 6,75 $m^3/(h \cdot m)$ Luftmenge durchlassen und in der Klasse 4 sind das dann 0,75 $m^3/(h \cdot m)$. Siehe Bild 1.

Die Fugendurchlässigkeit wird in der Norm DIN EN 12207 geregelt (Bild 1).

Schlagregendichtheit bedeutet, dass unter gleichzeitiger Beanspruchung durch Wind und Regen kein Wasser bei geschlossenem Fenster in den Innenraum eindringen darf. In die Rahmenkonstruktion eingedrungenes Wasser muss kontrollierbar wieder nach außen abgeführt werden, um Schäden an den Fensterrahmen, dem Randverbund der Scheibe und am Baukörper zu vermeiden.

Das Abführen des eingedrungenen Wassers erfolgt bei Fenstern mit dichtstofffreiem Falzraum über Öffnungen im tiefsten Punkt des Glasfalzes (siehe S. 42, Bild 1). Öffnungen im oberen Eckbereich des Glasfalzes sorgen für den Dampfdruckausgleich nach außen und für das rasche Ablüften von Luftfeuchtigkeit.

Es werden nach der DIN EN 12208 zwei Prüfverfahren für die Schlagregendichtheit unterschieden, die die Lage des Fensters im Gebäude zum Ausdruck berücksichtigen sollen. Beim Verfahren A wird von der ungeschützten Lage des Fensters und im Verfahren B von der teilweise geschützten Lage des Fensters (z. B. durch

[1] Die Einheit des *a*-Wertes ist gemäß DIN 18055 $m^3/(h \cdot m \cdot daPa)$

a) über Entwässerungsöffnungen im Blendrahmen (sichtbar)
b) über Entwässerungsöffnungen in der Außenkammer (verdeckt)

Bild 1: Ableitung von Wasser aus dem Glasfalzraum

Innenanschlag, Loggia, Vordach) im Baukörper ausgegangen. Siehe Bild 2.

> Bei zweiflügeligen Fenstern ohne Setzpfosten bzw. ohne Mittelpfosten (Stulpflügelfenster) sind die Voraussetzungen zum Erreichen der Prüfklassen 2, 3 oder 4 der Schlagregendichtheit ungünstig. Sie können nur durch hohe Arbeitsgenauigkeit erreicht werden.

Fugendurchlässigkeit und Schlagregendichtheit werden auf einem Prüfstand gemessen. Die Prüfung erfolgt bei einem bestimmten Luftdruckunterschied, der eine Windbelastung simuliert. Bei der Prüfung auf Windbeanspruchung darf die Durchbiegung der Flügel- und Blendrahmen, Pfosten und Riegel 1/200 der Stützweite nicht überschreiten. Die Isolierglasscheibe darf sich höchstens um 15 mm zwischen den Scheibenkanten durchbiegen.

Um die Schlagregendichtheit auch über einen längeren Zeitraum zu gewährleisten, ist die Ausbildung des Falzbereiches, die Lage und Anordnung der Dichtungen und die Öffnungen zum Druckausgleich von Bedeutung. Dabei ist auch der Bauanschluss wichtig. Als günstig hat sich das sogenannte zweistufige

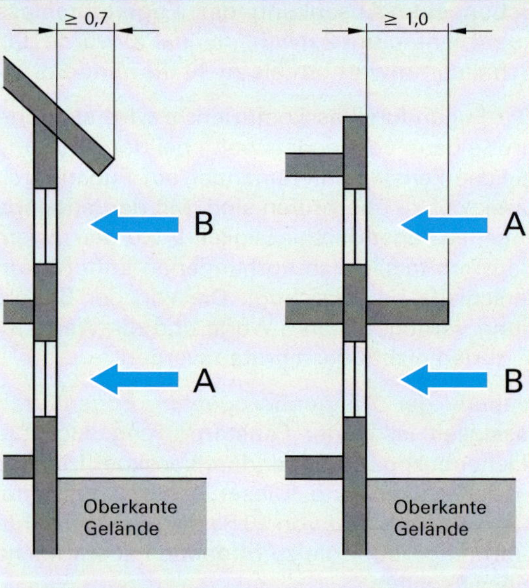

A ungeschützte Lage
B teilweise geschützte Lage
Alle Maße sind in Metern angegeben.

Bild 2: Fenster in ungeschützter und in teilweise geschützter Lage

Abdichtungssystem gezeigt, bei der die Regen- und die Winddichtung räumlich getrennt sind (siehe S. 89, Bilder 1 und 3).

2.3.4 Lüftung

Man geht davon aus, dass moderne Menschen der Großstadt heute zu 90 % ihrer Tageszeit sich in geschlossenen Räumen aufhalten. Die Belastung der Raumluft und die Möglichkeiten der Lufterneuerung durch Lüftung über das Bauelement Fenster haben daher heute in der Fenstertechnik einen hohen Stellenwert.

Die Raumlüftung dient vor allem dem Abtransport von Schad- und Geruchsstoffen und der Erzeugung eines behaglichen Raumklimas. Wichtige Faktoren für ein behagliches Raumklima sind die relative Luftfeuchte, die Lufttemperatur und Luftbewegung, Temperaturunterschiede zwischen Fußboden und Deckenzone sowie die Oberflächentemperatur der Umschließungsflächen. Günstig ist eine relative Luftfeuchte von 40 % bis 60 %. Bei zu trockener Luft kann es zu Atemwegserkrankungen kommen. Bei zu feuchter Luft kann die Luftfeuchte an kälteren Zonen von Boden, Wand und Decke zu Tauwasserbildung führen.

Durch seine Tätigkeiten setzt der Mensch ständig Wasserdampf frei. Die Menge des freigesetzten Wasserdampfes hängt ab von der Art und Weise der körperlichen Anstrengung und von Tätigkeiten wie z. B duschen, kochen, waschen. Siehe Tabelle 1. Zusätzlich wird die Luftfeuchtigkeit durch Pflanzen im Raum oder durch Haustiere gesteigert. Neben der Wasserdampfemission wird auch die CO_2-Belastung der Raumluft und andere chemische Belastungen durch Ausdünstungen von Fußbodenbelägen oder Möbelstücken entstehen. Die Belüftung von geschlossenen Räumen durch eine angepasste Luftwechselrate fördert die Gesundheit des Menschen und verhindert Bauschäden wie z. B. Feuchte- und Schimmelpilzschäden.

Tabelle 1: Feuchteemissionen in Wohnungen

Emissionsquelle	Feuchteabgabe in g/h
Mensch, sitzend, ruhend	68
Mensch, arbeitend	181
Wannenbad	680
Duschen	2600
Kochen	1700
Pflanzenwachstum	34
Wäsche, geschleudert	193
Wäsche, tropfnass	500

Mit der Luftwechselrate *n* wird angegeben, wie oft das gesamte Luftvolumen eines Raumes in Abhängigkeit von der Nutzfläche je Stunde erneuert wird. Sie sollte in einem von Menschen bewohnten Aufenthaltsraum zwischen 0,7 und 0,8 je Stunde betragen. Unabhängig vom Raumvolumen sollten einem Nichtraucherraum je Person und Stunde mindestens 20 m^3 frische Luft zugeführt werden, einem Raucherraum 30 m^3.

Nach dem Zustandekommen der Luftbewegung wird zwischen natürlicher oder freier und mechanischer oder maschineller Lüftung unterschieden.

Der natürlichen Be- und Entlüftung eines Raumes dient ein Luftstrom, der durch Luftdruck- bzw. Temperaturdifferenz entsteht. Wind ist ein starker Luftstrom im Außenbereich (Bild 1).

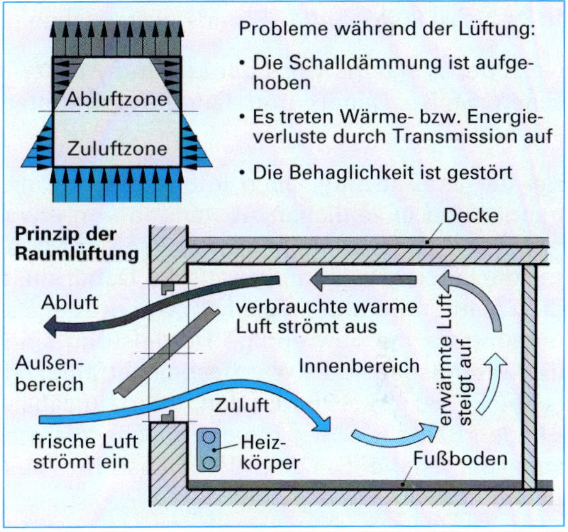

Bild 1: Natürliche Lüftung durch das geöffnete Schwingflügelfenster

Sowohl der Luftdruck wie auch die Temperaturen sind in der Regel zwischen dem Außenbereich und dem Innenraum sowie über dem Fußboden und unter der Decke eines Raumes verschieden. Frische, kühle Luft strömt bei entsprechenden Druck- bzw. Temperaturdifferenzen über ungenügend abgedichtete Falze, über geöffnete Fenster oder über Belüftungselemente in den Innenraum und sinkt dort infolge ihrer höheren Dichte auf den Fußbodenbereich. Bei einer Erwärmung (z. B. durch Heizkörper) nimmt die Dichte der Luft ab. Die erwärmte Luft „steigt" nach oben unter den Deckenbereich. Von dort gelangt die belastete Luft über Entlüftungsöffnungen wieder in den Außenbereich.

Dieser Luftstrom innerhalb eines Raumes erklärt, warum im oberen Fensterbereich oder im Sturzbereich eingebaute Abluftöffnungen besonders wirksam sind (Bilder 1 u. 2).

Die Zulufteinrichtungen können dagegen auch im unteren Fensterbereich oder in der Fensterbrüstung eingebaut sein (siehe S. 45, Bild 1). In Bild 2 auf dieser Seite verschließt eine Lüftungsklappe (rot im Bild) bei stärkerem Winddruck den Luftkanal und vermeidet dadurch Zugluft. Bei abflauendem Wind öffnet die Lüftungsklappe wieder selbsttätig für die Lufterneuerung im Raum.

Die Luftbewegung und damit die Be- und Entlüftung eines Raumes nimmt mit steigenden Luftdruck- und Temperaturunterschieden zu. So können beispielsweise Schalldämmlüfter von einem Meter Länge bei einer Luftdruckdifferenz von 10 Pa bis zu 80 m^3 Luft je Stunde austauschen.

Nach der Wirkungsweise der Lüftung wird zwischen Stoß-, Dauer- und Querlüftung unterschieden.

Bei der Stoßlüftung, auch Intensivlüftung genannt, wird in zeitlichen Abständen von etwa zwei bis drei Stunden innerhalb weniger Minuten die Luft im Raum ausgetauscht. Dabei sinkt die Raumtemperatur schnell ab. Von großer Bedeutung für die notwendige Heizleistung sind die Lüftungsdauer, die Wärmespeicherfähigkeit (siehe S. 260 u. S. 275) der den Raum umschließenden Bauteile sowie die spezifische Wärmekapazität (siehe S. 259) der Baustoffe, aus denen die Bauteile bestehen.

Die Dauerlüftung sorgt für einen ständigen und gleichmäßigen Luftaustausch, wobei große Schwankungen der Raumtemperatur vermieden werden. Diese Lüftungsart ist besonders vorteilhaft für Räume, in denen andauernd eine starke Feuchtigkeitsbelastung vorliegt. Wegen der geforderten Behaglichkeit muss jedoch darauf geachtet werden, dass die Luftgeschwindigkeit nicht über 0,2 m/s ansteigt. Bei der Dauerlüftung entstehen erhöhte Heizkosten.

Die Querlüftung stellt eine Sonderform der Stoß- und Dauerlüftung dar. Bei der Querlüftung gewährleistet die Lage der Zu- und Abluftelemente eine gute Durchströmung eines Raumes oder einer ganzen Wohnung mit Frischluft. Die Zu- und Abluftelemente müssen für eine wirkungsvolle Querströmung grundsätzlich einander gegenüberliegen und sich im oberen Wandbereich befinden.

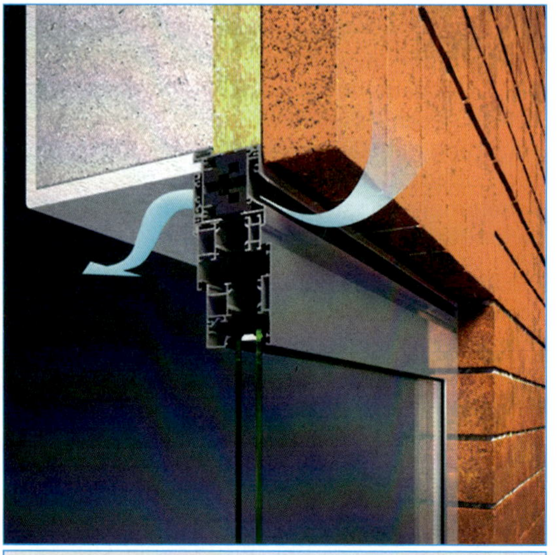

Bild 1: Fensterlüfter

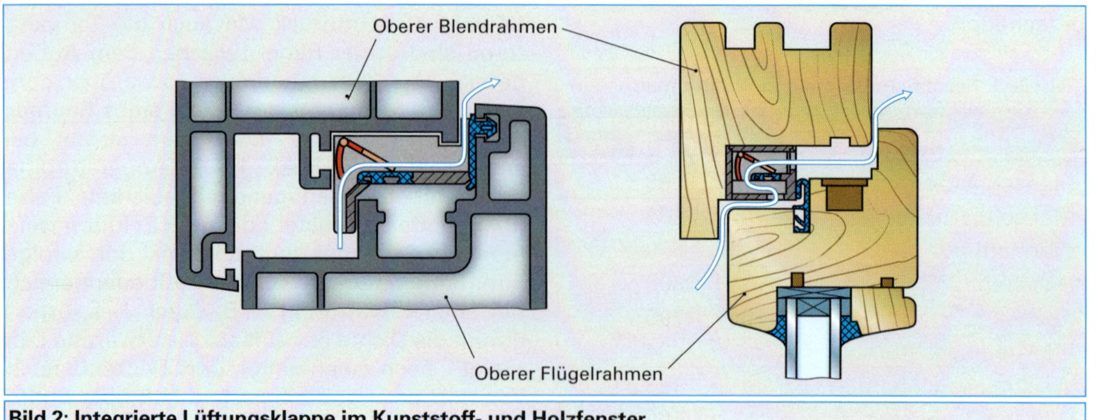

Bild 2: Integrierte Lüftungsklappe im Kunststoff- und Holzfenster

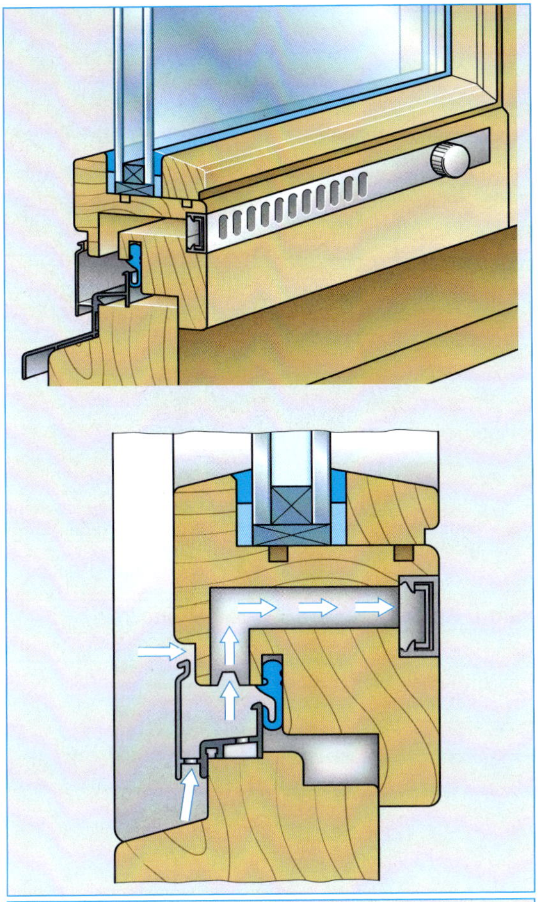

Bild 1: Lüftungseinrichtung am Holzfenster

Kommt aufgrund ungünstiger Druck- bzw. Temperaturdifferenzen keine natürliche Lüftung mehr zu Stande, kann die mechanisch erzeugte Lüftung Abhilfe schaffen. Diese ist auch sinnvoll, um den Straßenlärm (Schallschutz) fernzuhalten und um eine Einbruchs- und Regensicherheit zu schaffen.

Die **mechanisch erzeugte Lüftung oder Zwangslüftung** setzt einen mit einem Elektromotor betriebenen Ventilator voraus. Bei dieser Lüftungsart lässt sich die Luftwechselrate berechnen und einstellen. Die Anordnung eines Ab- und Fortluftventilators erfolgt am besten im oberen Fenster- und Raumbereich. Ein Zuluftventilator wird meist im unteren Fenster- oder im Brüstungsbereich eingebaut.

Moderne Lüftungseinrichtungen werden automatisiert. Sie sind mit Antrieben, Steuerungen und Sensoren ausgestattet und können Räume bei geschlossenem Fenster u. a. in Abhängigkeit der Raumluftqualität kontrolliert lüften.

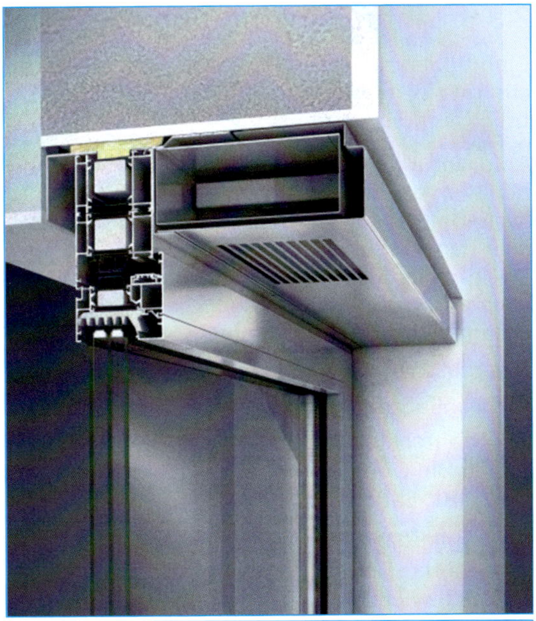

Bild 2: Lüftungssystem mit Wärmerückgewinnung

Das in Bild 2 dargestellte Lüftungssystem saugt verbrauchte Luft aus dem Raum ab und führt sie gefiltert der Wärmerückgewinnung zu. Gleichzeitig wird Frischluft angesaugt. Sensoren für den CO_2-Gehalt und für die Luftfeuchtigkeit regeln den Luftaustausch.

Über Sensoren gesteuerte elektromotorisch betätigte Fenster-Öffnungsantriebe für Kipp- oder Klappflügel können in der Gebäudelüftung oder im vorbeugenden Brandschutz zur Anwendung kommen.

2.3.5 Fenstergröße

Fenster sollen einen Sichtkontakt zwischen Innen- und Außenraum ermöglichen und bei Tage ein angenehmes Helligkeitsniveau bieten. Für beide Zwecke sind Mindestgrößen einzuhalten. Damit Fenster in Wohnräumen ausreichenden Ausblick ermöglichen, sollen nach DIN 5034-1 folgende Anforderungen erfüllt werden (verkürzt):

- Die Oberkante der durchsichtigen Fläche sollte mindestens 2,2 m über dem Fußboden liegen.
- Die Unterkante der durchsichtigen Fensterteile sollte höchstens 0,95 m über dem Fußboden liegen.
- Die Breite des durchsichtigen Teils des Fensters (bzw. die Summe der Breiten aller vorhandenen Fenster) sollte mindestens 55 % der Breite des Wohnraumes betragen.

2.3.6 Einbruchhemmung

Einbruchhemmende Bauteile sind dazu bestimmt, in geschlossenem Zustand einen Einbruch zu erschweren.

Anforderungen an die Einbruchhemmung können nur von speziell hierfür gefertigten Fenstersystemen erfüllt werden. Absolut sicher kann kein Fenster sein; es kommt auf den Zeitraum an, in welchem das Fenster dem Einbruchversuch Widerstand leisten soll. Die Einbruchhemmung wird verbessert durch:

- verstärkte Rahmenkonstruktion,
- abschließbare Fenstergriffe (Bild 1),
- Anbohrschutz in Höhe des Fenstergetriebes. Die Oberflächenhärte sollte mindestens 60 HRC betragen,
- verstärkte (evtl. verschraubte) Glasleisten,
- verstärkte Beschläge (auch wegen der hohen Glasgewichte!),
- Schubstangenverriegelung. Zusätzliche Schieber greifen in die Ecken der Blendrahmen,
- Hinterhakensysteme im Falzbereich (Bild 2) sowie sogenannte Pilzkopfzapfen-Verriegelung verhindern das Aushebeln der normalen Rollzapfen über die Schließbleche,
- durchbruch- und durchwurfhemmendes Glas,
- Aushebelsicherung.

Die Anforderungen und Prüfbedingungen sind in der Normreihe DIN EN 1627 - 1630 zum Einbruchschutz (siehe S. 47, Tabelle 1) festgelegt.

Die Prüfung besteht aus drei Teilen: je ein statischer und ein dynamischer Versuch zur Nachahmung von körperlicher Gewalt sowie eine manuelle Teilprüfung (einem zeitlich begrenzten Einbruchversuch mit genau vorgeschriebenen Werkzeugen). Jeder Widerstandsklasse ist eine entsprechende Verglasung zugeordnet, z. B. ist der Widerstandsklasse RC 3 die durchbruchhemmende Verglasung B 1 nach DIN EN 1627 zugeordnet (siehe S. 49, Tabelle 1).

Ein gekipptes Fenster bietet keinen Einbruchschutz. Für einen unerlaubten Einstieg ist es ein Leichtes, den gekippten Flügel aus dem Drehkipplager auszuhebeln.

Etwa 75 % aller Wohnungseinbrüche über Fenster, Balkon- und Terassentüren werden über das Aufhebeln mit Werkzeugen an der Öffnungsseite getätigt.

a) Abschließbarer Fenstergriff für Drehkipp-Fenster

b) Abschließbarer Türgriff für Hebe-Schiebe-Tür mit Profilzylinder-Lochung

Bild 1: Griffsicherungen an Fenster und Tür

a) Sicherheitsverriegelung RC 1 N

b) Sicherheitsverriegelung RC 2

c) Drehkippfenster RC 2 mit Anordnung der vier Sicherheitsverriegelungen

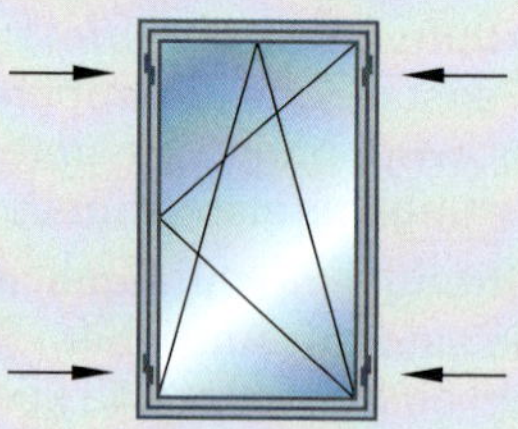

Bild 2: Sicherheitsverriegelungen

Tabelle 1: Widerstandsklassen, Tatausübung, Objekt

Widerstandsklasse	Mutmaßliche Arbeitsweise des Täters Werkzeugsätze	Objekt
RC 1 N	Der Gelegenheitstäter versucht, das verschlossene und verriegelte Bauteil durch den Einsatz körperlicher Gewalt zu überwinden: Gegentreten, Gegenspringen, Herausreißen o. ä; Werkzeugsatz A1.	**Wohnung/Gewerbe:** Gebäude bei denen ein Einbruch mit Werkzeugen auffällig wäre oder Gebäude ohne direkten Zugang.
RC 2 N +RC 2	Der Gelegenheitstäter versucht, zusätzlich mit einfachen Werkzeugen wie z. B. Schraubendreher, Zange und/oder Keile das verschlossene und verriegelte Bauteil aufzubrechen; Werkzeugsatz A2.	**Wohnung/Gewerbe:** Gebäude ohne Wertabsicherung.
RC 3	Der Täter versucht, zusätzlich mit einem zweiten Schraubendreher und einem Kuhfuß das verschlossene und verriegelte Bauteil aufzubrechen; Werkzeugsatz A3.	**Wohnung/Gewerbe:** Gebäude mit Werten, durchschnittl. Risiko für Eigentümer, schlecht einsehbare Gebäude.
RC 4	Der erfahrene Täter setzt zusätzlich Säge und Schlagwerkzeuge wie z. B. Schlagaxt, Stemmeisen, Hammer und Meißel sowie eine Akku-Bohrmaschine ein; Werkzeugsatz A4.	**Gewerbe:** hohe Wertabsicherung, Objektschutz mit allgemeinem Risiko.
RC 5	Der erfahrene Täter setzt zusätzlich Elektrowerkzeuge wie z. B. Bohrmaschine, Stich- oder Säbelsäge und Trennschleifer mit einem maximalen Scheibendurchmesser von 125 mm ein; Werkzeugsatz A5.	**Gewerbe:** Objektschutz mit Gefahr von Angriffen, Anschlägen oder Sabotage.
RC 6	Wie RC 5, nur zusätzlich 230 mm maximaler Scheibendurchmesser eines Trennschleifers, Bohrmaschine, Stich- oder Säbelsäge;Werkzeugsatz A6.	

Tabelle 2: Werkzeugkontaktzeiten nach DIN EN 1627

Widerstandsklasse	Werkzeugsatz[1]	Kontaktzeit in min	Max. Gesamtprüfzeit in min
RC 1 N	A1	keine manuelle Einbruchprüfung	
RC 2 N+RC 2	A2	3	15
RC 3	A3	5	20
RC 4	A4	10	30
RC 5	A5	15	40
RC 6	A6	20	50

[1] Siehe Tabelle 1; RC = Resistance class

Einbruchhemmende Fenster werden nach der Normenreihe DIN EN 1627 bis 1630 geprüft. Es finden dabei dynamische, statische und manuelle Teilprüfungen statt.

Bei der manuellen Teilprüfung versucht der mutmaßliche Einbrecher durch den Einsatz eines der Widerstandsklasse zugeordneten Werkzeugsatzes A1 bis A6 in einer bestimmten Werkzeugkontaktzeit (Tabelle 2) eine durchgangsfähige Öffnung herzustellen. Die manuelle Prüfung ist von besonderer Bedeutung, da nach Erfahrung der Prüfstellen in dieser Teilprüfung verhältnismäßig viele Konstruktionen versagen.

Der Einbau des Sicherheitsfensters hat nach der Montageanweisung des Herstellers zu erfolgen und sollte mindestens folgende Angaben enthalten:

- Angaben über die Mindestanforderungen an die umgebenden Wandbauteile,
- Angaben über den Produktnamen der Befestigungsmittel und Anzahl und Lage der Befestigungspunkte,
- Angaben über Befestigungsmittel für unterschiedliche Baustoffe. Bei Hohlblock- und Leichtbausteinen müssen festigkeitsunterstützende Maßnahmen mit zugelassenen Dübeln getroffen werden,
- Hinweise zur Ausführung und Lage der druckfesten Unterfütterung des Blendrahmens (bzw. der Zarge),
- Hinweis auf den einzuhaltenden Luftspalt zwischen Flügel und Blendrahmen,
- Angabe der Widerstandsklasse der einzusetzenden Verglasung mit einem Hinweis über die Glasdicke, Glasgewicht und Einbaudaten des Glasherstellers.

Für die Befestigung des Blendrahmens sind Metallhülsendübel (Durchsteckanker) ⌀ 10 mm zu verwenden. Eine Befestigung mit Ankerlaschen (Schlaudern) ist nicht zulässig. Die Ankerabstände sollten nicht größer als 600 mm (einige Hersteller schreiben 400 mm vor) sein. Vor dem Einsetzen der Dübel muss der Raum zwischen Blendrahmen und Baukörper im Bereich der Verriegelungen und Bänder druckfest ausgefüllt werden (Mineralwolle oder Montageschaum sind dafür nicht geeignet!). Durch konstruktive Maßnahmen ist die Fixierung mit Unterlegklötzen an den entsprechenden Stellen sicherzustellen (Bild 1). Diese druckfeste Hinterfütterung soll eine Verformung des Blendrahmens in Richtung Baukörper bei Einbruchversuchen mit Hebelwerkzeugen verhindern.

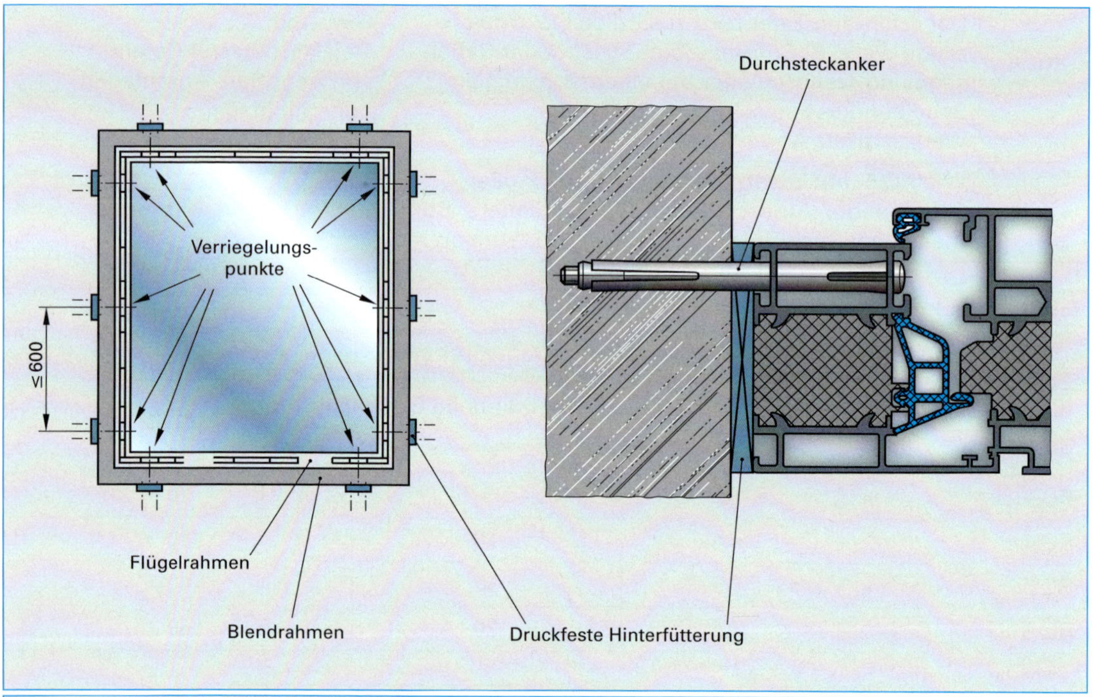

Bild 1: Wandanschluss eines einbruchhemmenden Fensters

Ein Fenster ist als **einbruchhemmend** eingestuft, wenn es in ungeöffnetem, verriegeltem und abgeschlossenem Zustand einen Einbruch mit körperlicher Gewalt für eine bestimmte Zeit erschwert. Einbruchhemmende Fenster (und Türen) müssen nach einem Prüfzeugnis und verbindlichen Fertigungsvorgaben gefertigt und mit einem Kennzeichnungsschild versehen werden.

Die Glasscheibe wird mit dem Flügelrahmen verklebt. Der Spezialkleber darf aber nicht mit dem Glasrandverbund in Berührung kommen.

Anforderungen an die Verglasung

Jeder Widerstandsklasse ist eine Verglasung zugeordnet. In der Widerstandsklasse 1 (RC1N) wird keine durchbruchhemmende Anforderung an die Verglasung gestellt, d. h. hier ist der Einsatz von Normalglas (Isolierglas) möglich. Es wird allerdings empfohlen, auch in der Widerstandsklasse RC1N Verbundsicherheitsglas (VSG) einzusetzen. Die Tabelle 1 ordnet den Widerstandsklassen die entsprechenden durchbruchhemmenden Glassorten zu.

Beispiel:

Für ein einbruchhemmendes Fenster der Widerstandsklasse RC 4 mit durchbruchhemmender Verglasung wird eine Verglasung B 1 empfohlen.

Tabelle 1: Widerstandsklassen und Sicherheitsglas

DIN EN 1627	DIN EN 356	Typischer Glasaufbau Gesamtdicke in mm	Prüfung nach DIN EN 356	
RC 2	P4 A	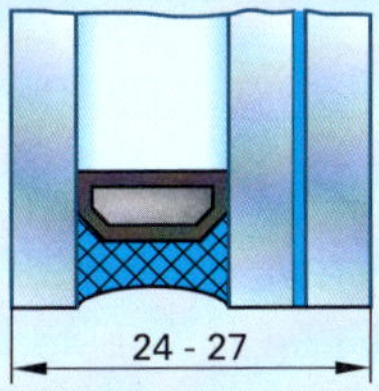	A 3 keine Durchdringung einer Stahlkugel (4, 11 kg, ø 100 mm) aus 9,0 m Höhe (3x) B 1 30 - 50 Anschläge	**Prüfung:** Wieviele Axtschläge sind erforderlich, um im Sicherheitsglas eine Öffnung von 400 mm x 400 mm herzustellen.
RC 3	P5 A	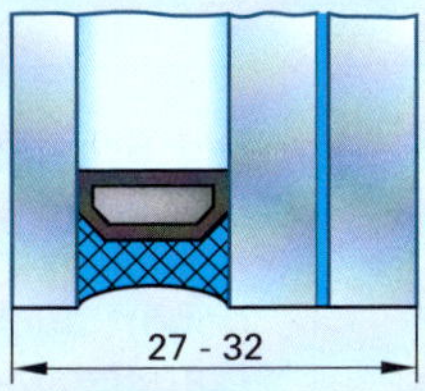	Prüfung wie bei A3; 9 Fallversuche B 1 30 - 50 Anschläge	
RC 4	P6 B	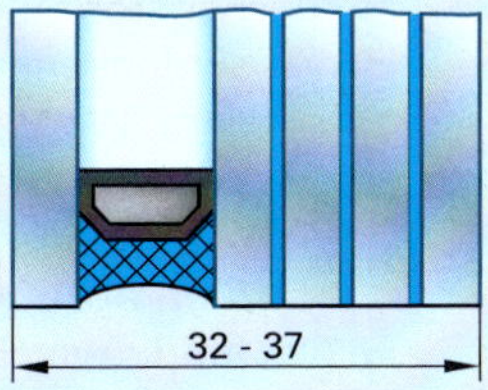	B 1 30 - 50 Anschläge	
RC 5	P7 B	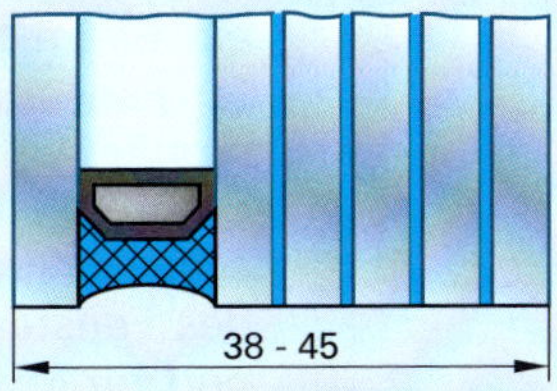	B 2 51 - 70 Anschläge	
RC 6	P8 B	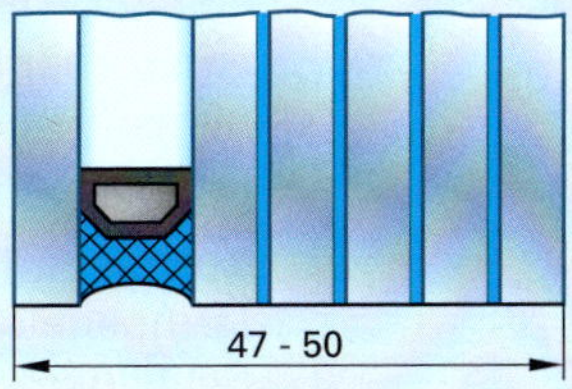	B 3 > 70 Anschläge	

2.3.7 Schallschutz

Fenster haben die Aufgabe, die Übertragung des Außenlärms in die Wohnräume zu verhindern, den in Gewerbebetrieben auftretenden Lärm nicht nach außen dringen zu lassen und bei verglasten Raumtrennwänden einen Schallschutz zu gewähren. Das bewertete Schalldämm-Maß $R_{w,R}$ von Einfachfenstern ist nach der DIN 4109, Tabelle 40, Beiblatt 1 zu ermitteln. Es sind dabei verschiedene Korrekturwerte zu berücksichtigen für Fenster z. B. aus Holz mit Aluminium-Vorsatzschale, für solche mit geringem Rahmenanteil oder mit Sprossenteilungen. Tabelle 1 zeigt bei verschiedenen Fensterarten die erreichbaren Schalldämmwerte.

Außerdem sind Geräuschspektrums-Anpassungswerte, z. B. für hochfrequente Geräusche (Reden, Musik, Radio, Schienenverkehr mit hoher Geschwindigkeit) oder tieffrequente Geräusche (städtischer Straßenverkehr, Schienenverkehr mit geringer Geschwindigkeit, Propellerflugzeug) in die Berechnung einzubeziehen.

Tabelle 1: Schalldämm-Maße $R_{w,P,Glas}$ für Doppelscheibenverglasungen

Fensterart	Scheibendicke in mm		Scheibenabstand in mm		Schalldämm-Maß R_w in dB
	d_1	d_2			
Isolierglas (IG) für Einfachfenster mit Luft- oder Argonfüllung	≥ 4	4	Scheiben-	12	31
	≥ 8	4	zwischen-	≥ 16	36
	≥ 6	4	raum	≥ 12	33
Verbundfenster mit Falzdichtung	≥ 4	IG 4/12/4	Abstand *a*	≥ 30	32
	≥ 6	IG 4/12/4	der Glas-	≥ 40	35
	≥ 8	IG 8/12/4	elemente	≥ 60	45
Kastenfenster mit Falzdichtung und Randdämpfung	≥ 4	IG 4/12/4	Abstand *a*	≥ 100	37
	≥ 8	IG 4/12/4	der Glas-	≥ 100	42
	≥ 8	IG 6/12/4	elemente	≥ 100	45

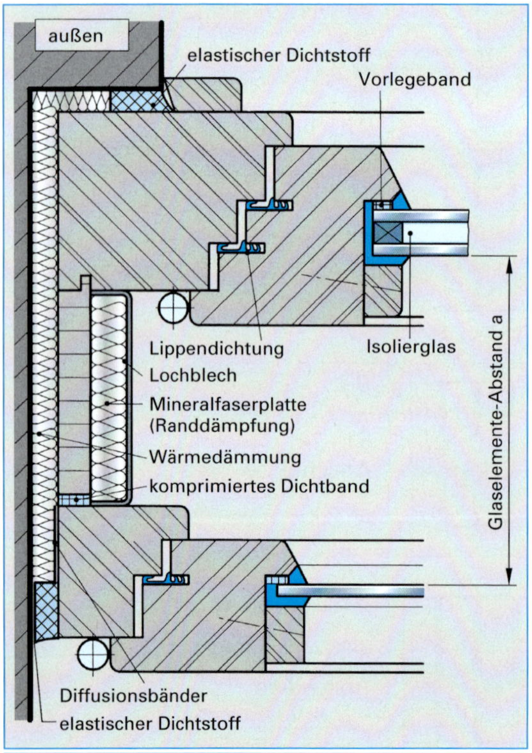

Bild 1: Schalldämmendes Kastenfenster

Die Schalldämmung eines Fensters ist wesentlich von der Fugendichtheit, bzw. Fugendurchlässigkeit abhängig. Zur Funktion eines Fensters gehört auch die Belüftung des Raumes. Da ein Luftaustausch nicht nur durch das Öffnen des Fensters, sondern auch über die Falze des geschlossenen Fensters stattfindet, kann auf diesem Wege der Lärm ebenfalls hindurchtreten. Bei schalldämmenden Fenstern sind deshalb sämtliche Falze mit Gummi- und Kunststoffprofilen abzudichten (Bild 1). Diese müssen umlaufend, weichfedernd, dauerelastisch, alterungsbeständig und leicht auswechselbar sein. Soll ein Raum trotz geschlossener und abgedichteter Fenster belüftet werden, ist ein schalldämmendes Lüftungsfenster einzubauen. Bei diesem Fensterelement wird die Frischluft über einen schallschluckend ausgebildeten Kanal unterhalb des Fensters durch einen Ventilator angesaugt und zur Erwärmung gleich über den Heizkörper geleitet. Die verbrauchte Raumluft wird durch einen ebenfalls mit Schallschluckmaterial versehenen Kanal oberhalb des Kastenfensters wieder nach außen abgeführt (siehe S. 51, Bild 2).

Ausgehend von einem maßgeblichen Außenlärmpegel wird das erforderliche resultierende Schalldämm-Maß aller Außenbauteile ermittelt

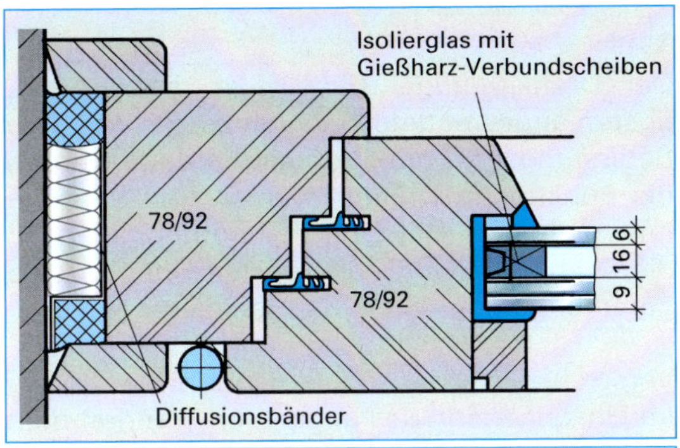

Bild 1: Schalldämmendes Holzfenster mit Schallschutzverglasung und zwei Lippendichtungen

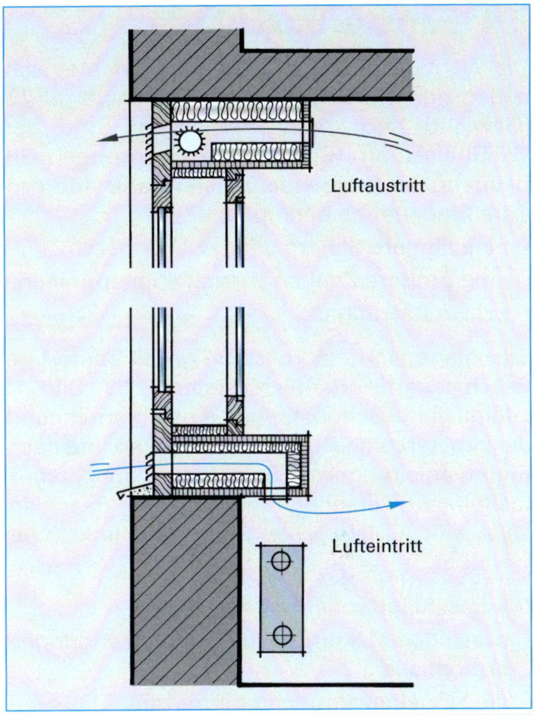

Bild 2: Schalldämmendes Lüftungsfenster

(siehe S. 297, Tabelle 1). Mit dem zuvor berechneten Fensterflächenanteil in % entnimmt man einer Tabelle (siehe S. 298, Tabelle 2) das erforderliche Schalldämm-Maß erf. R'_w für das Fenster.

Je nach Schalldämm-Maß bieten die Hersteller Schallschutzfenster bis zur Schallschutzklasse 6 an. Ein undichtes Fenster mit Einfach- oder Isolierverglasung wird der Schallschutzklasse 0 zugeordnet; ein Kastenfenster (getrennte Blendrahmen) mit besonderer Dichtung, sehr großem Scheibenabstand und einer Verglasung aus Dickglas erfüllt die Bedingungen der Klasse 6.

Bild 3 zeigt den Profilschnitt durch ein Schallschutzfenster (als Verbundfenster) der Klasse 5.

Die Schalldämmung hängt nicht davon ab, welche Scheibe des Isolierglases außen liegt. Aufgrund von Luftdruckeinflüssen ist es jedoch sinnvoll, die dickere Scheibe als Außenscheibe zu verwenden.

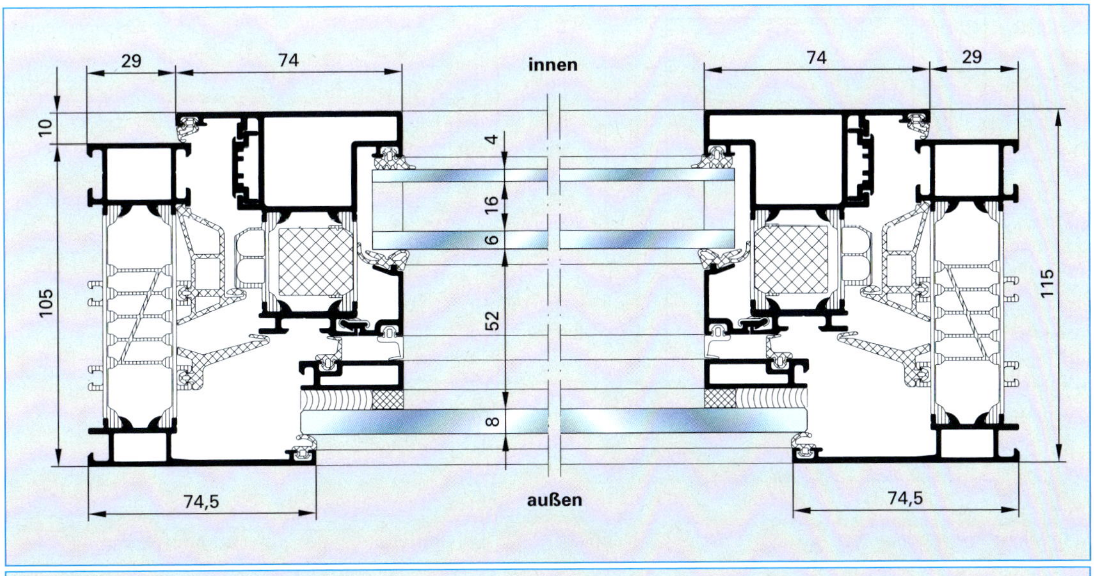

Bild 3: Schnitt durch ein Schallschutzfenster aus Aluminium

2.4 Fensterbeschläge

Die Wahl des richtigen Beschlages richtet sich neben der Öffnungsart und der Fenstergröße (Gewicht) nach dem Profilsystem und der Windbelastung (Beanspruchungsgruppe, Gebäudehöhe). Steigende Fenstermaße und größere Einbauhöhe bedingen:

- eine längere Schere oder zwei Scheren,
- eine größere Zahl an Verriegelungspunkten,
- Eckverstärkungen.

Beschläge sind als vollständige einbaufertige Beschlagsätze erhältlich (siehe S. 53, Bild 1). Lediglich die Schubstangen sind entsprechend der Fensterabmessungen abzulängen und nach Einbauanleitung mit Bohrungen oder Stanzlöchern zu versehen. Die meisten Beschlagsätze sind „DIN rechts" und „DIN links" verwendbar.

Die Beschläge sollen:

- bei sicherer Lagerung die Flügelbewegungen ermöglichen,
- die Flügelbewegungen begrenzen,
- den Flügel im Blendrahmen verschließen,
- eine Einstellung von Anpressdruck, Profilluft und Flügelgang ermöglichen.

Der Drehkippflügel (Bild 1) ist die am häufigsten angewendete Flügelbauweise. Mit dem Bedienungsgriff am Umschaltgetriebe werden die Funktionen Drehen, Kippen und Verriegelung gesteuert. Das Umschaltgetriebe wandelt die Drehbewegung des Fenstergriffes in eine geradlinige Bewegung der Schubstangen um.

Verschluss-Stellung: Eine Handgriffbewegung im Uhrzeigersinn des gegen den Blendrahmen gedrückten Flügels (vorher Kippstellung des Flügels) lässt über die Schubstangen die Riegelbolzen in die Schließplatten am Blendrahmen einrasten. Gleichzeitig verriegelt der Schließbock die Schere. Der Flügel ist mit dem Blendrahmen verspannt und verschlossen.

Kippstellung: Mit einem Handgriff gegen den Uhrzeigersinn entriegelt man die Riegelbolzen und den Schließbock der Schere. Der Riegelschieber (Fingerriegel) wird dabei in das Drehkipplager (Kipphalter) geschoben. Der Flügel kippt, bis der Scherenlenker die Kippstellung (Kippweite) begrenzt. Sie kann zwischen 80 mm bis 140 mm je nach Beschlag liegen.

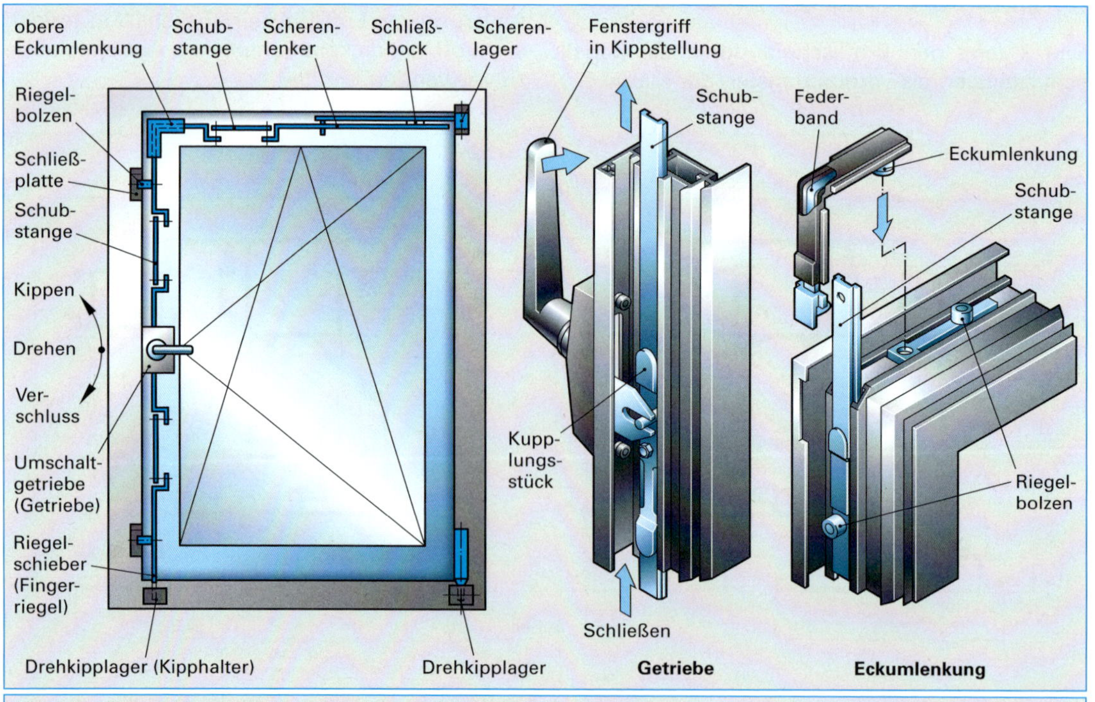

Bild 1: Funktion eines Drehkipp-Beschlages für Aluminiumfenster

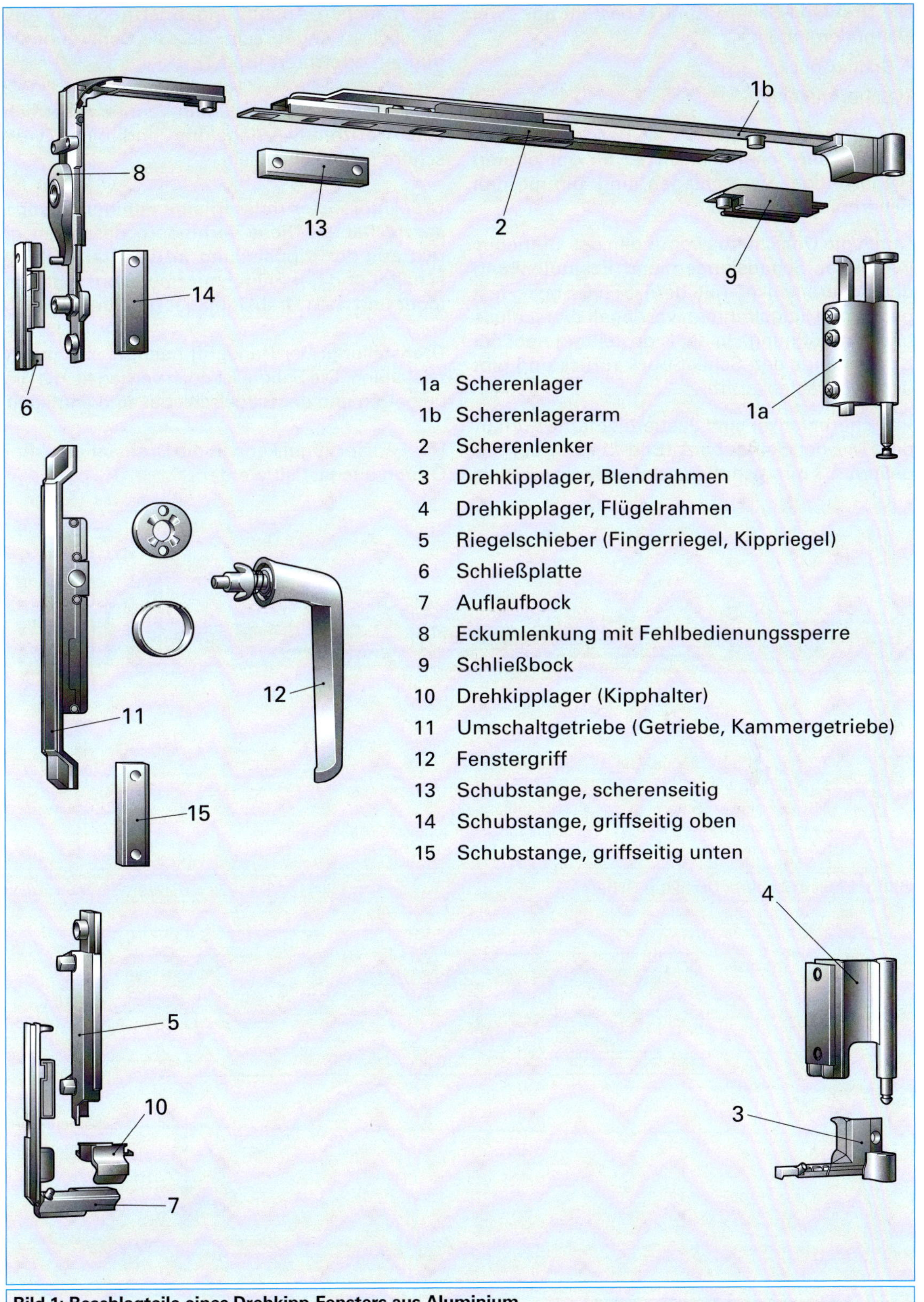

Bild 1: Beschlagteile eines Drehkipp-Fensters aus Aluminium

Die **Drehkipp-Schere** (Bild 1) besteht aus zwei Hauptelementen:

- Schließbock,
- Scherenlenker.

Der **Schließbock** läuft in der Beschlagnut des Flügels; der Scherenlenker ist an der oberen Riegelstange angeschlagen und nimmt den Scherenlagerarm auf.

Durch die Umschaltbewegungen des Getriebes wird über Schubstangen und Eckumlenkung der Scherenlenker mit dem Schließbock fest gegen den Flügelrahmen verriegelt (Verschluss- oder Drehöffnung). In der Kippstellung zieht die Schubstange den Schließbock zurück und gibt den Scherenlenker frei.

Im Scherenlenker sind Justierelemente vorhanden. Mit der Schraube A (Bild 2) kann der Flügel um ± 3 mm gehoben oder gesenkt werden.

Bei manchen Ausführungen ist noch ein Ausgleichsarm angebracht, der die Scherenbewegungen erleichtert (Bild 1).

Bei größeren Fensterflügeln können zusätzlich eine Horizontalverriegelung und eine Zweitschere erforderlich sein.

Drehkippfenster müssen eine **Fehlbedienungssperre** haben. Diese verhindert, dass man direkt aus der Kippstellung in die Drehstellung schaltet und der Flügel nur noch vom Scherenlager und dem Drehkipplager gehalten wird.

Drehstellung: Der Handgriff befindet sich in Mittelstellung. Die Schere ist noch verriegelt, die Riegelbolzen und der Riegelschieber sind entriegelt.

Der Fensterflügel kann in die Drehstellung zum Öffnen ausgestellt werden.

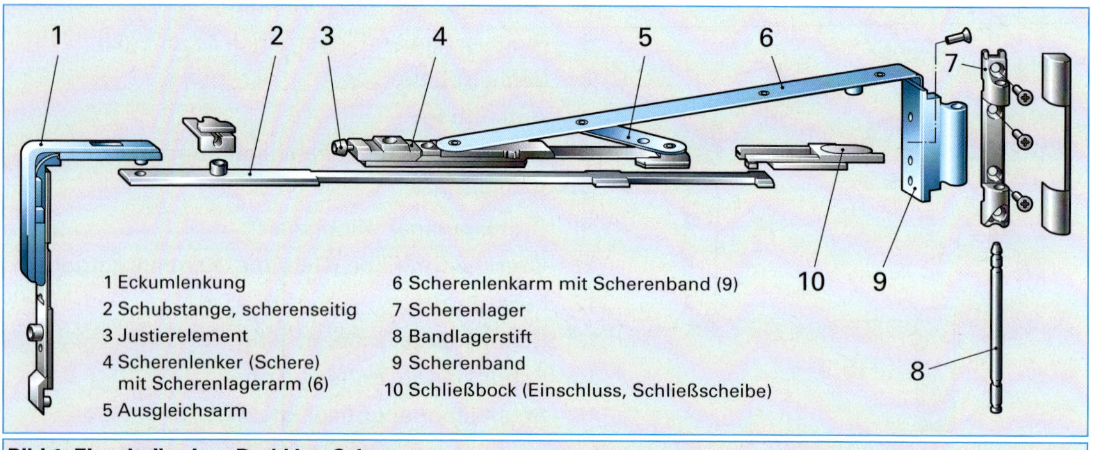

Bild 1: Einzelteile einer Drehkipp-Schere

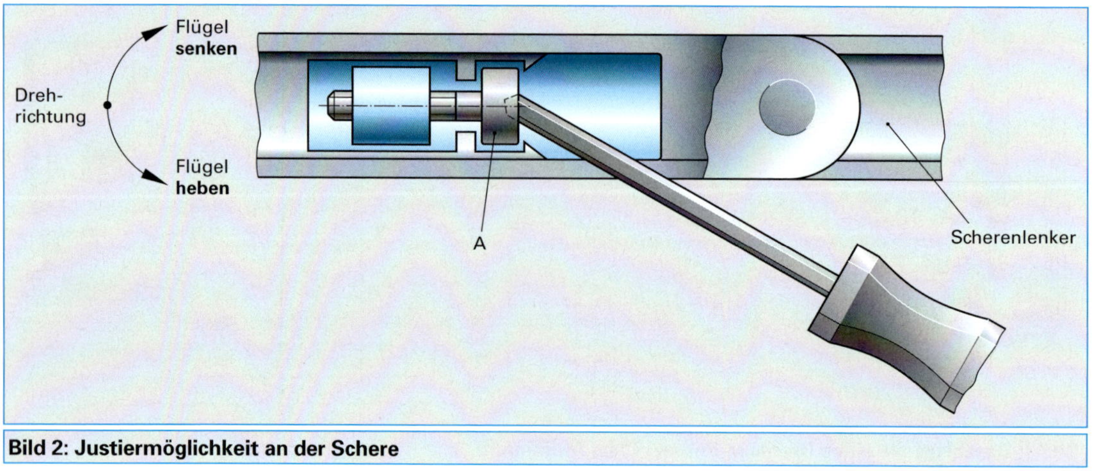

Bild 2: Justiermöglichkeit an der Schere

Auch die Fensterbeschläge für Holz- und Kunststofffenster werden überwiegend verdeckt angebracht und unterscheiden sich für beide Fenster-Werkstoffe nur wenig (Bild 1).

In der Holzfensterfertigung werden die Profile für den Beschlageinbau ausgefräst und die Beschlagteile mit Holzschrauben befestigt (Bild 2).

Zur Aufnahme des Fensterbeschlages wird im Blendrahmen- und Flügelprofil der Eurofalz oder der Eurofalz mit Euronut ausgearbeitet (siehe S. 56, Bilder 1 u. 2). In der Euronut wird der Euronut-Beschlag durch Klemmen und Schrauben montiert (Bild 2). Die Schließstücke werden dabei genau in der geforderten Tiefe platziert. Dadurch wird ein genauer Anpreßdruck beim Schließen ermöglicht.

Bei PVC-Fenstern sind die Funktionsnuten bei der Profilherstellung berücksichtigt und nehmen den Beschlag auf. Der Fensterbeschlag wird mit speziellen Bohrschrauben eingelassen. Große PVC-Fenster werden mit gekanteten Blechprofilen ausgesteift. Dabei ist es unzureichend, die Bohrschrauben nur in zwei Wandungen des PVC-Hohlkammerprofils zu verankern. Es ist vielmehr darauf zu achten, dass die Bohrschrauben auch im Verstärkungsprofil aus Stahlblech, das in einer Hohlkammer eingelassen ist, verankert werden.

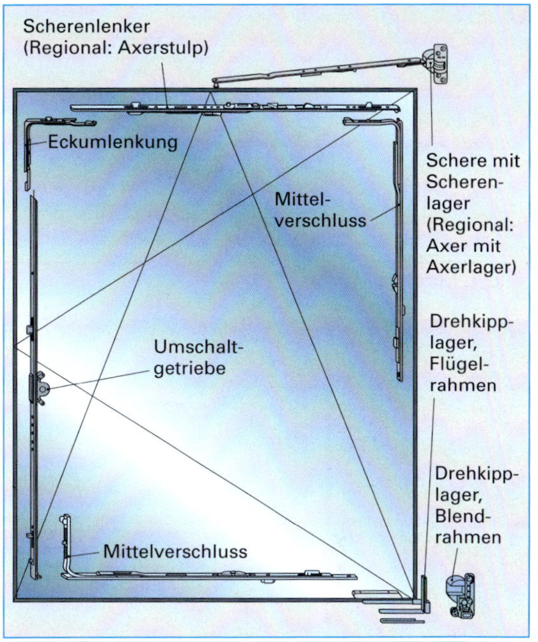

Bild 1: Drehkipp-Beschlag für Holzfenster

Für Holz- und Kunststoff-Fenster gibt es für die Fertigung spezielle Beschlag-Einlassautomaten.

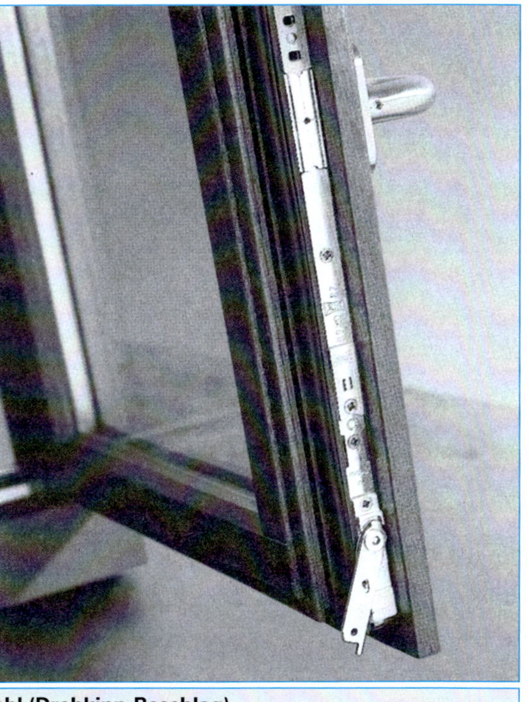

Bild 2: Holzfenster mit Beschlag aus nichtrostendem Stahl (Drehkipp-Beschlag)

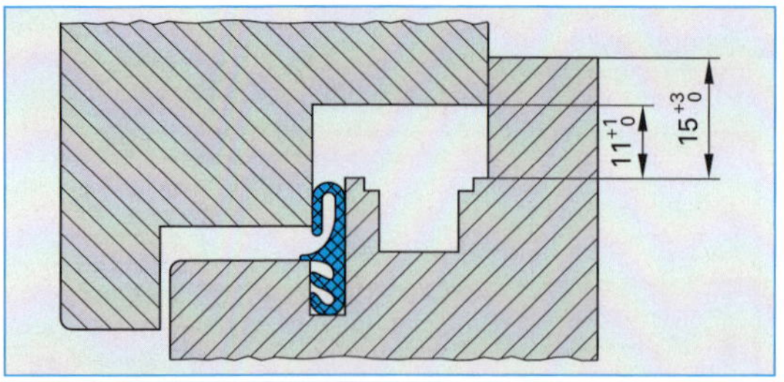

Bild 1: Eurofalz 11 mm

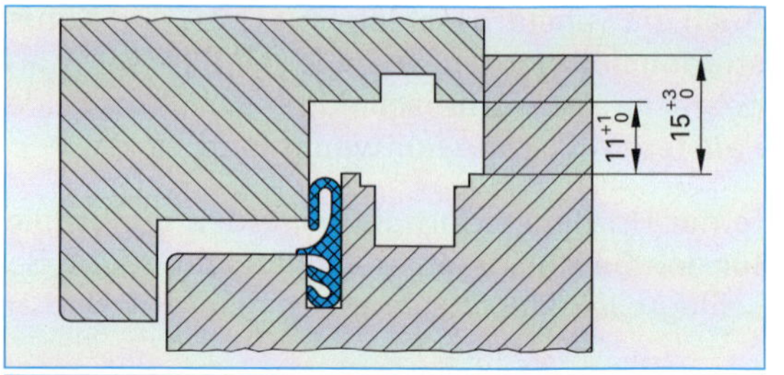

Bild 2: Eurofalz 11 mm mit Euronut

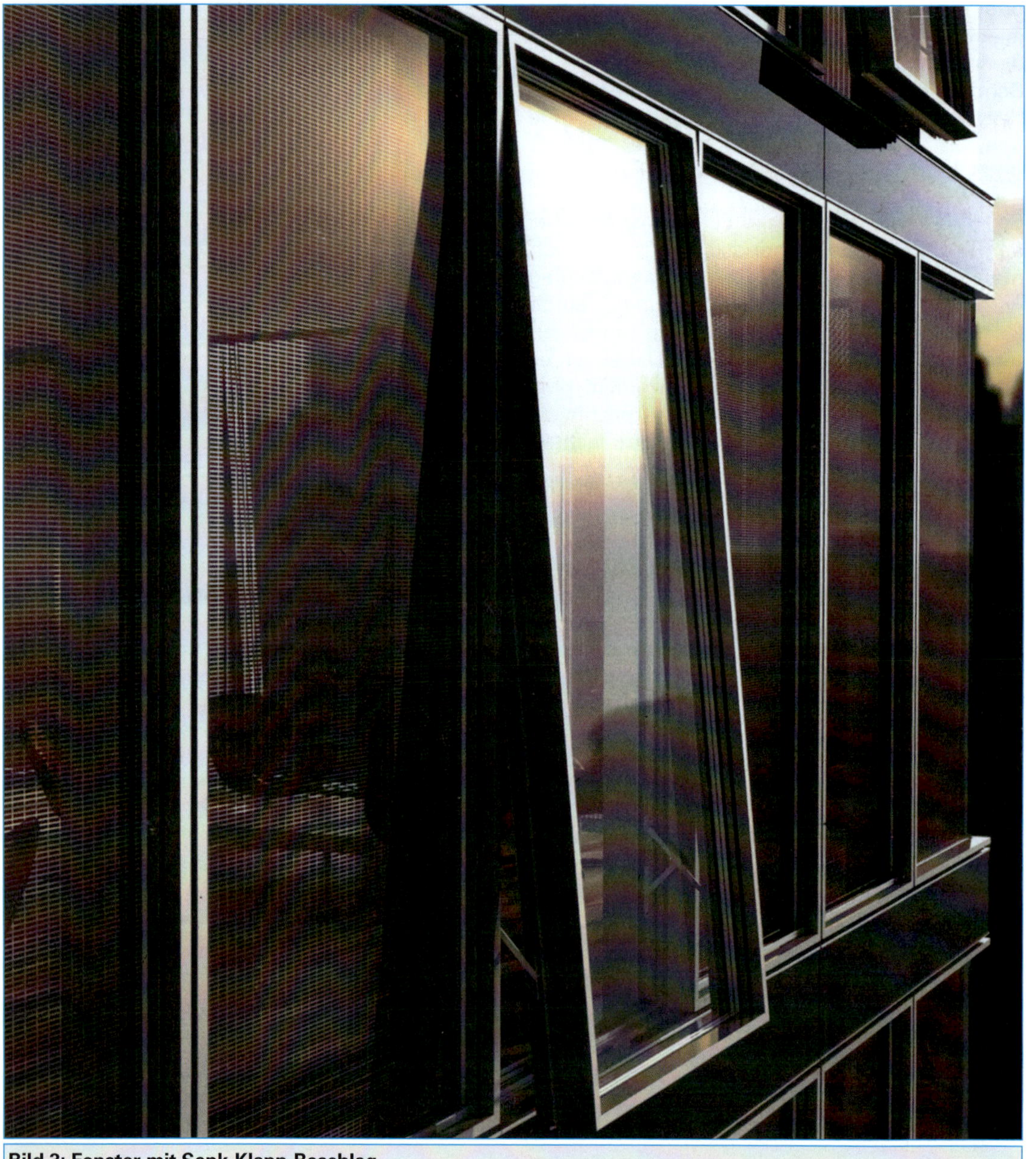

Bild 3: Fenster mit Senk-Klapp-Beschlag

2.5 Herstellung

Vor der eigentlichen Herstellung ist eine Baustellenbegehung und Maßkontrolle der Fensteröffnungen erforderlich. Sind Öffnungsart, Fenstermaße und Profilquerschnitt bekannt, kann die Fertigung in der Werkstatt beginnen.

2.5.1 Aufmaß am Bauwerk

Fensterbaubetriebe müssen oft Fenster und Türen fertigen, **bevor** der Rohbau erstellt ist. In diesen Fällen sind für die Bestimmung der Rahmengröße die Baurichtmaße anhand der Bauzeichnung maßgebend: Die Baurichtmaße sind die Kleinstmaße (Mindestmaße) der Rohbaumaße.

Rohbaumaße sind die am Rohbau tatsächlich vorhandenen Maße. Sie werden in die Bauzeichnungen eingetragen. Bei Bauten ohne Mauerwerksfugen, wie z. B. bei Beton, entsprechen die Rohbaumaße den Baurichtmaßen. Bei Bauten aus Mauerwerk mit Fugen ergeben sich die Rohbaumaße aus den Baurichtmaßen, zuzüglich der Fugen. Die Fugendicke wird mit 10 mm angenommen. Rohbaumaße sind Nennmaße.

In der DIN 18202 (siehe Tabelle 1) sind die zulässigen Abweichungen von Wand und Deckenöffnungen, Nischen, Geschoss- und Podesthöhen sowie die Ebenheitstoleranzen für Oberflächen von Wänden, Deckenunterseiten und Fußböden angegeben. Die Maßabweichungen beziehen sich jeweils auf den Nennmaßbereich und den Ausbaugrad des Bauteils. So sind z. B. die zulässigen Abweichungen bei großen Nennmaßen größer als bei kleineren. Bei bereits fertigen, verputzten oder verfliesten Flächen sind die Maßabweichungen kleiner als bei rohen Flächen.

Bei der Einzelfertigung werden die Abmessungen aller Fensteröffnungen am Bauwerk ermittelt. Breite *b* und Höhe *h* sind an jeweils drei Stellen zu messen: außen, innen und in der Mitte bzw. oben, Mitte, unten (siehe S. 58, Bild 1). Das kleinste dieser Maße ist maßgebend. Für die Fertigung des Fensters ist jedoch das Außenmaß des Blendrahmens wichtig, da umlaufend noch eine Bauanschlussfuge berücksichtigt werden muss.

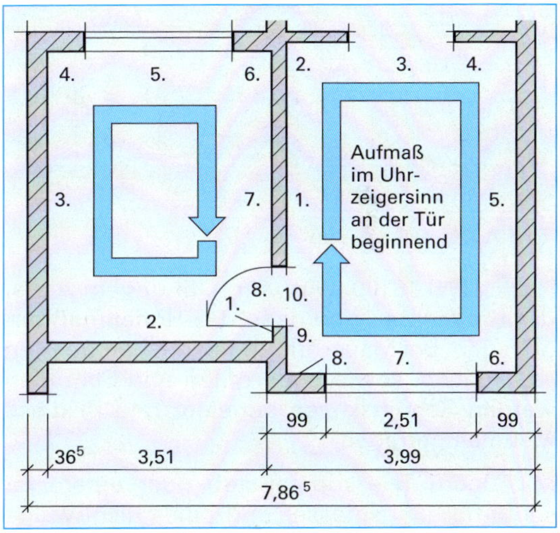

Bild 1: Rohbaumaße bei Mauerwerksbauten und systematisches Aufmaß der Wände

Die Maße werden in geordneter, systematischer Reihenfolge in das Maßbuch eingetragen (Bild 1). Es sollen keine losen Blätter verwendet werden. Heutzutage werden die Maße mit kleinen Rechnern am Meßgerät elektronisch erfasst und gespeichert.

Tabelle 1: Maßtoleranzen im Hochbau (nach DIN 18202)

Bezug	Grenzabweichungen in mm bei Nennmaßen in m					
	bis 1	über 1 bis 3	über 3 bis 6	über 6 bis 15	über 15 bis 30	über 30[1]
Maße im Grundriss, z. B. Längen, Breiten, Achs- und Rastermaße	± 10	± 12	± 16	± 20	± 24	± 30
Maße im Aufriss, z. B. Geschosshöhen, Podesthöhen, Abstände von Aufstandsflächen und Konsolen	± 10	± 16	± 16	± 20	± 30	± 30
Lichte Maße im Grundriss, z. B. Maße zwischen Stützen, Pfeilern usw.	± 12	± 16	± 20	± 24	± 30	–
Lichte Maße im Aufriss, z. B. unter Decken und Unterzügen	± 16	± 20	± 20	± 30	–	–
Öffnungen, z. B. für Fenster, Türen, Einbauelemente	± 10	± 12	± 16	–	–	–
Öffnungen wie vor, jedoch mit oberflächenfertigen Leibungen	± 8	± 10	± 12	–	–	–

[1] Diese Grenzabweichungen können bei Nennmaßen bis etwa 60 m angewendet werden. Bei größeren Abmessungen sind besondere Überlegungen erforderlich.

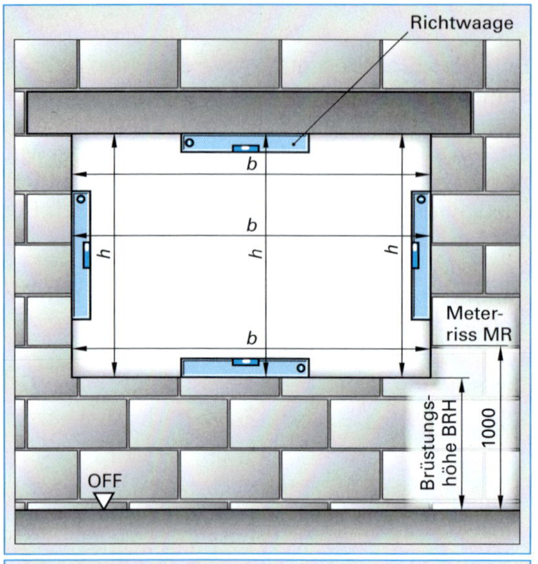

Bild 1: Aufmaß am Bau

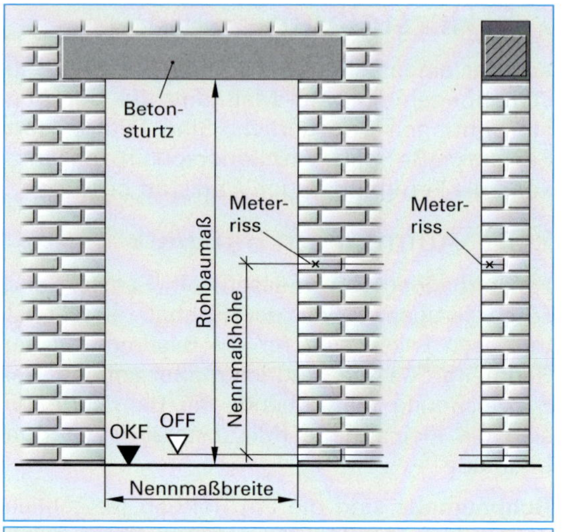

Bild 2: Gemauerte Türöffnung mit Meterriss

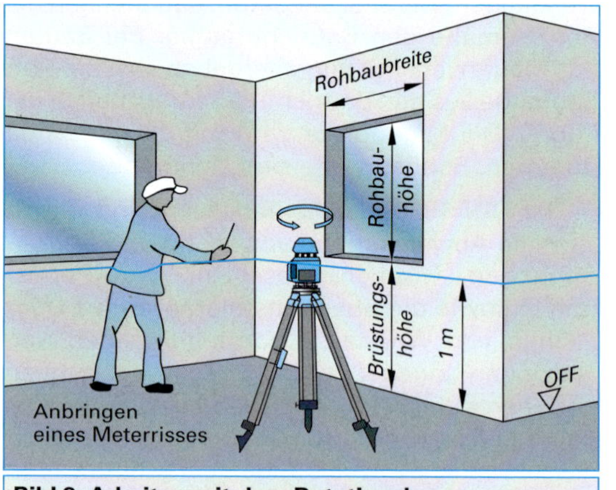

Bild 3: Arbeiten mit dem Rotationslaser

Nach DIN 18100 wird für Öffnungen zuerst das Breitenmaß und dann das Höhenmaß eingetragen. Bei Maueröffnungen mit gemauerten Anschlägen, sowie bei Profilen und Schrägen werden Schnittskizzen angelegt und in diese Maße eingetragen.

Mit einem Teleskopmaßstab oder einem Laser-Entfernungsmesser und einer Richtwaage lässt sich feststellen, ob die Leibung parallel gemauert ist (Bild 1). Eine andere Möglichkeit, die Winkligkeit zu überprüfen, ist das Stichmaß. Dazu werden beide Diagonalen der Leibung gemessen und miteinander verglichen (siehe S. 226, Bild 3). Sind die Stichmaße gleich, ist die Leibung im rechten Winkel. Mit dem Richtscheit oder der Richtwaage wird die Ebenheit der Anschlussflächen überprüft. Wenn man sich auf ein bestimmtes Profilsystem festgelegt hat, lassen sich von den Außenmaßen des Blendrahmens alle weiteren Maße für den Profilzuschnitt und der Verglasung errechnen.

Der Meterriss (Meterstrich) wird wegen der besseren Übersicht in der Nähe der Türöffnung einen Meter über der zukünftigen Oberfläche des fertigen Fußbodens am Mauerwerk angerissen (Bild 2). Der Meterriss bildet den Ausgangspunkt für den Einbau der Türen, der Austritte von Treppen, der Höhen von Fußböden, Brüstungen, Fenstern und Decken.

Ist der Meterriss nicht in der Nähe der aufzumessenden Öffnung angegeben, kann man ihn mithilfe der Schlauchwaage oder eines Baulasers von der angegebenen Stelle an eine andere Stelle übertragen.

Beim Benutzen der Schlauchwaage muss ein Schauglas an den Festpunkt gehalten werden. Mit dem anderen Schauglas wird in der Höhe solange verfahren, bis sich der Wasserspiegel auf Höhe des Festpunktes einstellt. Dann kann der Meterstrich übertragen bzw. angezeichnet werden. Es ist darauf zu achten, das der Schlauch nicht abgeknickt wird und frei von Luftblasen ist (siehe S. 59, Bild 1).

Ein Baulaser muss exakt lotrecht ausgerichtet und auf die Höhe des Meterstriches eingestellt werden. Dann kann man durch Drehen den Laserstrahl auf die anderen Wände und Pfeiler übertragen und den Meterstrich anzeichnen (Bild 3).

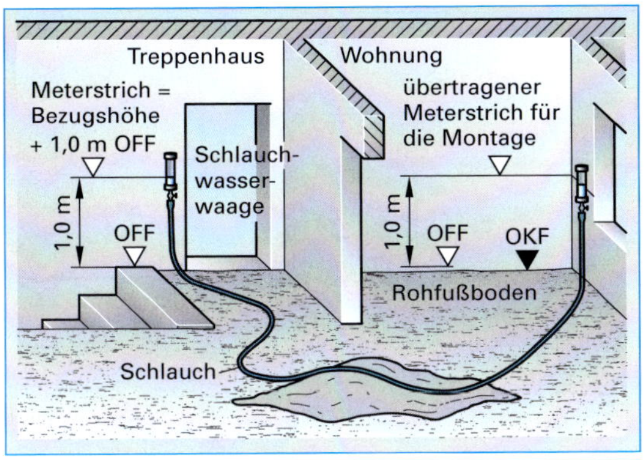

Bild 1: Einsatz der Schlauchwasserwaage im Rohbau

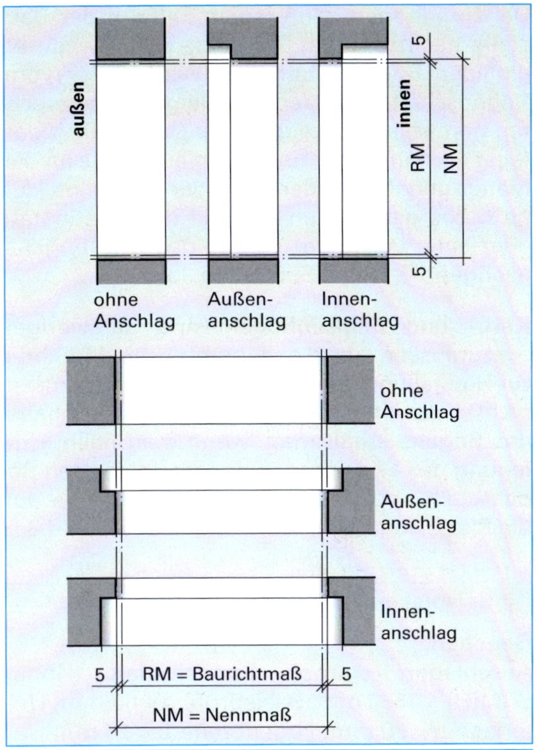

Bild 2: Anschlagsarten

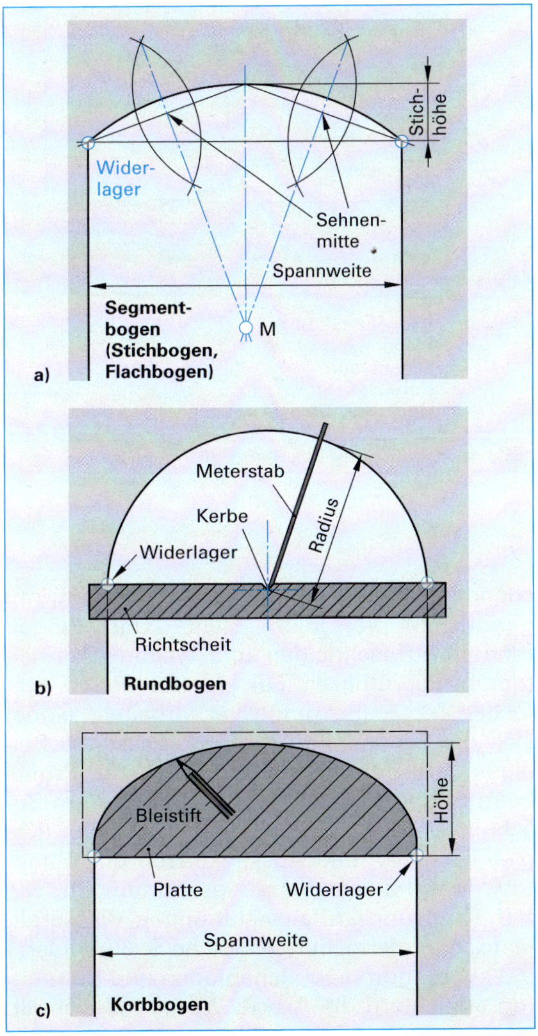

Bild 3: Ausmessen und Anreißen von Bögen

Fenstergröße, Rahmenwerkstoff und Anschlagart (Bild 2) bestimmen die Größe der Bauanschlussfuge. Die Außenmaße des Blendrahmens liegen deshalb 20 mm bis 30 mm in der Breite und 10 mm bis 20 mm in der Höhe unter dem Baurichtmaß (Bild 2). Außerdem ist über dem Meterriss die Brüstungshöhe zu kontrollieren (siehe S. 58, Bild 1). Je nach Landesbauordnung und möglicher Absturzhöhe soll die Brüstungshöhe zwischen 900 mm und 1100 mm betragen. Bei niedrigeren Brüstungshöhen sind zusätzliche Absturzsicherungen vorgeschrieben.

Das Aufmessen von bogenförmigen Tür- und Fensteröffnungen sowie nicht rechtwinkliger Flächen muss am Bau so erfolgen, dass die jeweilige Form im Maßstab 1:1 im Betrieb wieder aufgezeichnet werden kann. Bei allen Bögen sind die Widerlager (Bogenbeginn) auf ihre waagerechte Lage zu prüfen. Der Abstand von Widerlager zu Widerlager ist die Spannweite (Bild 3).

Beim **Segmentbogen** wird die lichte Breite und die Stichhöhe gemessen. Mithilfe dieser Maße lässt sich der Bogen aufreißen (Bild 3a). Hierzu sind die Sehnen, die Lote zu den Sehnenmittelpunkten und die Senkrechte zum Bogenmittelpunkt zu konstruieren.

Der **Rundbogen** ist in jedem Fall auf der Baustelle nachzuprüfen. Die halbe Spannweite ergibt den Bogenhalbmesser. Wird dieser vom Bogenscheitel senkrecht auf einer Waagerechten gemessen, so zeigt er die Höhe der Widerlager an. Auf dieser Höhe wird eine Latte an die Mauer geheftet, in der Mitte der Latte eine kleine Kerbe geschnitten und mit dem Meterstab oder einer Leiste der Verlauf des Kreisbogens nachgeprüft (siehe S. 59, Bild 3b).

Korb- und **Ellipsenbögen** sind schwieriger auszumessen, da die geometrische Methode zur Herstellung des vorhandenen Bogens meist nicht bekannt ist. Die einfachste Widergabe des Bogens erhält man, wenn man nach Festlegung des Widerlagers eine Platte vor den Bogen stellt und dieser von der Gegenseite auf die Platte angerissen wird (siehe S. 59, Bild 3c).

Beispiel einer Aufmessung (Bild 1):

Gegeben:
Anschlagart stumpf, Baurichtmaß (Höhe) BRM(H) = 1550 mm, Basisprofil $a = 60$ mm, Unterlage $u = 20$ mm, Fugenbreite $b = 20$ mm.

Gesucht:
Blendrahmenhöhe BRH

Lösung:

$$\begin{aligned} BRH &= BRM(H) - a - u - b \\ &= 1550\text{ mm} - 60\text{ mm} - 20\text{ mm} - 20\text{ mm} \\ &= 1450\text{ mm} \end{aligned}$$

Einbaulage, Befestigungsart und Anschlussfuge richten sich nach der Außenwand und der Bauart des Fensters. Die endgültige Lage des Fensters im Baukörper wird vom Architekten vorgegeben oder ist mit dem Auftraggeber zu vereinbaren.

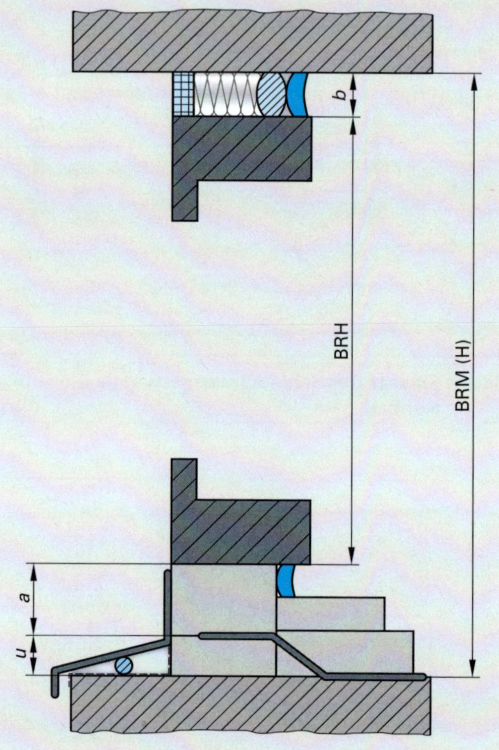

BRM (H): Baurichtmaß Höhe
BRH: Blendrahmenhöhe
b: Fugenbreite
a: Höhe Basisprofil
u: Unterlage

Bild 1: Aufmessung der Blendrahmenhöhe

2.5.2 Zuschnitt und Bearbeitung eines Aluminiumfensters

Die Fensterfertigung eines Metallfensters beginnt mit dem Zuschnitt der meist fertig oberflächenbehandelten Profile. Für den Zuschnitt von Profilen sind Doppelgehrungssägen (siehe S. 61, Bild 1) am besten geeignet, da sie in einem Arbeitsgang die Rahmenteile mit der erforderlichen Maßgenauigkeit zuschneiden.

Die Systemhersteller bieten computergesteuerte Bearbeitungszentren und die entsprechende Software an, die es ermöglichen, mit geringstem Verschnitt Blend- und Flügelrahmen zuzuschneiden und weitere Bearbeitungen auszuführen. Für kleinere Serien, einfache Zuschnitte und Nacharbeiten eignet sich die Einfachgehrungssäge. Passende Beilagen aus Holz verhindern, dass die Profile beim Sägen verformt werden. Nach dem Zuschnitt werden auf speziellen Maschinen (Kopier-, Schloss- und Ausklinkfräsen und Hand- bzw. Maschinenstanzen) Ausnehmungen, wie z. B. Band- und Griffausnehmungen, Wasserabläufe, Kämpferlochungen (siehe S. 62, Bilder 1 u. 2) vorgenommen. Schablonen und Bohrlehren erleichtern die Arbeit. Wo es möglich ist, wird von innen nach außen gestanzt, um einen möglichen Grat zu vermeiden.

Auszug aus dem Technischen Datenblatt der Profil-Doppelgehrungssäge (Bild 1):

- Schnittlänge (maximales Schnittmaß) Typ 1: 5000 mm, Typ 2: 6000 mm,
- Antrieb: 2,2-kW-Drehstrommotor, 2800 min^{-1},
- Hartmetallbestückte Sägeblätter ø600 mm zum Schneiden von Aluminiumprofilen bis 6 mm Wandstärke,
- Hydropneumatischer Sägeblattvorschub,
- Vorschubgeschwindigkeit der Sägeblätter einstellbar,
- Schnellrückstellung der Sägeblätter,
- Schwenkbare Sägeköpfe, nach außen bis auf 20°, nach innen auf 45°,
- Linkes Sägeaggregat feststehend, rechtes Sägeaggregat über Positioniersteuerung verfahrbar (bei Bedarf manuell verfahrbar),
- Automatische Längenkorrektur bei allen Winkelstellungen der Sägeköpfe,
- Spannsystem mit pneumatischen Spannzylindern je Sägeaggregat zum gleichzeitigen horizontalen und vertikalen Spannen,
- Sicherheits-Zweihandbedienung, Quetschschutz,
- Profilauflagen automatisch versenkbar,
- Späneabsaugung,
- Kühl- und Schmiereinrichtung,
- Getrennte Schaltschränke für Pneumatik und Elektronik,
- Positioniersteuerung mit Speicher für 100 unterschiedliche Profilhöhen,
- Prozesssicherer Ablauf durch PC-Darstellung der Profile und der Spannlage,
- Automatisch öffnende Schutzabdeckung des Arbeitsbereiches mit Plexiglasfenster.

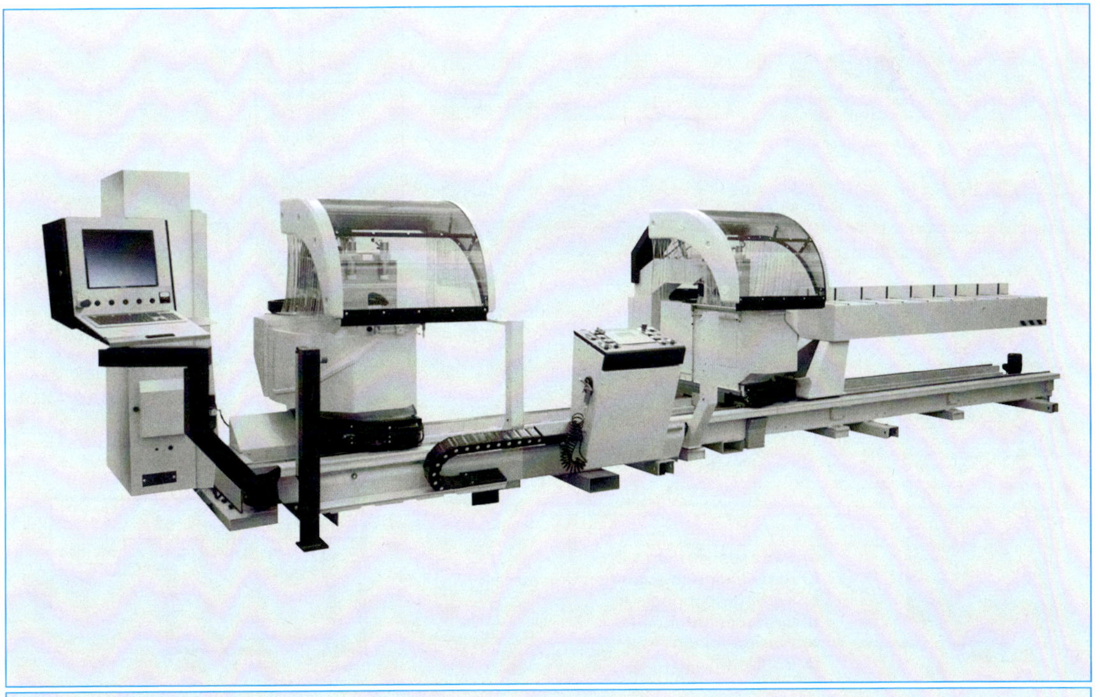

Bild 1: Doppelgehrungssäge

Bild 1: Stabbearbeitungsmaschine für Aluminiumprofile

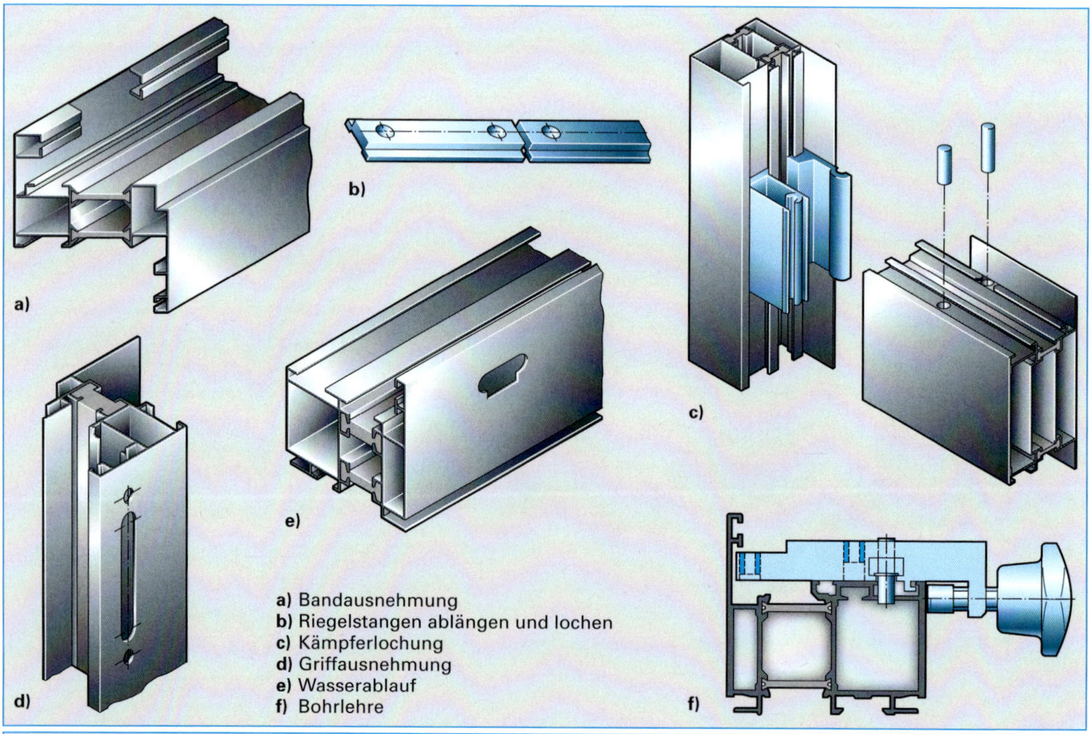

Bild 2: Beispiele für Standardbearbeitung

Die Verbindung der Profile zu einem Rahmen erfolgt bei Stahl- und Kunststoffprofilen durch Schweißen. Bei den modernen Aluminiumprofilen haben sich mechanische Verbindungsmittel wie Eckwinkel, T- und Kreuzverbinder durchgesetzt. Von der Güte dieser Verbindungen hängen Standfestigkeit, Dichtheit, Funktion und Aussehen des Fensters ab.

Für die Eckverbindungen bei Aluminiumfenstern werden in die Hohlräume der Blend- und Flügelrahmen zum gleichen Profil passende Eckwinkel (Bild 1) eingeschoben. Die formschlüssige Befestigung erfolgt entweder von Hand durch Nageln (Bild 2) oder maschinell durch Stanzen und Verpressen bzw. Kiemen (Bild 3). Beim maschinellen Fügen stanzen zwei Messer aus der Profilwand „Zungen" (Kiemen) in dafür vorgesehene Nuten des Eckwinkels und verpressen die Rahmenecke (Bild 4).

Vor dem Fügen versieht man die Eckwinkelkammern mit Zweikomponentenkleber, ehe sie gegeneinander gepresst werden. Allein die Aushärtung des Klebers bewirkt die Stabilität der Eckverbindung – nicht das Stanzen oder Nageln! Die Gehrungsflächen werden mit Dichtstoff versehen, um die Dichtheit der Stoßflächen sicherzustellen.

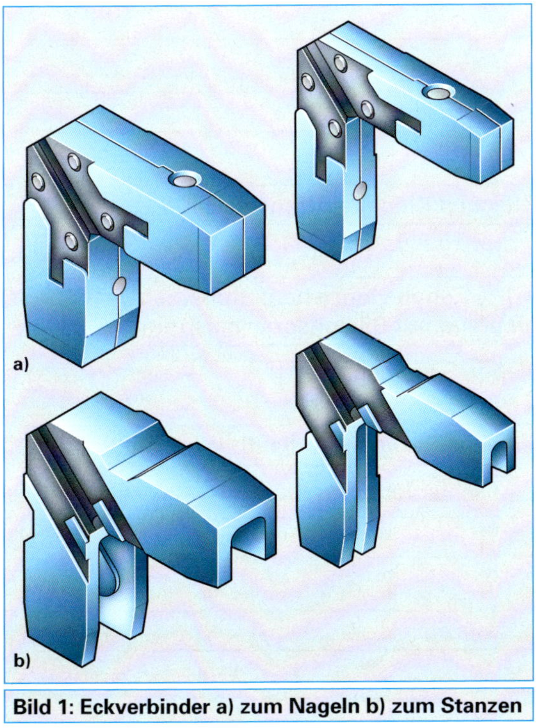

Bild 1: Eckverbinder a) zum Nageln b) zum Stanzen

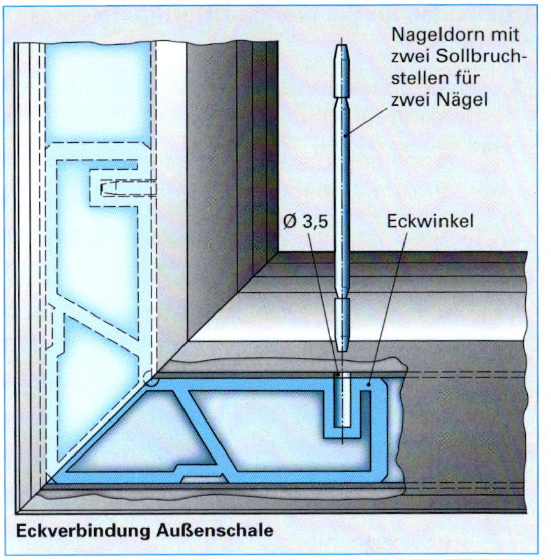

Bild 2: Eckverbindung durch Nageln

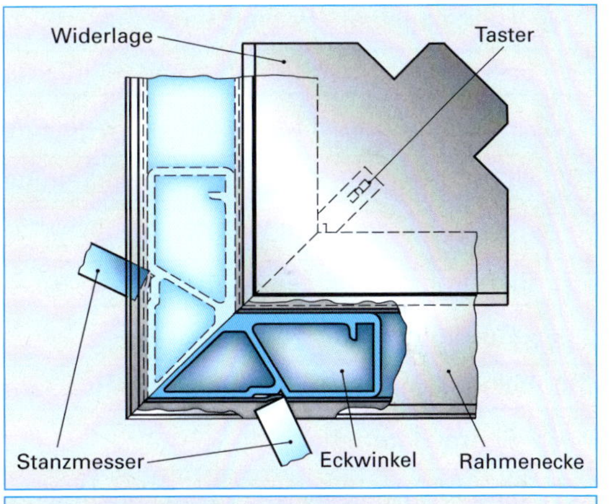

Bild 3: Eckverbindermaschine

Bild 4: Vierkopf-Eckverbindungsmaschine

Arbeitsplan für die Werkstattfertigung eines Drehkipp-Fensters aus Aluminium:

1. Blendrahmenprofile auf Maß zuschneiden, zwei waagerechte, zwei senkrechte Profile, Befestigungslöcher für den Bauanschluss stanzen, entgraten.

   ↓ Doppelgehrungssäge, Beilagen aus Holz, Maschinen- o. Handstanze, evtl. Bearbeitungszentrum, Schablone

2. In das untere Blendrahmenprofil Entwässerungsöffnungen fräsen oder stanzen (je ein Schlitz rechts und links etwa 100 mm von der Ecke).

   ↓ Wasserschlitzfräse oder Maschinen- bzw. Handstanze

3. An jedem Profilende Löcher für das spätere Nageln und für die Klebereinspritzung stanzen.

   ↓ Lochstanze mit Anschlag

4. Auf die Oberflächen der Eckwinkelkammern an jedem Profilende Kleber auftragen.
5. Kleber auf die Profilkontur aller Gehrungsflächen auftragen.

   ↓ Kartusche mit Zweikomponentenkleber, evtl. Spachtel oder Rolle, Einweghandschuhe

6. Eckverbinder in die Eckwinkelkammern einführen und Rahmenteile fügen.

   ↓ Hier: nagelbare Eckverbinder

7. Ecken mit je vier Stiften vernageln, Kleber einspritzen.

   ↓ Pressluftdöpper, Kartusche mit Zweikomponentenkleber

8. Überquellenden Kleber und Versiegelung entfernen, Oberfläche reinigen.

   ↓ Spachtel, Reinigungsmittel, bei lackierten Profilen: Waschbenzin

9. Blendrahmen richten.

   ↓ Gummihammer

10. Versteifungsbleche (Edelstahl) in die Gehrungsecken klipsen.

    ↓ Schraubendreher o. ä.

11. Mitteldichtungsecken einsetzen, auf die Stoßflächen Kleber auftragen.

    ↓ Sekundenkleber

12. Auf Länge geschnittene Mitteldichtungen mit 1 % Zugabe einziehen, Stöße der Dichtungen und Ecken verkleben. Dichtungslippe umlaufend mit Silikonspray einsprühen.

    ↓ Rollwerkzeug, Dichtungsschere, Sekundenkleber, Silikonspray. Achtung: Dichtungslippe nicht verkleben.

13. Beschlagteile Blendrahmen einbauen: Scherenlager, Ecklager, Auflaufbock, Riegelstück.

    ↓ Schraubendreher, Innensechskantschlüssel, Anschlaglehre

14. Flügelrahmen auf Maß zuschneiden, entgraten.

    ↓ Siehe Arbeitsplan 1. sinnentsprechend

15. Riegelstangen nach Flügelgröße zuschneiden, stanzen.

    ↓ Säge, Stanze

16. In unteres Flügelrahmen-Profil Entwässerungsöffnungen stanzen (wie 2). Klebe- und Nagellöcher stanzen (wie 3).

↓ Löcher mind. 50 mm versetzt von den Öffnungen im Blendrahmen.

17. Am senkrechten Flügelrahmen-Profil Griffhöhe anzeichnen, Griffausnehmung stanzen.

↓ Gliedermaßstab, Bleistift, Maschinenstanze, Öffnungsrichtung beachten

18. Alle Ecknasen am Schubstangenkanal ausklinken (damit später die Riegelstangen eingeführt werden können).

↓ Fräsen oder stanzen

19. Kleber auf Profilkonturen der Rahmenecken auftragen (siehe 5), Eckverbinder einführen, nageln, kleben, Versteifungsbleche (Edelstahl) eindrücken.

↓ Siehe 4 bis 10

20. Äußere Verglasungsdichtung und Anschlagdichtung einziehen.

↓ Einrollwerkzeug, Dichtungsschere

21. Beschlagteile Flügelrahmen einbauen: Formstücke, Ecklager, Riegelstangen, Scherenlenker, Schließbock, Eckumlenkung, Fingerriegel, Entlastungslager, Kammergetriebe, Fenstergriff, Rosette. Glasauflage eindrücken.

↓ Schraubendreher, Innensechskantschlüssel, Anschlaglehre

22. Glasleisten passend zuschneiden (horizontale Glasleisten durchlaufend).

↓ Gehrungssäge

23. Flügelrahmen in den Blendrahmen einhängen.

↓ Griff in Drehstellung montieren.

24. Klotzbrücken einlegen und gegen Verschieben sichern, bei geschlossenem Flügel verklotzen, verglasen, Glasleisten und innere Glasdichtung montieren.

↓ Größere und schwerere Fenster werden auf der Baustelle verglast.

25. Funktion prüfen, evtl. nachverklotzen, Riegelstück ausrichten, Flügelanzug und Flügelhöhe nachstellen, Transport vorbereiten.

↓ Unterschiedlich dicke Klötze, Klotzholz

2.5.3 Zuschnitt und Bearbeitung eines Holzfensters

Holzzuschnitt: Die Rahmenhölzer werden aus Bohlen zugeschnitten. Da sich in der Regel das Holz beim Zuschneiden oder danach verzieht, muss man die Rahmenhölzer etwas breiter zuschneiden, damit sie noch abgerichtet und auf das Fertigmaß gehobelt werden können. Rahmenhölzer werden auch aus vorgefertigten Kanthölzern (Kanteln) hergestellt.

Die Rahmenhölzer können auch dickenverleimt oder lamelliert sein. Dabei ist darauf zu achten, dass die Querschnitte symmetrisch aufgebaut und die Klebstofffugen nicht direkt der Witterung ausgesetzt sind. Die Feuchte der einzelnen Lagen darf sich höchstens um 2 % unterscheiden. Zu beachten ist die Richtlinie „Lamellierte Profile für Holzfenster - Anforderung und Prüfung"[1]. Rahmenhölzer dürfen in Längsrichtung durch Keilzinkung verbunden werden.

Anreißen: Die einzelnen Maße werden aus der Zeichnung entnommen. Beim Anreißen der Zapfen ist darauf zu achten, dass diese mit den Fälzen übereinstimmen. Falzwangen und

[1] Ift-Richtlinie HO-10/1 „Massive, Keilverzinkte und lamellierte Profile für Holzfenster".

Schlitzwangen müssen in einer Ebene liegen. Zu berücksichtigen ist außerdem die Glasfalzhöhe und die Glasfalzbreite.

Teilefertigung: Die Teilefertigung bezieht sich auf das Ausflicken von Ästen, auf das Ablängen der Rahmenhölzer, das Fräsen der Innen- und Außenprofile (siehe S. 67, Bild 1) und auf das Einlassen von Beschlägen. Den Eckverbindungen kommt dabei eine besondere Bedeutung zu, da diese die Winkeltreue der Rahmen gewährleisten.

Beim Blendrahmen sind die Schlitze in der Regel an den Querstücken angeordnet, beim Flügelrahmen an den senkrechten Rahmenhölzern. Bei einer Rahmendicke von mehr als 50 mm sind zwei Zapfen (sogenannter Doppelzapfen) vorzusehen. Bei sehr dicken Profilen können auch drei Zapfen angeschnitten werden. Die äußeren Wangen des Rahmens und die Zapfen sollen nicht dicker als 15 mm sein, damit die durch das Verarbeiten des Holzes entstehenden Spannungen und Formveränderungen von der Eckverbindung und vom Anstrich aufgenommen werden können.

Im Regelfall wird die Schlitz- und Zapfenverbindung (siehe S. 67, Bild 2) angewendet. In Verbindung mit dem dichtstofffreien Falzgrund ist dabei die Zapfenteilung so zu wählen, dass der erste Wechsel in der äußeren Wange stattfindet, damit der Glasfalz auch dann noch dicht bleibt, wenn sich die Fugen durch Umgebungseinwirkungen öffnen.

Schlitz und Zapfen werden auf der Tischfräsmaschine mit der Schlitzscheibe oder auf der Zapfenschneidemaschine angefräst bzw. angeschnitten. Zapfenlöcher für Pfosten und Riegel werden mit der Kettenfräsmaschine ausgefräst oder mit der Langlochbohrmaschine ausgebohrt.

Neben der Schlitz- und Zapfenverbindung wird die Dübelverbindung häufig bei Pfosten, Riegel und Sprossen angewandt (siehe S. 67, Bild 3).

Einen Arbeitsplan für die Werkstattfertigung eines Drehkippfensters aus Holz zeigt die rechte Spalte dieser Seite.

Bei der **Keilzinkenverbindung**, eine weitere Art der Eckverbindung (siehe S. 67, Bild 4), werden die beiden Gehrungsschnitte auf einer besonderen Kreissäge angeschnitten und die Keilzinken

Holz vorbereiten.

↓ Lagern, trocknen, auswählen.

Zurichten des Holzes zu Kanthölzern nach Länge, Breite und Dicke.

↓
1. Zuschneiden von Bohlen auf Länge und Breite.
2. Keilzinkenverbindung als Längsverbindung.
3. Lamellenverleimte Holzquerschnitte herstellen.

Bei allen Arbeiten gilt DIN 18355.

Aushobeln und auf endgültige Länge schneiden.

↓

Falzen (Innenfalze herstellen); Abrunden der Kanten.

↓ Bei der Glasfalzausbildung gilt DIN 18545.

Schlitz-, Zapfen- und Dübelverbindung herstellen.

↓ DIN 68121-1

Schleifen der Oberflächen.

↓

Rahmen verkleben bzw. verleimen.

↓ Nach dem Verkleben Rahmenecken verputzen.

Beschläge einlassen.

↓ Flügelrahmen fälzen, Beschlagnuten einfräsen.
Blendrahmen nuten, Schließstücke einfräsen.

Grundieren, Zwischenanstrich aufbringen.

↓ DIN 68800-1

Beschläge montieren, Dichtprofile einbauen, Verglasen.

↓ Vor dem Verglasen Flügel- und Blendrahmen zur Funktionsprüfung zusammenbauen. Beim Verglasen gilt DIN18361, bei der Oberflächenbehandlung DIN 68800-1 und DIN 18363.

Oberflächenbehandlung und Lagerung des Fensters bis zum Einbau.

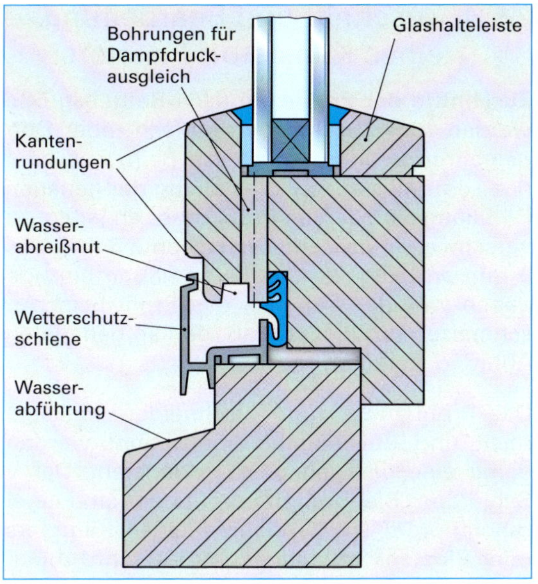

Bild 1: Gefrästes Blendrahmen- und Flügelrahmenprofil

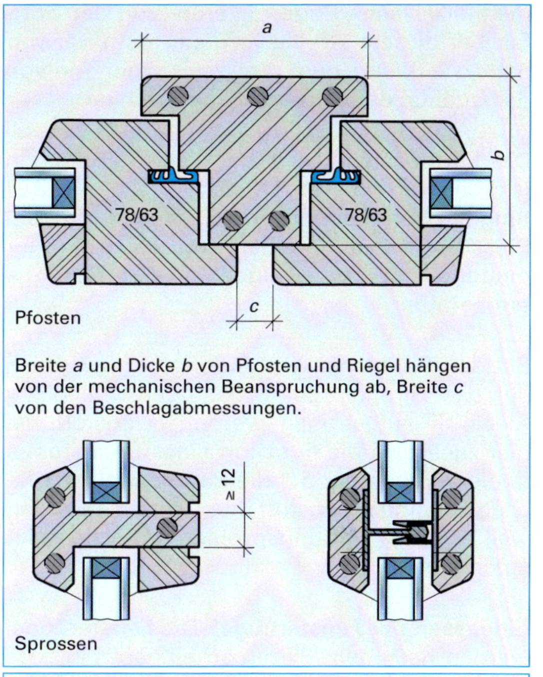

Bild 3: Dübelverbindungen

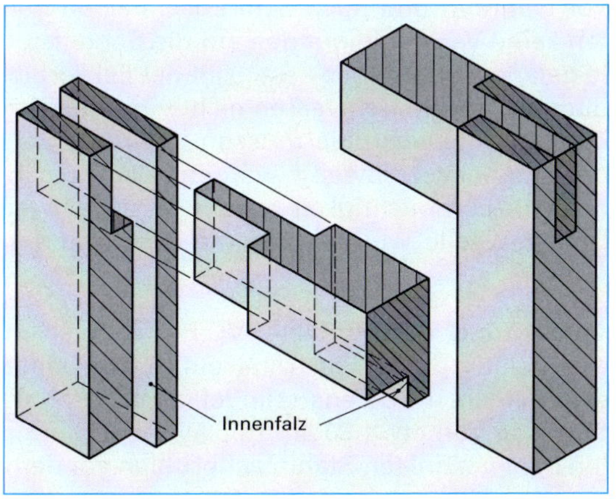

Bild 2: Schlitz und Zapfen, Rahmen mit Innenfalz

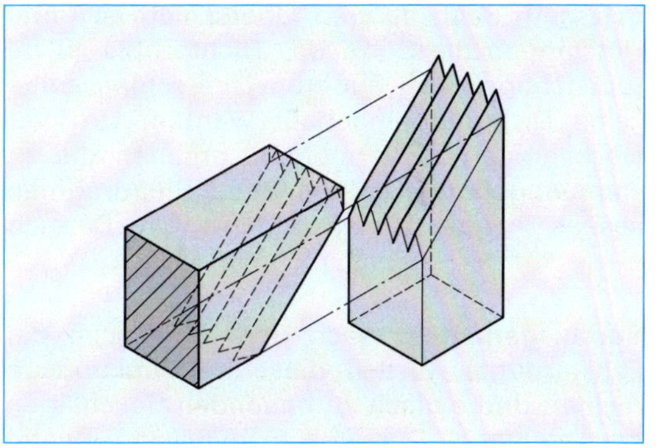

Bild 4: Keilzinkenverbindungen

mit einem entsprechenden Fräswerkzeug auf der Tischfräse angefräst. Im Fensterbau wird diese Verbindungsart zur Längsverbindung von Holz für Blendrahmen verwendet. Die Keilzinken-Eckverbindung setzt aufgrund der Gehrung gleiche Holzbreiten und gleiche Innenprofile voraus. Sind die Kantenprofile eines Rahmens nicht gleich – was im Fensterbau die Regel ist –, wird an der Eckverbindung Hirnholz sichtbar. Keilzinkenverbindungen dienen zur Längsverbindung von Blendrahmen-Holz. Sie haben sich im Fensterbau aber nicht durchgesetzt.

Die Formbeständigkeit der Eckverbindung ist abhängig von der Größe der Klebstofffuge und von der Passgenauigkeit der Holzverbindung.

Ein Versatz zweier Falzwangen muss vermieden werden. Ein Versatz im Glasfalz kann zum Glasbruch führen. Liegt ein Versatz im Bereich des Flügelaufschlages vor, entsteht eine undichte Anschlussfuge zwischen Flügel und Blendrahmen. Die Ebenheit und Passgenauigkeit der Eckverbindungen wird beeinflusst von der Art der Zuführung und der Auflage der Rahmenhölzer beim Endprofilieren, von der Sorgfalt bei diesem Arbeitsvorgang, dem verwendeten Werkzeug, dem Werkzeugträger und von der Qualität der verwendeten Maschine.

Die Formbeständigkeit der Eckverbindungen ist abhängig von der Leimart, von der Einhaltung der Verarbeitungsvorschriften sowie vom Pressdruck und von der Pressdauer in Verbindung mit der geeigneten Verarbeitungstemperatur.

Bei den Rahmeneckverbindungen muss auch auf das Hirnholz der Brüstungen vollflächig Klebstoff aufgetragen werden; Klebstoff hat hier zusätzlich die Funktion eines Dichtstoffes. In die V-Fuge oder auf die Rahmenholzoberflächen gelangter Klebstoff muss entfernt werden, weil es sonst Haftungsprobleme mit dem Anstrich gibt.

Einpassen der Fensterflügel: Die Fensterflügel werden nach dem Fälzen so eingepasst, dass sie ringsum im Falz etwa 5 mm Spiel (Luft) haben und am inneren Überschlag dicht aufliegen; am äußeren Überschlag wird 1 mm Luft gelassen. Beim inneren Überschlag ist unter Umständen die Dicke des Dichtprofils zu berücksichtigen; am äußeren Überschlag sollte keine Dichtung eingebaut werden. Um Verwechslungen zu vermeiden, erhalten die zusammengehörigen Flügel- und Blendrahmen jeweils die gleichen Nummern. Die Bezeichnung darf der Anstrich nicht verdecken.

Beschlagarbeiten: Nach dem Einpassen der Fensterflügel werden diese mit funktionsgerechten und einfach zu bauenden Beschlägen angeschlagen. Der Anschlagvorgang richtet sich nach der Art des Beschlages. Die Beschlaghersteller haben verschiedene Beschlagsysteme entwickelt; ihre Arbeitsanleitungen sind zu beachten. Aufgabe der Beschläge ist es vor allem, Fensterflügel beweglich zu lagern und den Verschluss des Fensters zu ermöglichen. Die Beschläge sind deshalb auf die Öffnungsart des Fensters abgestimmt. Es gibt z. B. Drehkipp-Beschläge, Wendeflügel-Beschläge und Schwingflügel-Beschläge.

Durchführen der Schutzmaßnahmen: Das Holz muss vor dem Verglasen und dem endgültigen Anbringen der Beschläge durch Anstriche geschützt werden.

2.5.4 Zuschnitt und Bearbeitung eines Kunststoff-Fensters

Zuschnitte der Profile: Je nach Betriebsgröße werden zum Zuschneiden Einfach- oder Doppelgehrungssägen eingesetzt. Beim Zuschneiden kommt es auf die Einstellung der genauen Profillänge an. Jedem Profil muss an jedem zu verschweißenden Ende zwischen 2,5 mm und 3 mm an Länge zu den Fertigmaßen hinzugegeben werden, weil sich das Profil beim Anschmelzen um dieses Maß, den so genannten Abbrand, verkürzt.

Das Profil muss zum Zuschneiden winkelgerecht und unverkantet eingespannt werden, damit eine passgenaue Fuge entsteht. Der V-Schnitt am Blendrahmenprofil oder am Flügelrahmenprofil zur Aufnahme eines Kämpfers oder Pfostens bzw. einer Sprosse wird mithilfe einer Klinkschnittsäge mit ein oder zwei Sägeblättern ausgeführt; zum Schnitt am Konterstück wird die gleiche Maschine eingesetzt.

Vor während und nach dem Zuschneiden dürfen keine Verunreinigungen auf die Schnittstelle gelangen, damit die Festigkeit der Eckverbindung nach dem Schweißen nicht verringert ist. Zugeschnittene Profile müssen innerhalb von drei Tagen verschweißt werden. Die Aufnahme von Luftfeuchtigkeit an der zu verschweißenden Stelle würde sonst die Festigkeit verringern.

Aussteifung der Profile: PVC-Profile weisen eine relativ große Elastizität auf. Es ist daher erforderlich, PVC-Fensterflügel ab einer Kantenlänge von etwa 80 cm mit Aluminiumprofilen oder verzinkten Stahlblechprofilen vor dem Verschweißen auszusteifen. Die Schnittflächen der Stahlprofile werden vor dem Einbau in das Kunststoffprofil gegen Korrosion geschützt. Die auf Gehrung geschnittenen Verstärkungsprofile, die etwa 10 mm vor beiden Schnittflächen des Kunststoffprofils enden müssen, werden gegen Verrutschen an das Kunststoffprofil angeschraubt.

Bohr- und Fräsarbeiten: Wasserablauföffnungen zur Blendrahmen- und Glasfalzentwässerung, sowie Öffnungen für die Dreh- und Schließeinrichtung werden im Kleinbetrieb mit Handmaschinen unter Zuhilfenahme von Bohr- und Fräslehren eingebohrt oder eingefräst, im größeren Betrieb mit ortsfesten Spezialmaschinen.

Profile lagern
↓ Ganzflächig, horizontal und temperiert lagern.

Zuschnitte der Hauptprofile
↓ Schweißzugabe berücksichtigen, V-Schnitte oder Klinkschnitte ausführen.

Fräsen und Bohren
↓ Lage und Größe der Fräsungen und Bohrungen genau beachten.

Verstärkungsprofile einbauen
↓ Das Verstärkungsprofil muss zum Kunststoffprofil passen.

Einziehen der Falzdichtungen
↓ Dichtungen werden z. T. auch nach der Rahmenbearbeitung eingezogen.

Ecken verschweißen
↓ Wichtig ist hier das Einhalten der Einstellgrößen wie Schweißtemperatur, Spann- und Schweißdruck, Schweiß- und Abkühlzeit.

Bearbeiten der Schweißnähte
↓ Schweißraupe entfernen.

Beschlageinbau
↓ Auf die richtige Befestigung achten.

Zusammenbau Flügel- und Blendrahmen
↓ Funktionsprüfung durchführen.

Verglasung einbauen
↓ Glashalteleisten zuschneiden, Lagerung bis zum Einbau.

Zwischenlagerung bis zum Einbau

Bei diesen Arbeiten kommt es vor allem darauf an, die vorgeschriebenen Winkel und Abstände für die Ausnehmungen einzuhalten.

Schweißarbeiten: Die Kunststoffprofile werden durch Press-Stumpfschweißen (Schweißspiegelverfahren) gefügt, selten mit Winkel verschraubt.

Die auf Gehrung geschnittenen Profile werden pneumatisch solange an die beiden elektrisch beheizten Schweißspiegel angedrückt, bis sie die erforderliche Schweißtemperatur von 230 °C bis 265 °C erreicht haben. Danach presst die gleiche Maschine die zähflüssig gewordenen Enden der Profile mit einem Druck von 0,2 N/mm² bis 0,4 N/mm² zur Fensterecke zusammen.

Verschiedene Schweißautomaten ermöglichen es, alle Ecken eines Fensters in einem Arbeitsgang miteinander zu verschweißen (Bild 1). Die Güte der angeschweißten Eckverbindung ist dabei abhängig von der Temperatur der Schmelze am Profil, von der Vorgabe der Abschmelzlänge am Schweißspiegel, der Durchwärmzeit, dem Druck beim Zusammenfügen der Profile und von der Abkühlzeit. Diese Größen können an der Schweißmaschine eingestellt werden.

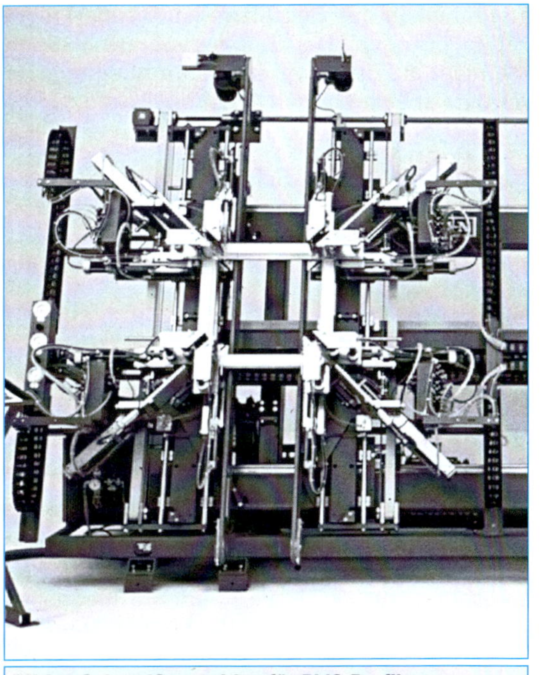

Bild 1: Schweißmaschine für PVC-Profile

Verputzarbeiten: Nach Ablauf der vorgeschriebenen Druck- und Abkühlzeit wird der Schweißstoß mit Handmaschinen oder sog. Eckenputzautomaten verputzt, d. h. eingeebnet.

Der Eckenputzautomat verfügt über Ziehmesser, die die obere und untere Schweißraupe gleichzeitig abschälen und ein vom Kunststoffprofil abhängiges Fräswerkzeug, das zum Verputzen der Innen- und Außenecken dient. Als Handmaschinen werden Sichtflächen-Nutfräser oder Schweißraupen-Abstechgeräte eingesetzt.

Sie entfernen die vorstehende Schweißraupe am fertigen Fenster und erzeugen an der Stoßstelle eine sichtbare Nut im Gehrungsschnitt. Das Abtragen von Schweißraupen mit anschließendem Schleifen und Polieren der Sichtflächen wird aufgrund des hohen Arbeitsaufwandes nur noch in Ausnahmefällen durchgeführt.

Einbau von Dichtprofilen und Beschlägen: Die Dichtprofile werden vor oder nach dem Verschweißen der Ecken von Hand in das Fensterprofil eingezogen. Dabei dürfen sie nicht gestreckt werden, um Spannungen im Dichtprofil zu vermeiden.

Die zu verwendenden Beschläge werden in der Regel vom Profilhersteller vorgeschrieben. Die Tragfähigkeit des Beschläge ist auf die Flügelgröße bezogen. Der Einbau von Beschlägen, die nicht auf das Profil abgestimmt sind, erfordert meist einen hohen Arbeitsaufwand für die dann erforderlichen Fräsarbeiten.

Bei Bohrarbeiten für Schraubverbindungen ist besonders darauf zu achten, dass der Bohrerdurchmesser nicht zu groß gewählt wird und die Schrauben der Beschläge durch mindestens zwei Profilwände hindurchgehen und bei großen Fensterabmessungen auch im Verstärkungsprofil aus Stahlblech verankert werden. Durch diese Maßnahme liegt bei Belastung auch die erforderliche Ausreißfestigkeit vor. Die Schrauben dürfen in keinem Fall beim Einschrauben überdreht werden. Beim Einbau des Beschlages darf es nicht zu einer Beschädigung der Dichtprofile kommen.

Zuschneiden der Glashalteleisten: Vor dem Verglasen erfolgt der Zuschnitt der Glashalteleisten. Im Kleinbetrieb werden die Längen mit dem Maßstab gemessen und die Glashalteleiste auf der Kapp- oder Gehrungssäge zugeschnitten. In größeren Betrieben werden zum Zuschnitt besondere Kopierkreissägemaschinen verwendet. Dabei wird die Länge der Glashalteleiste durch Abtasten der entsprechenden Falzlängen an dem noch unverglasten Flügel ermittelt und in die Kreissägemaschine eingegeben.

Beim Zuschnitt der Glashalteleisten muss die richtige Länge eingehalten werden. Bei zu langen Glashalteleisten entstehen Spannungen, die dazu führen können, dass die Glashalteleisten aus der Verankerung springen.

2.6 Klotzung der Scheibe

Die Verglasungsarbeiten an einem Fenster umfassen die Vorbereitung der Glasfalze, die Lagerung und die Abdichtung der Glasscheibe im Flügelrahmen. Die Lagerung muss durch sachgerechte Klotzung erfolgen.

Das Gewicht der Scheibe ist auf Klötzen so zu verteilen, dass der Flügelrahmen die Scheibe trägt und zusätzlich vermeidbare Beanspruchungen aus Temperatur und Flügelbewegung ausgeschlossen werden. Die Scheibe selbst darf keine tragende Funktion übernehmen und die Glaskanten dürfen keinen direkten Kontakt zum Rahmen erhalten. Dadurch werden Glasschäden vermieden.

Der Flügel darf sich nicht verziehen, damit die Fugenbreite zum Blendrahmen umlaufend gleich bleibt und die Gangbarkeit gesichert ist. Mit unterschiedlich dicken Klötzen aus imprägniertem Holz oder Kunststoff kann man den Flügelrahmen winklig ausrichten („hochklotzen").

Nach dem Verklotzen muss geprüft werden, ob sich die Flügel einwandfrei öffnen und schließen lassen. Ist das nicht der Fall, muss die Scheibe neu ausgemittelt und neu verklotzt werden.

Durch das sogenannte „Hochklotzen" kann die Gängigkeit des Flügelrahmens nachgebessert werden. Hierzu werden größere Klotzdicken verwendet.

Für das Verklotzen werden Tragklötze, Distanzklötze und Klotzbrücken benötigt.

Tragklötze übertragen das Gewicht der Glasscheibe auf die Rahmenkonstruktion. **Distanzklötze** gewährleisten den Abstand zwischen den Glaskanten und dem Falzgrund und sichern die Scheibe gegen Verrutschen. Bei bestimmten Öffnungsarten übernehmen Distanzklötze zeitweise auch die Funktion von Tragklötzen (siehe S. 72, Bild 1).

Bei Schiebefenstern haben sich in der Anschlagebene elastische Distanzklötze bewährt.

Klotzbrücken ermöglichen einen umlaufenden Dampfdruckausgleich und sorgen für den ungehinderten Ablauf von eingedrungenem Regenwasser (siehe S. 71, Bild 1).

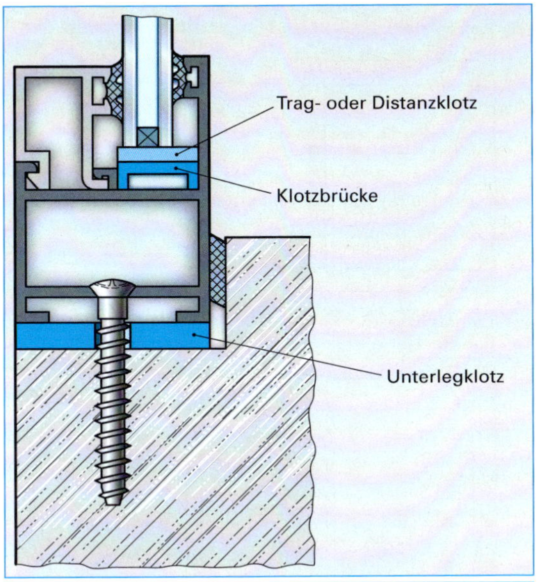

Bild 1: Definitionen von Tragklotz, Distanzklotz, Klotzbrücke und Unterlegklötze

Dimensionierung: Die Breite der Trag- und Distanzklötze soll in der Regel 2 mm größer sein als die Dicke der Verglasungseinheit. Die Dicke richtet sich nach den Abmessungen der Verglasungseinheit, der Glasfalzhöhe und der Falzausbildung (siehe S. 79, Bild 1). Die Länge richtet sich nach der Tragfähigkeit des Klotzmaterials, nach dem Falzgrund und nach dem Gewicht der Verglasungseinheit und beträgt 100 mm und in Ausnahmefällen 80 mm.

Je nach Klotzdicke sind die Farben unterschiedlich, z. B. sind 4 mm dicke Klötze gelb.

Um Verwechselungen zu vermeiden, sollten die Klötze zur Lastabtragung zwischen Blendrahmen und Brüstung **nicht** als „Tragklötze" bezeichnet werden. Eine bessere Bezeichnung ist „Unterlegklötze" (Bild 1).

Um Glasbruchgefahr auszuschließen, dürfen die Scheibenkanten an keiner Stelle das Profil berühren. Sämtliche Klötze sind gegen Verrutschen zu sichern. Der Mindestabstand zu den Flügelecken sollte etwa eine Klotzlänge betragen (der Abstand kann in Ausnahmefällen auf 20 mm verringert werden und bei sehr breiten Scheiben bis zu 250 mm betragen). Für statische Berechnungen wird mit einem Abstand zur Rahmenecke von 150 mm gerechnet. Die Klötze dürfen die Öffnungen für den Dampfdruckausgleich nicht in ihrer Funktion behindern. Bei glattem Falzgrund sind Klotzbrücken erforderlich.

Der Abstand zwischen der Scheibenunterkante und dem Glasfalzgrund muss mindestens 5 mm betragen. Damit soll verhindert werden, dass sich zwischen dem Rahmen und dem Rand des Isolierglases eine „Tropfenbrücke" bildet, die ein Ablaufen des Wassers verhindert. Das ist wichtig, weil stehendes Wasser den geklebten Rand der Isolierverglasung anlösen kann.

Die unterschiedlichen Flügel-Öffnungsarten bedingen eine unterschiedliche Anzahl und Lage von Trag- und Distanzklötzen (siehe S. 72, Bild 1). An Drehflügeln sind grundsätzlich an der Bandseite unten und auf der gegenüberliegenden Rahmenecke je zwei Tragklötze einzusetzen.

Im Holzfensterbau kann sich die Anwendung einer verstellbaren Verklotzung als vorteilhaft erweisen (Bild 2). Die am Tragklotz angeformten runden Zapfen mit 10 mm Durchmesser sind mit Stellschrauben versehen, deren Schraubenkopf gegen eine Gegendruckplatte oder gegen die Profilwand abgestützt wird, sobald die Schraube angedreht wird. Eine Verglasung mit einer einstellbaren Verklotzung bringt insbesondere Vorteile bei der Einjustierung des Flügels, bei der Fenstermontage sowie bei Instandhaltungs- und Instandsetzungsarbeiten.

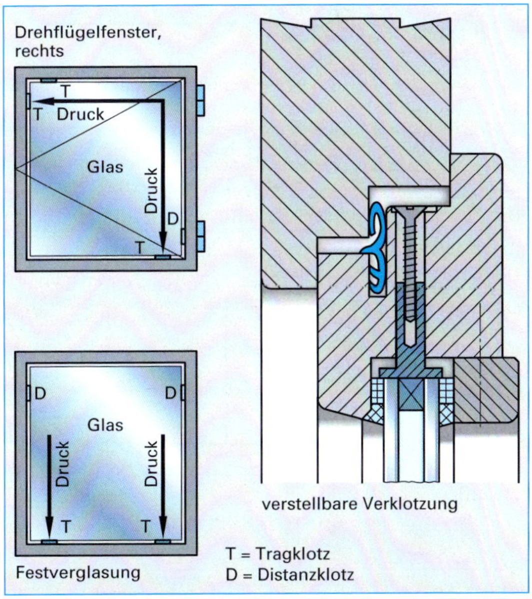

Bild 2: Stabilisierung des Rahmens durch die Verklotzung

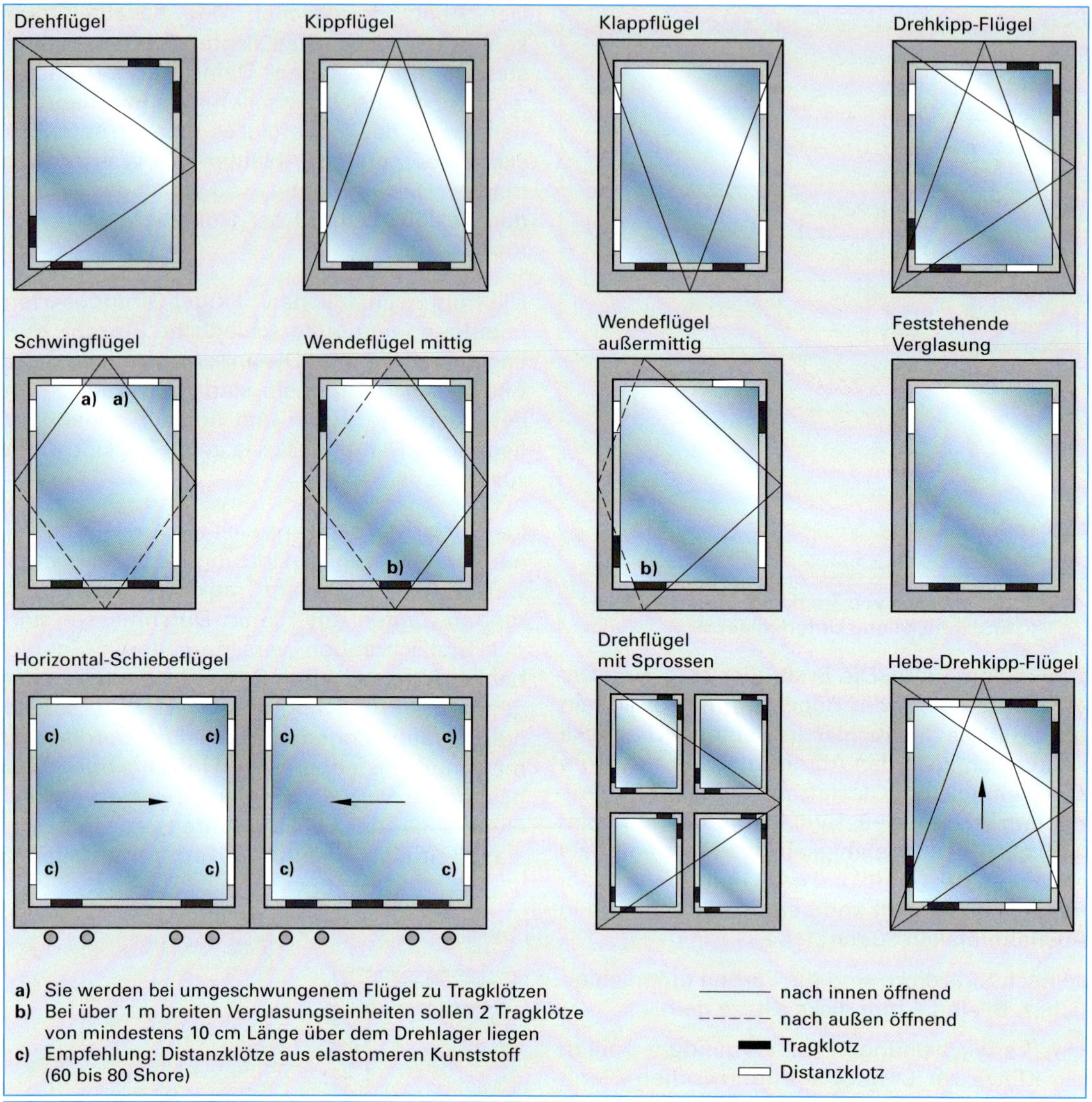

Bild 1: Klotzungsvorschläge für verschiedene Öffnungsarten bei senkrechtem Einbau[1]

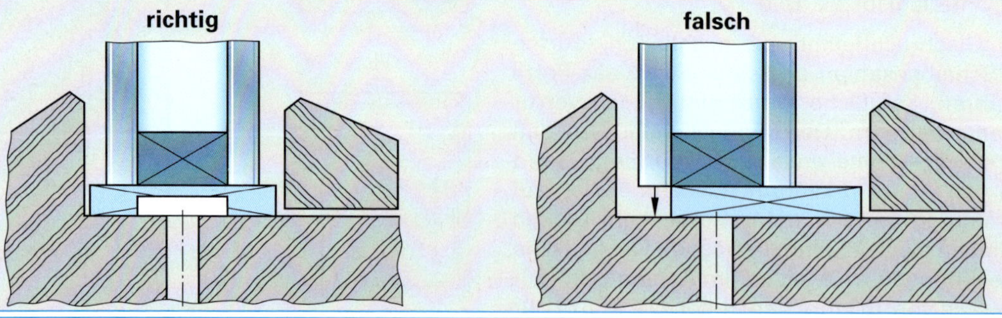

Bild 2: Verklotzung am Beispiel Holzfenster

[1] Bei geneigtem Einbau und für Sonderkonstruktionen sind die Bestimmungen des Glaserhandwerks zu beachten.

Bei verstellbaren Klötzen muss das Vorlegeband im Bereich der Verklotzung eine Aussparung erhalten, damit das Verklotzungselement einstellbar ist.

Bei dichtstofffreiem Falzgrund darf sich im Hohlraum zwischen Glaskante und Falzgrund kein Tauwasser ansammeln. Dazu darf der Hohlraum über die ganze Falzlänge des Fensters nicht durch die Verklotzung unterbrochen sein. Der durchgehende Hohlraum kann sichergestellt werden durch eine Profilierung des Falzgrundes, durch Klötze mit Nuten (Klotzbrücken) sowie durch Stege im Falzgrund, die mit Klötzen überbrückt werden (Bild 1 u. S. 72, Bild 2).

2.7 Verglasungssystem

Seit über fünfzig Jahren bestimmen Mehrscheiben-Isoliergläser und großflächige Verglasungen den Fenster- und Fassadenbau. Dauerelastische **Dichtstoffe** (Versiegelungsmassen) ersetzten den plastischen Dichtstoff (Leinölkitt). Sie konnten aber trotzdem Schäden am Randverbund (Anlösen der Randverklebung) der Isolierglasscheiben nicht ausschließen. Nach dem derzeitigen Stand der Technik werden die meisten Verglasungen bei Aluminium- und Kunststoffkonstruktionen mit dichtstofffreiem Falzraum und vorgefertigten **Dichtprofilen** ausgeführt. Sonderverglasungen wie Schaufenster, Verglasungen in Hallenbäder, Dachverglasungen und gebogene Scheiben werden auch weiterhin mit Dichtstoffen und ausgefülltem Falzraum verglast. Die Verwendung von Dichtstoffen oder die Kombinationen aus Dichtstoffen (meist auf der Wetterseite) und Dichtprofilen (Innenseite) bezeichnete man früher als „Nassverglasung". Bei der Verglasung mit Dichtstoffen wird unterschieden zwischen einer Verglasung mit einem Dichtstoff im Falzgrund und einer Verglasung mit dichtstofffreiem Falzgrund (Bild 2 u. S. 76, Tabelle 1).

Für Metall- und Kunststofffenster kommen üblicherweise Isolierverglasungen mit dichtstofffreiem Falzgrund und Dichtprofilen zum Einsatz (Bild 2b). Ein trockener Glasfalz und Öffnungen zum Dampfdruckausgleich mit dem Außenklima sind Voraussetzungen dafür, dass der Randverbund der Isolierglaseinheit keinen Schaden erleidet. Auch Holzfenster werden immer häufiger mit Dichtprofilen verglast (Bild 1).

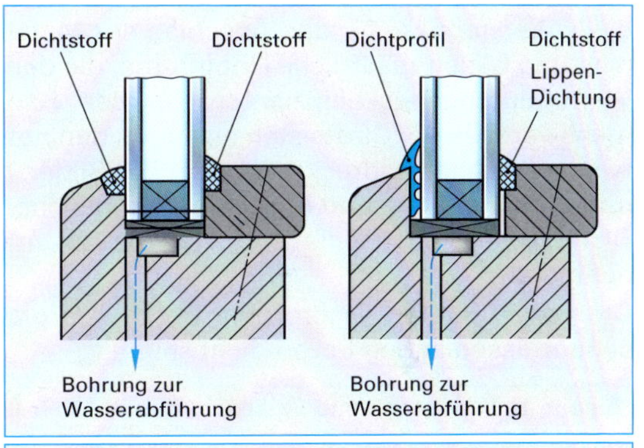

Bild 1: Verglasungssysteme bei Holzfenstern

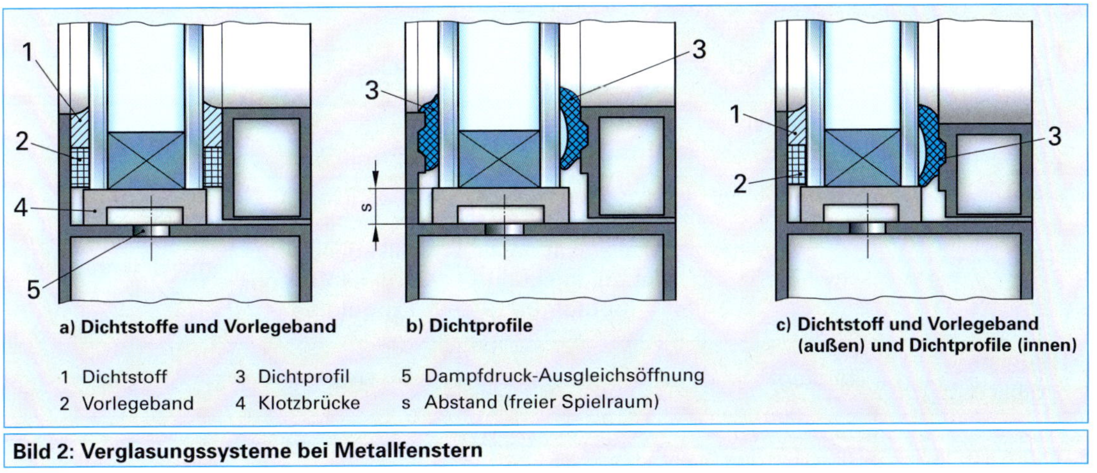

Bild 2: Verglasungssysteme bei Metallfenstern

2.7.1 Verglasung mit Dichtprofilen

Dichtprofile stellen die elastische Verbindung von Rahmen und Verglasung her und müssen gegen Regen und Luftzug hinreichend dicht sein. Ein geringer Luftaustausch ist bei Verglasungen mit dichtstofffreiem Falzraum vertretbar. Tropfenweiser Wassereintritt in den Falzraum ist in Ausnahmefällen zulässig, wenn die anfallende Feuchtigkeit wieder abgeführt wird. Eine wichtige Eigenschaft der Dichtprofile ist das „Rückstellvermögen", d. h. die Fähigkeit, Dickentoleranzen der Scheibe und Bewegungen ohne Verlust der Dichtkraft aufzunehmen (Bild 1).

Eine Unterscheidung nach „Nassverglasung" und „Trockenverglasung" ist nicht mehr üblich. Unter **Trockenverglasung** versteht man eine dichtstofffreie Verglasungstechnik ausschließlich mit Dichtprofilen (siehe S. 73, Bild 2b). Diese Verglasungen eignen sich für Holz-, Kunststoff- und Metallfenster. Die Dichtprofile und ebenso die Isolierstegnase für den Anschlag der Mitteldichtung bilden zusätzliche Hohlräume, die den Wärmedurchgangskoeffizienten U_f des Rahmens verbessern. Glasleisten erzeugen den notwendigen Anpressdruck (siehe S. 29, Bilder 1 und 2). Materialien und Eigenschaften üblicher Dichtprofile sind der Tabelle 1 unten zu entnehmen.

Die vorgefertigten Dichtprofile für die Verglasung müssen in den Ecken dicht sein.

Diese Forderung wird allein durch einen Stoß der Profile nicht sichergestellt. Möglichkeiten für eine sichere Stoßabdichtung sind:

- geklebte Ecken (stumpf gestoßen oder auf Gehrung geschnitten),
- vulkanisierte Ecken (bei Dichtungsrahmen z. B. aus Silikonprofilen mit spritzbarem Silikonkautschuk),
- Injection-moulding-Verfahren (Heizen und Kleben),
- Schweißen.

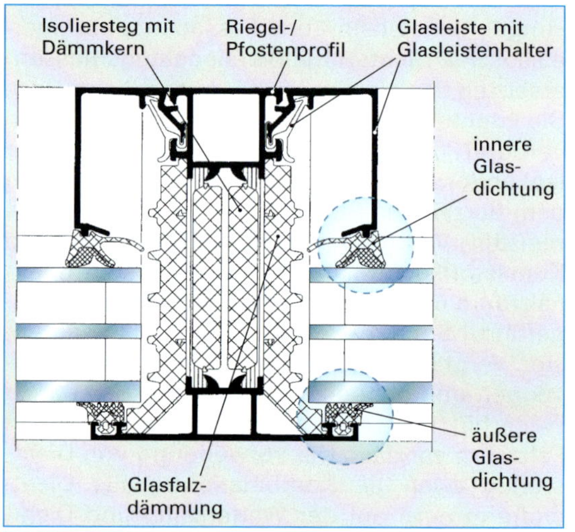

Bild 1: Verglasung mit EPDM (APTK)-Dichtprofilen und Glasfalzdämmung

Tabelle 1: Werkstoffe und Eigenschaften üblicher Dichtprofile[1]

Eigenschaften	Polyvinylchlorid (PVC)	Polychloroprene (PCR) Handelsnamen: Baypren, Neoprene	Ethylen-, Propylen-, Terpolymer-Kautschuk (EPDM = ATPK)	Silikon (Si)
Thermisches Verhalten	thermoplastisch	elastomer	elastomer	elastomer
Temperaturbereich	– 10 °C bis + 40 °C	– 20 °C bis + 70 °C	– 30 °C bis + 90 °C	– 60 °C bis + 180 °C
Farbe	farbig	schwarz	schwarz	farbig
Eckverbindung	schweißen	Vulkanisation, Kleben, Injection moulding	Vulkanisation, Kleben, Injection moulding	Kaltvulkanisation mit Silikonkleber oder Injektion-moulding
UV-Beständigkeit	bedingt	gut	gut	gut

[1] Verkürzt aus: Technische Richtlinien des Glashandwerks Nr. 13

Dichtprofile bestehen aus verschiedenen vorgeformten und weitgehend elastisch bleibenden Kunststoffen. Es handelt sich dabei um Ethylen-Propylen-Terpolymer-Kautschuk-Profile (EPDM-Profile), Polychloropren-Profile (CR-Profile) und Silikon-Kautschuk-Profile (Q-Profile) mit unterschiedlichen Eigenschaften. Q-Profile weisen ein besonders günstiges elastisches Verhalten und eine hohe Alterungsbeständigkeit auf.

Die Dichtung zur Gewährleistung der Schlagregensicherheit im Falzbereich ist ein Verschleißteil, ihr Austausch muss deshalb möglich sein.

Bei Verglasungen mit dichtstofffreiem Falzraum müssen vom Falzraum Öffnungen zum Dampfdruckausgleich mit dem Außenklima vorhanden sein, damit sich im Hohlraum zwischen Glaskante und Falzgrund kein Tauwasser bilden kann. Als wirkungsvoll hat sich die Anordnung von mindestens drei Öffnungen im unteren horizontalen Falz und jeweils einer Öffnung im oberen Eckbereich gezeigt. Die Mindestgröße der Öffnungen soll bei Bohrungen 8 mm und bei Schlitzen 5 mm × 20 mm nicht unterschreiten (siehe S. 80 u. 81, Bilder 2 u. 1).

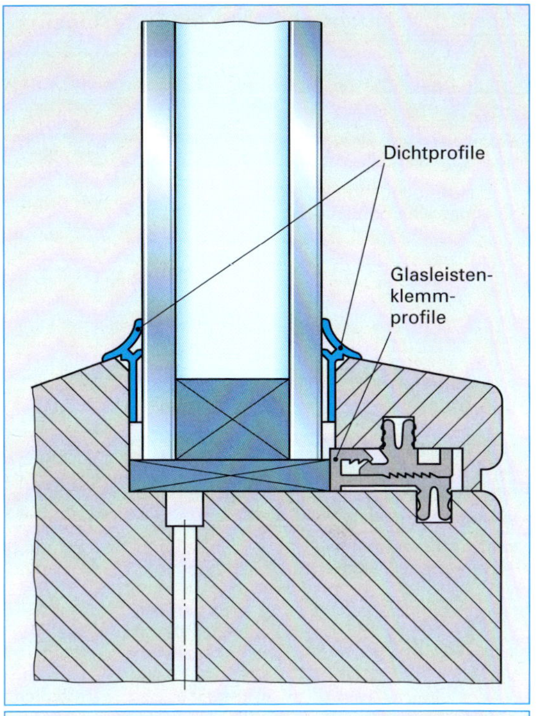

Bild 1: Verglasen mit Dichtprofilen bei Holzfenstern

Ein weiteres System ist die „Verglasung ohne Glasleisten" oder **„Structural Glazing"** (siehe S. 201, Bilder 1 u. 2). Während bei den herkömmlichen Verglasungssystemen die Glasleisten die senkrecht zur Scheibenfläche wirksamen Kräfte aufnehmen, geschieht dies hier allein über die Festigkeit und Haftung des Dichtstoffes am Randverbund der Scheibe bzw. am Rahmen. Das Glasgewicht wird über mechanische Haltewinkel o. ä. in die Konstruktion abgeleitet.

Ein Sonderfall der Verglasung mit Dichtprofilen ist die **Druckverglasung**, bei der mit Spannelementen (Schrauben, Federn, Exzenter, Keilen oder Verzahnungen) eine Druckleiste auf das Dichtprofil drückt. Dabei kommen einstellbare und selbst nachstellende Druckelemente zum Einsatz. Druckverglasungen, wie bei Glasfassaden (Bild 2b) üblich, sind auch bei höchsten Beanspruchungen durch Wind und Regen dauerhaft dicht.

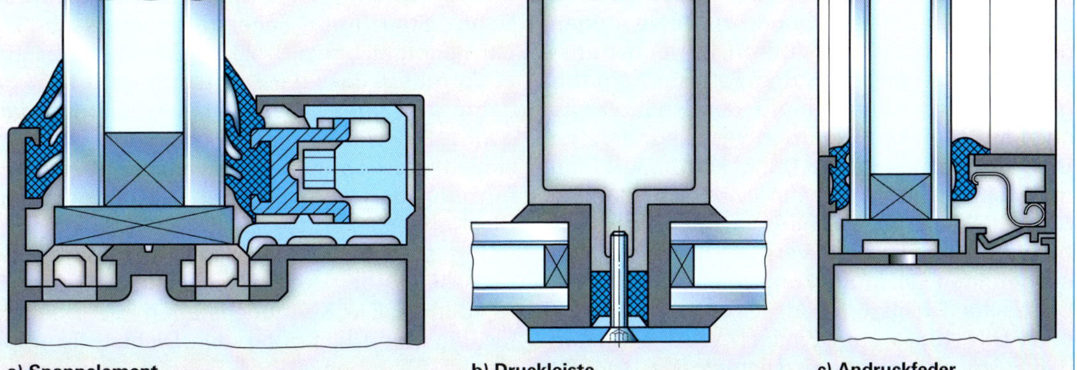

a) Spannelement b) Druckleiste c) Andruckfeder

Bild 2: Druckverglasungen

Tabelle 1: Verglasungssysteme mit Dichtstoffen

Beanspruchungsgruppe[a]	1	2	3	4	5
Verglasungssysteme mit ausgefülltem Falzraum (Va)					
Kurzzeichen	**Va1**				
werkstoffunabhängige schematische Darstellung	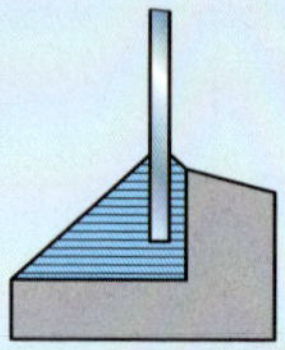	—	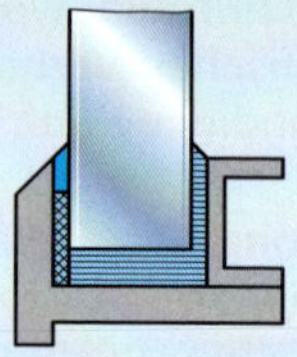	—	—
Dichtstoffgruppe nach 5.4 der DIN 18545 – für Falzraum	A / B[b]	Nachweis der Falzgrundverklebung und Verträglichkeit mit dem Isolierglas-Randverbund über Regelwerke für geklebte Verglasungssysteme[c]			
Verglasungssysteme mit dichtstofffreiem Falzraum (Vf)					
Kurzzeichen[a]			**Vf3**	**Vf4**	**Vf5**
werkstoffunabhängige schematische Darstellung	Für die Beanspruchungsgruppe 1 und 2 sind Verglassysteme mit dichtstofffreiem Falzraum nicht möglich.	Für die Beanspruchungsgruppe 1 und 2 sind Verglassysteme mit dichtstofffreiem Falzraum nicht möglich.	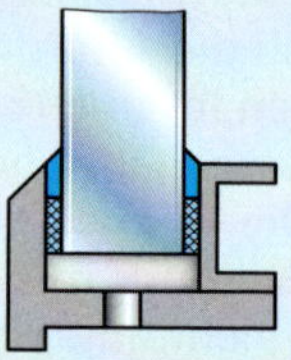	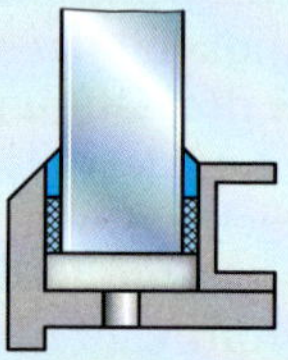	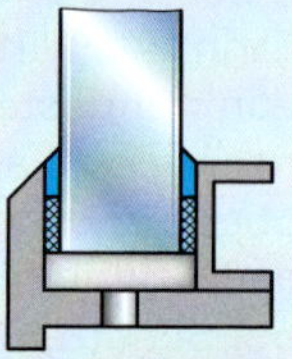
Dichtstoffgruppe nach DIN EN 15651-2 – für Versiegelung	Zuordnung über Öffnungsart, besondere Einwirkungen, Scheibenformat, Rahmenmaterial, Elementlänge und Gebäudehöhe.		20 / 25 HM	20 LM	25 LM

[a] Nach Ift Richtlinie VE06.
[b] Für das Verglasungssystem Va1 dürfen auch Dichtstoffe der Gruppe B eingesetzt werden, wenn sie von den Herstellern dafür empfohlen werden.
[c] Nach Ift Richtlinie VE08.

Dichtstoff des Falzraums
Dichtstoff der Versiegelung
Vorlegeband

2.7.2 Verglasung mit Dichtstoffen

Einwirkungen auf ein Fenster aus der Öffnungsart, durch den besonderen Gebrauch (z. B. in einer Schule) durch den Windruckes (abhängig von der Gebäudehöhe, durch das Scheibenformat und durch Umgebungseinflüsse (z. B. in einer Schwimmhalle) können zu Bewegungen der Scheibe im Rahmen führen. Damit dadurch bedingt kein Wasser in den Falzraum eindringen und den Randverbund der Isolierverglasung auflösen kann, werden Verglasungen mit Dichtstoffen ausgeführt. Dabei kombiniert man die Steifheit der Verglasung mit der relativen Beweglichkeit des Rahmens zu einer festen Verbundeinheit. Für eine Verglasung mit einem ausgefüllten Falzgrund kommen nach Tabelle 1 plastische Dichtstoffe der Gruppe A oder B nach DIN 18545 zum Einsatz. Wird hingegen der Falzgrund nicht mit Dichtstoff ausgefüllt und nur der obere Abschluss des Falzraumes wird mit Dichtstoff versiegelt, so kommen elastische Dichtstoffe der Dichtstoffgruppe 20/25 HM bzw. 20/25 LM zum Einsatz. Beim elastischen Dichtstoff dieser Gruppe gibt die Zahl die zulässige Gesamtverformung in Prozent an. Die Verformung eines Dichtstoffes wird durch Dehn-, Stauch und Scherkräfte verursacht. Dabei bedeutet bei z. B. 20 % zulässige Gesamtverformung, dass der Dichtstoff um + 10 % gedehnt und um – 10 % gestaucht werden darf oder z. B. um + 8 % gedehnt und um – 12 % gestaucht werden darf. Die zulässige Gesamtverformung darf aber nicht über 20 % betragen. Die Kennzahl für die zulässige Gesamtverformung ist eine wichtige Planungsgröße für die Bemessung der Breite des Glasfalzes (siehe S. 79, Bild 1). Die Kennbuchstaben HM und LM für die Kennzeichnung der Dichtstoffgruppe stehen für einen hohen Dehnspannungswert (High Modulus) bzw. für einen niedrigen Dehnspannungswert (Low Modulus).

Nicht nur Dehn-, Stauch- und Scherkräfte wirken auf eine Versiegelung ein, sondern unter herkömmlichen Umständen auch Regenwasser mit seinen chemischen Bestandteilen aus Industrie- und Kfz-Abgasen, UV-Strahlung aus dem Sonnenlicht, Reinigungsmitteln verursacht durch das Fensterputzen und Atmosphärilien[1]. Für die Versiegelung von Mehrscheiben-Isolierglas (Floatglas) kommen daher hauptsächlich Dichtstoffe auf Silicon-Basis zur Anwendung. Allerdings sind davon Isolierverglasungen mit einer selbstreinigenden Oberfläche (siehe Kapitel 1.2.8) an der Außenseite ausgenommen. Hier gibt es eine Unverträglichkeit mit dem Silicon-Dichtstoff. Stattdessen kommen hier Dichtstoffe auf der Basis Hybrid-Polymer zum Einsatz.

Die auf der Basis Silicon, Polysulfid (Thiokol), Polyurethan, Acryl, MS-Polymer und Polyisobutylen aufgebauten Dichtstoffe weisen nach dem Einbau ein Rückstellvermögen auf. Die Dichtstoffe sind ein- oder zweikomponentig. Die Verfestigung erfolgt über einen chemischen Prozess oder über die Aufnahme von Feuchtigkeit und Sauerstoff aus der Luft. Bei Acryldispersionen und lösemittelhaltigen Acrylaten erfolgt die Verfestigung physikalisch-chemisch (Tabelle 1). Für Holzfenster muss die Anstrichverträglichkeit gewährleistet sein. Nicht alle Dichtstoffe dürfen überstrichen werden (siehe S. 95, Tabellen 1 u. 2).

Vor dem Verglasen müssen die Glasfalze vorbereitet werden. Dabei sind die Vorschriften des jeweiligen Dichtstoffherstellers, die VOB (Verdingungsordnung für Bauleistungen) und die aktuellen Normen zu beachten. Immer gilt, dass die Glasfalze vor dem Verglasen trocken und sauber sein müssen.

Bei Holzfenstern müssen die Glasfalze und Glashalteleisten vor dem Verglasen grundiert und zwischengestrichen sein. Der Einsatz eines Dichtstoffes auf unbehandeltem Holz ist nicht zulässig. Die Haftung des Dichtstoffes auf der Oberflächenbeschichtung des Holzes muss gegeben sein. Zur Verbesserung der Haftung des Dichtstoffes kann ein Primer (Haftvermittler) eingesetzt werden. Hierzu ist eine Abstimmung mit dem Dichtstoffhersteller geboten.

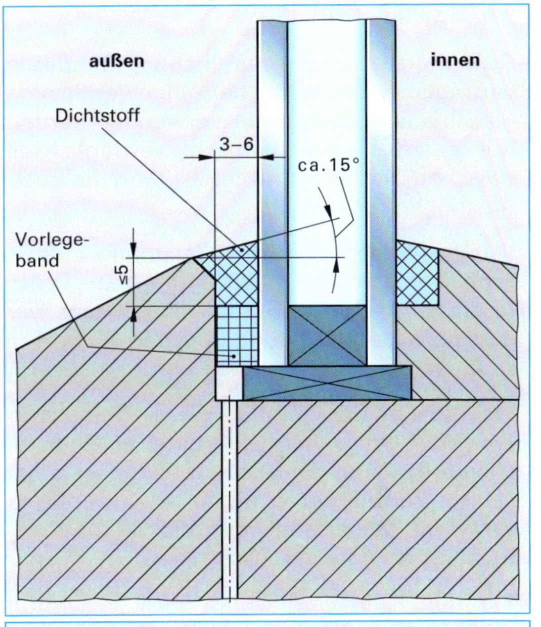

Bild 1: Verglasung mit Vorlegeband und Dichtstoff

Tabelle 1: Eigenschaften von Dichtstoffe

Rohstoffgruppe	Elastisches Verhalten	Dauer-bewegungs-aufnahme	Rohstoffgruppe	Elastisches Verhalten	Dauer-bewegungs-aufnahme
1. Silicon - säurehärtend - neutralhärtend - alkalischhärtend	elastisch	15 – 25 % 20 – 25 % 20 – 25 %	**4. Acrylat** - Dispersionstyp - Dispersionstyp - Dispersionstyp - lösemittelhaltig	elastisch-plastisch plastisch-elastisch elastisch zäh-plastisch	10 % 15 – 20 % 20 % 5 – 10 %
2. Polysulfid - einkomponentig - zweikomponentig	elastisch	15 – 25 % 20 – 25 %	**5. MS-Polymer** (Hybrid)	elastisch	20 – 25 %
3. Polyurethan - einkomponentig - zweikomponentig	elastisch	20 – 25 % 25 %	**6. Butyl** bzw. **Polyisobutylen**	plastisch	0 – 5 %

[1] Einflüsse aus der Atmosphäre wie feste, flüssige und gasförmige Bestandteile aus der Umgebungsluft (hier: Verunreinigungen)

Die Holzfeuchtigkeit darf die vorgeschriebenen Maximalwerte für europäische und tropische Holzarten nicht überschreiten.

Arbeitsregeln für das Verglasen von Dichtstoffen:

- Die Glasfälze müssen vor dem Verglasen trocken, sauber, fettfrei, grundiert und bei Holzfenstern einmal decklackiert (zwischengestrichen) sein. Bei Frost darf nicht versiegelt werden.
- Auf die richtigen Abmessungen der Versiegelungsfuge muss geachtet werden. Eine zu geringere Dimensionierung führt dazu, dass die Versiegelung reißt.
- Dichtstoffe müssen miteinander chemisch verträglich sein, wenn bei einer Verglasung verschiedene Dichtstoffe verwendet werden. Außerdem ist eine chemische Verträglichkeit zwischen Dichtstoff und Untergrund (Rahmen, Anstrich) erforderlich.
- Versiegelungsmassen müssen ohne Lufteinschluss bei trockener Witterung unter Druck in die vorhandenen Fugen eingebracht werden. Lufteinschlüsse und Feuchtigkeit führen zu undichten Verglasungen.
- Wenn die an der Oberfläche eines Kunststofffensters befindlichen Gleitmittel eine ausreichende Haftung des Dichtstoffes nicht zulassen kommt ein Haftvermittler zur Anwendung. Haftvermittler ermöglichen die Haftung des Dichtstoffes oder verbessern sie.
- Bei der Isolierverglasung wird ein Vorlege- oder Verglasungsband aus geschlossenzelligem Polyethylen verwendet. Nach dem Verklotzen müssen die Glashalteleisten befestigt und der Zwischenraum zwischen Glas und Glashalteleiste bzw. Rahmen ausgespritzt werden. Abschließend hat das Abschneiden bzw. Ausziehen und Glätten der Dichtungsmasse zu erfolgen. Glashalteleisten aus Holz müssen in Abständen von etwa 25 cm angeschraubt werden (Bild 2).
- Bei der Einfachverglasung mit Glashalteleisten ist wie bei der Isolierverglasung zu verfahren. Wenn die Glasscheibe ohne Glashalteleiste eingesetzt wird, muss sie im Holzrahmen mit Drahtstiften oder Weißblechecken, im Metallrahmen mit Metallfedern befestigt werden.
- Die Glasscheiben sind vor dem Einsetzen im Bereich des Glasfalzes zu reinigen.

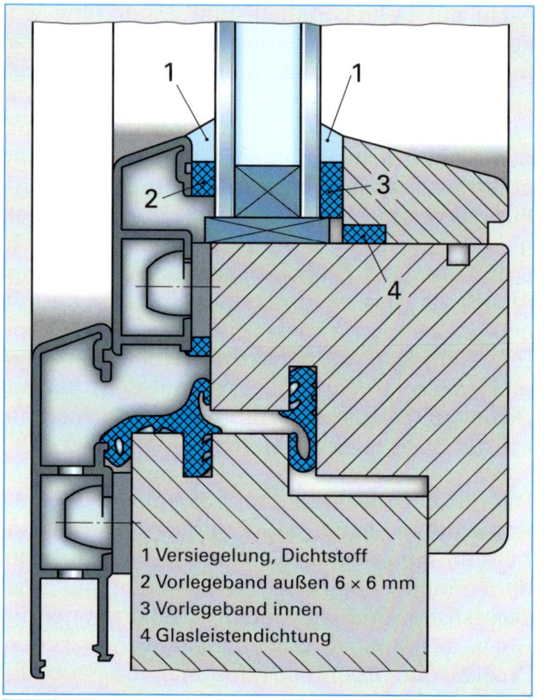

Bild 1: Dichtstoff-Verglasung bei einem Holz-Aluminiumfenster

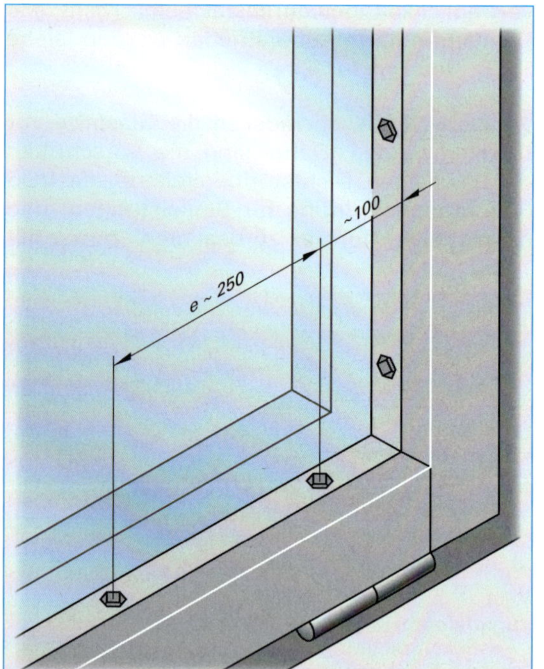

Bild 2: Befestigungsstellen für Glashalteleisten bei Holzfenstern

- Die Versiegelungsmasse sollte bei Fenstern am Glasfalz mit schräger Fase mit der Oberkante des Rahmenprofils abschließen, damit das Wasser besser ablaufen kann (siehe S. 78, Bild 1). Bei Metall-, Kunststoff- und Holzfenstern ist mithilfe eines Spezialspachtels mit entsprechenden Aussparungen an den Ecken die überstehende Versiegelungsmasse abzurunden.
- Zum Glätten der Versiegelungsmassen sind besondere Glättmittel, z. B. Netzmittel, zu verwenden. Diese Mittel dürfen nicht in Fugen zwischen Versiegelungsmasse und Glas bzw. Rahmen eindringen, weil sich sonst der Dichtstoff von den Haftflächen löst.
- Dichtstoffe, deren Oberflächen nicht witterungsbeständig sind, müssen nach einer vorgeschriebenen Wartezeit durch geeignete Anstriche geschützt werden.

2.8 Glasfalz-Bemessung

Richtige Abmessungen des Glasfalzes vermeiden eine Überlastung oder Zerstörung der Verglasung und schützen den Randverbund von Isolierglasscheiben vor den schädlichen Einwirkungen der UV-Strahlung.

In Bild 1 sind die Abmessungen des Glasfalzes dargestellt (siehe auch DIN 18545). Das wichtigste Maß ist die Glasfalzhöhe *h*, die sich nach der längsten Scheibenkante der Isolierglaseinheit richtet.

Kantenlänge bis 3500 mm: h = 18 mm, über 3500 mm: h = 20 mm. Bei Kantenlänge bis 500 mm darf mit Rücksicht auf eine schmale Profilausbildung die Glasfalzhöhe auf minimal 14 mm verringert werden.

Ein tiefer Glaseinstand ≥ 15 mm verringert das Risiko der Tauwasserbildung am Glasrand.

Der Glaseinstand g (anderer Begriff: Glasabdeckung) soll etwa $^2/_3$ der Glasfalzhöhe h betragen, darf jedoch 20 mm nicht überschreiten. Der Grund: Belastungen aus möglichen Temperatureinwirkungen (z. B. durch Sonneneinstrahlung) sollen gering gehalten werden.

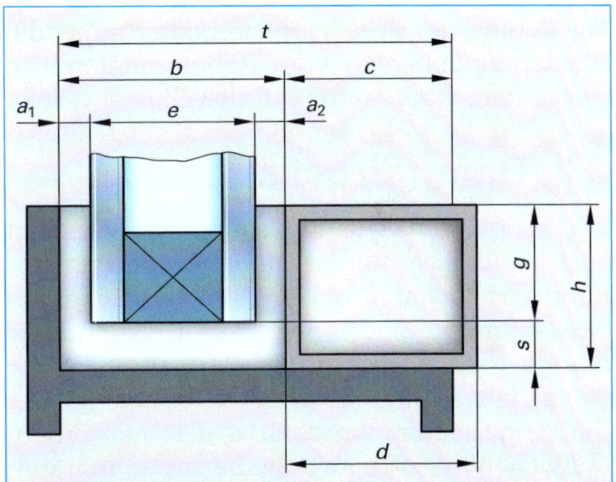

t Gesamtfalzbreite
b Glasfalzbreite (Lichtmaß)
e Breite der Verglasungseinheit
a_1 Dicke der Dichtstoff- bzw. Dichtprofilvorlage außen
a_2 Dicke der Dichtstoff- bzw. Dichtprofilvorlage innen
c Auflagebreite der Glashalteleiste
h Glasfalzhöhe
g Glaseinstand der Verglasungseinheit (≈ 2/3 *h*, jedoch maximal 20 mm)
s Spielraum zwischen Falzgrund und Scheibenkante, Falzluft = 1/3 *h*, mindestens jedoch 5 mm
d Breite der Glasleiste gesamt

Bild 1: Glasfalzabmessungen bei einer Isolierverglasung

Tabelle 1: Minimale Fugenbreite der Dichtstoff- bzw. Dichtprofilvorlagen a_1, a_2 [1]

längste Seite der Verglasungseinheit in mm	Werkstoff des Rahmens				
	Holz	Kunststoff		Metall	
		Oberfläche hell	Oberfläche dunkel	Oberfläche hell	Oberfläche dunkel
bis 1500	3	4	4	3	3
über 1500 bis 2000	3	5	5	4	4
über 2000 bis 2500	4	5	6	4	5
über 2500 bis 2750	4			5	5
über 2750 bis 3000	4			5	
über 3000 bis 4000	5				

[1] Aus: Technisches Handbuch „Glas am Bau“, VEGLA

Dies gilt auch für Schrägverglasungen, um zu große Beschattungsfelder gerade im kälteren Raumbereich zu vermeiden. Die Fugenbreite a_1 der Dichtstoff- bzw. Dichtprofilvorlage ist der Tabelle 1 auf Seite 79 zu entnehmen.

Die Glashalteleisten von Isolierglasscheiben sind aus Gründen des Einbruchschutzes im Regelfall auf der Raumseite angeordnet. Bei Hallenbad- und Schaufensterverglasungen und Pfosten-Riegel-Konstruktionen bei Fassaden befinden sich die Glashalteleisten aus Montagegründen auf der Außenseite.

Vor Beginn der Verglasungsarbeiten muss der Glasfalz unabhängig vom Rahmenmaterial in trockenem, staub- und fettfreiem Zustand sein.

2.9 Dampfdruckausgleich

Mit steigender Feuchtigkeitsbelastung steigt auch die Wassermenge, die über den Randverbund der Isolierverglasung in den Scheibenzwischenraum eindringen kann. Diese Wassermenge muss von dem Trockenmittel im Abstandshalter der Isolierverglasung (siehe S. 11, Bild 1) gebunden werden. Ist dies nicht mehr möglich, bildet sich im Scheibenzwischenraum Tauwasser.

Der zur Außenseite geöffnete und zur Raumseite dichte Glasfalz bringt die geringste Feuchtigkeitsbelastung.

Alle Verglasungssysteme mit dichtstofffreiem Falzraum erfordern deshalb Öffnungen für eine Entwässerung an der tiefsten Stelle des Glasfalzes und einen Dampfdruckausgleich mit dem Außenklima. Die Öffnungen müssen in der Lage sein, in den Falzraum eingedrungene feuchte Luft, Spritzwasser und Tauwasser schnell und zuverlässig nach außen abzuführen. Sie müssen (von außen gesehen) **vor** der Mitteldichtung liegen und gratfrei sein. Die Bilder 1 u. 2 zeigen den Dampfdruckausgleich bei einer Festverglasung.

Auch im oberen senkrechten Eckbereich des Glasfalzes sind Dampfdruckausgleichsöffnungen vorzusehen. Die Größe der Schlitze bzw. Langlöcher sollte mindestens 5 mm × 20 mm, der Durchmesser der Bohrungen mindestens 8 mm betragen. Bei Flügeln bis zu 1,2 m Breite sind zwei Öffnungen in der Breite ausreichend.

Dampfdruckausgleichsöffnungen bei Holzfenstern zeigt Bild 1 auf Seite 81.

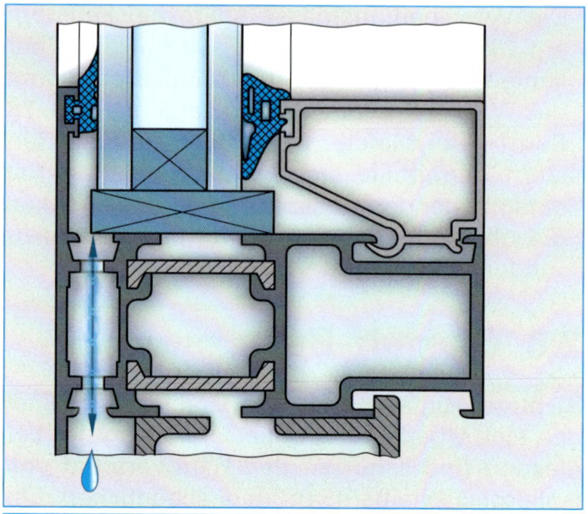

Bild 1: Dampfdruckausgleich und Entwässerung bei einer Festverglasung

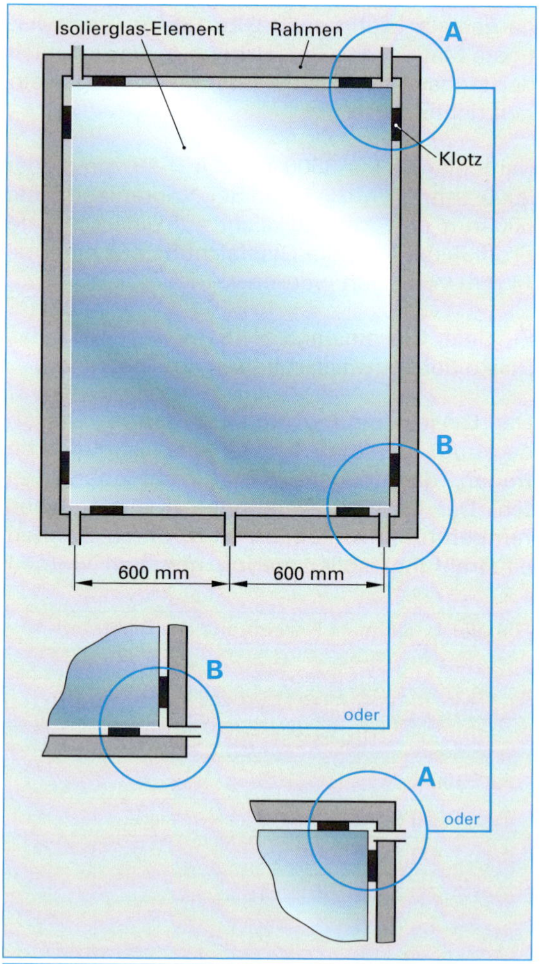

Bild 2: Dampfdruckausgleich und Entwässerung bei Festverglasung

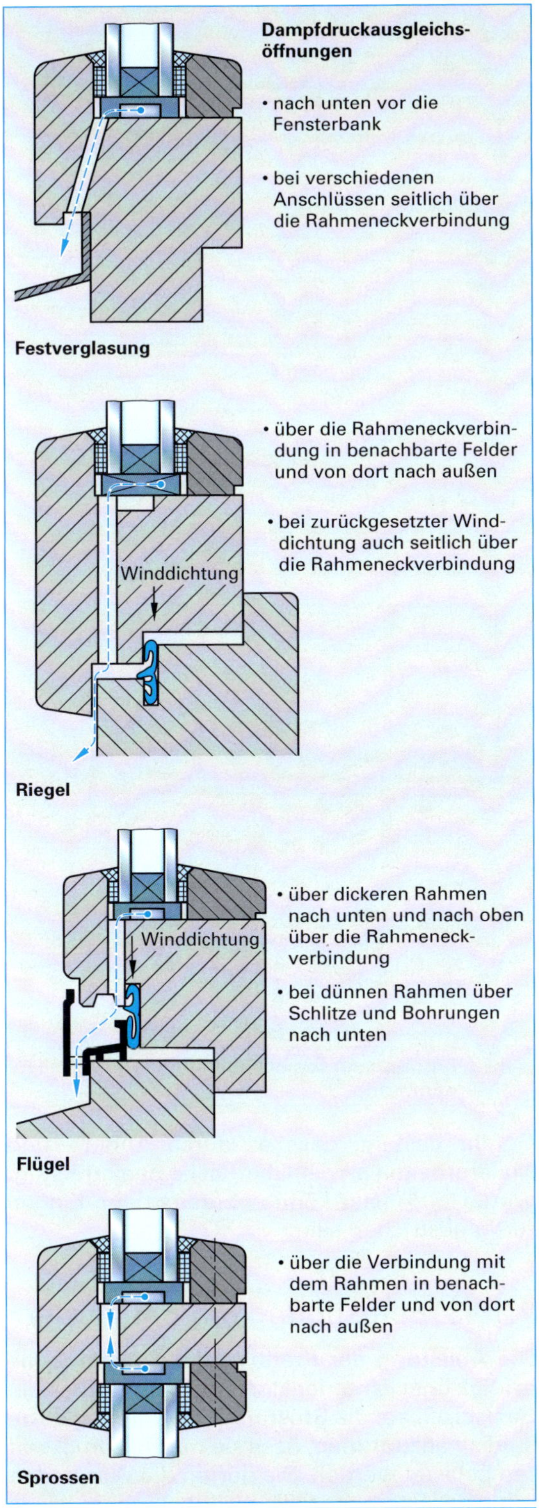

Bild 1: Dampfdruckausgleichsöffnungen bei isolierverglasten Holzfenstern

2.10 Montage und Bauanschluss

Die erhöhten Anforderungen an den Wärme- und Schallschutz und an die Dichtheit der Anschlussfugen erfordern die Einhaltung der geltenden Gesetze, Normen, Richtlinien, der Verdingungsordnung für Bauleistungen (VOB) und den anerkannten Regeln der Technik. Werden die Grundsätze der Bauphysik nicht beachtet, sind Bauschäden die Folge. Die fachgerechte Gestaltung der Anschlussfuge (Fugengeometrie, Befestigung, Dämmung, Abdichtung) ist für die Gebrauchstauglichkeit des Fensters entscheidend.

2.10.1 Anschlagarten

Unter dem Begriff „Anschlagen" verstehen Metallbauer und Tischler die Montage von Fenstern, Türen und Fassaden am Baukörper.

Der **stumpfe Anschlag** ist die häufigste Anschlagart. Die durchgehend glatte Wandöffnung erlaubt das Anschlagen in beliebiger Tiefe (siehe S. 82, Bild 1). Ein Gerüst ist nicht erforderlich.

Beim **Innenanschlag** wird das Fenster vom Innenraum aus gegen den Mauerfalz gesetzt. Ein Außengerüst ist zum Einsetzen nicht erforderlich. Rahmen und Anschlussfugen sind vor den Witterungseinflüssen gut geschützt. Der Überstand *ü* sollte mindestens 15 mm betragen.

Beim **Außenanschlag** wird das Fenster vor einen außen liegenden Mauerfalz gesetzt. Zum Einsetzen ist ein Gerüst erforderlich. Rahmen und Anschlussfugen sind voll der Witterung ausgesetzt.

2.10.2 Einbauarten des Fensters

Fenster werden während der Rohbauarbeiten oder nach Abschluss der Roh- und Ausbauarbeiten eingebaut. Der Einbau unterscheidet sich bei den verschiedenen Wandkonstruktionen (siehe S. 82, Bild 2). Bei mehrschaligen Wänden werden Fenster im Bereich der Wärmedämmung platziert (siehe S. 82, Bilder 2 u.3). Dadurch wird ein Tauwasserausschlag auf den raumseitigen Glasflächen verhindert (siehe S. 88, Bild 2).

Während der Rohbauarbeiten wird der Blendrahmen, oft einschließlich der Fensterflügel, eingebaut. Die Innenwände können bis auf die Fensterleibung verputzt sein. Nach dem Einbau erfolgt das Verputzen der Leibung. Der Außen-

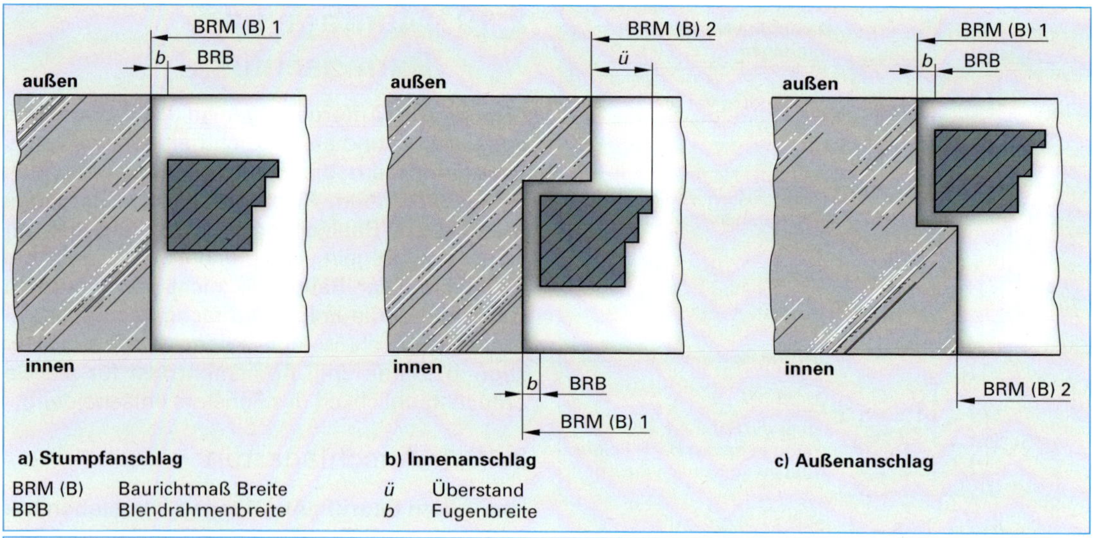

Bild 1: Anschlagarten

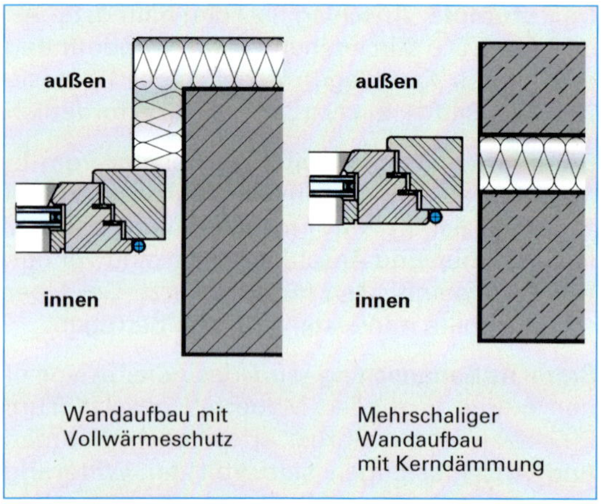

Bild 2: Montagebeispiele

Bild 3: Montage im Bereich der späteren Wärmedämmung

putz wird aber häufig erst Monate später aufgetragen. Bei dieser Einbauart ist die Befestigung des Blendrahmens einfach durchzuführen. Andererseits kann Baufeuchtigkeit bei Holzfenstern das Holz und dessen Anstrich schädigen und feuchte Putzschichten sowohl Holz- als auch Metallfenster verfärben bzw. korrodieren.

Zum Einbau von Holzfenstern nach Abschluss der Roh- und Ausbauarbeiten wird eine Zarge (Ankerschiene), meist aus Metall, in die Fensterleibung fest eingesetzt. Der Blendrahmen des Fensters wird in der Zarge (siehe S. 84, Bild 1) befestigt, die häufig mit einem Falz versehen ist. Bei dieser Einbauart wird der verglaste Fensterflügel eingesetzt, ohne dass die Gefahr besteht, dass es durch Anputz- und Malerarbeiten an der Oberfläche beeinträchtigt wird. Holzfenster können bereits beim Einbau fertig gestrichen sein.

2.10.3 Befestigung am Baukörper

Die Ableitung der Kräfte **in der Fensterebene** erfolgt über Unterlegklötze oder/und über ein Basisprofil auf die Brüstung. Die Unterlegklötze sind so anzuordnen, dass sie nur mit Druckkräften belastet werden. Sie dürfen die Wärmedehnung der Rahmenprofile nicht behindern (siehe S. 83, Bild 2). Eine alleinige Verdübelung des Blendrahmens zur Abtragung der vertikalen

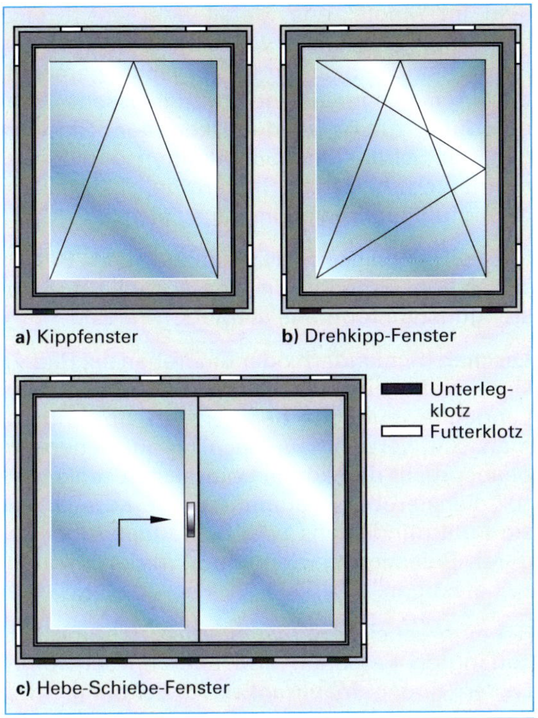

Bild 1: Anordnung der Unterlegklötze zur Lastabtragung in der Fensterebene

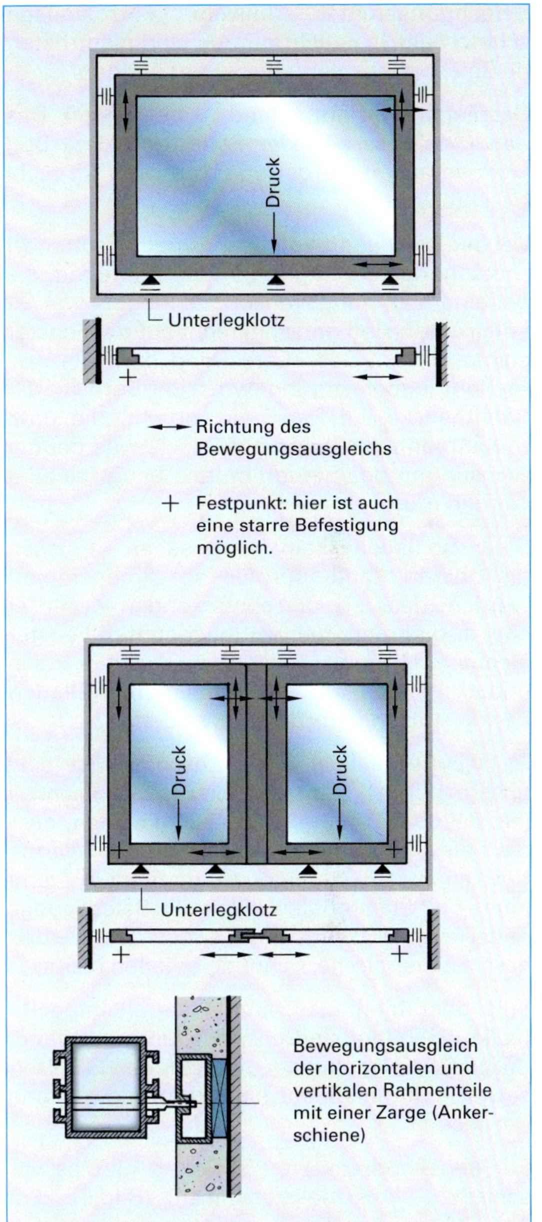

Bild 2: Lagerung und Bewegungsausgleich des Fensters im Bauwerk (Prinzip)

Kräfte ist nicht ausreichend: Dübel und andere Befestigungselemente dienen nur zur Sicherung der Einbaulage und zur Abtragung von Kräften quer zur Fensterebene.

Das Fenster ist ein nichttragendes Bauteil, das keine Kräfte aus dem Baukörper aufnehmen darf. Die Rahmenbauteile sind zwängungsfrei zu montieren und dürfen nicht durch übermäßiges Anziehen von Befestigungsmitteln (z. B. Schrauben) aus ihrer Lage geschoben werden.

Eine starre Befestigung ohne Bewegungsausgleich ist nur bei formbeständigen Baukörpern und kleinen Fenstern möglich. Der Bewegungsausgleich längs der Blendrahmenteile kann über Langlöcher und Ankerschienen vorgenommen werden (Bild 2).

Keile, die während der Montage das Fenster fixieren, müssen nach der Befestigung entfernt werden. Verbleiben sie in der Bauanschlussfuge, behindern sie den nötigen temperaturbedingten Bewegungsausgleich.

Quer zur Fensterebene (senkrechte Leibungsflächen) kommen nur mechanische Befestigungselemente zum Einsatz (siehe S. 85, Bild 1). Die Wahl der Befestigungsmittel ist unter Berücksichtigung der zu übertragenden Kräfte, der Festigkeit der angrenzenden Bauteile (Baustoffe) und der in der Anschlussfuge auftretenden Bewegungen vorzunehmen.

Befestigungsmittel müssen korrosionsgeschützt sein. In Feuchträumen sind nichtrostende Befestigungselemente zu verwenden.

Das Fenster ist **umlaufend** zu befestigen. Das bedeutet, dass **alle vier** Seiten mit dem Bauwerk verankert werden müssen (was oft nicht beachtet wird).

Bei der Bedienung von Drehflügeln treten horizontal gerichtete Zug- und Druckkräfte auf, die bei einem Öffnungswinkel des Flügels von 90° am größten sind und senkrecht auf die Fensterebene wirken. Das obere Band bzw. die obere Rahmenbefestigung wird im Bereich der Rahmenecke auf Zug beansprucht, die untere Rahmenbefestigung auf Druck, was bei der Befestigung des Blendrahmens berücksichtigt werden muss.

Sind Rollladenkästen vorgesehen, müssen die oberen Rahmenprofile so dimensioniert werden, dass sie die einwirkenden Kräfte sicher aufnehmen. Bei weit gespannten Fensterelementen kann der Einsatz von Aussteifungen und tragenden Konsolen, die den Rollladenkasten stützen, erforderlich werden.

Metallische Bauteile in der Anschlussfuge sind unvermeidliche wärmetechnische Schwachstellen. Bei der Montage ist darauf zu achten, dass die Befestigungsmittel möglichst keine Wärmebrücken bilden. Bei thermisch getrennten Aluminium- und Stahlprofilen sollten die Befestigungsmittel und der Dämmstoff so angeordnet werden, dass die thermische Trennung erhalten bleibt.

Füll- oder Montageschäume als alleinige Befestigungsmittel sind unzureichend und damit unzulässig. Nageln oder „Anschießen" (Bolzensetztechnik) entspricht nicht mehr dem Stand der Technik.

Für die Blendrahmenbefestigung gibt es verschiedene Anschlusstechniken (Bild 1). Für Aluminium-, Kunststoff- und Holzprofile zeigen S. 85, Bild 1 und S. 86, Bild 1 verschiedene Ausführungsbeispiele.

Rahmendübel sind heute aufgrund ihrer einfachen und sicheren Montage vielfach in der Anwendung. Sie werden in der Durchsteckmontage gesetzt (Bild 1). Hierzu wird das in der Werkstatt oder auf der Baustelle vorgebohrte Loch als Führungsbohrung für die Bohrung in die Leibung genutzt (Bild 1). Die Anzahl der zu setzenden Rahmendübel hängt von der Elementgröße ab (siehe S. 86, Bild 2). Rahmendübel sind im Mantel aus Metall oder aus Kunststoffmaterial. Werden von einer Statik für die Rahmendübel bestimmte Vorgaben gemacht, dürfen nur bauaufsichtlich zugelassene Rahmendübel zur Anwendung kommen. Sie werden mit Schub- und Scherkräften und Biegemomenten belastet. Sie ermöglichen einen geringfügigen Bewegungsausgleich.

Speziell entwickelte **Nageldübel** und **Betonschrauben** ermöglichen eine schnelle und kostengünstige Montage (siehe S. 140, Bild 1).

Laschen (Schlaudern oder Eindrehanker, Bild 1) sind relativ biegeweich und können deshalb Längenbewegungen des Fensters gut aufnehmen. Sie werden hauptsächlich auf Scherung beansprucht und können nur Lasten senkrecht zur Fensterebene aufnehmen. Eindrehanker sind mit mindestens zwei Schrauben (oder anderen Befestigungselementen) in der Leibung zu befestigen.

Bei einbruchsicheren Fenstern, Türen und vorgehängten Fassaden und anderen schweren Lasten finden **Maueranker** Anwendung. Ihre Zug- und Scherbelastung wird statisch berechnet (Bild 1).

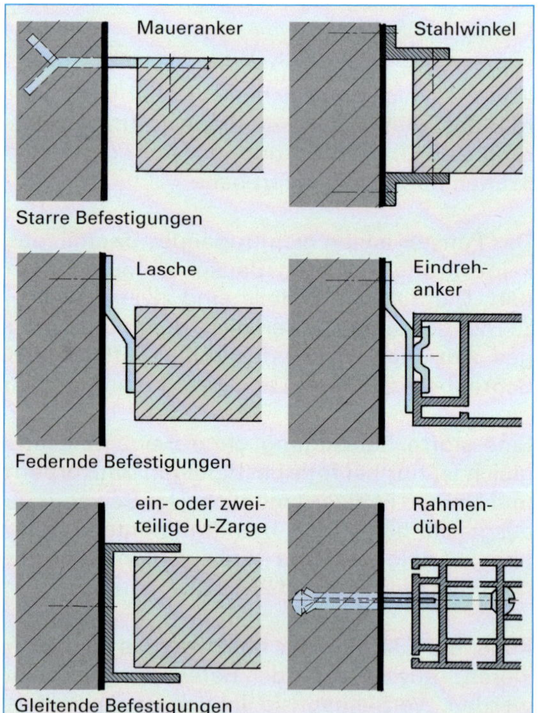

Bild 1: Anschlusstechniken in der Vertikalen

Zargen (Ankerschienen) mit vorgefertigten Dichtprofilen können sowohl als Montagehilfe dienen als auch zum Ausgleich von Bewegungen in der Anschlussfuge (siehe S. 83, Bild 2).

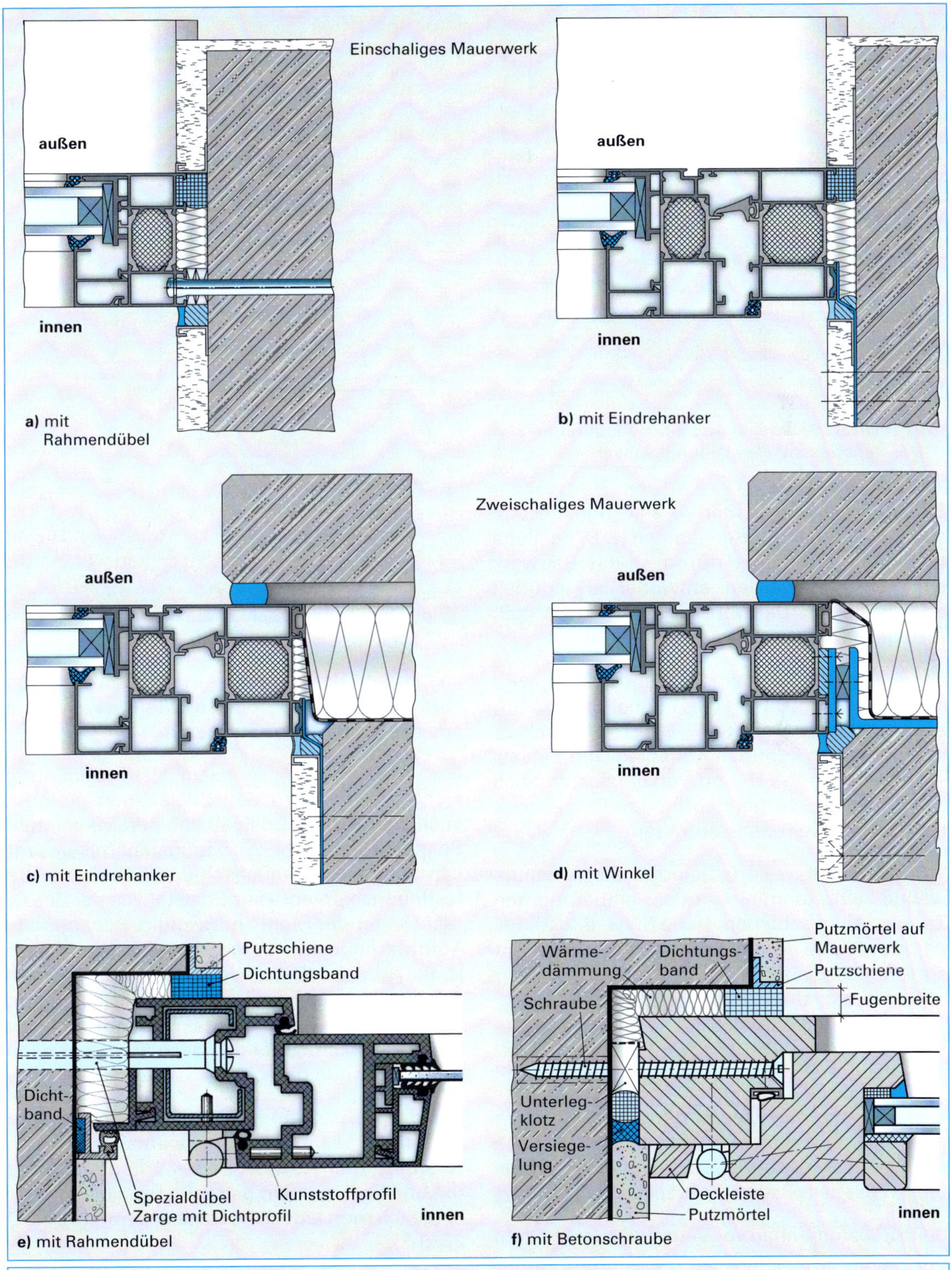

Bild 1: Befestigungsmöglichkeiten des Fensters

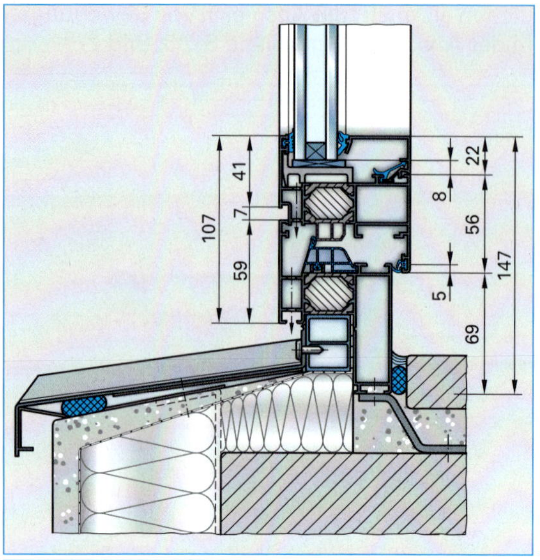

Bild 1: Fußpunktbefestigung eines Aluminiumfensters mit Befestigungswinkel

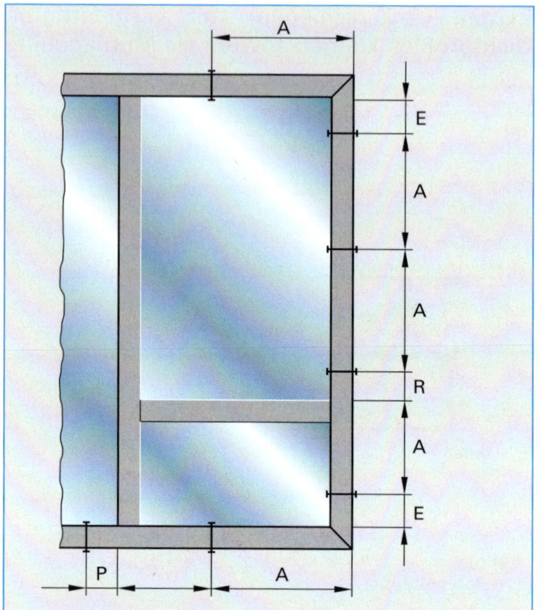

Befestigungspunkt

E: Eckenabstand 150 mm[1] R: Riegelabstand 150 mm
A: Ankerabstand P: Pfostenabstand 150 mm
max. 800 mm bei Aluminiumprofilen
max. 700 mm bei Kunststoffprofilen

Bild 2: Befestigungspunkte am Blendrahmen

Befestigungswinkel (Bild 1) sind meist biegesteif und können größere Lasten (z. B. bei Fensterwänden und Fenstertüren) in das Bauwerk einleiten. Sie werden entweder angedübelt oder an in das Bauwerk einbetonierte Metallteile geschweißt.

Bei einem mehrschaligen Wandsystem wird das Fenster meist in die Ebene der Dämmzone eingebaut (siehe S. 85, Bild 1d). Bei schweren Elementen kommen **Konsolen** zum Einsatz, die neben den Wind- und Verkehrslasten auch das Eigengewicht bei geöffnetem Flügel senkrecht zur Fensterebene abtragen.

Von besonderem Vorteil sind in die Leibungswände einzementierte oder einbetonierten **Zargen** (Ankerschienen; siehe S. 83, Bild 2). Bei der Montage wird das Fensterelement mit entsprechenden Laschen in die Nuten der Ankerschienen eingehängt, ausgerichtet und fixiert.

Ein wichtiger Grundsatz ist, dass Fenster auch im Brüstungsbereich zu befestigen sind. Die Befestigungsabstände sind so festzulegen, dass eine einwandfreie Übertragung der auftretenden Kräfte in das Bauwerk gewährleistet ist. Jede Seite des Fensters muss an mindestens zwei Stellen mit dem Bauwerk verankert sein (Bild 2).

Beim Zusammenbau von Aluminium oder Stahl mit anderen metallischen Werkstoffen verhindern ein Bitumenanstrich oder Zwischenlagen aus Folien, dass Kontakt- oder Spaltkorrosion auftritt. Schrauben, Bolzen, Niete usw. sollen aus nichtrostendem Stahl sein.

Das Wort „Edelstahl" reicht als Bezeichnung nicht aus, denn zu den Edelstählen gehören auch die Gruppen Edelbaustahl, Wälzlagerstahl, Schnellarbeitsstahl, Werkzeugstahl mit wesentlich anderen Gebrauchseigenschaften. Für Befestigungselemente aus Edelstahl ist der Zusatz „nichtrostender Stahl" notwendig. Für spezielle Anforderungen durch die Umgebungseinflüsse (z. B. Nordsee-Klima) ist zum erforderlichen Befestigungselement aus nichtrostendem Stahl noch die zugehörige Werkstoffnummer für den Werkstoff, der den gestellten speziellen Anforderungen gerecht wird, anzugeben.

Bei der Fenstermontage sind zulässige Toleranzen zu beachten. Die maximal zulässigen Toleranzen für Abweichungen von der Lotrechten und Horizontalen betragen bis 3 m Elementlänge 0,5 mm, jedoch höchstens 2 mm (DIN ISO 2768-2).

[1] RAL-Gütergemeinschaft: 100 mm bis 150 mm

Arbeitsregeln für den Einbau und den Anschluss des Fensters

- Blendrahmen und Zargen sind flucht- und winkelrecht sowie in der vorgeschriebenen Höhe einzusetzen.
- Für die Befestigung von Metall- und Kunststofffenstern sind die vom Systemhersteller vorgeschriebenen Befestigungselemente zu verwenden. Der Blendrahmen sollte besonders im Bereich der belasteten Beschlagteile befestigt werden. Ortschäume und Klebstoffe sind als Befestigungsmittel für Blendrahmen unzulässig. Die Befestigung und Lagesicherung des Fensters im Baukörper muss mit mechanischen Mitteln erfolgen.
- Die Befestigungsstellen bei Kunststoff- und Metallrahmen dürfen nicht zu nahe an den Blendrahmenecken liegen, damit sich die Ecken ungehindert bewegen können. Blendrahmen aus Holz sollten im Abstand von mindestens 100 mm von den Ecken entfernt befestigt werden, bei Aluminiumfenster 150 mm.
- Die Abstände der Befestigungsstellen dürfen nicht zu groß sein. Besonders bei Kunststofffenstern führen zu große Abstände dazu, dass der Blendrahmen bei Erwärmung zwischen den Befestigungsstellen ausweicht und wellig wird. Bei Kunststofffenstern sollten deshalb die Abstände der Befestigungsstellen nicht mehr als 700 mm betragen, bei Holz- und Aluminiumfenstern nicht mehr als 800 mm.
- Das Nachkröpfen von Laschen- oder Eindrehankern während des Blendrahmeneinbaus ist besonders sorgfältig vorzunehmen, damit sich der Blendrahmen nicht verspannt oder verdreht.

2.10.4 Anschlussfuge

Entscheidend für die Gebrauchstauglichkeit eines Fensters (bzw. einer Tür, einer Fassade) ist die fachgerechte Gestaltung der Anschlussfuge zum Bauwerk. Von außen wirken die Außentemperatur, Regen, Wind, Licht (UV-Beanspruchung) und Schall auf die Fuge, von der Raumseite die Raumlufttemperatur und die Raumluftfeuchte. Bauwerksbewegungen, temperaturbedingte Längenänderungen und Kräfte aus dem Eigengewicht und der Nutzung kommen als Einwirkungen hinzu.

Unterschiedliche Materialausdehnungen von Wand und Einbauelementen bedingen eine elastische Abdichtung in der Anschlussfuge, die entsprechende Ausdehnungen und Schrumpfungen zulässt. Man spricht in diesem Zusammenhang von einer **„Bewegungsfuge“**, während bei einer **„Konstruktionsfuge“** keine oder nur geringe Bewegungen auftreten.

Die Bauanschlussfuge muss zwei grundsätzliche bauphysikalische Funktionen erfüllen:

- Schutz der Anschlussfuge selbst und des Gebäudeinneren vor dem Außenklima,
- Schutz der Anschlussfuge vor den Einwirkungen aus dem Raumklima.

Für die Planung der Anschlussfuge ergeben sich demnach drei „Ebenen“ (Bild 1):

- Trennebene zwischen Raum- und Außenklima auf der Raumseite (Ebene 1),
- Funktionsebene (Ebene 2, besser: Funktionsbereich) zwischen den Ebenen 3 und 1,
- Ebene des Wetterschutzes auf der Außenseite (Ebene 3).

In der Funktionsebene (Ebene 2) sind der Wärme- und Schallschutz sicherzustellen.

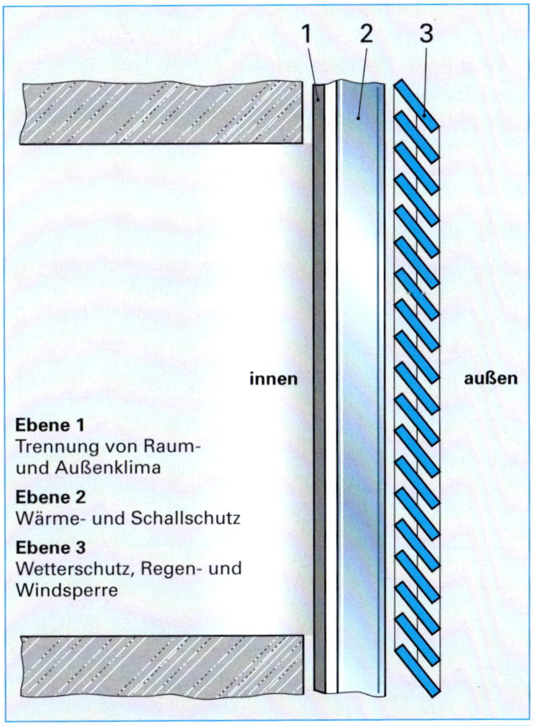

Bild 1: Ebenenmodell

Trennebene zwischen Raum- und Außenklima

Im Bereich 1 (siehe S. 87, Bild 1), der Trennebene zwischen Raum- und Außenklima, verhindern dampfdichte Folien oder Versiegelungen, dass Raumluftfeuchtigkeit in die Bauanschlussfuge eindringt und diese sich dann an Stellen, deren Oberflächentemperatur unterhalb der Taupunkttemperatur liegen, als Tauwasser niederschlägt.

> Die innere (raumseitige) Abdichtung muss umlaufend luftdicht erfolgen.

Dringt trotzdem Feuchtigkeit in den Bereich 2, (siehe S. 80, Bild 1) muss diese nach außen diffundieren können. Für die Trennung von Raum- zu Außenklima gilt der Grundsatz: „Innen dichter als außen". Bild 1 zeigt drei Möglichkeiten zur Abdichtung der Bauanschlussfuge vom Innenraum zum Außenklima.

Funktionsebene

Im Bereich 2, der Funktionsebene, geht es vorrangig um die Sicherstellung des Wärme- und Schallschutzes. Dieser Bereich muss trocken bleiben und vom Raumklima getrennt sein.

Ob es im Funktionsbereich (Ebene 2) des Bauanschlusses zur Tauwasserbildung kommt, hängt u. a. von der Qualität der Fugenausbildung und der Lage des Fensters in der Leibung ab. Unter den Bedingungen des „Normklimas" (20 °C, 50 % relativer Feuchte im Innenraum) kommt es bei einer Abkühlung unter + 9,3 °C (gerundet + 10 °C) zur Bildung von Tauwasser. Die Verbindung aller Punkte im Bereich des Bauanschlusses mit dieser Temperatur nennt man die 10 °C-Isotherme (Bild 2).

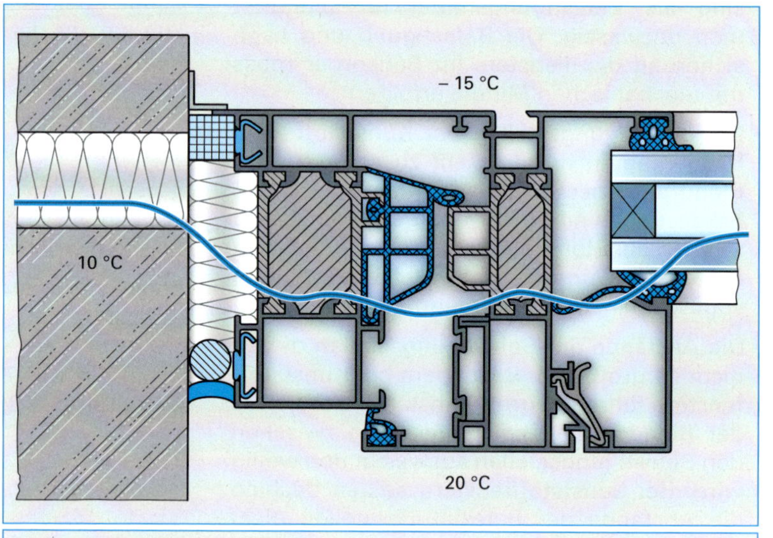

Bild 2: Verlauf der 10-°C-Isotherme bei einem stumpfen Bauanschluss eines Fensters

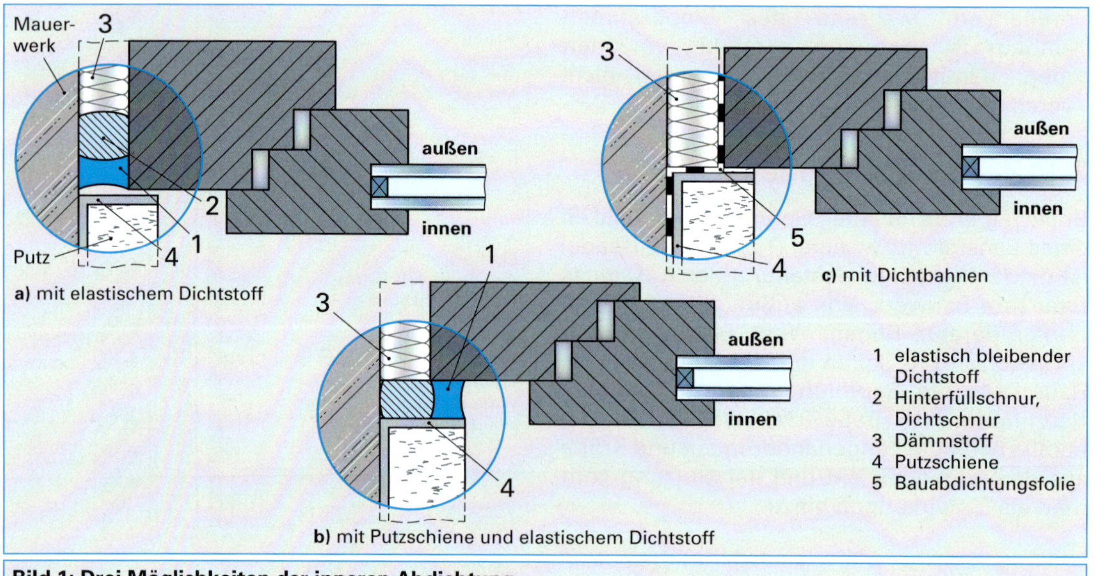

Bild 1: Drei Möglichkeiten der inneren Abdichtung

Die Einbaulage des Blendrahmes ist dann richtig, wenn die 10 °C-Isotherme in der Funktionsebene (Bereich 2) verläuft – sich also **innerhalb** der wärmegedämmten Bauteile (Isoliersteg, Scheibenzwischenraum, Wärmeisolierung, Kerndämmung) befindet. Sie sollte auch nur schwach gekrümmt sein, um Wärmeverluste über den Anschlussbereich gering zu halten. Ungünstig ist der Verlauf der 10 °C-Isotherme auf oder vor der raumseitigen Profiloberfläche, weil sich dann auf diesen kalten Flächen Tauwasser aus dem Innenraum niederschlagen kann.

Wetterschutzebene

Der Wetterschutz besteht aus Wind- und Regensperre. Dringt in die Bauanschlussfuge trotzdem Regenwasser ein, muss es kontrolliert und direkt nach außen abgeführt werden. Weiterhin muss sichergestellt sein, dass Feuchtigkeit, die aus dem Rauminneren in den Funktionsbereich gelangt ist, nach außen entweichen kann.

Der Bauanschluss in der Wetterschutzebene kann ein- oder zweistufig erfolgen (Bild 1).

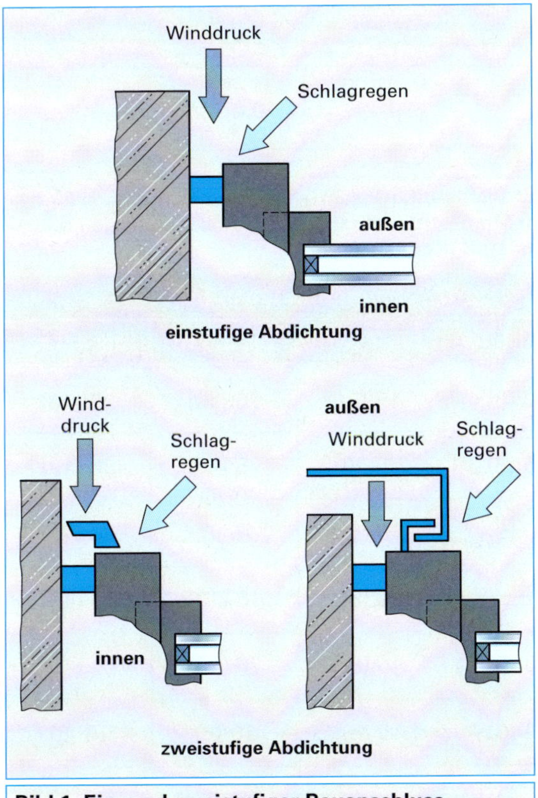

Bild 1: Ein- und zweistufiger Bauanschluss

Regen und Wind werden beim **einstufigen** Bauanschluss in **einer** Ebene (Bild 2) abgewiesen.

Beim **zweistufigen** Bauanschluss werden Regen und Wind in **räumlich getrennten** Ebenen abgewiesen (Bild 3). Wasser, das hinter die Regensperre gelangt, wird kontrolliert nach außen abgeführt.

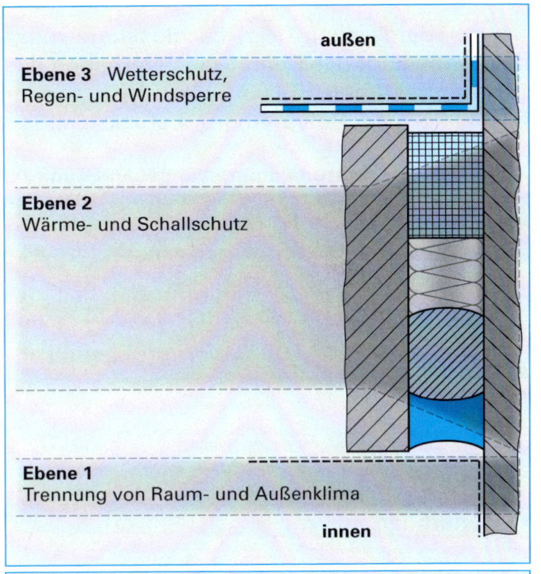

Bild 2: Die drei Ebenen bei einem einstufigen Bauanschluss

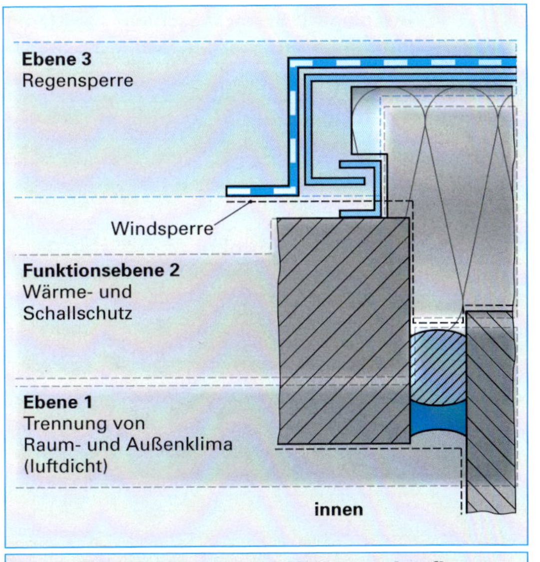

Bild 3: Die drei Ebenen bei einem zweistufigen Bauanschluss

Fugendimensionierung und Abdichtsysteme

Die Fuge zwischen Blendrahmen und Baukörper ist so zu bemessen, dass sich die Bauteile ungehindert ausdehnen, zusammenziehen und verschieben können. Die Fuge muss dabei dicht bleiben. Die Erfahrungswerte für Längenausdehnungen Δl verschiedener Rahmenwerkstoffe aufgrund von Temperaturänderungen sind in der Tabelle 1 aufgeführt.

Bei der Bemessung der Anschlussfuge muss man unbedingt das Dehn/Stauchverhalten des **Dichtstoffes** (meist Silikon, aber auch Acrylat, Polysulfid und Polyurethan) berücksichtigen.

Für die Raumseite des Fensters bietet der Markt dauerhaft undurchlässige Dichtstoffe, für die Außenseite dampfdiffusionsoffene Dichtstoffe an. Der Tabelle 2 kann man abhängig von Elementlänge und Fensterwerkstoff die geforderten Mindestabmessungen der Bauanschlussfuge für einen Stumpfanschlag entnehmen. Die Werte gelten für Dichtstoffe mit einer zulässigen Gesamtverformung von 25 % (die Gesamtverformung ist die Summe aus Stauchung und Dehnung); die Klammerwerte für imprägnierte Dichtbänder. Fenster, die mit Innenanschlag eingebaut werden, benötigen kleinere Fugenbreiten.

Tabelle 1: Temperaturbedingte Längenänderung Δl je Fuge in Abhängigkeit vom Rahmenmaterial

Rahmenmaterial	Längenänderung Δl je Fuge in mm/m bei einer Temperaturdifferenz von 100 K
Wärmegedämmtes Aluminiumprofil, hell	1,2
Wärmegedämmtes Aluminiumprofil, dunkel	1,3
Stahlfenster	0,6
PVC hart, weiß	1,6
PVC hart, farbig	2,4
PMMA farbig koextrudiert mit vollmassivem duroplastartigem Kernmaterial, verstärkt mit Glasfaser	0,8

Tabelle 2: Mindestfugenbreiten *b* für Anschlussfugen mit Dichtstoff. (Gesamtverformungsvermögen 25 %). Anschlagart: Stumpfanschlag[1]. In Klammern: Mindestfugenbreiten *b* für Anschlussfugen mit imprägnierten Dichtbändern aus Schaumkunststoff (Kompribänder).

Werkstoff der Fensterprofile	Elementlänge in m			
	bis 1,5 m	bis 2,5 m	bis 3,5 m	bis 4,5 m
PVC hart, weiß	10 (8)	15 (8)	20 (10)	25 (10)
PVC hart und PMMA, dunkel oder farbig extrudiert	15 (8)	20 (10)	25 (10)	30 (12)
Harter PUR-Intregalschaumstoff	10 (6)	10 (8)	15 (8)	20 (10)
Aluminium mit Kunststoffisoliersteg, hell	10 6)	10 (8)	15 (10)	20 (10)
Aluminium mit Kunststoffisoliersteg, dunkel	10 (6)	15 (8)	20 (10)	25 (10)
Holzfensterprofile	10 (6)	10 (8)	10 (8)	10 (8)

[1] Verkürzte Wiedergabe aus: Leitfaden zur Montage, RAL-Gütegemeinschaft, Frankfurt

Beispiel zur Fugendimensionierung:

Welche Fugenbreite *b* soll man für den Einbau eines 2 m langen, dunkeleloxierten Fensterelementes aus einem wärmegedämmten Aluminiumprofil mindestens vorsehen?

Der Dichtstoff soll ein Dehn-/Stauchvermögen von 25 % (Bild 1) aufweisen, d. h. die Gesamtverformung darf höchstens 25 % der Fugenbreite *b* betragen. Anschlagsart: Stumpfanschlag.

Lösung:

Aus Tabelle 1, Seite 90:

$\Delta l = 1{,}3\ \text{mm/m} \cdot 2\ \text{m} = 2{,}6\ \text{mm}$

Welche tatsächliche Fugenbreite benötigt ein Dichtstoff mit 25 % Dehn-/Stauchvermögen bei einer theoretischen Fugenbreite von 2,6 mm?

Nach der Dreisatzrechnung gilt:

$25\ \% \mathrel{\widehat{=}} 2{,}6\ \text{mm}$

$100\ \% \mathrel{\widehat{=}} \dfrac{2{,}6\ \text{mm} \cdot 100\ \%}{25\ \%}$

$b = 10{,}4\ \text{mm}.$

Gewählt wird $b = 11$ mm. Nach Tabelle 2, Seite 90 sollte die Fugenbreite 15 mm betragen.

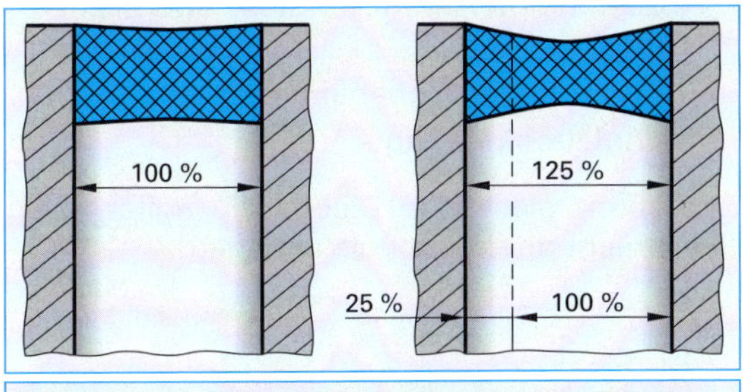

Bild 1: Prinzipskizze: Elastischer Dichtstoff mit 25-%-Dehn-Stauchvermögen

Genaue Formel zur Bestimmung der Fugenbreite beim Einsatz elastischer Dichtstoffe:

$$b = \frac{\text{Längenausdehnung}^{2/3} \cdot 100}{\text{Dehn- / Stauchvermögen \%}}$$

Als Mindestfugenbreite für den Einsatz von elastischen Dichtstoffen werden in der Regel 10 mm angenommen, auch für den Fall, dass man rechnerisch kleinere Werte ermittelt. In der Leibung sollten die Fugenflanken parallel verlaufen und die Fugen sollten bündig abgestrichen sein.

Eine mangelhafte Abdichtung ist meist die Hauptursache für spätere Bauschäden. Maßgebend für den fachgerechten Einbau mit einwandfreier Abdichtung sind die Gegebenheiten, die der Monteur auf der Baustelle vorfindet. Insbesondere müssen die Toleranzen der Bauwerksöffnungen der DIN 18202 entsprechen, so dass die Fugenausbildung zwischen dem Blendrahmen und dem Bauwerk in gleichmäßiger Breite verläuft.

Beispiel:

Eine gemauerte Bauwerksöffnung hat laut Zeichnung die Rohbaumaße (Nennmaße) Breite 2000 × Höhe 3550.

Welche nach DIN 18202 zulässigen Abmaße, Höchst- und Mindestmaße können auftreten.

Lösung:

Für eine **nicht fertige** Bauwerksöffnung im Nennmaßbereich von über 1 m bis zu 3 m sind Abmaße von ± 12 mm, über 3 m bis 6 m ± 16 mm zulässig (siehe S. 57, Tabelle 1). Das Höchstmaß für die Breite kann nach dem Beispiel oben 2012 mm, für die Höhe 3566 mm betragen. Die zulässigen Mindestmaße (diese sind besonders wichtig!) betragen für die Breite 1988 mm und für die Höhe 3534 mm.

Zur Überbrückung baubedingter Toleranzen und notwendiger Baufugen werden vorkomprimierte Dichtungsbänder (Fugenfüllbänder) eingesetzt (siehe S. 92, Bild 1).

Verbleibende offene Fugenbereiche und Hohlräume werden zur Verbesserung der Schall- und Wärmedämmung mit Dämmstoff ausgefüllt. Dämmstoffe müssen in der Fuge fest gestopft werden, damit sie ihre Funktionen erfüllen können. Sie bestehen aus Glas-, Stein- oder Schlackenwolle. Sie sollen nicht bei Regenwetter eingebracht werden, weil durchgefeuchteter Dämmstoff keine Wärmedämmung übernehmen kann.

Montageschäume für die Anschlussfuge im Fensterbau sind heute nicht mehr Stand der Technik, weil sie aufgrund der Längenausdehnung eines Fensterelementes gestaucht und dadurch dauerhaft mit Spaltbildung (Zugluft) verformt werden können. Außerdem soll man aus Gründen des Umweltschutzes auf „Montageschaum" mit FCKW-haltigen Treibmitteln verzichten (ozonbelastend).

Der Hinterfüllstrang (Dichtschnur aus PE-Kunststoff) schließt den in die Fuge eingebrachten Dämmstoff ab. Er bildet mit der Fugendichtmasse (der Versiegelung) eine Funktionseinheit. Der Hinterfüllstrang hat dabei zwei Aufgaben zu erfüllen:

- Er stellt sicher, dass die anschließende Fugenversiegelung mit dem elastischen Dichtstoff (meist Silikon) eine gleich bleibende Fugentiefe erhält (Bild 1).
- Er sorgt mit seiner geschlossenzelligen Oberfläche dafür, dass der Dichtstoff nur an **zwei** Flanken haftet. Eine „Dreiflankenhaftung" würde nach kurzer Zeit zum Versagen der Dichtung führen. Der Dichtstoff darf auf keinen Fall mit der Dichtschnur oder dem Dämmstoff verkleben (siehe S. 93, Bild 1).

Vor dem Einbringen der Fugendichtmasse muss geprüft werden, ob die Haftung am Baukörper und am Fensterrahmen ausreichend ist. Unter Umständen ist ein Voranstrich erforderlich; er wird auch als Haftvermittler, Grundierung und Primer bezeichnet.

Für die Wahl einer Fugendichtungsmasse ist die zu erwartende Gesamtverformung der Dichtungsmasse maßgeblich.

Faustformel für Versiegelungsdicken:

Dichtstoffdicke d = halbe Fugenbreite b
$d \geq 6$ mm

Beispiel:

Die b = 1 cm breiten Bauanschlussfugen von zehn Fenstern (Breite BRB 120 cm × Höhe BRH 110 cm) sind zur Innenseite hin mit spritzbarem Dichtstoff zu versiegeln. Jede Silikonkartusche fasst V = 310 ml.
Wie viele Kartuschen werden benötigt?

Lösung:

Dichtstoffdicke: $d = 0{,}5 \cdot b$;
$d = 0{,}5$ cm, gewählt 0,6 cm, da $d \geq 6$ mm betragen soll (siehe oben)

Dichtstoffmenge für 1 Fenster:
$V_F = d \cdot b \cdot l_1 + d \cdot b \cdot l_2$

Fuge von Mitte zu Mitte im Sturzbereich.

$l_1 = \text{BRB} + 2 \cdot \frac{b}{2}$

$l_1 = 120 \text{ cm} + 2 \cdot 0{,}5 \text{ cm}$

$l_1 = 121 \text{ cm}$

Hinweis: Versiegelung nur im Sturzbereich.

Eine Fuge von der Blendrahmen-Unterkante bis Mitte Fuge im Sturzbereich:

$l_2 = \text{BRH} + \frac{b}{2}$

$l_2 = 110 \text{ cm} + 0{,}5 \text{ cm} = 110{,}5 \text{ cm}$

$V_F = 0{,}6 \text{ cm} \cdot 1{,}0 \text{ cm} \, (121 \text{ cm} + 2 \cdot 110{,}5 \text{ cm})$

$V_F = 205{,}2 \text{ cm}^3$

Dichtstoffmenge für zehn Fenster:
$V_F = 205{,}2 \text{ cm}^3 \cdot 10 = 2052 \text{ cm}^3$

$$\text{Kartuschenanzahl } n = \frac{\text{Dichtstoffmenge } V_F}{\text{Kartuscheninhalt } V}$$

$$n = \frac{2052 \text{ cm}^3}{310 \text{ cm}^3}$$

$n = 6{,}6 \approx 7$ Kartuschen

Arbeitsfolge einer fachgerechten Abdichtung von Fensteranschlussfugen mit Dichtstoffen:

- Beseitigung loser Teilchen und Staub von den Haftflächen der Leibung
- Einbringen des Dämmstoffes
- Hinterfüllung mit der Dichtschnur (PE-Rundprofil), Herstellen einer ausreichenden Fugentiefe
- Abkleben der äußeren Fugenränder mit Klebeband
- Reinigung der Haftflächen und Voranstrich mit Primer
- Ausspritzen der Fugen mit Fugendichtstoff
- Abziehen und Andrücken des Fugendichtstoffes
- Entfernung der Klebebänder
- Nachglätten der Fuge

Spritzbare elastische Dichtstoffe sollen möglichst nicht direkt am Putz anliegen.

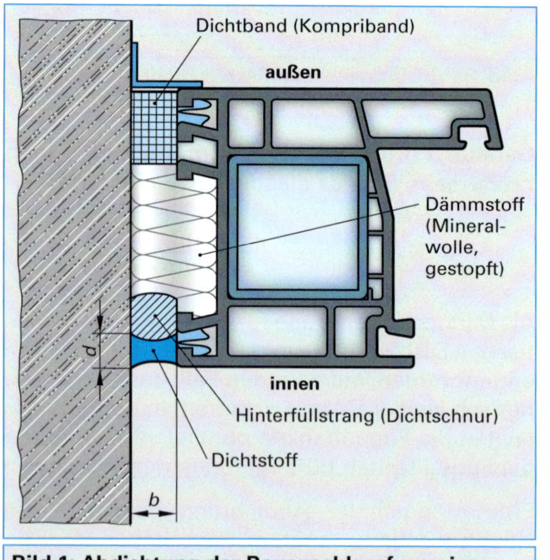

Bild 1: Abdichtung der Bauanschlussfuge eines stumpf angeschlagenen Blendrahmens

Putzanschlüsse können aufgrund ihrer Sprödigkeit keine Bewegungen aufnehmen. Da Putze die Feuchtigkeit gut leiten, kann Wasser in die Anschlussfuge eindringen. Putzanschlüsse ohne zusätzliche Abdichtungen sind zur Abdichtung daher nur eingeschränkt anwendbar.

Ein häufig anzutreffender Fehler ist das Versiegeln an versetzten Flächen. Die „Dreiecksversiegelung" bzw. Dreiecksfuge (Bild 1b) löst sich schon bei geringen Bauwerksbewegungen an den dünn auslaufenden Flanken vom Untergrund ab.

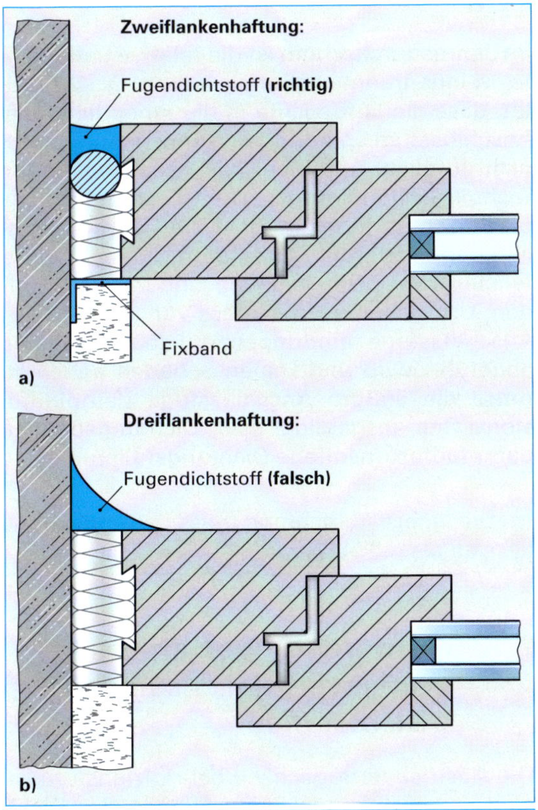

Bild 1: a) Richtiges und b) unsachgemäßes Versiegeln einer Bauanschlussfuge

Als Wind- und Regensperre zur Außenseite kommen Verleistungen, Dichtstoffe oder vorkomprimierte Dichtbänder zum Einsatz. Größere Fugen überdeckt man mit selbstklebenden Fixbändern oder mit Dichtungsbahnen (Bilder 2 und 3).

> Das alleinige Ausschäumen gewährleistet noch keine dauerhafte Abdichtung und ist heute nicht mehr Stand der Technik.

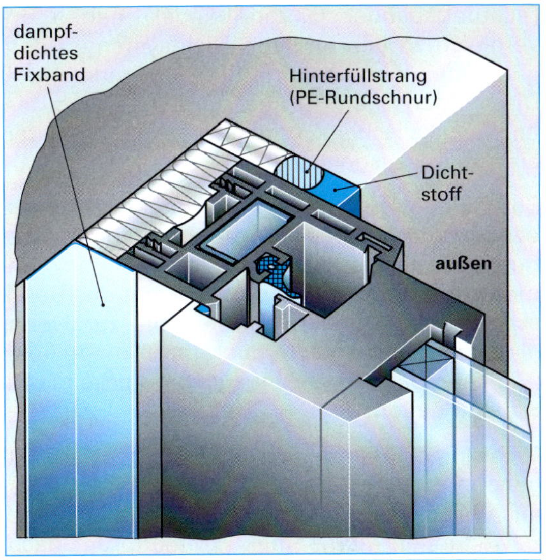

Bild 2: Fugenabdeckung mit Alu-Fixband

Eine sichere Abdichtung an der Wetterseite gegen Regen und Schlagregen ist eine hochelastische, **diffusionsoffene** Fugendichtmasse auf PU-Basis. Eine andere Möglichkeit ist das Abdichten mit imprägnierten **Dichtungsbändern** (Kompribänder) aus Schaumkunststoff. Sie sind vorkomprimiert auf Rollen gewickelt, quellen im eingebauten Zustand auf (Bild 3) und üben ausschließlich Druckkräfte auf die angrenzenden Flächen aus. Für das Abdichten von sehr breiten Fugen und Abdichtungen auf verputzten Flächen sind diese Dichtungsbänder besser als herkömmliche Dichtmittel geeignet.

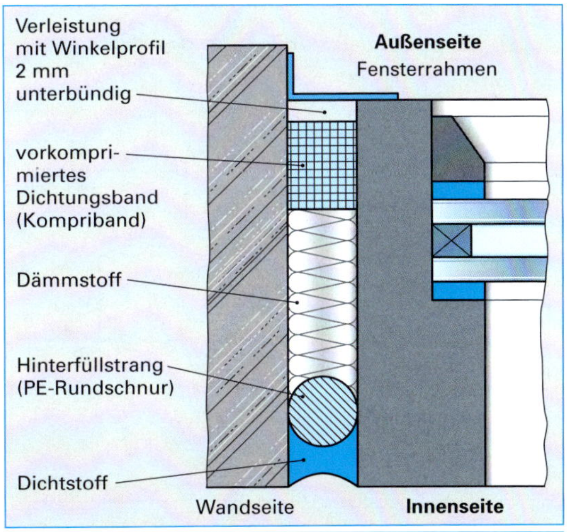

Bild 3: Bauanschlussfuge mit Dichtungsband

Dichtungsbänder (Kompribänder) haben im Vergleich zu den anderen Dichtsystemen den geringsten Wasserdampfdiffusionswiderstand. Diese Eigenschaft wird bei der Umsetzung des bauphysikalischen Grundsatzes **„Innen dichter als außen"** ausgenutzt.

Beim Einsetzen der Dichtungsbänder (Kompribänder) muss in besonderem Maße die Umgebungstemperatur beachtet werden. Bei sommerlichen Außentemperaturen kann das Band schon nach wenigen Minuten bis zur Nenndicke aufquellen; bei Temperaturen knapp über 0 °C kann das Aufquellen auf Nenndicke bis zu 8 Tagen dauern.

Dichtungsbahnen eignen sich für größere Fugenabmessungen und mehrschalige Bauwerksausführungen, weil sie verhältnismäßig große Bewegungen aufnehmen können. Je nach Durchlässigkeit des Wasserdampfes unterscheidet man zwei Systeme:

- Diffusionsdichte Bahnen,
- Diffusionsoffene Bahnen.

Im Innenbereich werden wasserdampfdiffusionsdichte Bahnen so auf den Blendrahmen und Baukörper geklebt, dass die Fuge vollständig geschlossen ist. Im Außenbereich kommen

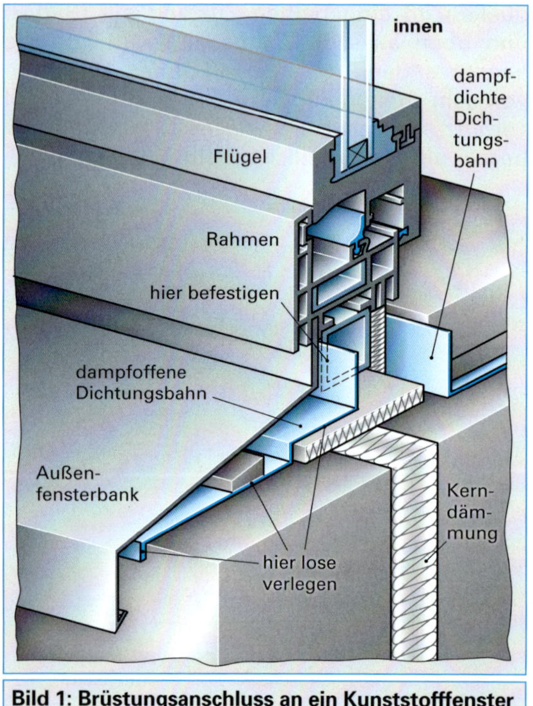

Bild 1: Brüstungsanschluss an ein Kunststofffenster mit dampfdichter und dampfoffener Dichtungsbahn

diffusionsoffene Bahnen zur Anwendung, damit ein Dampfdruckausgleich nach außen gewährleistet ist (Bild 1). Wenn man trotzdem im Außenbereich diffusionsdichte Bahnen einsetzt, sollten diese im Brüstungsbereich am Basisrohr oder am Blendrahmen verklebt werden, aber auf der Dämmung lose liegen.

Konstruktive Maßnahmen zur Abdichtung von Bauanschlussfugen sind spezielle Formteile und Leisten, die mit den anderen Systemen (Dichtstoffe, Dichtbänder, Dichtungsbahnen) sinnvoll kombiniert werden können auf dem Markt.

Im Jahresdurchschnitt ist die relative Luftfeuchte im Innenraum größer als außen. Das bedeutet, dass die Luftfeuchte in die innen liegende Anschlussfuge eindringen kann, wenn diese nicht luftdicht und nicht nach den Regeln der Technik ausgebildet ist. Dringt Luftfeuchte in die Anschlussfuge ein, geht die Wärmedämmwirkung verloren. Außerdem können Holzfenster von Pilzen befallen und zerstört werden. Um sicherzugehen, dass von innen in die Anschlussfuge eindringende Feuchte wieder abgeführt wird und keinen Schaden anrichtet, muss die äußere Anschlussfuge dampfdiffusionsoffen ausgebildet sein (Dichtungsbänder, dampfdiffusionsoffene Dichtungsfolien).

Die innere Abdichtung muss dampfdichter sein als die äußere.

2.10.5 Anforderungen an die Anstrichverträglichkeit des Dichtstoffes

Die Anstrichverträglichkeit bei Holzfenstern ist eine der wichtigsten Eigenschaften des Dichtstoffes. Ein Dichtstoff ist anstrichverträglich, wenn sich keine schädigenden Wechselwirkungen zwischen dem Dichtstoff, dem Anstrich und den angrenzenden Baustoffen ergeben. Unterschieden werden muss zwischen der Anstrichverträglichkeit des Dichtstoffes mit einem vorhandenen ausgehärteten Anstrich und der Anstrichverträglichkeit des Dichtstoffes mit nachfolgendem Anstrich (siehe S. 95, Tabellen 1 u. 2). Ein Anstrich darf den Dichtstoff grundsätzlich nur auf 1 mm Breite überdecken. Dies gilt auch dann, wenn ein Dichtstoff mit dem Anstrich als verträglich eingestuft ist.

Tabelle 1: Verträglichkeit von Dichtstoffen mit vorhandenen ausgehärteten Anstrichen

Dichtstoff / Untergrund	Silicon			Polysulfid	PUR	Acryl-Dispersion	Acryl-Lösemittel	MS-Polymer
	neutral	alkalisch	sauer					
Fensteranstrichsystem								grundsätzlich Versuche erforderlich
Alkydharzlasur	+	+	+	+	+	+	+	
Dispersionslasur	+	+	+	–	+	+	+	
Alkydharzlackfarbe	+	–	+	+	–	+	+	
Dispersionslack	+	+	+	–	+	+	+	
+ = Einsatz möglich, – = Einsatz nicht ratsam, **E** = Eignung vom Hersteller bestätigen lassen								

Tabelle 2: Verträglichkeit von Dichtstoffen mit nachfolgenden aufzutragenden Anstrichen

Dichtstoff / Untergrund	Silicon			Polysulfid	PUR	Acryl-Dispersion	Acryl-Lösemittel	MS-Polymer
	neutral	alkalisch	sauer					
Fensteranstrichsystem								grundsätzlich Versuche erforderlich
Alkydharzlasur	+	–	–	+	+	+	+	
Dispersionslasur	E	–	–	–	+	+	+	
Alkydharzlackfarbe	+	–	–	+	–	+	+	
Dispersionslack	E	–	–	–	+	+	+	
+ = Einsatz möglich, – = Einsatz nicht ratsam, **E** = Eignung vom Hersteller bestätigen lassen								

2.10.6 Oberflächenschutz bei Fenstern und Türen aus Holz

Der Oberflächenschutz oder Anstrich soll das Holz vor Feuchtigkeit, Verschmutzung und Fleckenbildung schützen, die UV-Strahlen vom Holz fernhalten, eine pflegeleichte Oberfläche gewährleisten und der farblichen Gestaltung dienen. Eingesetzt werden Lasuren und deckende Anstriche.

Von der Qualität des Anstrichs hängt wesentlich die Lebensdauer der Fenster und Fenstertüren ab.

Fenster und Türen sind maßhaltige Bauteile. Jede Feuchteänderung des Holzes führt zum Quellen oder Schwinden. Feuchteveränderungen werden durch ausreichende Schichtdicken des Anstriches vermieden. Gleichzeitig schützt eine ausreichende Schichtdicke das Holz vor einem Pilzbefall.

Die Trockenschichtdicken sollen vor dem Einbau der Öffnungselemente mindestens 30 µm betragen. Nach dem Einbau muss durch den weiteren Anstrich bei Lasuren eine Trockenschichtdicke über 60 µm erreicht werden und bei deckenden Anstrichen von zwischen 100 µm und 150 µm.

Alle Anstriche müssen ausreichend pigmentiert sein, damit die UV-Strahlungsdurchlässigkeit gemindert wird. UV-Strahlung zerstört die Holzoberfläche durch Abbau des Lignins. Bei Anwendung deckender Anstrichsysteme rechnet man mit Überholanstrichen nach sechs bis acht Jahren, bei Lasuranstrichen nach etwa zwei Jahren.

Die Qualität des Anstrichs ist vom Anstrichstoff, vom Anstrichgrund, von der Anstrichverträglichkeit mit dem Dichtstoff und von der Ausführung des Anstriches abhängig.

Müssen Außenanstriche an Fensterrahmen in einer Höhe ausgeführt werden, die den Einsatz von Leitern oder Gerüsten erforderlich machen, ist unbedingt die Sicherheit am Arbeitsplatz zu beachten.

2.10.7 Arbeitsplan

Tabelle 1: Montage eines Drehkipp-Fensters aus Aluminium mit Basisrohr und Basisprofil, Befestigung mit Rahmendübeln; das Fenster ist noch nicht verglast

Arbeitsfolge	Bemerkung
Rohbauöffnung prüfen (evtl. säubern und glatt putzen), ggf. Mauerwerk im Bereich der späteren Versiegelung mit Primer einstreichen.	Gliedermaßstab, Wasserwaage, Handbesen, Schaber, Primer, Pinsel
Lage des Fensters im Baukörper mit dem Auftraggeber vereinbaren. Falls erforderlich: Meterriss an Leibung anzeichnen.	Bleistift, evtl. Schlauchwaage oder Baulaser. Auftraggeber ist für die Schaffung des Meterrisses verantwortlich.
Basisrohr (Stahlrohr) nach Meterriss, horizontal und nach Anschlagtiefe ausrichten und auf der Brüstung montieren. Bauanschlussfuge beachten.	Richtwaage, Trageklötze, Gliedermaßstab, Schraubendreher, Akkuschrauber, Bohrmaschine, Steinbohrer, Dübel
Dichtungsbahn über Basisrohr legen und befestigen.	Kleber, Alternative: Klemmen
Basisprofil (Kunststoff) auf Basisrohr ausrichten und befestigen.	Bohrmaschine, Schrauben
Äußere Fensterbank montieren.	Schraubendreher, Akkuschrauber
Flügel aus Blendrahmen aushängen. Glashalteleisten demontieren.	Glashalteleisten in der richtigen Reihenfolge: oben, unten, links u. rechts ablegen
Blendrahmen auf Basisprofil aufsetzen. Seitlich auf gleiche Fugenbreite lotrecht, waagerecht und fluchtgerecht ausrichten.	Gliedermaßstab, Richtwaage, max. zulässigen Abweichungen bis 3 m Elementlänge: 1,5 mm pro m, jedoch höchstens 3 mm.
Blendrahmen an der oberen Ecke leicht verkeilen. Im Bereich des unteren Bandes und diagonal gegenüber Unterlegklötze anbringen.	Holzkeile, Unterlegklötze, Hammer. Abfangen der vertikalen Kräfte beachten.
Bandseite des Blendrahmens nach Vorschrift verdübeln, evtl. hinterfüttern.	Bohrmaschine, Steinbohrer, Rahmendübel, Schraubendreher, Bohrungen in Fugen vermeiden, evtl. nachbohren.
Griffseite und Blendrahmenoberteil verdübeln. Hilfskeile in den Rahmenecken entfernen. Hinterfütterung und Keile, die gegen die Absenkung des Rahmens notwendig sind, brauchen nicht entfernt werden. Alle Schrauben festziehen.	Zahl der Befestigungspunkte und -abstände beachten. Die verbleibenden Keile dürfen die Längenänderungen des Rahmens nicht behindern.
Flügel einhängen, Funktion prüfen und Flügel schließen, evtl. Blendrahmen ausrichten.	
Fenster verglasen: Klotzbrücken und Klötze einlegen und Lagen sichern. Scheibe in den geschlossenen Flügel einsetzen. Glashalteleiste und innere Verglasungsdichtung eindrücken. Dichtungsenden verkleben.	Größere und schwerere Fenster werden auf der Baustelle verglast. Klotzheber zum Anheben der Scheibe (Klotzholz), Trag- und Distanzklötze, Silikon zum Fixieren der Klötze, Kleber.

Schließfunktion und Gängigkeit prüfen, evtl. Scheibe nachklotzen und an Schere, Drehkipplager und Riegelstück nachjustieren.	Verschieden dicke Klötze, Flügel muss gleichmäßig am Blendrahmen anliegen.
Wasserschlitze am Blendrahmen mit Entwässerungskappen versehen.	
In die Bauanschlussfuge Dämmstoff und Dichtschnur (Vorfüllprofil) einbringen, innen und außen nach Vorschrift abdichten.	Dämmstoff (z. B. Mineralwolle), Hinterfüllmaterial (z. B. Dichtschnur), Dichtstoffkartuschen (z. B. Silikon), evtl. Isoliermaterial, Primer. Regel: Innen dichter als außen beachten.
Grundreinigung	Reinigungsmittel

Ein Fenster ist kein tragendes Bauteil. Man darf den Blendrahmen nicht starr an dem Bauwerk befestigen.

2.10.8 Außenfensterbänke

Folgende Montageregeln für Außenfensterbänke aus Metallblechen sind zu beachten:

- Der Überstand der Fensterbank über die fertige Brüstung soll ca. 30 mm betragen (Bild 1).
- Dehnstöße oder Dehnfugen (Bild 2) in der Fensterbank müssen mindestens alle 2500 mm vorgesehen werden.
- Die Endabschlüsse sind abzudichten.
- Außenfensterbänke sollen mit einer Neigung ≥5° montiert werden.

Empfehlenswert ist, die Unterseite von Metallfensterbänken mit einem Antidröhnmaterial zu versehen.

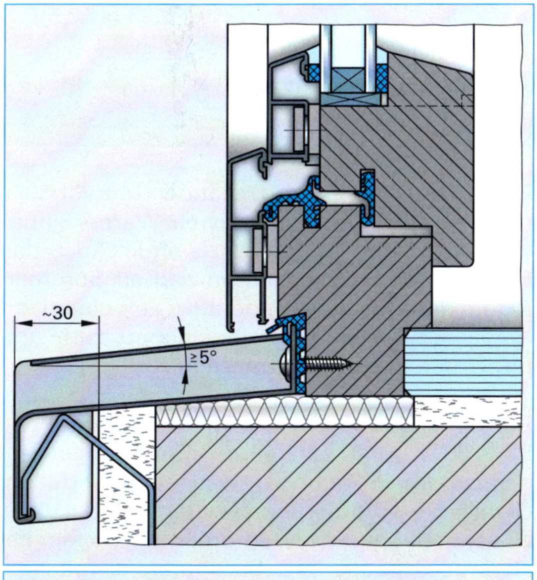

Bild 1: Außenfensterbank beim Aluminium-Holzfenster

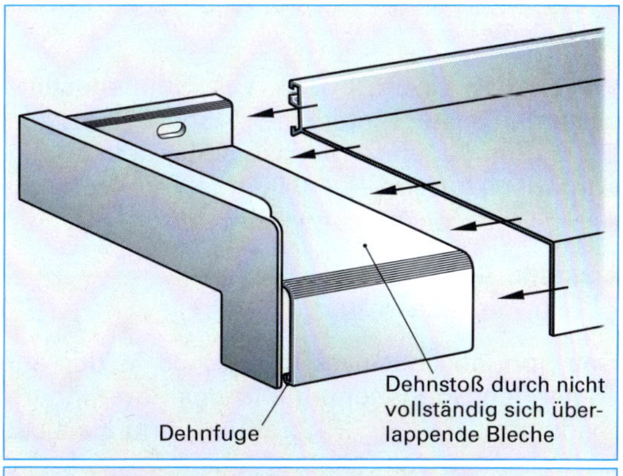

Bild 2: Dehnstoß und Dehnfuge an Außenfensterbank

3 Sonnenschutzanlagen

In die Außenhülle moderner Gebäude wird aus bauphysikalischen und optischen Gründen in hohem Maße der Baustoff Glas eingesetzt. Um Sonnenenergie als zusätzliche Wärmequelle zu nutzen, wird die Süd- oder Südwestlage bevorzugt, die Glasfläche vergrößert und die Energiedurchlässigkeit des Glases verbessert.

In der warmen Jahreszeit kann es aber zu unerwünschten Aufheizungen (Treibhauseffekt) der Innenräume kommen. Das einfallende Licht blendet, Helligkeitskontraste und Spiegelungen stören bei der Arbeit am Bildschirm. Ein funktioneller Sonnenschutz ist in der Lage, sich den ständig wechselnden Außenbedingungen anzupassen. Moderne Sonnenschutzgläser vermindern den Sonnenenergiedurchgang (g-Wert) und gewährleisten trotzdem einen hohen Wärmeschutz (U-Wert).[1]

g_{tot} ist der Gesamtenergie-Durchlassgrad eines Fensters mit einer Sonnenschutzeinrichtung. Er gibt an, wie viel Prozent der insgesamt einfallenden Sonnenenergie durch das Fenster in den Innenraum gelangt und damit zur Raumheizung beiträgt.

Der Gesamtenergie-Durchlassgrad g_{tot} eines Fensters berechnet sich in Abhängigkeit der Sonnenschutzvorrichtungen aus:

$$g_{tot} = g \times F_C$$

mit g als Gesamtenergie-Durchlassgrad der Verglasung (Tabelle 1) und F_C als Abminderungsfaktor für die Sonneneinstrahlung (siehe S. 99, Tabelle 1). Die Abminderungsfaktoren bewegen sich zwischen $F_C = 1$ (keine Sonnenschutzvorrichtung) bis $F_C = 0{,}2$ (außen liegende Jalousien mit drehbaren Lamellen).

Tabelle 1: Gesamtenergie-Durchlassgrad *g* von transparenten Bauteilen

Transparentes Bauteil	g
Einfachverglasung	0,87
Doppelverglasung	0,76
Wärmeschutzverglasung (doppeltverglast mit selektiver Beschichtung)	0,50 bis 0,70
Dreifachverglasung normal	0,60 bis 0,70
Dreifachverglasung (mit zweifach selektiver Beschichtung)	0,35 bis 0,50
Sonnenschutzverglasung	0,20 bis 0,50
Transparente Wärmedämmung 100 – 120 mm; $U \leq 1{,}2\ W/(m^2 \cdot K)$	0,35 bis 0,60
Absorbierende opake[1] Dämmschicht mit einfacher Glasabdeckung (100 mm)	ca. 0,10

[1] Opakglas: Trübglas, das nur wenig lichtdurchlässig ist.

Beispiel:

Welchen g_{tot}-Wert erzielt das Sonnenschutzsystem „Fenster hinter einer Markise"?
Die außen liegende Markise soll einen Abminderungsfaktor von $F_C = 0{,}55$; die Verglasung einen g-Wert von 0,7 aufweisen.

Lösung:

$g_{tot} = 0{,}7 \times 0{,}55 = 0{,}39$

Das Sonnenschutzsystem lässt 39 % der auftreffenden Sonnenenergie in das Rauminnere. Sie kommt als UV-, IR-Strahlung und als sichtbares Licht in den Raum und heizt ihn auf.

Der Wärmeschutz von Gebäuden bezieht sich nicht nur auf den winterlichen Wärmeschutz und das Einsparen von Heizenergie. Auch der Einsatz von Energie, um an heißen Sommertagen die Gebäudetemperatur auf einem erträglichen Niveau zu halten gehört zum umfassenden Begriff „Wärmeschutz".

Bei Gebäuden mit einem Fensterflächenanteil über 30 % sind besondere Anforderungen an den sommerlichen Wärmeschutz zu erfüllen. Detaillierte Anforderungen sind der DIN 4108-2 zu entnehmen. Die Anforderungen für bestimmte Gebäude (z. B. Büro- und Verwaltungs-

[1] Der Wärmedurchgangskoeffizient U_W eines Fensters gibt den von innen nach außen fließenden Wärmestrom an.

Tabelle 1: Abminderungsfaktoren von Sonnenschutzvorrichtungen

Sonnenschutzvorrichtung		Abminderungsfaktor F_c (nach DIN 4108)
Ohne Sonnenschutzvorrichtung		1,0
Raumseitig und zwischen den Scheiben	weiß oder reflektierende Oberflächen mit geringer Transparenz	0,75
	helle Farben und geringe Transparenz	0,8
	dunkle Farben und höhere Transparenz	0,9
Außen montiert	Jalousien und Raffstores mit drehbaren Lamellen bis 45° [1]	0,3
	Jalousien und Raffstores mit drehbaren Lamellen bis 10° [1]	0,2
	Markise parallel zur Verglasung	0,3
	Markisen, allgemein, Vordächer	0,55

[1] Eine Transparenz der Sonnenschutzvorrichtung unter 10 % gilt als gering, über 30 % erhöht.

bauten) sind erhöht worden. Sie können durch besonders niedrige *g*-Werte der Sonnenschutzgläser, durch einen verstärkten Einsatz von Sonnenschutzvorrichtungen oder durch weniger Fensterfläche in der Fassade erreicht werden.

Sonnenschutzsysteme lassen sich in im Rauminneren liegende, in die Verglasung integrierte oder an der äußeren Gebäudehaut angeordnete Sonnenschutzanlagen unterscheiden. Sie alle haben die Aufgabe einen Hitze- und Blendschutz zu ermöglichen. Zusätzlich bieten sie einen Sichtschutz. Einige Systeme ergeben in der kalten Jahreszeit eine zusätzliche Wärmedämmung. Die Energiekosten für eine Klimaanlage im Gebäude werden durch Sonnenschutzeinrichtungen gesenkt.

3.1 Raumseitige Sonnenschutzanlagen

Raumseitige Sonnenschutzanlagen schützen das Gebäudeinnere **nur vor den sichtbaren Strahlen** des Sonnenspektrums. Je nach Oberflächenstruktur und Farbe reflektieren sie einen Teil dieser Strahlung durch das Glas wieder nach außen. Nur im Rahmen dieser Reflexion schützen sie zugleich die Räume vor der Wärmestrahlung.

Helle und aluminiumbedampfte Gewebelamellen haben gute Reflexionseigenschaften. Je dichter das Gewebe ist, desto weniger Wärmestrahlung durchdringt den Behang und heizt den Innenraum auf. Zur Regelung des Lichteinfalls sind die senkrecht oder waagerecht angeordneten Lamellen um ihre Längsachse drehbar (Bild 1).

Ein Teil der Lichtstrahlen und fast die gesamte Wärmestrahlung[1] werden nicht reflektiert, sondern vom Fenster und der Sonnenschutzanlage

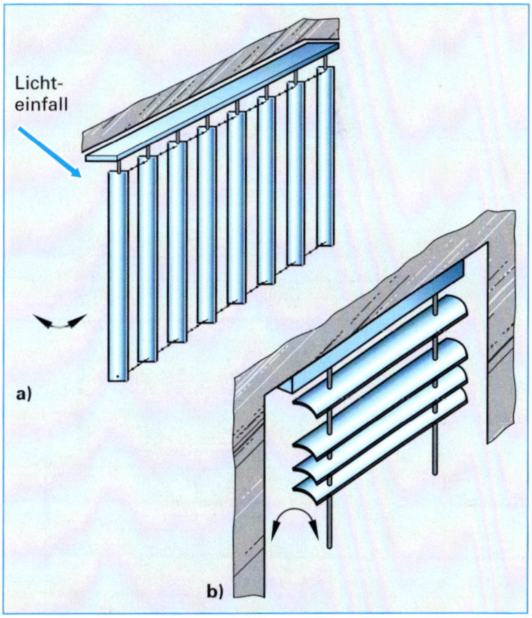

Bild 1: Innen liegender Sonnenschutz
a) senkrecht verstellbare Lamellen
b) waagerecht verstellbare Lamellen

[1] Die kurzwellige solare Einstrahlung verwandelt sich nach dem Durchgang durch die Fensterscheibe und beim Auftreffen auf Oberflächen in eine langwellige Wärmestrahlung.

absorbiert und als Wärme an die umgebende Raumluft abgegeben. Zwischen Sonnenschutz und Scheibe bildet sich eine erwärmte Luftschicht, die durch natürliche oder künstliche Belüftung abgeführt werden muss, damit sich die Fensterscheibe und der Zwischenraum zum raumseitigen Sonnenschutz nicht zusätzlich aufheizen. Voraussetzung dafür ist ein Mindestabstand von 100 mm zwischen dem Behang und der Scheibe sowie keine störenden Fensterbänke, damit ein Belüftungseffekt erzielt werden kann.

Raumseitige Sonnenschutzsysteme haben den Vorteil, dass sie nicht den Windkräften, Feuchtigkeits- und Schmutzbelastungen von außen ausgesetzt werden.

Innere Sonnenschutzanlagen dienen im Wesentlichen nur als Blendschutz und erfüllen oftmals dekorative Funktionen.

Vorhänge, Rollos, Jalousien und Falt- bzw. Lamellenstores (Bild 1) kommen zur Anwendung. Die Bedienung erfolgt manuell mit Kettenzug, Schnurzug oder Kurbeltrieb oder mit elektrisch betriebenen Einsteckantrieben die per Schaltuhr, Fernbedienung oder Smartphone angesteuert werden können.

Eine deutliche Verbesserung ist eine Kombination von Sonnenschutzgläsern mit raumseitig liegendem Blendschutz. Diese schützen den Innenraum durch teilweise Reflexion und Absorption der direkten und diffusen Strahlung über den **gesamten** Bereich des Sonnenspektrums (s. S. 101, Bild 1).

Es gilt der Grundsatz, dass der außen montierte Sonnenschutz der wirksamste Sonnenschutz ist, weil die Sonnenenergie vor der Verglasung gestoppt wird. Dennoch hat der innenliegende Sonnenschutz seine Berechtigung:

- bei großen Lüftungsflügeln, die einen äußeren Sonnenschutz verhindern,
- bei schwierigem Zugang zum außenliegenden Sonnenschutz im Reparaturfall,
- aus Gründen der wohnlichen Gestaltung des Innenraums (z. B. verdeckte Fensterglasflächen),
- aus Gründen des Denkmalschutzes bei historisch wertvollen Gebäuden,
- bei hervorragender Raumbelüftung,
- bei klaren Wünschen des Bauherren.

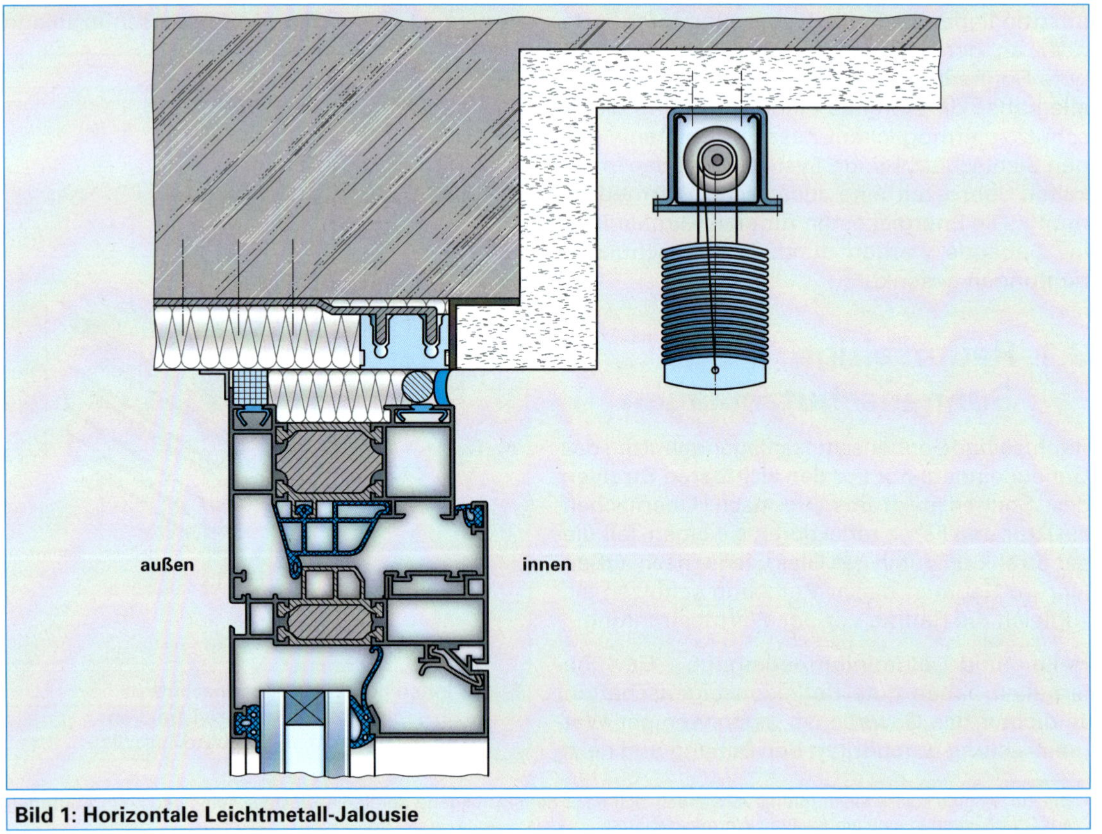

Bild 1: Horizontale Leichtmetall-Jalousie

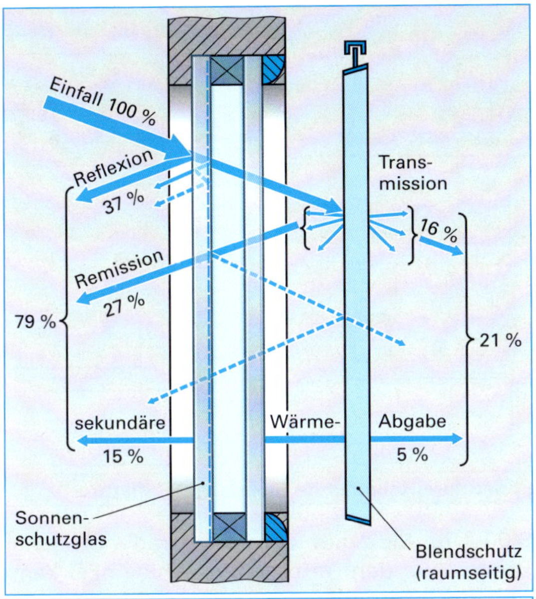

Bild 1: Kombination aus Sonnenschutzglas und innen liegendem Blendschutz

Bild 2: Verbundfenster mit integriertem Sonnenschutz

3.2 Integrierte Sonnenschutzanlagen

Eine technische Weiterentwicklung sind elektrisch betriebene Jalousien und Rollos im Scheibenzwischenraum einer Isolierglasscheibe. Dabei beträgt der Scheibenabstand durchweg nur 27 mm. Diese Jalousien weisen einen Großteil der solaren Einstrahlung nach außen ab, sodass die Raumerwärmung deutlich verringert wird und dadurch die Energiekosten für eine Klimaanlage niedrig gehalten werden. Eine andere Bauart von Jalousien mit speziell geformten reflektierenden Lamellen zur Lichtlenkung lenken das Licht an die Raumdecke und streuen dadurch das Tageslicht in die Tiefe eines Raumes.

Bei den Rollosystemen im Scheibenzwischenraum kommen teiltransparente Folien mit Mikroprägung zum Einsatz und leisten dadurch eine passive Gebäudekühlung im Sommer. Alle integrierten Sonnenschutzsysteme im Scheibenzwischenraum arbeiten mit Kabeldurchführungen im Randverbund der Verglasung. Zusätzliche konstruktive Maßnahmen tragen dazu bei, dass im Scheibenzwischenraum die Gasdichtheit erhalten und eine Feuchtigkeitsaufnahme nicht stattfinden kann. Diese Problematik entfällt bei Verbundfenstern (Bild 2). Hier wird der Sonnenschutz zwischen dem Verbundflügel und der Isolierverglasung platziert.

3.3 Äußere Sonnenschutzanlagen

Äußere Sonnenschutzanlagen sind die wirksamste Maßnahme gegen Überhitzung, denn sie reduzieren die Sonneneinstrahlung **vor** der Fensteröffnung. Sie schützen das Gebäudeinnere **über den gesamten Bereich** des Sonnenspektrums.

Systeme aus nicht durchscheinenden Werkstoffen wie Beton, Leichtmetall, PVC oder Holz reflektieren und absorbieren das gesamte Spektrum der Sonnenstrahlung; durchscheinende Werkstoffe wie Gewebe und trübende oder streuende Gläser nur zu einem Teil. Sie leiten die reflektierten und absorbierten (in Wärme umgewandelten) Strahlungsanteile nach außen und halten so die Erwärmung der Fenster und Wände gering.

Je nach Bauart unterscheidet man starre und bewegliche Sonnenschutzanlagen.

3.3.1 Starre Sonnenschutzanlagen

Die Bilder 1a, b auf der nachfolgenden Seite zeigen vertikale und horizontale starre Verschattungssysteme, die man häufig an der Süd- oder Südwestseite von Gebäuden mit großen Fensterflächen vorfindet.

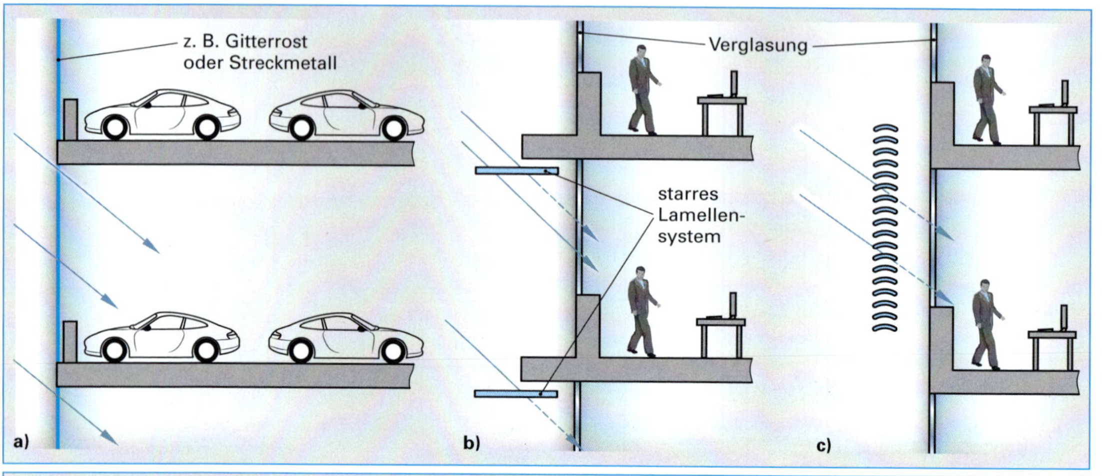

Bild 1: a) Vorgezogene Konstruktion b) Geschlossene oder durchscheinende Blenden c) Raffstore

Mit Hilfe des Sonnenstanddiagramms (Bild 2) kann man die optimale Ausladung einer Sonnenblende bestimmen. Das dargestellte Beispiel zeigt den Sonnenstand am 20. Juni um 9.00 Uhr MEZ auf dem 51. Grad nördlicher Breite. Aus dem ermittelten Zenitwinkel kann man die erforderliche Ausladung *Z* der Sonnenblende ermitteln bzw. ablesen.

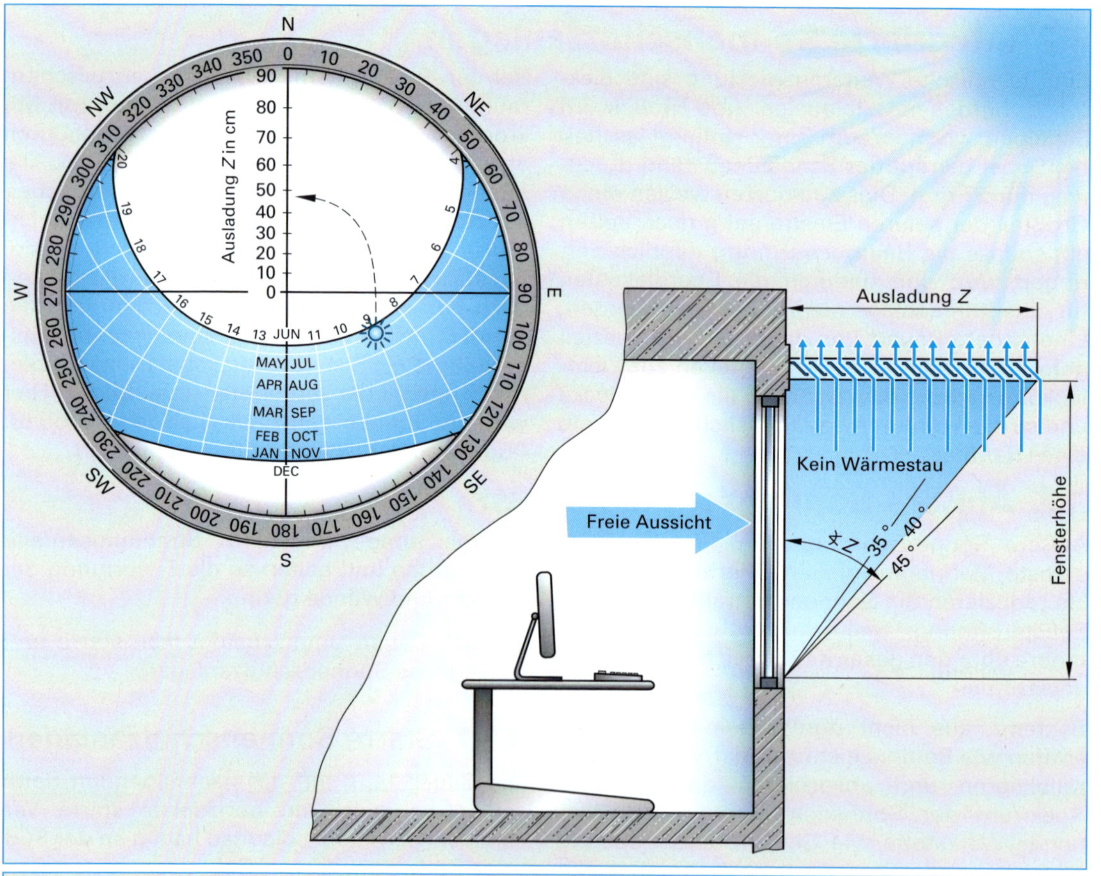

Bild 2: Ausladung einer Sonnenblende als Funktion des Sonnenstandes und der Gebäudelage

Vorteile von starren Systemen sind die Bedienungs- und Wartungsfreiheit, die Klapperfreiheit bei Wind, die freie Durchsicht, die unbehinderte Fensterbelüftung, das einheitliche Bild der Fassade und die Kombinationsmöglichkeit mit Laufstegen. Ein vormontiertes System mit einer auf den Sonnenstand abgestimmten Ausladung, mit dem eine optimale Beschattung der Fensterflächen bei nur minimaler Tageslichteinbuße erfolgt, zeigt Bild 1.

Von Nachteil ist, dass bei den meisten starren Systemen der Lichteinfall zur Raummitte hin abnimmt.

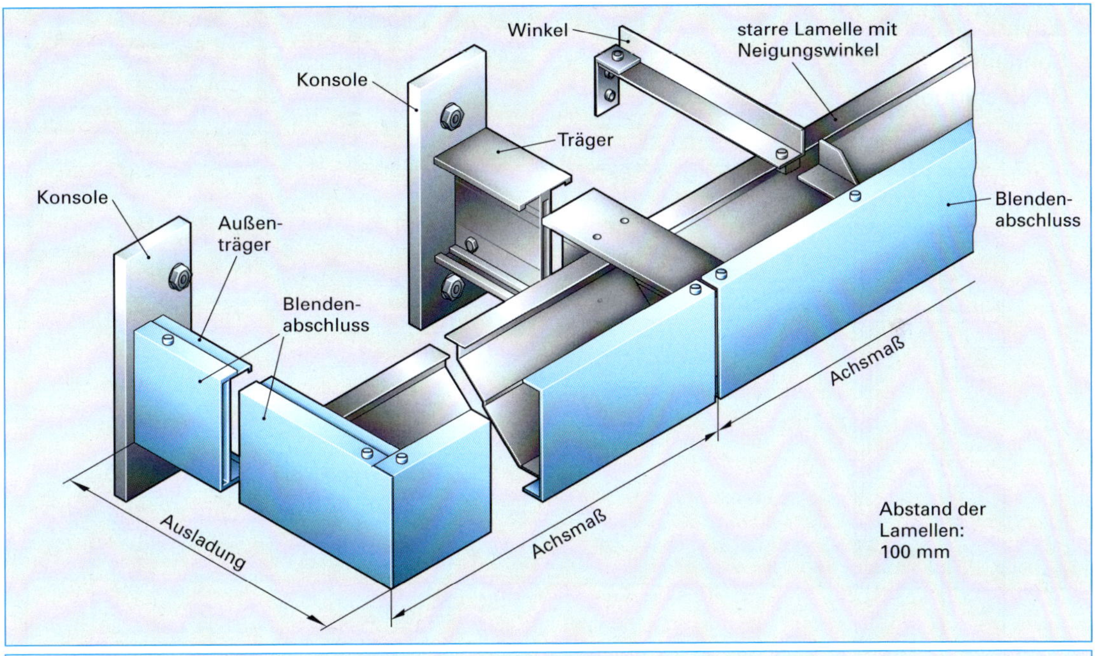

Bild 1: Nach Sonnenstand vormontiertes Verschattungssystem

3.3.2 Bewegliche Sonnenschutzanlagen

Bewegliche Sonnenschutzanlagen sind parallel zur Beschattungsfläche angeordnet und halten mittels Lamellen aus Metall oder textiler Bespannung (z. B. Acrylgewebe) die Sonnenstrahlung zurück. Sie können individuell von Hand oder über Mikroprozessoren gesteuert oder elektrisch angetrieben automatisch dem jeweiligen Sonnenstand angepasst werden und damit die Lichtverhältnisse im Raum regulieren.

Einen wichtigen Beitrag zur Verbesserung der Ergonomie am Arbeitsplatz, insbesondere bei Bildschirmarbeitsplätzen in Fensternähe bietet die „Lichtleittechnik" moderner Raffstore-Anlagen (Bild 2). Das eintretende Licht wird gezielt an die Raumdecke geleitet und bewirkt so einen gleichmäßigen Helligkeitsgewinn in der Raumtiefe. Der beschattete blendfreie Bereich in Fensternähe ermöglicht ein angenehmes Arbeiten am Bildschirm. Systeme der intelligenten Lichtlenkung arbeiten automatisch und stellen die Raffstore-Lamellen auf den jeweiligen Sonnenstand ein.

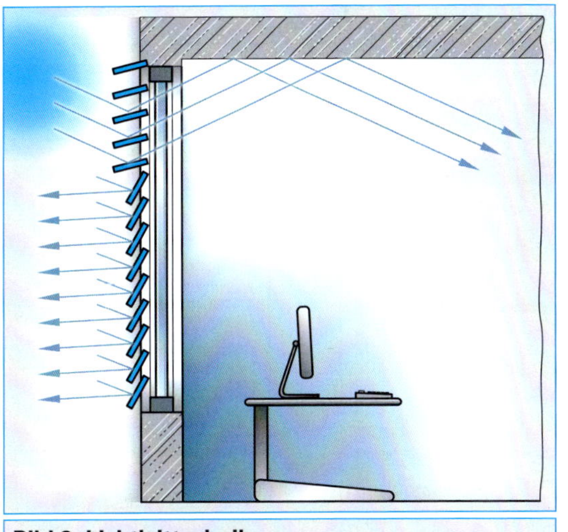

Bild 2: Lichtleittechnik

Bewegliche Sonnenschutzsysteme sind:

- Axial drehbare horizontale oder vertikale Lamellen (Bild 1),
- Raffstores vor dem Fensterelement (Bild 2),
- Rollläden (Bild 3),
- Markisen (Bild 4) und verwandte Bauarten,
- Fensterläden (Klappläden), Schiebeläden (Layer),
- Sonnensegel,
- Großschirme.

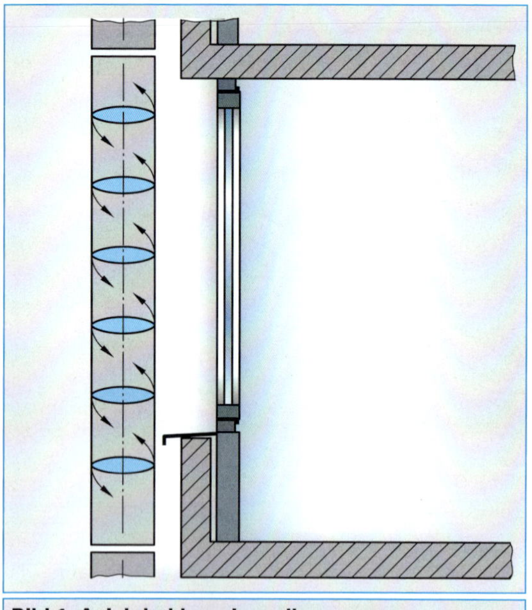

Bild 1: Axial drehbare Lamellen

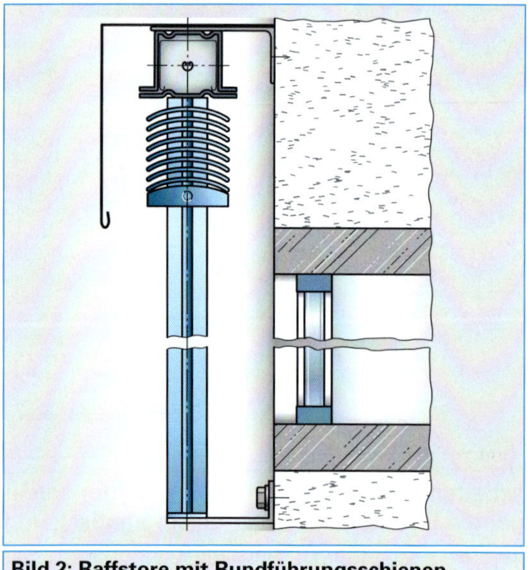

Bild 2: Raffstore mit Rundführungsschienen

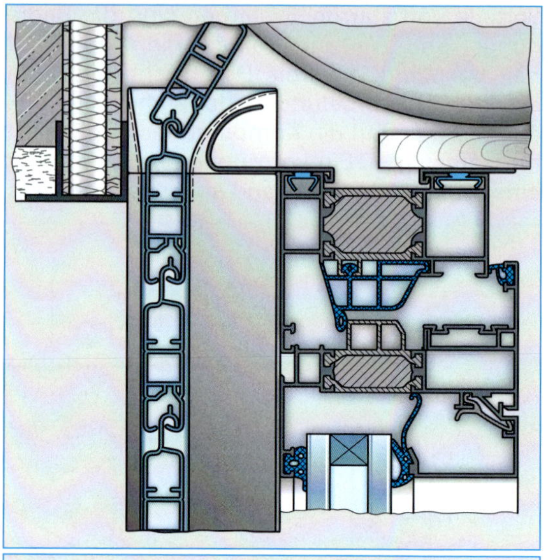

Bild 3: Rollladen

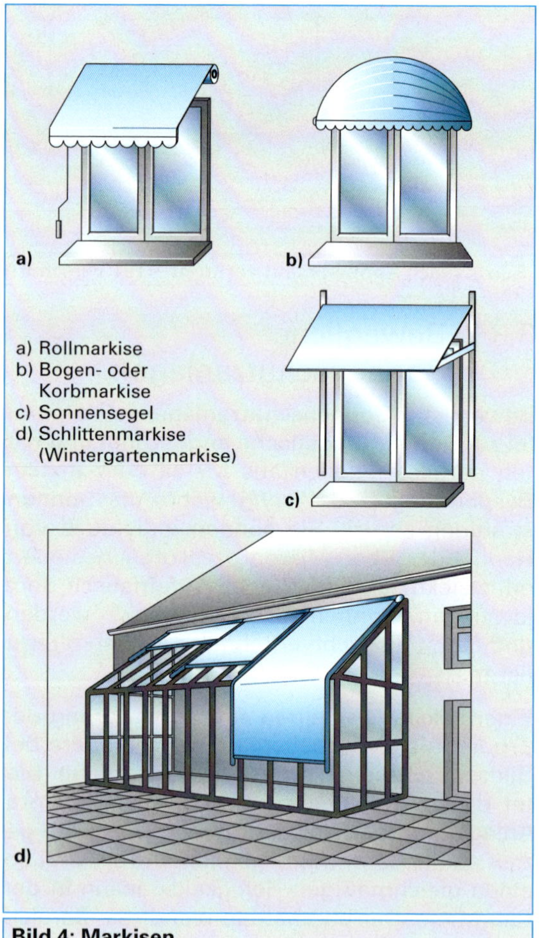

Bild 4: Markisen

Markisen sind aufrollbare oder starre Sonnendächer. Je nach Aufbau unterscheidet man Rollmarkisen, Bogen- oder Korbmarkisen, Sonnensegel und Wintergartenmarkisen (siehe S. 104, Bild 4). Sie bestehen aus den Hauptteilen Tuch- oder Wickelwelle, Markisentuch, Fallprofil, Fallarm und Antrieb. Auf die Tuchwelle wird das Markisentuch ab- oder aufgewickelt. Eine zusätzliche Streckstange verhindert, dass die Tuchwelle durchhängt. Als Markisentuch finden imprägnierte oder kunststoffbeschichtete Leinen oder Glasfasergewebe Anwendung.

Weit ausladende Markisen-Systeme sind z. T. erheblichen Windkräften ausgesetzt. Diese Windkräfte (z. B. Staudruck q bis 110 N/m²) müssen bei der Auswahl der Befestigungsmittel für die tragende Wand berücksichtigt werden. Ebenso muss der Markisenstoff so beschaffen sein, dass Risse und Nahtbrüche durch Winddruck und Starkregen ausgeschlossen werden.

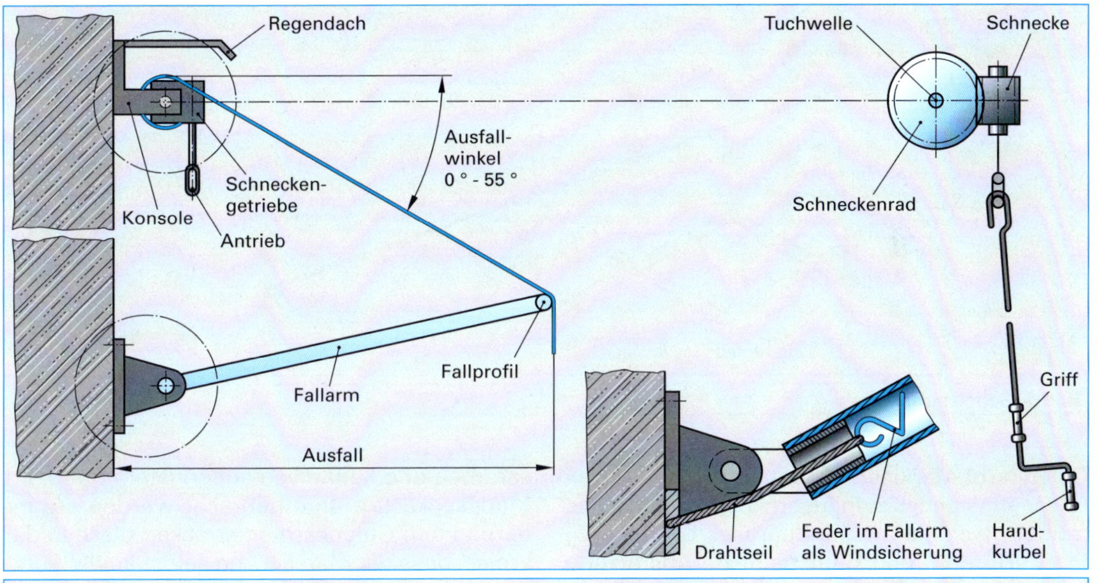

Bild 1: Fallarmmarkise mit starrem Arm

Je nach Konstruktion und Mechanik der Rollmarkisen gibt es Fallarm-, Scheren- Schlitten- und Gelenkarmmarkisen.

Fallarmmarkisen (Bild 1) haben zwei starre Fallarme zur Führung des Fallprofils. Durch das Eigengewicht von Tuch, Fallarm und Fallprofil fällt (rollt) die Markise von selbst aus. Die Gefahr des Hochschlagens bei starken Windböen lässt sich durch Federn im Fallarm verringern. Von Nachteil ist bei weitausladenden Fallarmmarkisen die große Einbauhöhe bei Verkehrswegen, die zum Einziehen der Fallarme benötigt wird.

Bei einer anderen Bauart gleiten kleine Schieber an den Enden der Fallarme in Gleitschienen (Bild 2). Beim Ausfahren des Tuches bewegen sich die Schieber nach oben, beim Einfahren wieder nach unten. Eine möglichst hoch angebrachte Hängestrebe begünstigt das Ausfahren und verleiht der Markise zusätzliche Steifigkeit. Fallarmmarkisen werden bis zu einer Breite von 3,6 m und einer Ausladung von 1,6 m gebaut. Sie finden an Gebäuden mit modernen Glasfassaden ihren Einsatz.

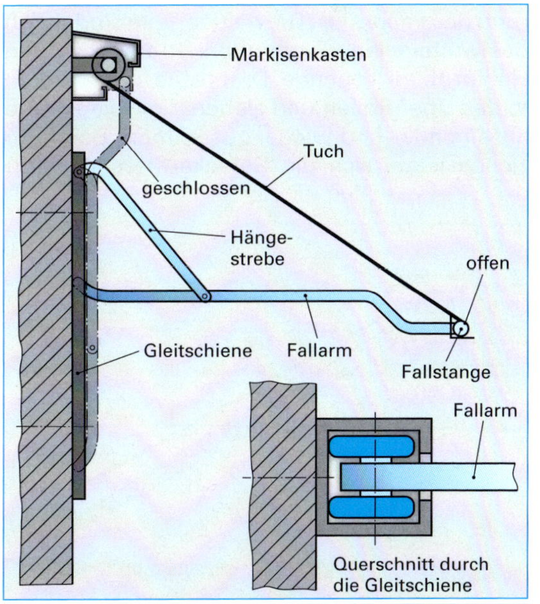

Bild 2: Fallarmmarkise mit Hängestrebe

Scherenmarkisen finden Anwendungen bei Ausladungen über 3,5 m. Sie benötigen für das Anbringen nur eine geringe Einbauhöhe (Bild 1). Die Ausladung kann etwa das Dreifache der verfügbaren Einbauhöhe sein.

Der Tragarm fährt nach dem Prinzip der Scherengitter aus. Ein Strebenarm stützt das System ab und hält es in der Endstellung fest. Die Scherenarme fallen beim Abwickeln des Tuches nur bei genügender Ausladung; andernfalls muss über Handgetriebe oder Elektromotor (Rohrmotor, siehe S. 112, Bild 1) gezogen werden. Andere Markisenarten verdrängen die Scherenbauweise.

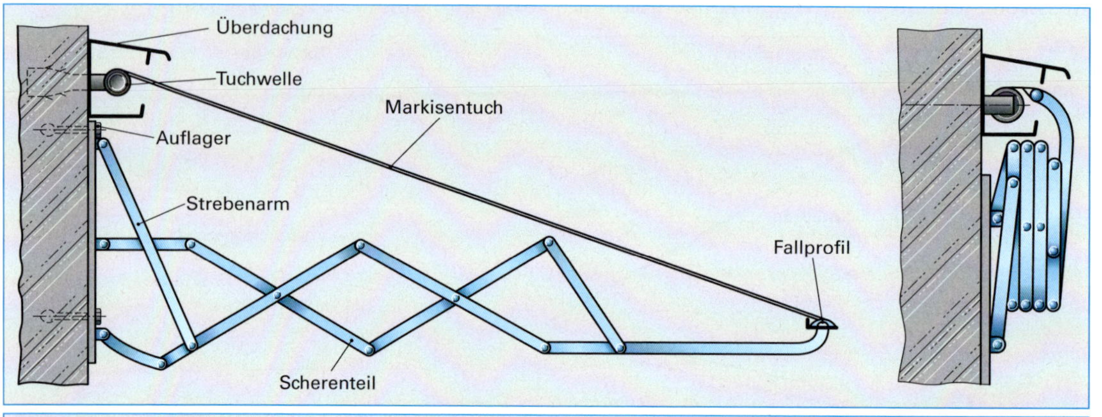

Bild 1: Scherenmarkise

Gelenkarm-Markisen findet man häufig an Geschäfts- und Kaufhäusern mit langen Glasfronten, weil sie in eingefahrener Lage wenig Platz erfordern und keine seitliche Abstützung benötigen (Bild 2). Sie haben zwei oder mehrteilige Gelenkarme aus Hohlprofilen zur Führung des Fallprofils. Die beiden Teile sind durch das Mittelgelenk verbunden. Kräftige in den Hohlprofilen liegende Drahtseile oder Ketten laufen über Rollen und ziehen die Gelenkarme auseinander und wieder zusammen. Beim Einziehen legen sich die Gelenkarme seitlich zusammen und können so auf engstem Raum im Markisenkasten untergebracht werden. Zugfedern in den Gelenkarmen strecken diese in der Weise, dass die Markise von selbst ausfällt und gute Windsicherheit aufweist. Am Tragrohr befinden sich die Armlager mit den Kippgelenken. Die Armschräge und damit der Ausfallwinkel ist am Kippgelenk einstellbar (siehe S. 107, Bild 1).

Im eingerollten Zustand dichtet das Fallprofil den Markisenkasten ab und schützt das Markisentuch vor Staub und Witterungseinflüssen.

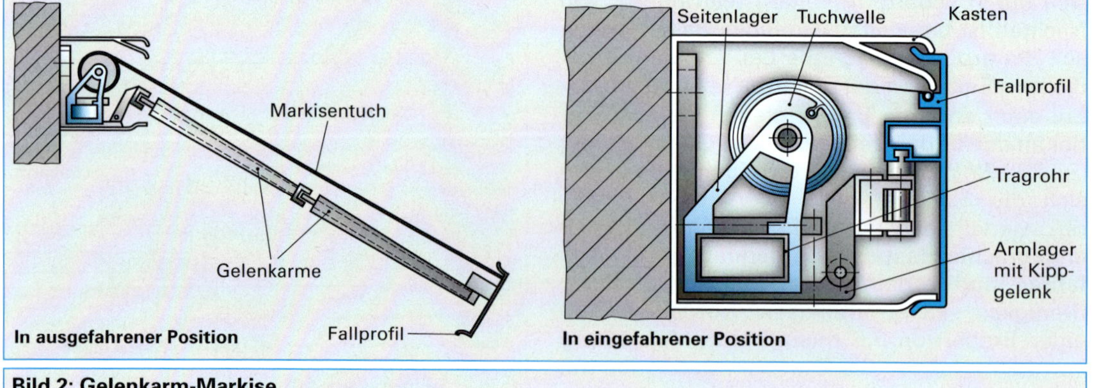

Bild 2: Gelenkarm-Markise

Bild 1 zeigt eine häufig angewandte Technik: Ein Leitrohr verbindet die Kippgelenke miteinander und bewirkt so ein gleichzeitiges, über die gesamte Länge einwandfreies Ab- und Einrollen des Tuches. Um die Gelenkarmwinkel zu verstellen, muss man erst die Spannschrauben (1), dann die Fixierschraube (2) lösen. Das Gelenk (3) schwenkt um den Bolzen (4) und der Gelenkarm lässt sich verstellen.

Große Gelenkarmmarkisen liegen bei einer Breite von 6,5 m und einer Ausladung von 4 m. Mit gekoppelten Mehrfeldanlagen kann die Markisenbreite vergrößert werden.

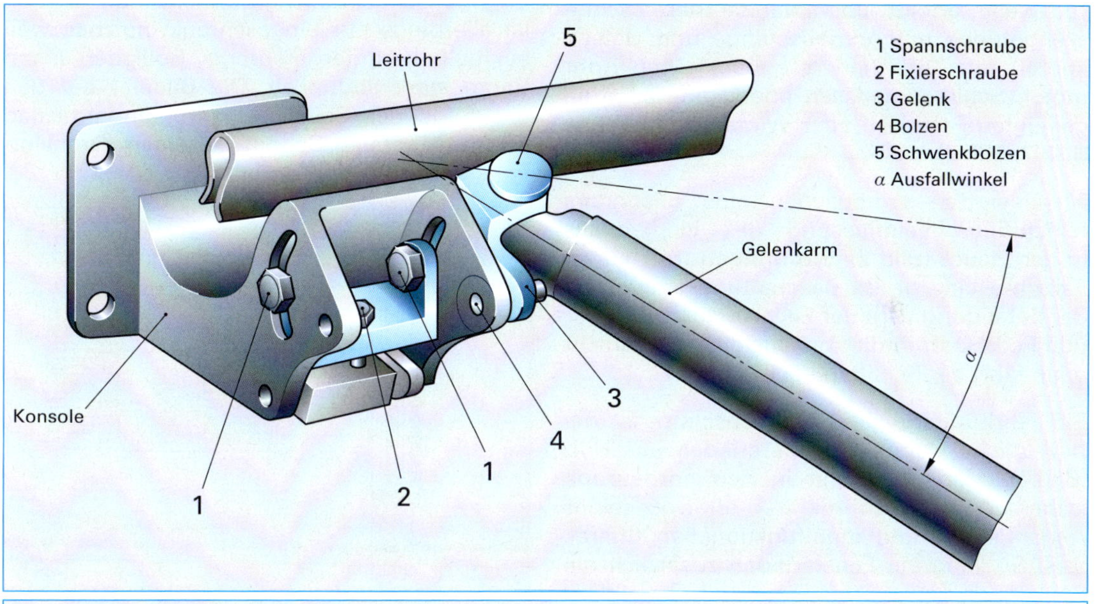

Bild 1: Verstelleinrichtung einer Gelenkarm-Markise

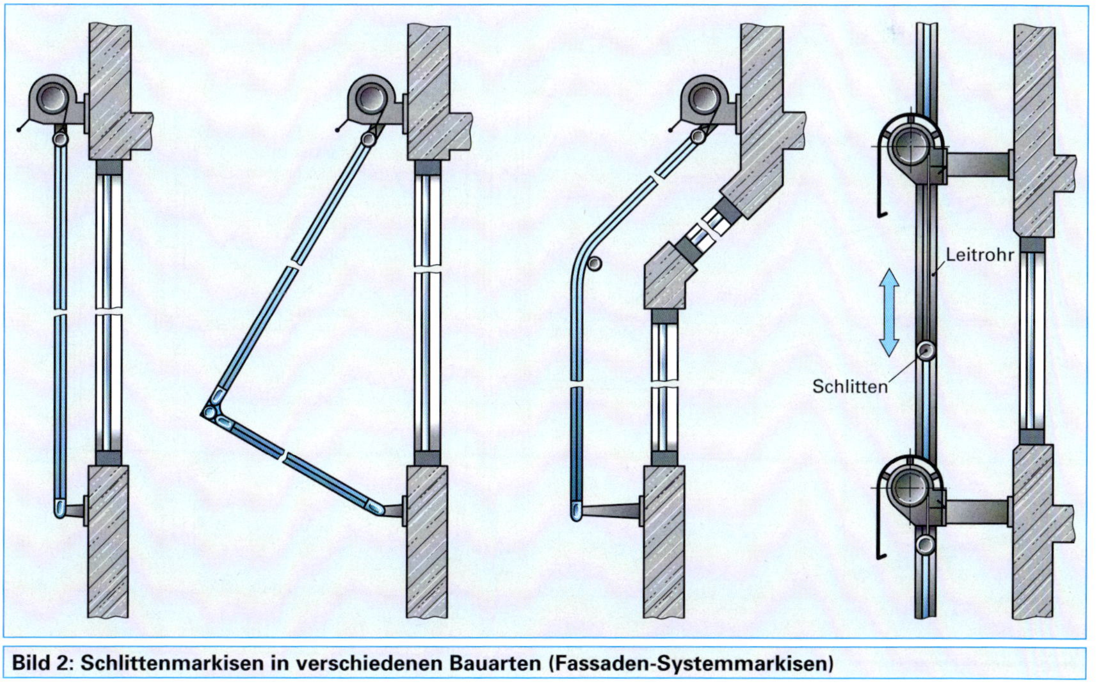

Bild 2: Schlittenmarkisen in verschiedenen Bauarten (Fassaden-Systemmarkisen)

Systemmarkisen sind an auskragenden Konsolen vor Fassaden oder vor Wintergärten montiert. Man unterscheidet dabei Schlittenmarkisen und Markisoletten.

Schlittenmarkisen haben feststehende Leitrohre aus C-förmigen Profilen, in denen die Schlitten des Fallrohres laufen. Der Antrieb der Tuchwelle erfolgt über Handantrieb (Schneckengetriebe mit Antriebsstange und Gelenkkurbel) oder üblicherweise über einen Rohrmotor. Schlittenmarkisen findet man auch an geneigten Fassaden oder Wintergärten (siehe S. 107, Bild 2).

Markisoletten ermöglichen eine besonders feinstufige Beeinflussung des Lichteinfalls in den Raum (Bild 2). Sie bringen trotz kurzer Fallarme eine große Beschattungsfläche. Bei der Betätigung wird der Fallarm durch Schwer- und Federkraft in die Ausfallstellung gebracht, dann fährt der Schlitten nach unten.

Ein jahrhunderte alter Sonnenschutz ist der bewegliche klappbare **Fensterladen** aus Holz (Bild 1). Man findet ihn in den nordeuropäischen Ländern nicht mehr so oft, trotz seines romantischen und multifunktionellen Charakters. So kann ein Fensterladen zusätzlich die Funktionen von Wärmedämmung, Schalldämmung, Einbruchshemmung und Verdunkelung übernehmen. In südlichen Ländern gehört der Fensterladen an den Gebäuden immer noch zum Standard. Andere Bauarten des Fensterladens sind Faltläden und Schiebeläden (Layer).

Rollläden dienen dem Sonnenschutz, dem Sichtschutz, der Verdunkelung, dem Schall- und Wärmeschutz und stellen einen relativen Einbruchschutz da. Die Sonnenschutzfunktion ist allerdings nur eingeschränkt nutzbar, weil ein halb heruntergefahrener Rollladen einen Raum stark abdunkelt. Die Bilder 1 auf den nachfolgenden Seiten zeigen einen vertikalen und horizontalen Schnitt bei einem Drehkipp-Fenster aus Aluminium.

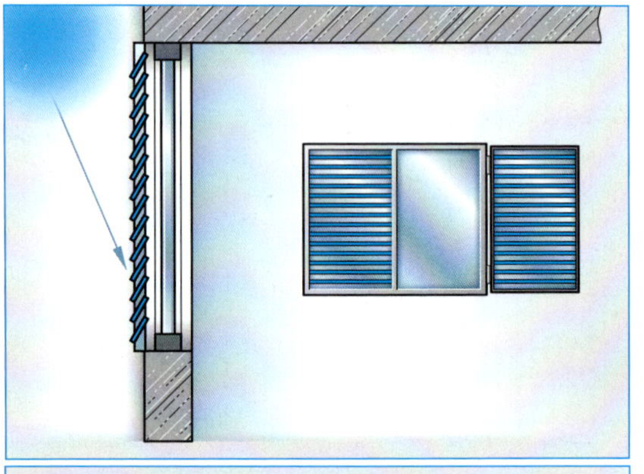

Bild 1: Fensterladen, halbgeöffnet

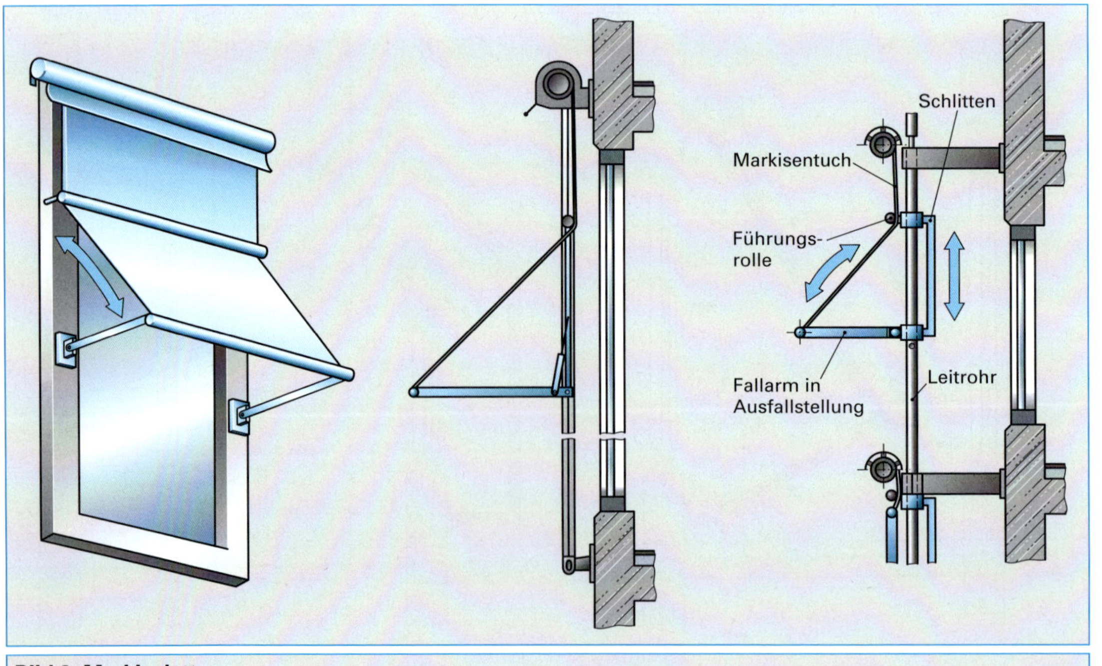

Bild 2: Markisoletten

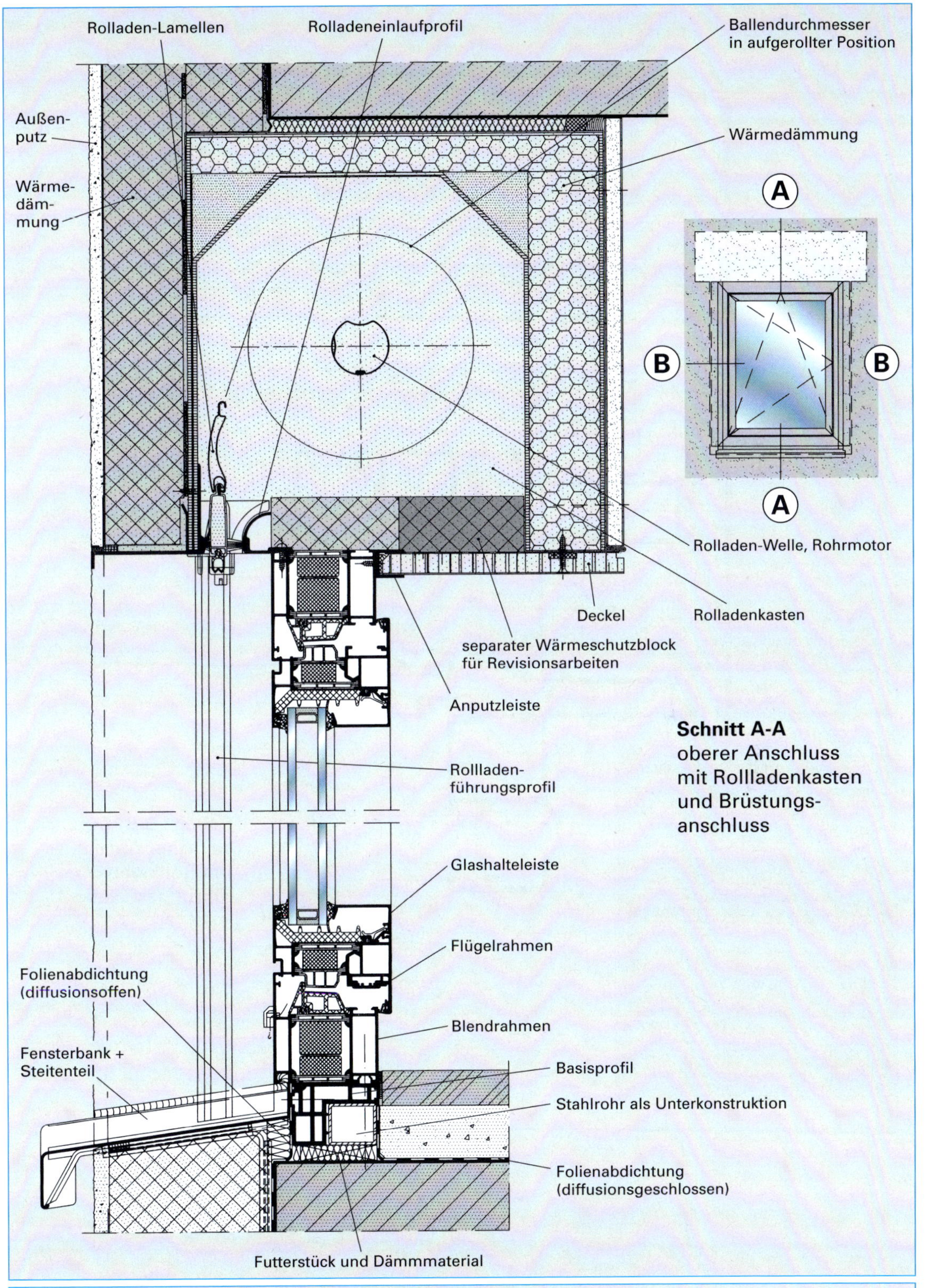

Bild 1: Aluminiumfenster mit Rollladen (vertikaler Schnitt)

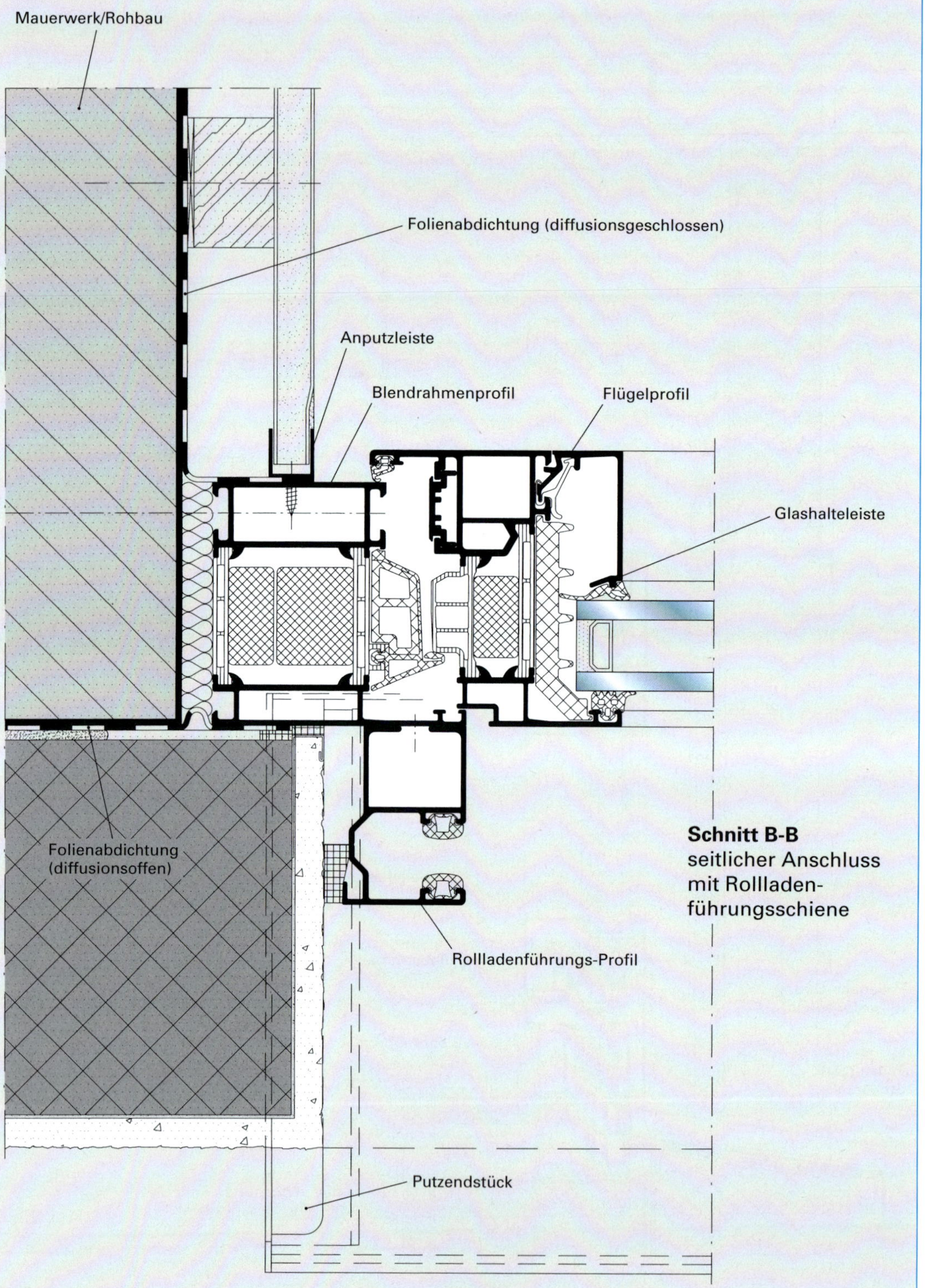

Bild 1: Aluminiumfenster mit Rollladen (horizontaler Schnitt)

3.4 Antriebe

Nur bei kleinen Markisen kann man das Tuch mittels Seilen oder Gurten manuell aufwickeln.

Mit **Federwellen** (Bild 1) lassen sich mittelgroße Markisen (bis 10 m Breite) auf- und einrollen. Mit einer Zugstange wird die Markise ausgezogen, wobei sich das Rohr dreht und die Feder im Inneren der Tuchwelle spannt. Die Federn sind so bemessen und vorgespannt, dass sie das Tuch in der unteren Endlage nicht selbsttätig wieder hochziehen. In der Entstellung arretiert die Tuchwelle. Erst nach dem Lösen der Arretierung (Anheben) lässt sich das Tuch wieder einrollen. Dabei muss mit dem Zughaken oder der Handkurbel gebremst werden, damit das Einfahren nicht unkontrolliert schnell erfolgt.

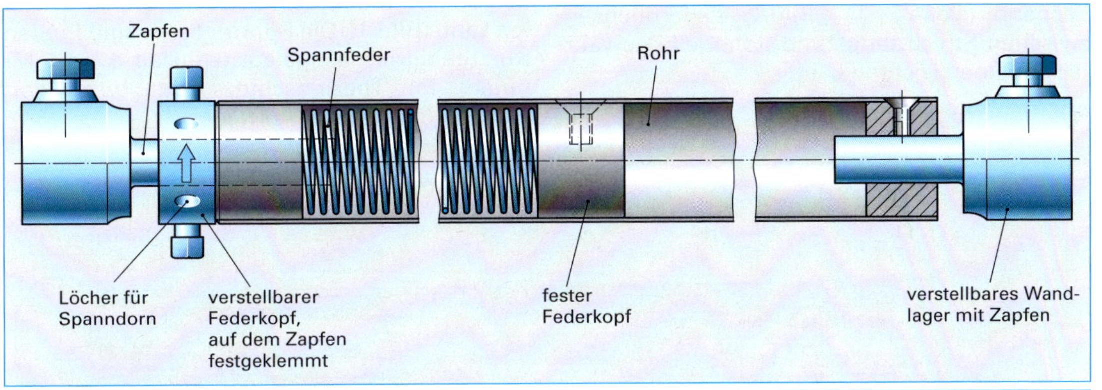

Bild 1: Federwelle auf einer Rollmarkise

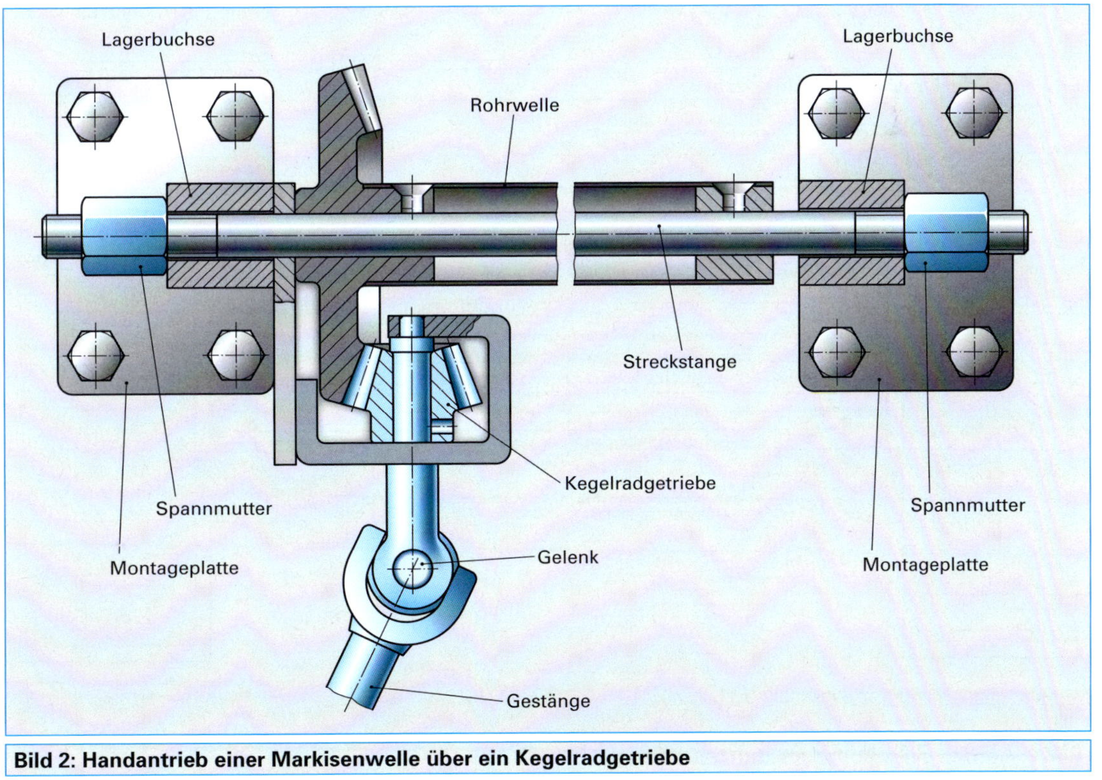

Bild 2: Handantrieb einer Markisenwelle über ein Kegelradgetriebe

Bei größeren Markisen erfolgt das Einziehen des Tuches von Hand über ein Kegelradgetriebe (siehe S. 111, Bild 2) oder Schneckengetriebe. Dabei wird das Kegelrad bzw. die Schnecke (Selbsthemmung) über eine Handkurbel und ein abgewinkeltes Gestänge in Drehbewegung versetzt.

Markisenwellen, die länger als 4 m sind, hängen durch und laufen dadurch schwer. Eine Streckstange wird daher durch die Rohrwelle geführt und mit Muttern von beiden Seiten gespannt (siehe S. 111, Bild 2). Lagerbuchsen zwischen Streckstange und Rohrwelle gewährleisten einen leichten Lauf.

Mit Elektrogetriebemotoren, sog. Einsteckantrieben (Rohrmotoren, Bild 1) kann man Markisen und Rollläden (Bild 2) ohne zusätzliche Getriebe aus- und einfahren. Rohrmotore sind „umgekehrte" Elektromotore, bei denen sich das Gehäuse (in diesem Fall die Tuchwelle) um den festen Motor dreht. Ein Untersetzungsgetriebe (Planetengetriebe), das die Motordrehzahl auf ca. 12 U/min herabsetzt, ist integriert. Je nach Bauart können Drehmomente zwischen 10 und 150 Nm erzielt werden. Im Steuerteil befinden sich zwei Endschalter, über die man einen oberen und unteren Abschaltpunkt einstellen kann (Bild 1). Die Rohrmotoren sind für den Kurzzeitbetrieb ausgelegt (Laufzeit 4 bis 5 Minuten). Ein Thermoschutzschalter verhindert die Überhitzung des Antriebes.

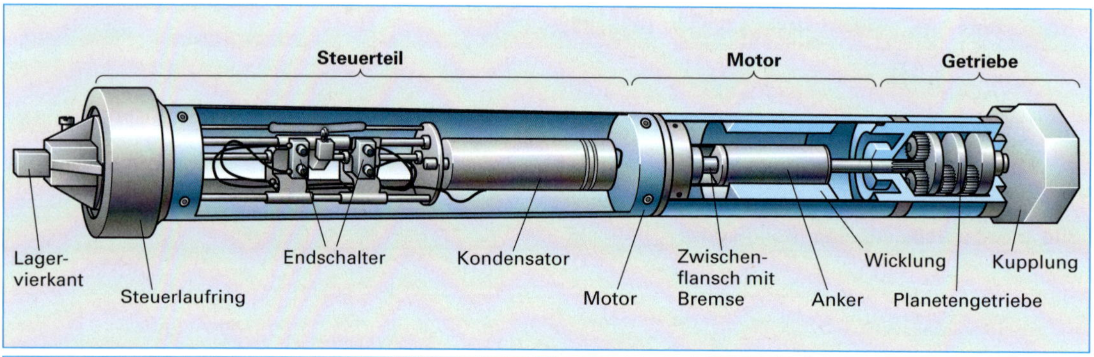

Bild 1: Einsteckantrieb (Prinzipskizze)

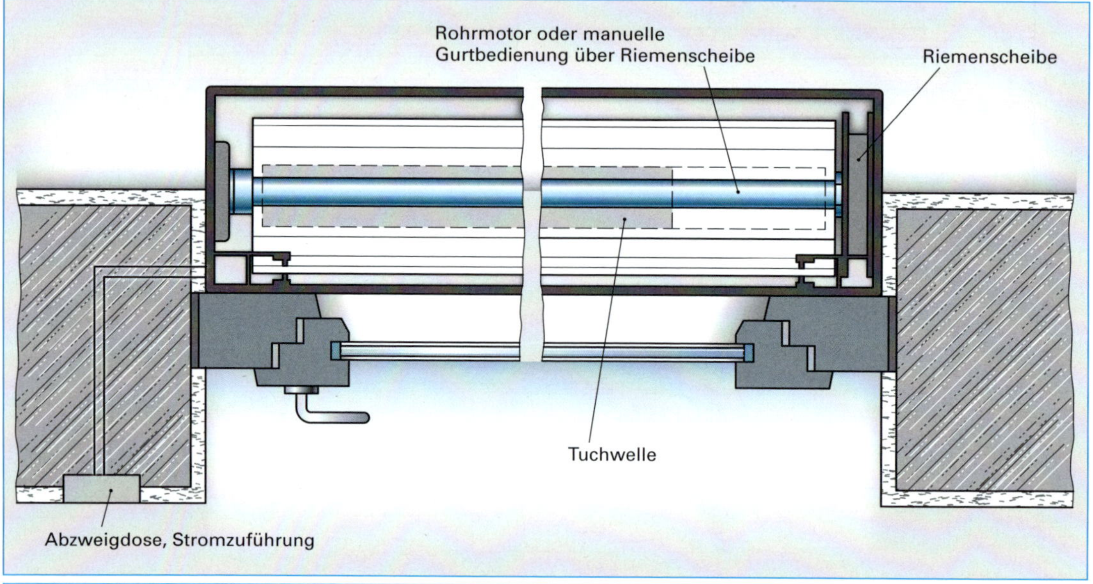

Bild 2: Antrieb eines Rolladens durch Rohrmotor

3.5 Steuerungen

Immer häufiger werden Sonnenschutz- und Beschattungsanlagen automatisch gesteuert. Fotozellen sorgen für eine optimale Anpassung an die Strahlungsverhältnisse, Windwächter und Regenfühler schützen bei schlechtem Wetter vor Beschädigungen.

Beispiel Sonnenautomatik

Auslösung eines Fahrbefehls für eine bestimmte Zeitdauer bei starker Sonneneinstrahlung.

Beispiel Windüberwachung:

Einfahren der Sonnenschutzanlage bei starkem Wind. Gelenkarm-Markisen bei 6 m/s bis 10 m/s (Windstärke 4 bis 5), Raffstores bei 12 m/s bis 16 m/s (Windstärke 6 bis 7) Windgeschwindigkeit.

Beispiel Blendschutz

Erfassung des Sonnenstandes und die daran angepasste Winkelverstellung der Lamellen eines Raffstores (außen) oder einer Jalousie (innen). Die Jalousiesteuerung erfolgt in Schritten von 5° Winkelverstellung.

Beispiel Verschattungsfunktion

Wenn ein Fenster in Abhängigkeit vom Sonnenstand von einem benachbarten Gebäude verschattet wird, bewirkt diese Funktion, dass der Sonnenschutz für einen Raum oder für eine Etage erst bei tatsächlicher vorliegender Sonneneinstrahlung und nicht einer äußeren Verschattung aktiviert wird.

Moderne Sonnenschutzanlagen können über weitere Steuerungen mit entsprechender Software ausgestattet sein:

- Eisüberwachung: Keine Bewegung bei Regen mit Temperaturen unter 0 °C.
- Regenüberwachung: Einfahren von Sonnenschutzanlagen mit textilen Bespannungen bei Regen.
- Zeitschaltuhr: Uhrzeit- und wochentagsabhängiges Ein- und Ausschalten des Fahrbefehls.
- Dämmerungsautomatik: Schutz des Innenraumes vor Einblicken in Abhängigkeit von der Außenhelligkeit. Automatisches Öffnen bei Tageslicht.
- Temperaturautomatik: Raumerwärmung durch Ausnutzung der Morgensonne. Einfahren der Sonnenschutzanlage bei Winterbetrieb.

In einer Steuereinheit können auch für den Nutzer individuelle Schaltpunkte für Wind und Sonne nach Uhrzeit eingestellt werden. Bei Bedarf kann auch eine manuelle Bedienung erfolgen. Die automatische Steuerung übernimmt dann nach einer einstellbaren Zeitspanne wieder ihre Funktion.

Die Bedienung der programmierbaren Sonnenschutzanlagen kann über Einzelbetätigung eines Schalters, eines Handsenders oder über das Tastenfeld eines modernen Handys erfolgen. Mit der Bus-Technik hingegen werden komplexe Steuerungsaufgaben für Sonnenschutz, Licht, Heizung, Klimaanlage für die ganze Fassadenseite eines Bürokomplexes realisiert.

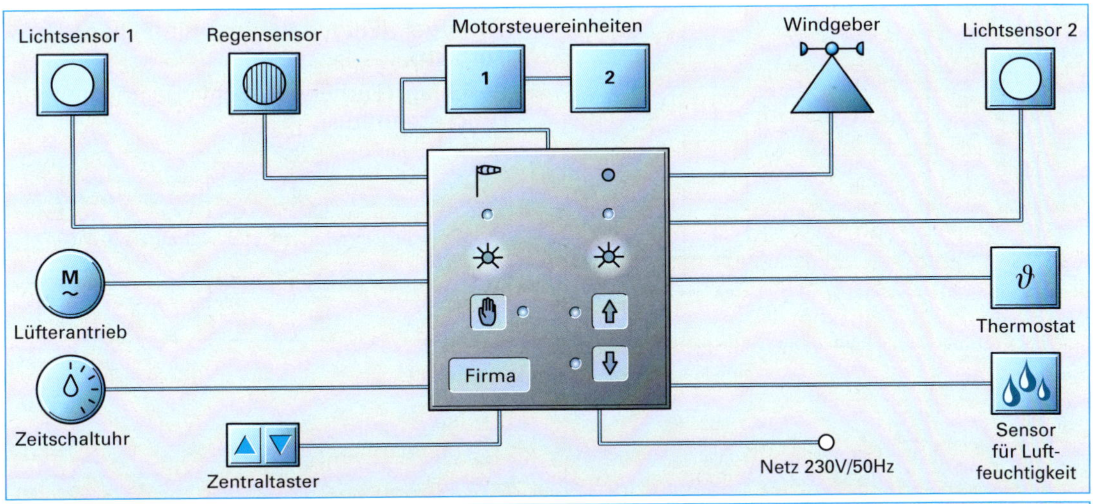

Bild 1: Steuerung eines Wintergartens: Wind-, Temperatur- und Regenüberwachung sowie Sonnenautomatikfunktion über zwei Lichtsensoren

4 Türen

Türen ermöglichen oder verwehren den Zutritt zu Gebäuden und Räumen. Die Anforderungen an die Bauart hängen vom Einbauort und Verwendungszweck ab. Je nach Funktion sollen Türen Licht einlassen, Durchblick gewähren und gegen Witterungseinflüsse, Feuer, Rauch, Lärm und Einbruch schützen. Daneben sollen sie auch architektonischen Ansprüchen genügen, funktionssicher, dauerhaft und wartungs- und pflegeleicht sein.

Türen dienen in erster Linie dem Durchgang von Personen. Tore sollen den Fahrzeugverkehr für Hof und Halle ermöglichen. Tore haben daher größere Öffnungsmaße (Tabelle 1).

Zu beachten ist, dass die lichte Durchgangsweite einer Tür für den Transport von Möbel oder Gerät bei einer 90°-Öffnungsstellung des Flügels eingeschränkt wird (siehe S. 317).

Kleinformatige Türen werden auch als Klappen bezeichnet. Sie werden (in der Regel) selten betätigt.

Tabelle 1: Größenbereiche von Türen und Toren

	Breite	Höhe	Fläche
Türen	2,5 m	2,5 m	6,25 m²
Tore	> 2,5 m	> 2,5 m	> 6,25 m²

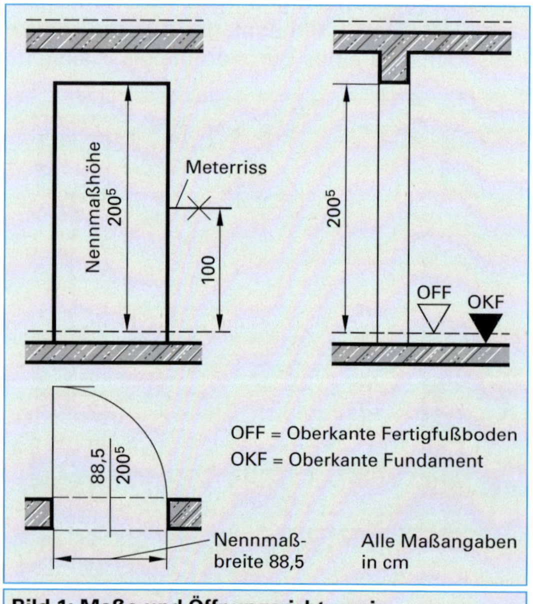

Bild 1: Maße und Öffnungsrichtung in Bauzeichnungen

Türenmaße sind in der Regel genormt. Die Maßangaben ergeben sich aus dem Vielfachen des Grundmaß 125 mm. Einflügelige Drehflügeltüren gibt es mit den Baurichtmaßen 625 × 2000 mm, 750 × 2000 mm, 875 × 2000 mm und 1000 × 2000 mm oder 750 × 2125 mm, 875 × 2125 mm, 1000 × 2125 mm und 1125 × 2125 mm. In Architekturzeichnungen ist die Nennmaßbreite und -höhe sowie die Öffnungsrichtung angegeben. Das Nennmaß wird auch als Rohbaumaß bezeichnet. Es ist darauf zu achten, dass die Nennmaßhöhe von „Oberkante Fertigfußboden" (OFF) zu messen ist (Bild 1).

4.1 Unterscheidungsmerkmale

Gliederungsmerkmale von Türen sind Anordnung, Einbauort, Bewegungsart, Bewegungsrichtung, Bauart, Werkstoff und Sonderbauart.

4.1.1 Anordnung

Als bewegliche raumabschließende Bauteile unterscheidet man (Bild 2):

- Einfach- oder Doppelsysteme,
- Mehrfachsysteme (Kombinationen von Einfach- und/oder Doppelsystemen),
- Ein-, zwei- oder mehrflügelige Systeme.

Jede Tür besteht aus drei Grundelementen zusammen:

- Türrahmen (Blendrahmen oder Zarge),
- Türflügel (Flügelrahmen mit Füllung bzw. Türblatt),
- Beschlag (Türbänder, Schließeinrichtungen, Drückergarnitur).

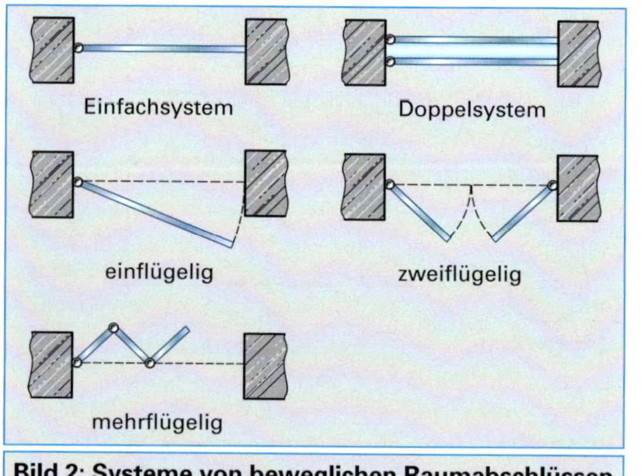

Bild 2: Systeme von beweglichen Raumabschlüssen

Zu den drei Grundelementen einer Türkonstruktion zählt je nach den vorliegenden baulichen Gegebenheiten auch die Türschwelle (Bodenschwelle).

Eine Tür mit Festteil (festes Seitenteil) und Oberlicht wird als Türanlage (Bild 1) bezeichnet.

4.1.2 Einbauort

Nach dem Einbauort unterscheidet man Außen- und Innentüren.

Zu den Außentüren, die Metallbauer und Tischler fertigen, gehören Hauseingangstüren, Wohnungs-Abschlusstüren, Balkon- und Terassentüren. Die Werkstoffe sind Stahl, Aluminium, Holz und Kunststoff. Diese Werkstoffe sind für ansprechende und funktionelle Türen im Hauseingangsbereich auch als Segmentbogen-, Rundbogen- oder Korbbogentür (Bild 2) geeignet.

Innentüren werden im Wohnungsbau aus Holz gefertigt: Zimmertüren, WC-Türen, Kellertüren und Tapetentüren.

Kellertüren und Brandschutztüren werden überwiegend aus Stahlblech hergestellt.

4.1.3 Bewegungsart

Je nach Öffnungsart unterscheidet man Anschlagtüren, Pendeltüren, Drehtüren und Schiebetüren.

Drehflügeltüren sind Anschlagtüren, bei denen sich die vertikale Drehachse an einer Längskante des Türflügels befindet. Sie lassen sich nur nach einer Seite öffnen. Anschlagtüren heißen sie, weil der Türflügel beim Schließen auf den Rahmen bündig anschlägt. Mehrfachverriegelungen ermöglichen ein allseitig sicheres Schließen.

Die meisten Anschlagtüren sind ein- oder zweifach überfälzt und öffnen nach innen. In seltenen Fällen kommen noch ungefälzte (stumpfe) Türen zum Einsatz (siehe S. 116, Bilder 1 u. 3). Für Eingangstüren in öffentlichen Gebäuden wie z. B. Verwaltungsgebäude, Kaufhäusern, Gastwirtschaften und Kinos ist die Öffnung nach außen vorgeschrieben.

1 Anschlagtür, von der Außenseite betrachtet, Linkstür (nach innen öffnend)
2 Paneel-Elemente oder mit Glasfüllung als Ober- bzw. Unterlicht
3 Festteil mit Briefkasten- und Klingelanlage
4 Oberlicht, Klappfenster (nach innen öffnend)
5 Türrahmen (Blendrahmen)
6 Pfosten
7 Riegel (Kämpfer)
8 Glas-Festelement

Bild 1: Türanlage

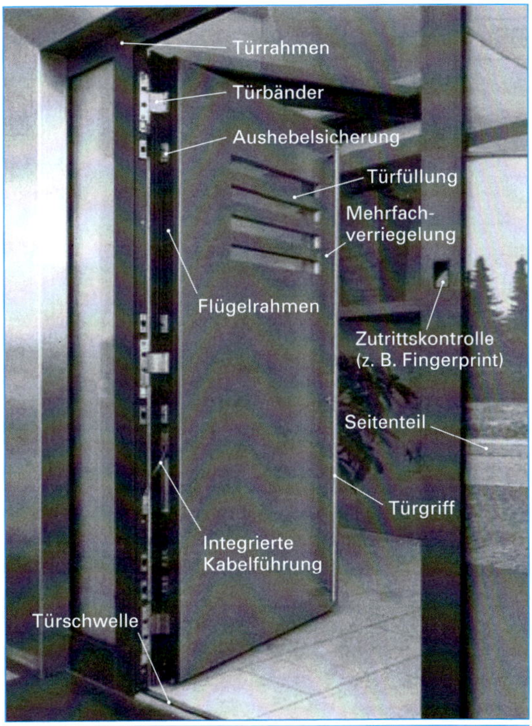

Bild 2: Türanlage mit Bezeichnung der Komponenten

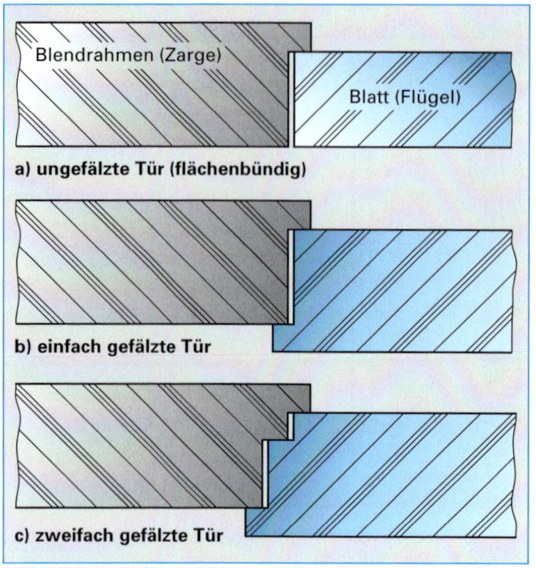

Bild 1: ungefälzte und gefälzte Türen

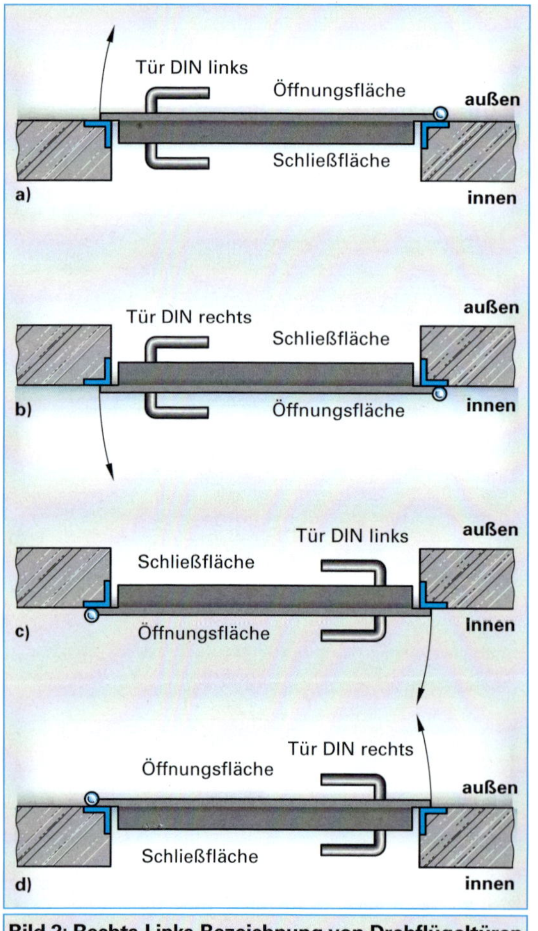

Bild 2: Rechts-Links-Bezeichnung von Drehflügeltüren

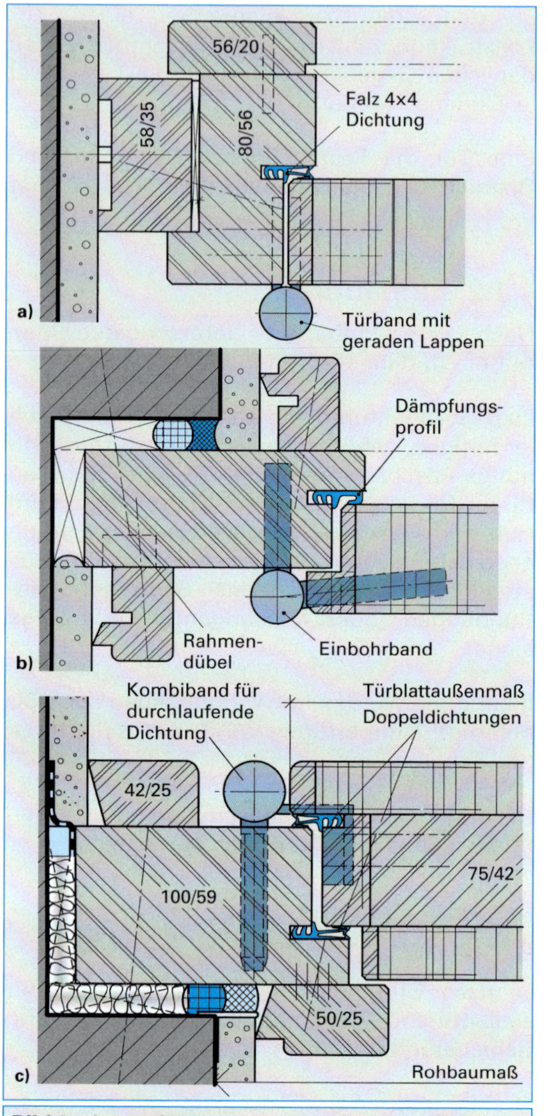

Bild 3: a) ungefälzte (stumpfe) Tür b) einfach überfälzte Tür c) zweifach überfälzte Tür

4.1.4 Bewegungsrichtung und Bezeichnung

Man unterscheidet nach DIN EN 12519 und nach DIN 107 linke und rechte Drehflügeltüren, indem man die Tür von der Seite aus betrachtet, auf der die Bänder zu sehen sind bzw. nach der sie geöffnet wird. Befinden sich die Bänder wie in Bild 2b und d sichtbar (Standort auf der Bandseite) auf der rechten Seite, handelt es sich um DIN-rechts-Türen. Für Rechtstüren benötigt man Rechtsschlösser und Rechtszargen, für Linkstüren Linksschlösser und Linkszargen.

Um die Bestellung industriell gefertigter Türen und die Montage zu vereinfachen, sind für Drehflügeltüren (Anschlagtüren) die Flügel, die Beschläge und Schlösser sowohl für den Links- als auch für den Rechtseinbau schnell umrüstbar.

Türen in Fluchtwegen öffentlicher Gebäude müssen in Fluchtrichtung zu öffnen sein.

Das lichte Durchgangsmaß bei Fluchtwegen ist personenabhängig (siehe S. 317, Anlage 7). Die lichte Höhe muss mindestens 2,0 m betragen.

Bezeichnungsbeispiel der in Bild 1 dargestellten Tür:

Stahltür 1 e 1000 × 2125 - rechts U

1	einflügelig (2 = zweiflügelig)
e	einwandig (d = doppelwandig)
1000 mm	Baurichtmaß Breite
2125 mm	Baurichtmaß Höhe
rechts	Öffnungsrichtung
U	Umfassungszarge (E = Eckzarge)

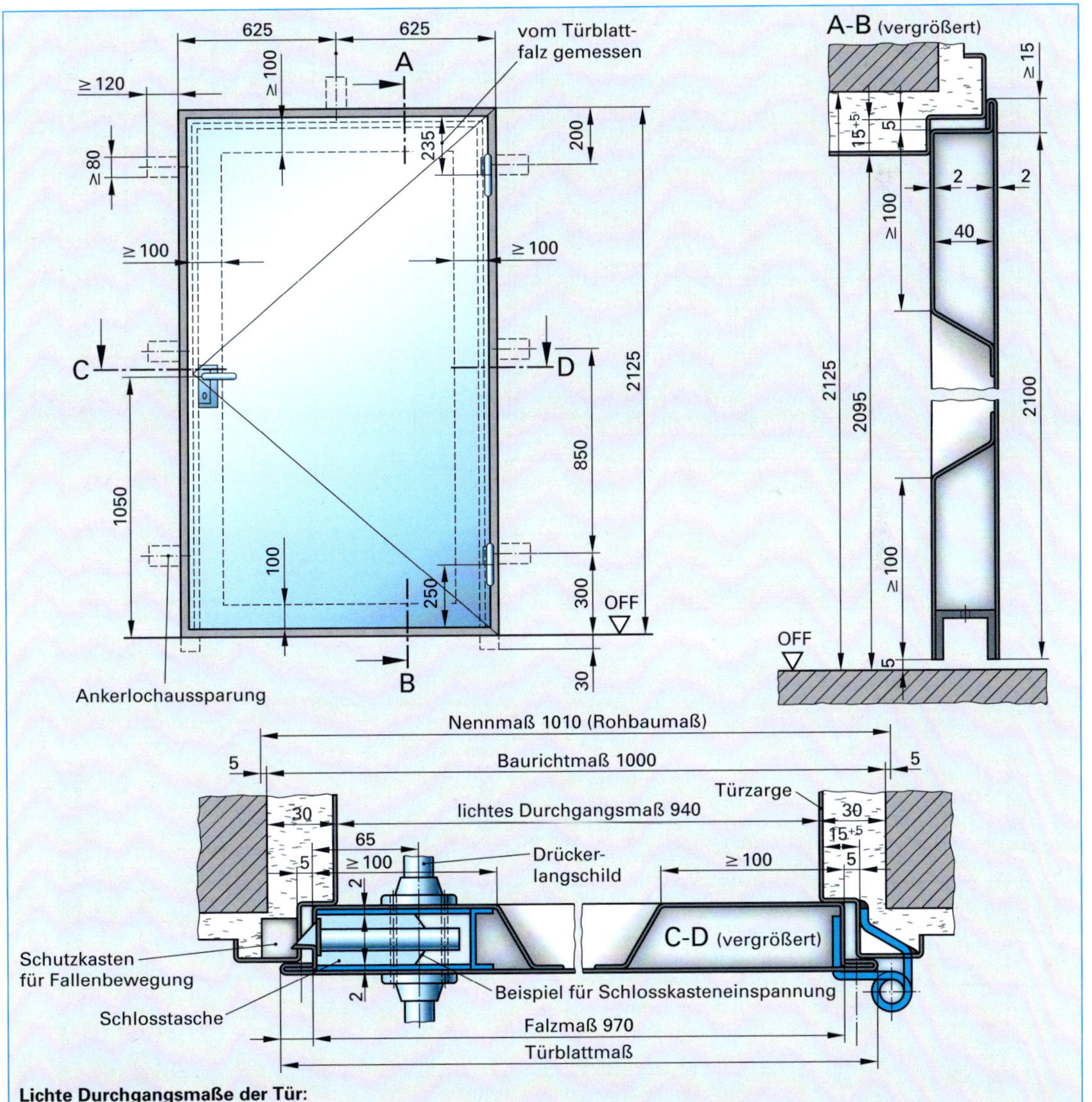

Lichte Durchgangsmaße der Tür:
Breite: 1000 – (2 × 30) = 940 mm
Höhe: 2095 mm (siehe Zeichnung)

Bild 1: Maßbezeichnungen einer einflügeligen, einwandigen Stahltür mit einfach gefälztem Türblatt

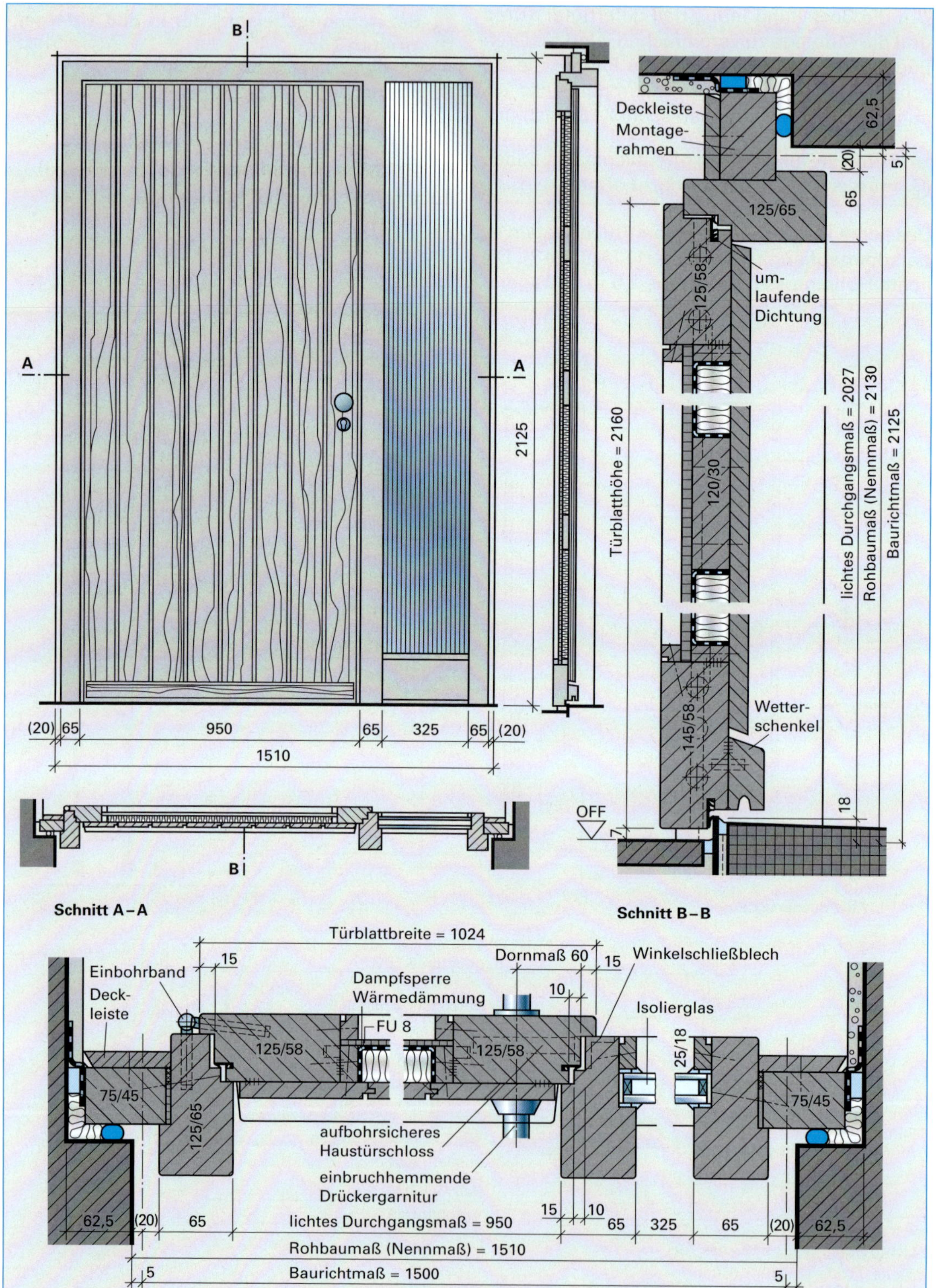

Bild 1: Maßbezeichnungen einer Haustür aus Holz mit feststehendem Seitenteil

4.1.5 Bauart

Stulptüren sind zweiflügelige Anschlagtüren, bei denen beide Drehflügel **ohne** einen Mittelpfosten aufeinander schlagen. Bild 1 zeigt eine zweiflügelige Stulptür. Der rechte Drehflügel ist hier der Gangflügel (Gehflügel, Schlossflügel), vorgesehen für den üblichen Durchgangsverkehr. Der linke Flügel ist der Standflügel (Stehflügel), der über Treibriegelstangen feststellbar ist.

Stulptüren für Wechselverkehr sind häufig für „Rechtsverkehr" ausgelegt, wobei Gang- und Standflügel jeweils links angeschlagen werden.

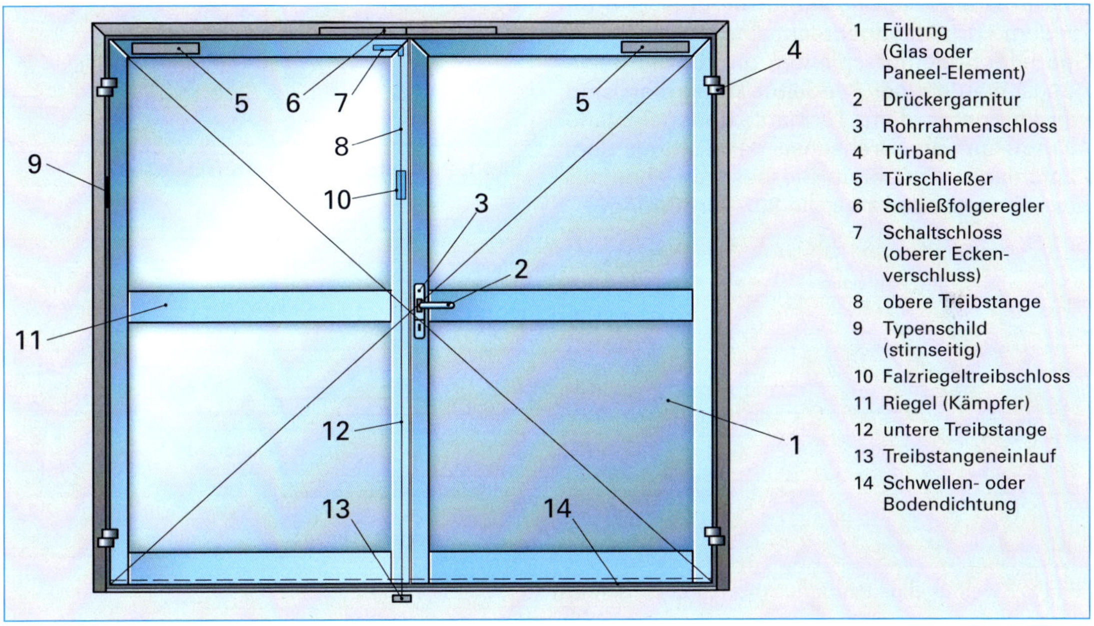

Bild 1: Zweiflügelige Anschlagtür als Stulptür

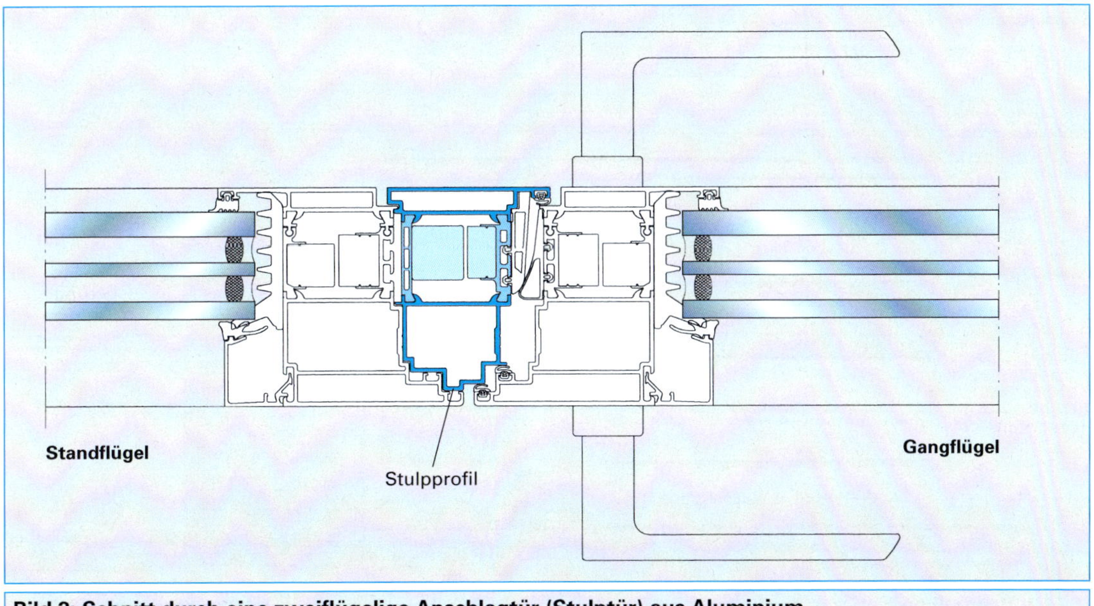

Bild 2: Schnitt durch eine zweiflügelige Anschlagtür (Stulptür) aus Aluminium

Pendeltüren sind selbstschließende, nach beiden Seiten durch den Türrahmen schwingende Türen (Bild 1). Sie ermöglichen einen raschen Durchgangsverkehr und schützen Flure und Räume vor Zugluft. Pendeltüren findet man häufig an Eingängen zu Verwaltungsgebäuden, Kaufhäusern mit starkem Durchgangsverkehr und in der Gastronomie. Größere Pendeltüren sind in Drehzapfen gelagert, die über und unter dem Türblatt angebracht sind (Bilder 2 u. 3). Spezielle Bodentürschließer, die für die Bewegungsabläufe einer Pendeltür konstruiert sind, werden unter dem Türblatt (Bodeneinstand 40 mm) auf der Drehachse der Tür mit dem Zapfenlager eingebaut. Sie besitzen ebenfalls eine Türfeststellung für die 90°-Türöffnung.

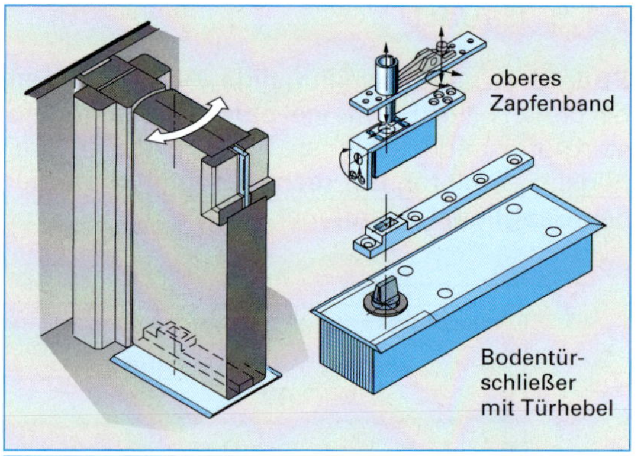

Bild 1: Pendeltür mit Bodentürschließer

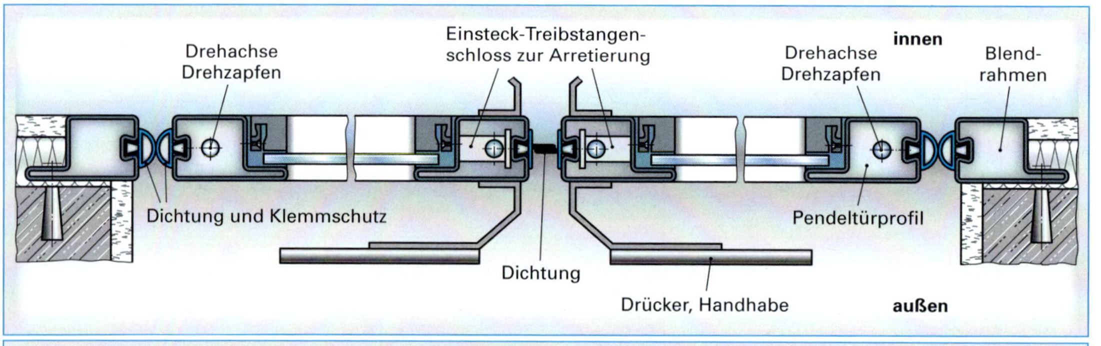

Bild 2: Zweiflügelige Pendeltür (horizontaler Schnitt)

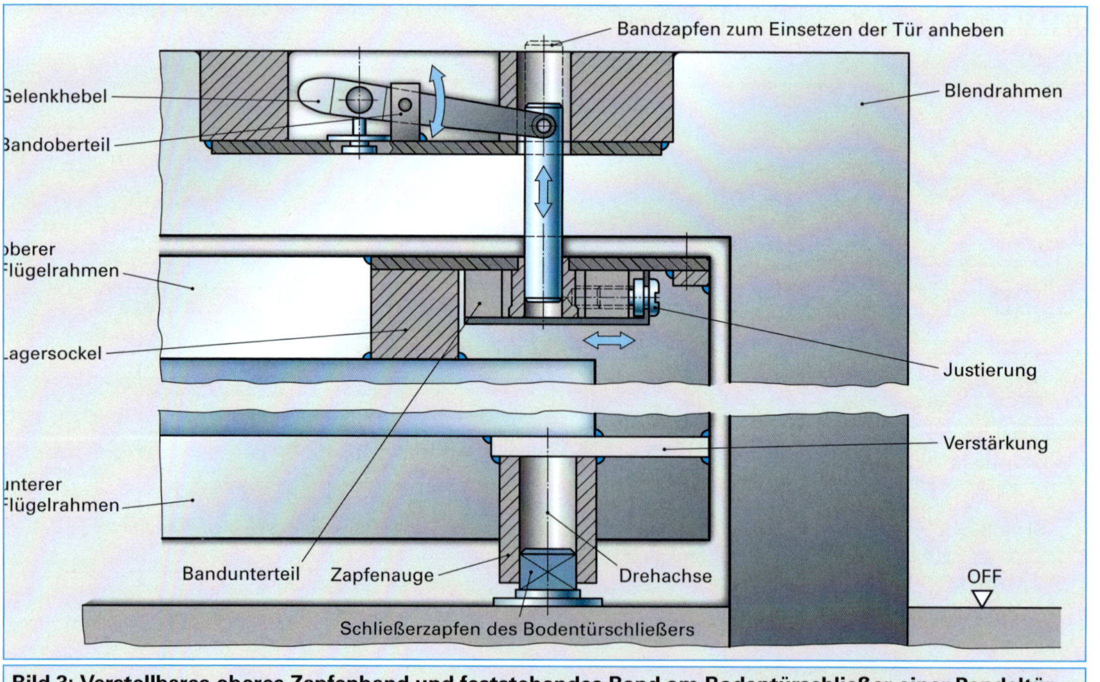

Bild 3: Verstellbares oberes Zapfenband und feststehendes Band am Bodentürschließer einer Pendeltür

Der untere Drehzapfen (Schließerzapfen) ist Teil des doppelseitig wirkenden Bodentürschließers. Das zugehörige Zapfenauge an der Unterseite des Flügelrahmens nimmt den Drehzapfen auf. Beide zusammen bilden den unteren Teil der Drehachse. Der obere Drehzapfen (Bandzapfen) kann für Montage- und Demontageaufgaben über einen Hebel im oberen Teil des Blendrahmens eingezogen werden. Bei der Flügelmontage wird der etwas angehobene Flügel lotrecht auf den Drehzapfen des Bodentürschließers gesetzt und abgesenkt. Anschließend wird der im oberen Blendrahmen eingezogene Drehzapfen über Hebeltechnik in die zugehörige Aufnahme (Buchse) im oberen Flügelrahmen eingeführt. Die Drehachse ist hergestellt. Eine Justierung der Buchse über eine im oberen Teil des Flügelrahmens stirnseitig eingelassene Schraube ist möglich (siehe S. 120, Bild 3).

Die Türflügel schwingen nach beiden Seiten durch den Rahmen. Bürsten- oder Gummischleifdichtungen dichten den Luftspalt in der Türmitte ab (siehe S. 120, Bild 2). Um einen übersichtlichen Gegenverkehr zu ermöglichen, müssen Pendeltürflügel, wie alle verglasten Türen, mit Glasfüllungen aus Sicherheitsglas versehen sein.

Kleinere Pendeltüren sind seitlich am Blendrahmen angeschlagen. Spiralfedern im Bandinneren (Firmenbezeichnung: Bommerbänder, Bild 1 und Bild 3) sorgen für selbsttätiges Schließen.

Pendeltüren lassen sich durch besondere Pendeltürschlösser verschließen. Sie weisen eine Rollenfalle auf, die gegen die Federkraft im Stulp zurückgedrückt werden kann (Bild 2). Zum Offenhalten der Pendeltüren dienen Türfeststeller. Bodentürschließer haben eine eingebaute Türfeststellung (Arretierung). Pendeltüren werden meistens mit Riegelschlössern verriegelt.

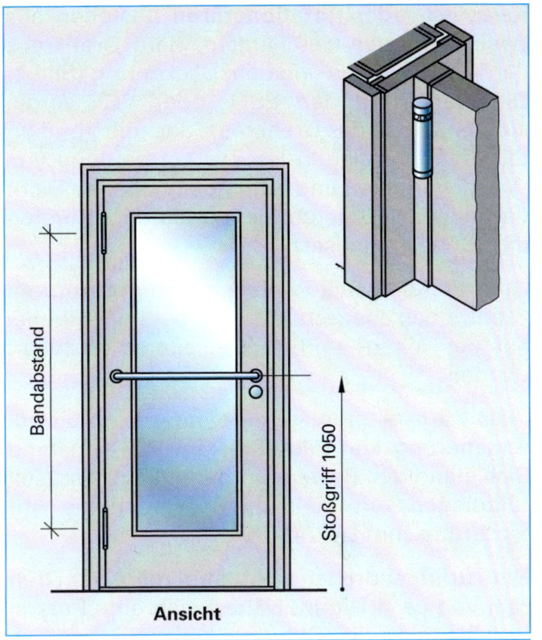

Bild 1: Pendeltür

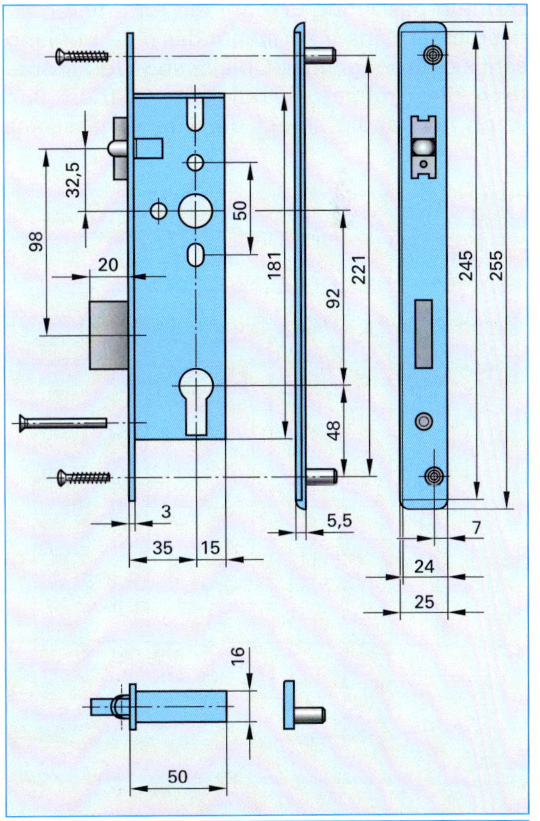

Bild 2: Rollenfallenschloss mit Bemaßung

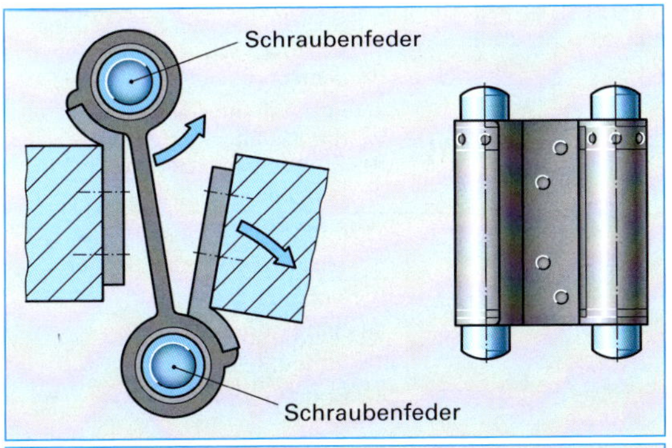

Bild 3: Doppelseitig wirkendes Pendeltürband

Karussell- oder Rotationstüren bestehen aus zwei, drei oder vier Flügeln, dem Drehkreuz, der Trommelwand und dem Deckenring (Bild 1). Die Flügel mit den ESG- oder VSG-Verglasungen bilden das Drehkreuz, das oben und unten drehbar gelagert ist. Zur Vermeidung von Wärmeverlusten und Zugluft sind an den Dichtflächen der Flügelprofile umlaufend Bürstendichtungen eingesetzt.

Größere Karusselltüranlagen sind mit Automatikantrieben ausgestattet, die über Impulsgeber auf der Innen- und Außenseite angesteuert werden.

Viele Karuselltüranlagen befinden sich bis zur Annäherung von Passanten im Wartezustand. Sich ständig in Bewegung befindliche Karuselltüranlagen vermitteln an Passanten die Aufforderung zum Eintritt.

Die Türflügel drehen sich dabei mit einer Drehzahl von ca. 1 U/min. Nähert sich eine Person, beschleunigt die Steuerung die Tür auf ca. 3 U/min, was etwa normaler Schrittgeschwindigkeit entspricht, und die Person kann die Tür bequem passieren. Erkennt ein im Inneren angebrachter Sensor ein stehendes oder nur langsam sich bewegendes Objekt, so wird automatisch die Drehgeschwindigkeit reduziert und wenn notwendig stoppt die Tür. Verlässt das Hindernis den Sensorbereich, wird die normale Rotationsgeschwindigkeit wieder aufgenommen.

Die verschiedenen Aufgaben, die die Karusseltür übernehmen kann, sind auf der nachfolgenden Seite in Bild 1 dargestellt.

Ist der Antrieb nicht eingeschaltet oder die Stromzufuhr unterbrochen, lassen sich die Türflügel wie Pendeltürflügel betätigen (Bild 1 b).

Wird Frischluftzufuhr gewünscht, können die Türflügel zur Zentraleinheit hin geschwenkt und in der Mittelposition arretiert werden (Bild 1 c). In Bild 1 d sind zwei Türflügel elektromagnetisch verriegelt und verhindern den Durchgang.

Die Türflügel lassen sich im Notfall in Fluchtrichtung jederzeit nach außen aufstoßen und geben dabei ca. zwei Drittel des Anlagendurchmessers zur ungehinderten Passage frei (Bild 1 e).

Weitere Ausführungen zu Automatiktüren sind im Kapitel 4.7 zu finden.

Für **Balkon- und Terrassentüren** sind unterschiedliche Öffnungsarten möglich:

- Drehkipp-Türen,
- Schiebetüren,
- Hebe-Schiebe-Türen,
- Parallelschiebe-Kipp-Türen (PSK-Türen),
- Falttüren.

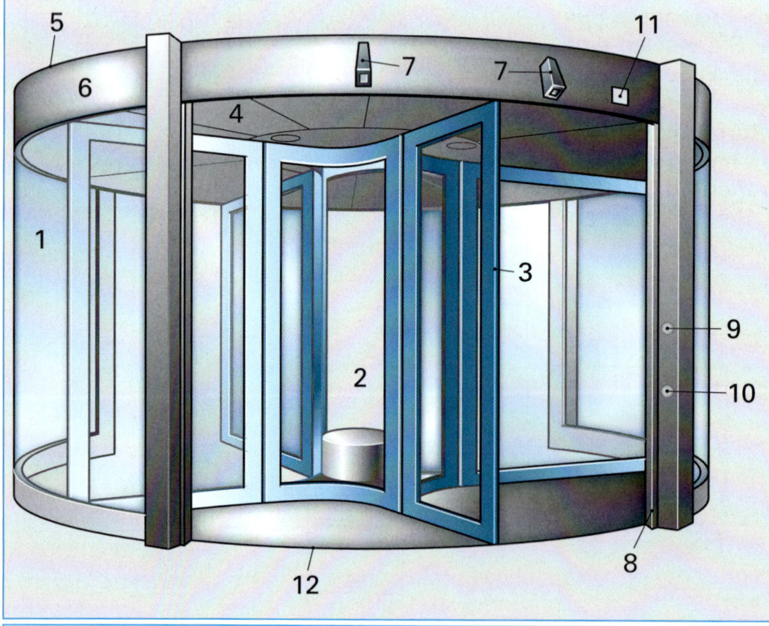

1 Selbsttragende Trommelwand aus Ganzglas- oder Aluminium-Konstuktion
2 Zentralpartie (Drehkreuz) mit Antrieb und integrierter Steuerung, mitdrehender Innendecke mit eingebauter Beleuchtung sowie gebogener Glas- und Aluminium-Verkleidung
3 Pendel-Türflügel in Rahmenkonstruktion mit Einscheiben-Sicherheitsglas, Sicherheitssensoren sowie Sicherheitslichtschranken
4 Feststehende Außendecke - mehrteilig
5 Oberer Dachabschluss
6 Umlaufendes Stirnband
7 Radar-Bewegungsmelder (4)
8 Sicherheits-Kontaktleisten (2)
9 Not-Aus-Taster (2)
10 Behindertentaster (2)
11 Vorlauftaster (2)
12 Bodenplatte

Bild 1: Karussell- oder Rotationstüranlage

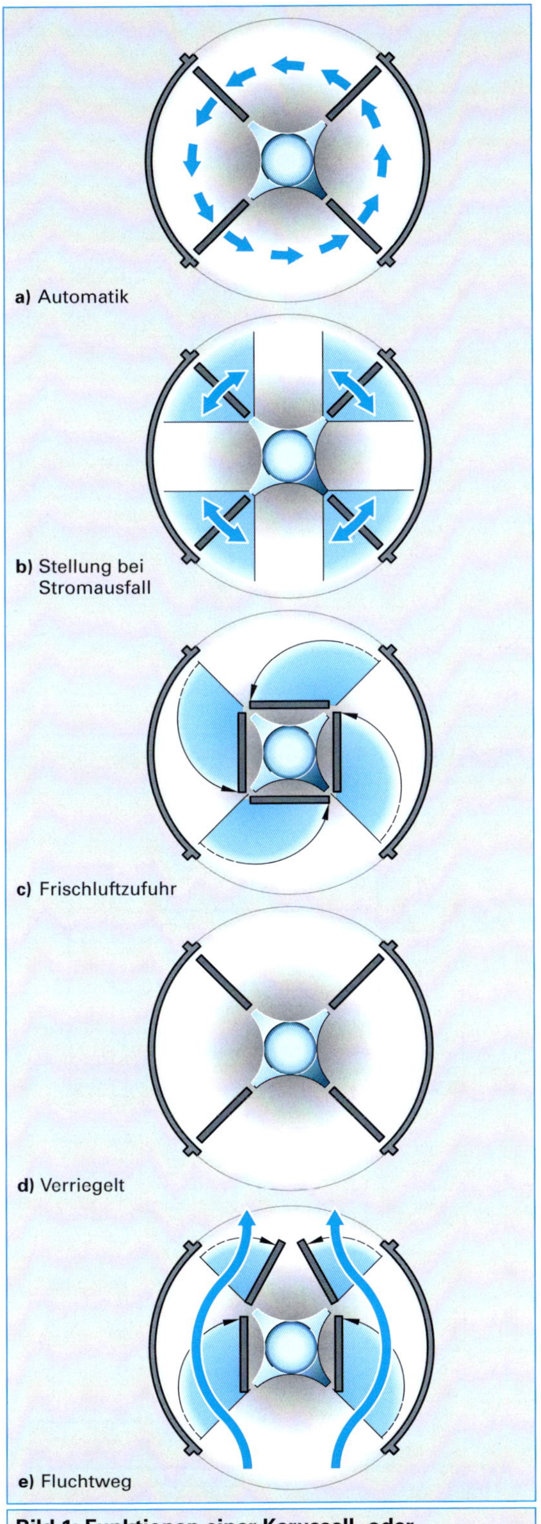

Bild 1: Funktionen einer Karussell- oder Rotationssicherheitstür

Schiebetüren gewährleisten einen maximalen Ausblick und Lichteinfall und haben den Vorteil, dass innen kein Geschäfts- oder Wohnraum eingeschränkt wird. Die Schiebetürflügel hängen entweder an Rollen in oberen Laufschienen (Bild 2) und werden unten in Schienen geführt oder rollen in einer Bodenlaufschiene und werden oben geführt.

Für breite Balkon- oder Terrassenfronten lassen sich mehrere Flügel zu Schiebewänden kombinieren.

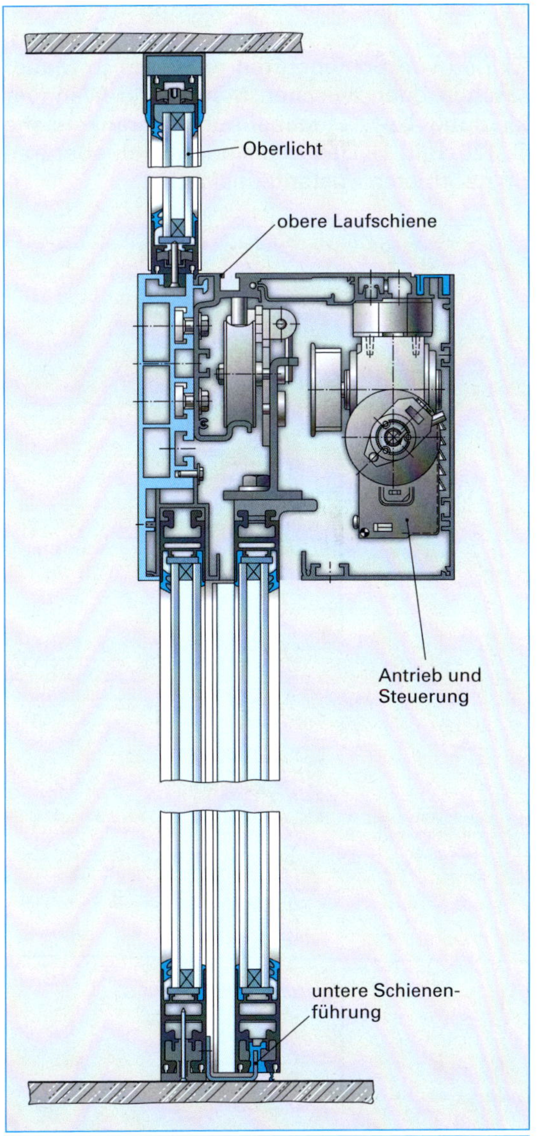

Bild 2: Oben aufgehängte Schiebetür mit Antrieb

Zum **Verriegeln** der Türflügel dienen Schiebetürschlösser mit Zirkel- oder Flügelriegel. Die Schlüssel haben umklappbare Grifffösen (Gelenkschlüssel). An Stelle von Drückern verwendet man eingelassene Griffmuscheln aus Metall oder Kunststoff, um vorstehende Teile an den Türflächen zu vermeiden. Diese Beschläge erfordern eine Mindestdicke der Türblätter bei Holztüren von 42 mm. Um ganz zurückgeschobene Türblätter wieder aus der Tasche ziehen zu können, sind in den Schlössern Springgriffe eingebaut, die durch Knopfdruck am Schlossstulp durch Federkraft herausspringen.

Bei Zugangs- oder Verbindungstüren von Wohn- oder Gesellschaftsräumen erfolgt der Einbau von Schiebetüren entweder in Mauertaschen oder zwischen Mauer und Wandverkleidung bzw. eingebautem Schrank (siehe S. 125, Bild 1). Dadurch sind die Schiebetüren im geöffneten Zustand unsichtbar.

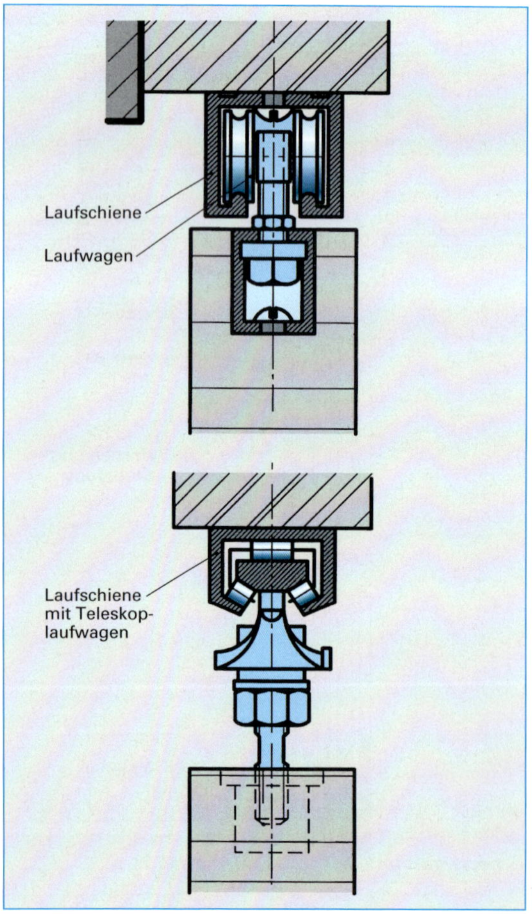

Bild 1: Laufwerke für Schiebetüren

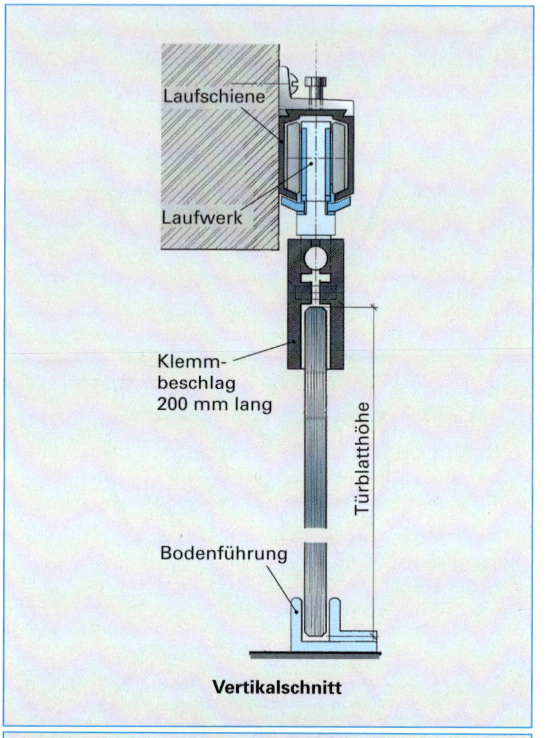

Bild 2: Ganzglastür als Schiebetür

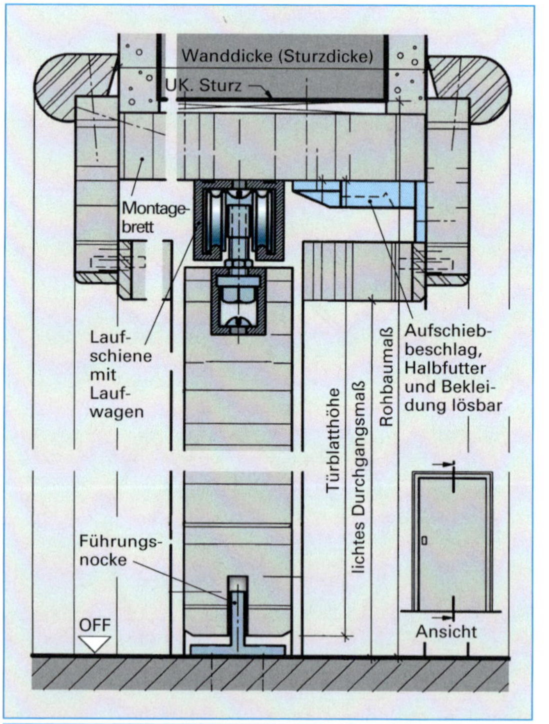

Bild 3: Schiebetür (Vertikalschnitt)

Zum Aufhängen der Türblätter werden geschlossene **Rollen- oder Kugellaufwerke** verwendet, die seitlich an der Wand oder unter dem Sturz waagerecht befestigt sind. Nach DIN 18357 müssen sich Schiebetüren in Wohnräumen geräuscharm bewegen lassen. Die Laufwerke montiert man in der Regel vor dem Aufmauern der abschließenden Wände oder vor dem Anbringen der Verkleidungen bzw. vor dem Aufstellen eingebauter Schränke. Die Laufbegrenzung wird durch Gummipuffer festgelegt, die so angebracht sein müssen, dass das Türblatt zu gleicher Zeit oben und unten anschlägt. Kommt nur ein Gummipuffer zur Anwendung, so wird dieser auf der Mitte der Türhöhe montiert. Dadurch wird eine Hebelwirkung auf das Laufwerk beim Abstoppen der Tür verhindert.

Zur unteren Türführung wird bei Schiebetüren aus Holz eine **Führungsnocke** am Beginn der Mauer- oder Wandtasche auf den Boden geschraubt. Über sie gleitet in einer Laufnute die Unterkante des Türblattes (siehe S. 124, Bild 3).

Bei der Darstellung der Sinnbilder für Schiebetüren ist zu beachten, dass die Pfeile zwar die Öffnungsrichtung anzeigen, die Bezeichnung „rechts und links“ sich aber nach der Lage des Anschlags richtet (Bild 2).

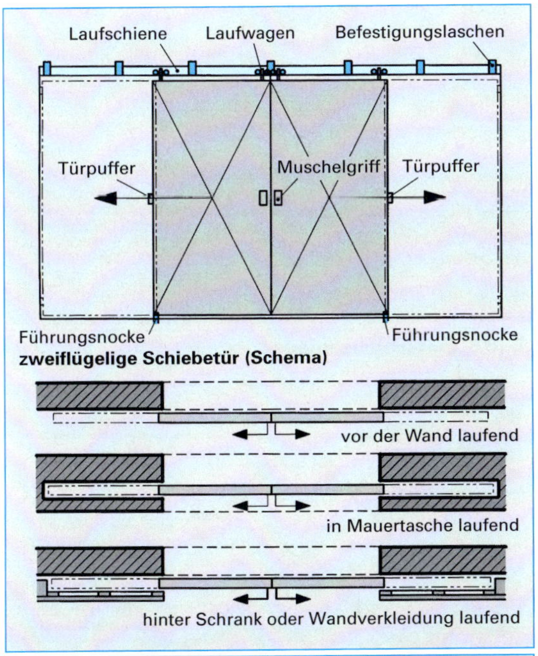

Bild 1: Einbaumöglichkeiten von zweiflügeligen Schiebetüren

Weite Verbreitung finden Rundschiebetüranlagen in Eingangsbereichen von Ladenpassagen. Bild 3 zeigt einige Konstruktionen von automatischen Rundschiebetüren, bei denen die Ganzglastürblätter bogenförmige Wege zurücklegen.

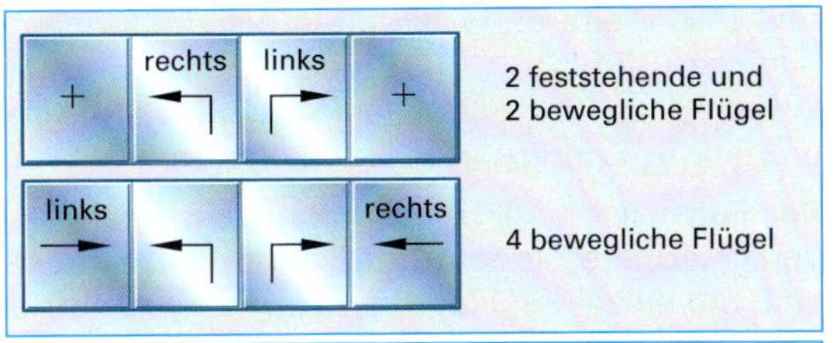

Bild 2: Sinnbilder für Kombinationen von mehrflügeligen Schiebe- und Hebe-Schiebe-Türanlagen

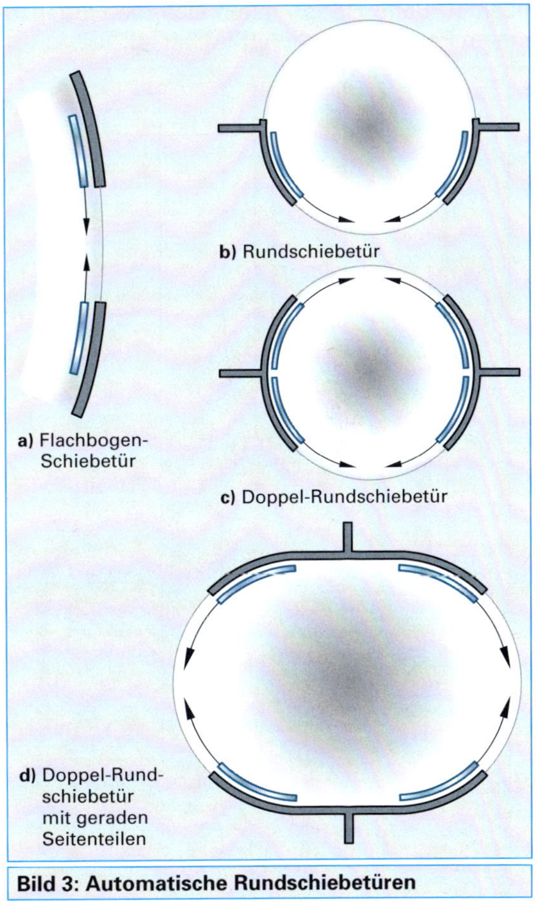

Bild 3: Automatische Rundschiebetüren

Eine Balkon- oder Terrassentür wird oft als **Hebe-Schiebetür** ausgelegt. Bei ihr wird in geschlossenem Zustand der Flügel abgesenkt, so dass sich die Bodendichtungen fugendicht anpressen lassen. Damit wird Zugluft im Raum vermieden. Zum Öffnen wird der Flügel durch den Beschlag aus der Dichtungsstellung gehoben und lässt sich auf Rollen leicht verschieben. Der Flügel kann zur Spaltlüftung an beliebiger Stelle wieder abgesenkt werden.

Parallel-Abstell-Schiebe-Kipp-Türen (PASK-Türen) sind Weiterentwicklungen der Hebe-Schiebetüren (Bild 2 u. S. 127, Bild 1). Zum Einsatz kommen sie für große Glasfronten im Aluminiumbau für Wintergärten und Loggien.

Bei **Falttüren** und **Harmonikatüren**, auch als verschiebbare Innentrennwände bezeichnet, sind die einzelnen Flügel an Laufwerken aufgehängt und an den senkrechten Kanten miteinander durch Bänder oder Scharniere verbunden. Wichtig für eine einwandfreie Funktion ist, dass die Bandachse genau mit der Aufhängung fluchtet. Beim Öffnen falten sich die Flügel zu einem Paket zusammen (Bild 3 u. 4).

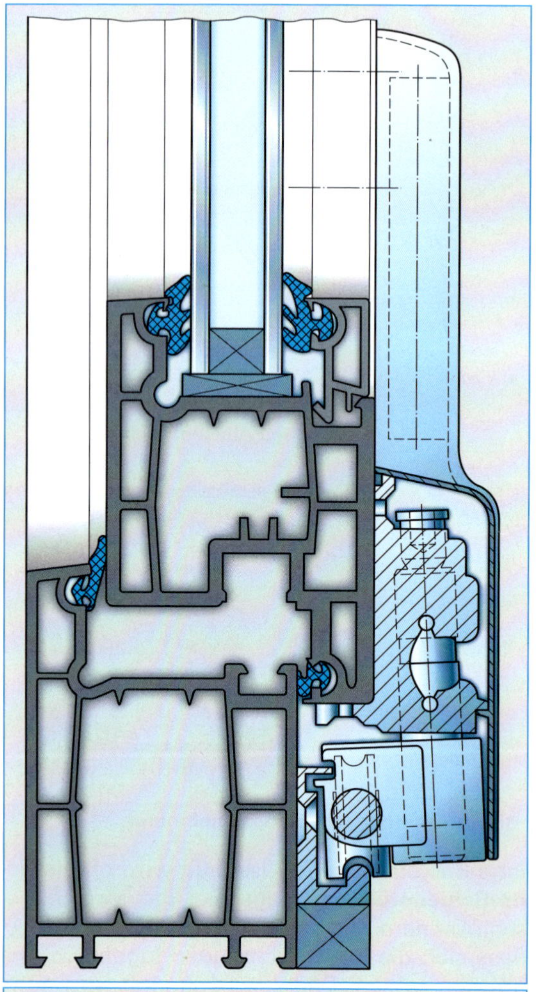

Bild 1: Kipp-Schiebebeschlag einer Kunststofftür

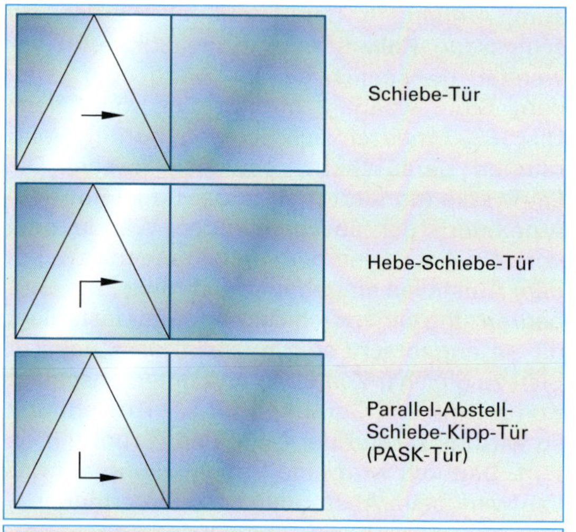

Bild 2: Schiebetürsymbole

Bild 3: Faltschiebeanlage

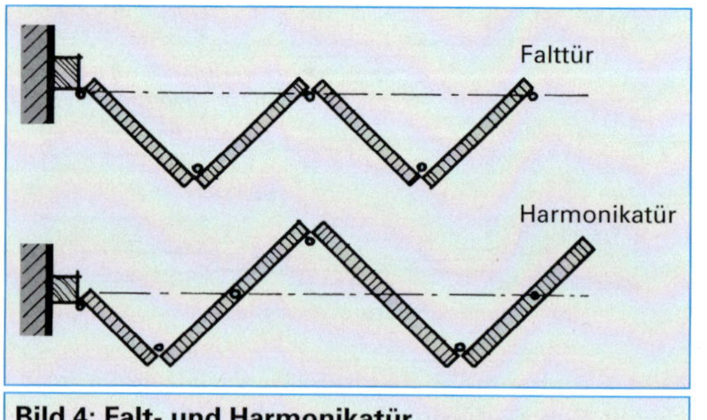

Bild 4: Falt- und Harmonikatür

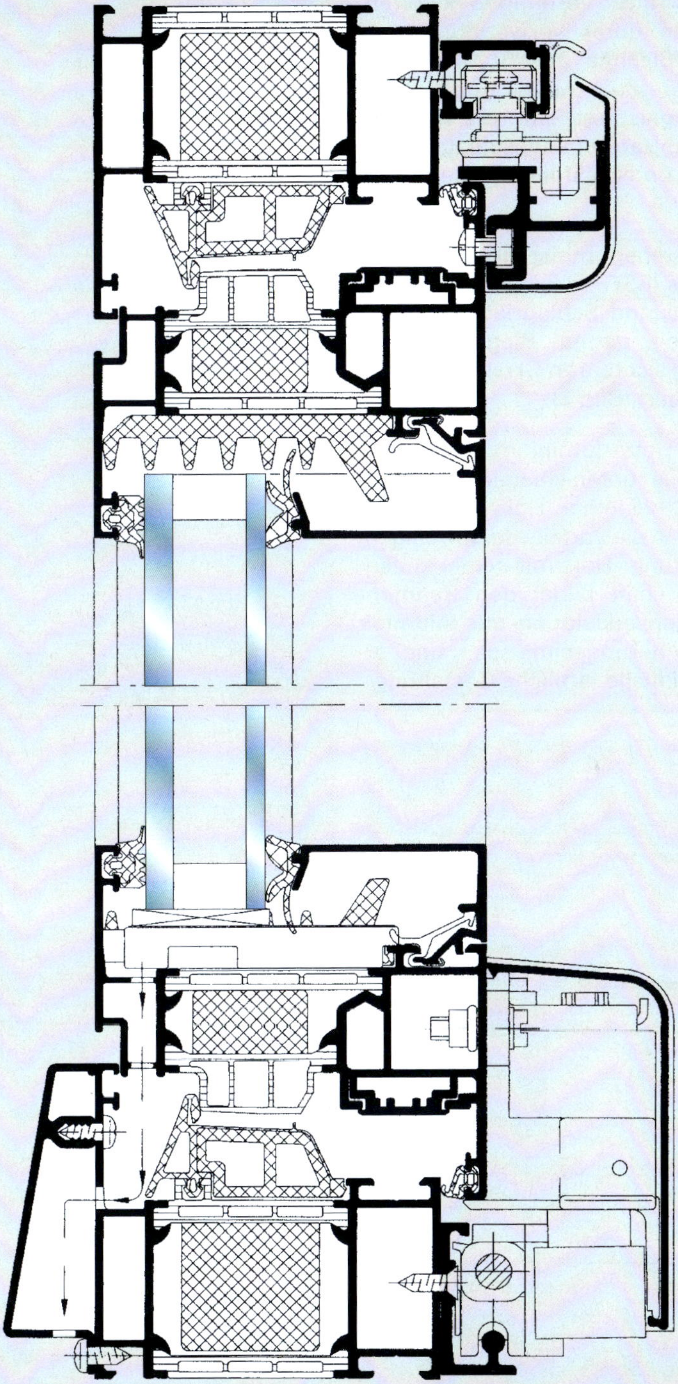

Bild 1: Vertikalschnitt durch ein Parallel-Abstell-Schiebe-Kipp-Element (PASK)

4.1.6 Werkstoff

Man unterscheidet Türen aus Holz, Metall, Kunststoff, Glas und Verbundwerkstoffen. Metalltüren werden unter Verwendung von Profilrohren oder Blechen aus Stahl (Bild 1) und aus stranggepressten Aluminiumprofilen gefertigt. Bei Ganzglastüren sind die rahmenlosen Flügel an Stahlzargen angeschlagen. Ein Flügel mit Rahmen und Glasfüllung ist eine **verglaste** Tür.

Ganzglastüren bestehen meist aus Einscheiben-Sicherheitsglas (ESG), das nahezu unempfindlich gegen Stoß und Schlag ist und hohe Widerstandsfähigkeit gegen Biegebeanspruchung aufweist. Die sichtbaren Glaskanten sind geschliffen und poliert (Bild 2).

Verbundtüren (z. B. Holz/Aluminium oder Kunststoff/Stahl) sind aus unterschiedlichen Werkstoffen aufgebaut. Bei einer Holz/Aluminiumkonstruktion kommen die Vorteile der jeweiligen Werkstoffe zur Geltung: Holz mit seiner guten Wärmedämmeigenschaft bildet den Rahmenwerkstoff; die Außenverkleidung aus Aluminium schützt vor Witterungseinflüssen und ermöglicht eine individuelle farbliche Gestaltung.

Bild 1: Eingangstür aus schlanken Stahlprofilen

Bild 2: Ganzglastür

Haustüren aus Holz werden aus Kiefer, Lärche, Eiche oder Importhölzern wie z. B. Teak, Pitchpine, Mahagoni oder Afzelia gefertigt. Diese Hölzer zeigen eine gute Wetterbeständigkeit. Sie sind weniger empfindlich gegen Feuchtigkeit und weisen eine ausreichende Steifigkeit gegen Verwindung auf und bieten einen ausreichenden Einbruchsschutz.

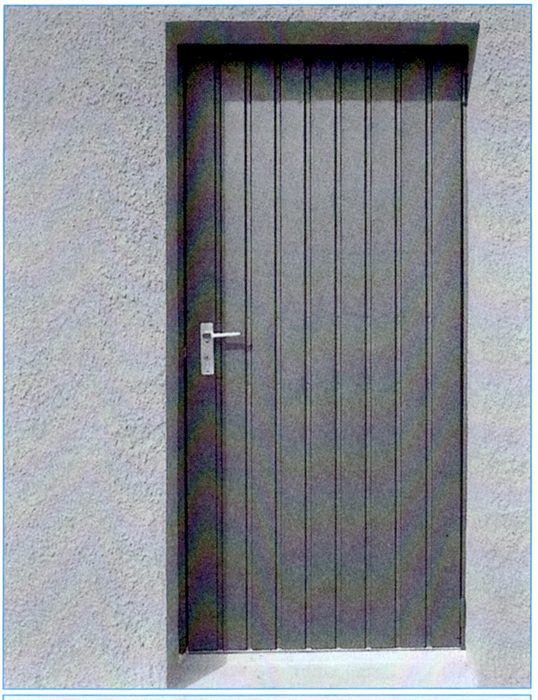

Bild 1: Haus-Nebeneingangstür aus Profil-Stahlblech

Bild 2: Holztür mit Oberlicht

Die Vorteile von Metalltüren gegenüber Holztüren sind die größere Biegesteifigkeit, die höhere Feuerbeständigkeit und die Unempfindlichkeit gegen Feuchtigkeit. Für große Türanlagen bei robusten Betriebsverhältnissen (z. B. Schulen, Krankenhäuser, Sporthallen, Bahnhöfe, Behördengebäude) sind Türen aus Stahl-Profilrohren (Bild 3, S. 27) am besten geeignet. Bei Außentüren kommen in vielen Fällen feuerverzinkte und kunststoffbeschichtete Stahlprofile, pulverbeschichtete Aluminiumprofile oder Profile aus Edelstahl (Rostfrei) zum Einsatz.

Aluminiumtüren werden aus stranggepressten Profilen hergestellt, die (richtig dimensioniert) in jeder Richtung biegesteif sind. Innerhalb eines Gebäudes werden ungedämmte Aluminiumprofile, im Außenbereich wegen der notwendigen Wärmedämmung Aluminium-Isolierprofile eingesetzt (siehe S. 130, Bild 1). Die Systemprofile für Türen unterscheiden sich von den Fensterprofilen hauptsächlich durch ihre Abmessungen, Wandstärken, Beschlagskammern und durch das Sockelprofil. Aus wenigen Grundprofilen und einer Vielzahl von Ergänzungsprofilen lassen sich die unterschiedlichsten Türen und Türanlagen fertigen.

Aluminiumtüren werden bevorzugt in repräsentative Gebäude eingebaut (z. B. Verwaltungen, Versicherungen, Hotels).

Ein Nachteil von Türen aus Aluminium ist die unterschiedliche Wärmedehnung der äußeren gegenüber den inneren Profilteilen bei extremen Außentemperaturen.

Türen aus Thermoplasten (z. B. aus PVC) oder Duroplasten (z. B. aus PUR) werden als Rahmentüren mit oder ohne Glasfüllung gefertigt. Die durch Extrudieren geformten Profile haben bei gleichen Abmessungen eine geringere Biegesteifigkeit als Metallprofile. Sie werden deshalb meist durch in die Profilkammern geschobene Stahlblechprofile verstärkt (siehe S. 130, Bild 2). Kunststofftüren sind im privaten Wohnungsbau als Haus-Eingangstür weit verbreitet. PVC-Profile für Türen sind schlagfest und eine Versprödung bei niedrigen Außentemperaturen ist ausgeschlossen. Aufgrund der hohen Längenausdehnung bei Sonneneinstrahlung kommen meist nur weiße Profile zum Einsatz. Allerdings sind fast alle Farben und Dekore (z. B. Holzmaserung) lieferbar. Alle Farbgebungen sind lichtecht, d. h. farbstabil.

Bild 1: Aluminiumtür mit thermisch getrennten Profilen und Dreischeiben-Isolierverglasung

Bild 2: Kunststofftür verstärkt mit einem Stahlhohlprofil

4.2 Beispiel: Stulptür

Ein Metallbaubetrieb erhält den Auftrag, nach den Maßen einer Bauzeichnung (siehe S. 131, Bild 1) eine nach innen öffnende zweiflügelige Stulptür anzufertigen. Blend- und Flügelrahmen sollen aus wärmegedämmten Aluminiumprofilen bestehen. Die Türblätter sind durch Riegelprofile zweigeteilt. Die vier Isolierglasscheiben sind 24 mm dick.

Die Zeichnungsmaße der Wandöffnung (Nennmaße bzw. Rohbaumaße) zeigen für die Breite 2010 mm und für die Höhe 2255 mm.

Baurichtmaße sind die **Kleinstmaße** der Wandöffnung. Die Türen- und Zargenhersteller gehen von Baurichtmaßen bzw. Nennmaßen aus, die in der Breite 10 mm und in der Höhe 5 mm kleiner sind als die Rohbaumaße. Baurichtmaße werden auch als Rohbaulichte oder als Kleinstmaße der Rohbaumaße bezeichnet. Die Baurichtmaße der Tür betragen in diesem Fall 2000 mm × 2250 mm.

Man muss beachten, dass zu den Nennmaßen noch Bautoleranzen kommen können. Für Rohbauöffnungen **mit fertiger Oberfläche** sind nach DIN 18202 Grenzabmaße für den Nennmaßbereich von über 1 m bis 3 m von ± 12 mm möglich (siehe S. 57, Tabelle 1). Eine größte Wandöffnungsbreite von 2012 mm + 12 mm = 2024 mm kann bei einem Baurichtmaß 2000 durchaus auftreten.

Anhand der Baurichtmaße und der gewählten Fugenbreite für den Wandanschluss kann die Elementgröße festgelegt werden (siehe S. 131, Bild 2). Soll die Fugenbreite links, rechts und oben b = 20 mm betragen, ergeben sich für die Blendrahmenbreite BRB = 2000 mm − 2 × 20 mm = 1960 mm und für die Blendrahmenhöhe BRH = 2250 mm − 20 mm = 2230 mm.

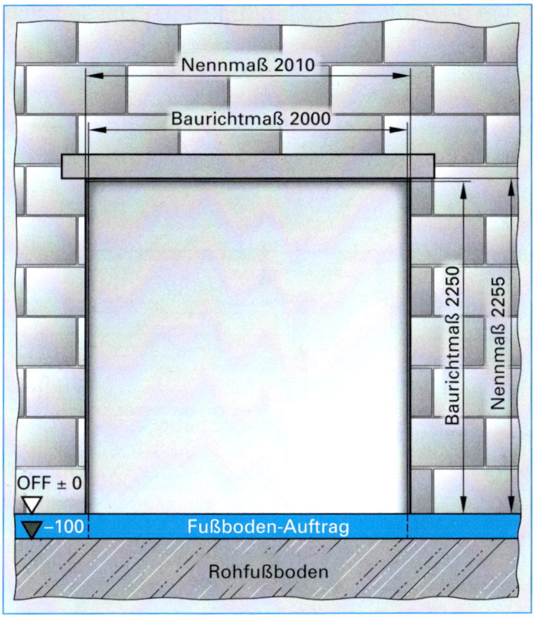

Bild 1: Maße der Wandöffnung

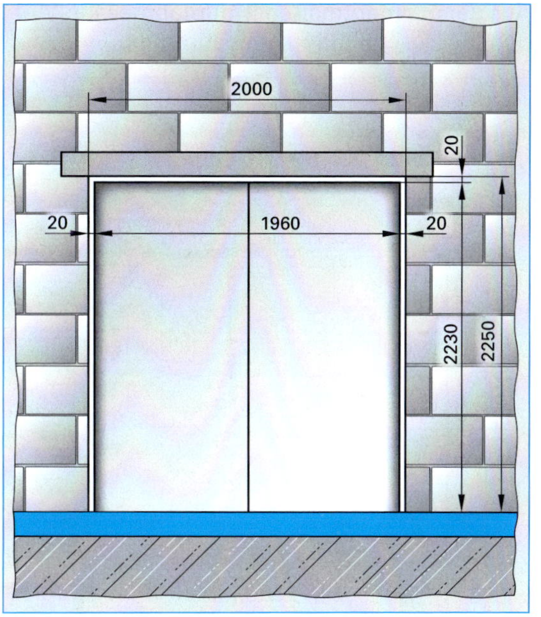

Bild 2: Elementgrößen der Stulptür

Die Übersichtszeichnung in Bild 3 zeigt das Türelement so, wie es Architekten zeichnen: als Ansicht von außen. Die Symbole für die Drehflügel der Anschlagtür sind gestrichelt – also öffnen sich die beiden Flügel vom Betrachter weg nach innen. Die Bänder befinden sich an den Rahmenpfosten raumseitig. Nach DIN 107 handelt es sich beim Gangflügel um einen linken und beim Standflügel um einen rechten Türflügel.

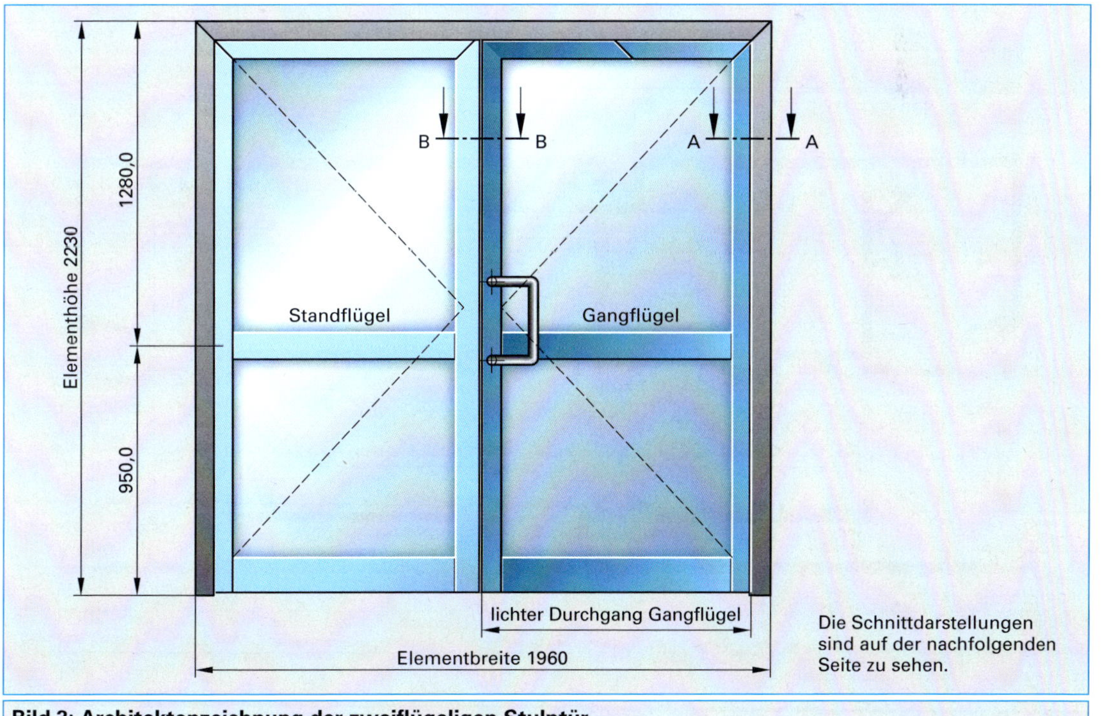

Bild 3: Architektenzeichnung der zweiflügeligen Stulptür

Aus den Elementmaßen (Hauptabmessungen) und den gewählten Profilen (Bild 1 u. 2) lassen sich nun die Zuschnittlängen bestimmen.

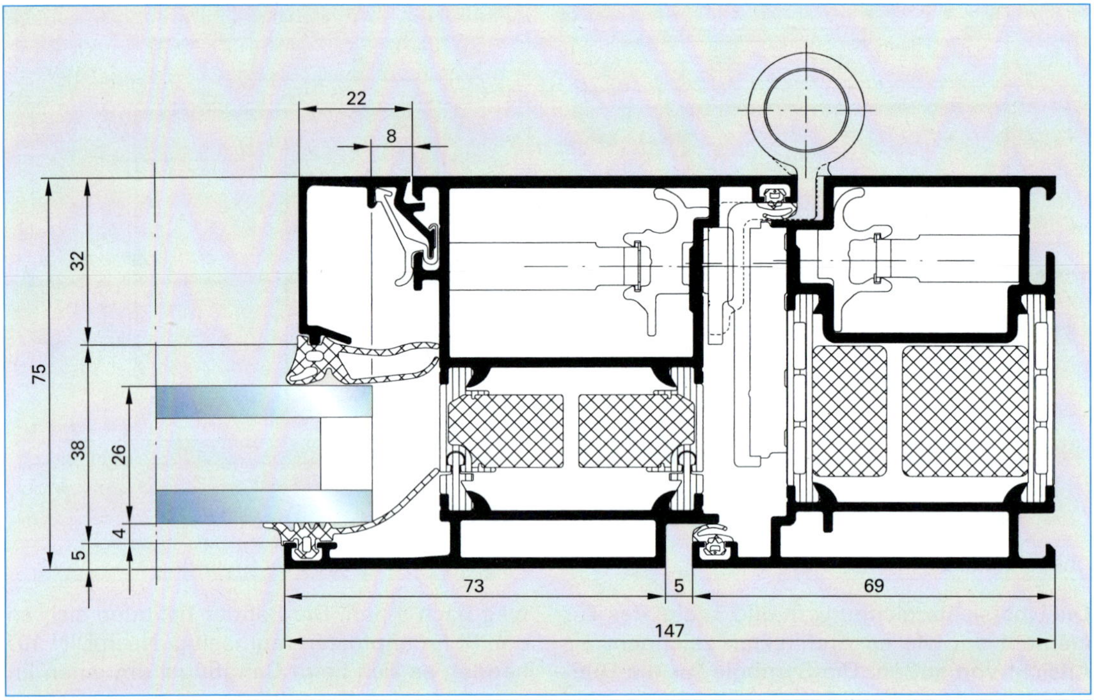

Bild 1: Profilschnitt A-A durch Gangflügel und Blendrahmen (siehe S. 131, Bild 3)

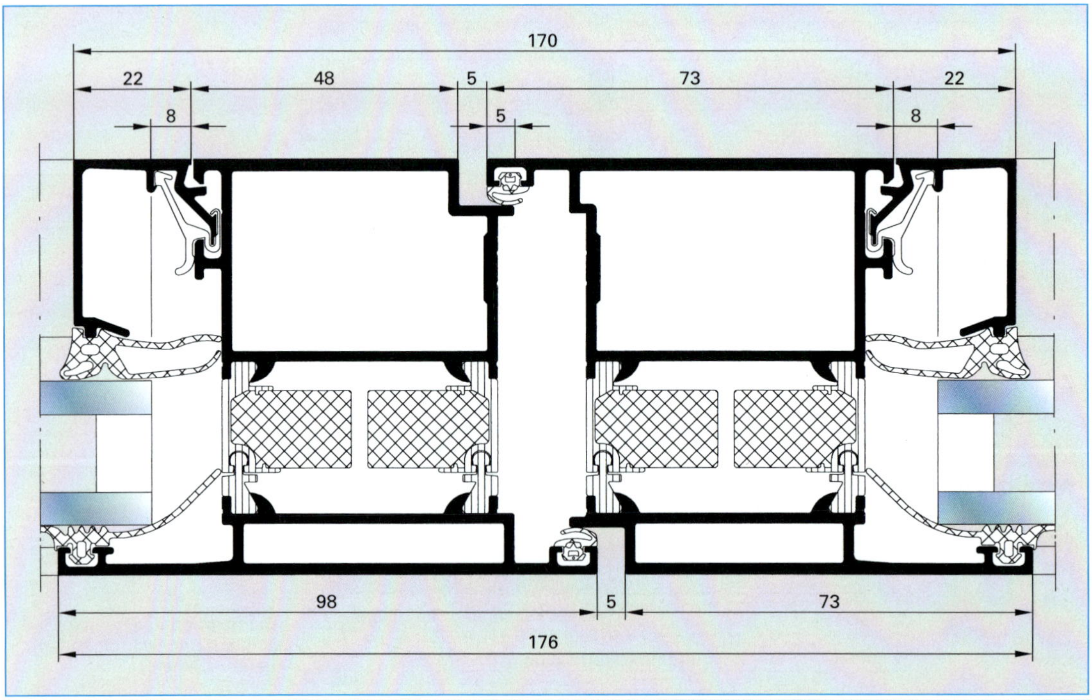

Bild 2: Profilschnitt B-B durch Stand- und Gangflügel (siehe S. 131 , Bild 3)

Beispiel:

Wie groß ist das Zuschnittmaß für die Flügelbreite des Gangflügelrahmens (siehe S. 132, Bild 1 und S. 131, Bild 3)?

Lösung:

Flügelrahmenbreite FRB = Blendrahmenbreite BRB 1960 mm: 2 = 980 mm
Abzüglich Blendrahmenmaß 69 mm = 911 mm
Abzüglich 5 mm Überdeckung (Schattenfuge):
FRB = 906 mm

Zu den üblichen vom Aluminium-Fensterbau bekanntem Zubehör (Eckverbinder, Nägel, T-Verbinder, Glasleisten, Glasdichtungen usw.) kommen noch weitere für die Aluminium-Stulptür notwendigen Bau- und Beschlagteile hinzu: Sockelprofil (Bild 1), zweiteilige Türbänder, Riegel-Bolzenschloss, eine spezielle Schließplatte, Falztreibriegel für den Standflügel, Türgriffe, Schlüsselrosetten und (im Bedarfsfall) ein Obentürschließer.

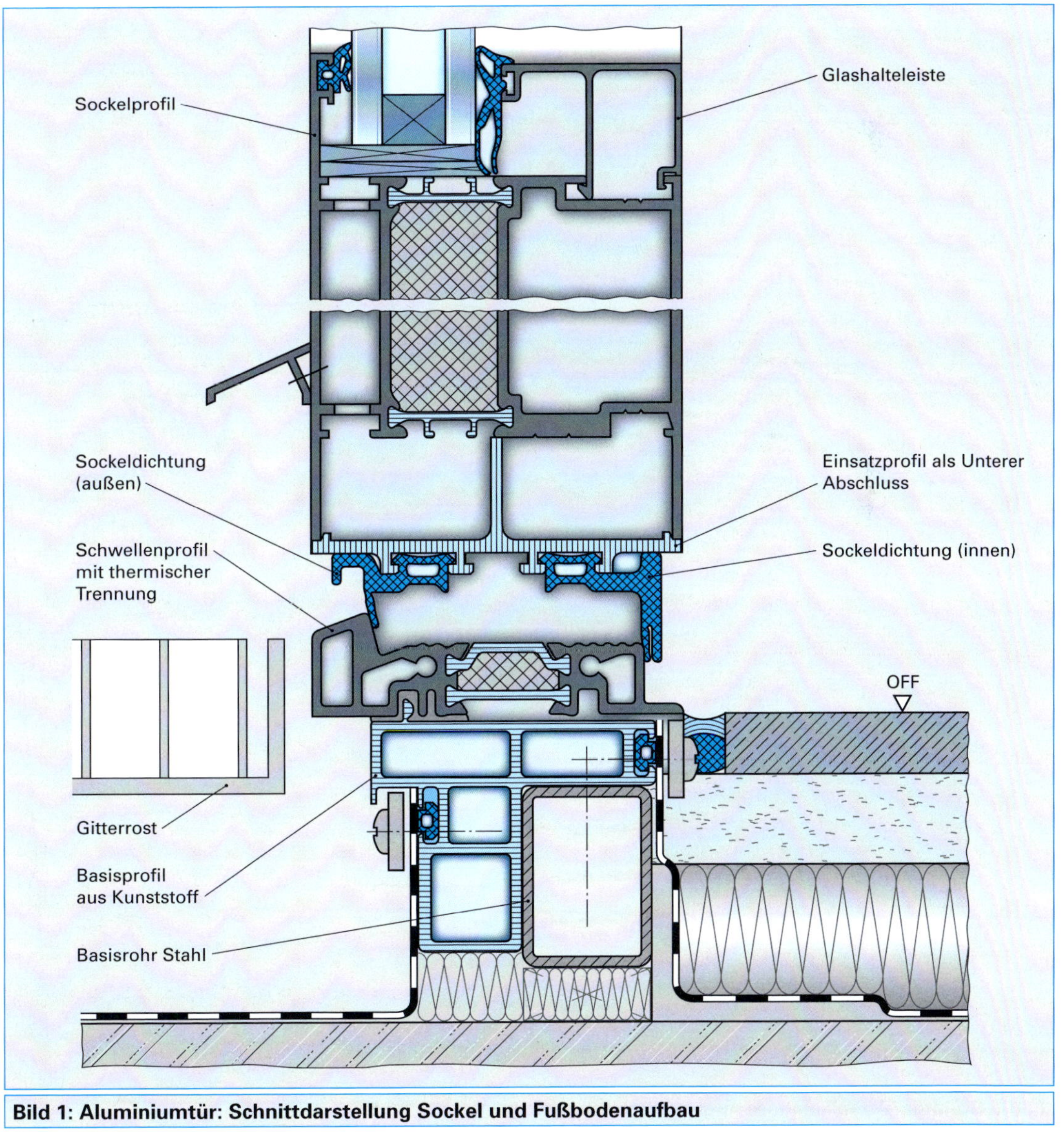

Bild 1: Aluminiumtür: Schnittdarstellung Sockel und Fußbodenaufbau

Metallbaubetriebe ermitteln über ein Computerprogramm Zuschnittlängen und das zur Profilserie des Systemanbieters nötige Zubehör (Beschlag und Ausrüstungsteile, Verbindungsmittel, Dichtungen u. a.) oder lassen die Stück- und Zubehörliste vom Profil-Lieferanten ausdrucken. Gleichzeitig können die Materialkosten, Fertigungskosten und der Angebotspreis ermittelt werden. Zu den Materialkosten gehören auch die Kosten für die Glasfüllung. Auf der Grundlage der Material-, der Fertigungs- und der Verwaltungskosten, einschließlich der zugehörigen Zuschlagssätze, kann das Angebotsschreiben (Bild 1) erstellt werden.

STARZ METALLBAU
kreativ und kompetent

Glas-Fassaden
Aluminium-Fenster
Sonderkonstruktionen
Glasarchitektur

www.starz-metallbau.de

U. Zeichen
CS/FO

Aalen, den 11.04.2011

ANGEBOT
NR : 10121180

ALUMINIUM-HAUSTÜRE

Sehr geehrte Damen und Herren,

wir bedanken uns für Ihre Anfrage und bieten Ihnen unter Zugrundelegung der VOB und den zugrunde liegenden DIN-Normen gerne wie folgt an:

Pos.	Menge	Eh.	Leistung	E-Preis €	G-Preis €
01	1,00	Stk	ALUMINIUM HAUSTÜRE - System SCHÜCO ADS 70.HI - 1 flg. DIN R od. L - Modell 5741, mit Seitenteil - Farbe RAL 7016 anthrazit - nach innen öffnend - Verglasung Ornament Satinato in Türfüllung und Seitenteil - innen Standardtürdrücker - Außengriff ZAE 6s 1600 mm - Sicherheitstürschloss mit 3-fach Schwenk-Hakenriegel - 3 x 2-tlg Anschraubbänder - PZ Rundrossette in Edelstahl - ohne Schloss, da Schließanlage - **Selbstabholung + Selbstmontage** Maß: ca. 1600 x 2350 mm	2.744,00	2.744,00

Starz Metallbau
Hans-Christof Starz
Kreidestraße 4 · 73432 Aalen

Telefon (07367) 92 20 2
Telefax (07367) 92 20 61
info@starz-metallbau.de

Bankverbindung
Kreissparkasse Ostalb
BLZ: 614 500 50 · KTO: 110 072 564

Finanzamt Aalen
USt.-IdNr. DE 144673205

STARZ METALLBAU
kreativ und kompetent

Glas-Fassaden
Aluminium-Fenster
Sonderkonstruktionen
Glasarchitektur

www.starz-metallbau.de

	E-Preis €	G-Preis €
Nettosumme		2.744,00 €
19,00 % MwSt.		521,36 €
Gesamtsumme		3.265,36 €

10 Tage netto Kasse.

SERVICE-Leistung:
-Im Festpreis sind alle Kleinmaterialien enthalten

Wir hoffen Ihnen hiermit ein günstiges Angebot unterbreitet zu haben und sehen einer Auftragserteilung bzw. einer Aufforderung zu weiterführenden Gesprächen gerne entgegen.

Mit freundlichen Grüßen

STARZ METALLBAU

H.-C. Starz

Bild 1: Stulptür: Vorkalkulation, Angebotsschreiben

4.3 Türen mit besonderen Funktionen

Neben den Eingangstüren für Gebäude, den Wohnungsabschlusstüren und den Zimmertüren gibt es noch eine Vielzahl an Sonderbauarten. Dazu gehören Rauchschutztüren, Feuerschutztüren, Schallschutztüren, einbruchhemmende Türen, Türen für Strafvollzugsanstalten u. a..

4.3.1 Rauchschutztüren

Die Hauptgefahr für Menschen bei einem Gebäudebrand geht meist nicht von der Flammenhitze aus. Brand- und Rauchgase breiten sich viel schneller aus als das eigentliche Feuer, behindern die Sicht und Atmung und führen schnell zu akuten Vergiftungserscheinungen. Deshalb fordern Landesbauordnungen, die Versicherungswirtschaft und Fachkreise der Feuerwehren Rauchschutztüren überall dort, wo die Ausbreitung von Rauch zu einer Gefährdung führen kann.

- Die allgemein zugänglichen Flure in Geschossen mit mehr als vier Wohnungen (oder Nutzungseinheiten vergleichbarer Größe) müssen vom Treppenraum mit rauchdichten und selbstschließenden Abschlüssen ausgestattet sein.
- Flure von mehr als 30 m Länge sind durch nicht abschließbare Rauchschutztüren zu unterteilen.
- Flure in Hochhäusern sind durch Rauchschutztüren in Abschnitten von höchstens 20 m Länge zu unterteilen.

Rauchschutztüren müssen im Brandfall den Durchtritt von Rauch so einschränken, dass der dahinterliegende Raum für eine Zeitspanne von etwa zehn Minuten zur Rettung von Menschen genutzt werden kann.

Anforderungen nach DIN 18095-2 und den weiterführenden DIN EN 1363-1 und DIN EN 1634-3:

- Rauchschutztüren müssen eine bestimmte Rauchdichtheit aufweisen.
- Die sogenannte „Leckrate" ist begrenzt (Bild 1).
- Sie müssen sich bei einer Raucheinwirkung von selbst schließen. Federbänder oder Türschließer müssen aus jeder Stellung heraus den Türflügel verschließen.
- Wird die Tür mit einer Feststellanlage ausgestattet, so muss ein Rauchmelder vorhanden sein, der im Brandfall einen Impuls auslöst, der die Feststellung der Tür aufhebt.
- Rauchschutztüren müssen eine Dauerfunktionsprüfung mit 200 000 Prüfzyklen bestehen.

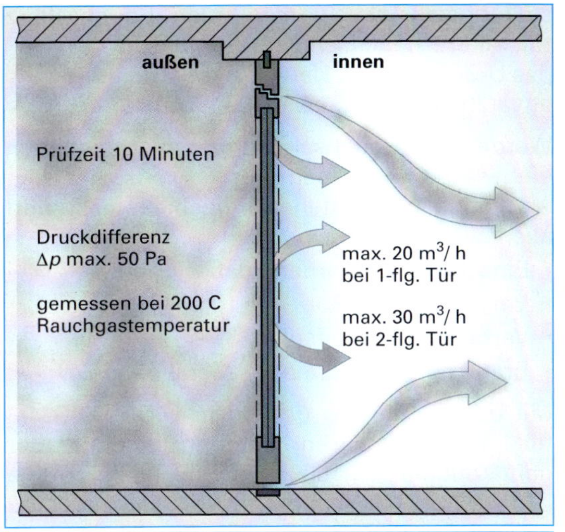

Bild 1: Prüfkriterien einer Rauchschutztür für Rauchdichtheit S_{200} nach DIN 18095-2 und DIN EN 13501-2

Bild 2: Kennzeichnung von Rauchschutztüren

Rauchschutztüren bilden mit der Zarge, dem Türflügel, dem Beschlag und anderen Komponenten eine bauliche Einheit aus geprüften und zugelassenen Komponenten. Rauchschutztüren dürfen nur von autorisierten Betrieben gefertigt werden, die Mitglieder in der Überwachungsgemeinschaft für Feuerschutz-, Rauch- und Schutzraumabschlüsse sind.

Diese Mitgliedschaft verpflichtet die Betriebe bei der Fertigung Eigenkontrollen vorzunehmen und zu dokumentieren und Fremdkontrollen zuzulassen.

Rauchschutztüren werden mit einem Kennzeichnungsschild versehen. Dieses Schild wird oft an einer wenig auffälligen Stelle der Tür (z. B. im Falzbereich) befestigt.

Aus ihm sind zu entnehmen: Art der Tür, die zugrundeliegende Normung, der Name des Systemgebers mit Kennzeichnung der Profilserie, der Zulassungsnummer mit Datum und Namen der Prüfstelle und dem Namen des Fertigungsbetriebes (verschlüsselt) und dem Herstellungsjahr der vorliegenden Rauchschutztür. Ältere Rauchschutztüren weisen daneben das Ü-Zeichen auf. Neue Türkonstruktionen (ab etwa 2010) zeigen das CE-Kennzeichen.

Werden in Rauchschutztüren Verglasungen eingesetzt, so müssen diese bruchsicher sein. Als Füllelemente stehen verschiedene Materialien zur Verfügung:

- Einscheibensicherheitsglas,
- Vorgespanntes Bor-Silikatglas (Pyranglas),
- Verbundsicherheitsglas,
- Brandschutzplatten oder Metallpaneele.

Mit der Einführung der Norm DIN EN 1634-3 für Rauchschutztüren bestehen für eine Übergangszeit die DIN 18095 und die neue Norm nebeneinander (Koexistenzphase). Nach der neuen DIN EN 1634-3 lautet die Bezeichnung für Rauchschutztüren „S_{200} – C" bzw. „S_m-C". Der Buchstabe S steht dabei für „Rauchabschluss" (smoke). Die Prüftemperatur wird als Zahlenwert oder mit m (medium) gekennzeichnet. Alternativ für m steht der beigefügte Buchstabe a (ambient) für die Prüftemperatur 20 °C. Der nachstehende Buchstabe C bedeutet „Selbstschließende Eigenschaft" (closing).

Rauchschutztüren werden aus Holz, Aluminium und Stahl gefertigt. Die Türblätter von Holztüren sind mit besonderen Brandschutzeinlagen versehen und weisen an den Rändern Expansionsstreifen auf, die sich im Brandfall ausdehnen und dann das Türblatt gegen Rauch- und Feuerdurchgang in den Fälzen abdichten. Die Türkanten schlagen gegen eine dreiseitig umlaufende doppelte schwer entflammbare Kunststoffdichtung (Bild 1).

An die Dichtheit zur Bodenschwelle sind besondere Anforderungen zu stellen. Drei Systeme haben sich bewährt:

- Ohne Schwelle mit Auflaufdichtung (Schleifdichtung),
- Ohne Schwelle mit automatischer Senkdichtung (Bild 2 u. S. 152, Bild 3), Schlauchdichtung oder Magnetbodendichtung (Bild 3),
- Schwellendichtung (Bild 4).

Bei Türschwellen in Rettungswegen darf die geforderte flachrunde Türschwelle max. nur 5 mm hoch sein (Bild 4).

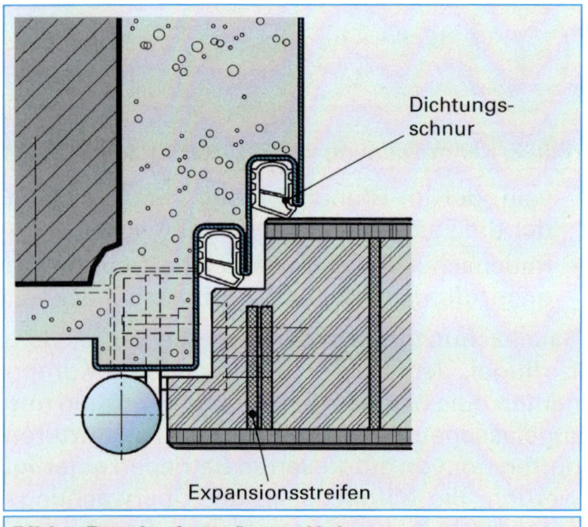

Bild 1: Rauchschutztür aus Holz

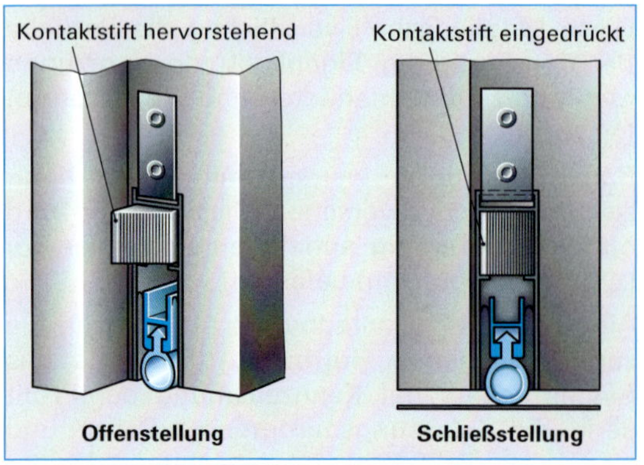

Bild 2: Automatische Senkdichtung

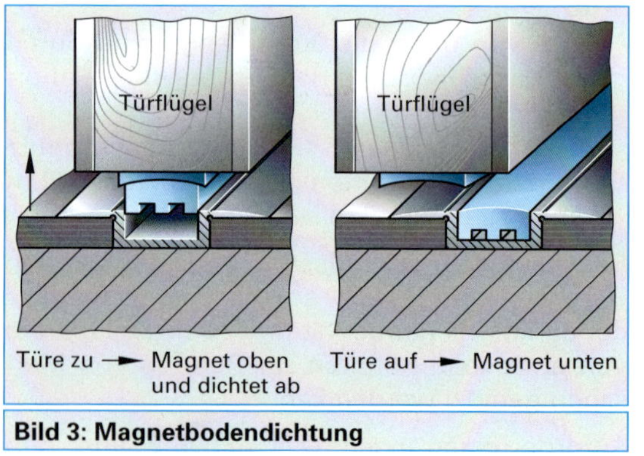

Bild 3: Magnetbodendichtung

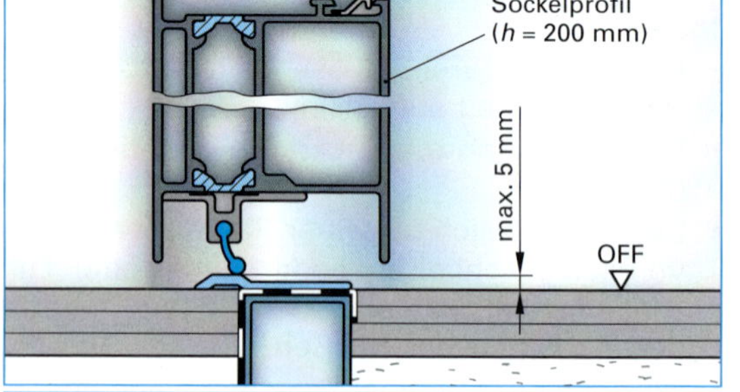

Bild 4: Schwellendichtung

4.3.2 Feuerschutztüren

Für öffentliche Gebäude wie Versammlungsstätten, Theater, Opernhäuser, Bibliotheken, Museen, Rathäuser, Krankenhäuser u. a., verlangen die Landesbauordnungen, dass in Fluren und Treppenhäusern Feuerschutzabschlüsse eingesetzt werden (Bild 1).

Die nationalen Normen für Feuerschutztüren aus der Normenreihe DIN 4102 wurden auf die europäische Normung umgestellt. Für Feuerschutztüren sind die DIN EN 1634-1 und die DIN EN 13501-3 von Bedeutung. Bis zum 1.9.2019 standen die nationalen als auch die europäischen Normen für Feuerschutzabschlüsse gleichberechtigt nebeneinander (Koexistenzphase).

Feuerschutztüren sind überwachungspflichtige Konstruktionen, Bauprodukte, die nur von Betrieben hergestellt werden dürfen, die ihre Fertigungskompetenz nachweisen können. U. a. hat der Fertigungsbetrieb eine werkseigene Produktionskontrolle (WKP) durchzuführen und zu dokumentieren und Proben an die Zertifizierungsstelle NPZ abzuliefern. Nach erfolgreicher Prüfung der Fertigung und der Proben erhält der Betrieb das Zertifikat für die „Bestätigung der Leistungsbeständigkeit" und ist berechtigt die CE-Kennzeichnung an den von ihm gefertigten Feuerschutztüren vorzunehmen.

Das CE-Zeichen drückt aus, dass das Bauprodukt Feuerschutztür den europäischen Normen entspricht. Es kann daher mit diesem Zeichen in den Staaten der Europäischen Union in den Handel gebracht werden.

Viele Metallbaubetriebe sind nicht bereit die Anforderungen für eine hochwertige Fertigung mit Eigen- und Fremdüberwachung und der entsprechenden aufwendigen Dokumentation anzunehmen und spezialisieren sich auf den Zukauf fertiger Feuerschutztüren und deren Montage.

Eine veränderte Montage, die von den genehmigten und geprüften Bauanweisungen des Systemherstellers abweicht, kann dazu führen, dass der Tür ihre Eignung als Feuerschutztür (oder Rauchschutztür) abgesprochen wird. Auch dürfen nachträglich nur kleine Veränderungen an der Feuerschutztür vorgenommen werden, so z. B. das Anschrauben, Annieten oder Aufkleben von Hinweisschildern auf dem Türblatt. Der nachträgliche Einbau eines Sichtfensters ist unzulässig. Die Tür verliert dadurch ihre Eignung als Brandschutztür.

Nach früherer Norm wurde eine Feuerschutztür mit einer Feuerwiderstandsdauer von 30 Minuten als T 30-Tür (feuerhemmend) und eine Feuerschutztür mit 90 Minuten Feuerwiderstandsdauer als T- 90 Tür (feuerbeständig) bezeichnet. Der Buchstabe T stand dabei für Tür- oder Torelement. Eine beigegebene Zahl -1 oder -2 gibt die Anzahl der Flügel an (Bild 1). Nach der europäischen Normung werden diese Türen mit neuer Kurzbezeichnung versehen: EI_2 30-C bzw. EI 90-C (siehe S. 318, Tabelle 1). Es ist dabei zu beachten, dass nach der europäischen Norm höhere und weiterführende Anforderungen an diese Feuerschutztür im Vergleich zur nationalen Norm gestellt werden. Eine Tür EI_2 30-C nach EN 1634-1 erfüllt die Anforderungen einer T 30-Tür. Umgekehrt erfüllt die T 30-Tür nicht die Anforderungen einer Feuerschutztür mit der Kurzbenennung EI_2 30-C.Feuerschutztüren erhalten die CE-Kennzeichnung.

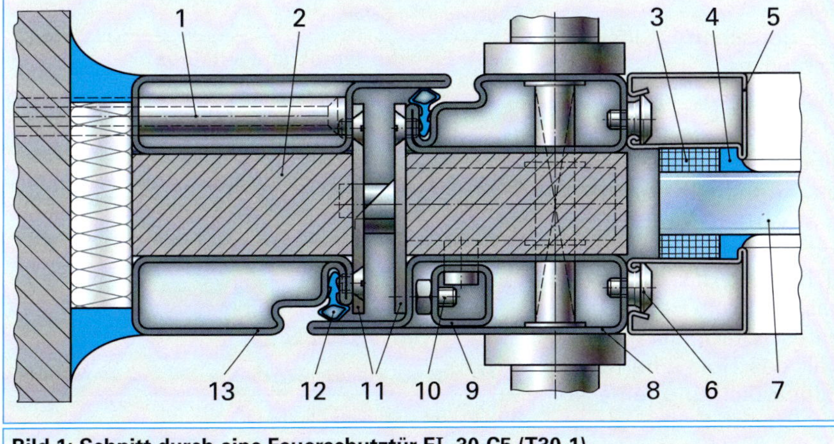

1 Rahmendübel
2 Fiber-Silikat „Promatect"
3 Vorlegeband
4 Silikon-Kautschuk-Versiegelung (brandschutzgeeignet)
5 Glashalteleiste
6 Klemmknopf
7 Brandschutzglas
8 Flügelprofil
9 Stahlrohr für Zusatzverriegelung
10 Ansatzschraube
11 Schließblech, mit Senkschrauben befestigt
12 Dämpfungsprofil, Anschlagdichtung
13 Blendrahmenrohr

Bild 1: Schnitt durch eine Feuerschutztür EI_1 30-C5 (T30-1)

Feuerschutztüren sollen der Brandausbreitung Widerstand entgegensetzen. Um festzustellen, wie eine Tür der Feuerwirkung widersteht, sind umfangreiche Prüfungen erforderlich. Eine Tür aus einer Bauserie wird von der Bandseite und der Bandgegenseite einer steigenden Temperatur ausgesetzt. Nach 30 Minuten herrscht im Brandraum eine Temperatur von 842 °C. Eine Brandschutztür mit der Kennzeichnung EI_1 30-C5 darf sich auf der feuerabgewandten Seite im Mittel um nicht mehr als 140 °C (bzw. 180 °C als größter Einzelwert) gegenüber der Temperatur bei Versuchsbeginn erwärmen (Bild 1). Ein an beliebiger Stelle angebrachter Wattebausch darf sich nicht entzünden. Bei der Prüfung einer Brandschutztür mit der Kennzeichnung EI_2 90-C5 erreicht die Prüftemperatur im Brandraum nach 90 Minuten eine Temperatur von 1006 °C.

Zusätzlich zum Brandtest erfolgt eine Dauerfunktionsprüfung, bei der die Türflügel 200 000 mal geöffnet und geschlossen werden. Im Anschluss daran müssen alle Beschlagteile voll funktionsfähig sein.

Die Kennzeichnung einer Brandschutztür ist nach folgendem Schema zu entschlüsseln:

E = Raumabschluss (E'tanche'ite'; fest schließender Raumabschluß): Der Feuerschutzabschluss hat eine raumtrennende Funktion.

I = Wärmedämmung (Isolation): Der Feuerschutzabschluss begrenzt die Wärmeübertragung aufgrund eines Feuers und verhindert den Durchgang von Flammen.

I_1: Die im Abstand von 100 mm an der Zarge gemessene Temperatur darf 180 °C nicht überschreiten.

I_2: Die im Abstand von 100 mm an der Zarge gemessene Temperatur darf 360 °C nicht überschreiten.

C = Selbstschließende Eigenschaft (Closing) des Feuerschutzabschlusses.

C5: Die Schließvorrichtung wurde 200 000 Prüfzyklen unterzogen.

Feuerschutztüren der Feuerwiderstandsklasse EI_1 30-C5 werden aus Holz, Aluminium und Stahl gefertigt. EI_2 90-C5-Türen werden von Systemlieferanten aus Stahl und neuerdings auch aus Holz angeboten. Dabei besteht das Holz aus Spezialspanplatten in das durch ein Hochdruckverfahren feuerresistentes Duroplast eingepresst ist. Dadurch erhält das Holz eine hohe brandabweisende Kantenverdichtung, eine erhöhte Formstabilität im Brandfall und einen sicheren Sitz für die Beschlagbefestigung.

Türen der Klasse EI_1 30-C5 aus Holz werden in trockenen Innenräumen eingesetzt. Sie können dabei durch ein als Anstrich aufgetragenes schaumschichtbildendes Feuerschutzmittel ihre feuerabweisende Eignung erhalten. Im Brandfall wird eine schwer brennbare, das Holz schützende Schaumschicht, gebildet.

Tabelle 1: Prüfzeichen

Klassifizierungszeit (min)	Prüfzeit zur Erfüllung aller Leistungskriterien (min)
15	18
30	36
45	52
60	68
90	100
120	132
180	196

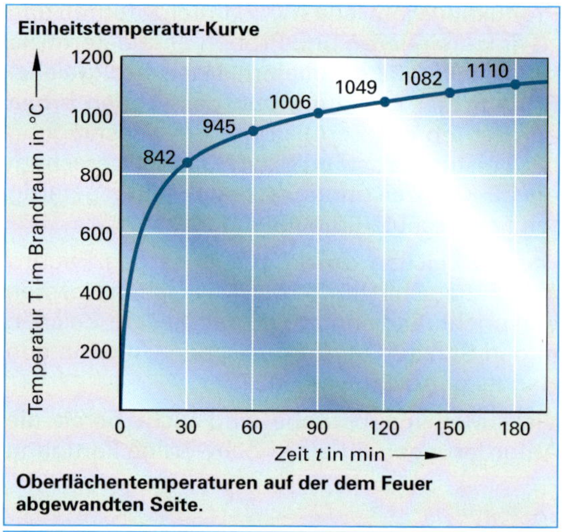

Bild 1: Einheits-Temperaturzeitkurve

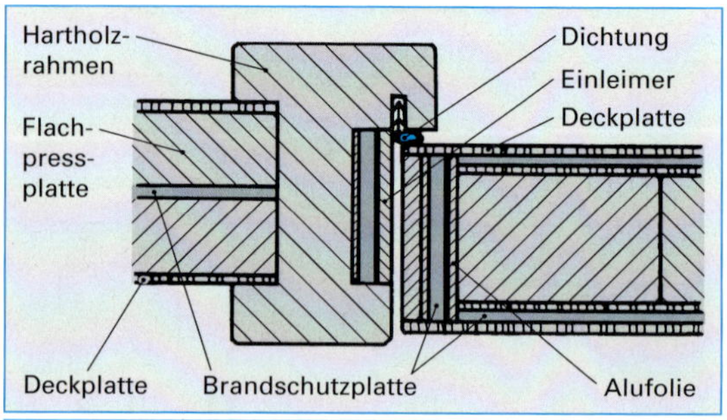

Bild 2: Brandschutzplatten bei Feuerschutztüren aus Holz

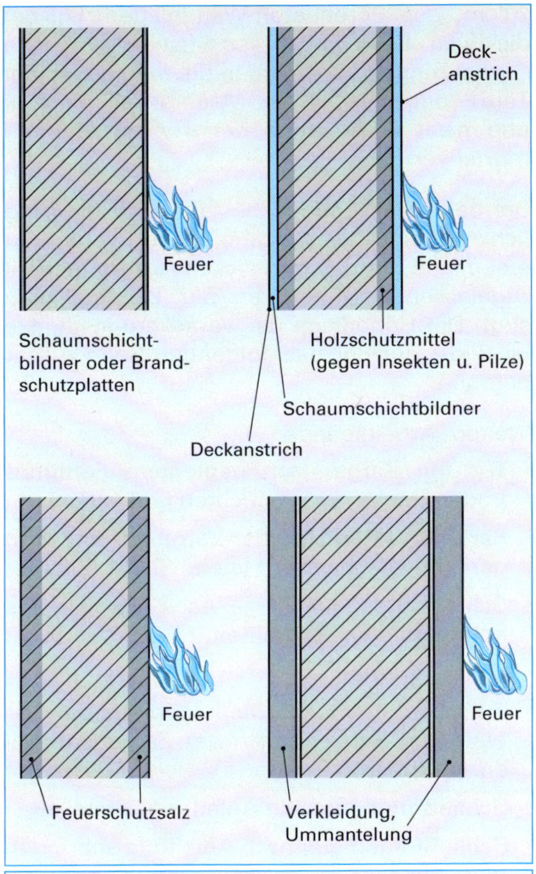

Bild 1: Chemische Holzschutzmaßnahmen gegen Feuereinwirkungen

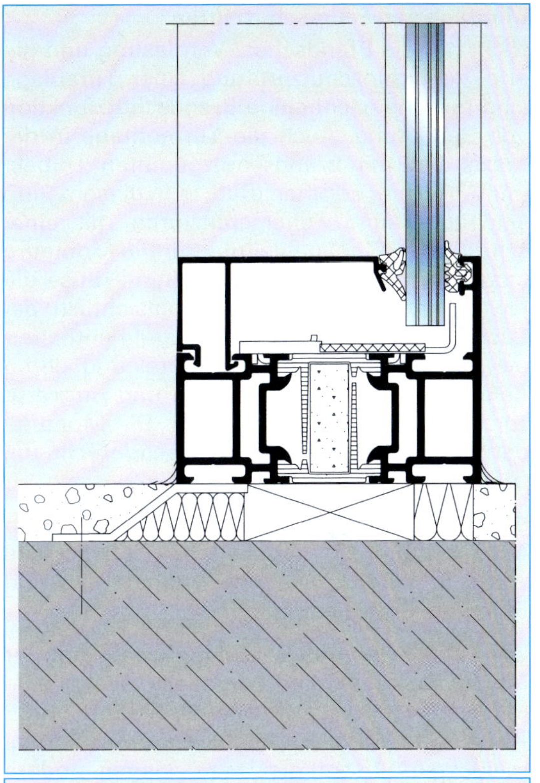

Bild 2: Brandschutzglas EI 30

Bei einem anderen Verfahren wird das Holz mit Feuerschutzsalzen imprägniert. Diese Salze bilden im Brandfall eine schützende Schmelzschicht auf der Holzoberfläche. Auch Holztüren der Klasse EI_1 30-C5 mit der Ausstattung von etwa 2 mm dicken wasserhaltigen Kalzium- oder Natriumsilikatplatten innerhalb ihrer Konstruktion (siehe S. 138, Bild 2) sind auf dem Markt. Diese Platten schäumen im Brandfall bis zu einer Dicke von 15 mm auf und schützen die Tür vor einer raschen Brandausbreitung.

Aus Gründen der Sicherheit und der besseren Gestaltung werden oft Rauch- und Feuerschutztüren mit Sichtöffnungen verlangt. Um diese Anforderungen zu erfüllen, ist ein Einsatz von Brandschutzverglasungen (siehe Kapitel 1.2.5) erforderlich. Diese sind auch im eingebauten Zustand am Ätzstempel in einer Scheibenecke erkennbar. Man unterscheidet zwei Arten von Brandschutzverglasungen: E- und EI-Gläser.

E-Verglasungen der alten Feuerwiderstandsklasse G verhindern die Ausbreitung von Feuer und Rauch, können aber die **Wärmestrahlung** kaum aufhalten. Sie bleiben im Brandfall durchsichtig.

In Feuerschutztüren dürfen nur EI-Verglasungen eingesetzt werden.

EI-Verglasungen der alten Feuerwiderstandsklasse F **verhindern** den Durchtritt von Flammen, **Wärmestrahlung** und Rauchgasen. Bild 2 zeigt das Sockelprofil eines EI_1 30-C5-Festelementes aus Aluminium mit einem Brandschutzglas. Zwischen den einzelnen Floatglasscheiben befinden sich unsichtbare Brandschutzschichten aus wasserhaltigem Natrium-Silikat (Wasserglas). Mit Erreichen der Reaktionstemperatur geben diese Zwischenschichten das in ihr enthaltene Wasser dosiert ab und schäumen auf. Bei Fortdauer der Feuereinwirkung zerspringt die feuerseitige Glasscheibe und verschmilzt mit dem Schaum. Die Scheiben werden undurchsichtig (siehe S. 16, Bild 1).

Montage von Feuerschutztüren

Nicht nur die Brandschutz-Verglasung und die erfolgte Brandschutzprüfung einer Türanlage sind für eine nachhaltige Brandschutzfunktion von Bedeutung. Auch die Türmontage in der Praxis hat mit brandschutzgepüften Dübeln und Ankern zu erfolgen (Bild 1). In diesem Sinn sind zugekaufte Feuerschutztüren mit einer schriftlichen Einbauanleitung für die Monteure auszuliefern. Diese Einbauanleitung muss die jeweiligen Einbausituationen hinsichtlich der Baustoffe der angrenzenden Wände enthalten, die zulässigen Befestigungsmittel und deren Befestigungsabstände angeben und Hinweise zur Fugenausbildung aufzeigen. Die Montage der Feuerschutztür ist ebenso fachgerecht auszuführen.

Die Einbauanleitung muss auch Angaben zur Anbringung lose mitgelieferter Zubehörteile wie z. B. Türdrücker, Schließfolgeregler, und Dichtungsprofile enthalten.

Der Einbau darf nur in geeigneten Wänden erfolgen. So muss eine gemauerte Wand eine Mindestdicke von 24 cm aufweisen für EI 90-C5-Türen. Eine Wand aus Stahlbeton muss dabei mindestens 14 cm dick sein. Liegen andere bauliche Gegebenheiten vor (z. B. eine Leichtbauwand), müssen Stützen eingesetzt werden, z. B. gemauerte Stützen 24 cm × 24 cm, die mit den Wänden und der Decke verbunden sind.

Beispiel:

Einbau einer Feuerschutztür EI_2 90-C5 in eine Porenbetonwand.

Für eine EI_2 90-C5-Feuerschutztür muss eine Wand aus Porenbeton-Plansteinen mindestens 20 cm, aus Porenbeton-Wandplatten 17,5 cm dick sein. Bei Wänden aus Steinen kann man Aussparungen vorsehen, in die man die an der Zarge angeschweißten Maueranker einbiegt und nach Ausrichtung der Tür mit Zementmörtel verfüllt.

Bei beiden Wandarten besteht auch die Möglichkeit der Dübelmontage. Dabei werden zuerst die 40 mm × 5 mm dicken Ankerbügel mit zugelassenen Dübeln an der Leibung befestigt. Die Höhenlage der Verankerungspunkte ist Bild 1 auf der nachfolgenden Seite zu entnehmen.

Weitere Arbeitsgänge:

- Tür mit Zarge nach geplantem Fertigfußboden (Meterriss) ausrichten und verkeilen,
- Band- und Kopfsteg der Zarge lot- und waagerecht verschweißen (siehe S. 141, Bild 2),
- Schloss-Steg der Zarge nach Türblatt ausrichten und verschweißen,
- Keile entfernen,
- Türschließer mittels Montageplatte am Türblatt und Schließerarm am Zargensturzteil anschrauben,
- Schließmoment nach Anleitung einstellen,
- Schließfolgeregler nach Anleitung anbringen und einstellen,
- Kennzeichnungsschild mit Schrauben oder Niete befestigen,
- Umfassungszarge mit Mörtel ausfüllen,
- Tür erst nach Aushärtung des Mörtels öffnen und Distanzhalter zwischen Türblatt und Zarge entfernen.

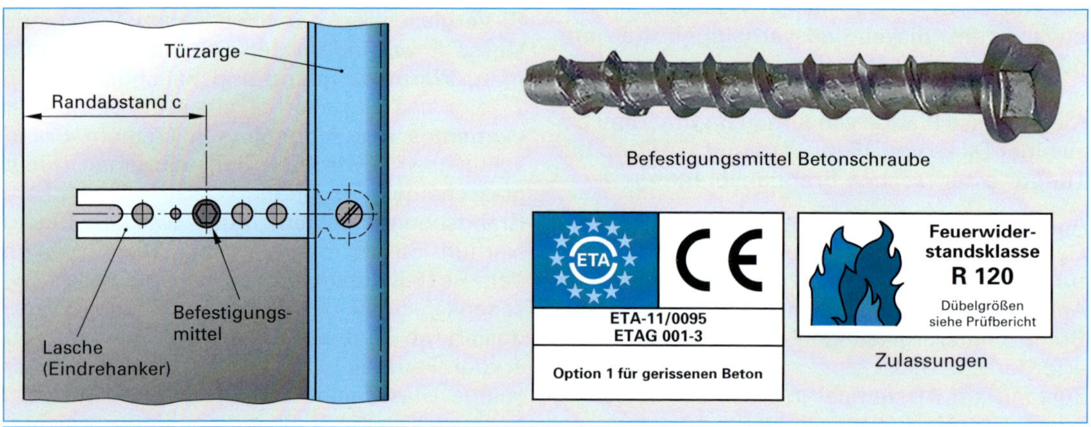

Bild 1: Detail einer Zargenbefestigung

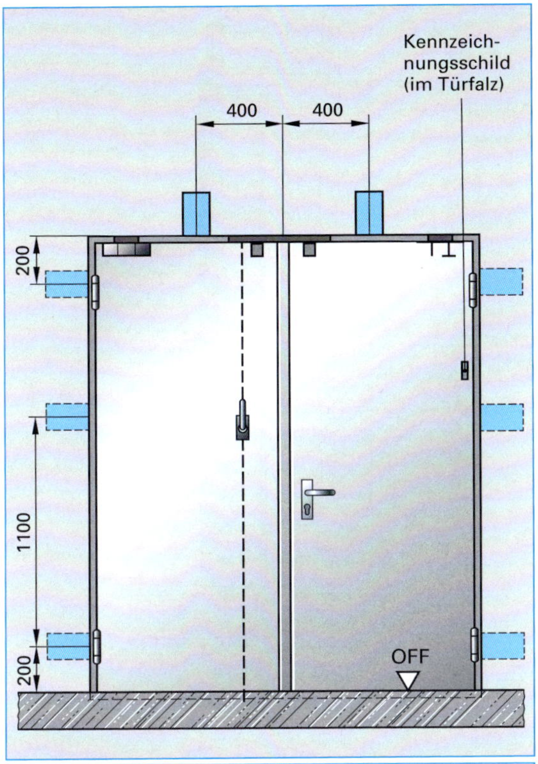

Bild 1: Befestigungspunkte einer EI_2 90-C5 Feuerschutztür

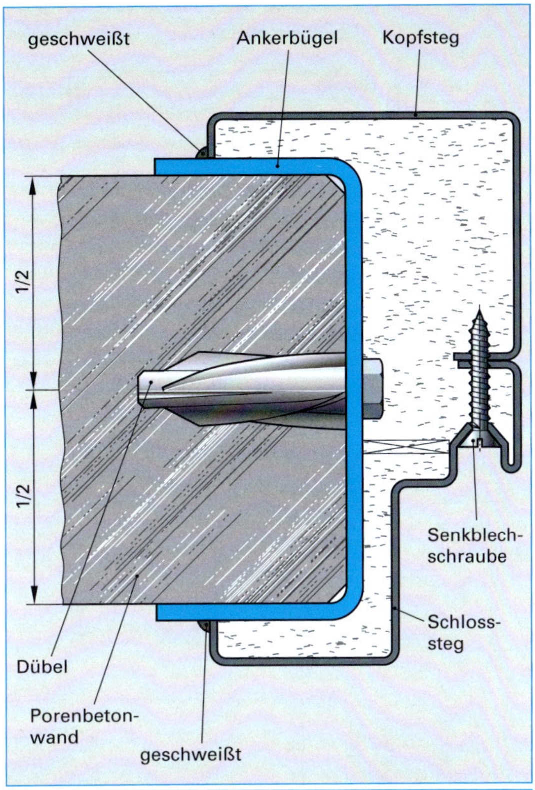

Bild 2: Ankerbügel mit Zarge verschweißt

Kurzbeschreibung einer feuerhemmenden Stahltür EI_1 30-C5 (siehe S. 142, Bild 1)

Typ:	EI_1 30-C5-Tür
Einbau:	Mindestwanddicke 115 mm in Mauerwerk, 120 mm in Beton nach DIN 18093 Einbau von Feuerschutztüren
Größenbereich (A):	Breite 750 bis 1000 mm, Höhe 1750 bis 2000 mm
Anschlagart:	wahlweise DIN rechts oder DIN links
Türblatt:	Doppelwandig, Türblattdicke 54 mm, dreiseitig gefälzt, umlaufend mit Flachstahl ausgesteift, mit Mineralstoffplatten isoliert, Blechdicke 1 mm, verzinkt und grundiert.
Zarge:	Z-Profil, dreiseitig, 3 mm dick, mit unterem Boden, verzinkt und grundiert, je Seite 3 Maueranker.
Beschläge:	2 Stück zweiteilige Bänder, Einsteck-Dreifallenschloss mit Wechsel, für Profilzylinder vorgerichtet, Kunststoffdrückergarnitur mit Stahleinlage, 1 Sicherungszapfen.
Sonderausstattung:	Drückergarnitur aus Edelstahl, Anti-Panikbeschlag (Anti-Panikschloss oder Anti-Panik-Stangengriff), Obentürschließer, elektrischer Türöffner, Öffnungsmelder, elektromagnetische Feststellanlage.

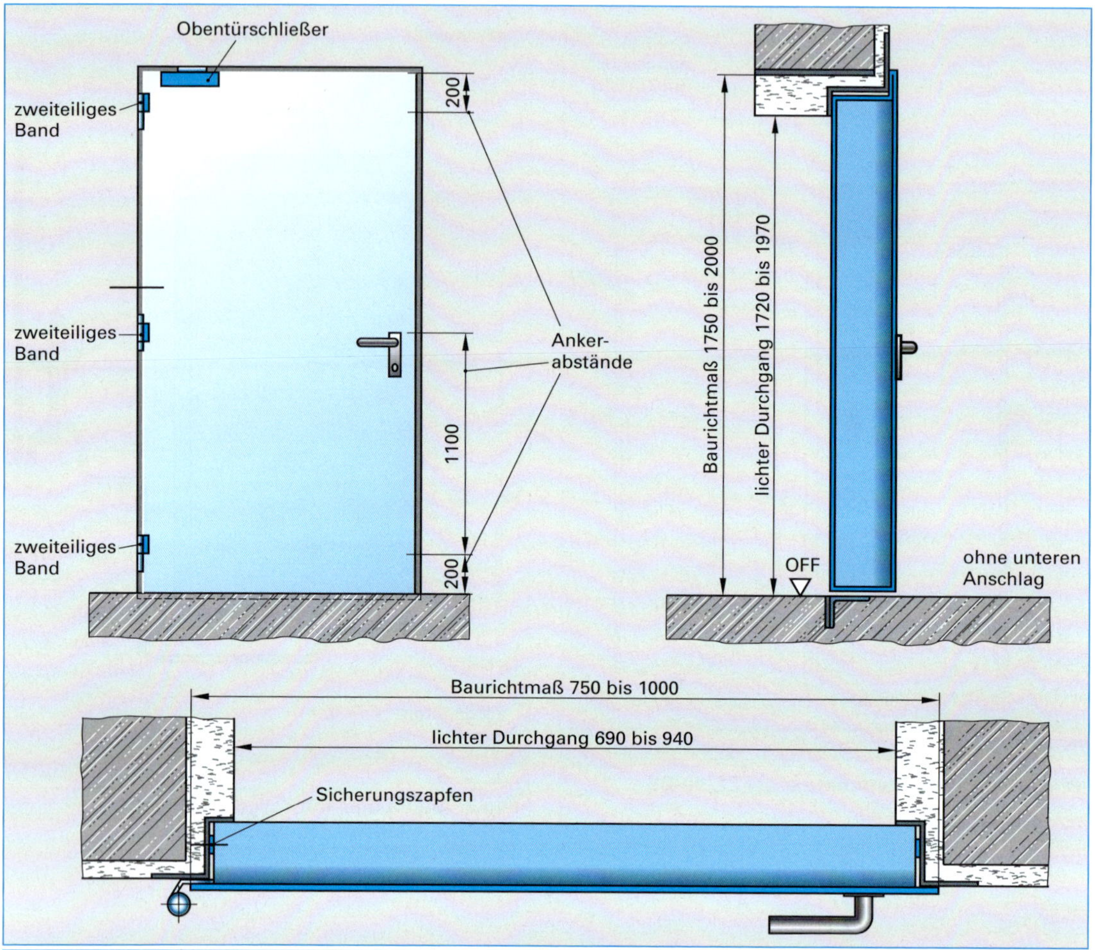

Bild 1: Feuerhemmende Stahltür EI_1 30-C5

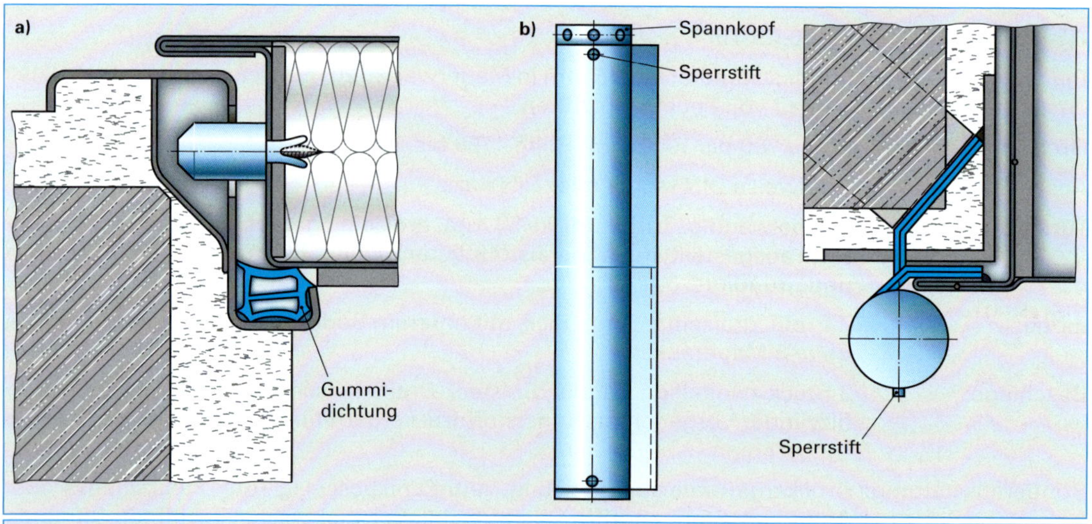

Bild 2: a) Sicherungszapfen b) Federband

Kurzbeschreibung einer feuerbeständigen Stahltür EI_2 90-C5 (Bild 1)

Einbau:	Mindestwanddicke in Mauerwerk 240 mm, in Beton 140 mm. Sonderausführung für Einbau in Porenbetonwänden der Mindestdicke 200 mm möglich.
Zugelassener Größenbereich:	Breite 1375 bis 3000 mm, Höhe 1750 bis 3000 mm
Anschlagart:	Gangflügel DIN rechts oder DIN links
Türblatt:	Doppelwandig, dreiseitig gefälzt, mit U- und Flachstahl ausgesteift, mit Fibersilikatplatten isoliert, 1,5 mm Blechdicke, verzinkt, Türblattdicke 64 mm.
Verglasung:	Brandschutzglas EI 90, 43 mm dick, Aluminium-Abdeckleisten.
Zarge:	Eckzarge verzinkt, 3 mm dick, mit dreiseitiger Dichtung und unterem Bodenwinkel, 3 Mauerdübelanker je Seite.
Beschläge:	Gangflügel: Einsteck-Dreifallenschloss mit Wechsel, für Profilzylinder vorgerichtet, Kunststoffdrückergarnitur mit Stahleinlage. Standflügel: Schnappriegel mit Schnappriegeldrücker auf Bandgegenseite. Je Flügel: 2 dreiteilige Bänder mit Kugellager, 1 Obentürschließer, 3 Sicherungszapfen (siehe S. 142, Bild 2). Schließfolgeregler (siehe S. 178, Bild 2).

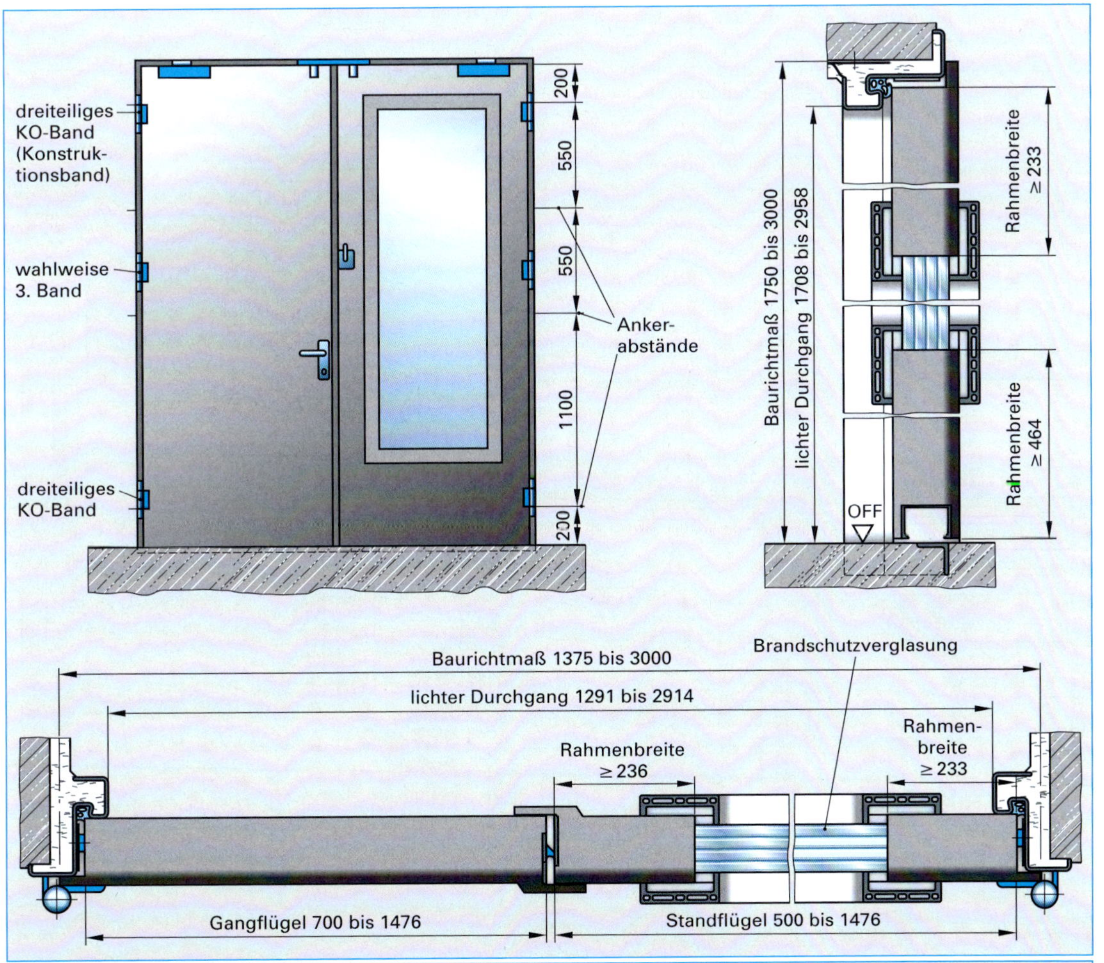

Bild 1: Feuerbeständige Stahltür EI_2 90-C5 mit Brandschutz-Verglasung

Stahl in Verbindung mit einer Mineralstoffeinlage als thermische Trennung ist der optimale Werkstoff für Brandschutzelemente. Um aber die hohen Ansprüche an die Werkstoffoberfläche zu erfüllen, wurden früher Stahlprofile mit Aluminium-Deckschalen eingesetzt. Andere Entwicklungen sind Brandschutzelemente als Aluminiumkonstruktionen (Bild 1). Der relativ geringe Schmelzpunkt von Aluminium (ca. 600 °C) erfordert aber besondere Maßnahmen:

- Thermisch getrennte Profile, damit sich die Temperatur auf der feuerabgewandten Seite innerhalb der geforderten Werte hält.
- Spezielle Fiber-Silikat-Isolatoren in den äußeren Profilkammern.
- Mit Kalzium-Silikat beschichtete Dichtbänder im Falzbereich zwischen Blend- und Flügelrahmen (die Dichtbänder schäumen im Brandfall auf).
- Selbstklebendes Dichtband im Glasfalzbereich (Bild 1).

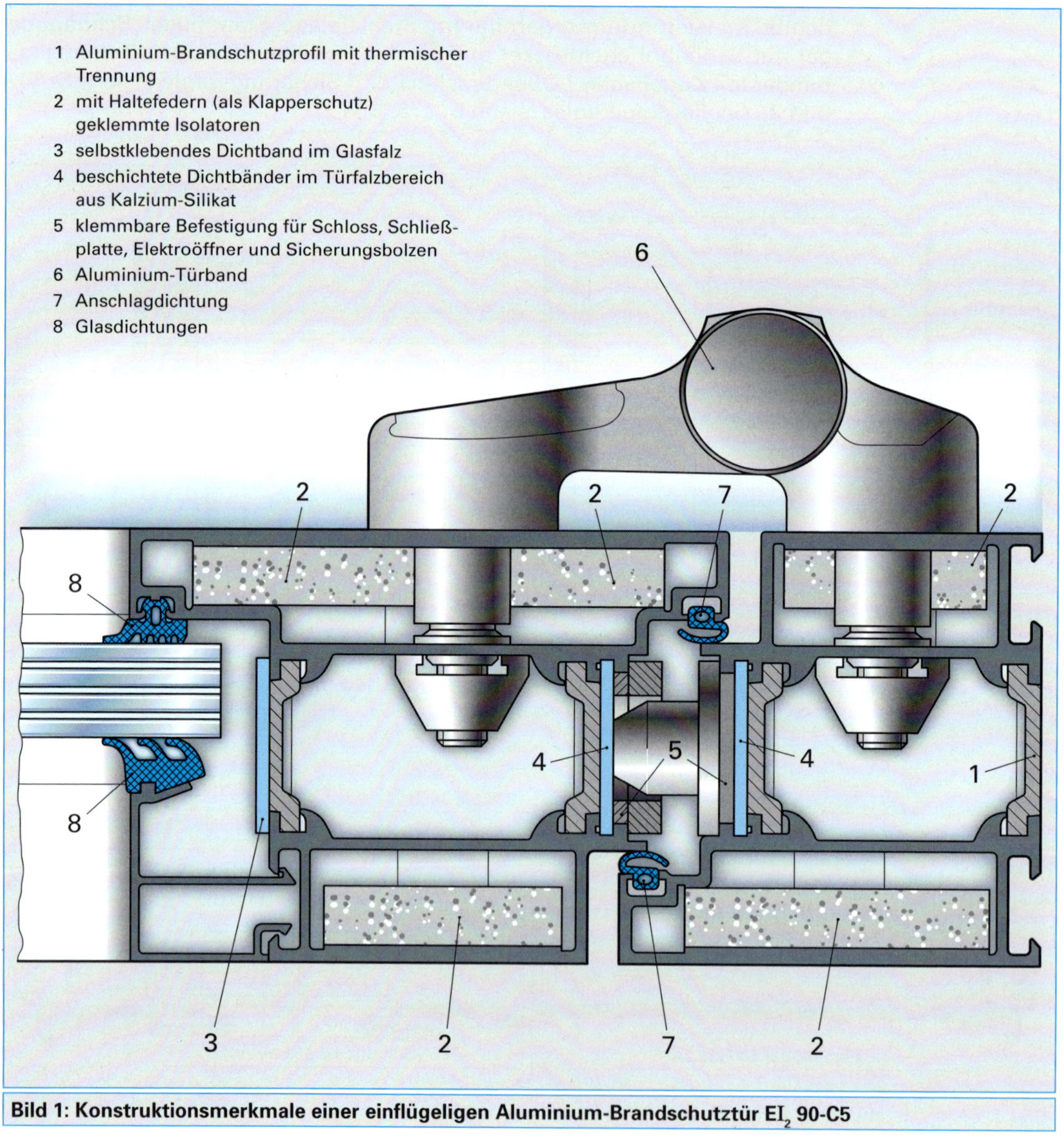

Bild 1: Konstruktionsmerkmale einer einflügeligen Aluminium-Brandschutztür EI_2 90-C5

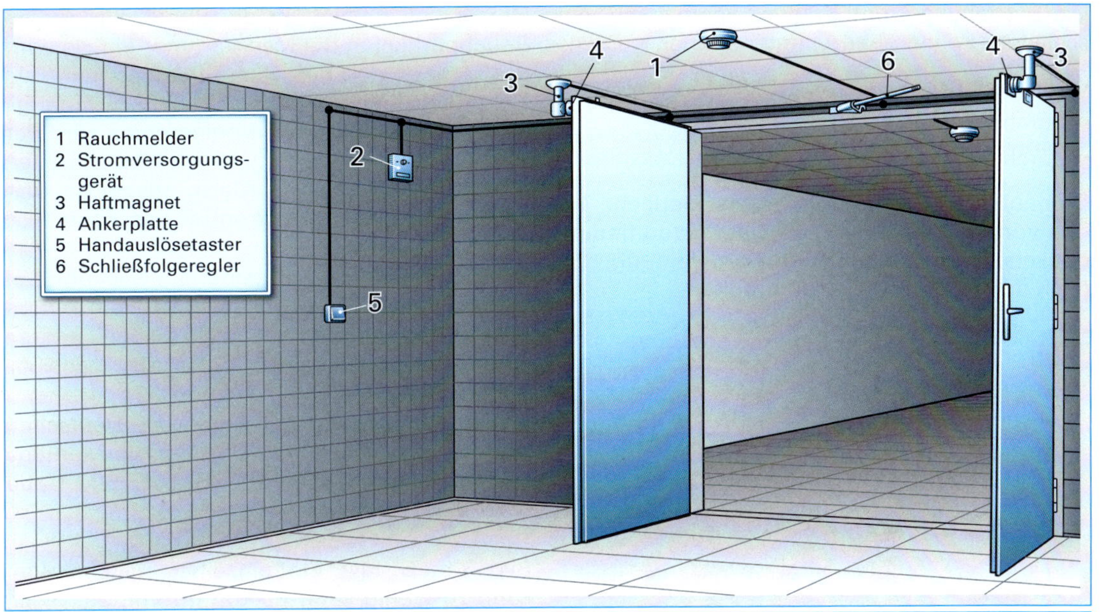

Bild 1: Konstruktionsmerkmale einer einflügeligen Aluminium-Brandschutztür T30-1

4.3.3 Feststellanlagen

Eine Feuerschutztür muss ständig geschlossen sein. Wo es aus betrieblichen Gründen notwendig ist, dass eine Feuerschutztür für längere Zeit offen steht, ist der Einbau einer Feststellanlage vorgeschrieben (Bild 1).

Eine Feststellanlage besteht aus einem Brandmelder (meist ein Rauchmelder) mit Stromanschluss oder einem Stromversorgungsgerät, einem elektrisch betriebenen Haftmagneten (mit einer passenden Ankerplatte) und einem Drucktaster zur manuellen Auslösung des Feuerabschlusses zum Schließen. Der Haftmagnet (Bild 2) wird an der Wand, an der Decke oder am Boden befestigt. Er hält die Tür über eine Ankerplatte (Bild 1) offen. Die Ankerplatte ist so am Türblatt befestigt, dass ihre Scheibe exakt auf der Polfläche des Magneten aufliegt. Im Alarmfall unterbricht der Rauchmelder die Stromzufuhr zum Haftmagneten. Die Tür wird freigegeben und vom Türschließer geschlossen.

Der Schließfolgeregler sorgt dafür, dass bei zweiflügeligen Türen immer zuerst der Standflügel und dann der Gangflügel geschlossen wird (siehe S. 178, Bild 2).

Damit man die Tür gegebenenfalls auch manuell schließen kann, befindet sich an der Wand neben der Tür ein zusätzlicher Handauslösetaster.

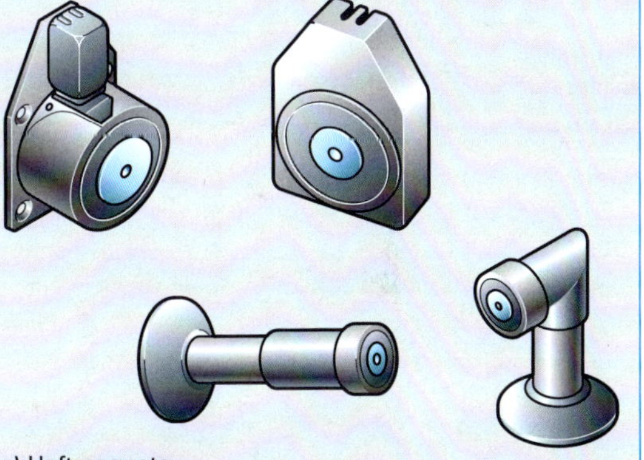

a) Haftmagnete

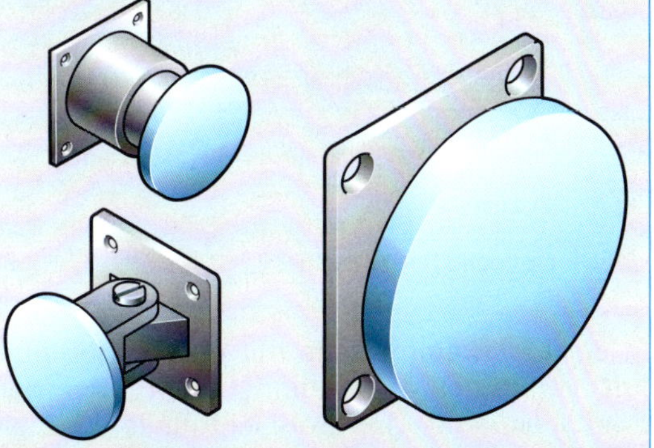

b) Ankerplatten

Bild 2: Verschiedene Haftmagnete (a) und Ankerplatten (b)

Die Entstehung eines Brandes kann durch verschiedene Kenngrößen wahrgenommen werden:

- Durch Rauch,
- durch Wärme,
- durch Flammenstrahlung.

Dementsprechend gibt es unterschiedliche Typen von Brandmeldern. Am häufigsten finden optische Rauchmelder (Bild 1) Anwendung, die nach dem Streulichtprinzip arbeiten.

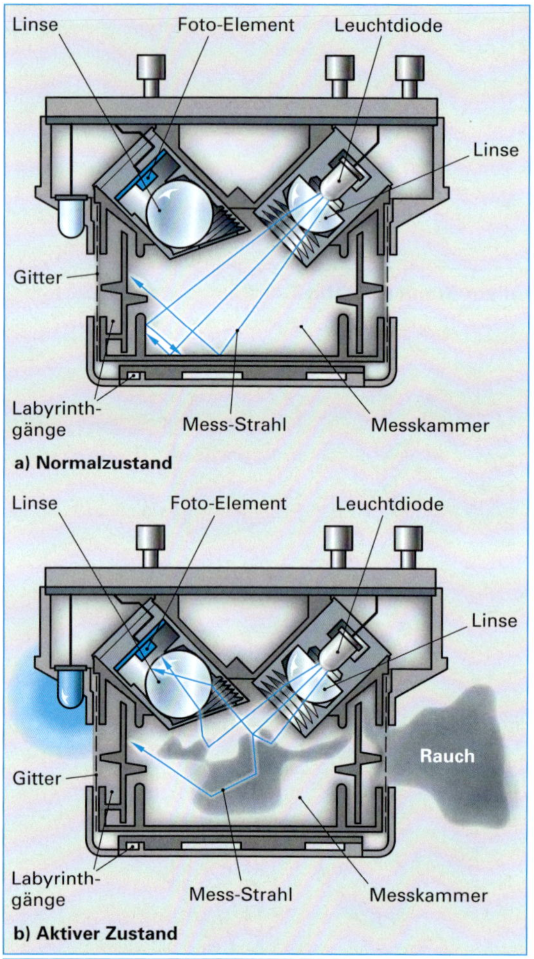

Bild 1: Optische Rauchmelder

In der Messkammer, die mit der Umgebungsluft verbunden ist, befindet sich eine dauernd leuchtende Infrarot-Lichtquelle und als Empfänger eine Fotozelle. Im Normalzustand (Bild 1 a) wird der Lichtstrahl der Lichtquelle von den dunklen Wänden der Messkammer zum größten Teil absorbiert und nur ein sehr kleiner Teil gelangt in die Photozelle. Treten Rauchpartikel in die Messkammer ein, so wird das Licht an den Partikeln diffus gestreut (Bild 1 b) und es gelangt mehr Licht in die Empfangsoptik. Das Signal des Fotoelementes wird verstärkt und ausgewertet und bei Überschreiten des Schwellwertes ein Alarm ausgelöst, bzw. der Haltemagnet wird stromlos geschaltet.

Da der optische Rauchmelder auf Gas- und Spiritusbrände nicht reagiert, ist meist ein Temperaturfühler integriert, der beim Überschreiten einer Temperatur von 65 °C den Alarm auslöst.

In den Anwendungsrichtlinien des Deutschen Instituts für Bautechnik (DIBt) ist die Montage von Rauchmeldern (siehe S. 147, Bild 1) beschrieben.

Bild 1 a, S. 147: Ein einzelner Rauchmelder kann zu wenig sein! Es kommt vor, dass sich der am Sturz angebrachte Rauchmelder im toten Winkel befindet. Dann ist er für den Rauch unerreichbar, die Brandschutztür bleibt geöffnet und Rauch und Feuer können sich ungehindert ausbreiten.

Bild 1 b: Zwei Rauchmelder sind unbedingt erforderlich. Auf beiden Seiten der Brandschutztür sollte sich mindestens jeweils ein Rauchmelder befinden, und zwar so, dass der Rauch in jedem Fall schnell in die Messkammer gelangen kann.

Bild 1 c: Zwei Rauchmelder reichen aus, wenn der Abstand Unterkante/Sturz zur Decke oder Unterdecke 1 m nicht unterschreitet. Die Unterdecke muss so dicht sein, dass sich Rauch an ihr staut.

Bild 1 d: Drei Rauchmelder sind erforderlich, wenn der Abstand vom Sturz zur Decke auf einer oder beiden Seiten der Öffnung größer als 1 m ist. Zwei Rauchmelder werden dann an der Decke, einer am Sturz montiert.

Bild 1 e: Ein Rauchmelder erfasst einen Bereich bis zu 2 m nach jeder Seite. Größere Öffnungsbreiten verlangen deshalb entsprechend mehr Geräte.

Ein Entscheidungsdiagramm vom Hersteller ist oftmals bei der Ermittlung der erforderlichen Rauchmelder hilfreich.

4.3.4 Fluchttüren

Fluchttüren werden in Abschnitten von Flucht- und Rettungswegen innerhalb von Gebäuden eingebaut. Es werden dabei Fluchttüren als Notausgangstüren gegenüber Fluchttüren, die als Paniktüren (eigentlich Anti-Paniktüren) konzipiert sind, unterschieden. Beide Türarten haben das Ziel Personen aus einem Gefährdungsbereich, bei z. B. einem Brandfall, innerhalb eines Gebäudes ins Freie zu führen, ohne dabei auf Blockaden aufgrund von verriegelten Türen zu stoßen. Daher unterscheiden sich Notausgangstüren und Paniktüren im Wesentlichen durch den unterschiedlichen Türbeschlag. Gemeinsam ist beiden Türarten, dass sie immer in Fluchtrichtung und ohne Schlüssel zu öffnen sind.

Notausgangsverschlüsse mit Drücker oder Stoßplatte finden in Gebäuden Anwendung, in denen kleine Personengruppen mit der Funktionsweise der Fluchttürverschlüsse vertraut sind und eine Paniksituation nahezu ausgeschlossen wird. Dazu zählen Studentenwohnheime, Altersheime, Kraftwerke, Laboratorien, kleine Fabriken und kleine Hotels.

Verglaste Paniktüren bzw. Notausgangstüren werden als einbruchshemmende Türen gebaut, damit Täter die Tür nicht von der Außenseite auf einfache Art öffnen können. Eine Paniktür der Sicherheitsklasse RC 2 erhält z. B. eine P4 A-Verglasung mit zusätzlich integrierter transparenter Polycarbonateinlage, damit Täter nicht ein Loch in die Verglasung schlagen können (siehe S. 49, Tabelle 1).

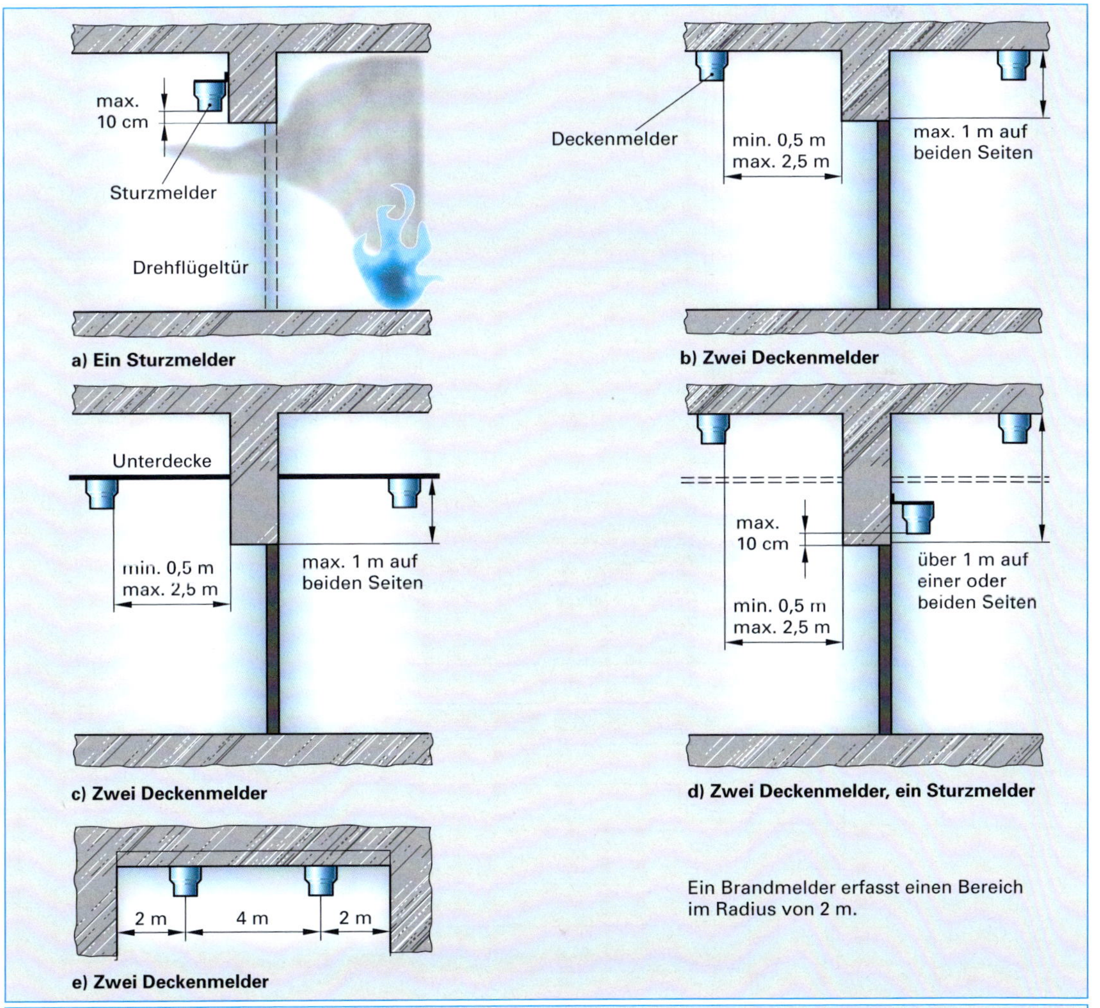

Bild 1: Anzahl und Anordnung von Rauchmeldern

Ein häufig anzutreffender Panikbeschlag ist der Stangengriff. Durch einfaches Herunterdrücken oder -schlagen wird die verriegelte Tür entriegelt. Damit gibt sie Personen auf der Gefahrenseite den Fluchtweg frei. Beim Schließen der Flügel wird die Tür wieder verriegelt.

Panikbeschläge als Stoß- oder Griffstange (DIN EN 1125) werden in öffentlichen Gebäuden eingesetzt, z. B. Theater, Kinos, Opernhäuser, Flughäfen, Stadien, Diskotheken, Nachtclubs, Einkaufszentren, Krankenhäusern, größeren Hotels, Arbeitsämtern, Sozialämtern. Im Falle einer Gefahrensituation ist der Ausbruch einer Panik wahrscheinlich und eine sichere Fluchtmöglichkeit auch ohne Kenntnis der Funktion des Fluchttürbeschlages muss gewährleistet sein.

Ein häufiger Missbrauch von Türen mit Anti-Panikbeschag ist das einfache Öffnen auf der Gefahrenraumseite (z. B. Diskothek und dem illegalen Einlassen von Personen von der Innenseite her). Hierzu bietet der Markt verschiedene Alarmüberwachungen (Türwächter) an, die bei Missbrauch ein Signal geben.

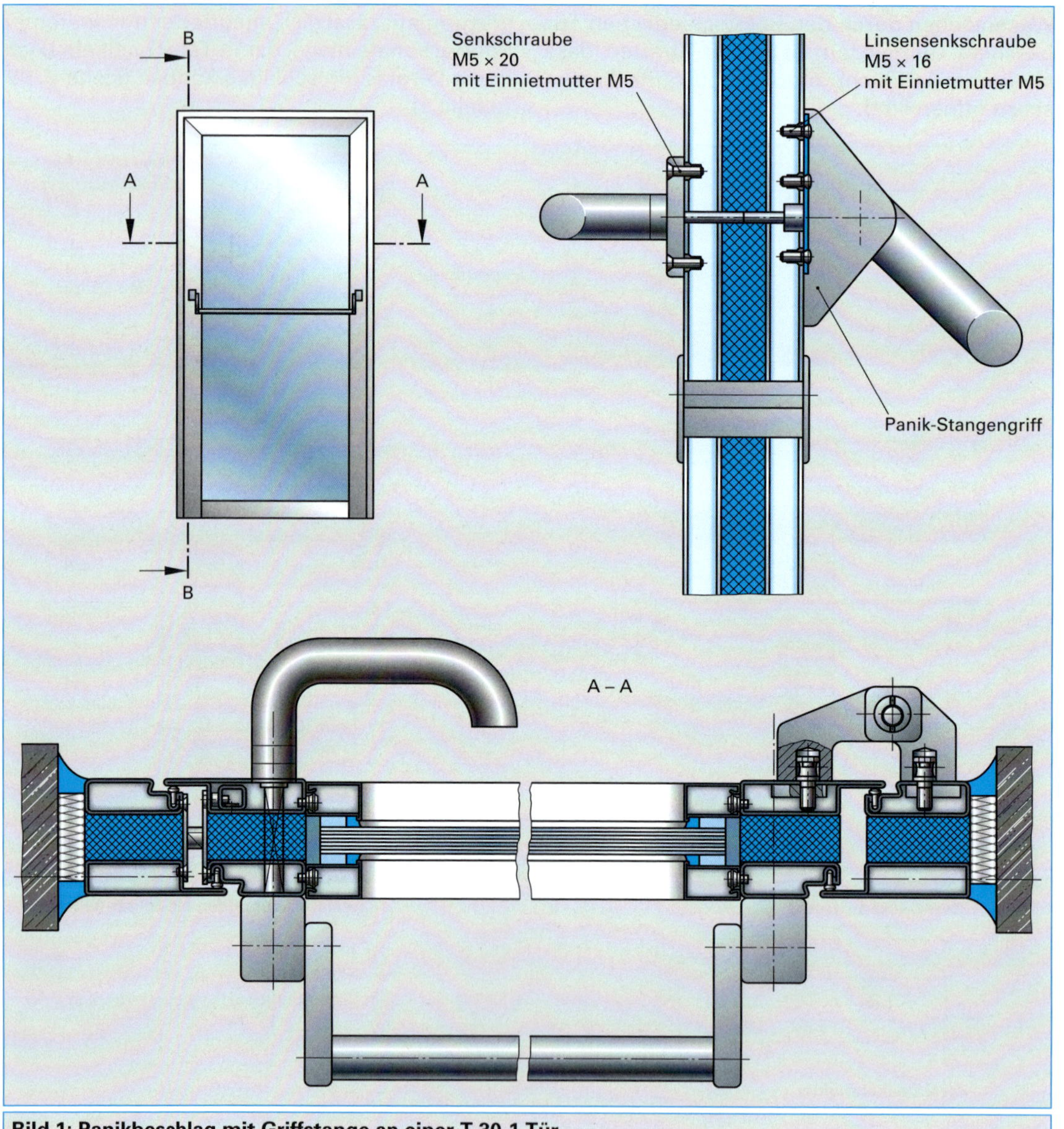

Bild 1: Panikbeschlag mit Griffstange an einer T 30-1 Tür

4.3.5 Einbruchhemmende Türen

Für einbruchhemmende Türen gelten die gleichen Widerstandsklassen, Anforderungen und Prüfbedingungen, wie für einbruchhemmenden Fenster (siehe Kapitel 2.3.6). Auch bei Türen zeigt die Polizeistatistik, dass Täter ihren Einbruchsvorsatz abbrechen, wenn sie nicht nach wenigen Minuten die Tür geöffnet haben. Außerdem werden Gelegenheitstäter von hohen Widerstandsklassen abgeschreckt.

Eine Stahlsicherheitstür der Widerstandsklasse RC 2 nach DIN EN 1627 mit zusätzlichen Sicherungselementen ist in Bild 1 dargestellt.

Weitere Unterscheidungsmerkmale sind:

- Verstärkte umlaufende Zarge, acht Maueranker (siehe S. 151, Bild 1).
- Gefälztes Türblatt, 50 mm dick, Außenschale aus 1,5 mm Stahlblech, verstärkte Innenkonstruktion.
- Auf der Bandseite fünf Stahlsicherungsbolzen, die hinter die Stahlzarge haken (Bild 2) und das Aushebeln erschweren.
- Wartungsfreie Bänder mit gesicherten Bandbolzen.
- Sicherheitsschloss mit Wechsel, vierfach verriegelt.
- Schließzylinder mit Aufbohrschutz und maximalen Überstand auf der Außenseite von 1 mm.
- Sicherheitsbeschlag stahlarmiert.
- Hochstellen des Drückers möglich.

Weiteren Schutz bietet ein Fallenriegelschloss mit Zusatzverriegelungen im Sturz- und Fußbereich (siehe S. 150, Bild 1).

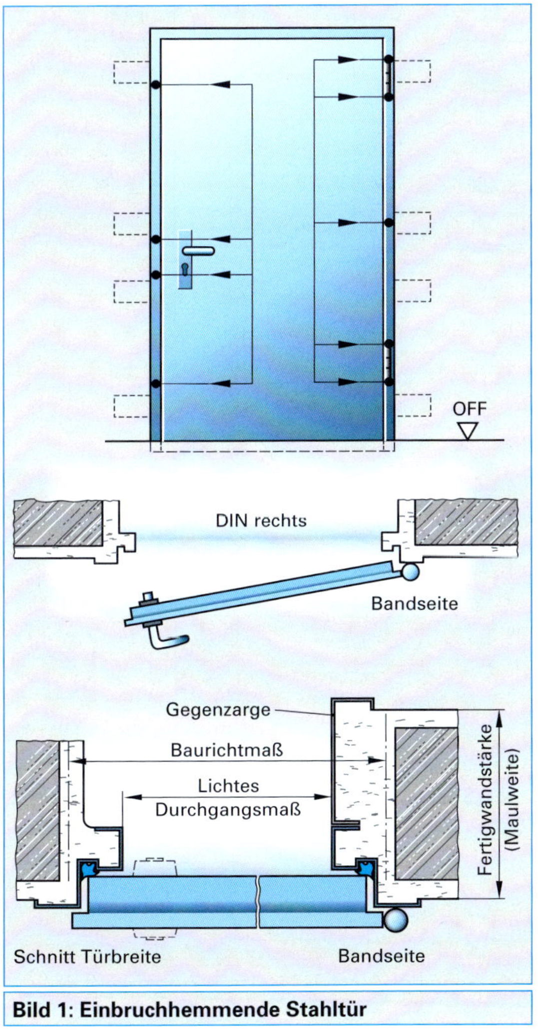

Bild 1: Einbruchhemmende Stahltür

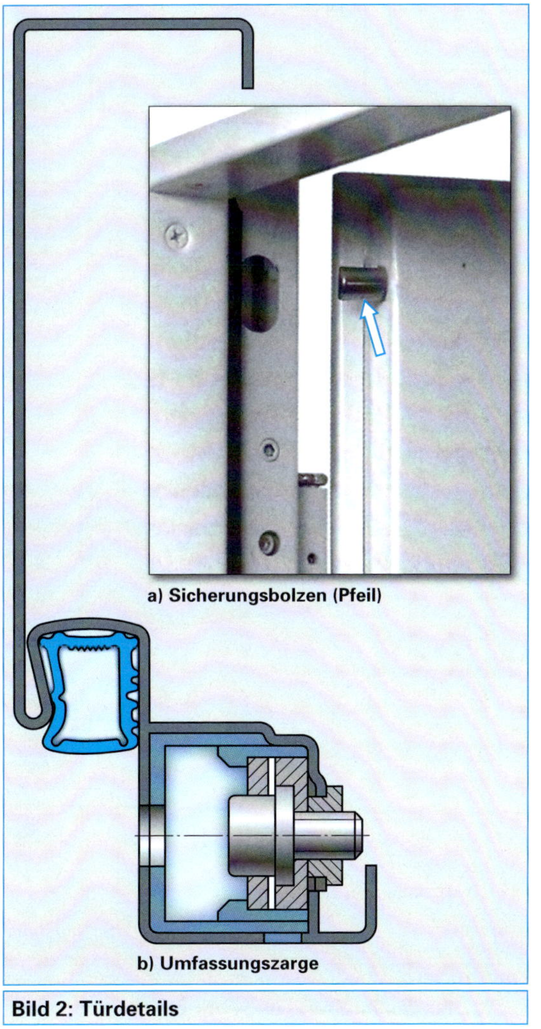

Bild 2: Türdetails

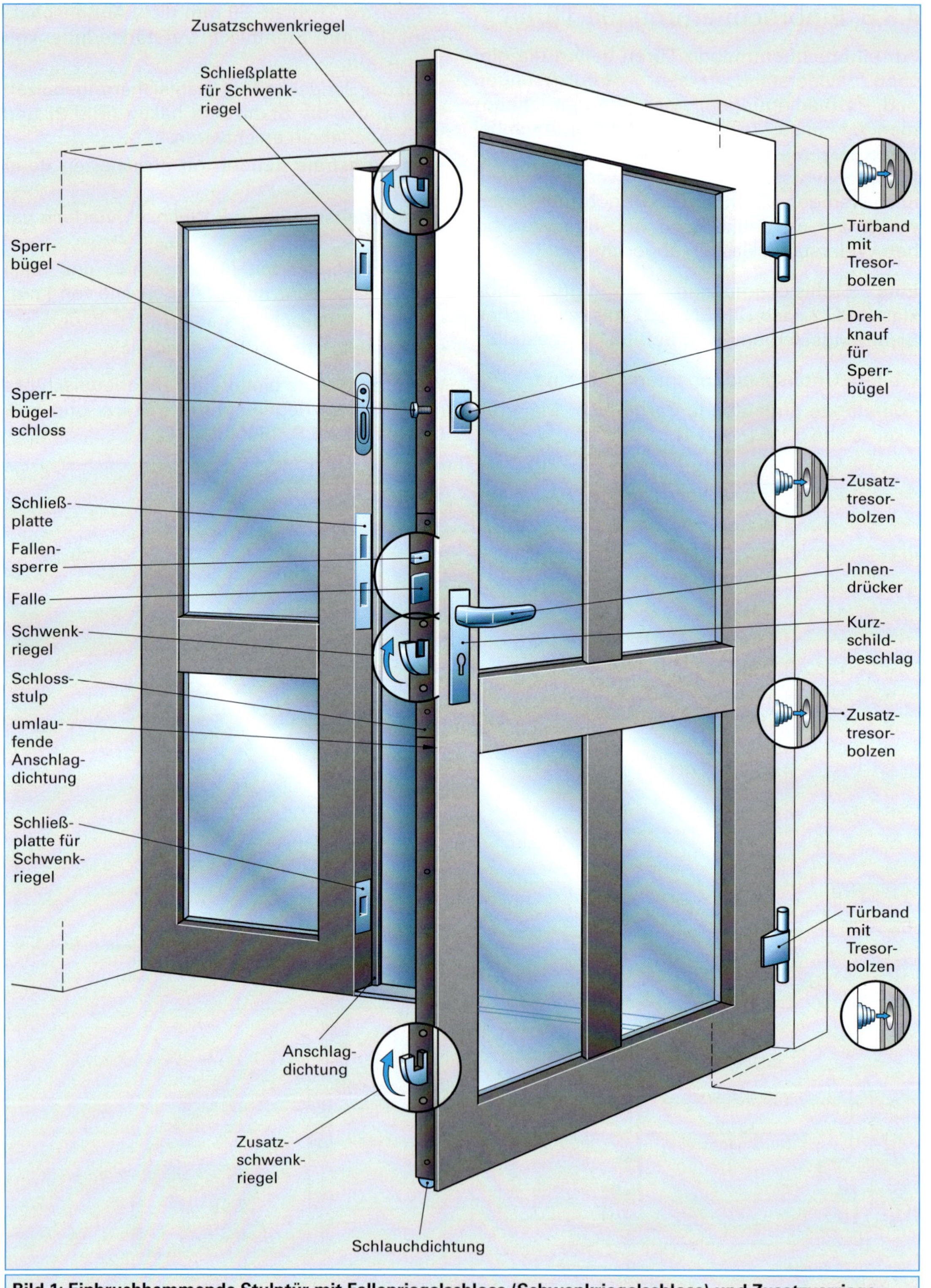

Bild 1: Einbruchhemmende Stulptür mit Fallenriegelschloss (Schwenkriegelschloss) und Zusatzverriegelungen im Sturz- und Fußbereich

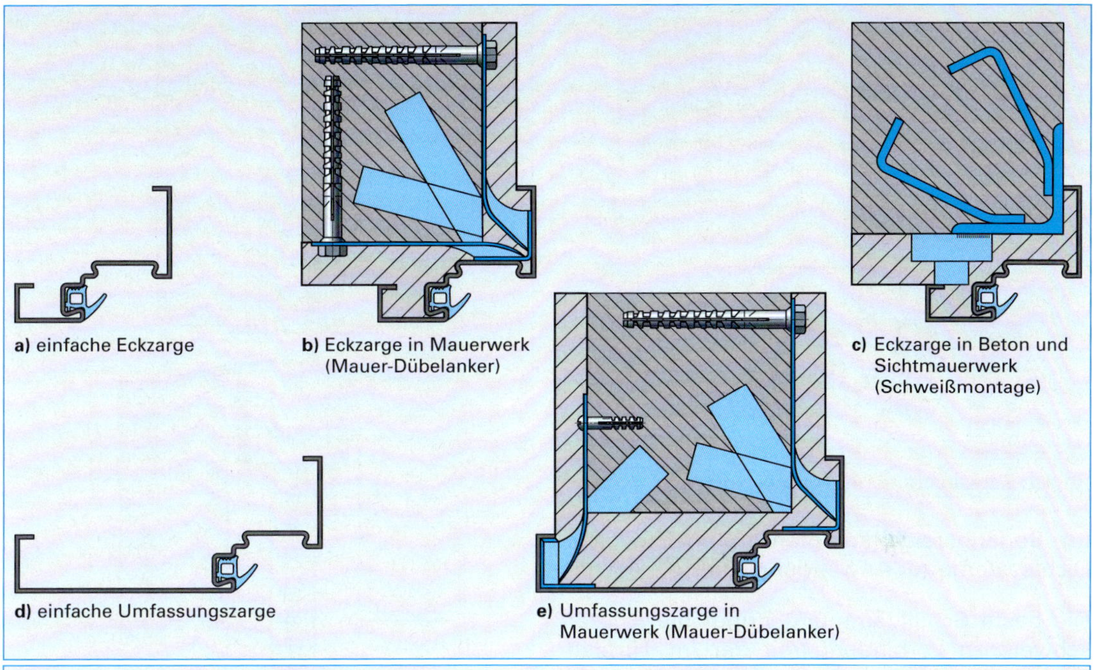

Bild 1: Zargen für Stahlsicherheitstüren

4.3.6 Schallschutztüren

Schalldämmende Türen werden häufig in Konzertsälen, in Konferenz- und Verhandlungsräumen sowie in Behandlungsräumen bei Arztpraxen eingebaut.

Die normale Zimmertür hat mit einem Schalldämm-Maß von 15 dB bis 20 dB eine mangelhafte Luftschalldämmung.

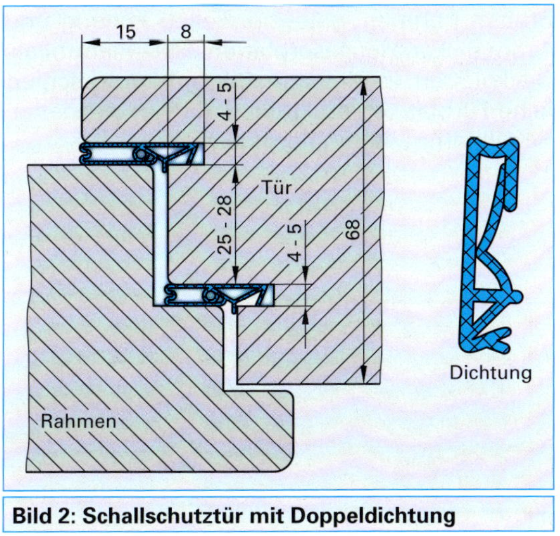

Bild 2: Schallschutztür mit Doppeldichtung

Im Kapitel 9.3 „Schallschutz" sind die wichtigsten Grundlagen des Schallschutzes erläutert. Die Schallschutztüren werden in sechs Schallschutzklassen eingeteilt. Entscheidend für einen hohen Schalldämmwert sind die Fugendichtheit zwischen Zarge und Flügel (Bild 2), der Bauanschluss, die Bodendichtung und der Verschluss.

Die Türabdichtungsprofile bestehen aus dauerelastischem Kunststoff. Sie sind in den Gehrungsecken, der Dichtungsecken an den Stoßstellen, verklebt und vertragen keine lösungsmittelhaltige Beschichtungen.

Der Hohlraum zwischen Türfutter und Mauerleibung wird mit Mineralwolle fest ausgestopft und mit elastischem Dichtstoff oder mit fest eingepresstem Schaumgummiband abgedichtet (siehe S. 152, Bild 1).

Zur Verminderung des direkten Schalldurchgangs erhalten schalldämmende Türen ein Profilzylinderschloss und kein Buntbartschloss.

Der Verschluss hoch schalldämmender Türen erfolgt oft über ein Schneckenschloss mit Falle, bei hohen Türen auch mit zusätzlichem Schneckenverschluss im oberen und unteren Türblattbereich.

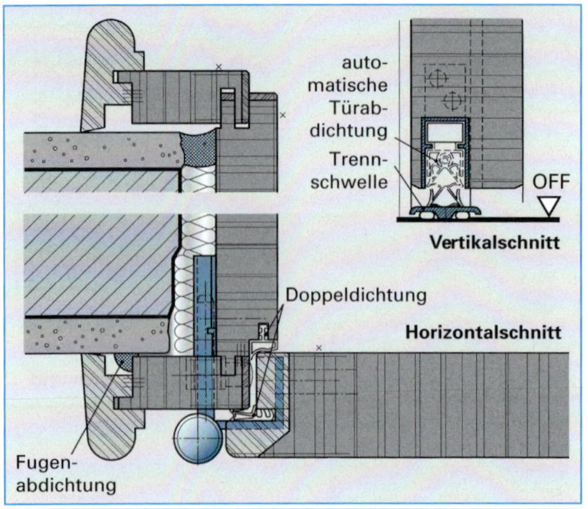

Bild 1: Schalldämmende Tür aus Holz

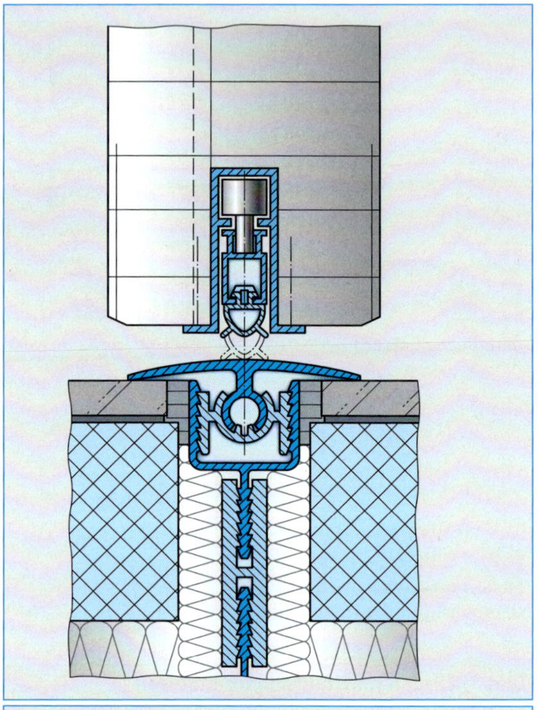

Bild 3: Automatische Bodendichtung

Im Bodenbereich kommen unterschiedliche Dichtsysteme zur Anwendung (Bild 2).

Die beste Schalldämmung bringt die Höckerschwelle in Verbindung mit der im Türblatt integrierten Doppelschleppdichtung und dazwischen liegendem Absorberelement. Höckerschwellen haben den großen Vorteil, dass man sie selbst mit kleinen Rädern oder Rollen problemlos überfahren kann. Für eine einwandfreie Funktion ist es notwendig, dass die Dichtungen keine zu hohen Schließkräfte erfordern und trotzdem eine ausreichend große elastische Einfederung aufweisen.

Für den Schallschutz bei Innentüren wird die automatische Bodendichtung verwendet (Bild 3 u. S. 136, Bild 2). Ein Kontaktstift der automatischen Bodendichtung zeigt zur Bandseite und löst beim Schließen der Tür durch Einrasten des Kontaktstiftes den Mechanismus des Absenkens der Bodendichtung aus. Beim Öffnen der Tür springt der Kontaktstift wieder in seine Ausgangsstellung und ein integriertes Federelement zieht die Bodendichtung hoch. Damit wird unnötige Reibung an der Türunterkante und der Verschleiß der Bodendichtung verhindert.

Der Aufbau des Türblattes ist ebenfalls von großer Bedeutung für den geforderten Schalldämmwert. Schallschutztüren aus Holz bestehen aus einem umlaufenden 55 – 75 mm breiten Rahmen, einer speziellen Füllung und 4 mm dicken Holzfaserplatten (HFH-Platten) als Deckplatten. In Bild 1, S. 153, sind unterschiedliche Türblattkonstruktionen mit verschiedenen Schalldämmwerten dargestellt.

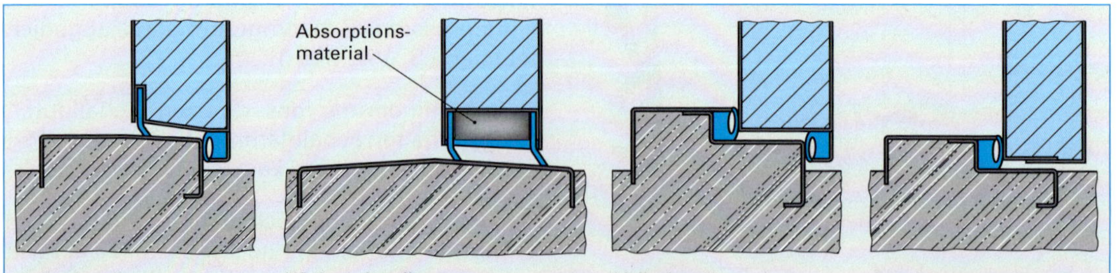

Bild 2: Verschiedene Schwellen für schalldämmende Türen

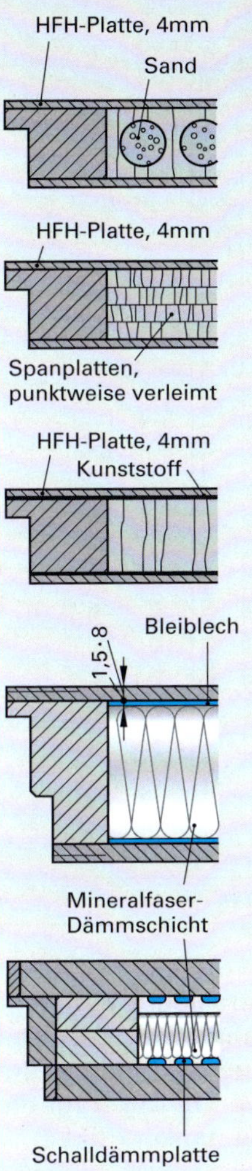

Dicke mm	Gewicht kg/m²	Rw dB
41-43	32-36	38
41	33	42
45	52	34
86	46	45
82	50	46

Bild 1: Ein- und zweischalige Türblätter für Schallschutztüren aus Holz

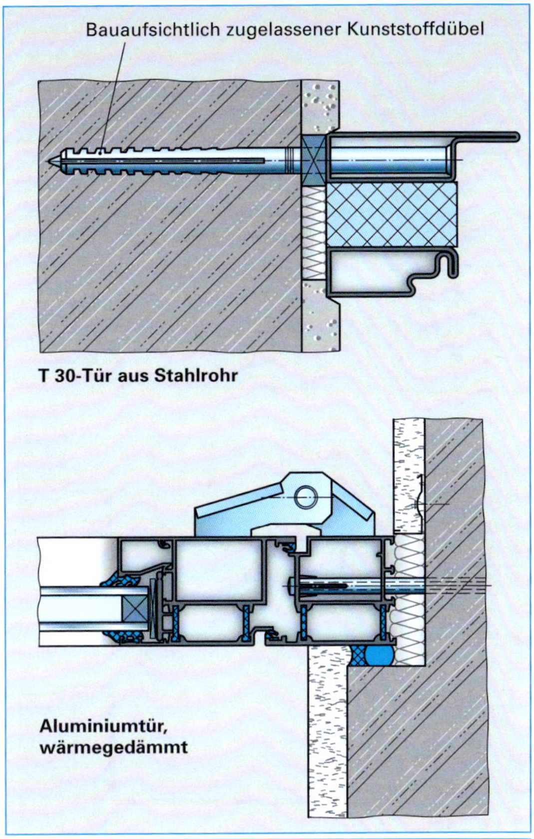

Bild 2: Rahmendübel (Durchsteckmontage)

4.4 Türrahmen und Zargen

Für Türen aus Konstruktions-Stahlrohren oder stranggepressten Aluminiumprofilen werden häufig zum System gehörende Rahmenprofilrohre als Leibungsabschluss und Flügelanschlag gesetzt.

Die Anschlussanker für die Wandbefestigung werden bei Stahlprofilrohren angeschweißt und in der Rohbauwand verdübelt. Nach der Fertigstellung liegen die Anschlusselemente nicht sichtbar unter dem Putz. Die Stahl-Profilrohre werden wie bei Aluminium-Systemprofilen direkt mittels Durchgangsbohrung im Profil und nachfolgender Bohrung in der Leibung unter Verwendung von Rahmendübel über die Durchsteckmontage befestigt.

Zargen sind industriell gekantete oder rollgeformte Feinblechprofile, die je nach Einbau-Situation als Block-, Eck- oder Umfassungszarge ausgebildet sind (siehe S. 154, Bild 1).

Die Abmessungen der Stahltürzargen ergeben sich aus den Rohbaurichtmaßen nach DIN 18100 und den Größen der Türblätter nach DIN 18101 (siehe S. 154, Tabelle 1). Umfassungszargen werden insbesonders für die Fertigwanddicken 90 mm, 130 mm, 145 mm, 205 mm und 330 mm geliefert. Aufgrund des Bodeneinstandes sind sie immer 30 mm länger als das lichte Durchgangsmaß. Stahlzargen sind für Türen DIN rechts und DIN links, d. h. für beide Türanschlagarten verwendbar und vorgerichtet. Umfassungszargen werden aufgrund der höheren Stabilität vorgezogen.

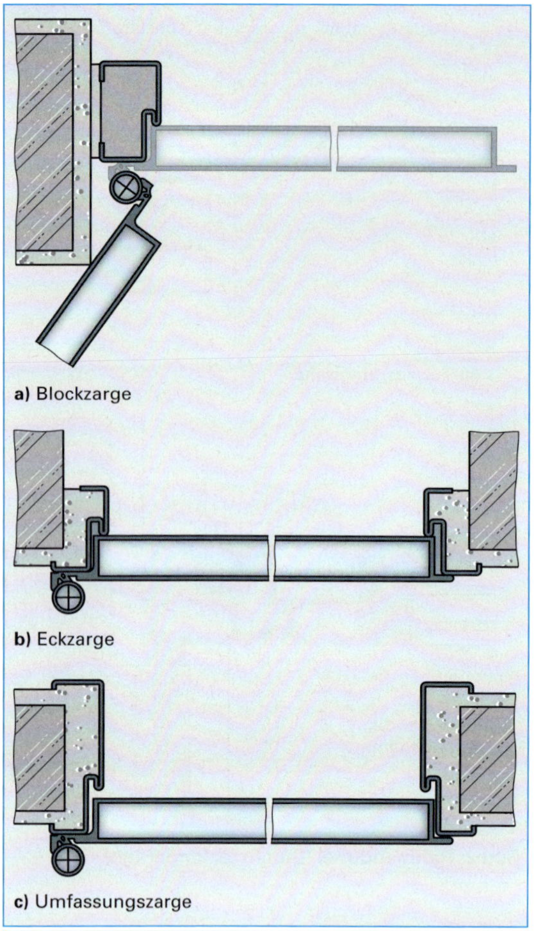

Bild 1: Stahlzargen

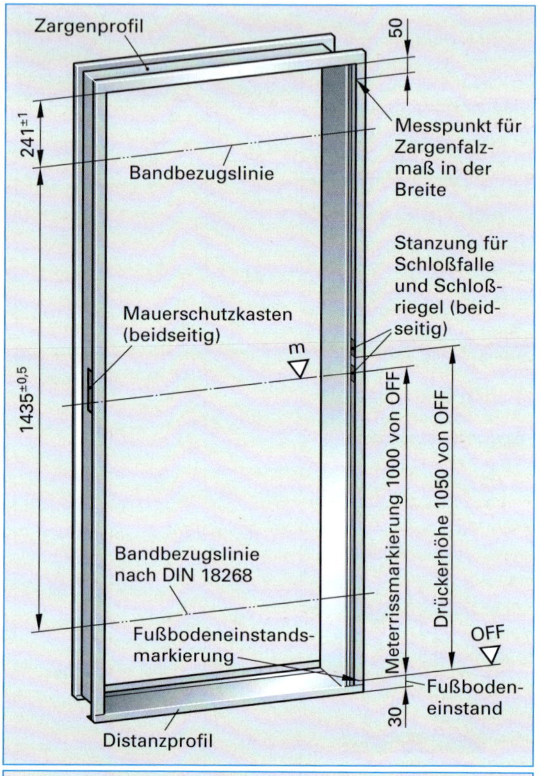

Bild 2: Stahlzarge nach DIN 18111

Stahlzargen kommen im Innenausbau häufig als Schnellbauzargen zum Einsatz. Sie haben die Funktionsnuten für die Flügelandruckdichtung, Meterrissmarkierung, vorgerichtete Ausnehmungen für Fallen- und Riegelausschnitt, anschraubbare Bandaufnahmen, Steck-Keil-Verbindungen für die Zargenverbindung im Sturzbereich und angeschweißte Anker für die Wandbefestigung oder Klemmanker (Bild 2).

Sowohl Rahmenprofilrohre für die Türleibung als auch Zargen müssen auf Meterrisshöhe gesetzt, lot- und fluchtgerecht platziert, verkeilt und

Tabelle 1: Zargenabmessungen nach DIN 18111

Baurichtmaße nach DIN 18 100		Lichtes Zargendurchgangsmaß		Zargen-Falzmaße		Türblatt-Außenmaße nach DIN 18 101 gefälzte Türen		Türblatt-Außenmaße nach DIN 18 101 ungefälzte Türen	
Breite	Höhe	Breite	Höhe	Breite	Höhe	Breite	Höhe	Breite	Höhe
875	1875	811	1843	841	1858	860	1860	836	1848
625	2000	561	1968	591	1983	610	1985	586	1973
750	2000	686	1968	716	1983	735	1985	711	1973
875	2000	811	1968	841	1983	860	1985	836	1973
1000	2000	936	1968	966	1983	985	1985	961	1973

montiert werden. Für diese wichtige Montagevorbereitung kommt der Baulaser zum Einsatz. Ein genaues horizontales Ausrichten des Baulasers auf dem Stativ zur exakten Übertragung des Meterrisses auf andere Wandöffnungen ist für die Türmontage dabei unerlässlich (siehe Kapitel 2.5.1). Die Genauigkeit der Meterrissübertragung beträgt – je nach Entfernung des Baulasers zur Montageöffnung ± 1 mm.

Der Meterriss kann auch mit der Schlauchwasserwaage übertragen werden.

Bei **Holztüren** wird der Leibungsabschluss und der Türanschlag durch den Türrahmen gebildet.

Die Türrahmung wird fest mit dem Bau verbunden und hat das Türblatt zu tragen. In den unteren Türrahmen kann eine Schwelle aus Holz oder eine Schiene aus Metall eingebaut werden, die die Aufgabe hat, dem Türblatt einen Anschlag zu geben oder verschiedene Fußbodenbeläge voneinander zu trennen. Je nach Bauart des Türrahmens unterscheidet man **Blockrahmen, Blendrahmen, Zargen** und **Futterrahmen** mit Bekleidungen.

Blockrahmen, auch Stockrahmen genannt, haben annährend quadratischen Querschnitt. Sie werden in die Türöffnung putzbündig zur Wandoberfläche oder etwa in die Mitte der Mauerdicke gesetzt und durch Mauerdübel in der Leibung befestigt. Die Mauerleibungen werden in der Regel verputzt. Die Anschlussfugen kann man mit Deckleisten abdecken (Bild 2).

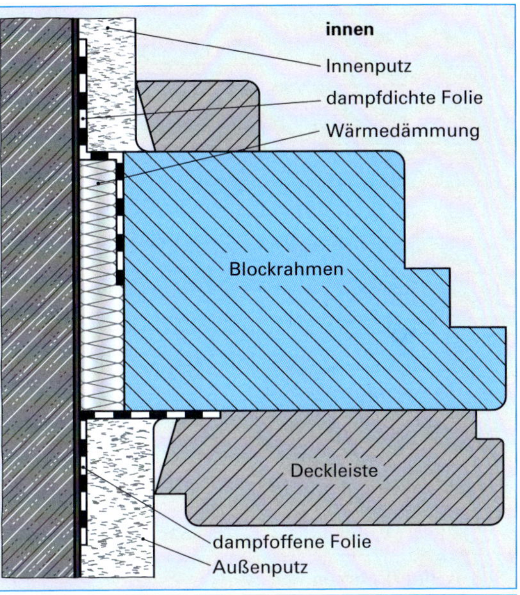

Bild 2: Blockrahmen

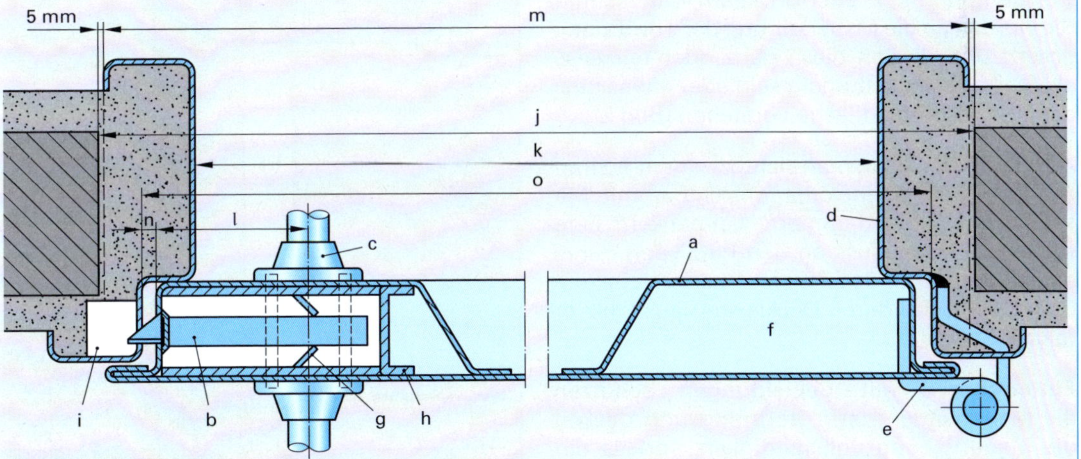

a Türblatt (gefälzt)
b Einsteckschloss
c Drücker
d Zarge (Umfassungszarge)
e Band
f Füllmaterial
g Schlosskasteneinspannung
h Schlosstasche
i Schutzkasten
j Rohbaumaß
k lichtes Durchgangsmaß
l Dornmaß
m Baurichtmaß
n Kammermaß
o Zargenfalzmaß

Bild 1: Umfassungszarge im Einbau

Blendrahmen liegen in einem Mauerfalz und werden mittels Blendrahmenschrauben, einzementierten Steinschrauben oder Dübel am Mauerwerk befestigt (Bild 1). Deckleisten können nach dem Einputzen des Blendrahmens angebracht werden.

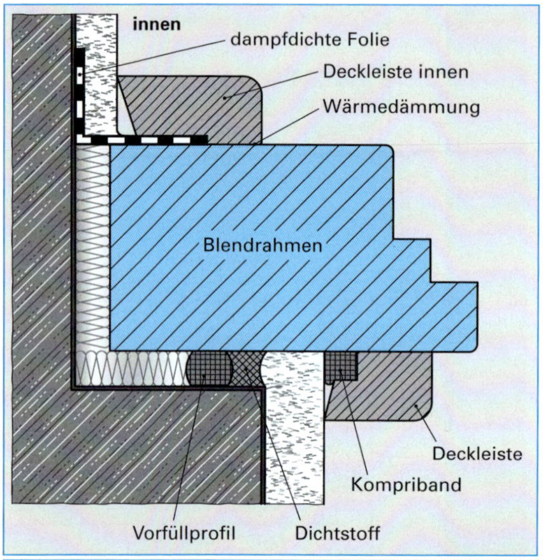

Bild 1: Blendrahmen

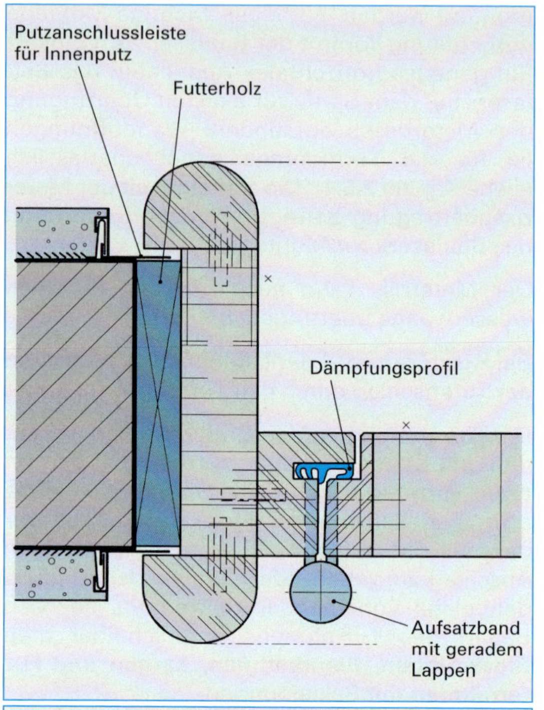

Bild 2: Zargenrahmentür, bündig überfälzt

Zargenrahmen bestehen aus Vollholz oder Holzwerkstoffen mit bretterförmigem Querschnitt. Sie werden an die Mauerleibung der Türöffnung gesetzt und decken diese ganz oder teilweise ab. Sie können putzbündig sein oder etwas über dem Putz der Wandfläche vorstehen (Bild 2).

Zargenrahmen kann man sichtbar durch Schrauben in Spreizdübeln oder unsichtbar mit Metallwinkeln, Futterklammern, Leimankern befestigen. Der Anschluss an den Putz kann durch eingenutete Profilschienen aus verzinktem Stahlblech oder durch Deckleisten aus Holz erfolgen.

Futterrahmen mit Bekleidungen schützen die Mauerkanten der Türöffnung und decken die Mauerleibung vollständig ab, sodass diese nicht verputzt werden muss (Bild 3). Futter, mit oder ohne Schwelle, aus Vollholz oder aus Holzwerkstoffen, werden an den Ecken gefedert bzw. ausgefälzt und zusätzlich geleimt und genagelt. Wird eine Türschwelle eingebaut, ist diese aus Hartholz zu fertigen. Sie kann auch aus Winkelstahl oder Flachstahl bzw. aus Messing bestehen.

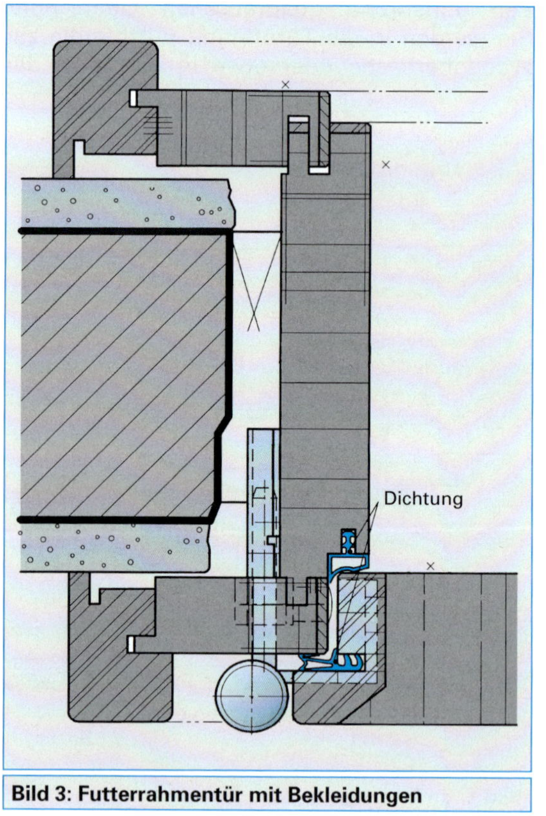

Bild 3: Futterrahmentür mit Bekleidungen

Beim Setzen der Türumrahmung auf dem Bau wird zunächst die Bandseite des Türrahmens am Mauerwerk befestigt. Dabei wird mit der Wasserwaage (Richtwaage) das Lot kontrolliert. Drehtüren sollen so eingesetzt werden, dass der Flügel beim Öffnen etwas steigt. Dann wird die Schlossseite so am Mauerwerk befestigt, dass zwischen Tür und Rahmen ausreichend Luft verbleibt und die Tür am Überschlag überall gleichmäßig anliegt.

Das Befestigen des Futterrahmens und der Bekleidungen am Mauerwerk erfolgt durch Schrauben in Spreizdübeln. Bei naturfarbenem Holz und oberflächenfertigen Türen werden die Befestigungsmittel unsichtbar angebracht. Man verwendet dazu Futterklammern aus Stahl, Stahlwinkel oder Leimanker (Bild 1). Hierbei sind die Türfutter vorher genau auszurichten und die aufrechten Futterstücke gegeneinander zu verspannen.

Die Innentüren werden entweder vor dem Einbringen des Estrichs oder nachdem der Fußbodenbelag fertig gestellt ist, eingesetzt. Werden die Türen im Rohbau eingesetzt, ist auf die geplante Oberkante des Fertigfußbodens Rücksicht zu nehmen, die sich vom Meterriss (siehe S. 58) her bestimmen lässt. Das Einsetzen der Tür vor dem Einbringen des Estrichs hat den Vorteil, dass der Rahmen unverrückbar im Estrich eingegossen wird, hat aber den Nachteil, dass der Fußbodenbelag genau an der Türumrahmung anzupassen ist. Beim Einsetzen der Türen nach dem Einbringen des Fußbodens wird die Türumrahmung auf den Boden gesetzt und montiert. Die Gefahr der Beschädigung der Türumrahmung durch nachfolgende Ausbauarbeiten ist dann geringer.

Die Türflügel am Holz sind wie Türen aus anderen Werkstoffen so anzuschlagen, dass sie sich leicht öffnen und schließen lassen und das die geschlossenen Flügel im Rahmen gut anliegen. Die Flügel dürfen auch nach dem Anstrich an keiner Stelle streifen. Die Falzluft darf seitlich (LS) und oben (LO) 2,5 mm bis 6,5 mm, insgesamt aber nicht mehr als 9 mm, und unten (LU) 7 mm betragen. Da sich die Türen später meistens noch etwas senken, soll die Luft im Falz an der Anschlagseite am unteren Band mehr betragen als am oberen Band. Die Höhe der Bandbezugslinie und des Drückers ist nach DIN 18101 genormt (siehe S. 165, Bild 2).

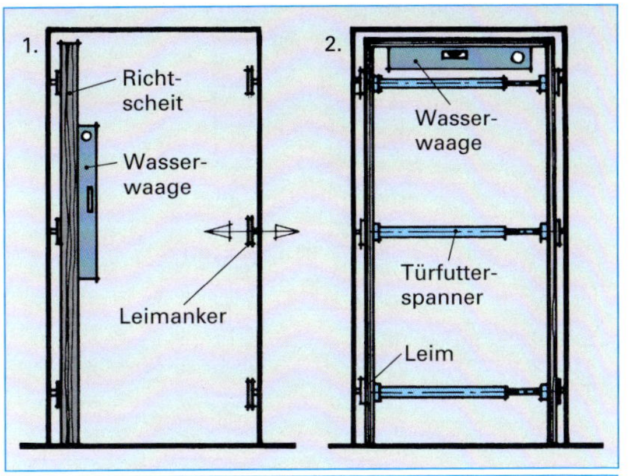

Bild 1: Türfutterbefestigung mit Leimankern

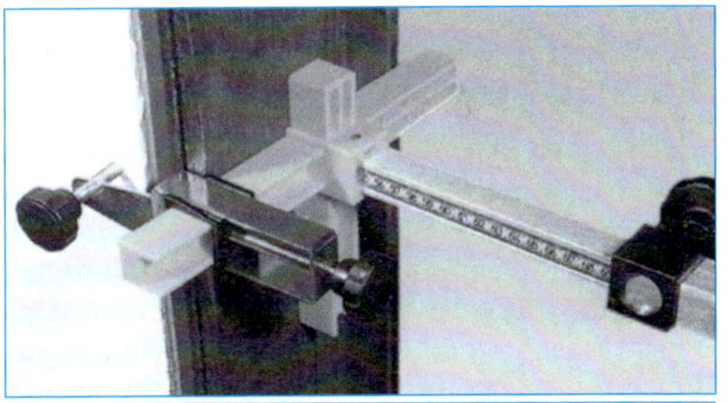

Bild 2: Türfutterspanner

4.5 Türschwellen

Für eine Vielzahl von Türbauarten ist ein Bodenanschlag zum Fertigfußboden erforderlich. Dieser Bodenanschlag wird bauseits geplant und erstellt oder wird vom Systemprogramm eines Profilherstellers angeboten und gehört zum Montageplan bei der Türmontage. Für Hauseingangstüren ist die thermische Trennung des Schwellenprofils bei Stahl- und Aluminiumtüren notwendig.

Türschwellen für Hauseingangstüren sollen 150 mm über der Wasser führenden Ebene bauseits geplant werden.

Heute kommen den barrierefreien Türschwellen für Senioren und behinderte Menschen, die eine Schwellenhöhe von ≤ 20 mm aufweisen, eine zunehmende Bedeutung zu. Türentwicklungen ohne unteren Türanschlag bzw. ohne Türschwelle sind auf dem Markt. Das Eindringen von Regenwasser über die niedrige Türschwelle in den Flurbereich muss dabei über Abflussrinnen mit Gitterrosten verhindert werden (DIN 18040-2). Siehe Bild 1 auf der nachfolgenden Seite.

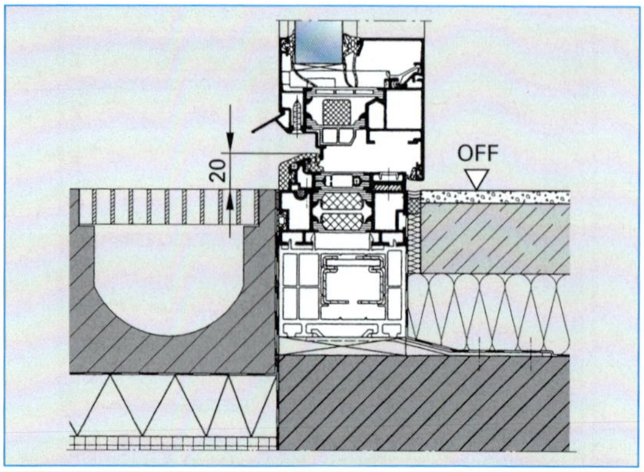

Bild 1: Barrierefreie Türschwelle mit thermischer Trennung

4.6 Türbeschlag

Zum Türbeschlag werden alle Ausrüstungsteile eines Türblattes gerechnet. Dazu zählen die Bänder, Schlösser und Schlosszubehör und der Türschließer. Man unterscheidet den Bewegungsbeschlag und den Verschlussbeschlag. Der Begriff Beschlag stammt aus alter Zeit, als auf Brettertüren schmiedeeiserne Konstruktionselemente zur Bewegung und zur Aussteifung des Türblattes aufgenagelt (aufgeschlagen) wurde (Bild 2).

Bild 2: Schmiedeeiserner Beschlag

4.6.1 Türbänder

Türbänder haben die Aufgabe, die Drehbewegung des Türblattes zu ermöglichen. Sie übernehmen außerdem das Gewicht des Türflügels und tragen es an der Zarge ab.

Der Begriff Bänder ist auf den Bandstahl zurück zu führen, aus dem der Bewegungsbeschlag früher hergestellt wurde.

Die Auswahl des Türbeschlages richtet sich nach dem Türwerkstoff, nach dem Türgewicht und der Anschlagart (stumpf oder überfälzt). Für Metallbänder unterscheidet man im Wesentlichen Konstruktionsbänder, Bandrollen (Kantenbänder), Zapfenbänder und Einbohrbänder.

Für alle Bänder und Türarten gilt, dass für eine einwandfreie Drehfunktion der Tür die Bänder sorgfältig (z. T. mit Schablone) an Flügel und Rahmen zu befestigen sind.

Konstruktionsbänder eignen sich für das Einsetzen der Tür ohne großes Anheben des Türflügels. Der Dorn wird nach der Positionierung des Flügels in der Zarge von oben eingetrieben und unten mit einem Verschlussstift geschlossen. Konstruktionsbänder werden zweiteilig und für schwere Türen dreiteilig geliefert (Bild 3). Sie werden angeschweißt und finden daher bei Stahltüren und einfachen Feuerschutztüren der Bauart EI_1 30-C5 Anwendung. Zur Verringerung der Reibung zwischen oberen und unteren Bandteil wird ein Messing-Zwischenring eingelegt.

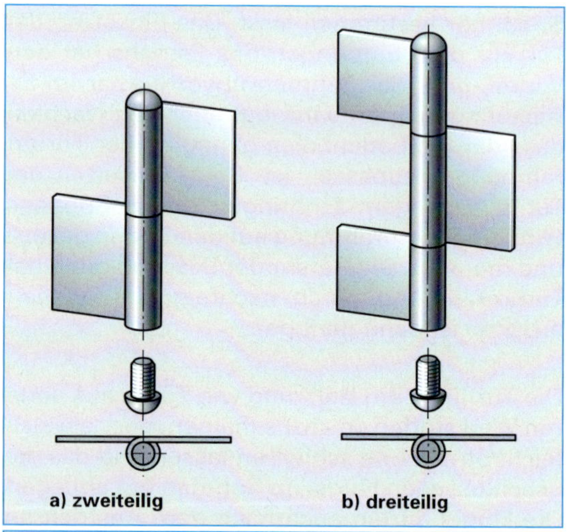

Bild 3: Konstruktionsbänder

Bei **Bandrollen**, auch Kantenbänder oder ungenau als Anschweißbänder bezeichnet (siehe S. 159, Bild 1), wird der Banddorn aus Messing im unteren Teil der Bandrolle fest eingepresst. Ein Zwischenring verringert die Reibung oder der Banddorn hat einen mittigen Bund und sitzt lose im unteren Teil der Bandrolle.

Zum Einsetzen des Türflügels muss dieser durch Anheben auf Banddornhöhe in Position gebracht und dann abgesenkt werden. Bandrollen kommen bei Türen aus Stahl-Profilrohren zur Anwendung. Die Kante der Bandrolle dient zum Anschweißen. Hier sind Konstruktionsbänder mit ihren vergleichbar langen Bandlappen (bis 50 mm) ungeeignet. Bandrollen gibt es je nach Tragfähigkeit in kleinen und großen Abmessungen (Gesamtlänge 50 - 200 mm).

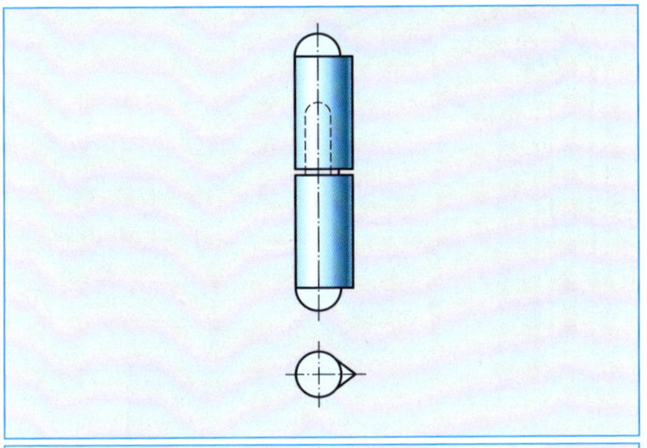

Bild 1: Bandrolle mit Anschweißkante

Zapfenbänder zeichnen sich durch eine starke Kröpfung und kräftigen kurzen Zapfen aus (Bild 2). Diese Bänder werden bei Stahltüren durch Schweißen mit Rahmen und Türflügel verbunden. Sie kommen im Zusammenwirken mit dem Bodentürschließer und dem Traghebel zur Anwendung (Bild 3). Der Traghebel stellt die Verbindung vom parallel zum Türflügel auf der Bandseite im Boden eingelassenen Bodentürschließer zum Türflügel her und übernimmt das Türgewicht. Statt eines Traghebels kann bei leichten Stahltüren ein Zapfenband angeschweißt werden. Wird kein Bodentürschließer verwendet, so können Zapfenbänder mit ihrem weit vorgelegten Drehpunkt sinnvoll sein, um bei einer 180 °-Türflügel-Öffnung einen Abstand parallel zur Wandfläche (z. B. für Türfeststeller) zu erzielen.

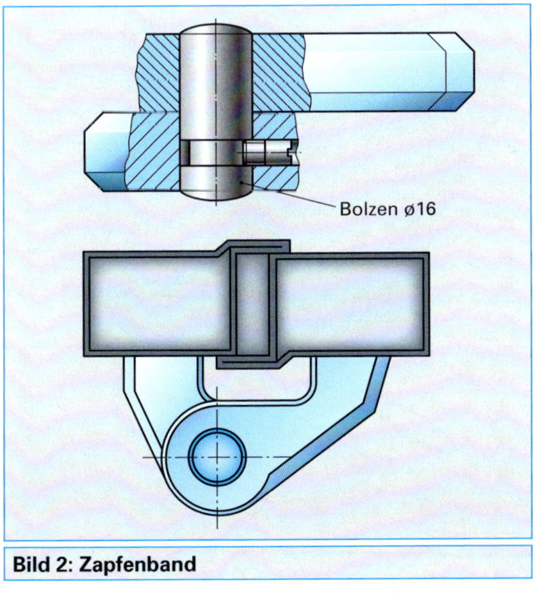

Bild 2: Zapfenband

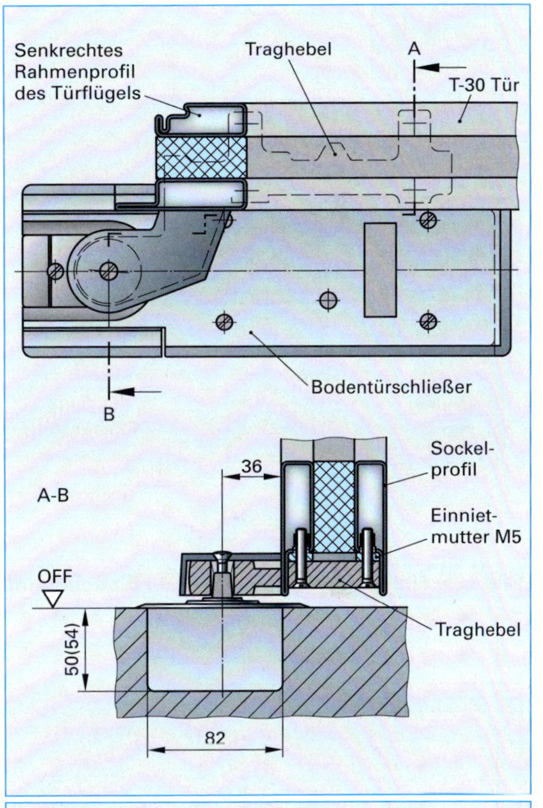

Bild 3: Bodentürschließer und Traghebel

Einbohrbänder (siehe S. 160, Bild 1) kommen bei Aluminium-, Stahl- und Holztüren zur Anwendung. Bei Türen aus Metall werden mit Hilfe einer Bohrschablone (siehe S. 160, Bild 2) im Profilrohr für Flügel und Rahmen die Bohrungen zur Aufnahme der Spezialschrauben für die Bandbefestigung gesetzt. Im relativ dünnwandigen Profilrohr sind die Spezialschrauben in Gegenplatten verankert und nehmen das Türgewicht auf. Einbohrbänder sind für ein genaues Ausrichten des Türflügels im Rahmen verstellbar (siehe S. 161, Bild 1).

Aufgrund des vorgelagerten Drehpunktes sind viele Einbohrbänder auch für das Zusammenwirken mit dem Bodentürschließer geeignet.

Bei handelsüblichen Bodentürschließer beträgt der Drehpunktabstand zur Türblatt-Oberfläche 36 mm (siehe S. 159, Bild 3).

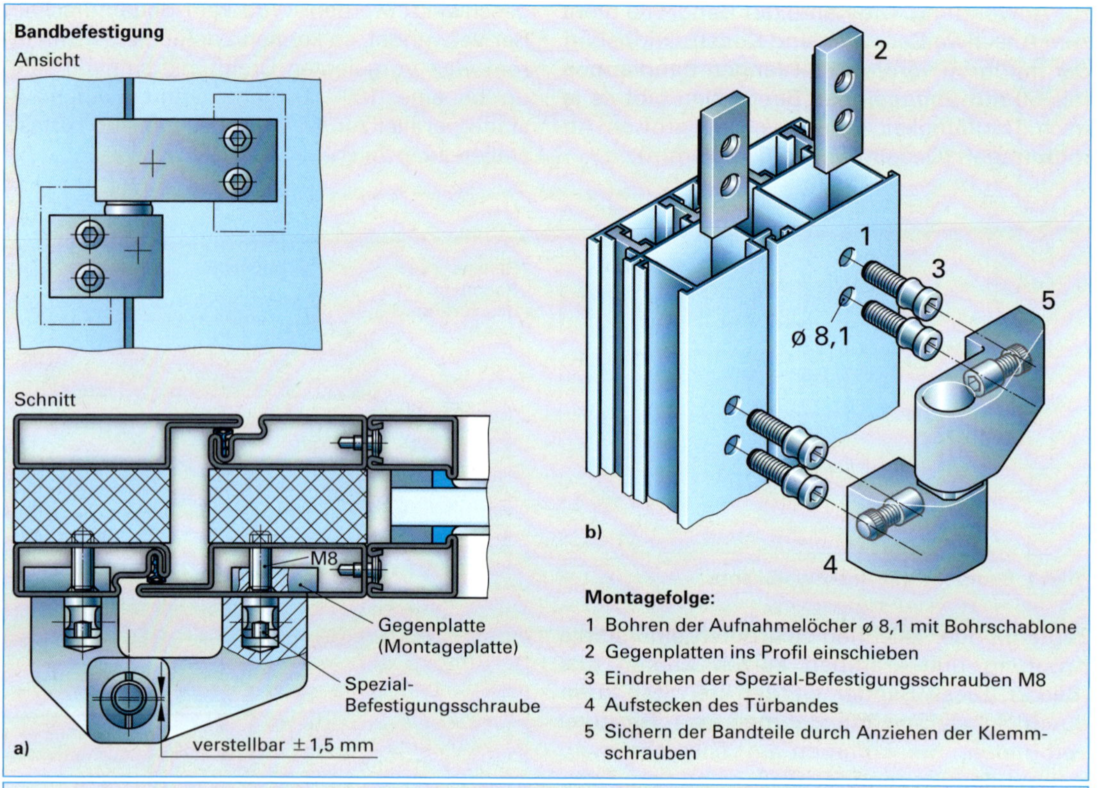

Bild 1: a) Einbohrband für T 30-Tür b) Einbohrband für Aluminiumtür

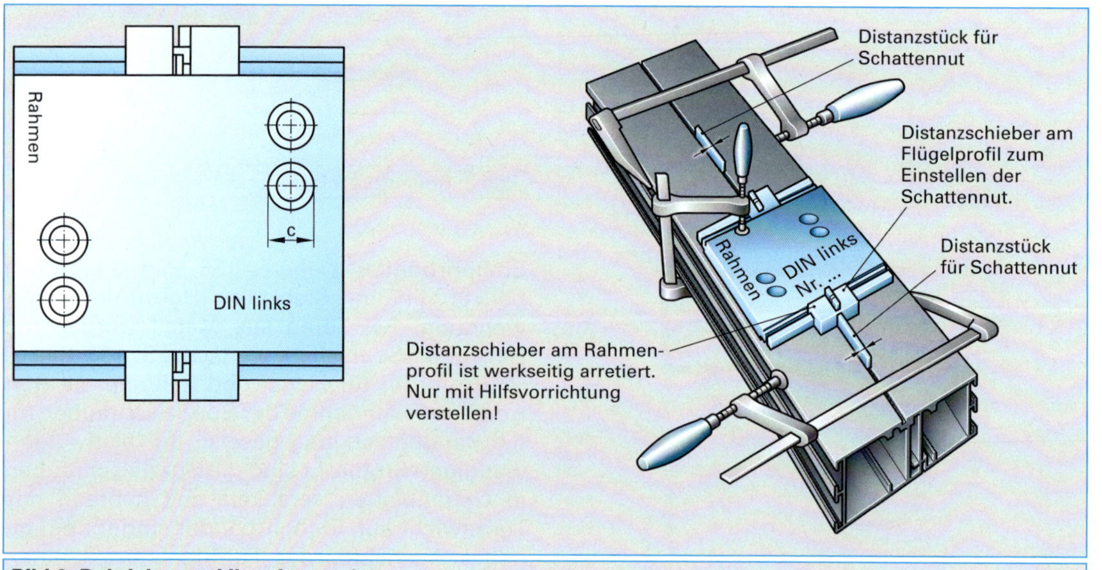

Bild 2: Bohrlehre und ihre Anwendung

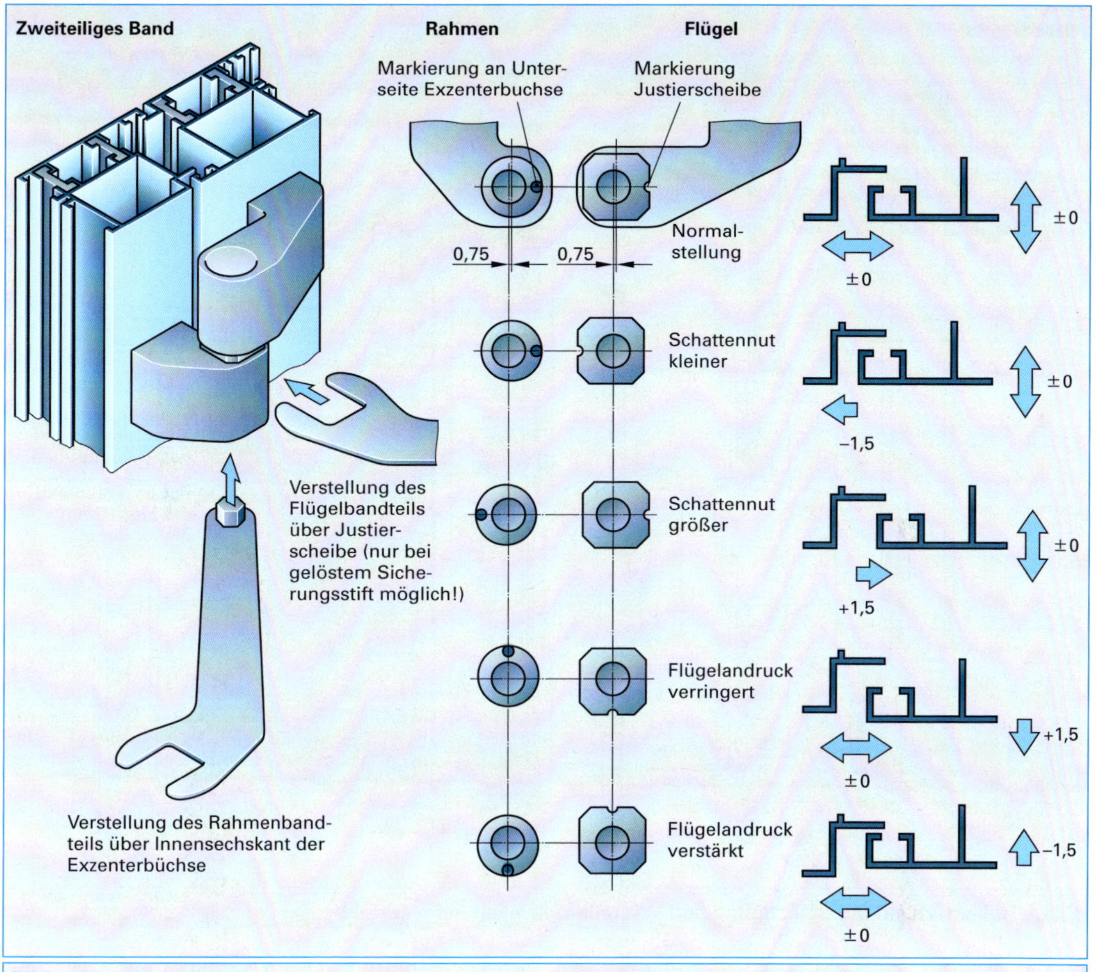

Bild 1: Die Verstellmöglichkeiten eines Einbohrbandes für Schattennut und Flügelandruck

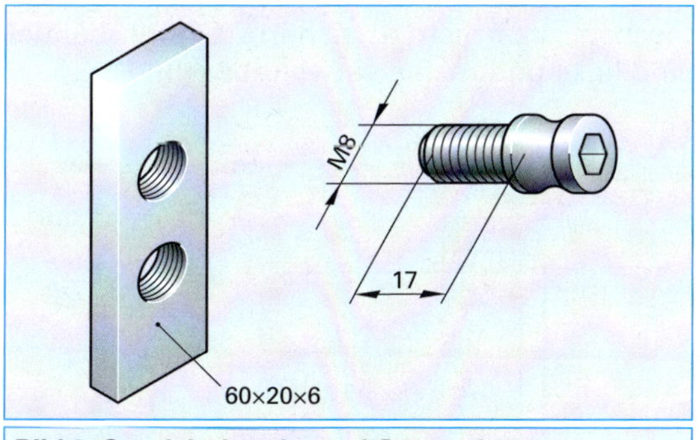

Bild 2: Spezialschraube und Gegenplatte

Neben den für Metalltüren häufig verwendeten Türbändern wie Konstruktionsbänder, Bandrollen und Zapfenbänder, bieten Beschlaghersteller von Systemprofilen für den Türenbau noch besondere Türbänder an wie z. B. Rollentürbänder (siehe S. 162, Bild 1).

Für Holztüren sind Einstemm-, Einbohr-, Aufschraub- und Kombibänder zu unterscheiden. Je nach Gewicht der Türblätter, nach der Gestaltung der Tür und Lage des Türblattes in der Türumrahmung sind die entsprechenden Bänder auszuwählen (siehe S. 163, Bild 1).

Einstemmbänder (Fitschen) werden in überfälzte Holztüren eingesetzt. Sie können einen festen oder losen Stift haben. Beim losen Stift kann man die Tür aushängen, auch wenn nach oben kein Platz zum Hochheben des Türblattes vorhanden ist. Einstemmbänder für Zimmertüren haben eine Länge von 140 mm und 160 mm. Es gibt rechte und linke Bänder (siehe S. 162, Bild 2).

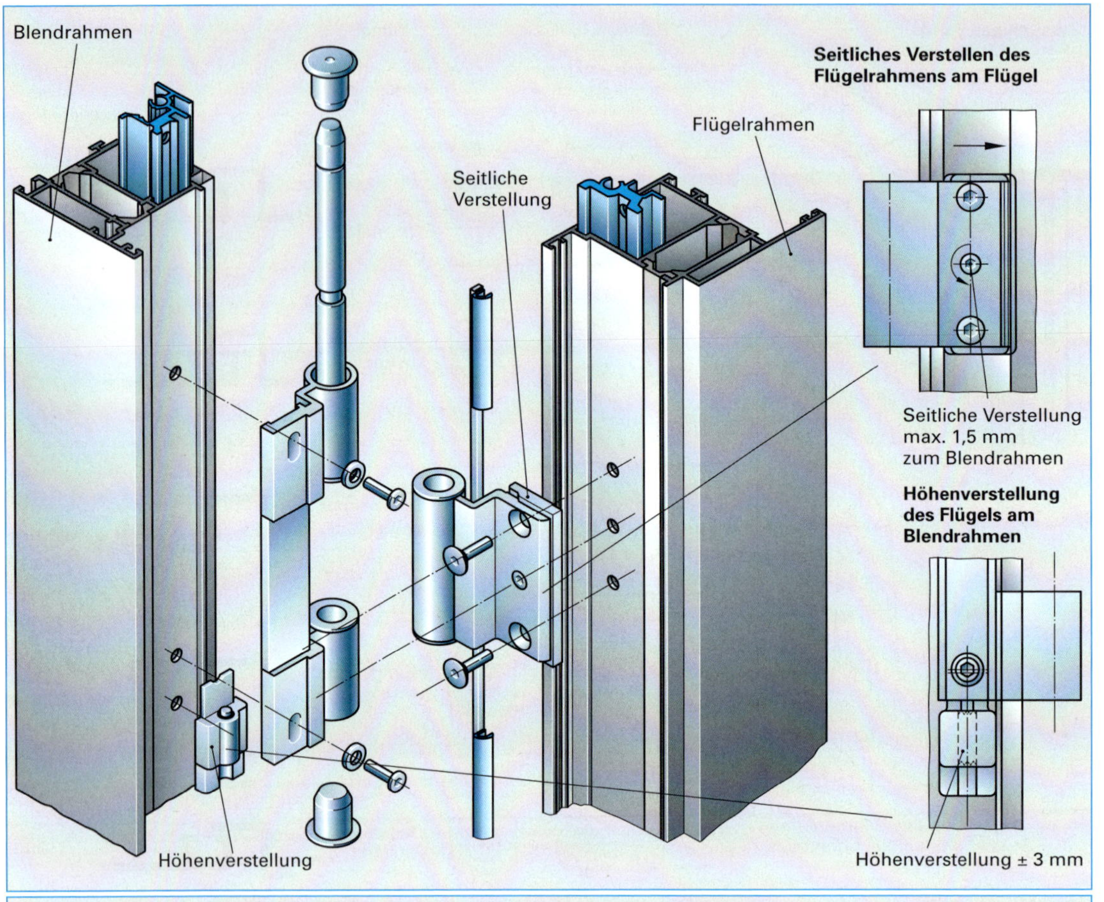

Bild 1: Rollentürband mit Befestigung und Verstellmöglichkeiten im Türfalz

Einbohrbänder für Holztüren ermöglichen mit Hilfe von Bohrlehren ein rasches Anschlagen. Sie kommen vorwiegend bei überfälzten Türen zur Anwendung. Die Einbohrzapfen dieser Bänder haben ein Gewinde oder sind ohne Gewindeprofil. Die Einbohrzapfen mit Gewinde müssen ins Holz eingedreht werden. Dadurch wird die „Luft" d. h. das flächige Aufliegen des Türblattes im Rahmen an der Anschlagseite eingestellt. Glatte Einbohrzapfen sind durch Schrauben, Stifte oder Befestigungstaschen zusätzlich zu sichern. Einbohrbänder sind links und rechts verwendbar (Bild 3).

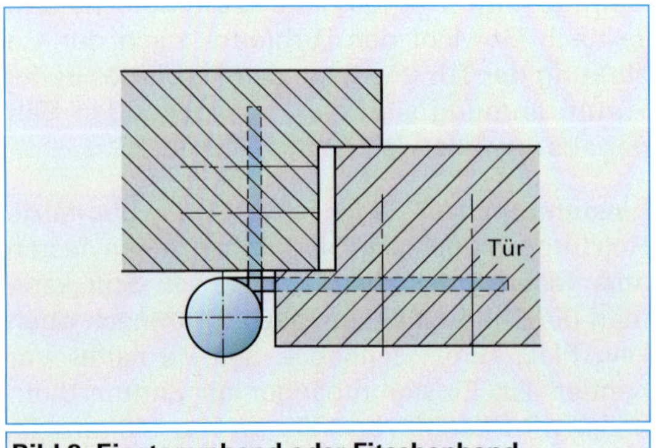

Bild 2: Einstemmband oder Fitschenband

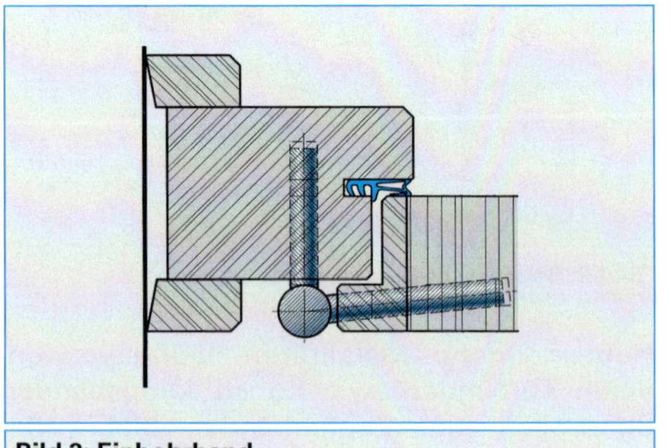

Bild 3: Einbohrband

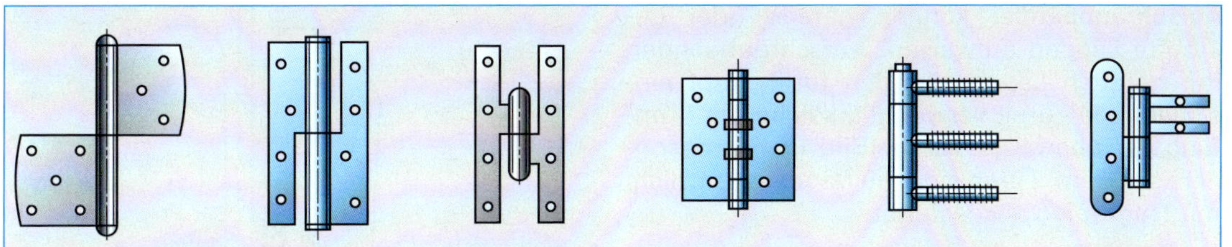

Bild 1: Bänder für Drehtüren (Auswahl) für Holztüren

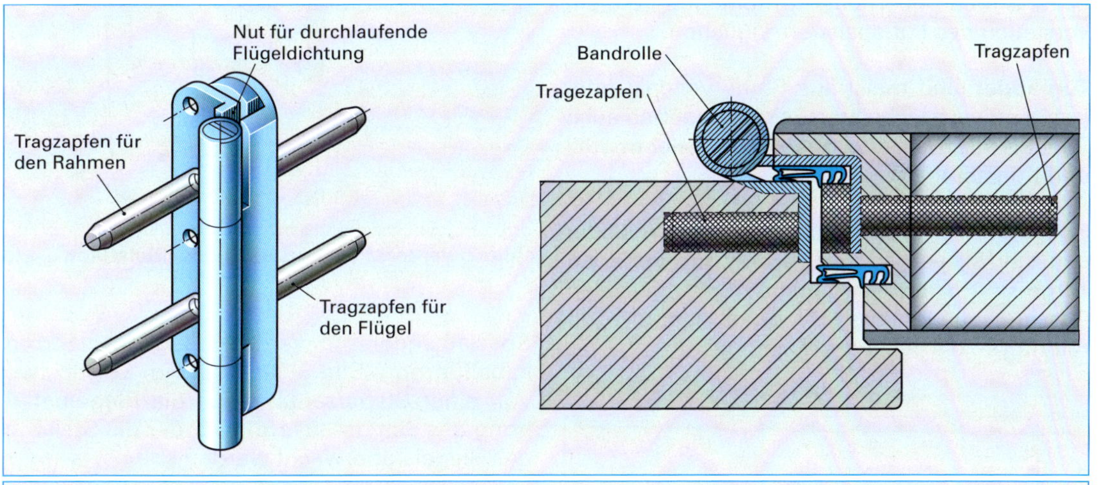

Bild 2: Zweiteiliges Einbohrband

Verstellbare Bänder erlauben eine schnelle Einstellung des Türblattes im Türrahmen. Sie ermöglichen eine Höhen- und Seitenverstellung. Die seitliche Verstellbarkeit dient dazu die Schattenfuge zwischen Türblatt und Türrahmen zu vermitteln (Bild 3).

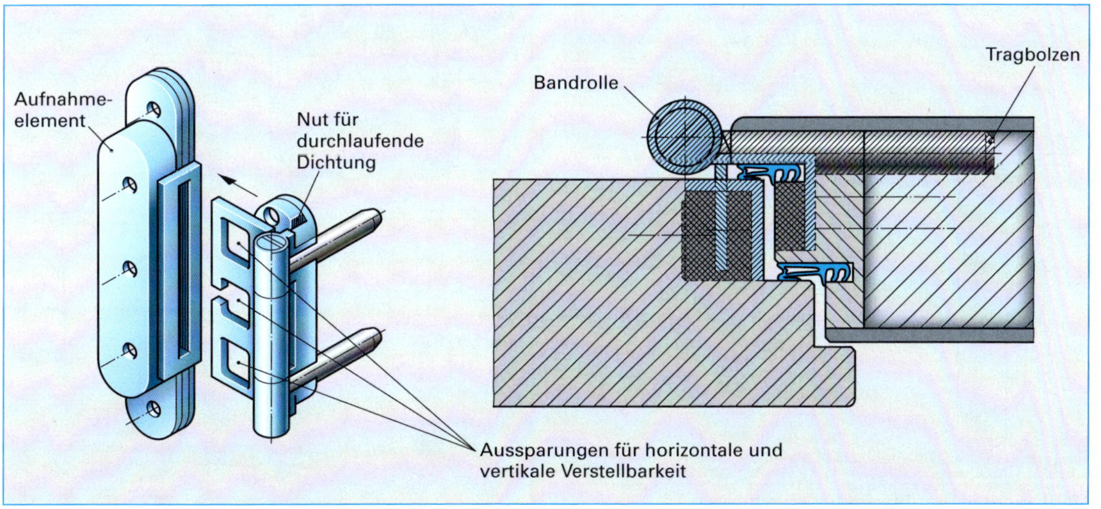

Bild 3: Verstellbares Kombiband

Aufschraubbänder können gerade oder gekröpfte Lappen aufweisen. Aufschraubbänder mit geraden Lappen werden für stumpf einschlagende Türen verwendet, solche mit Kröpfung für überfälzte Türen (Bild 1). Für besonders schwere Türen sind die Bänder zusätzlich mit Tragzapfen ausgestattet.

Kombibänder sind Kombinationen aus Einstemmband und Einbohrband oder Einbohrband und Aufschraubband (siehe S. 163, Bild 1 u. 3). Es gibt ebenfalls Türbänder, die die Tür beim Öffnen heben und Kombibänder, die ein Verstellen des Luftspalts ermöglichen.

Türbänder sind meist aus Stahl, verzinkt oder farbig pulverbeschichtet. Es gibt daneben auch Bänder aus Messing, Edelstahl, Leichtmetall und Kunststoff.

Sollen die Türbänder nicht im Sichtbereich liegen, sind sie verdeckt im Türblatt stirnseitig zur Zarge und in der Zargenleibung eingelassen. Das in Bild 2 dargestellte Band ist für Wohnraumtüren bis 40 kg geeignet.

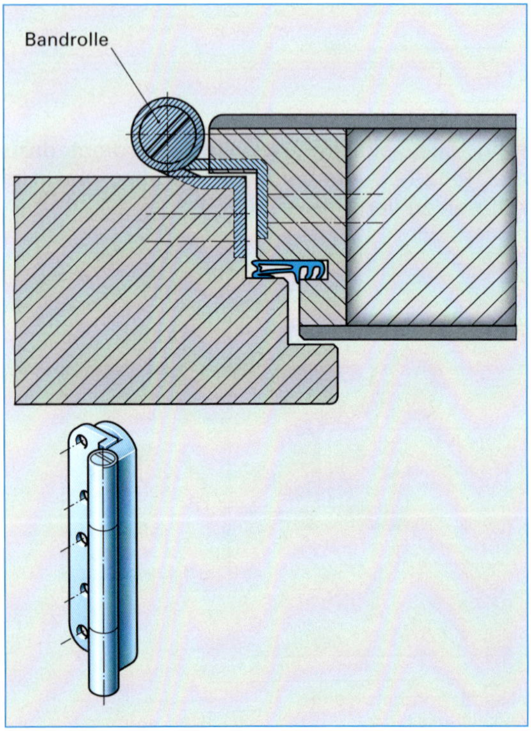

Bild 1: Aufschraubband für überfälzte Wohnungs-Eingangstür

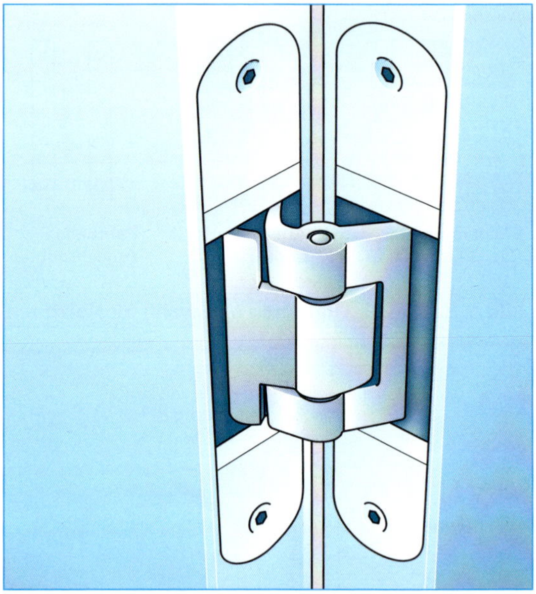

Bild 2: Verdeckt liegendes Band für Holztüren

Spezialbänder mit verdeckt liegender Stromkabelführung (Bild 3) sind dort im Einsatz, wo von einer Steuerzentrale aus die Riegelbetätigung des Schlosses erfolgen oder die Stellung des Riegels überwacht werden soll.

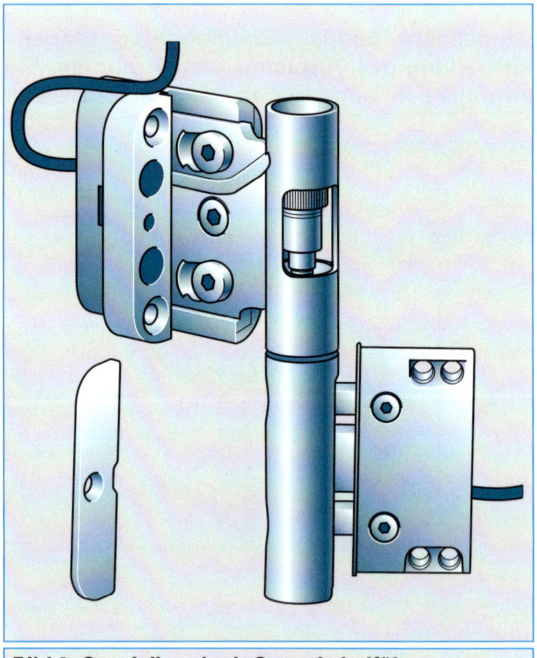

Bild 3: Spezialband mit Stromkabelführung

Schwere Metall- und Holztüren für Hauseingangstüren werden bei der Verwendung eines Bodentürschließers von unten mit einem Traghebel versehen.

Der Traghebel stellt die Verbindung zur Drehachse des Türschließers her, der seitlich vor der Tür im Boden seine Aufnahme findet (Bild 1 u. S. 159, Bild 3).

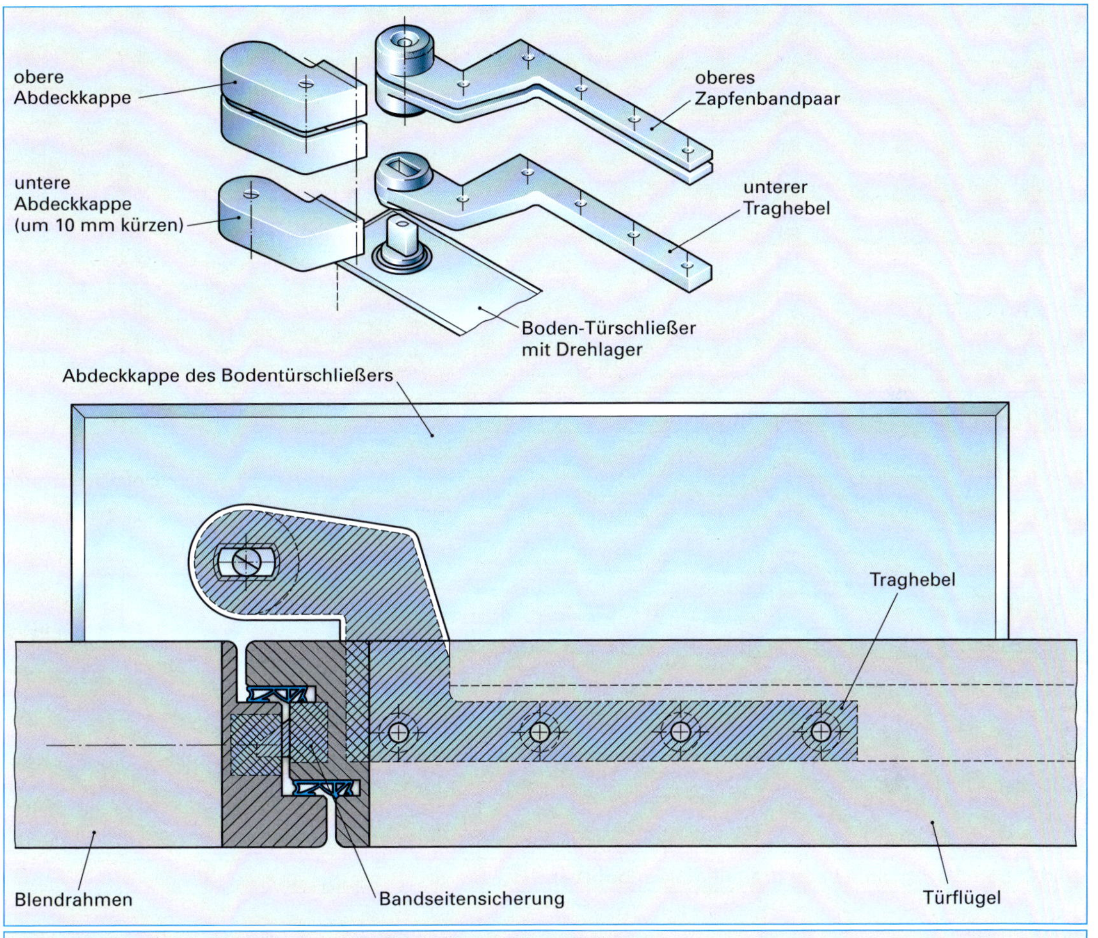

Bild 1: Traghebel in Verbindung mit einem Bodentürschließer

Für Türbänder ist in DIN 18268 eine **Bandbezugslinie** festgelegt. Sie soll für einen einheitlichen Sitz der Türbänder bei industriell gefertigten Türblättern sorgen (siehe S. 166, Bild 2).

Die Bandbezugslinie liegt in der Regel auf der Bandoberkante des Rahmenteiles (Bild 2).

Bei symmetrischen dreiteiligen Einbohrbändern liegt die Bandbezugslinie in Bandmitte.

Die Festlegung der Bandbezugslinie nach DIN 18268 gilt nicht für Türbänder mit Federmechanik und für Pendeltürbänder.

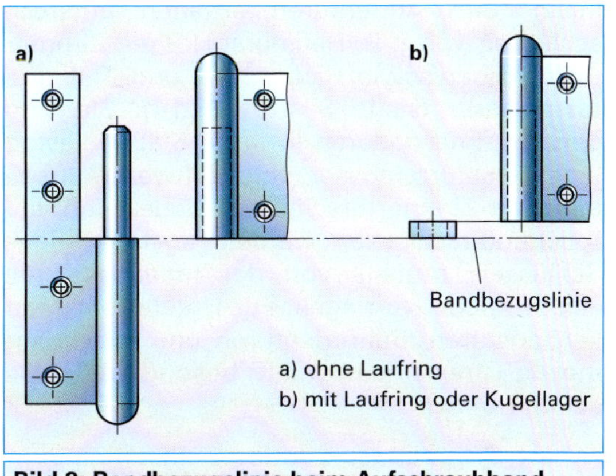

Bild 2: Bandbezugslinie beim Aufschraubband

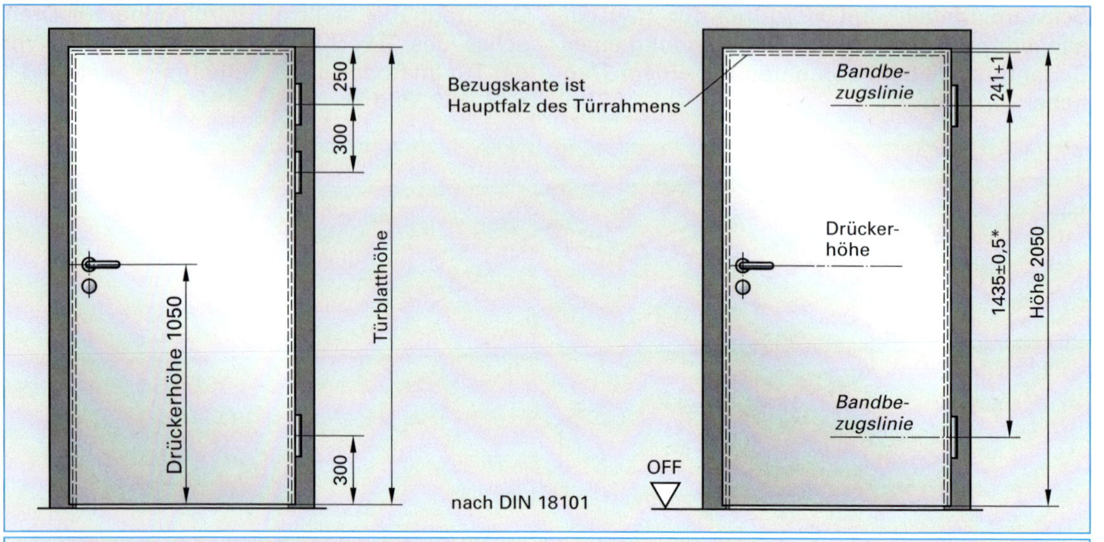

Bild 1: Montagehöhe für Bänder und Schloss

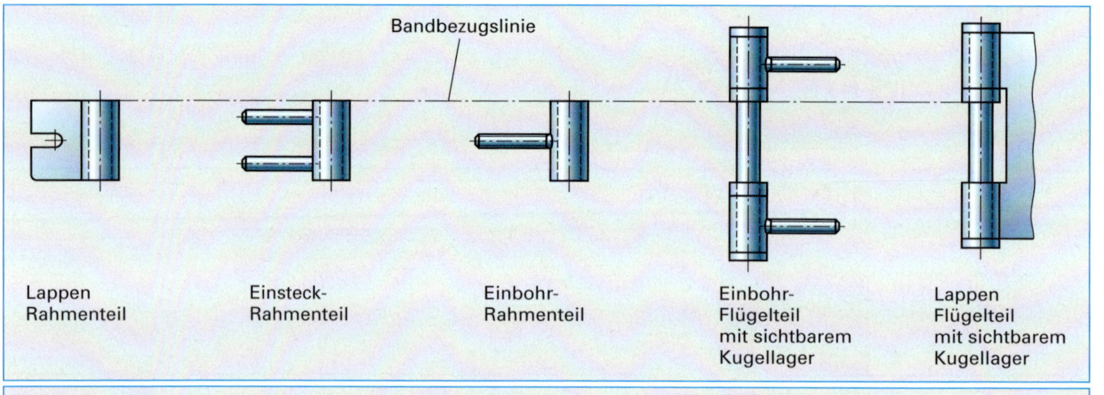

Bild 2: Bandbezugslinie beim dreiteiligen Einbohrband

4.6.2 Türschlösser und Zubehör

Innen- und Außentüren erhalten **Einsteckschlösser**, wie z. B. Haustürschlösser, Zimmertürschlösser sowie Badezellen- und Toilettentürschlösser (siehe S. 167, Bild 1). Sie sind genormt und dadurch in ihren Maßen festgelegt. Haustürschlösser sind schwerer ausgebildet als Zimmertürschlösser. Badezellen und Toilettentürschlösser werden anstelle eines Schlüssels oftmals von der Innenseite mit einem Knebel verriegelt. Für Hoteltüren, Krankenhaustüren, Behördentüren und schalldämmende Türen sind ebenfalls besondere Schlösser im Handel.

Je nach **Sicherungsart** unterscheidet man Buntbartschlösser, Zuhaltungsschlösser, Schlösser für Schließzylinder wie Rund-, Profil- oder Ovalzylinder und Elektronikschlösser, die mit einer Magnetstreifenkarte oder einem Schlüssel mit einem eingebauten Sender oder nur mit einem kleinen Impulsgeber (Transponder) zu öffnen sind. Auch Fingerprint-Elektronikschlösser (Fingerscanner), die den aufgelegten Finger mit den gespeicherten Fingerabdrücken zugangsberechtigter Personen vergleichen und im gegebenen Fall die Tür zum Öffnen frei geben, sind in der Anwendung.

Buntbartschlösser bieten die geringste Sicherheit. Sie werden daher für Zimmertürschlösser verwendet.

Für Haustüren und Wohnungsabschlusstüren sind **Zuhaltungsschlösser** mit Wechsel-, **Profil-** oder **Rundzylinderschlösser** mit Wechsel- oder **Elektronikschlössern** im Gebrauch. Sie bieten die höchste Sicherheit. Die Bezeichnung **„mit Wechsel"** bedeutet, dass die Schlossfalle mit dem Schlüssel betätigt wird. Türen mit solchen Schlössern erhalten auf der Außenseite einen Knopf oder Knauf. Die Form des Schlüssels bzw. Schlüsselbartes gibt Aufschluss über die Bauart des Schlosses (Bild 2).

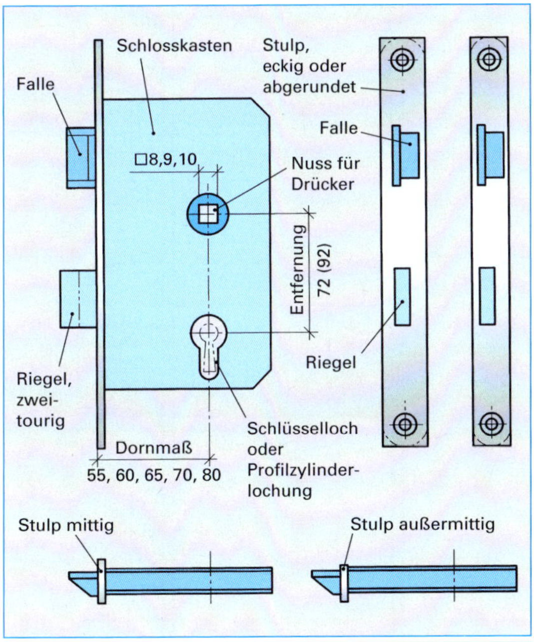

Bild 1: Einsteckschloss für Stumpf- und Falztüren

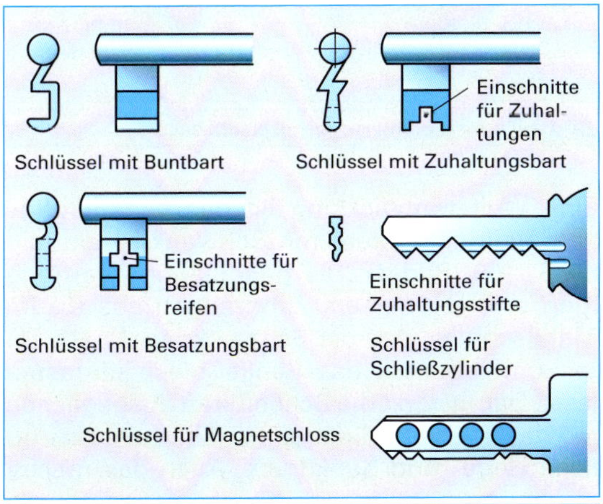

Bild 2: Schlüsselarten

Eine geschlossene, aber nicht verriegelte Tür bietet keinen Schutz vor unbefugtem Öffnen – auch wenn die Wohnungstür von außen keinen Drücker hat. Mit einfachen Mitteln lässt sich die eingeschnappte Falle zurückdrücken und so die Wohnungstür öffnen.

Durch den Einbau eines Schlosses mit **Fallenverriegelung** (Bild 3) wird diese Schwachstelle behoben. Mit dem Zufallen der Tür wird eine Automatiksperre ausgelöst, die ein gewaltsames Zurückdrücken der Falle von außen verhindert. Die automatische Fallensperre wird von innen durch Drückerbetätigung, von außen mit dem passenden Schlüssel aufgehoben.

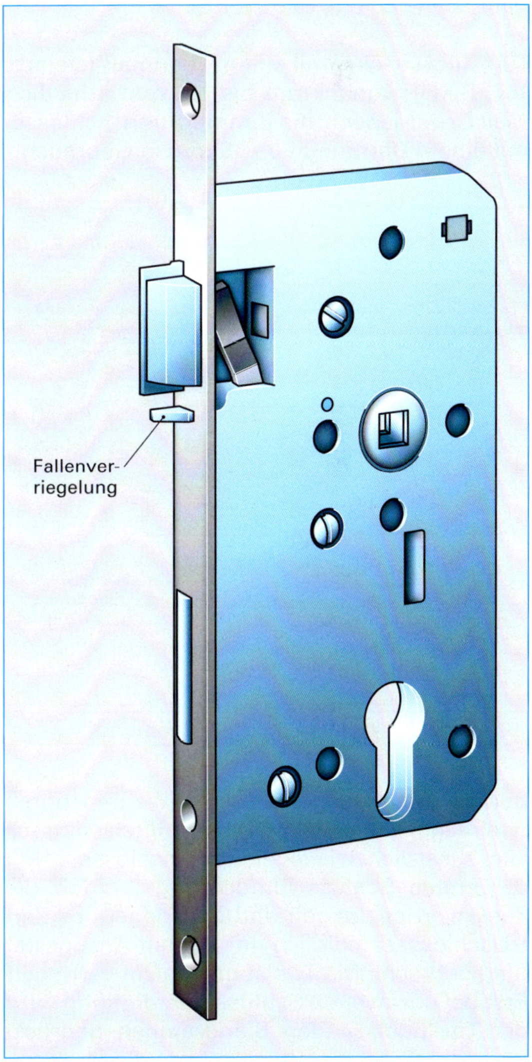

Bild 3: Schloss mit Fallenverriegelung

Für eine rechts angeschlagene Tür benötigt man ein **Rechtsschloss (R)**, für eine links angeschlagene Tür ein **Linksschloss (L)**. Es sind aber auch Einsteckschlösser im Handel, bei denen die Falle umgesteckt werden kann, sodass das Einsteckschloss rechts oder links zu verwenden ist.

Man unterscheidet Schlösser für gefalzte und für stumpf eingeschlagene Türen. Bei Schlössern für stumpf eingeschlagene Türen liegt der Stulp mittig auf dem Schlosskasten, für überfälzte Türen ist der Stulp einseitig mit dem Schlosskasten bündig (siehe S. 167, Bild 1). Für furnierte, überfälzte Türen wird meistens ein Schließblech mit schmalem Schenkel eingebaut (siehe S. 170, Bild 2).

Türschlösser sind mit einem **Dornmaß** (siehe S. 167, Bild 1) von 25 mm bis 100 mm erhältlich. Meist sind jedoch für Zimmertüren Schlösser mit einem Dornmaß von **55 mm** in Gebrauch.

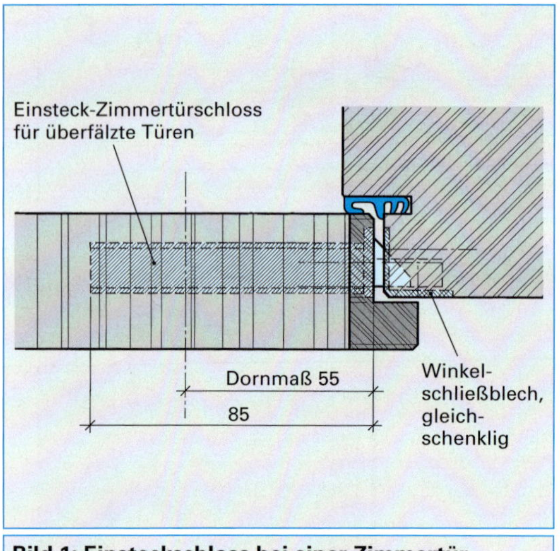

Bild 1: Einsteckschloss bei einer Zimmertür

Für Außentüren hat sich das 4-Punktschloss (Bild 2) bewährt, das im Sturz- und Fußbereich mit geraden Riegeln zusätzlichen verriegelt. Höheren Schutz und leichteres Schließen bietet das 6-Punkt- und das 10-Punktschloss mit nach vorn verjüngten Bolzenriegeln.

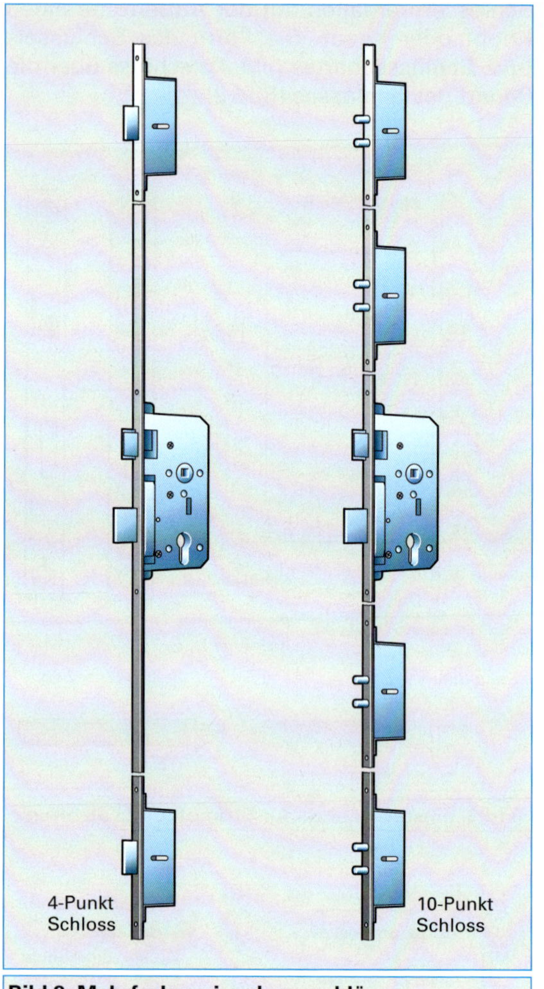

Bild 2: Mehrfachverriegelungsschlösser

Bei der Mehrfachverriegelung werden durch zweimaliges Schließen des Mittelschlosses alle zusätzlichen Riegel vorgeschlossen. Mit der ersten Schlüsselumdrehung werden die Zusatzverriegelungen und der Riegel des Zentralschlosses lediglich in Vorlauf-Anzugsstellung gebracht. Die Tür ist noch nicht verriegelt. Erst bei der zweiten Schlüsselumdrehung wird der Türflügel an den Blendrahmen gedrückt und alle Riegel gleiten in ihre Endstellung. Gleichzeitig wird die Falle blockiert.

Eine Weiterentwicklung ist das gegenläufige Verriegelungssystem mit Schwenkriegeln (siehe S. 169, Bild 1). Die gegenläufige Verriegelung erfolgt über ein Zahnradgetriebe (b) im Mittelschloss, das die Schwenkriegel nach unten und oben in das Schließblech einrasten lässt. Damit wirkt die Schließkraft ausgeglichen auf das Türblatt, denn es entfällt der sonst übliche Hebe- und Senkdruck. Auch das mechanische Aushebeln wird durch diese „Gegendrucksicherung" zusätzlich erschwert.

Die Krallen-Schwenkriegel aus vernickeltem, gehärtetem Stahl (oder aus geschmiedetem Messing) greifen in Verschlussstellung nicht nur tief in das Schließblech ein, sondern hinterkrallen sich gleichzeitig (Bild 1c). Das ist eine weitere Sicherung gegen das Auseinanderziehen von Türrahmen und Türblatt. Der Schwenkriegelkopf ist konisch geformt und ermöglicht damit eine Verstellung des Anpressdruckes im Schließblech. So werden Toleranzen des Türsystems fein justiert und ausgeglichen.

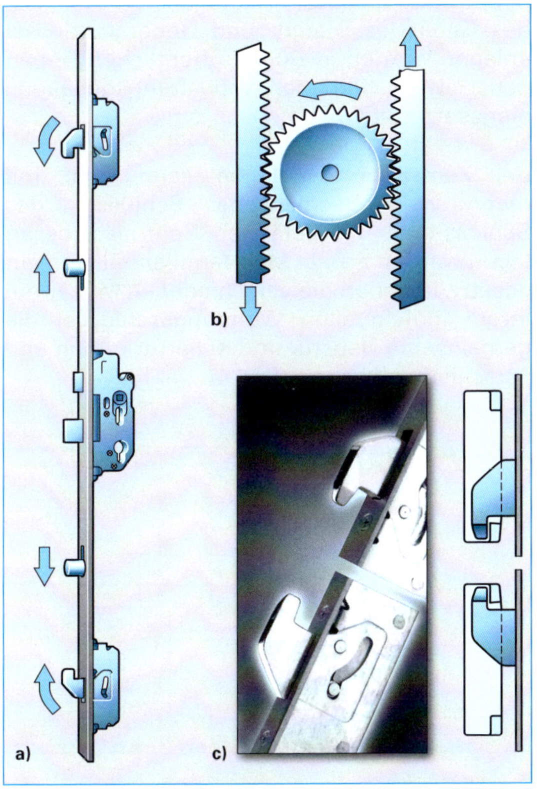

Bild 1: a) Mehrfachverriegelung mit gegenläufigen Schwenkriegeln
b) gegenläufige Zahnstangenbewegung
c) Hinterkrallung in Verschlussstellung

Schlosszubehör

Schlosszubehör sind die Drückergarnituren, das Schließblech, der Schließzylinder und die Zusatzverriegelung.

Zu einer vollständigen **Türdrückergarnitur** gehören zwei Drücker, ein Drückerstift und die Türschilder oder Schlüsselrosetten (Bild 2 u. 3). Wird die Tür nur von einer Seite mit einem Türdrücker versehen und die andere Seite mit

Bild 2: Türdrückergarnitur

Bild 3: Rosetten für Profilzylinder

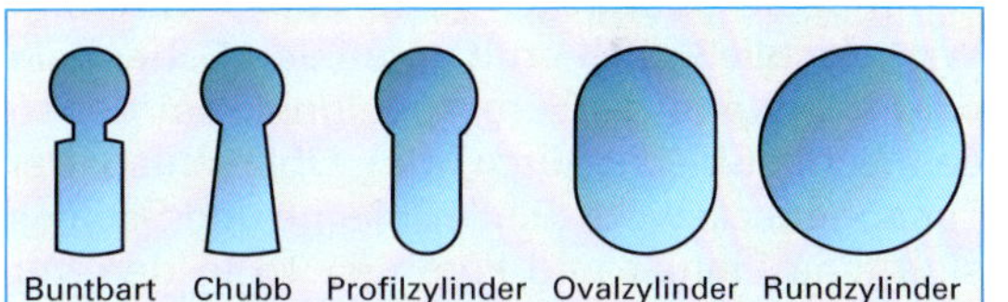

Bild 4: Lochungsarten in Schlüsselschildern

einem Knopf oder Griff (wie bei Wohnungseingangstüren), ist ein **Wechselstift** erforderlich. Der Wechselstift wird auf dem Schlosskasten oder am Knopfschild befestigt; er erlaubt die Befestigung des Türdrückers auf der Türinnenseite und ermöglicht dadurch die Türdrückerbetätigung.

Als Werkstoff für die Drückergarnituren wird Leichtmetall eloxiert, Temperguss oder Grauguss schwarz gebrannt, Messing, Edelstahl oder Kunststoff verwendet.

Bei Zimmertüreinsteckschlössern beträgt die **Entfernung** von Mitte Türdrücker bis Mitte Dorn 72 mm, bei Haustürschlössern 92 mm (siehe S. 167, Bild 1). Das Türschild muss zum Schlüssel bzw. Profil des Schließzylinders passen (Bild 4).

Statt der Türschilder kommen auch Drückerrosetten oder Knöpfe mit Rosetten zur Anwendung (Bild 3).

Die **Schließzylinder** für Einsteckschlösser werden in der Regel gesondert geliefert. Sie werden im Schloss mit der Befestigungsschraube (Stulpschraube) verbunden (siehe S. 170, Bild 1).

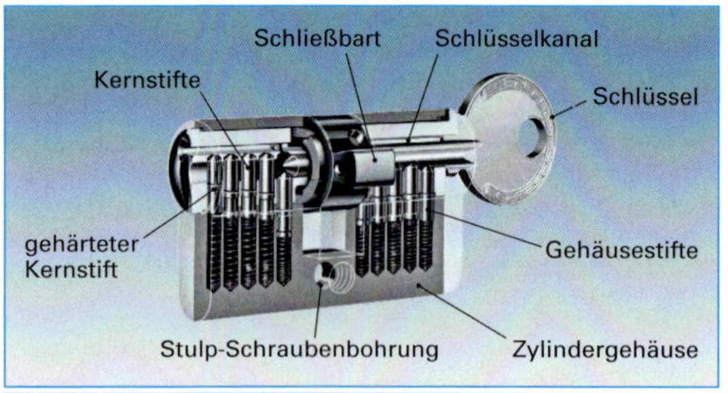

Bild 1: Schließzylinder im Schnitt

Falle und Riegel der Schlösser fassen in das Schließblech ein. Man unterscheidet Winkelschließbleche und Lappenschließbleche (Bild 2). **Winkelschließbleche mit gleichen Schenkeln** kommen bei überfälzten Türen zur Anwendung. **Winkelschließbleche mit schmalen Schenkeln** sind für überfälzte Türen geeignet, bei denen das Schließblech durch den Überschlag der Tür abgedeckt wird. Schließbleche und Schloss sind eine Einheit und kommen so in den Verkauf. Einige Firmen haben volleinfräsbare, links und rechts verwendbare Schließbleche entwickelt. **Lappenschließbleche** sind für stumpf einschlagenden Türen geeignet.

Bei zweiflügeligen Türen (Stulptüren) ist in der Türkante am mittleren Überschlag (Stulp) des festzustellenden Flügels (Standflügel) oben und unten ein **Kantriegel** eingelassen (Bild 3). Der obere Riegel fasst oben in den Türrahmen, der untere in den Fußboden.

Bild 2: Schließblecharten

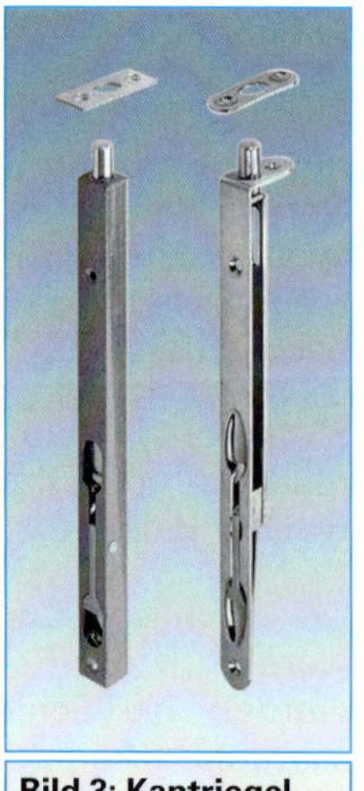

Bild 3: Kantriegel

Schließanlagen

Schließanlagen ermöglichen ein Öffnen und Verschließen mehrerer Türen mit einem Schlüssel oder das Öffnen und Verschließen einer zentralen Tür mit verschiedenen Einzelschlüsseln. Man unterscheidet Haupt- bzw. Generalhauptschlüsselanlagen und Zentralschlossanlagen.

Bei **Hauptschlüsselanlagen** können die Schlösser mehrerer Türen mit einem Schlüssel, dem Hauptschlüssel, betätigt werden. Der Generalhauptschlüssel passt in sämtliche Türschlösser des Gebäudes. Haupt- und Generalschlüsselanlagen werden in Büros, öffentlichen Gebäuden, Gewerbebetrieben, Verwaltungsgebäuden eingesetzt (Bild 4).

Bei **Zentralschlossanlagen** kann man mit mehreren unterschiedlichen Schlüsseln das Schloss einer Tür betätigen. Zentralschlossanlagen werden z. B. in Mehrfamilienhäusern eingesetzt, in denen die verschiedenen Mieter mit ihrem individuellen Wohnungsschlüssel die gemeinsame Haustür und Kellertür öffnen und verschließen können (Bild 4).

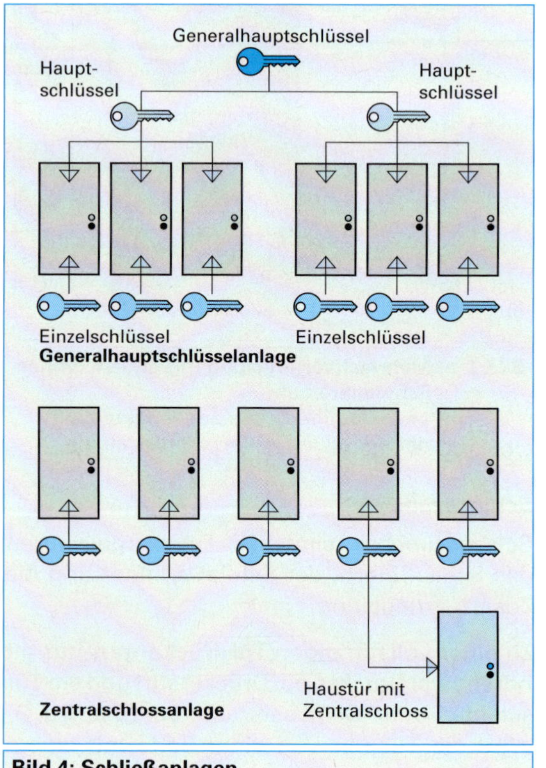

Bild 4: Schließanlagen

Schlüssel für Schließanlagen unterscheiden sich von herkömmlichen Schlüsseln für Einzel-Türausstattungen durch ein besonderes Schlüsselprofil und durch ein oder zwei zusätzliche Einfräsungen. Während der Standard-Profilzylinder mit 5 Stiftzuhaltungen ausgestattet ist, zeigen Schlösser für Schließanlagen sechs oder sieben Stiftzuhaltungen und entsprechende Einschnitte im Schlüssel. Der Umfang der Schlösservariationen für Schließanlagen ist dennoch begrenzt. Daher haben sich die Magnetstreifenkarte und der Transponder für große Schließanlagen in z. B. Hotels oder Verwaltungsgebäuden durchgesetzt. Der Verlust einer Magnetstreifenkarte oder eines Transponders kann relativ schnell durch Codierung einer neuen Karte oder eines Transponder erfolgen, wobei bei einer verlorenen Magnetstreifenkarte deren Zutrittsberechtigung ebenfalls an den zugehörigen Schlössern gelöscht werden kann. Der Vorteil der Elektronikschlösser mit Bedienung durch eine Magnetstreifenkarte oder eines Transponders liegt aber auch in den Möglichkeiten einer Zutrittskontrolle. Mit Auslesegeräten kann ein Protokoll erstellt werden, welche Schlüsselinhaber zu welchen Uhrzeiten und an welchen Tagen den entsprechenden Raum aufgesucht haben.

4.6.3 Türschließer

Aufgabe von Türschließern ist, geöffnete Türen langsam wieder zu schließen und in manchen Fällen auch zu verriegeln. Sonderbauarten ermöglichen das Offenhalten von Türen in einer bestimmten Position und übernehmen bei zweiflügeligen Türen die Funktion eines Schließfolgereglers. Federbänder (Bild 1) und Türfedern gelten nicht als Türschließer. Man kann sie als „Zuwerfung" bezeichnen, weil sie ohne Dämpfung arbeiten.

Funktion

Um eine Tür aufzustoßen, ist Arbeit erforderlich (Arbeit = Kraft × Weg). Die dazu notwendige Energie wird über den Scheren- und Hauptarm auf das Türschließergehäuse der sich öffnenden Tür übertragen und spannt dort eine Feder. Die gespeicherte Federenergie wird genutzt, um die Tür wieder zu schließen. Ein Ölkreislauf mit einstellbarem Drosselventil sorgt für einen gedämpften Schließvorgang.

Je nach Lage unterscheidet man unterschiedliche Bauarten: Obentürschließer, Rahmentürschließer und Bodentürschließer.

Ein viel eingesetzter Schließer ist der **Zahntrieb-Türschließer** mit Scherengestänge. Beim Öffnen der Tür beschreibt der Hauptarm einen Kreisbogen (siehe S. 172, Bild 1). Der Hauptarm ist mit einer verzahnten Achse (Ritzel) verbunden, die senkrecht durch das Schließergehäuse läuft. Die drehenden Ritzelzähne greifen in eine Zahnstange, die Teil des Kolbens ist und versetzen diesen in eine lineare Bewegung. Der Kolben drückt die Feder zusammen. Sobald die Tür losgelassen wird, entspannt sich die Feder und schiebt dabei den Kolben in die entgegengesetzte Richtung (siehe S. 172, Bilder 2 u. 3). Die Zahnstange des Kolbens versetzt das Ritzel in Drehung und der Hauptarm drückt die Tür wieder in die Ausgangsposition. Je nach Einstellung des Drosselventils erfolgt die Schließung der Tür mit Verzögerung.

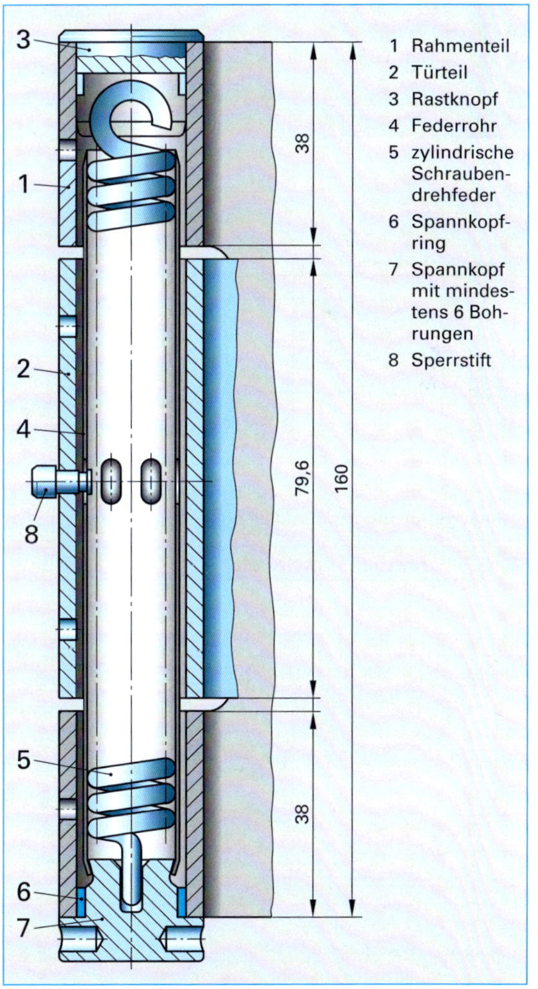

Bild 1: Federband DIN 18272

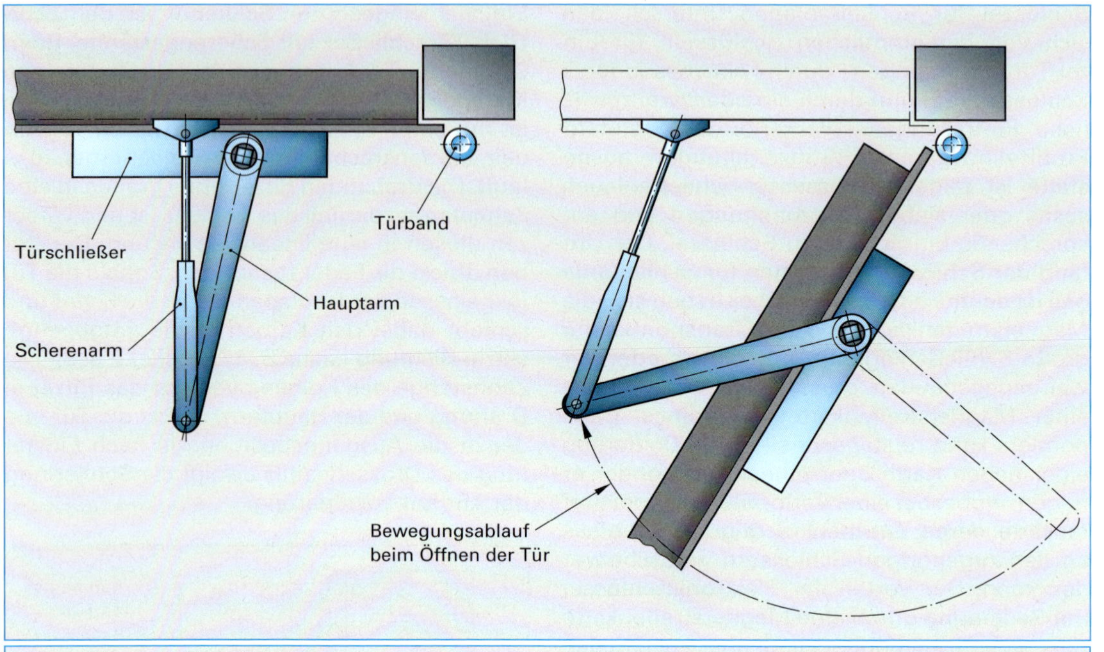

Bild 1: Zahntrieb-Türschließer

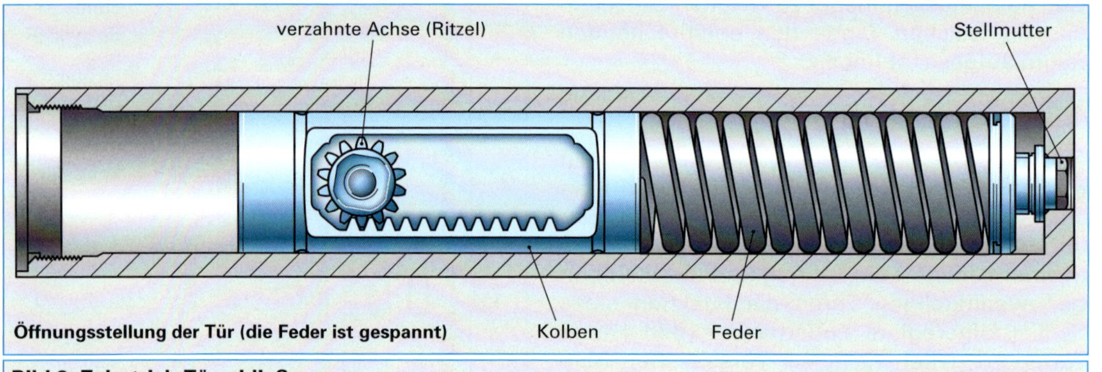

Bild 2: Zahntrieb-Türschließer

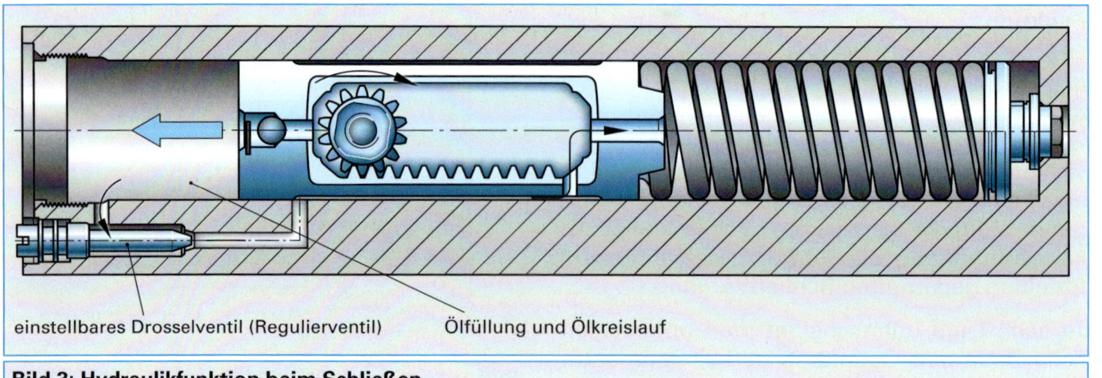

Bild 3: Hydraulikfunktion beim Schließen

Ein Nachteil des Scherengestänge ist, dass es frei in den Raum ragt und leicht beschädigt werden kann, z. B. durch Vandalismus. Bei einem **Gleitschienen-Türschließer** liegt je nach Montageart das Gestänge flach am Türrahmen (Türblatt-Montage, Bild 1 a) oder am Türblatt an (Rahmenmontage, Bild 1 b). Neben Ausführungen mit Zahntrieb werden Türschließer mit Gleitschiene angeboten, bei denen sich im Schließergehäuse ein herzförmiger Nocken dreht, der über Ablaufrollen den Kolben bewegt und die Feder spannt (Bild 2).

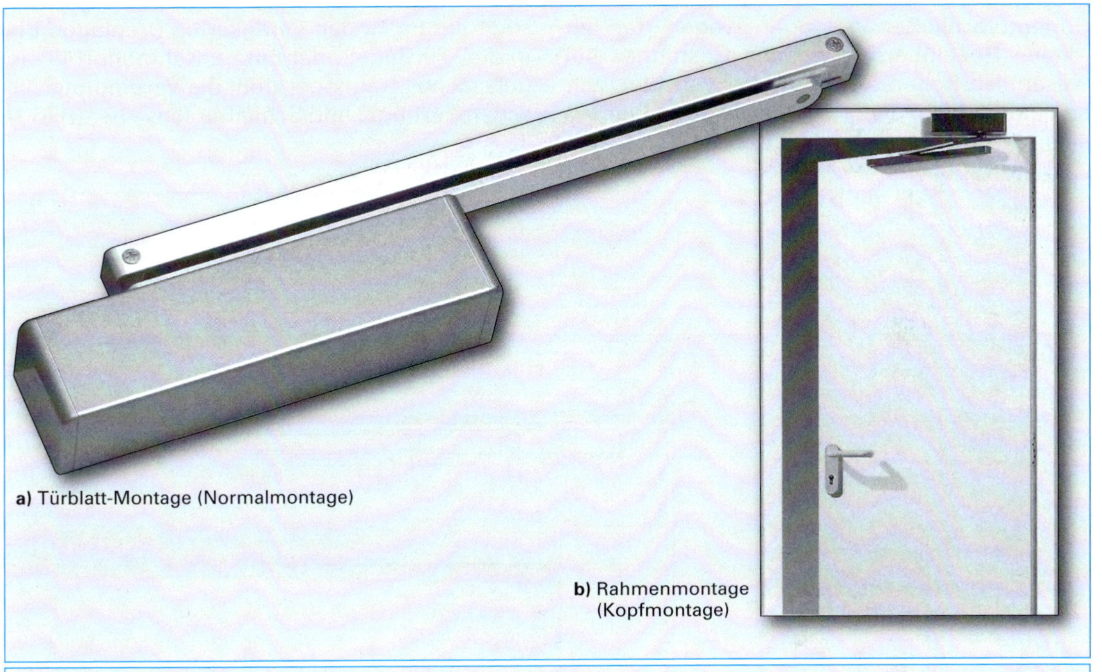

Bild 1: Gleitschienen-Türschließer

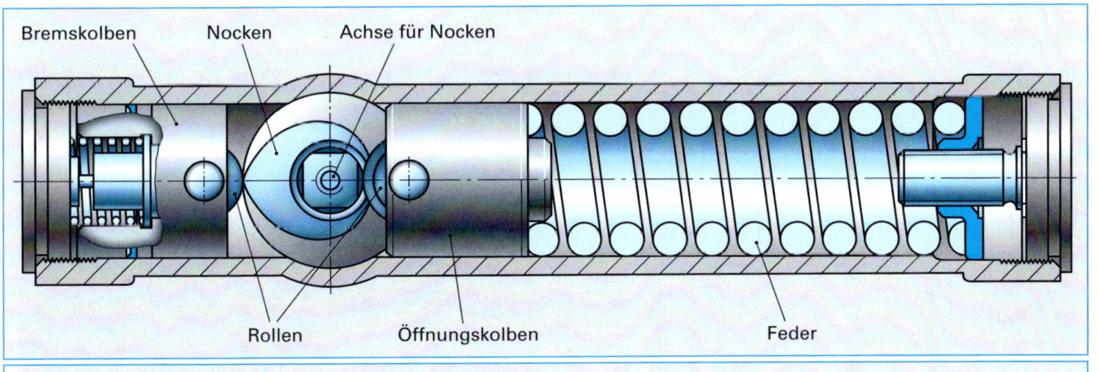

Bild 2: Türschließer mit Nockensteuerung

Bodentürschließer gibt es für Pendel- und Anschlagtüren (siehe S. 175, Bild 1). Bei einem Bodentürschließer für Anschlagtüren ist ein Traghebel, der mit der Unterkante des Flügels verschraubt ist, formschlüssig mit dem unteren Drehpunkt, der Schließerachse, verbunden. Am oberen Ende der Tür verbindet ein Zapfenband den Türflügel mit dem Blendrahmen oder der Zarge. Nur wenn der obere Drehpunkt exakt mit der Schließerachse fluchtet, lässt sich das Türblatt leicht bewegen.

Eine besondere Bedeutung kommt dem Korrosionsschutz zu, denn das Schließergehäuse (Zementkasten) liegt unterhalb der fertigen Fußbodenoberfläche (OFF). Eine Versiegelung gegen jede Art von eindringender Flüssigkeit (z. B. Reinigungswasser) und Schmutz ist Stand der Technik.

Bodentürschließer verlangen wegen der fehlenden Hebelübersetzung des Gestänges ein wesentlich höheres Drehmoment an der Achse, damit sich die Tür bestimmungsgemäß schließt. Im Unterschied zu den Zahntrieb-Türschließern überträgt sich bei den Bodentürschließern die Drehbewegung der Steuerkurve auf eine Federschwinge, die über einen Kolben die Schließfeder zusammendrückt.

Rahmentürschließer für Pendel- und Anschlagtüren sind unsichtbar in das obere Querprofil des Blendrahmens eingebaut. Das Türgewicht trägt ein im Boden verankertes Drehlager. Ein in den Türflügel oder untere Rahmenprofil eingelassener Traghebel stellt die Verbindung zwischen Türflügel und Schließerachse her (Bild 1).

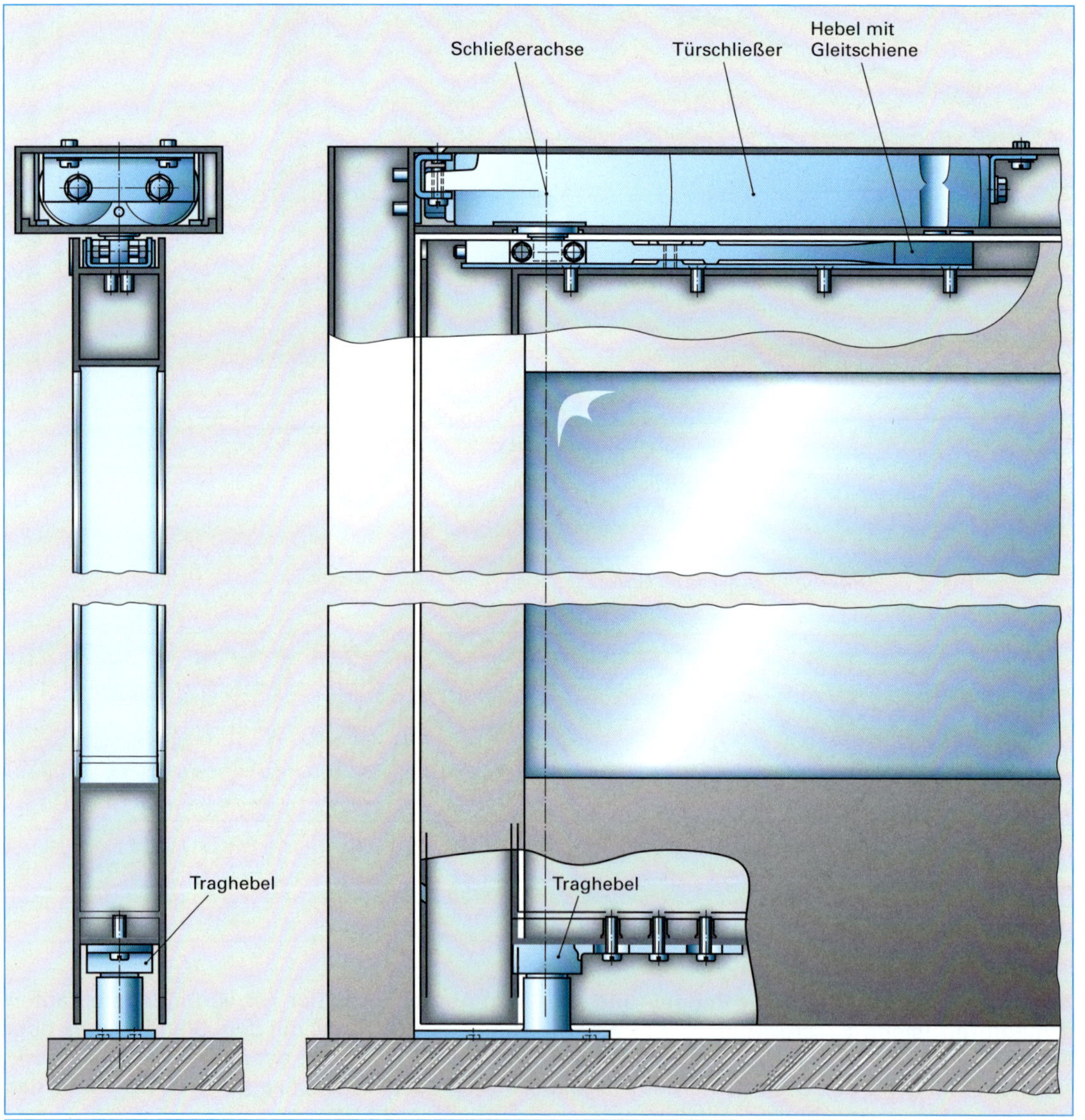

Bild 1: Einbausituation eines Rahmentürschließers in eine Aluminium-Pendeltür

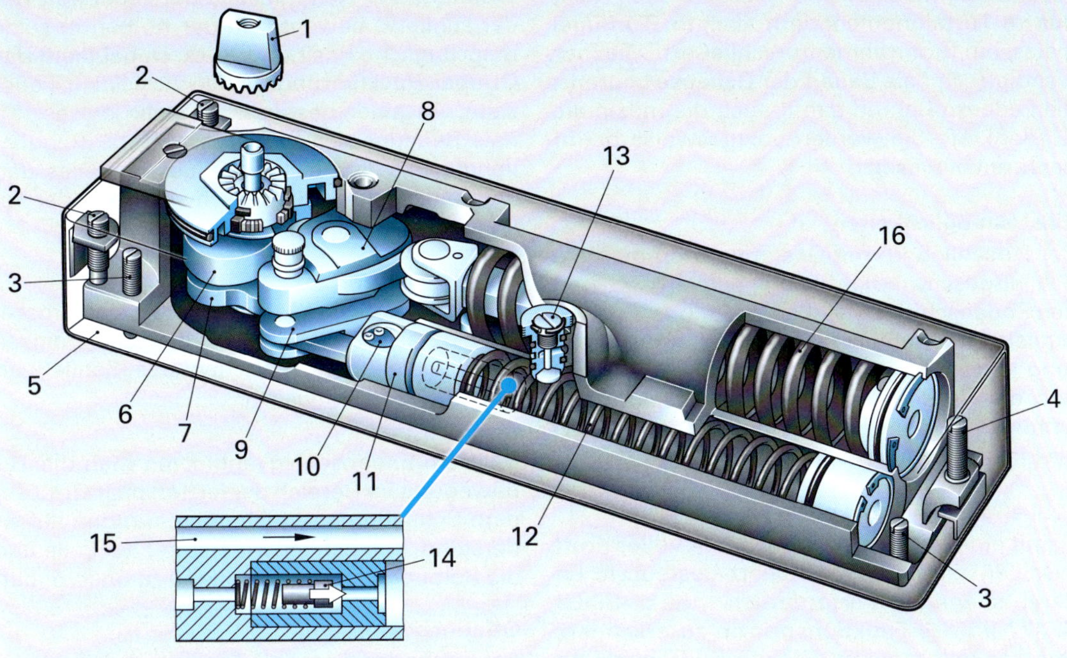

1 Stirnverzahnte Achse
2 Klemmschraube
3 Höhenverstellschraube
4 Befestigungsschraube
5 Zementkasten
6 Steuerkurve Schließkraft
7 Steuerkurve Hydraulikeinheit
8 Federschwinge
9 Kolbenschwinge
10 Ölsieb
11 Kolben
12 Kolbenfeder
13 Regulierventil
14 Sicherheitsventil
15 Ölrückführungskanal
16 Schließfeder
17 Kugelkranz für Feststellung
18 Verstellung/Feststellung
19 Feststellung: EIN/AUS
20 Schließkraft-Verstellung

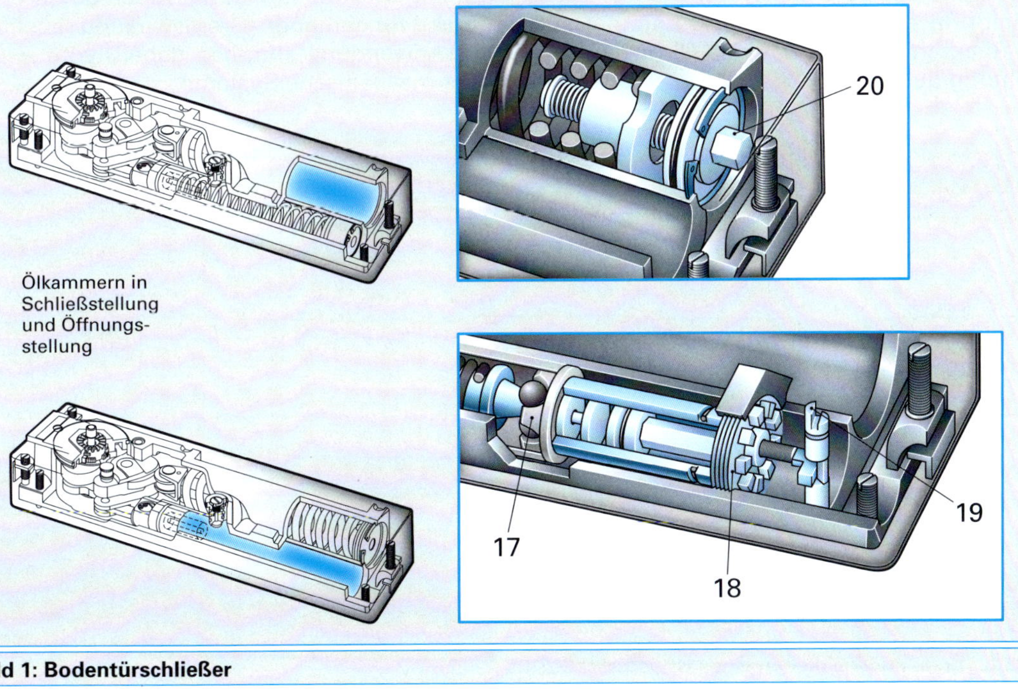

Bild 1: Bodentürschließer

Türschließermechanismen lassen sich nicht nur im Türrahmen sondern auch im Türflügel einlassen (Rohrrahmentürschließer). Die notwendige schmale Bauart der Gehäuse begrenzt die Federgröße und damit auch die maximale Schließkraft. Sie werden vorzugsweise bei Innentüren eingesetzt.

Einstellmöglichkeiten

Bei Türschließern mit Gestänge kann man die Schließgeschwindigkeit, die Schließkraft und den Endanschlag einstellen. Bei modernen Türschließern kommen noch die Öffnungsdämpfung (z. B. bei einer vom Wind erfassten Tür) und die Schließverzögerung bei bestimmten Öffnungswinkeln (z. B. zwischen 70° und 120°) als Einstellmöglichkeiten hinzu.

Schließgeschwindigkeit

Damit eine geöffnete Tür nicht mit voller Kraft zuschlägt, ist eine kontrolliert gesteuerte Federentspannung erforderlich. Aus Bild 3, S. 172 ist das Funktionsprinzip zu erkennen: Das Schließergehäuse ist mit Hydrauliköl gefüllt. Da sich Flüssigkeiten nicht verdichten lassen, wird das Öl bei jeder Bewegung des Kolbens über dafür vorgesehene Kanäle jeweils in Gegenrichtung verdrängt. Beim Öffnen der Tür wandert das Öl durch eine Bohrung im Kolben in den Teil des Schließergehäuses, den der Kolben bei seiner Vorwärtsbewegung freigibt. In der Kolbenbohrung befindet sich ein Rückschlagventil, das das Öl nur in einer Richtung durchlässt.

Wenn die Tür sich mit Hilfe der Federkraft wieder schließt, bewegt sich der Kolben in seine ursprüngliche Position zurück. Dabei fließt das Öl über Rückführungskanäle zurück zur Federseite. An einer bestimmten Stelle dieses Kanals befindet sich ein Drosselventil (Regulierventil), mit dem sich der Fluss des Öles und damit auch die Schließgeschwindigkeit der Tür steuern lässt (Bild 1).

Endanschlag

Verfügt der Schließer über mehrere Drosselventile, lässt sich die Schließgeschwindigkeit in verschiedenen Bereichen des Schließwinkels gezielt beeinflussen.

Beispiel:
Mit dem Endanschlagventil kann man die Türbewegung im Bereich der letzten paar Grad vor dem Schließen beschleunigen, um den Luftwiderstand, den Schließwiderstand der Falle und die Reibung der Türdichtungen zu überwinden.

Öffnungsdämpfung

Am Fußboden oder an angrenzende Wände angebrachte Türstopper begrenzen den Öffnungswinkel von Türen. Von Nachteil ist aber, dass sie die Tür zu abrupt stoppen und dadurch die Türanlage beschädigen können. Abhilfe schaffen Türschließer mit integrierter Öffnungsdämpfung, die eine mit der Geschwindigkeit der aufgeworfenen Tür, u. a. auch durch Winddruck, zunehmende Bremswirkung ausüben. Zur Anwendung kommen dabei hydraulische oder mechanische Systeme.

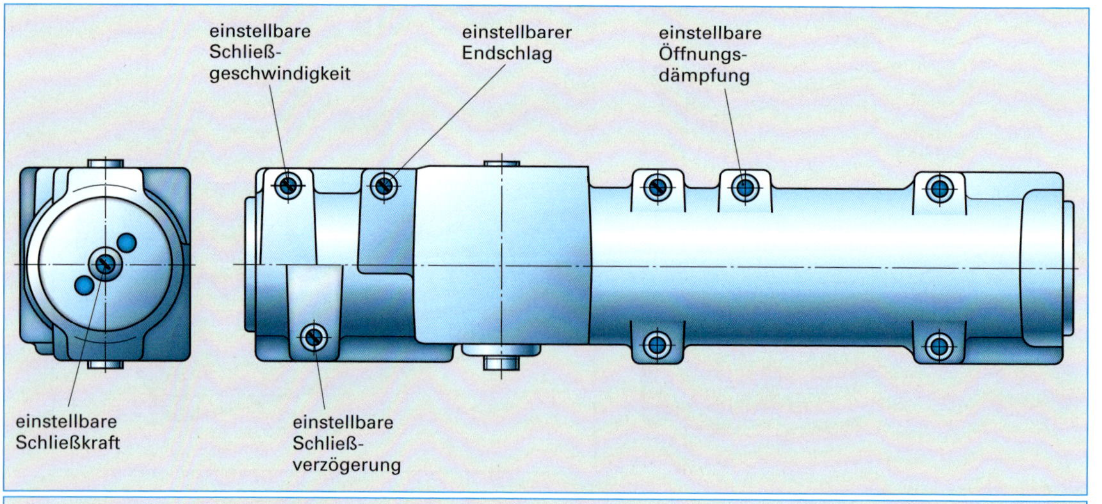

Bild 1: Verstellmöglichkeiten eines Obentürschließers

Schließkraft

Der Türschließer muss in der Lage sein, den Türflügel gegen die äußeren Kräfte (Windwiderstand, Reibung, Fallenwiderstand, elastische Rückstellkraft der Türdichtungen) zu bewegen. Je breiter und je schwerer die Tür ist, um so mehr Kraft muss der Türschließer aufbringen. Tabelle 1 zeigt den Zusammenhang zwischen Türflügelbreite, Gewicht und der empfohlenen Türschließergröße.

Einige Türschließer haben eine vom Hersteller festgelegte, nicht einstellbare Federstärke.

Über die Montageposition lässt sich aber bei diesen Türschließern die Schließkraft verändern: Je weiter der Schließer von den Bändern entfernt ist, desto größer wirkt sich die Schließkraft aus (Bild 1).

Andere Schließertypen haben Einstellmöglichkeiten, die der Feder je nach Bedarf eine unterschiedliche Vorspannung verleihen. Die Feinabstimmung erfolgt über eine Stellmutter, die sich an der Stirnseite des Gehäuses befindet (siehe S. 176, Bild 1).

Tabelle 1: Türschließergrößen

Türschließer-größe	Empfohlene maximale Türflügelbreite in mm	Gewicht der Prüftür in kg	Kleinstes Schließmoment in Nm bei			Kleinster Türschließer-Wirkungsgrad bei 2° in %
			2°	90°	jedem Öffnungswinkel	
1	> 750	20	9	3	2	50
2	> 850	40	13	4	3	50
3	> 960	60	18	6	4	55
4	> 1100	80	26	9	6	60
5	> 1250	100	37	12	8	65
6	> 1400	120	54	18	11	65
7	> 1600	160	87	29	18	65

Hinweise: Bezieht sich das tatsächliche Gewicht und die Größe der Tür, an die der Türschließer montiert wird, auf zwei Türschließer-Größen, sollte man den größeren Türschließer nehmen.
Die Türbreiten gelten für Standardmontagen. Bei sehr hohen oder schweren Türen, windigen oder zugigen Wetterbedingungen oder Spezialmontagen sollte man größere Türschließer nehmen.

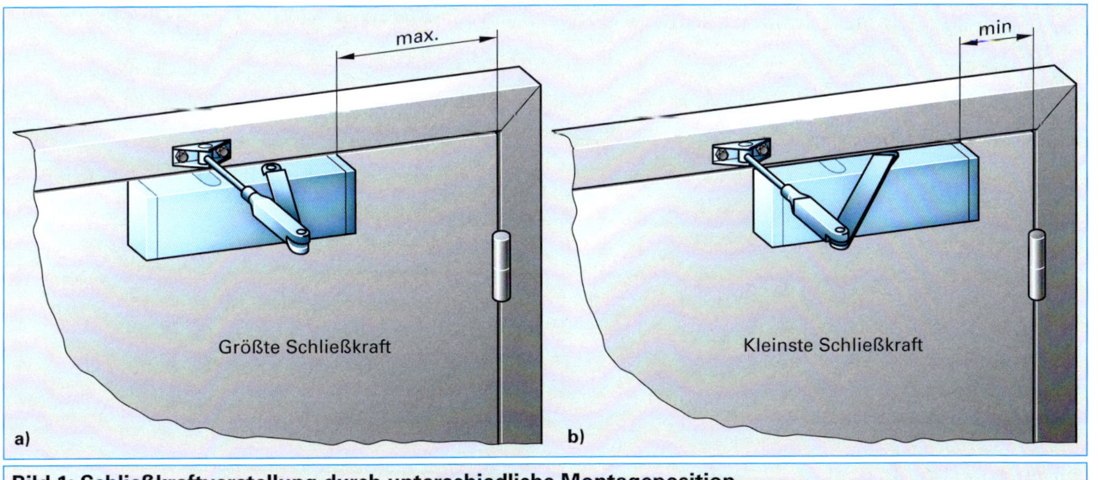

Bild 1: Schließkraftverstellung durch unterschiedliche Montageposition

Schließverzögerung

Ein Schließverzögerungsventil verringert im Öffnungsbereich von etwa 70° bis 120° die Schließgeschwindigkeit, um Behinderten oder Personen mit sperrigen Lasten (Beispiel: Bewegung von Betten in Krankenhäusern) ausreichend Zeit zum Passieren zu geben. Ab ca. 70° schließt die Tür wieder mit der eingestellten Schließgeschwindigkeit.

Zubehör

Zum Zubehör gehören Feststellvorrichtungen, Rauchmelder und Schließfolgeregler bei zweiflügeligen Türen.

Eine selbstschließende Tür kann durch einen Keil oder einen Fanghaken offengehalten werden. Eine andere Möglichkeit ist, einen Türschließer mit Rastfeststellarm einzubauen. Bild 1 zeigt einen Schließer mit Scherengestänge, bei dem sich im gemeinsamen Drehpunkt der Gestängearme eine mit einer kleinen Vertiefung versehene Scheibe befindet. Wenn sich die Tür öffnet, dreht sich die Scheibe gleichsinnig mit dem Scherenarm, an dem sie befestigt ist. Bei Erreichen eines vorbestimmten Öffnungswinkels schnappt eine unter Federdruck stehende Rolle auf dem zweiten Scherenarm in die Vertiefung der Scheibe ein und arretiert die Scherenarme in dieser Position. So bleibt die Tür offen, bis diese Feststellung durch manuelles Ziehen bzw. Drücken in Schließrichtung wieder gelöst wird.

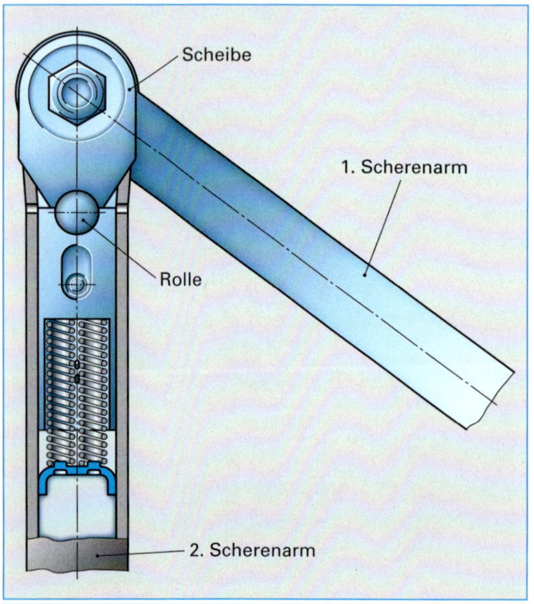

Bild 1: Scherenarme in Arretierstellung

Andere Feststellvorrichtungen:

- Feststeller in der Schiene eines Gleitschienen-Türschließers,
- Vertiefungen in der Nockenscheibe und Ablaufrollen bei Boden- oder Rahmentürschließern,
- Hydraulische Systeme,
- Elektromagnetische Systeme.

Bei elektromagnetischen Systemen verharrt der Schließer solange in Offenstellung, bis seine Stromversorgung unterbrochen wird. Die Unterbrechung erfolgt meist über eine Alarmeinrichtung, z. B. über einen Rauchmelder.

Bei zweiflügeligen Rauch- und Feuerschutztüren sorgt ein Schließfolgeregler dafür, dass der Gangflügel so lange offengehalten bleibt, bis der Standflügel fast oder sogar vollständig geschlossen ist. Bild 2 zeigt die Wirkungsweise eines mechanischen Schließfolgereglers.

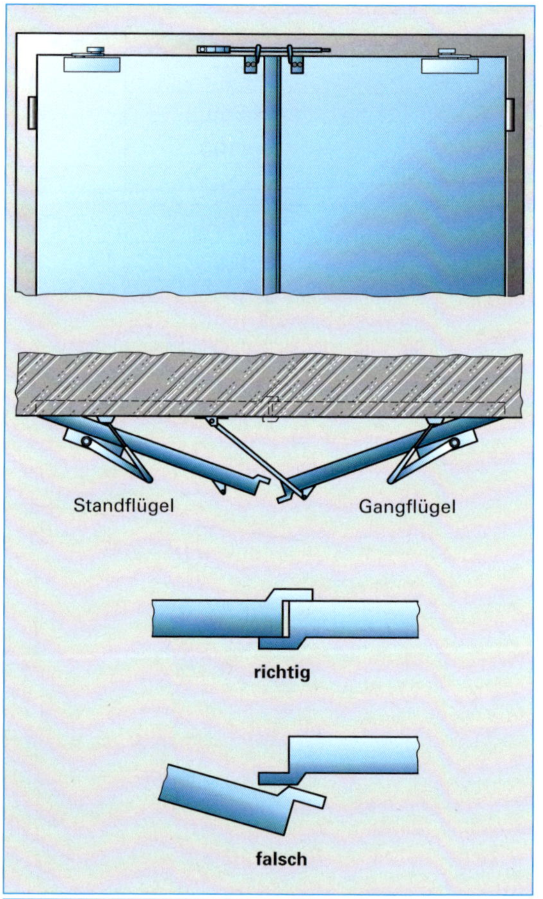

Bild 2: Mechanischer Schließfolgeregler

Moderne Türschließer für zweiflügelige Brandschutztüren bilden mit integrierter Feststelleinrichtung einschließlich Rauchmelder und Schließfolgeregler eine aufeinander abgestimmte Baueinheit. Zur Anwendung kommt eine elektromagnetische Feststelleinrichtung, bei der der Gangflügel mechanisch und der Standflügel elektromagnetisch festgehalten wird. Bei Unterbrechung der Stromzufuhr (z. B. im Brandfall) ist auf diese Weise sichergestellt, dass zuerst der Standflügel und dann der Gangflügel schließt.

Montage

Normalmontage: Obertürschließer werden bei Türen eingesetzt, die sich nur in einer Richtung öffnen lassen (Anschlagtüren). Die übliche Montageposition eines Obentürschließers ist auf dem Türblatt der Bandseite (Bild 1a).

Sturzmontage: Verlangen Bauvorschriften eine nach außen öffnende Außentür (z. B. bei Gaststätten), ist es vorzuziehen, den Schließer auf der Innenseite – der Bandgegenseite – zu montieren, um die Baueinheit vor Witterungseinflüssen und Vandalismus zu schützen. Dann wird der Schließer „kopfstehend" innen am Blendrahmen (oder am Sturz) und der Schließerarm am Türflügel befestigt (Bild 1b).

Es gibt vier Möglichkeiten **Gleitschienen-Türschließer** zu montieren: Sie werden sowohl auf der Bandseite als auch auf der Bandgegenseite (siehe S. 180, Bild 1 u. 2) entweder in Normalmontage oder als Sturzmontage (Kopfmontage) angebracht.

Für die Montage von Obentürschließern an Brandschutztüren sind genau definierte Positionen vorgeschrieben. Nach DIN 18263-1 müssen (je nach Größe und Typ der Tür) bestimmte Lochgruppen eingehalten werden (Bild 2).

Bodentürschließer für Anschlagtüren werden einseitig und parallel zum Flügel montiert. Bei einer Pendeltür wird der Bodentürschließer mittig zur Türflügeldicke unter der Türschwelle eingebaut.

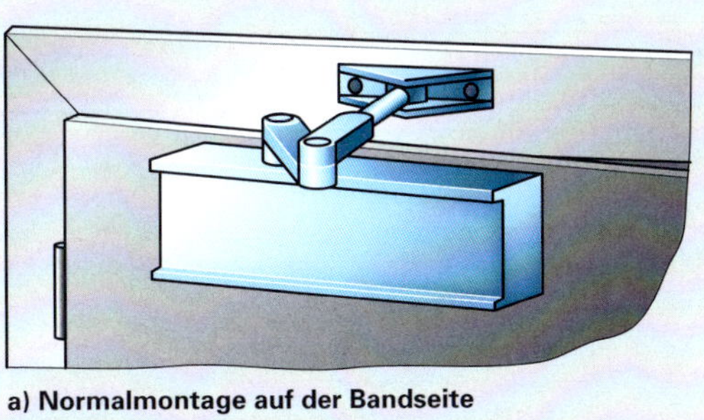

a) Normalmontage auf der Bandseite

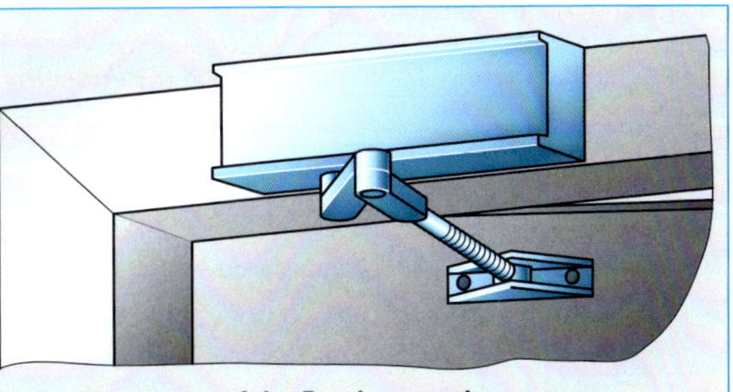

b) Sturzmontage auf der Bandgegenseite

Bild 1: Montagepositionen für Obentürschließer

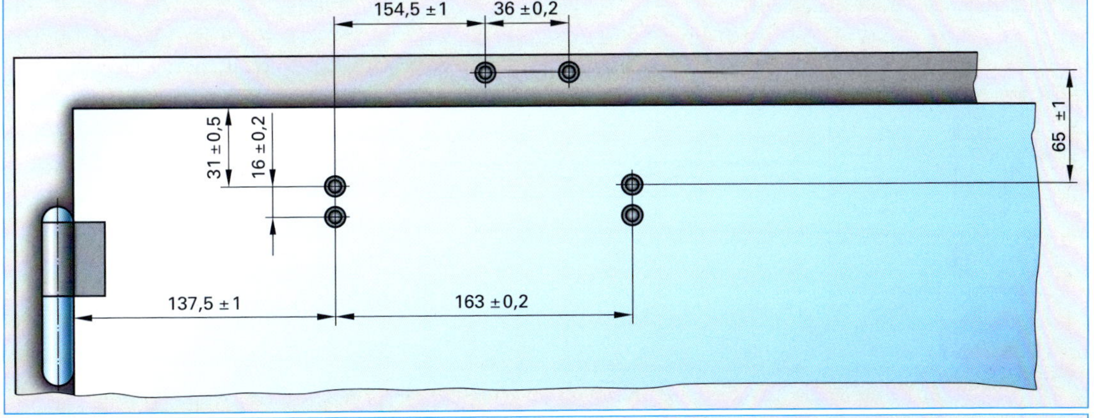

Bild 2: Montagemaße für Obentürschließer

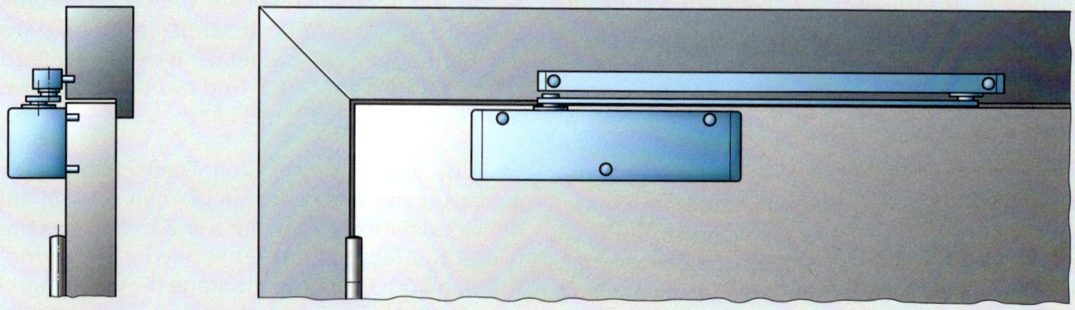

a) Türblattmontage (Normalmontage)

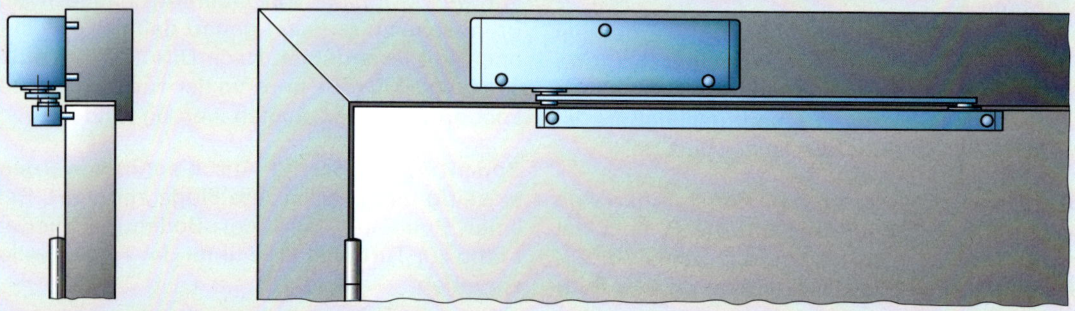

b) Sturzmontage (Kopfmontage)

Bild 1: Gleitschienen-Türschließer auf der Bandseite montiert

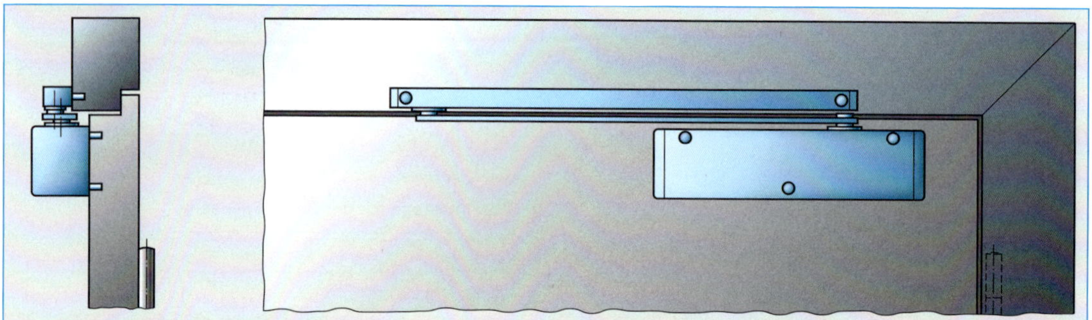

a) Türblattmontage (Normalmontage)

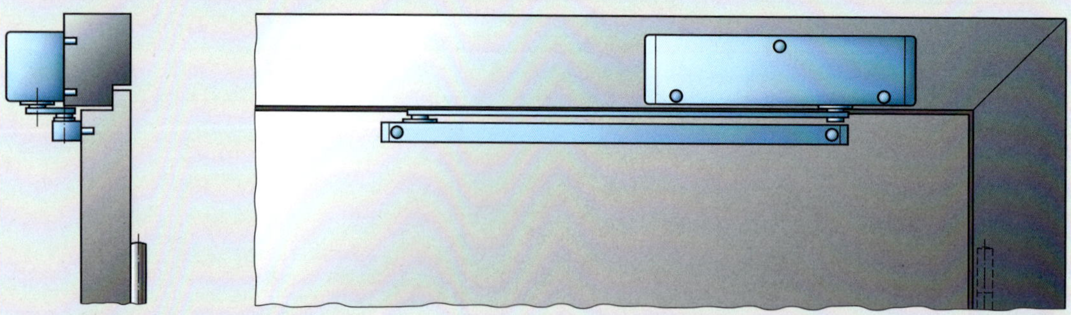

b) Sturzmontage (Kopfmontage)

Bild 2: Gleitschienen-Türschließer auf der Bandgegenseite montiert

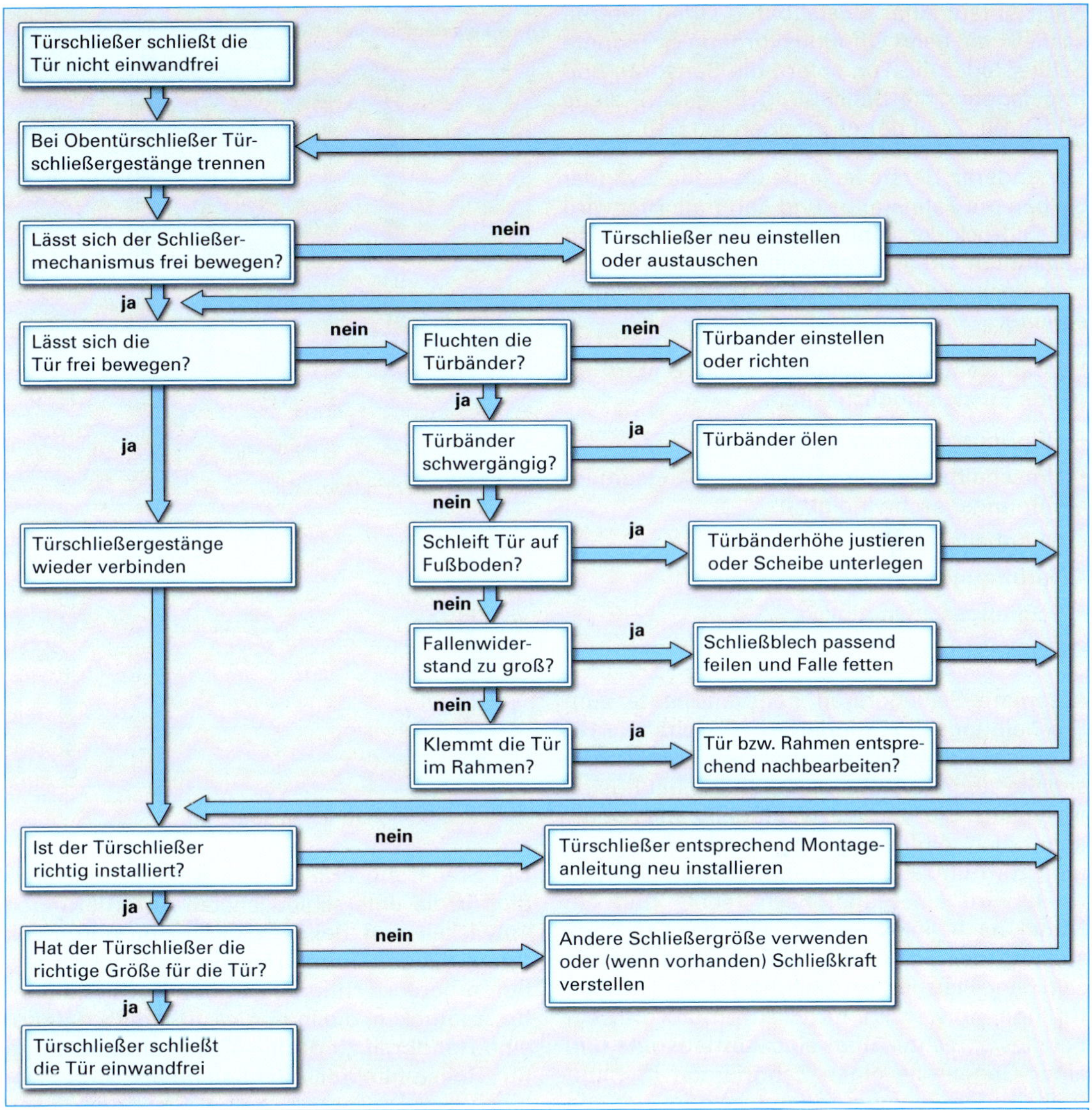

Bild 1: Fehlersuchanleitung Obertürschließer

4.7 Automatiktüren

Automatiktüren sind heute in vielen öffentlichen Gebäuden zu einer Selbstverständlichkeit geworden. Meist handelt es sich bei diesen Türen um großflächig verglaste Türen aus Stahl- oder Aluminiumrahmenprofilen in den unterschiedlichsten Bauarten: Drehflügeltür, Faltflügeltür Karusselltür (siehe S. 122, Bild 1), Schwenkflügeltür (siehe S. 182, Bild 1 u. 2), Schiebetür, Bogenschiebetür, Winkelschiebetür u. a. Mit automatisch bewegten Türen werden drei Ziele verfolgt: Bequemlichkeit, Klima-Steuerung und Hygiene.

Bei allen diesen Türen steuert ein Signal des Impulsgebers über die Elektronik den Motor. Während leichte Drehflügeltüren im Innenbereich oftmals rein elektromotorisch bewegt werden, so treibt der Elektromotor bei größeren Drehflügeln eine Hydraulikpumpe an, die einen Öldruck aufbaut und über Zylinder, Kolben und Getriebe eine Längsbewegung in eine Drehbewegung umwandelt: Die Drehflügeltür öffnet sich. Zum Ende des Öffnungsvorgangs schaltet die Elektronik den Motor ab (siehe S. 183, Bild 2).

Nach Ablauf einer einstellbaren Offenhaltezeit schließt die beim Öffnungsvorgang gespannte Schließfeder die Tür, sofern die Sensoren und Impulsgeber die Schließung freigeben, siehe Bilder 1 u. 2 auf der nachfolgenden Seite.

Ein anderer Hersteller arbeitet ohne Zylinder, Kolben mit Zahnstange und Zahnrad: Hier wird der Öldruck der Ölpumpe direkt auf einen sogenannten Drehkolben gelenkt, der ohne Getriebetechnik die Drehbewegung des Türflügels einleitet.

Hydraulikantriebe bieten je nach Bauart folgende Einstellmöglichkeiten:

- Öffnungsgeschwindigkeit,
- Umschaltpunkt beim Öffnen auf langsamere Öffnungsgeschwindigkeit,
- Offenhaltezeit,
- Türöffnungswinkel,
- Schließgeschwindigkeit,
- Schließdruck.

Automatik-Schiebetüren gehören heute zum Erscheinungsbild moderner Geschäfte, Hotels, Banken, Versicherungen und Krankenhäuser. Sie sind als Automatiktüren am häufigsten im Einsatz. Sie werden zweiflügelig ausgeführt, aber auch einflügelige Konstruktionen kommen zum Einsatz. Bei zweiflügeligen Schiebetüren wird ein Flügel nach rechts und ein Flügel nach links bewegt. Für die Öffnungsstellung der Schiebetüranlagen ist daher ein seitlicher Platz als Verfahrweg für die Schiebetürflügel notwendig. Ein Elektromotor bewegt bei dieser Technik über eine Antriebsrolle und einer Gegenrolle einen Zahnriemen (Schlupffreiheit). Ein Schiebetürflügel wird im unteren Teil des Zahnriemens mit ihm verbunden, der andere Schiebetürflügel mit dem oberen Teil des Zahnriemens (siehe S. 183, Bild 3). Über Impulsgeber und Zeitglied wird der Elektromotor in Rechts- oder Linksdrehung angesteuert und öffnet oder schließt beide Flügel synchron.

Als Impulsgeber für Automatiktüren kommen in erster Linie Radarsensoren oder Infrarotsensoren zum Einsatz. Daneben sind Lichtschranken, Ellenbogentaster, Zugschalter, Funkfernsteuerungen, Kontaktmatten, Schlüsselschalter, Identifizierungstastaturen (z. B. Fingerprint) oder Schlüsselkarten-Lesegeräte, je nach Einbauart und Verwendung einer Automatiktür als Impulsgeber, in der Anwendung.

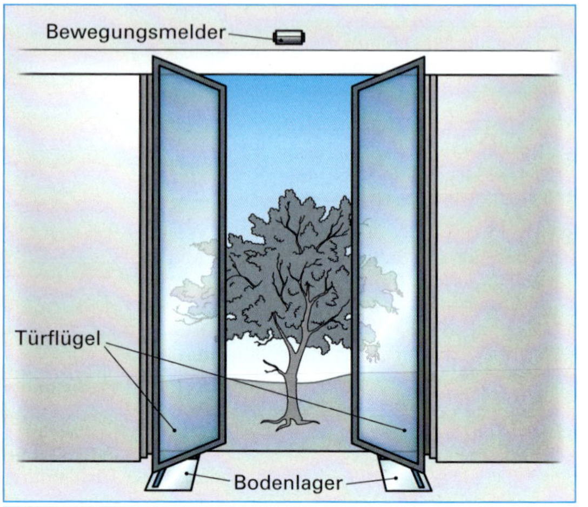

Bild 1: Schwenkflügeltür

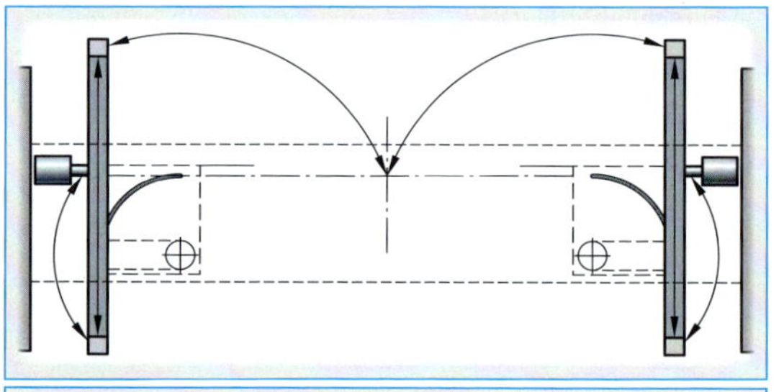

Bild 2: Schwenkmechanismus

Die Steuerung erfolgt über Mikroprozessoren, die für die unterschiedlichsten Anforderungen entwickelt sind. Beispiele dafür sind Automatiktüren, die den Bettentransport in Krankenhausfluren berücksichtigen; Automatikschiebetüren für Apotheken, die in der Nachtbereitschaft nur eine Handbreit zu öffnen sind; Automatiktüren für Rollstuhlfahrer, Gehbehinderte und sehr langsame Passanten, deren Steuerung nach Impulsauslösung (z. B. Taster) mit geringer Energie die Tür öffnen, sofort bei einem Hindernis stoppen und mit leichtem Anstoßen die bis dahin ausbalancierte Tür weiter in die Offenstellung bewegen.

Besondere Konstruktionen von Automatiktüren sind für den Rettungsweg und den Brandschutz entwickelt worden. Hier muss sichergestellt sein, dass die Tür bei Stromausfall zu öffnen ist. Das kann durch einen zur Türanlage gehörenden Akku als Notbatterie, durch einen Gummi-Seilzug als Energie-Speicher oder durch einen Schwenkmechanik bei Schiebetüren, die auf geringen Druck einen Schwenkvorgang der Flügel bewirken, erfolgen.

Obwohl an Automatiktüren hohe Sicherheitsanforderungen gestellt werden, kann es immer wieder zum Teil zu schweren Unfällen kommen, (z. B. beim Krabbeln eines Kleinkindes im Türschwellenbereich einer Automatiktür außerhalb der Reichweite der Sensoren). Von besonderer Wichtigkeit ist daher die Sicherung von Quetsch- und Scherstellen an Hauptschließkanten, zwischen Flügeln und festen Teilen am Einbauort und an Flügeln, die sich aneinander vorbei bewegen. Diese müssen bis zu einer Höhe von 2,50 m durch Sensorenüberwachung gesichert werden, die bei Berührung oder Unterbrechung durch Personen die Flügelbewegung zum Stillstand bringen.

Automatiktüren müssen jährlich von einem Sachkundigen geprüft werden, der von der Herstellerfirma autorisiert wird.

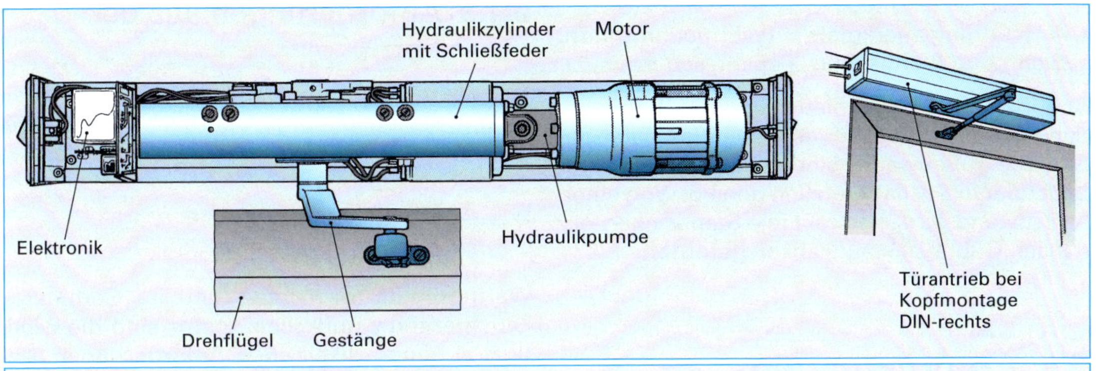

Bild 1: Drehtürantrieb (hydraulisch)

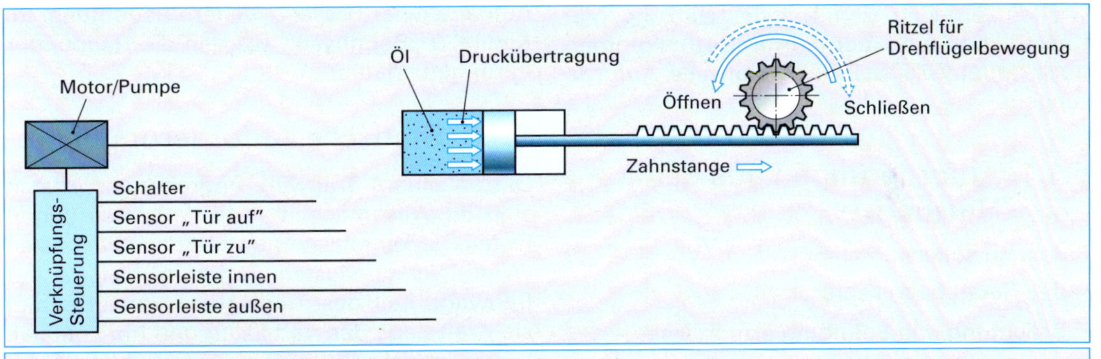

Bild 2: Arbeitsschema eines Drehtürantriebs

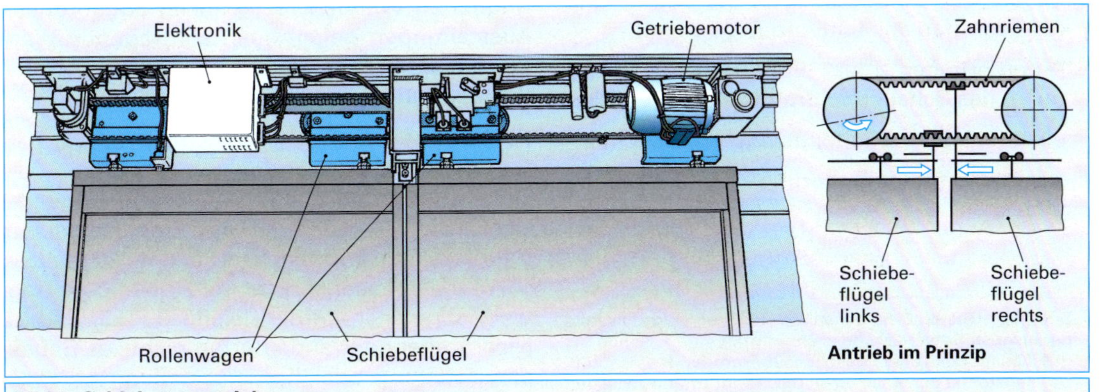

Bild 3: Schiebetorantrieb

5 Fassaden

Der Metallbauer versteht unter Fassaden diejenigen Metall- und Glaskonstruktionen eines Gebäudes, die dessen Außenwände bilden oder bekleiden.[1] Zu den Teilen einer Fassade zählen:

- Bekleidung,
- Unterkonstruktion,
- Verbindungs- und Befestigungselemente, Verankerungssysteme,
- Ausstattungsmerkmale (Wärmedämmung, Sicht- und Blendschutz, Feuchteschutz usw.).

Außenwände, Bodenplatte und Dach bilden den Raumabschluss eines Gebäudes nach außen. Die Außenwände sind meist vertikal aufgebaut oder in Ausnahmefällen geneigt. Von einer Außenwand wird in erster Linie Standsicherheit, danach Gebrauchstauglichkeit gefordert.

5.1 Anforderungen

Die Anforderungen, die an Fassaden gestellt werden, ergeben sich aus der Nutzung, der Konstruktion und der Form. Dazu kommen noch bauphysikalische und statische Anforderungen.

5.1.1 Anforderungen aus der Nutzung

Fassaden sollen ...

- den Raum begrenzen,
- Belichtung und Belüftung ermöglichen,
- eine lange Gebrauchstauglichkeit aufweisen,
- Schutz vor Einflüssen von Witterung und Schadstoffen aus Luft und Regen bieten,
- Anforderungen der Energieeinsparverordnung, des Schall- und Brandschutzes erfüllen,
- eine flexible Gebäudenutzung ermöglichen,
- zu einer Klimaverbesserung im Rauminneren beitragen.

[1] Soll der Unterschied zwischen Fenster und Fassade herausgestellt werden, bezeichnet man eine Fassade als geschosshohes oder geschossübergreifendes Bauteil. Das Fenster ist demnach ein in die Wandöffnung zwischen zwei Geschossen eingebautes verglastes Element.

5.1.2 Anforderungen aus der Konstruktion

Fassaden sollen Lasten abtragen und Fertigung, Montage, Wartung und evtl. Demontage kostengünstig und umweltverträglich ermöglichen.

5.1.3 Anforderungen aus der Form

Fassaden sollen in architektonischer Gestaltung, Detailausbildung, Oberfläche und Farbe ein ansprechendes Erscheinungsbild bieten.

5.1.4 Bauphysikalische Anforderungen

Wärmeschutz im Winter (und im Sommer!), Feuchteschutz und Schallschutz sind die wichtigsten bauphysikalischen Anforderungen. Daneben haben Lichtdurchlässigkeit, Sichtschutz, Blendschutz und Brandschutz je nach Art und Aufgabe einer Fassade weitere Bedeutung. Im Kapitel 9 „Bauphysik“ werden die Hauptanforderungen erläutert.

5.1.5 Statische Anforderungen

Die an einem Tragwerk angreifenden Lasten sind im Wesentlichen vertikale Lasten (Eigenlasten, Verkehrslasten) und horizontale Lasten (Wind, Verkehrslasten, Erddruck). Ist die Außenwand Teil des Tragwerkes und überträgt sie Kräfte aus den vertikalen und horizontalen Lasten, spricht man von einer **tragenden** Wand (siehe S. 185, Bild 1). Die im Mauerwerksbau zu tragenden Wänden rechtwinklig angeordnete Aussteifungen gelten auch als tragende Wände. Sie werden als aussteifende Wände oder Schubwände bezeichnet.

Ist die Außenwand kein konstruktiver Teil des Tragwerks (wie z. B. bei einer vorgehängten Fassade), handelt es sich um eine **nicht tragende** Wand. Sie wird nur durch ihre Eigenlast, durch Windlast und (in manchen Fällen) horizontale Verkehrslast beansprucht, die über das Tragwerk abgeleitet werden (siehe S. 185, Bild 2). Nicht tragende Wände dürfen nicht zur Gebäudeaussteifung oder Knickaussteifung herangezogen werden.

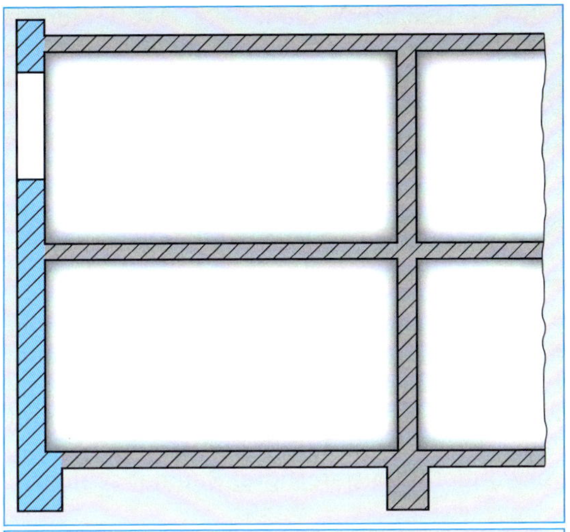

Bild 1: Tragende Außenwand (vertikaler Schnitt)

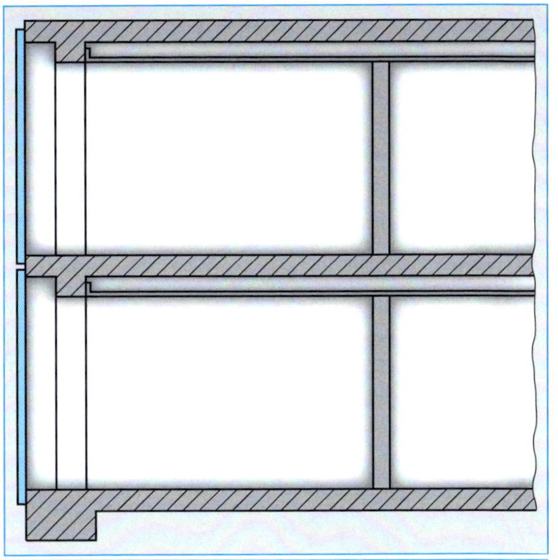

Bild 2: Nicht tragende Außenwand

5.2 Konstruktionsaufbau

Der konstruktive Aufbau einer Außenwand muss den unterschiedlichen Anforderungen in einer oder mehreren Ebenen erfüllen. Dem Aufbau nach wird zwischen Schalen und Schichten unterschieden.

5.2.1 Schale und Schicht

Schalen sind aus einer oder mehreren Schichten zusammengesetzt und haben getrennte konstruktive Funktionen: Tragschale, Wetterschale und Dämmschale.

Man unterscheidet ein- und mehrschalige Konstruktionen. Einschalige Bauteile bestehen aus einem einheitlichen Baustoff oder mehreren Schichten, die **fest** miteinander verbunden sind. Mehrschalige Bauteile bestehen aus zwei oder mehreren Schalen, die **nicht starr** miteinander verbunden sind.

Unter einer **Schicht** versteht man den homogenen Aufbau aus dem gleichen Material. Je nach Funktion unterscheidet man:

- Tragschicht,
- Dämmschich,
- Lüftungsschicht,
- Schutzschicht,
- Trennschicht.

An sechs Beispielen sollen die Begriffe Schicht und Schale erläutert werden.

1. Beispiel: Tragendes Mauerwerk

Es handelt sich um eine einschalige, einschichtige Außenwand, wobei **eine** Schicht die Schutz-, Trag- und Dämmfunktion übernimmt (Bild 3). Die Wandstärke ergibt sich aus der Belastung und den Anforderungen der Wärmedämmung.

Bild 3: Tragendes Mauerwerk als einschalige, einschichtige, nicht hinterlüftete Außenwand

2. Beispiel: Nicht tragendes Trapezblechprofil

Das nur mit einer äußeren und inneren Schutzbeschichtung versehene Trapezblech stellt die einfachste Form eines nicht tragenden Raumabschlusses dar (Bild 1). Bei dieser Fassade werden nur geringe Anforderungen an den Schall- und Wärmeschutz gestellt.

3. Beispiel: Betonfertigteil

Beim einschalig-mehrschichtigen Aufbau werden die verschiedenen bauphysikalischen Funktionen durch spezielle Schichten wahrgenommen (Bild 2). Eine nicht tragende Betonvorsatzschicht dient als Wetterschutzschicht. Die Lastabtragung übernimmt die eigentliche Betontragschicht. Zwischen der Vorsatzschicht und der Tragschicht liegt die Wärmedämmschicht. Dieser Aufbau wird als „Kerndämmung" bezeichnet.

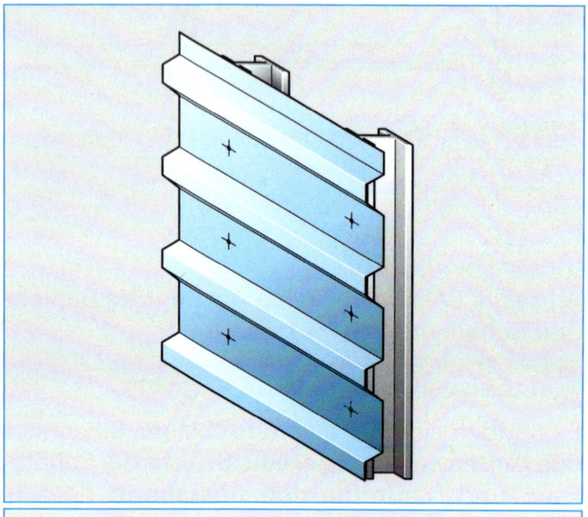

Bild 1: Einschalige, einschichtige, nicht tragende Fassade aus Trapezblech

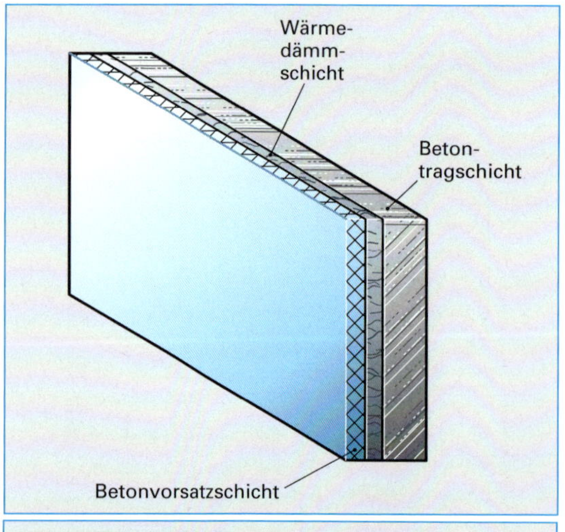

Bild 2: Einschalige, mehrschichtige tragende Außenwand als Betonfertigteil, nicht hinterlüftet

4. Beispiel: Nicht tragendes Trapezblech-Paneel

Auch hier handelt es sich um einen einschalig-mehrschichtigen Aufbau (Bild 3). Der Raum zwischen zwei Trapezblechprofilen ist mit wärmedämmendem Material ausgeschäumt. Diese Fassade ist ein im Industriebau häufig verwendeter vorgefertigter Raumabschluss.

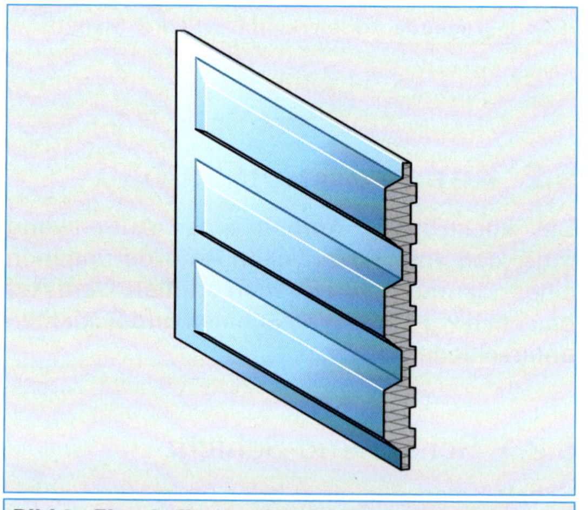

Bild 3: Einschalige, mehrschichtige, nicht tragende Paneel-Fassade, nicht hinterlüftet

5. Beispiel: Tragendes Mauerwerk mit hinterlüfteter Schindelverkleidung

Bei einem mehrschalig-mehrschichtigen Aufbau wird die Konstruktion hinterlüftet (siehe S. 187, Bild 1). Zwei Schalen sind durch eine stehende Luftschicht, die mit der Außenluft in Verbindung steht, getrennt. Durch die Zirkulation der Luft bleibt die äußere Schale kalt – deshalb auch die Bezeichnung „Kaltfassade" für diese Art des Aufbaus. Charakteristisch ist die klare Trennung der Funktionen in einzelne Schalen und Schichten: Hinter der Wetterschale wird durch die zirkulierende Luft Wasserdampf abgeführt. Schlagregen wird von der Wärmedämmung fern gehalten und die Tragschale wird dadurch geschützt.

Die Wetterschale aus überlappenden Schindeln liegt hier auf einer Holzunterkonstruktion und schafft durch die Abstandskonstruktion die zirkulierende Luftschicht vor der Wärmedämmschicht.

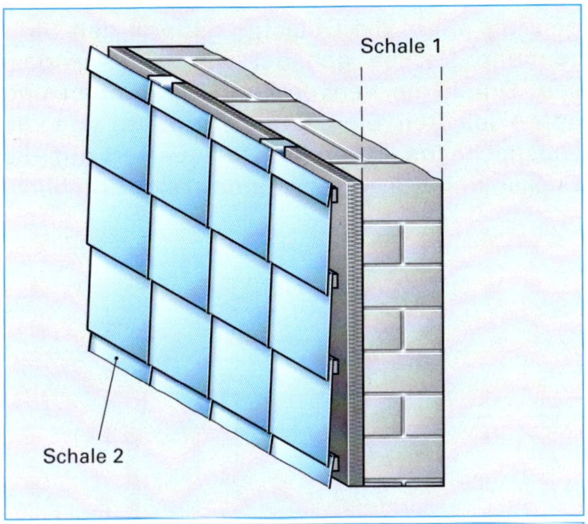

Bild 1: Mehrschalige, mehrschichtige, tragende Kaltfassade, hinterlüftet

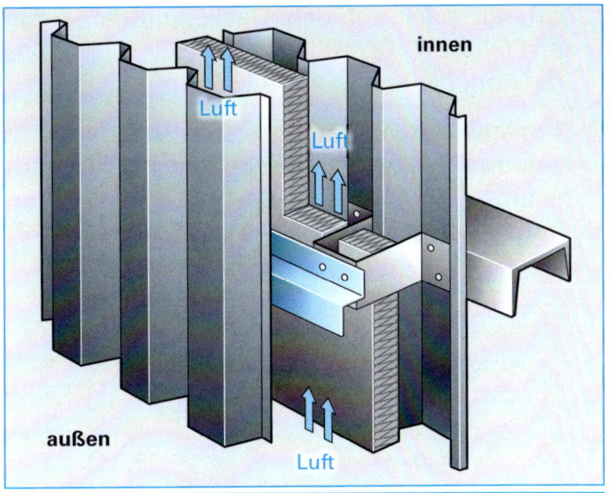

Bild 2: Mehrschalige, mehrschichtige, nicht tragende Kaltfassade, hinterlüftet

Bild 3: Skelettbau

6. Beispiel: Nicht tragende Trapezblechprofile

Bei dieser mehrschalig-mehrschichtigen Konstruktion (Bild 2) ist die Wärmedämmung zwischen den Profilen eingefügt. Die Luft kann zwischen den gegenüberliegenden Trapezblechen zirkulieren.

5.2.2 Lage der Fassade

Der Raumabschluss kann als tragende oder nicht tragende Konstruktion ausgebildet sein. Die Wahl zu Gunsten der einen oder der anderen Konstruktion hängt von der Bauweise des Gebäudes ab: Massivbau, Skelettbau (Bild 3) oder Scheibenbau.

Die tragende Außenwand ist Bestandteil des Tragwerks und gleichzeitig Raumabschluss. Dieses Konstruktionsprinzip wird hauptsächlich bei der Massivbauweise angewendet (siehe S. 185, Bild 1).

Fassaden von Skelett- oder Scheibenbauten werden als nicht tragende Außenwandkonstruktion ausgebildet. Bei diesen Fassaden unterscheidet man vier Prinzipien:

1. Die Außenwandelemente (Ausfachungen) sind **zwischen** den Deckenplatten und Stützen

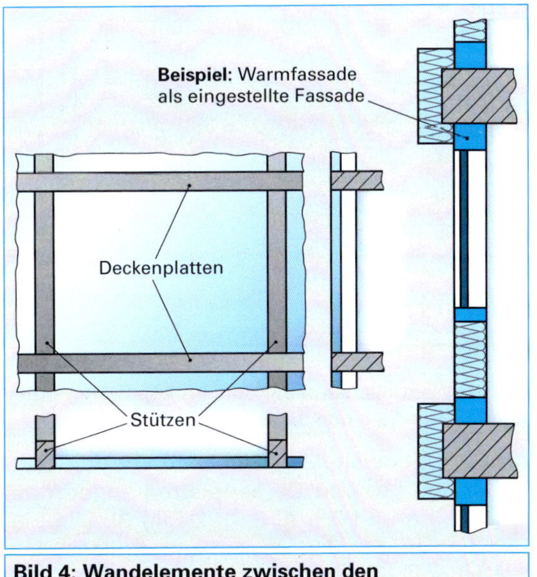

Bild 4: Wandelemente zwischen den Deckenplatten und Stützen

gehängt oder auf den Deckenplatten aufgesetzt (siehe S. 187, Bild 4 u. S. 192, Bild 1). Das Tragwerk bleibt von außen sichtbar.

2. Die Außenwandelemente sind **vor** den Stützen, aber **hinter** den Deckenstirnflächen aufgesetzt. Die Elemente sind auf die Deckenplatten aufgesetzt (Bild 1 u. S. 192, Bild 2). Die Stützen sind von außen nicht sichtbar.

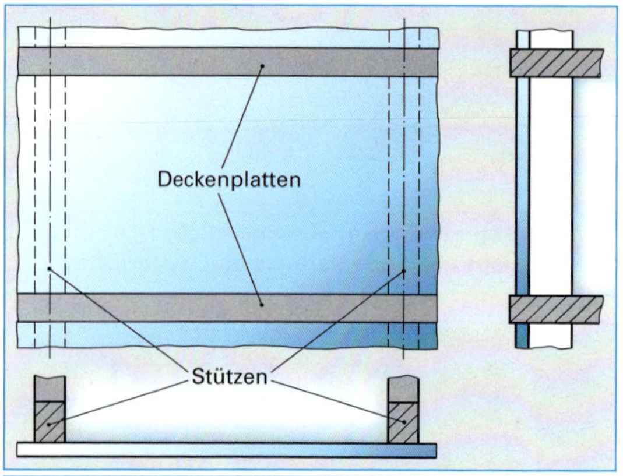

Bild 1: Wandelemente vor den Stützen und hinter den Deckenstirnflächen

3. Die Außenwandelemente sind **vor** den Deckenplatten, aber **zwischen** den Stützen gesetzt (Bild 2 u. S. 191, Bild 4). Die Elemente sind an der Decke aufgehängt oder auf ihr abgestützt. Die Deckenplatten sind von außen nicht sichtbar.

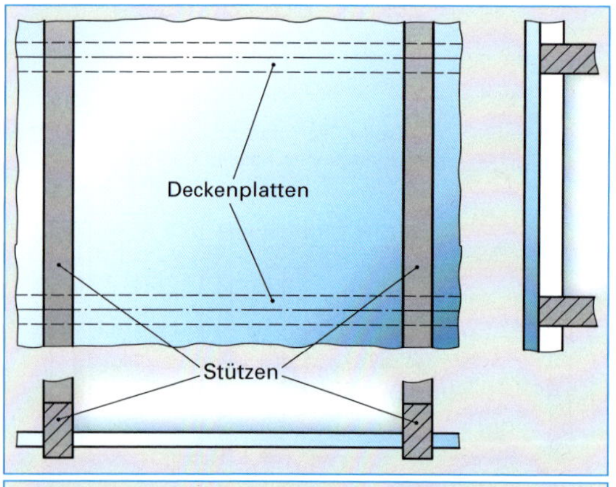

Bild 2: Wandelemente vor den Deckenplatten und zwischen den Stützen

4. Die Außenwandelemente sind **vor** den Stützen und **vor** den Deckenplatten angeordnet (Bild 3 a und 3 b u. S. 192 Bild 3). Die Elemente sind an den Decken- und Stützenstirnflächen befestigt. Deckenplatten und Tragwerke sind von außen nicht sichtbar.

Eine hohe Maßgenauigkeit ist vor allem bei Stahlbetonskeletten schwer zu erreichen. Es ist daher einfacher, die vorgefertigten, also zahlreichen und genau gleich großen geschosshohen Außenwandelemente **vor** die Tragkonstruktion zu stellen oder zu hängen, als sie in die Gefache, die von den Stützen und Decken gebildet werden, einzupassen. Durch die Verwendung der dünnen und daher leichten Elemente vergrößert sich die Nutzfläche im Raum und die Lasten auf die Decken und Stützen vermindern sich erheblich.

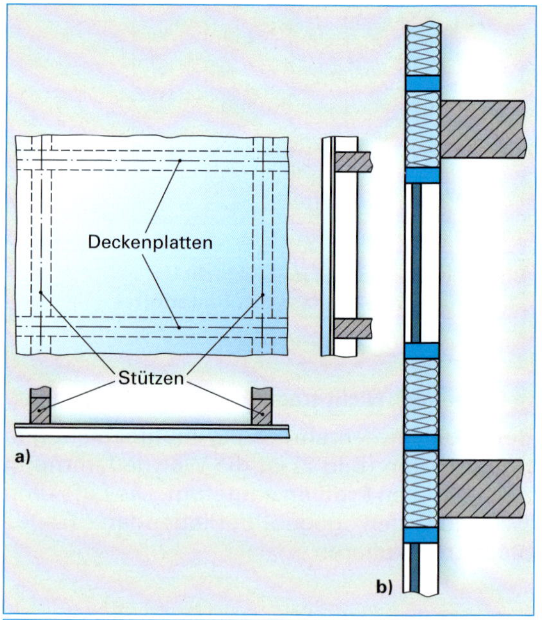

Bild 3: a) Wandelemente vor den Stützen und vor den Deckenplatten b) Vorhangfassade als Warmfassade

5.2.3 Tragwerk- und Fassadenraster

Das Tragwerkrastermaß *B* (siehe S. 189, Bild 1) gibt die **Lage** der Stützen *S* an, das Fassadenrastermaß *A* (auch als „Konstruktionsraster" bezeichnet) und die **Gliederung** der Fassadenelemente. Die gebräuchlichsten geometrischen Beziehungen zwischen Fassaden- und Tragwerkraster sind:

- Versetzte Anordnung einer vorgehängten Fassade: Der Fassadenraster *A* steht um eine halbe Rasterbreite versetzt zum Tragwerkraster *B*. In die Ecken können ganze Fassadenelemente eingesetzt werden. Nachteil: Die Stützen *S* stehen im Nutzungsbereich.

- Deckungsgleiche Anordnung einer vorgehängten Fassade: Fassaden- und Tragwerkraster decken sich (Bild 2). Die Fassade liegt an der Außenkante der Stützen und Deckenstirnflächen. In den Ecken werden Sonderelemente eingesetzt. Fenster im Stützenbereich sind problematisch.
- Bei einem Bandraster einer eingestellten Fassade decken sich Fassaden- und Tragwerkraster, wobei die Stützen auf einem eigenen Band liegen (Bild 3). Die Eckausbildung ist einfach.

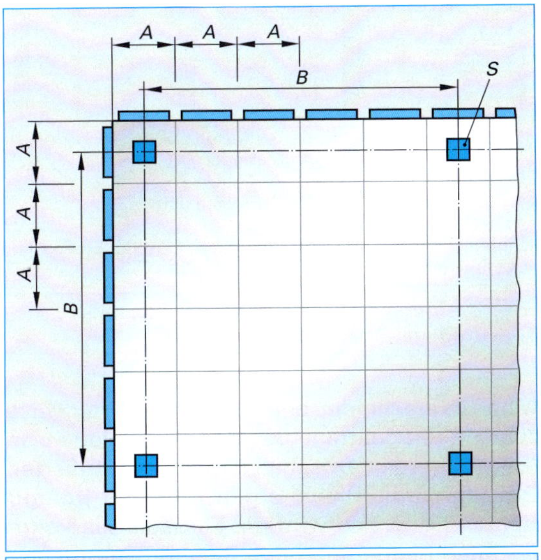

Bild 1: Versetzte Anordnung

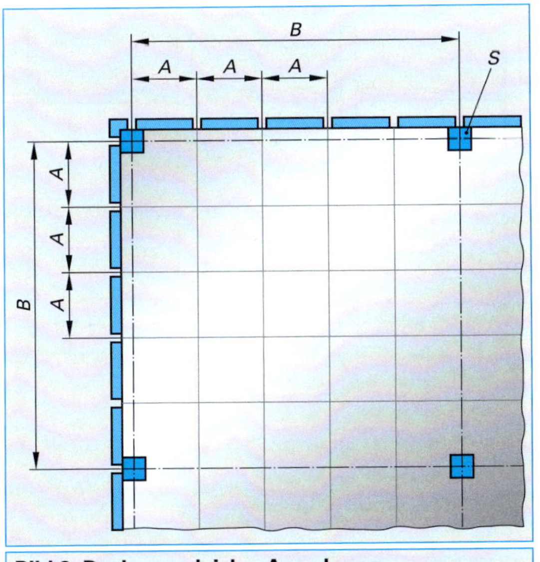

Bild 2: Deckungsgleiche Anordnung

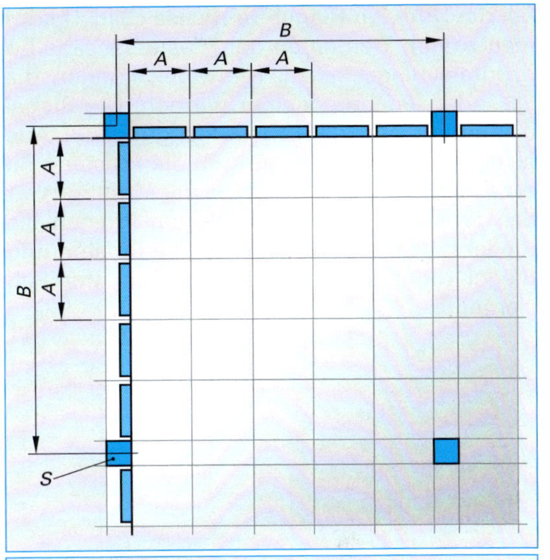

Bild 3: Bandraster

5.2.4 Montagemöglichkeiten vorgehängter Fassaden

Bei der **Pfosten-Bauweise** (Bild 4) übertragen die Fassadenpfosten die Eigenlasten und die Windkräfte von Stockwerk zu Stockwerk auf die Deckenstirnflächen und auf die Fußpunkte. Zwischen den Pfosten werden die Füllelemente montiert. Riegel werden nicht benötigt. Der Pfostenabstand richtet sich nach dem Fassadenraster. Die Pfosten-Bauweise kommt nur in seltenen Fällen zur Ausführung.

Bild 4: Pfosten-Bauweise

Bei der **Pfosten-Riegel-Bauweise** (Bild 1) kommen zu den Elementen der Pfostenfassade horizontale Riegel hinzu. Hierdurch können die Fassadenelemente kleiner werden. Die Riegel dienen zur horizontalen Befestigung der Ausfachung, zur Lastabtragung in die Pfosten und zur Ableitung von Wasser. Bei der Montage werden zwischen den vormontierten Pfosten die Riegel befestigt (Bild 2). Sind alle Pfosten und Riegel montiert, erfolgt der Einbau der Füllelemente.

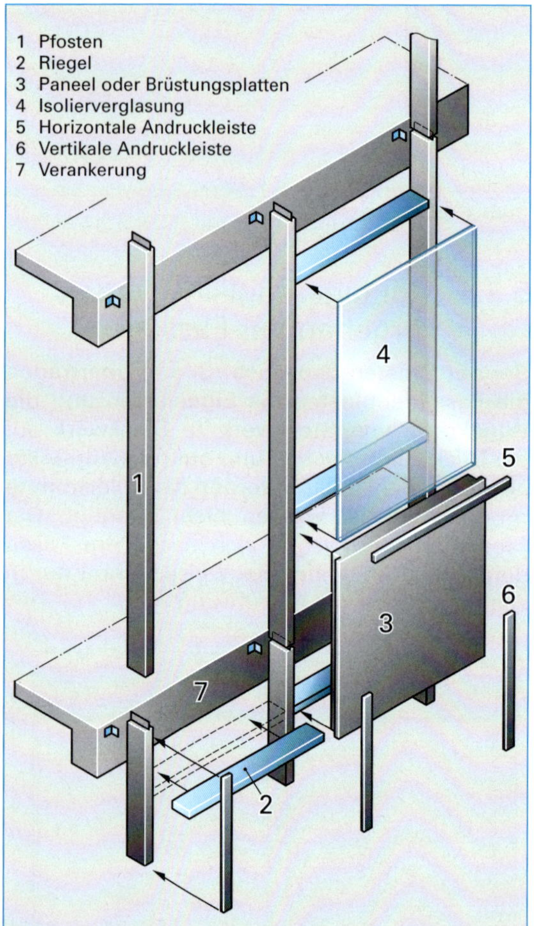

Bild 1: Pfosten-Riegel-Bauweise

Bei der **Element-Bauweise** werden ganze Fassadenelemente aus Pfosten, Riegel und Füllelementen als vorgefertigte Ausbauteile am Tragwerk befestigt. Ein großer Fertigungsanteil wird von der Baustelle in die Werkstatt des Herstellers verlagert. Damit verringert man die sonst üblichen Anpassarbeiten.

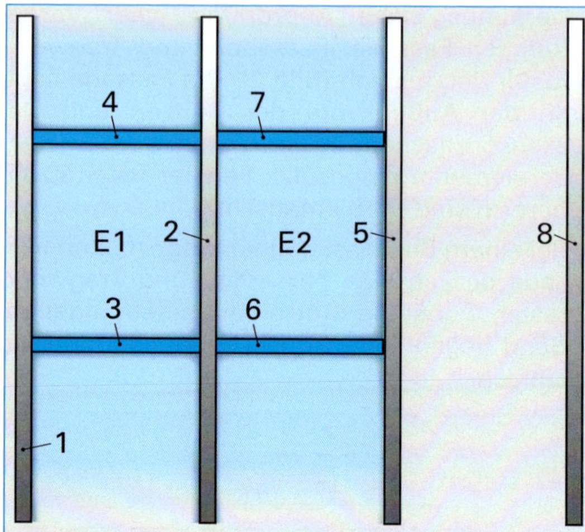

1: 1. Pfosten
2: 2. Pfosten
3: 1. Riegel
4: 2. Riegel
5: 3. Pfosten
6: 3. Riegel
7: 4. Riegel
8: 3. Pfosten usw.

Sind alle Pfosten und Riegel montiert, folgt der Einbau der Füllelemente E1, E2 ....

Bild 2: Montagereihenfolge bei der Pfosten-Riegel-Bauweise

Man unterscheidet bei der Element-Bauweise zwei Montagearten: Bei der **Leiter-Bauweise** (Bild 3) werden zwischen den fertig montierten Elementen die Riegel ergänzt; bei der **Komponenten-Bauweise** wird die Fassade aus vorgefertigten Elementen ohne Riegel zusammengesetzt (siehe S. 191, Bild 1).

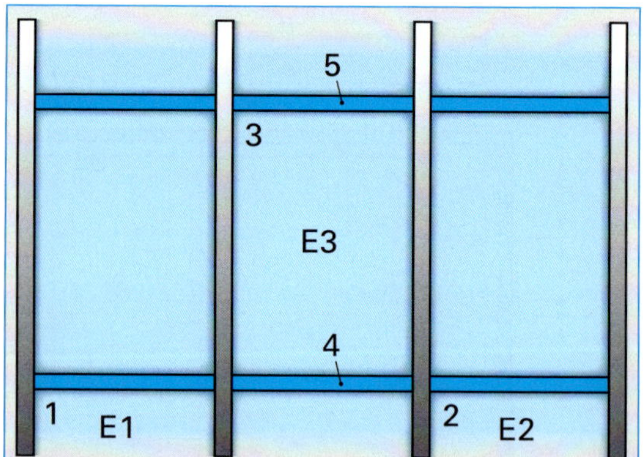

1: 1. Element E1
2: 2. Element E2
3: 3. Element E3
4: 1. Riegel
5: 2. Riegel usw.

Bild 3: Montagereihenfolge bei der Leiter-Bauweise

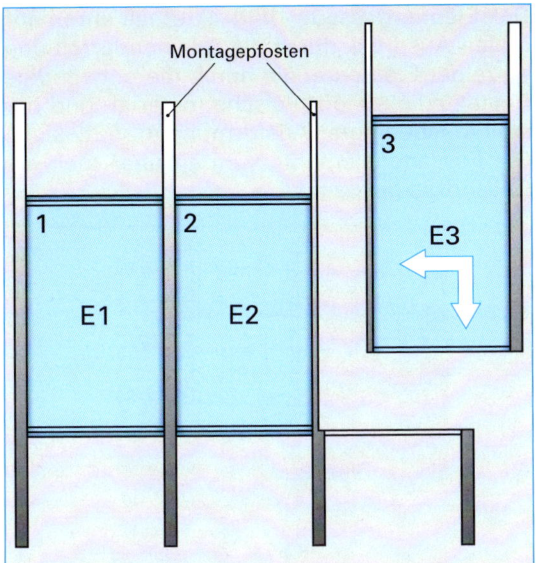

1: 1. Element E1
2: 2. Element E2
3: 3. Element E3 usw.

Die mittleren Pfosten sind geteilte Montagepfosten (Bild 2).

Bild 1: Montagereihenfolge bei der Komponenten-Bauweise

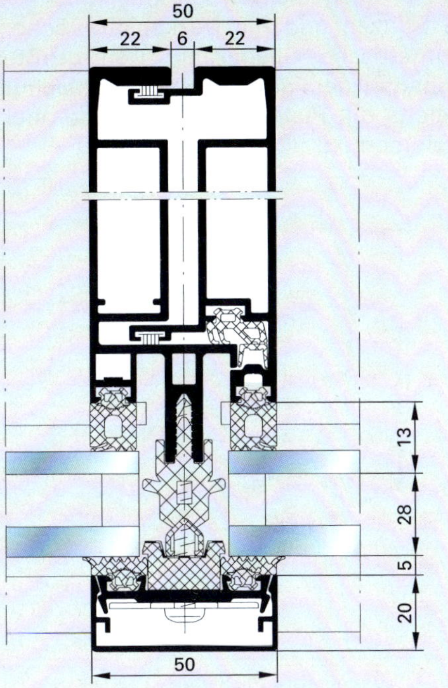

Bild 2: Montagepfosten (Dehnpfosten) mit Einschiebling (Verlängerung)

5.3 Gestaltmerkmale

Neben den statischen, bauphysikalischen und konstruktiven Kriterien gibt es Merkmale, die aufgrund der äußeren Gestalt zur Bezeichnung der Fassade führen.

Bei der **Lochfassade** (Bild 3) wirken die Öffnungen eingeschnitten. Tragende Wände aus Mauerwerk oder Beton bilden den Hauptflächenanteil an der Gesamtfassade. Es ergibt sich ein flächiges oder plastisches Erscheinungsbild.

Die **Stützen- oder Pfeilerfassade** (Bild 4) hat einen hohen Anteil vertikaler tragender Fassadenpfeiler. Durch das Hervorheben und Durchlaufen der vertikalen (meist aus Beton gefertigten) Stützen wird die Vertikale betont.

Bild 3: Lochfassade

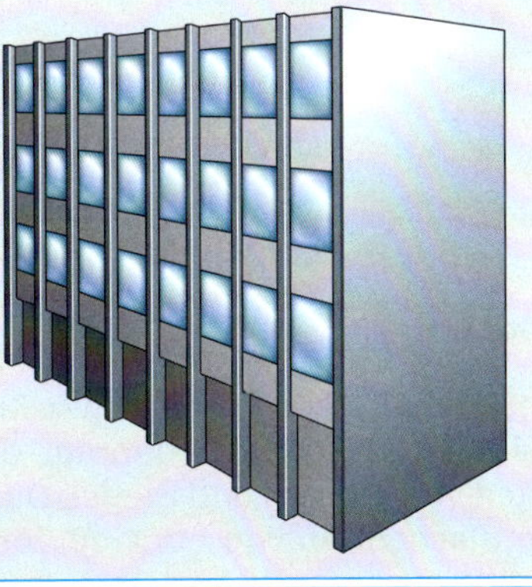

Bild 4: Stützenfassade

Bei der **ausgefachten Fassade** (Bild 1) bilden die Stützen und die Deckenstirnflächen eine geometrische Gliederung. Den größten Flächenanteil der Fassade hat die Ausfachung des Skeletts mit Platten, Paneelen und/oder Fensterelementen.

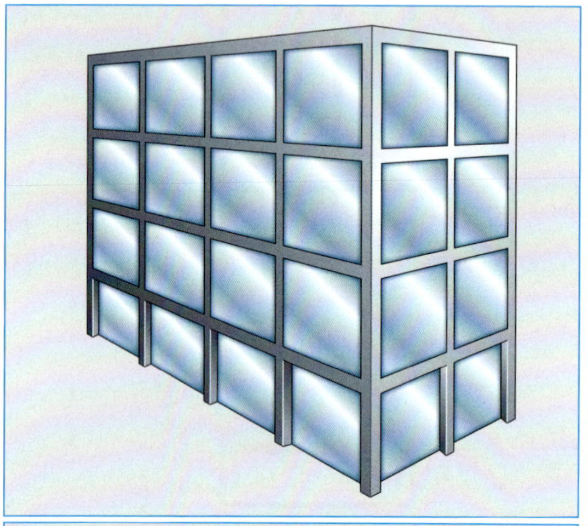

Bild 1: Ausgefachte Fassade

Die **Bandfassade** (Bild 2) erhält ihren Charakter durch die Wechsel von Fenster- und Brüstungsbändern und bewirkt damit eine starke Betonung der horizontalen Flächen. Die tragenden Teile stehen hinter der Fassade.

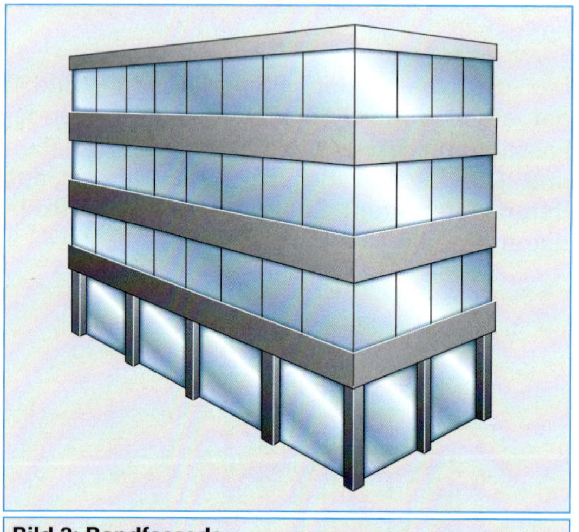

Bild 2: Bandfassade

Das Erscheinungsbild der **Pfosten-Riegel-Fassade** (Bild 3 u. S. 8) wird geprägt durch die Bündigkeit von Pfosten und Riegel. Durch tiefer gesetzte, flächenbündige oder hervortretende Riegel wirkt die Fassade flächig, gerastert oder relief-artig strukturiert.

Die **Elementfassade** (Bild 4) erhält ihren formalen Ausdruck durch die Aneinanderreihung einzelner Elemente, die durch die notwendige Eigensteifigkeit oft typische material- und herstellungsbedingte Ausformungen aufweisen. Die Fassadenelemente werden über mehrere Geschosse gespannt.

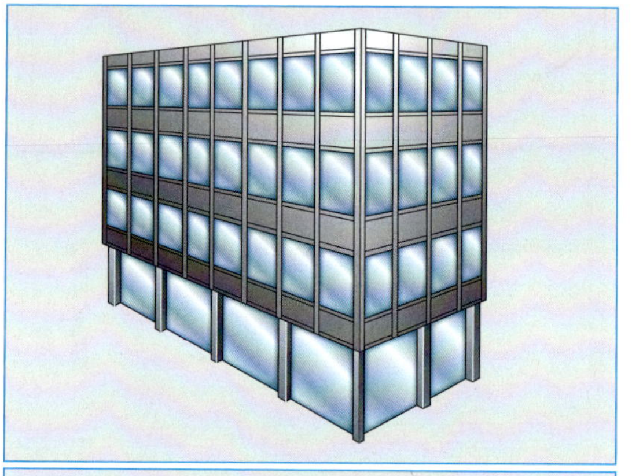

Bild 3: Pfosten-Riegel-Fassade

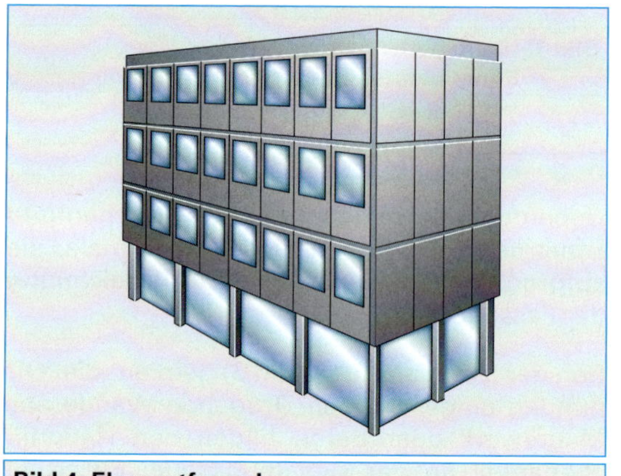

Bild 4: Elementfassade

Als **Ganzglasfassade** (structural glazing; siehe S. 193, Bild 1) wird eine flächige oder wenig strukturierte Fassade bezeichnet, die vielfach ohne erkennbare Geschossteilung ist. Eine Belichtung erfolgt durch Fenster innerhalb der Fassade, die von außen als Fensteröffnung oftmals nicht zu erkennen sind. Belüftungsanlagen innerhalb des Gebäudes sorgen für den notwendigen Luftaustausch. Die optische Wirkung der Ganzglasfassade erreicht man durch Spiegelung oder Transparenz der Außenhaut. Es entsteht ein wechselndes Erscheinungsbild durch Reflexion der Nachbargebäude oder unterschiedliche Lichtverhältnisse beim Tag- und Nachtwechsel.

Bild 1: Ganzglasfassade

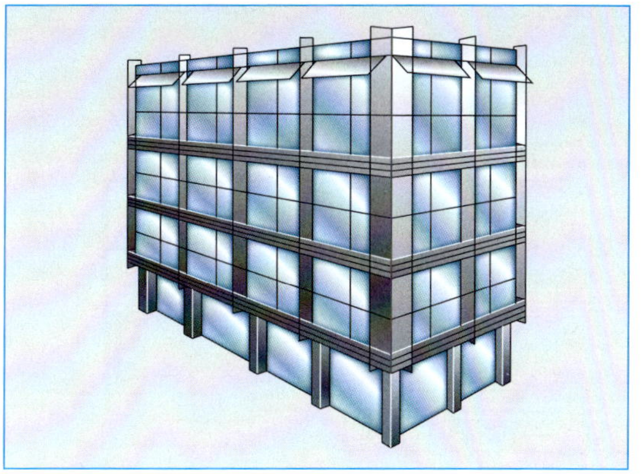

Bild 2: Zweite-Haut-Fassade

Bei der **Zweite-Haut-Fassade** (Bild 2) sind es zwei Gebäudehüllen mit hohem Glasanteil, in die Sonnenschutzanlagen, offene Umgänge oder Balkone eingebaut sind. Der Zwischenraum dient dem Witterungs-, Sonnenschutz und Schallschutz, der Belüftung, der Wartung und als Fluchtweg. Die Zweite-Haut-Fasssade wird in der Fachliteratur auch als „Konvektionsfassade" bezeichnet.

Sonderbauarten sind:

- Abluftfassaden,
- Energiefassaden,
- Synergiefassaden,
- Lichtdachkostruktionen,
- Wintergärten.

5.4 Wärmedämmsysteme

Je nach Wärmedämmsystem unterscheidet man die Warmfassade, die Kaltfassade und die Kalt-Warm-Fassade (CW-Fassade).

5.4.1 Warmfassade

Bei einer Warmfassade sind die Brüstungselemente an der Innenseite der Raumtemperatur und an der Außenseite der Außentemperatur ausgesetzt (Bild 3). Sie stellen eine thermische Trennung zwischen dem Innen- und dem Außenklima her, wobei das Fassadenelement als äußere Schale die Wand ersetzt. Bewegliche und feste Fenster mit thermisch getrennten Profilen und Isolierverglasungen gehören ebenso zu den „Warmbauteilen" wie die unterschiedlichsten Paneelsysteme. Warmfassaden sind nicht hinterlüftet.

Das Paneelsystem basiert auf der **Sandwich-Bauweise**, bei der das Brüstungselement mit dem dahinter liegenden Isolierkern (siehe S. 194, Bild 1) und der raumseitigen Dampfsperre zu einem Paneel zusammengefügt sind. Dieses Paneel wird in die tragende Rahmenkonstruktion eingesetzt und mit Anpressleisten befestigt.

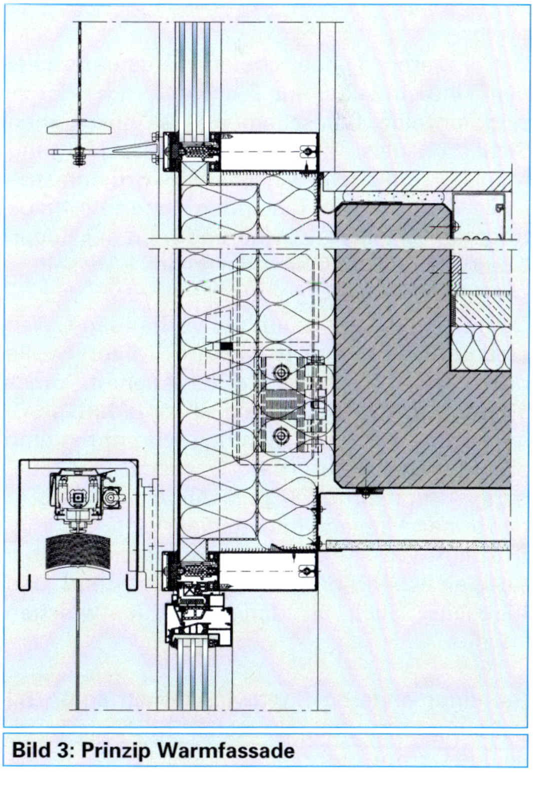

Bild 3: Prinzip Warmfassade

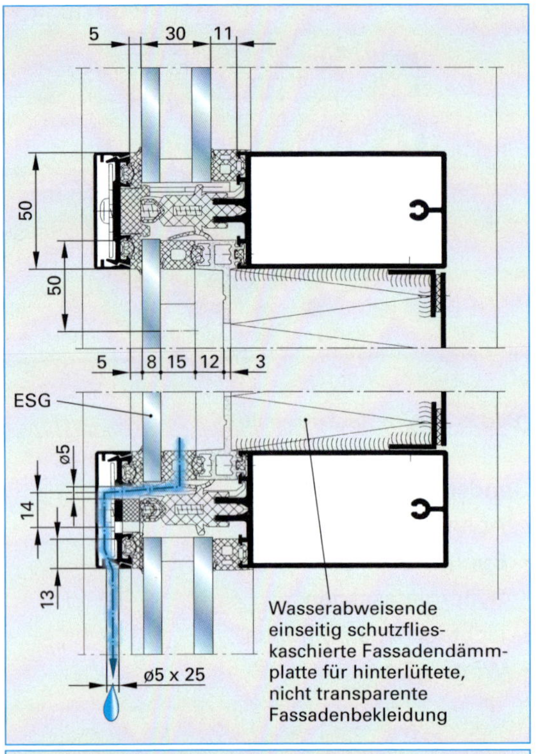

Bild 1: Sandwichelement: Paneel als Brüstungsscheibe

Die äußeren Paneelschalen (Brüstungsscheiben) sind entweder aus Blech gefertigt oder es sind einzelne Glasscheiben aus Einscheiben-Sicherheitsglas mit Reflexionsbeschichtung. Möglich sind auch zweischeibige Brüstungspaneele. Aufgrund der fehlenden Hinterlüftung beträgt der Scheibenzwischenraum (in der Regel) 4 mm. Beide Scheiben müssen aus ESG sein.

Damit der in der Raumluft vorhandene Wasserdampf nicht den Isolierkern (Mineralwolle oder PUR-Hartschaum) durchfeuchtet, muss an der warmen Raumseite eine Dampfsperre angeordnet sein. Die Dichtheit wird durch eine am Abstandshalter (Bild 1) verklebte Metallhaut (Aluminiumfolie) und durch das Aufbringen einer Versiegelung gewährleistet. Dringt trotzdem Wasserdampf ein, muss dieser über Ausgleichsbohrungen am unteren Rand und möglichst auch an den Seiten entweichen können.

Bei einer anderen Sandwich-Konstruktion bildet ein z-förmig abgekantetes Blech die raumseitige Dampfsperre.

Die Paneele übernehmen nicht nur die Funktion des Raumabschlusses und Witterungsschutzes, sondern auch den Wärme-, Schall- und Brandschutz. Konstruktionsbedingt setzen diese Paneele eine vierseitige Rahmung und eine Montage in Pfosten-Riegel-Bauweise voraus. Brüstungspaneele übernehmen keine tragende Funktion.

> Warmfassaden sind einschalige, nicht hinterlüftete Außenwandkonstruktionen.

5.4.2 Kaltfassade

Kaltfassaden sind vorgehängte zweischalige Außenwandkonstruktionen mit einem belüfteten Zwischenraum (Bild 2). In der Fachliteratur wird die Kaltfassade mit „VHF" abgekürzt; das bedeutet „**V**orgehängte **H**interlüftete **F**assade".

Im Gegensatz zur Warmfassade liegen alle Seiten der Brüstungselemente im (kalten) Außenklima. Anders ausgedrückt: Die wärmegedämmten Baukörperflächen sind über einen Luftzwischenraum mit einem Wetterschutz verkleidet. Alle Konstruktionsteile sind ohne thermische Trennung aufgebaut, da keine Verbindung zum Warmbereich besteht.

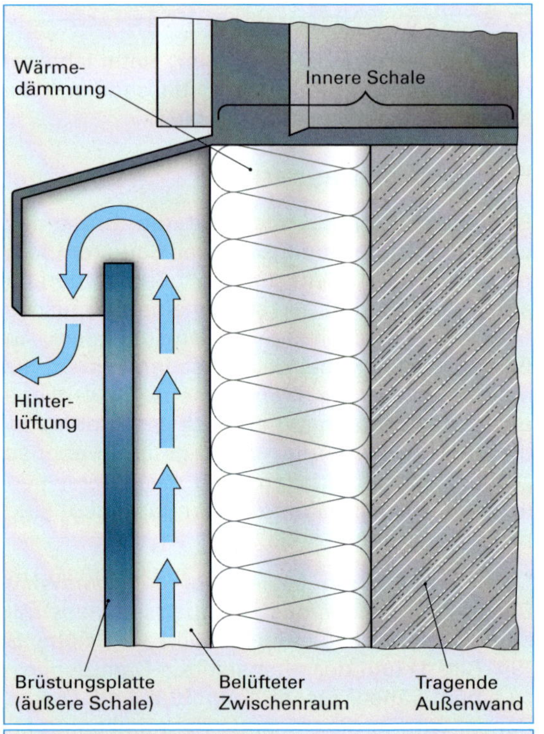

Bild 2: Prinzip Kaltfassade

Die **äußere** (hinterlüftete) Schale besteht aus einer ein- oder zweischeibigen Brüstungsplatte aus ESG. Sie dient als Wetterschutz und übernimmt die optische Gestaltung. Zweischeibige Brüstungsplatten sind oft Sonnenschutzgläser im Isolierglasaufbau mit einem Scheibenzwischenraum von 6 mm.

Die Außenwand des Baukörpers bildet die **innere** Schale. Sie übernimmt den Raumabschluss, die Wärmedämmung und die Tragfunktion für die äußere Schale.

Der „Kamineffekt" im belüfteten Zwischenraum sorgt dafür, dass Wasserdampf, der vom wärmeren Innenraum nach außen diffundiert, vom aufsteigenden Luftstrom mitgenommen und nach außen geführt wird. Auch unerwünschte Wärme zwischen der Brüstungsplatte (z. B. Sonnenschutzglas) und der Wärmedämmung wird aus dem belüfteten Zwischenraum abgeführt (siehe S. 194, Bild 2).

Der Zwischenraum für die Hinterlüftung sollte für einscheibige Brüstungsplatten mindestens 20 mm betragen. Bei zweischeibigen Brüstungsplatten (Isolierglas) muss der Zwischenraum wegen des höheren Wärmeanfalls mindestens 30 mm betragen (nach DIN 18516-1). Dies ist wichtig, weil bei höheren Temperaturen im Scheibenzwischenraum der Randverbund stärker belastet wird. Auch die Mindestgrößen der Be- und Entlüftungsöffnungen sind in dieser Norm vorgeschrieben.

> Die Kaltfassade ist eine hinterlüftete, zweischalige, nichttragende Außenwandkonstruktion. Die Wetterschutzschale und die Wärmeschutzschale sind voneinander getrennt.

Befestigungsmöglichkeiten der Brüstungsplatten bei vorgehängten Kaltfassaden bieten Spielraum für individuelle Gestaltungswünsche (Bild 1). Bild 2 zeigt den Schnitt durch den Eckbereich einer Kaltfassade. Als äußere Schale sind hier beschichtete Aluminiumbleche auf die Unterkonstruktion genietet.

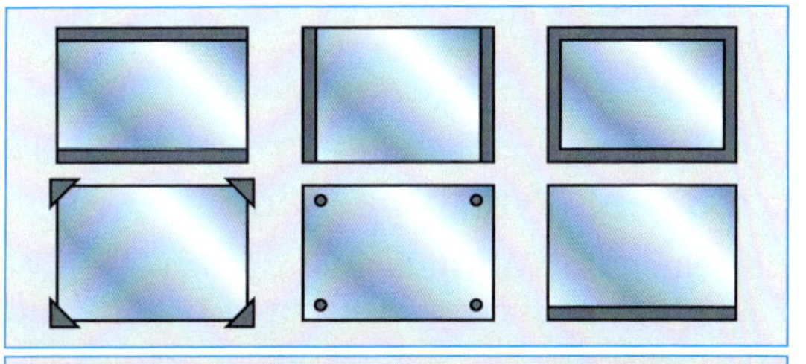

Bild 1: Befestigungen von Brüstungsplatten bei Kaltfassaden

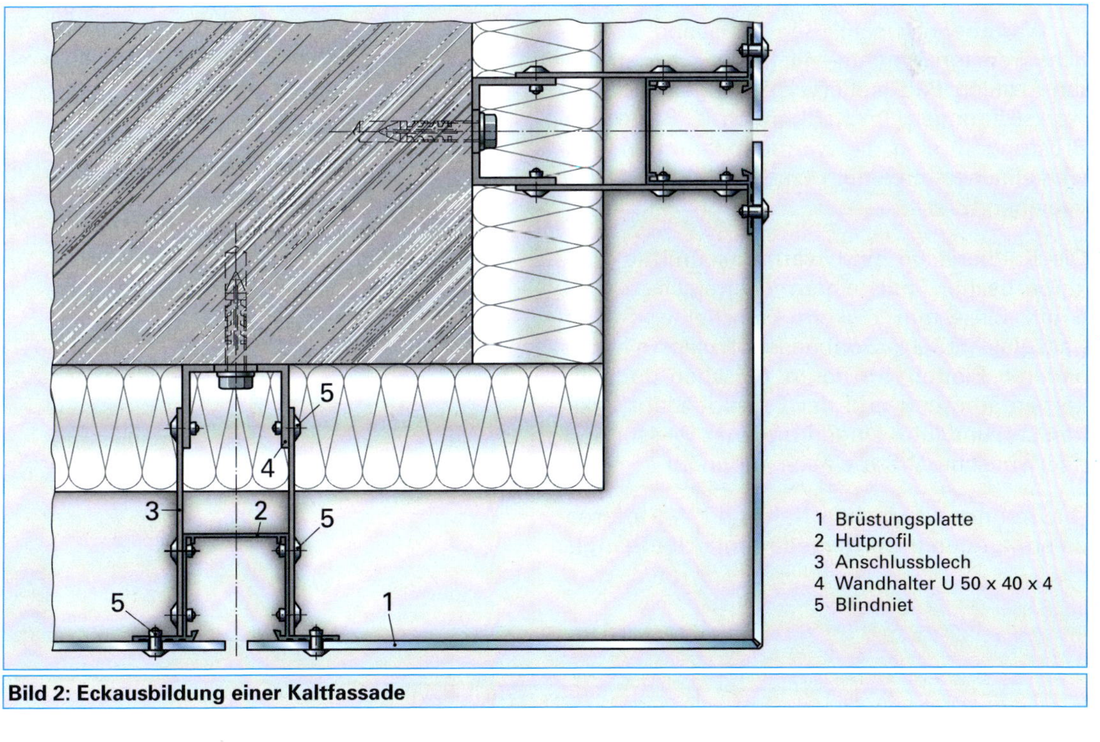

Bild 2: Eckausbildung einer Kaltfassade

Vorteile einer vorgehängten Fassade (VHF):

- **Wärmeschutz**. Die außenseitige Dämmung ist die bauphysikalisch beste Lösung. Konstruktiv bedingte Wärmebrücken werden weitgehend vermieden. Die Temperaturschwankungen am Baukörper sind gering und dadurch treten kaum thermisch bedingte Spannungen auf. Damit verringern sich Anzahl und Größe aufwändiger Dehnungsfugen.
- **Schlagregensicherheit**. Der Hinterlüftungsraum unterbricht die kapillare Feuchtigkeitswanderung. Man spricht auch von „zweistufiger Abdichtung".
- **Tauwasserschutz**. Ausdiffundierender Wasserdampf wird über den Hinterlüftungsraum abgeführt. Die belüfteten Außenwände tragen zu einem gesunden Raumklima bei und begünstigen die Energiebilanz.

5.4.3 Kalt-Warm-Fassade

Bei einer Kalt-Warm-Fassade (auch als CW-Fassade bezeichnet) wechseln sich Kalt- und Warmbereiche ab. Sie werden an tragende Außenwände, die in Massivbauweise erstellt sind, montiert.

Im **Warmbereich** schließen feste und bewegliche Fensterelemente mit thermisch getrennten Profilen und Isolierverglasungen die Bauwerksöffnungen. Im **Kaltbereich** (z. B. an den Brüstungen) sind die wärmegedämmten Bauwerksflächen mit einem Wetterschutz aus Glas versehen (Bild 1).

Die Kaltbereiche sind wärmegedämmte Baukörperflächen mit einem Wetterschutz aus 6 mm bis 8 mm dickem Einscheiben-Sicherheitsglas (ESG), Sonnenschutzgläsern oder anderen Platten. Im Raum zwischen der Baukörperdämmung und der Fassadenhaut zirkuliert Luft und führt eingedrungenes Wasser und unerwünschte Wärme nach außen ab.

Die Trennung zwischen Kalt- und Warmfassade erfolgt durch wärmegedämmte Übergänge.

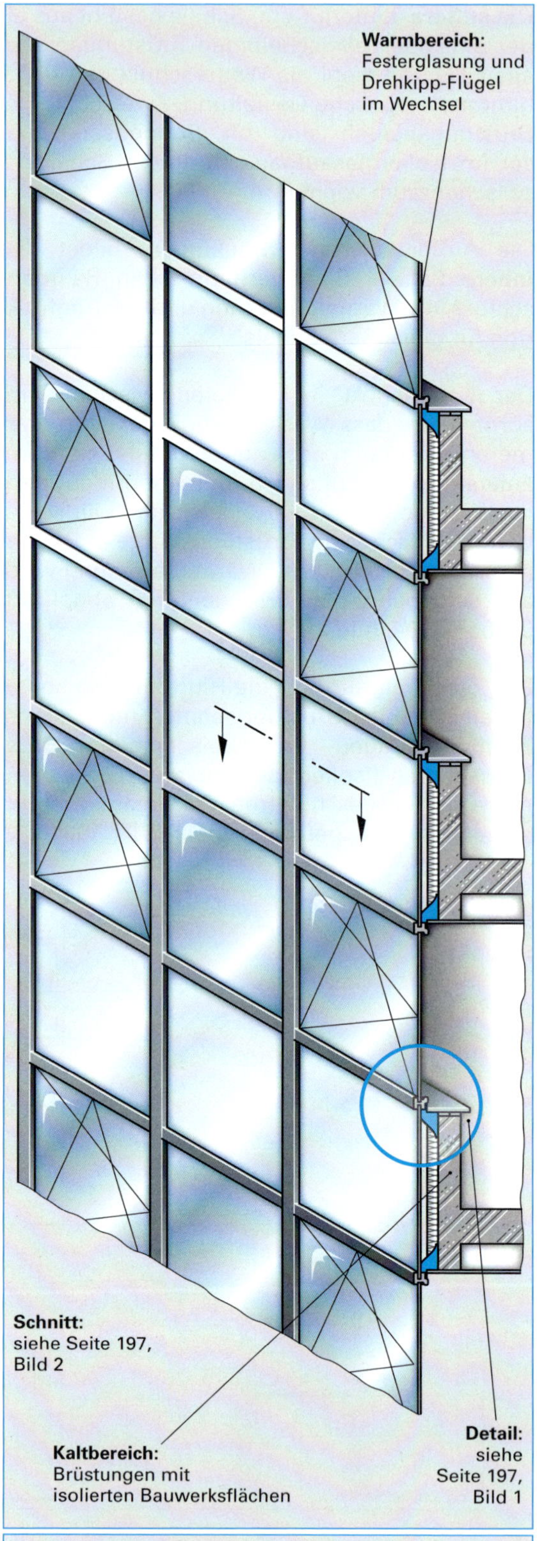

Bild 1: Bauprinzip einer Kalt-Warm-Fassade

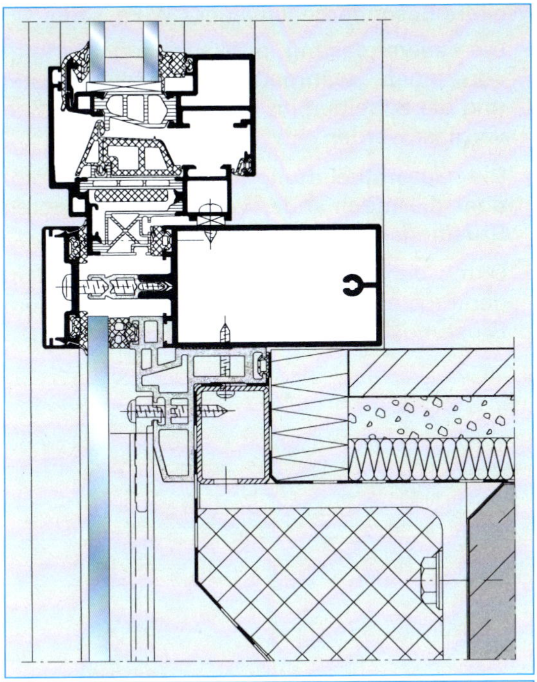

Bild 1: Übergang Kalt-Warm-Fassade (vertikaler Schnitt)

5.5 Merkmale von Fassaden-Bauarten

Die Besonderheiten der unterschiedlichen Fassadenkonstruktionen von der (modernen) Ganzglasfassade über Lichtdächer bis hin zum Bauwerksanschluss eines Wintergartens sollen hier elementarhaft dargestellt werden.

5.5.1 Kalt-Warm-Fassade

Die Unterkonstruktion besteht aus Pfosten- und Riegelprofilen. Die Pfosten sind mit Konsolen am Baukörper befestigt; die Riegel werden mit den Pfosten verbunden. Gleiche Deckschalen für Pfosten und Riegel ergeben ein gleich bleibendes Erscheinungsbild für die Kalt- und Warmbereiche.

Der Blendrahmen des „Warmbereiches" ist aus Gründen der Schalldämmung und zur leichteren Montage als umlaufendes Zargenprofil ausgebildet und mit verstellbaren Konsolen am Baukörper befestigt (Bild 3).

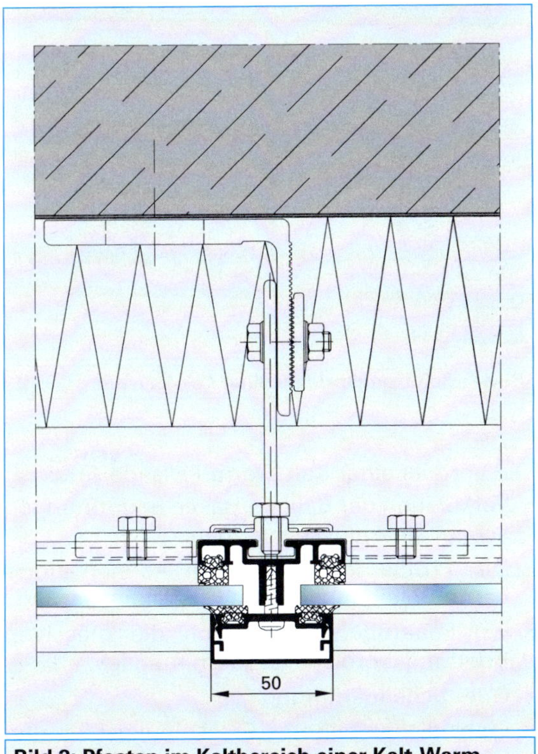

Bild 2: Pfosten im Kaltbereich einer Kalt-Warm-Fassade (horizontaler Schnitt)

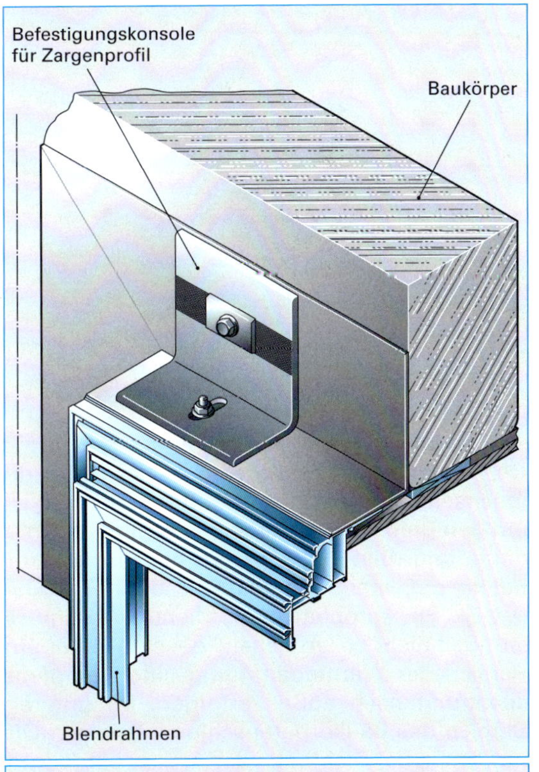

Bild 3: Blendrahmenbefestigung

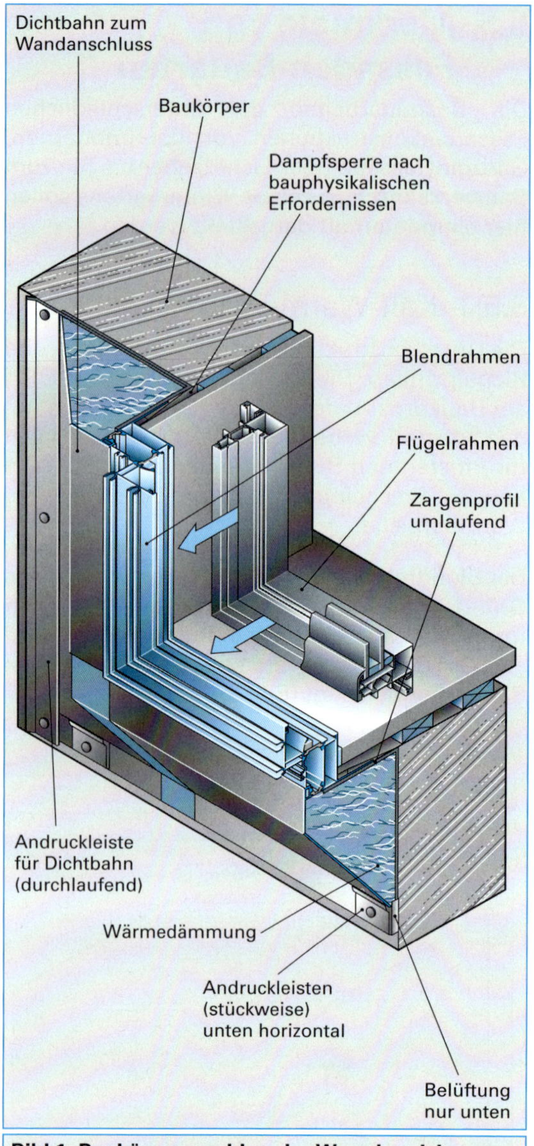

Bild 1: Baukörperanschluss im Warmbereich

Weitere Besonderheiten einer CW-Fassade:

- Die Festverglasung im Warmbereich erfolgt von innen, während die Drehkippfenster und die Scheiben im Kaltbereich von außen verglast werden.
- Die Gesamtbelüftung der Fassade erfolgt über die miteinander verbundenen inneren Brüstungs- und Pfostenflächen (Bild 2).
- Durch den „Kamineffekt" steigt die Luft in den Pfosten auf und nimmt die Luft aus dem Brüstungsbereich mit nach oben.

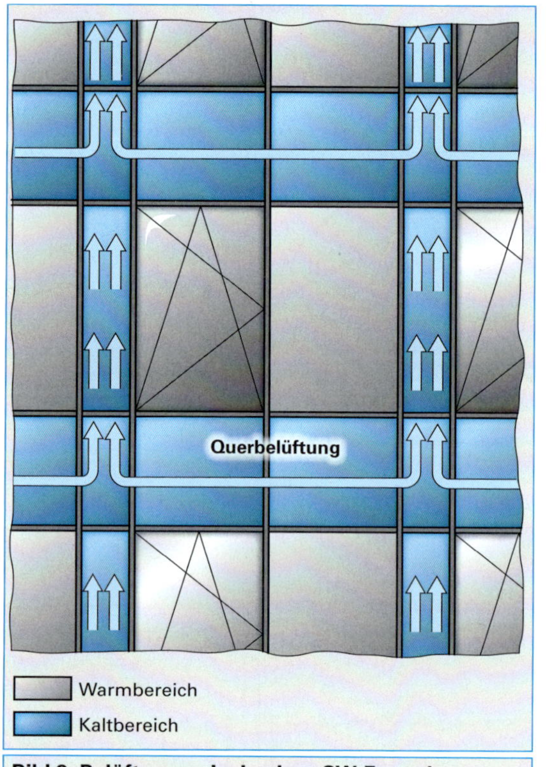

Bild 2: Belüftungsprinzip einer CW-Fassade

Der Warmteil der Fassade ist an der Gebäudeinnenseite dampfdicht auszuführen. Deshalb ist um den Blendrahmen eine keilförmige Wärmedämmung (Bild 1) eingesetzt, die zum Baukörper hin mit einer Dichtbahn wasserdicht verkleidet ist. Ein komplett dampfdichter Abschluss ist aber nicht zu erreichen; deshalb muss im Bereich der Wärmedämmung eine Dampfentspannung nach außen erfolgen. Im unteren Bereich des Baukörperanschlusses sorgen Öffnungen in der Dichtbahn dafür, dass eingedrungenes Kondenswasser ablaufen kann.

Die Vorteile einer Kalt-Warm-Fassade sind:

- Verkürzung der Bauzeit, da die Bauöffnungen schnell geschlossen werden.
- Die Profile im Kaltbereich können ungedämmt bleiben; dadurch Kosteneinsparung.
- Ein Feuerüberschlag durch die massiven Brüstungsbereiche ist kaum möglich.
- Gute Schalldämmung.
- Einheitliches äußeres Erscheinungsbild aller Glasfelder, wenn die Fenster und die übrigen Fassadenflächen aus gleichartigem Glas sind.

5.5.2 Doppelfassade

Die Doppelfassade wird auch als „Zweite-Haut-Fassade" oder „Konvektionsfassade" bezeichnet. Sie wird als zusätzliche transparente Glashülle mit Einfachverglasung **vor** einer vorhandenen Fassade errichtet (Bild 1 u. Seite 200, Bild 1). Die äußere Fassadenhülle schützt das Gebäudeinnere gegen Wind, Wetter und sommerliche Überhitzung.

Das Prinzip ähnelt der Kaltfassade, jedoch mit dem Unterschied, dass der Fassadenzwischenraum wesentlich größer ist und den Bereich vor den Fenstern mit einschließt. So können die Fenster der innen liegenden Schale geöffnet und die Räume auf natürliche Weise be- und entlüftet werden. Oft wird ein Sonnenschutz in den Zwischenraum integriert.

Für eine Durchlüftung des Fassadenzwischenraumes sorgen Zu- und Abluftöffnungen in der Außenhaut. Ein mechanischer Lüfter bietet zusätzlich die Möglichkeit gezielter Lüftung. Der Fassadenzwischenraum wird abschnittsweise abgeschottet.

Vorteile der Doppelfassade sind:

- Verbesserung des optischen Erscheinungsbildes.
- Kosteneinsparung durch Verzicht auf eine Klimaanlage.
- Verbessertes Innenklima.
- Verringerung der Transmissions- und Lüftungsverluste in der kalten Jahreszeit. Es sind Energieeinsparungen bis zu 30 % an den Gebäudesüdseiten während einer Heizperiode möglich.
- Verringerung der sommerlichen Aufheizung durch den integrierten Sonnenschutz. Der Gesamtenergie-Durchlassgrad (*g*-Wert) kann bis auf 20 % sinken.
- Verbesserung des Schallschutzes durch den „akustischen Puffer".
- Verbesserter Einbruchschutz.
- Einbau von Fotovoltaik-Modulen zur zusätzlichen Energiegewinnung möglich.

Die Fassade lässt sich problemlos vor bestehende Fassaden montieren. Ist die Tragfunktion der alten Fassade nicht ausreichend, kann man die neue „Zweite Haut" mit eigenen Fundamenten auf den Boden stellen.

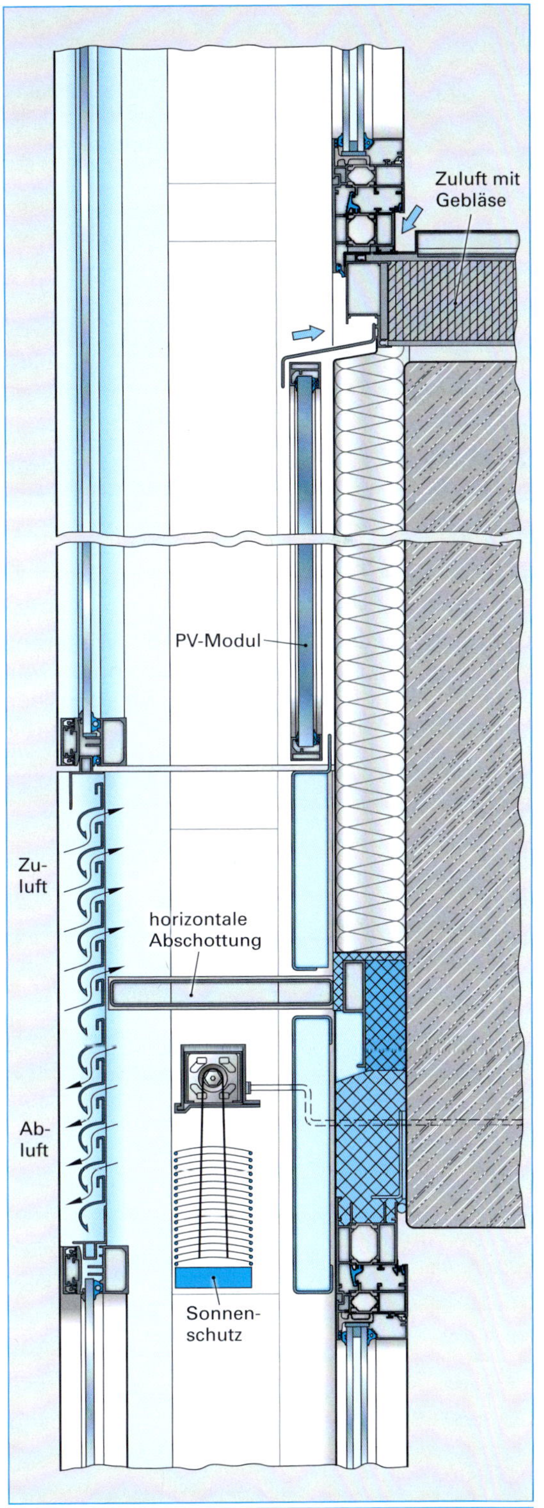

Bild 1: Doppelfassade mit gezielter Luftführung, PV-Modulen und integriertem Sonnenschutz

Bild 1: Doppelfassade

5.5.3 Ganzglasfassade

Ganzglasfassaden (Bild 1) sind Weiterentwicklungen der aus den USA bekannten Vorhangfassaden („curtain wall"). Bei den herkömmlichen Verglasungssystemen nimmt die Glasanlage (oder die Glasleiste) die senkrecht zur Scheibenfläche wirksamen Kräfte auf. Bei **geklebten Ganzglassystemen** werden die senkrecht wirkenden Kräfte allein über die Festigkeit und Haftung des Dichtstoffes am Isolierglas-Randverbund (oder an der Rahmenkonstruktion) aufgenommen. Man spricht hier von einer „glasleistenlosen Verglasung" und bezeichnet die Fassadenart als „structural glazing" oder auch „SG-Fassade". Die Glaselemente, meist spezielles Stufen-Isolierglas (siehe S. 201, Bild 1) werden hierzu an den Scheibenrändern allseitig auf einen Adapterrahmen geklebt. Die Klebeschicht überträgt alle Windlasten (Winddruck und Windsog) stoffschlüssig auf die Rahmenkonstruktion.

Je nach Ausführung der Verglasung wird das Glasgewicht über Verklotzungen, mechanische Haltewinkel oder spezielle Tragprofile in die Unterkonstruktion geleitet (siehe S. 201, Bild 2). Bei der **punktgehaltenen Ganzglasfassade** werden die Glaspaneele mittels Punkthaltern an der Unterkonstruktion befestigt. Mechanisch wirkende Punkthalter benötigen Bohrungen im Glaspaneel.

Bild 2: Ganzglasfassade (TMP-Centrum Leybold AG, Köln)

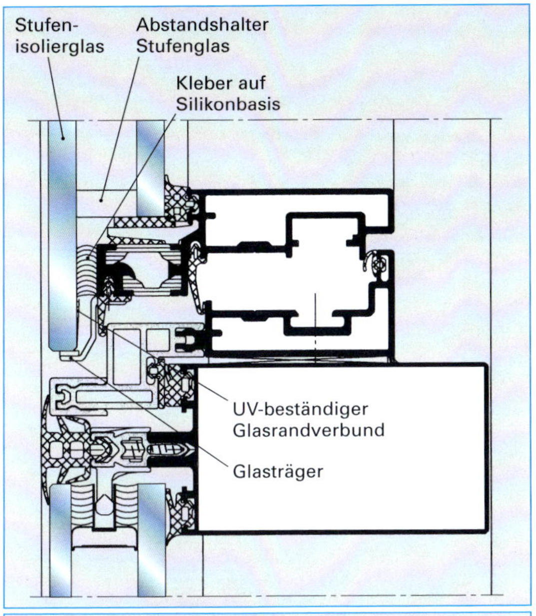

Bild 1: Scheibenrand eines Stufen-Isolierglases mit Glashalteprofil.

Die Einsatzelemente werden allseitig verklebt in die Unterkonstruktion gesetzt. Als Unterkonstruktion kommt meist die Pfosten-Riegel-Bauweise zur Anwendung. Die Pfosten- und Riegelprofile sind mit Drainagenuten versehen, die der kontrollierten Abführung von eventuell auftretendem Kondensat dienen. Da der Randverbund der Isolierglasscheiben nicht durch Profile abgedeckt wird, sondern der Sonnenstrahlung ungeschützt ausgesetzt ist, muss der Kleber UV-beständig sein.

Als äußere Scheibe einer Isolierglaseinheit wird grundsätzlich ein Einscheiben-Sicherheitsglas (ESG) mit einer Mindeststärke von 6 mm eingesetzt. Sie darf auf keinen Fall mit Kräften, die in der Scheibenebene wirken, belastet werden. Ganzglasfassaden ohne zusätzliche mechanische Sicherung sind in Deutschland nur bis 8 m Traufhöhe zugelassen. Bei größeren Gebäudehöhen sind umlaufende Glashalterahmen oder punktweise Befestigungen erforderlich.

Bedingt durch die äußere flächenbündige Glasfront ist der Eigenreinigungsgrad sehr hoch. Auch hier kommen aber zunehmend Gläser mit selbstreinigender Oberfläche zur Anwendung. Bild 1 auf Seite 202 zeigt den Warmfassadenteil einer Ganzglasfassade (mit Festverglasung und Senkklappflügel) und den Pfostenschnitt AA.

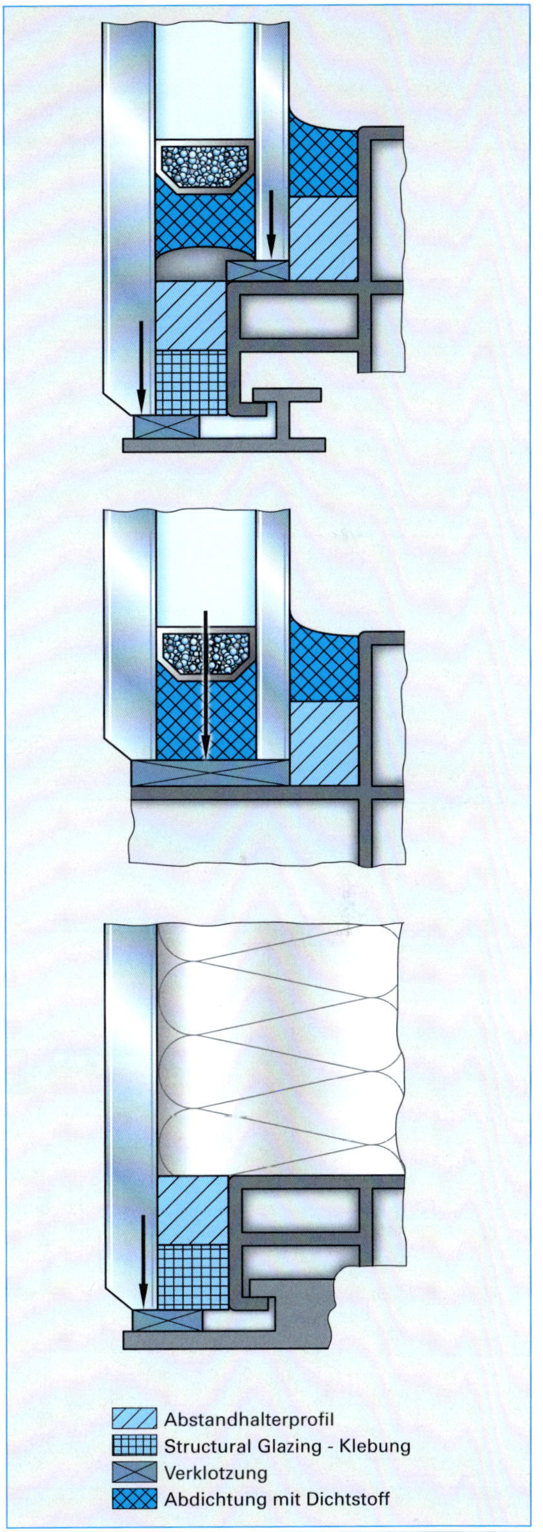

Bild 2: Aufnahme der (vertikalen) Gewichtskräfte

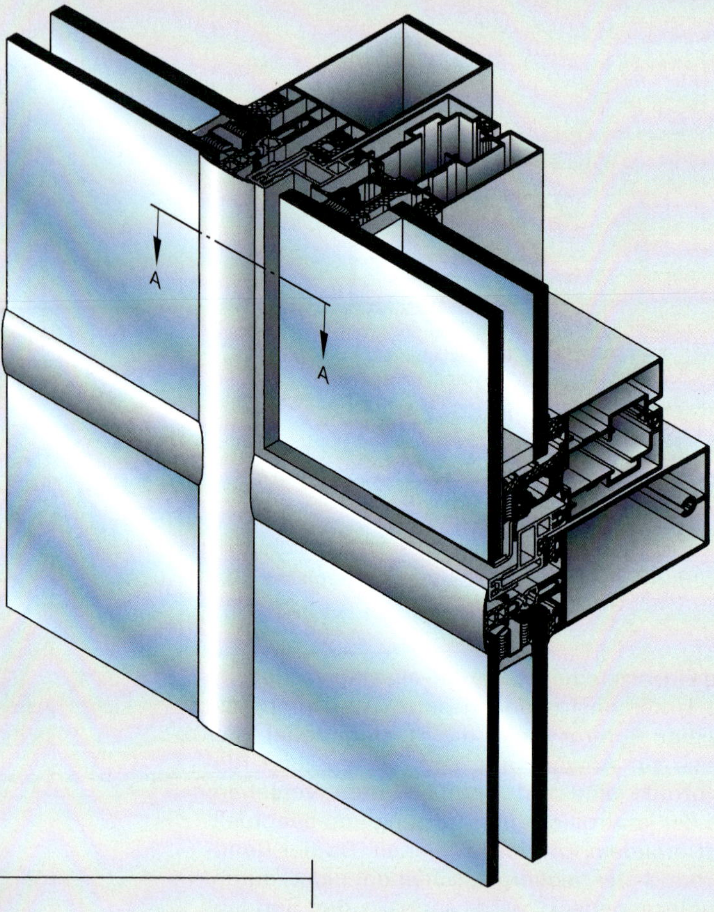

Schnitt A-A

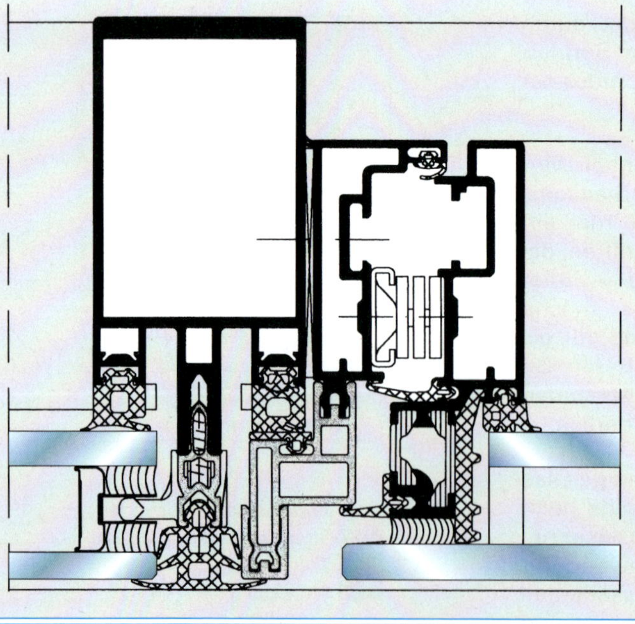

Bild 1: Ganzglasfassade in Pfosten-Riegel-Bauweise mit Stufen-Isolierglas (silikonverklebt)

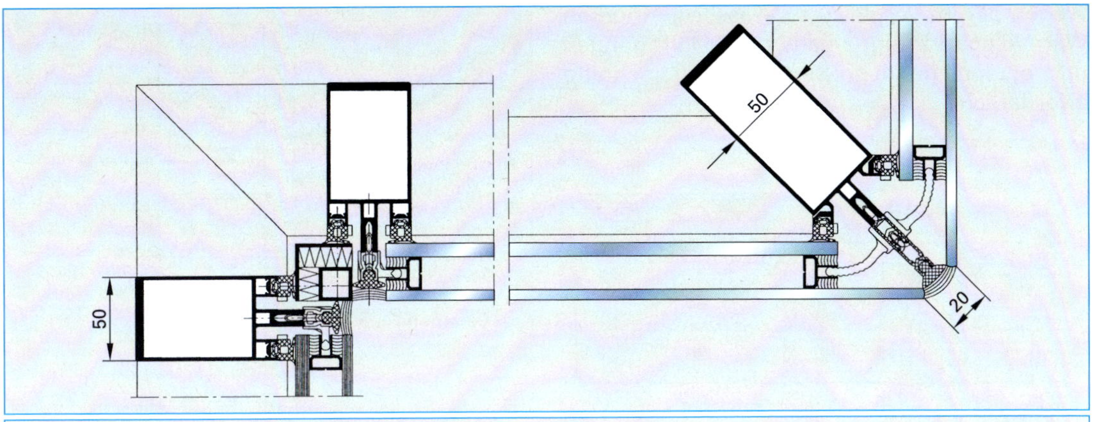

Bild 1: Eckausbildung bei Ganzglasfassaden

5.5.4 Energiefassaden

Fassaden bieten neben der (passiven) Energieeinsparung auch vielfältige Möglichkeiten zur aktiven Energiegewinnung. In den Brüstungsbereich einer Fassade (in dem „kalten", nicht transparenten Teil einer Kalt-Warm-Fassade) integriert, lassen sich unterschiedliche konstruktive Elemente zur Energiegewinnung einbringen:

- Sonnenkollektoren zur Wärmegewinnung,
- Transparente Wärmedämmsysteme,
- Solarzellen zur Stromerzeugung.

Kollektoren

Am besten bekannt und erprobt sind Solaranlagen, die das Sonnenlicht direkt in nutzbare Wärme umwandeln.

Der **Solar-Wasser-Kollektor** kann aufgrund seines Aufbaues in einem üblichen Paneelelement mit Frontscheibe platziert werden. Daher bietet sich der Einbau in übliche Fassadensysteme an.

Durch die Glasabdeckung gelangt das Sonnenlicht zu der selektiv beschichteten Absorberfläche. Die selektive Schicht hat die Eigenschaft, im spektralen Frequenzbereich der Sonnenstrahlung sich wie eine schwarze Schicht mit hohem Absorptionsgrad und im Gegensatz dazu im Frequenzbereich der langwelligen Wärmeabstrahlung wie eine metallisch blanke Oberfläche mit niedrigem Emissionsgrad zu verhalten. Deshalb wird die Sonnenstrahlung nahezu vollständig in Wärme umgewandelt, aber in wesentlich geringerem Maße als Wärmeverlust wieder an die Umgebung abgestrahlt. Im Absorber befinden sich Wärmetauscher-Kanäle, in denen das Wärmeträgermedium – meist Wasser mit Frostschutzzusatz – zirkuliert (Bild 2).

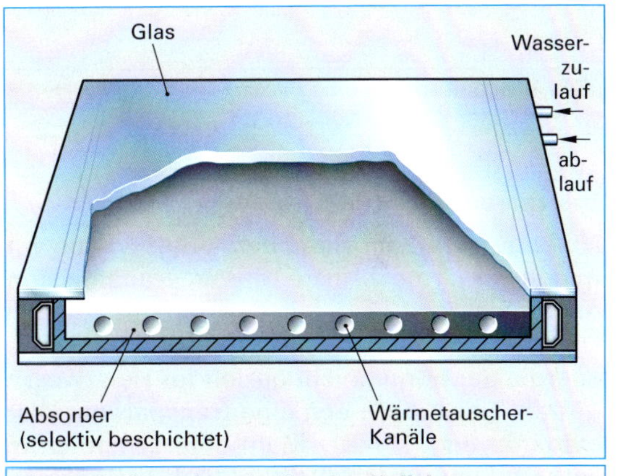

Bild 2: Aufbau eines Isolierglas-Kollektors

Die einzelnen Kollektoren sind durch ein Rohrleitungssystem miteinander verbunden (siehe S. 204, Bild 1). Das erwärmte Wasser wird über eine Umwälzpumpe dem Heizungskreislauf zugeführt, wo es in einem Wärmetauscher die Vorlauftemperatur erhöht.

In die Fassade integrierte **Solar-Luft-Kollektoren** dienen der direkten Raumbeheizung. Schon bei einer Kollektortemperatur von 25 °C ist ein wirtschaftlicher Betrieb möglich. Es können sogar Fotovoltaik-Module integriert werden, die das Luftgebläse mit Strom versorgen.

Wegen der im Vergleich zu Wasser geringeren Wärmekapazität sind relativ große Luftmengen und entsprechend größere Kanalquerschnitte erforderlich.

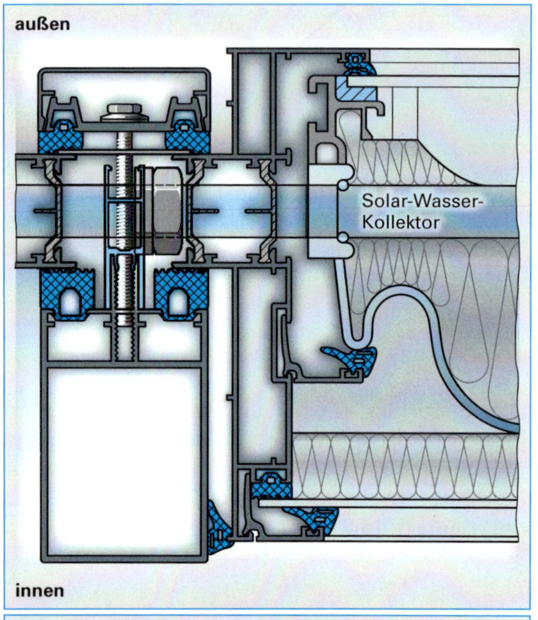

Bild 1: Schnitt durch eine Fassade mit integrierten Solar-Wasser-Kollektoren

Transparente Wärmedämmung (TWD)

Nur eine gute Dämmung der Außenwände vermindert Wärmeverluste durch Transmission. Allerdings lässt sich mit den herkömmlichen Dämmwerkstoffen die auftreffende Strahlungsenergie der Sonne nicht gezielt für Heizzwecke nutzen. Das schafft erst eine transparente Wärmedämmung (TWD). Man unterscheidet im Fassadenbau opake (lichtundurchlässige) und transparente (lichtdurchlässige) Fassadensysteme. In beiden Fällen führt die durchtretende Sonnenstrahlung zu einer Erwärmung der Wand, die diese Wärme an die Innenräume abgibt. Der Vorteil im Vergleich zu anderen Materialien mit ebenfalls guten Wärmedämmeigenschaften besteht darin, dass die Wärmeabgabe nicht unmittelbar, sondern zeitlich verzögert dann stattfindet, wenn der Wärmebedarf ansteigt: abends, nachts und morgens.

Trifft Sonnenstrahlung auf eine lichtundurchlässige gedämmte Wand, so wird sie zwar absorbiert und die Außenfläche erwärmt sich, doch wegen der geringen Wärmeleitfähigkeit

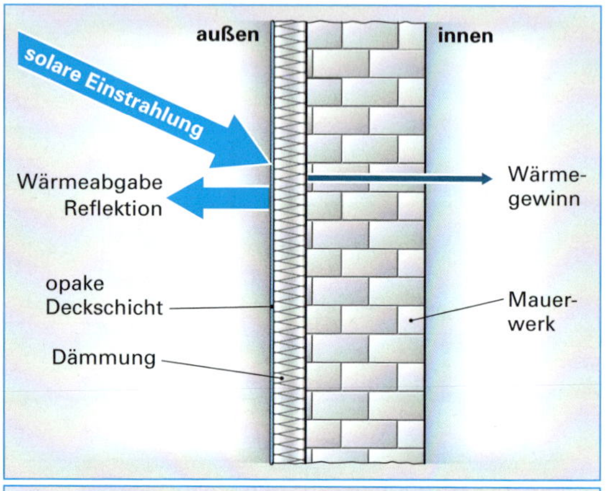

Bild 2: Funktionsprinzip von opaker Wärmedämmung

der Dämmschicht gelangt nur wenig Wärme nach innen (Bild 2).

Hochtransparentes Wärmedämmmaterial lässt dagegen die Sonnenstrahlung zum größten Teil passieren. Die dunkel eingefärbte Klebeschicht hinter der Dämmung wirkt als Absorber und leitet die Wärme in das Mauerwerk, wo sie mit Verzögerung an die Innenräume weitergegeben wird. Die Wand wirkt wie eine Heizfläche mit niedriger Temperatur (Bild 3).

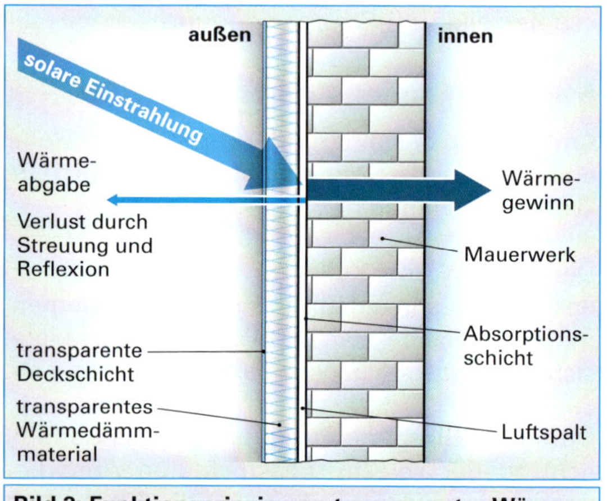

Bild 3: Funktionsprinzip von transparenter Wärmedämmung (Solarwandsystem)

In Zeiten erhöhter Wärmeeinstrahlung ist für die TWD-Module eine Abschattungsanlage erforderlich, um Überhitzungen zu vermeiden. Inzwischen sind neue Produkte auf dem Markt, die ohne Abschattungsanlage auskommen. Dafür sorgt eine dünne Reflexionsschicht auf der Innenseite der Glasabdeckung, die sich den un-

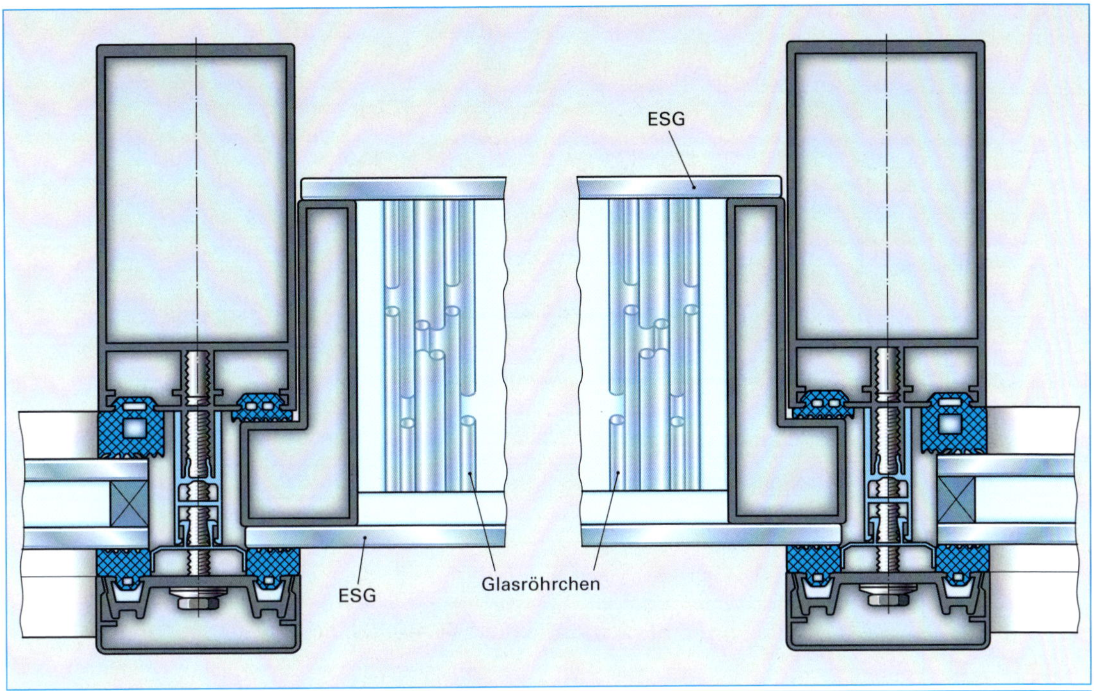

Bild 1: Einbaubeispiel: TWD-Isolierglas-Element

terschiedlichen Strahlungsbedingungen des Sonnenlichts anpassen kann. In Zeiten schwacher Strahlung steigt der Gesamtenergie-Durchlassgrad (*g*-Wert), bei starker Sonneneinstrahlung schwächt er sich ab.

Die transparente Wärmedämmung ist aber auch als Tageslichtelement einsetzbar. Das Glaselement besteht aus zwei hochtransparenten Glasscheiben, in deren Scheibenzwischenraum sich dünnwandige Glasröhrchen befinden (Bild 1). Auch mit transparenten Schäumen hat man gute Ergebnisse erzielt. Neben guter Wärme- und Schalldämmung wird durch die Licht ablenkende Wirkung eine gleichmäßige Ausleuchtung der Räume erreicht.

Solarzellen (Fotovoltaik)

Völlig verschieden von den (Sonnen-) Kollektoren sind in ihrer Wirkungsweise die Solarzellen, bei denen die Lichtenergie ohne den Umweg über Wärme direkt in elektrische Energie umgewandelt wird. Eine Solarzelle besteht aus zwei Siliziumschichten, die mit anderen Elementen gezielt verunreinigt (dotiert) sind. Die mit Boratomen verunreinigte Schicht hat einen positiven, die mit Phosphoratomen einen negativen Ladungsüberschuss. Die Folge ist, dass sich im Übergangsbereich der beiden Schichten ein inneres elektrisches Feld bildet (siehe S. 206, Bild 1 u. 2).

Fällt Licht auf die Solarzelle, werden Elektronen aus ihrer Bindung gelöst und hinterlassen dabei in gleicher Anzahl „Löcher" (diese Fähigkeit des Lichtes nennt man auch den fotoelektrischen oder fotovoltaischen Effekt und die Solarzellen deshalb auch PV-Module). Die freien Elektronen sind die negativen, die Löcher kann man als positive Ladungsträger ansehen. Damit sich diese Ladungsträger nicht unmittelbar wiedervereinigen, muss innerhalb der Solarzelle eine Sperrschicht vorhanden sein. Das ist das oben erwähnte innere elektrische Feld.

Nun bewegen sich die Elektronen zur Frontseite der positiv dotierten Schicht, während die positiven „Löcher" zur negativen Schicht wandern. Auf diese Weise entsteht zwischen den Kontaktfingern der Ober- und Unterseite eine etwa 0,5 V große Gleichspannung (siehe S. 206, Bild 2). Schließt man einen Verbraucher an, kann ein Strom fließen.

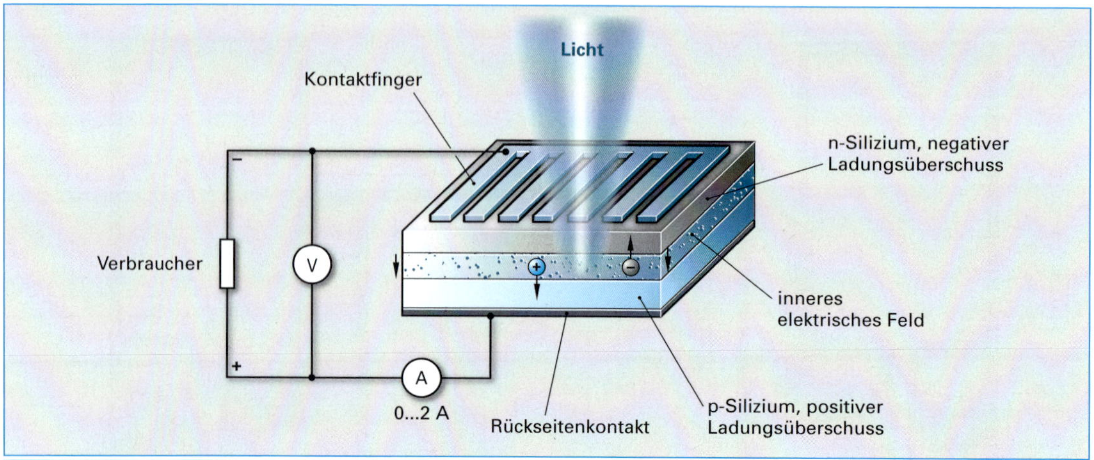

Bild 1: Schematischer Querschnitt einer Solarzelle

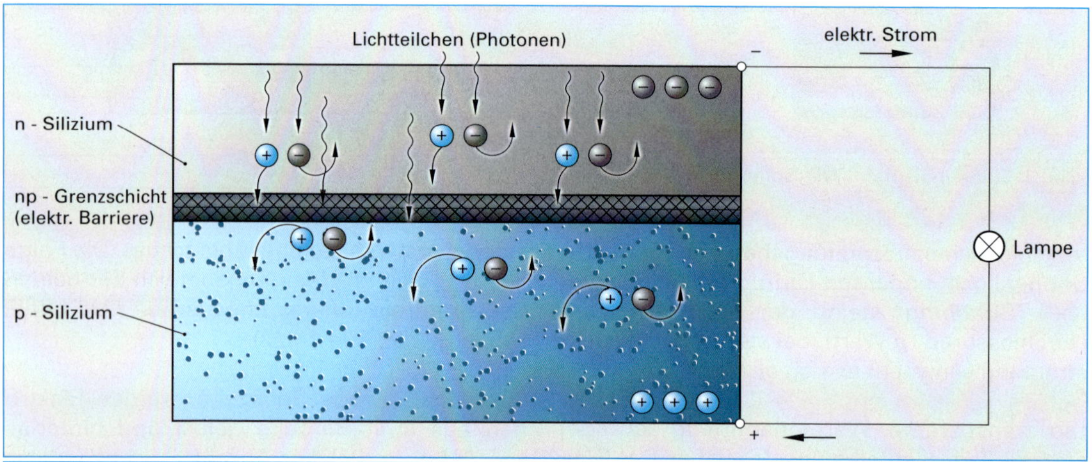

Bild 2: Der elektrische Vorgang in einer Solarzelle bei Sonneneinstrahlung

Bild 3: Fotovoltaik-Module als Ganzdach

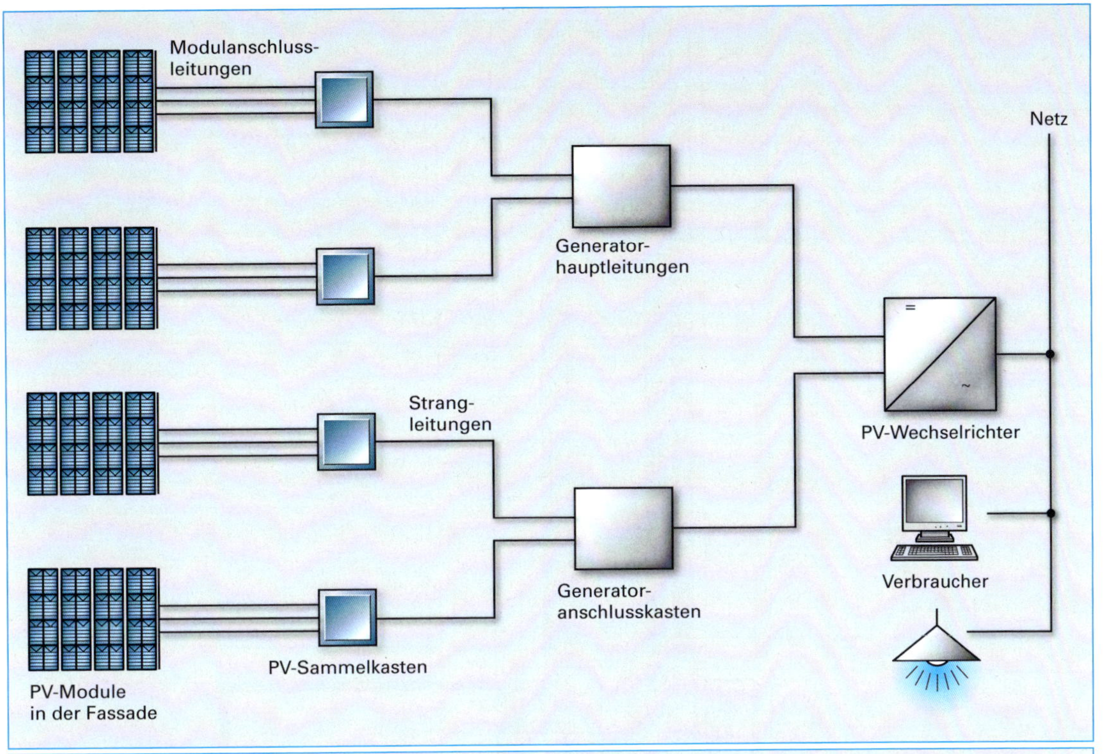

Bild 1: Schaltbild einer Fotovoltaikanlage

Durch Hintereinanderschalten vieler Solarzellen zu größeren Modulen lässt sich die Spannung wesentlich erhöhen. So ergeben z. B. 24 Zellen in Reihe eine Gesamtspannung von 12 V. In Verbindung mit einem Wechselrichter kann dieser Strom für den eigenen Hausgebrauch oder (falls überschüssig) in das öffentliche Netz gespeist werden (Bild 1).

Monokristalline Siliziumscheiben für Solarzellen haben die Größe einer kleinen Kachel und schimmern in mattem Schwarz oder Dunkelblau. Sie besitzen den größten Wirkungsgrad und wandeln bis zu 30 % der einfallenden Sonnenenergie in Strom um, sind aber in der Herstellung (noch) sehr teuer. Etwas billiger lassen sich polykristalline (aus vielen Kristallen bestehende) Siliziumscheiben herstellen, die über längere Zeit einen konstanten Wirkungsgrad von 15 % aufweisen.

Zwischen zwei Glasscheiben eingebettet (Bild 2) und untereinander elektrisch verschaltet, werden Solarmodule wie gewöhnliche Brüstungsplatten in die Fassade oder in Schrägverglasungen eingebaut.

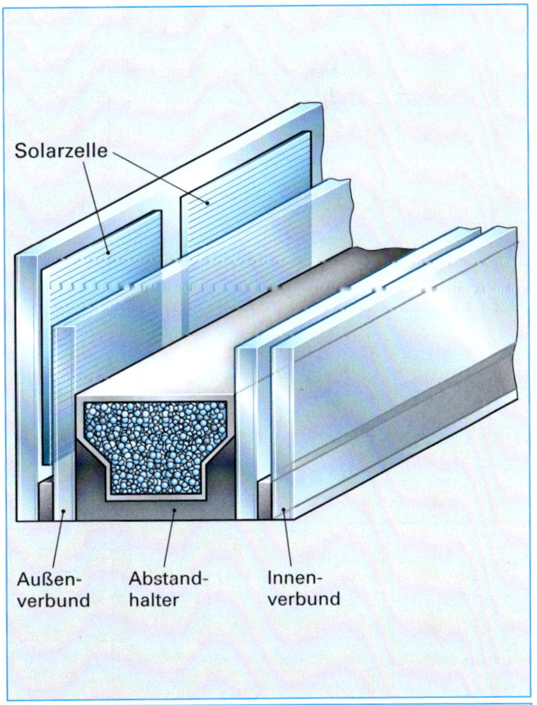

Bild 2: Aufbau eines Solarmoduls

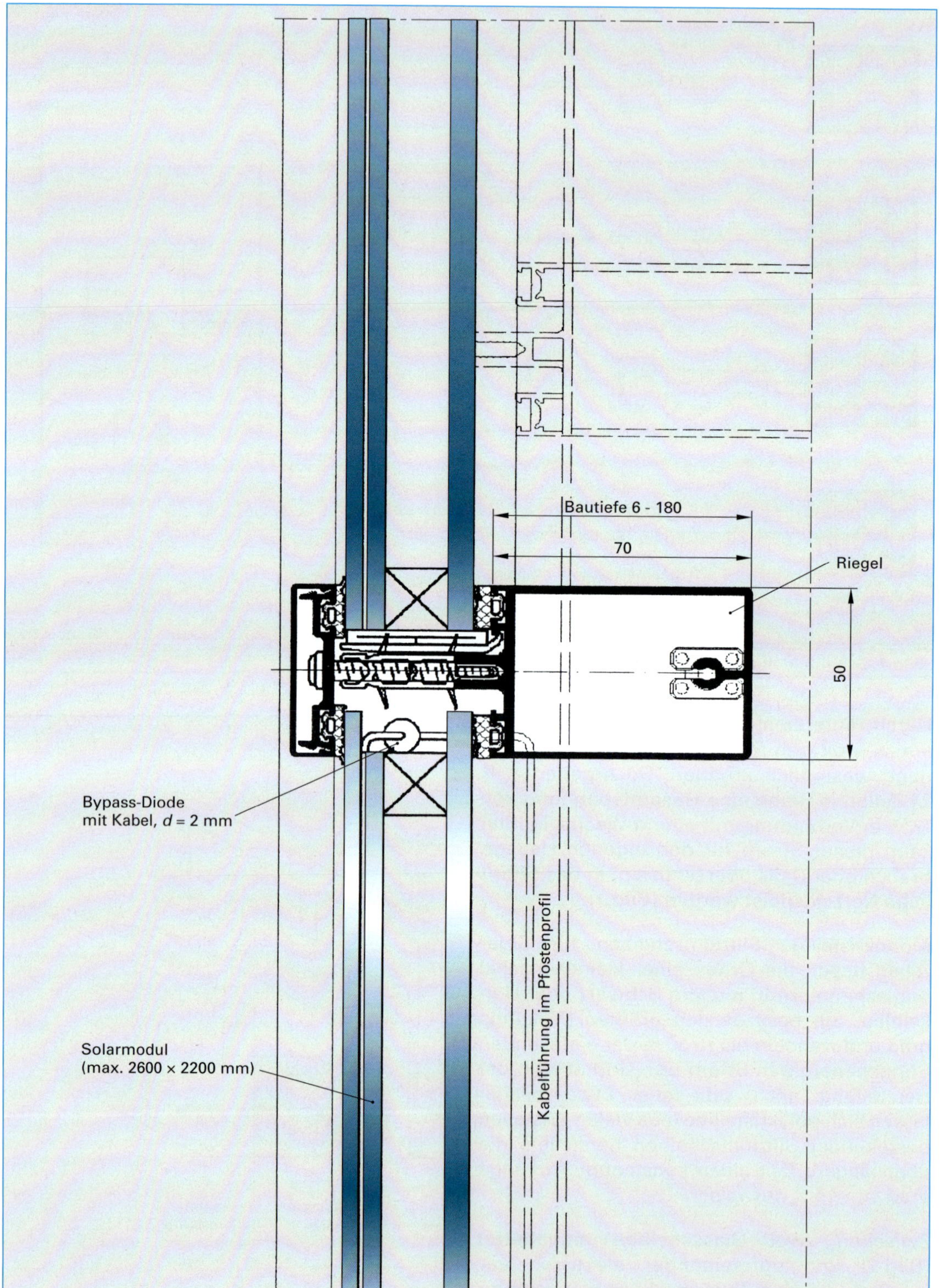

Bild 1: Kabelführung bei Solarmodulen in Pfosten-Riegel-Konstruktion

5.5.5 Intelligente Fassaden

Ein technologisches Ziel in der Fassadentechnik ist die sogenannte „intelligente Fassade". Hierunter versteht man eine Fassade, die automatisch auf die Umgebungseinflüsse reagiert.

Dabei geht es um den modernen Wärmeschutz mit seinen technischen Möglichkeiten, die Energiebilanz eines Gebäudes zu verbessern. Hierzu zählen die Komponenten Sonnenschutz, Lüftungstechnik und Lichtleittechnik.

Die zentrale Messung der Winddrücke und der Sonneneinstrahlung wird an die einzelnen Fassadenabschnitte eines Gebäudekomplexes zur Steuerung der Verschattungs- und Öffnungselemente weitergeleitet. In die Fassaden-Ausfachungen auf Brüstungshöhe wird eine Zuluft-, Abluft- und Umluftgerätetechnik installiert.

Verglasungssysteme mit steuerbaren Glaslamellen oder Glasprismen ermöglichen eine blendfreie Ausleuchtung des Raumes.

Elektrochrome oder thermotrope Farbschichten in der Isolierverglasung (siehe Kapitel 1.2.3) verändern die Durchlässigkeit der Sonneneinstrahlung. Die intelligente Fassade kann zusätzlich mit integrierten Beleuchtungselementen für die Räume ausgestattet werden, bei denen der blaue oder rote Farblichtanteil im Farbspektrum des Kunstlichtes gesteuert wird. Dabei sollen die Blauanteile des Lichtes sich positiv auf das Leistungsvermögen der Mitarbeiter auswirken.

Mit den Möglichkeiten der natürlichen und der mechanischen Lüftung (Bild 1) wird darüber hinaus auch der Heiz- und Kühlbedarf automatisch reguliert. Die Steuerung erfolgt für alle Komponenten zentral über die Gebäudeleittechnik (Bus-Technik) oder sie wird dezentral von jedem Raumnutzer individuell vorgenommen. In der Fassade integrierte Photovoltaikmodule geben ihren erzeugten Strom in das örtliche Stromnetz ab, um dann bedarfsorientiert den Strombedarf für den Betrieb der Fassade und für das Gebäude zu entnehmen.

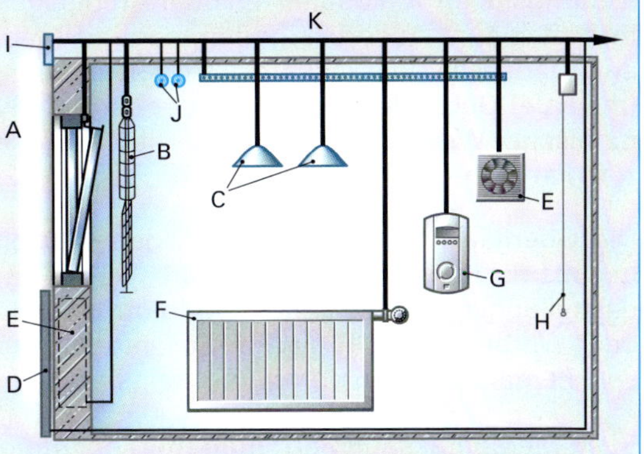

A: Lüftungssteuerung

B: Sonneneinstrahlungs- und Lichtsteuerung

C: Auf einfallendes Tageslicht reagierende Beleuchtung

D: Photovoltaikmodule

E: Lüftungstechnik für Abluft und Umluft, in der Fassadenbrüstung integriert

F: Gesteuerte Wärmetechnik

G: Steuergerät mit Handsenderbedienung

H: Schalter für Einzel- und Gruppenbetätigung

I: Wetterstation zur Erfassung der Außenhelligkeit, Windgeschwindigkeit, Niederschlag, Temperatur und zur Sonnenstand-Berechnung

J: Mit dem Gebäudeleitsystem verbundene Sensoren

K: Bus-Leitung

Bild 1: Intelligente Fassade und moderne Gebäudetechnik

Fachleute halten die Einsparung des Primärenergiebedarfs von 40 - 50 % gegenüber herkömmlichen Fassadenausführungen und Gebäudetechniken für möglich. Mit der intelligenten Fassade verfolgen die Entwicklungsingenieure ein ganzheitliches Konzept zur Kostensenkung. Daher wird die intelligente Fassade auch als autarke Fassade bezeichnet.

5.5.6 Medienfassaden

Während herkömmliche Fassaden in statischer Form die Baukunst ihrer Epoche oder die Gestaltungsideen von Bauherren oder Architekten ihrer Zeit zum Ausdruck geben, so sind Medienfassaden als wandelbare und vermittelnde (mediale) Gebäudefassaden, in der Lage in dynamischer Weise visuell ihre Oberfläche durch z. B. Farblichteffekte zu verändern.

Die Oberflächen von Medienfassaden werden genutzt für Kunst, Bildzeichen, Farbspiele, Filmdarstellungen, Videosequenzen, Informationen oder Werbezwecke. In diesem Zusammenhang spricht man auch von Kommunikationsfassaden.

Viele Medienfassaden arbeiten mit Leuchtdioden (LED's). Sie sind sehr klein und können daher unauffällig und flexibel platziert werden. LED's haben eine hohe Lichtstärke und eine lange Lebensdauer. Sie sind darüber hinaus kostengünstig und verbrauchen wenig Strom. So wurden z. B. in der Konzernzentrale der Energie AG in Linz, einem 70 m hohem Gebäude mit 19 Stockwerken 100 000 LED's in der Glasfassade eingebaut, die selber nur etwa 1,4 Kilowatt pro Nacht verbrauchen.

Leuchtdioden werden in Medienfassaden in durchsichtigen Deckleisten eingearbeitet oder sie werden im Glasverbund der Fassade integriert, bei Doppelfassaden hinter der äußeren Verglasung platziert oder in Edelstahl-Gewebematten im Fassadenbereich im Metallgewebe eingewebt und versiegelt. Beispielsweise wurden im Bayer-Hochhaus in Leverkusen auf zwei Metallgewebefeldern in der Größe 40 m × 40 m 5,6 Millionen LED's eingearbeitet. Von einem Zentralrechner lassen sich über die einzelnen Bildpunkte Filme auf der Gebäudehülle darbieten. Jeder Bildpunkt setzt sich dabei aus mindestens drei LED's für jeweils eine Farbe (rot, grün und blau) zusammen.

Leuchtdioden können zwischen zwei VSG-Scheiben in einer polymeren Zwischenschicht eingelassen werden und über nicht sichtbare Leiterbahnen auf der Raumseite mit elektrischer Energie versorgt werden.

Andere Medienfassaden arbeiten mit computergesteuerten Projektoren, die raumseitig montiert werden und ihre Bildinhalte und Informationen von innen auf die Glasoberfläche nach außen projizieren. Hierzu sind für die Fassadenhülle transluzente oder elektrochrome Verglasungen notwendig.

Displayfassaden werden aus einzelnen Bildschirmen (Displaygröße z. B. 624 × 624 × 180) aufgebaut, die modular zusammengesetzt, für Nachrichten und Werbung eingesetzt werden können. Der Mindestabstand für einen Betrachter liegt bei 20 m.

Bei der Fensterrasteranimation werden die einzelnen Fenster einer großen Fassadenfläche als Rasterelemente für wechselnde Piktogramme und blinkende Bildzeichen genutzt. Über einen Rechner wird jedes Rasterelement (Fenster) angesteuert und zu einem großen Gesamtbild zusammengesetzt.

Viele Medienfassaden können ihre Wirkung erst bei Dämmerung und ihre volle Brillanz erst bei Dunkelheit erzielen. Für die Medienfassaden kann es von Vorteil sein, die Kommunikationsflächen für Videokunst u. a. unter einer Neigung von etwa 10° zu montieren, um dem außen stehende Betrachtern den optimalen Blickwinkel zu bieten.

5.5.7 Überkopfverglasung

Überkopfverglasungen (auch als „Schrägverglasungen“ bezeichnet) sind heute ein fester Bestandteil der modernen Architektur. Beispiele dafür sind Vordächer, Wintergärten, Dachflächenfenster, Erker und Treppenhäuser, Glaskonstruktionen über klimatisierten Hallen, Foyers und Ausstellungsräumen, Glaskonstruktionen über nicht beheizte Bereiche wie Passagen, Straßenüberdeckungen und Pavillons, Fassaden mit geneigten Flächen, Pflanzenschauhäuser und Gewächshäuser.

Ist eine Glasfläche mindestens 10° gegen die Vertikale geneigt, liegt „nach den Technischen Regeln des Deutschen Instituts für Bautechnik“ eine Schrägdach- oder Überkopflage vor (geöffnete, schräg gestellte Fensterflügel zählen nicht dazu).

Für Einfachverglasungen bzw. für die untere Scheibe von Isolierverglasungen darf nur Drahtglas oder Verbundsicherheitsglas aus Floatglas verwendet werden (siehe S. 211, Tabelle 1). Ein Glashersteller empfiehlt als unterseitige Schale (innere Scheibe) generell VSG von mindestens 8 mm Dicke.

Tabelle 1: Zugelassene Glassorten für Überdachungen

Zulässige Verwendung	Floatglas [1]	Einscheiben-Sicherheits-glas ESG [2]	Verbundsicher-heitsglas aus Floatglas	Verbundsicher-heitsglas aus ESG [2]	Draht-glas [3]
Einfachver-glasung			o		o
Isolier-verglasung obere Scheibe	o	o	o	o	o
Isolier-verglasung untere Scheibe			o		o

1 Hochwertiges, verzerrungsfreies Glas
2 Auch emailliertes ESG
3 Drahtglas bzw. Glasarten mit punktgeschweißem Drahtnetz sind bis zu einer Scheibengröße von 70 cm × 250 cm möglich. Eine Stützweite von 70 cm zwischen den Auflagern in Haupttragrichtung darf nicht überschritten werden.

Scheiben aus ESG, die einer besonderen Temperaturbeanspruchung unterliegen, sind durch einen Heißlagerungstest nach DIN 18516-4 vor der Auslieferung zu prüfen. Hohe Temperaturen können bei eingefärbtem oder beschichtetem Glas auftreten; auch eine unmittelbar unter dem Glas angeordnete Dämmung oder innen liegende Sonnenschutzeinrichtungen können zu unerwünschter Aufheizung führen.

Alle ESG-Scheiben sind vor dem Einbau auf Kantenverletzungen zu prüfen. Scheiben mit Kantenverletzungen, die tiefer als 15 % der Scheibendicke ins Glasvolumen eingreifen, dürfen nicht eingebaut werden.

Abweichend von diesen zugelassenen Glassorten darf man andere Gläser nur verwenden, wenn durch ein untergespanntes Netz das Herabfallen von größeren Glassplittern auf die Verkehrsfläche verhindert wird. Dies kann z. B. durch ausreichend tragfähige und dauerhafte Netze und einer Maschenweite ≤ 40 mm erreicht werden.

Weiterhin ist zu beachten:

- Die Unterkonstruktion der Scheiben muss eine gleichmäßige, zwängungsfreie Lagerung der Scheibenränder gewährleisten.
- Der Glaseinstand muss mindestens 15 mm betragen.
- VSG-Scheiben aus Floatglas sind bei Stützweiten > 1,20 m allseitig zu lagern.
- Die Lagerung muss auch für Soglasten wirksam sein.
- Die Glasscheibe darf auch unter Last und Temperatureinwirkung an keiner Stelle mit Metall oder Glas in Kontakt kommen. Der Abstand zwischen Scheibenrand und Falzgrund muss beim Einbau mindestens 5 mm betragen. Ein Verrutschen der Scheiben ist durch Distanzklötze zu verhindern.
- An Querstößen darf sich kein stehendes Wasser bilden. Es ist so zu versiegeln, dass das Wasser stets ablaufen kann (siehe S. 212, Bild 1 und S. 237, Bild 2).

Die Scheibendicke richtet sich nach den Lasteinwirkungen aus Eigengewicht, Winddruck, Windsog und Schneelast.

Bei Isolierverglasungen kommt noch der klimatisch bedingte Druckunterschied zwischen Fertigungs- und Einbauort hinzu. Die Druckunterschiede von Scheibenzwischenraum und Luftdruck der Umgebung können zu einem Bruch der Scheibe führen. Daher muss die untere Scheibe für den Fall des Versagens der oberen Scheibe mit deren Belastung bemessen werden. Die obere Scheibe wird dagegen **allein** und **ohne** Berücksichtigung eines Kopplungseffektes mit der unteren Scheibe bemessen.

Die Durchbiegungen der Einfach- und Isolierglasscheiben dürfen an der ungünstigsten Stelle nicht größer als die Werte in der Tabelle 1 auf Seite 212 sein.

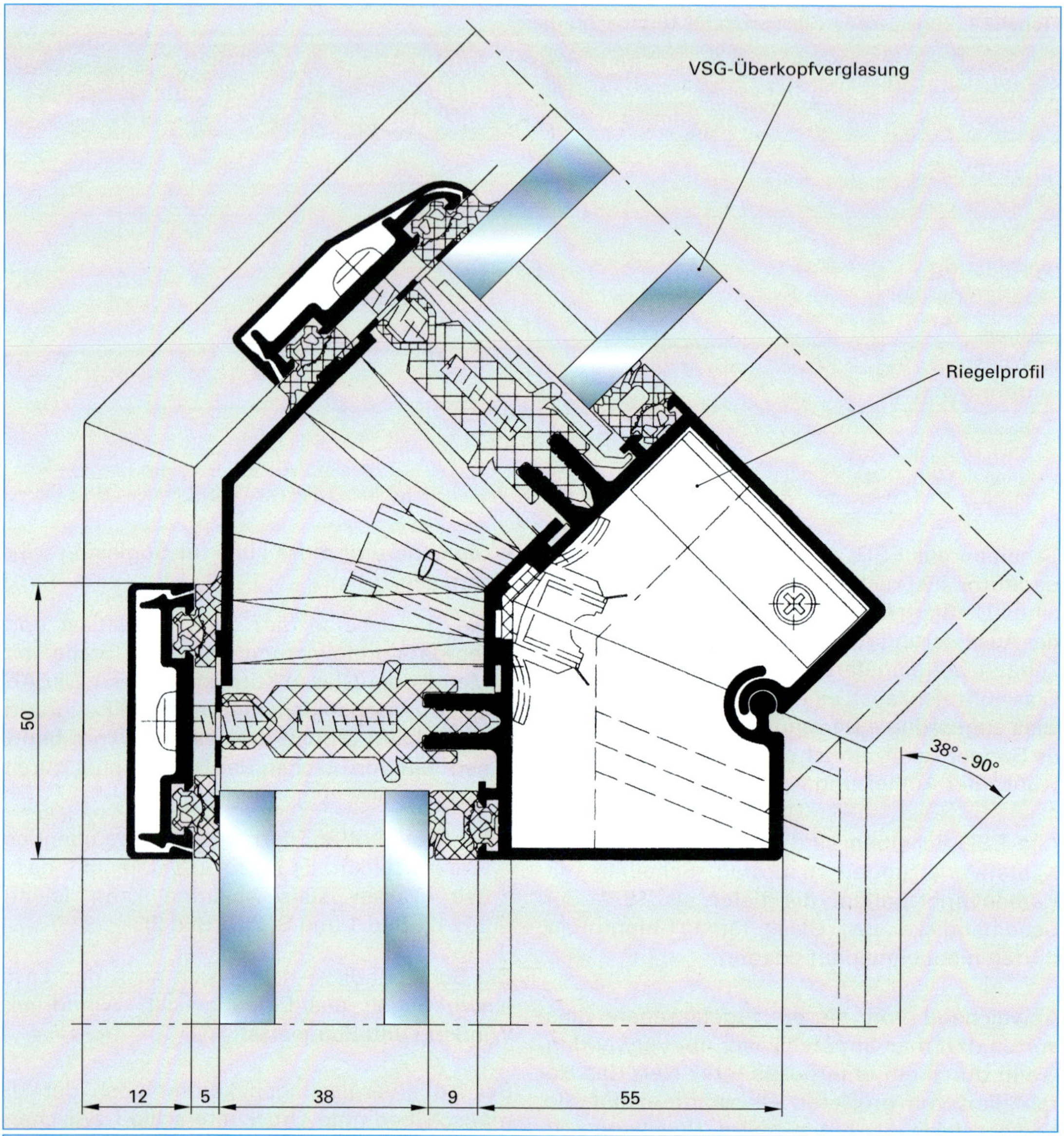

Bild 1: Übergang von Vertikalfassade in Schrägfassade (Überkopfverglasung)

Tabelle 1: Durchbiegungsbegrenzungen von Überkopf- und Vertikalverglasungen

Lagerung	Überkopfverglasung	Vertikalverglasung
vierseitig	1/100 der Scheibenstützweite in Haupttragrichtung	keine Anforderungen[2]
zwei- und dreiseitig	Einfachverglasung: 1/100 der Scheibenstützweite in Haupttragrichtung	1/100 der freien Kante[1]
	Scheiben der Isolierverglasung[1]: 1/200 der freien Kante	1/100 der freien Kante[2]

[1] Auf die Einhaltung dieser Begrenzung kann man verzichten, sofern ein Nachweis besteht, dass unter Last ein Glaseinstand von 5 mm nicht unterschritten wird.
[2] Durchbiegungsbegrenzungen des Isolierglasherstellers sind zu beachten.

5.5.8 Lichtdachkonstruktionen

Lichtdachkonstruktionen können alle Dachformen annehmen: einfach geneigte Schrägverglasungen (Pultdächer), Sparrendächer (Satteldächer), Walmdächer, Pyramiden (Zeltdächer), Kuppeln, Polygone (Vielecke) und Arkaden (Bild 1). Glasanbauten, wie z. B. Wintergärten, bilden eigene Systeme. Die Bezeichnungen der einzelnen Bauteile sind dem Bauwesen entnommen. Die **Pfosten** in einer Fassade in Lichtdachkostrutionen und in Wintergärten werden so zu **Sparren**, den **Riegeln** entsprechen dann die **Pfetten** usw.

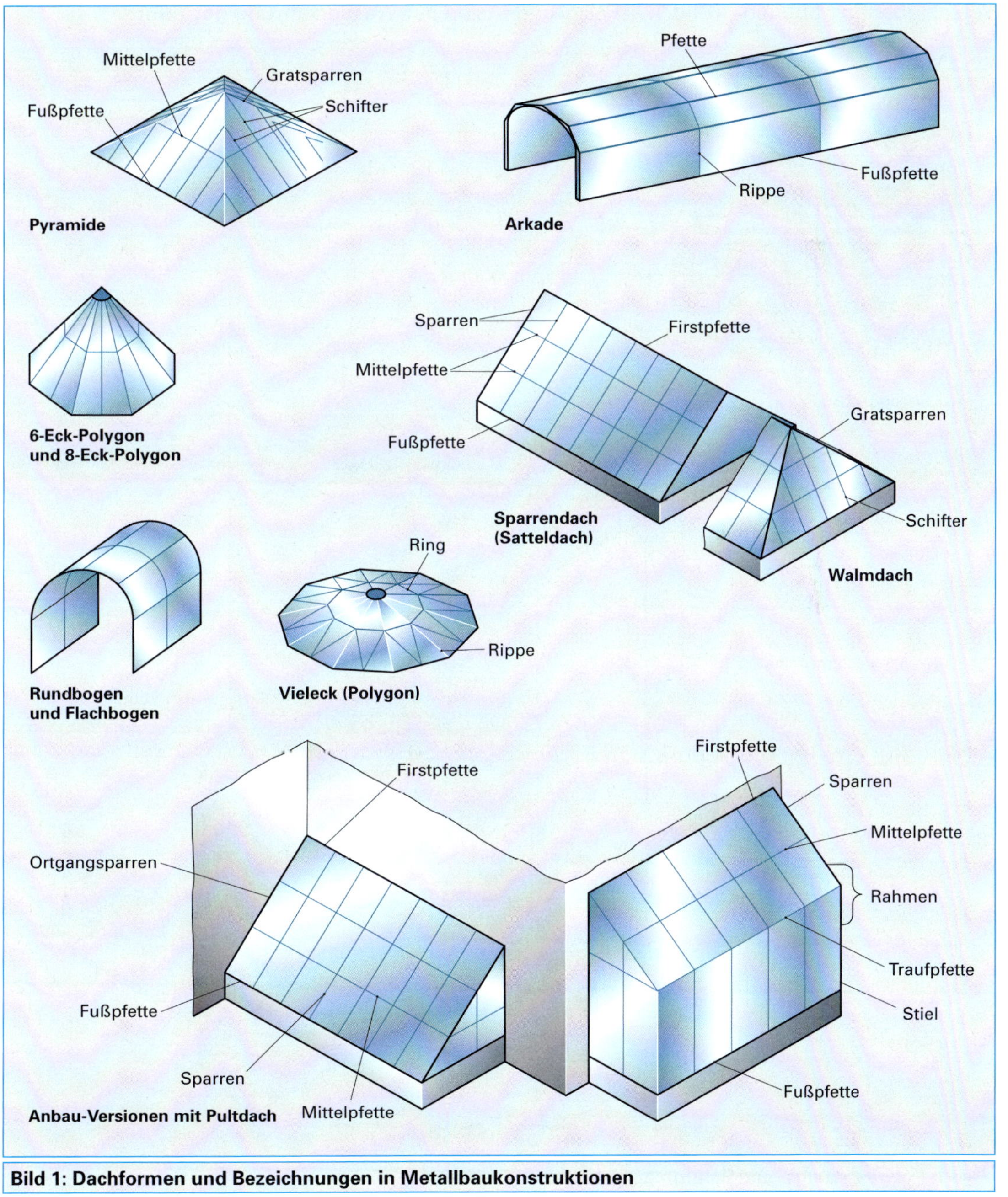

Bild 1: Dachformen und Bezeichnungen in Metallbaukonstruktionen

Die Systemhersteller haben für die Lichtdachkonstruktionen spezielle Profile entwickelt, die insbesondere die Wasserableitung des Oberflächenwassers und die Entlüftung und Entwässerung des Glasfalzbereiches sicherstellen. Dazu sind die Pfosten und Riegel (bzw. Sparren und Pfetten) nach dem „Dachziegelprinzip" kaskadenförmig aufgebaut und montiert. Die Glasfalze der Sparren und Pfetten liegen in verschiedenen Ebenen (Bild 1). Falzgrundbelüftung und Kondenswasserführung sind getrennt. Eventuell anfallendes Kondenswasser fließt von den höher liegenden Glasfalzen der Pfetten zu den tiefer liegenden Glasfalzen der Sparren und von dort zum Fußpunkt (es wechseln sich Profile mit unterschiedlich tiefen Kondenswasserrinnen ab). Die horizontalen und vertikalen Glasfalzgründe münden ineinander; sie sind von außen belüftet und von der Wasserführung getrennt.

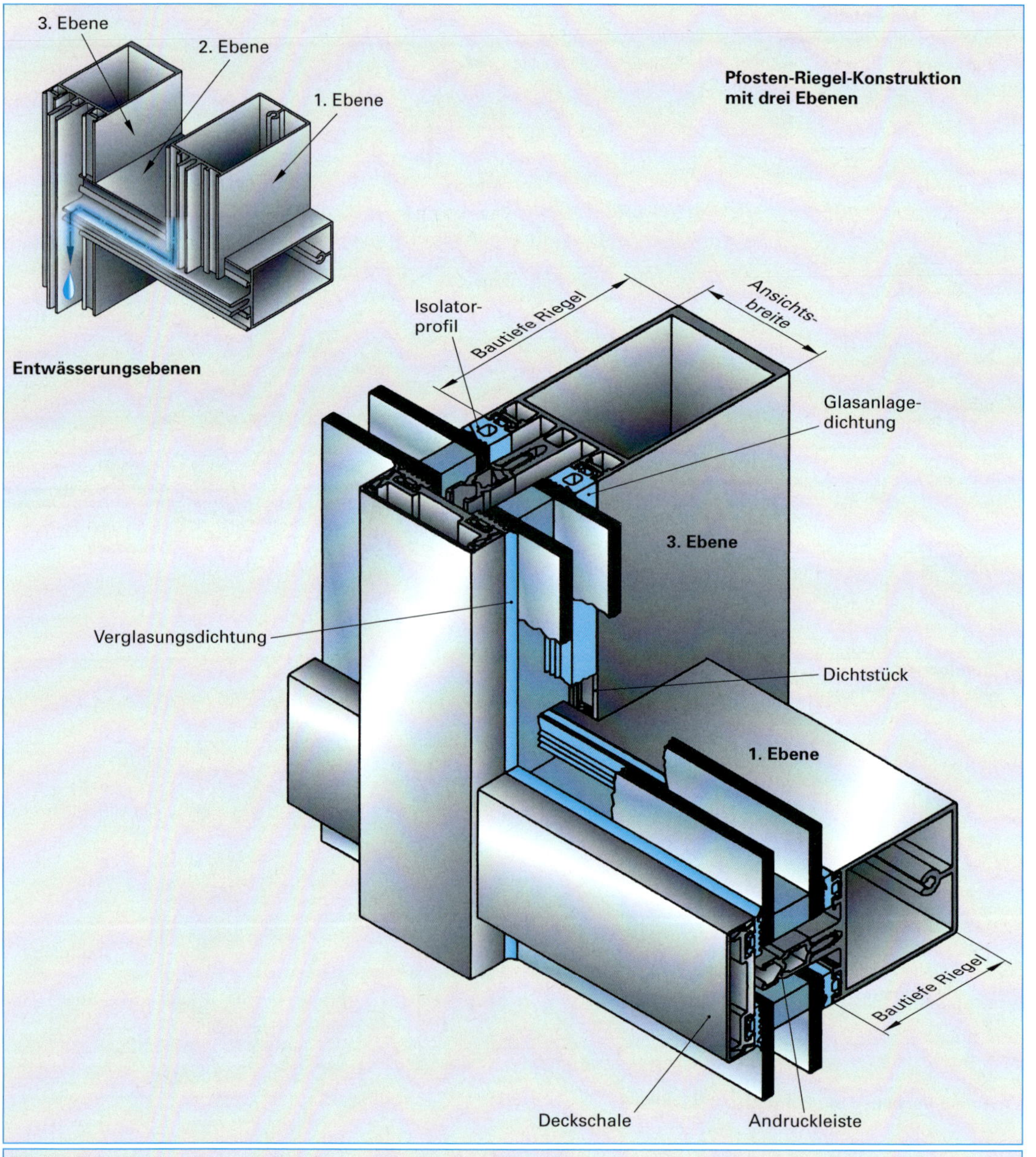

Bild 1: Entwässerungs- und Belüftungsprinzip einer Fassade

Bei pyramidenförmigen Lichtdachkonstruktionen erfordert der Zuschnitt der Profile neben dem einfachen rechtwinkligen Schnitt auch Zuschnitte in spitzen und stumpfen Winkeln. Die Stabenden von Schiftern und an Gratsparren anschließende Pfetten stoßen in **zwei** Ebenen mit unterschiedlichen Neigungswinkeln aneinander. Deshalb müssen beim Zuschnitt die Profile in einer Ebene gesägt werden, die zweifach zur Normalen-Ebene (dem üblichen 90-Grad-Schnitt) geneigt ist. Die Ermittlung der Schnittwinkel kann rechnerisch (siehe Beispiel) oder aus Winkeltabellen erfolgen.

Bild 1 a zeigt das Computermodell einer Pyramide mit quadratischer Grundfläche. Die Anzahl der Grundflächenecken beträgt $n = 4$, der Zentrumswinkel $\delta = 45°$. Der Winkel α ist der Dachflächenwinkel zur Grundrissebene, β der Winkel zwischen Gratsparren und Schifter (Bild 1 b), φ der Winkel zwischen Gratsparren und Grundrissebene und γ der Winkel zwischen den Dachflächen.

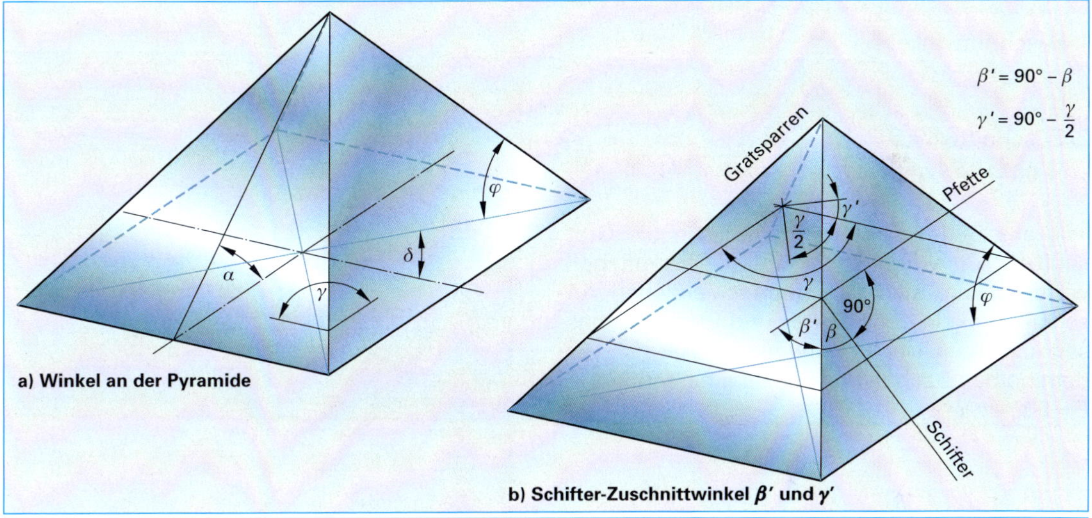

Bild 1: Pyramidenförmige Lichtdachkonstruktion

Beispiel zu Bild 1:

Bei einer Pyramide mit quadratischer Grundfläche beträgt der Dachflächenwinkel zur Grundrissebene $\alpha = 25°$. Bestimmen Sie

a) den Winkel β für den Schifterstoß an den Gratsparren,
b) die Zuschnittwinkel β' und γ' für den Schifter und
c) die Zuschnittwinkel β'' und γ'' für die Pfette.

Gegeben: $\alpha = 25°$, $\delta = 45°$ (der Grundriss ist ein Quadrat)

Berechnungsformeln:
$\beta' = 90° - \beta$; $\gamma' = \gamma/2$; $\gamma/2 = \arccos(\sin\delta \times \sin\alpha)$
$\beta = \arctan(\tan\delta - \cos\alpha)$
Gesucht: a) Schifter-Stoßwinkel β
b) Schifter-Zuschnittwinkel β' und γ'
c) Pfetten-Zuschnittwinkel β'' und γ''

Lösung:
a) Schifter-Stoßwinkel
$\beta = \arctan(\tan 45° - \cos 25°)$

Schifter-Stoßwinkel an den Gratsparren:
$\beta = 42{,}2°$

b) Schifter-Zuschnittwinkel
$\beta' = 90° - \beta$
$= 47{,}8°$

$$\gamma' = \frac{\gamma}{2} = \arccos(\sin 45° \cdot \sin 25°) = 72{,}6°$$

Beim Zuschnitt wird das Sägeblatt um den Winkel γ' und der Anschlagtisch der Säge um den Winkel β' geschwenkt. Lässt sich der Anschlagtisch nur bis 45° schwenken, muss das Profil rechtwinklig zum Tischanschlag eingespannt und der Tisch um 90° – β' gedreht werden. Von Vorteil ist der Einsatz einer Doppelgehrungskreissäge, bei der sich jedes Sägeblatt in beiden Ebenen schwenken lässt (siehe S. 61, Bild 1).

Die Systemhersteller liefern Styroporprofile, an denen der Metallbauer vor dem eigentlichen Zuschnitt Probeschnitte ausführen kann.

c) Die Pfette erhält für den bündigen Anschluss an die Gratsparren einen Schifterschnitt mit den Zuschnittwinkeln β'' und γ''.

1. Zuschnittwinkel

$\beta'' = \beta = 42{,}2°$

2. Zuschnittwinkel

$\gamma'' = 90° - \gamma/2 = 90° - 72{,}6° = 17{,}4°$

Wie aus Bild 1 hervorgeht, müssen die Gratsparrenprofile über anformbare Glasauflagen verfügen, um sich den unterschiedlichen Anschlusswinkeln der Schifter und Pfetten anpassen zu können. Der Einrollwinkel E lässt sich aus dem halben Dachflächenwinkel γ berechnen: $E = 90° - \gamma/2$.

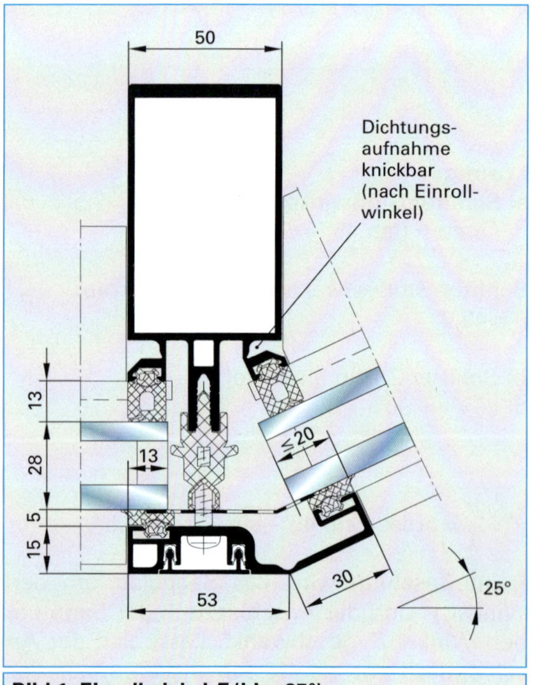

Bild 1: Einrollwinkel *E* (hier 25°)

Die Anformung erfolgt auf einer Rollvorrichtung oder einer Rollmaschine, die mit einer speziellen Rolleneinheit ausgerüstet ist.

Die Montage der zweifach schräg geschnittenen Schifter und Pfetten an die Gratsparren erfolgt mit speziellen T-Verbindern (Bild 2). Sie werden am Sparren (Pfosten) verschraubt und lassen einen stufenlosen Anschlusswinkel von maximal 50° zu.

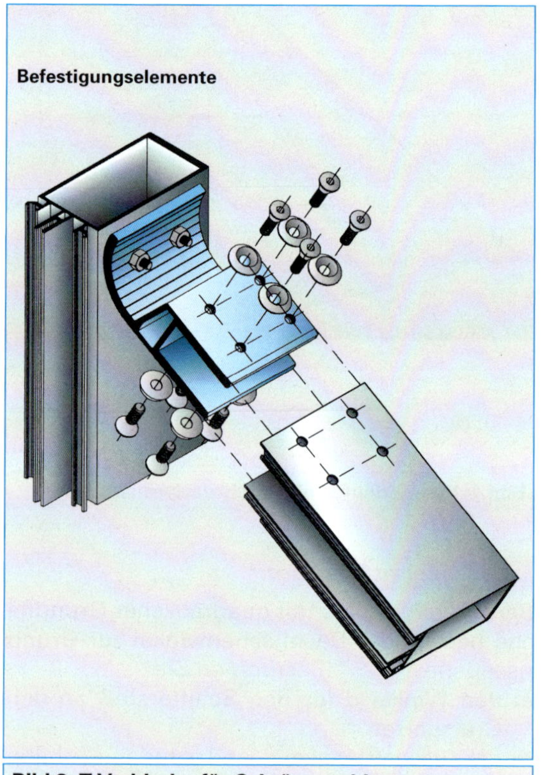

Bild 2: T-Verbinder für Schräganschluss

Den oberen Abschluss einer Pyramide, einer Kuppel oder eines Polygons bildet ein zentraler Druckring, an dem die Gratsparren angeschlossen sind (siehe S. 217, Bild 1). Ein Abschlusshut sorgt für ansprechende Optik und Dichtheit gegen Oberflächenwasser. Er ist mit einem umlaufenden PE-Band zum Druckring abgedichtet.

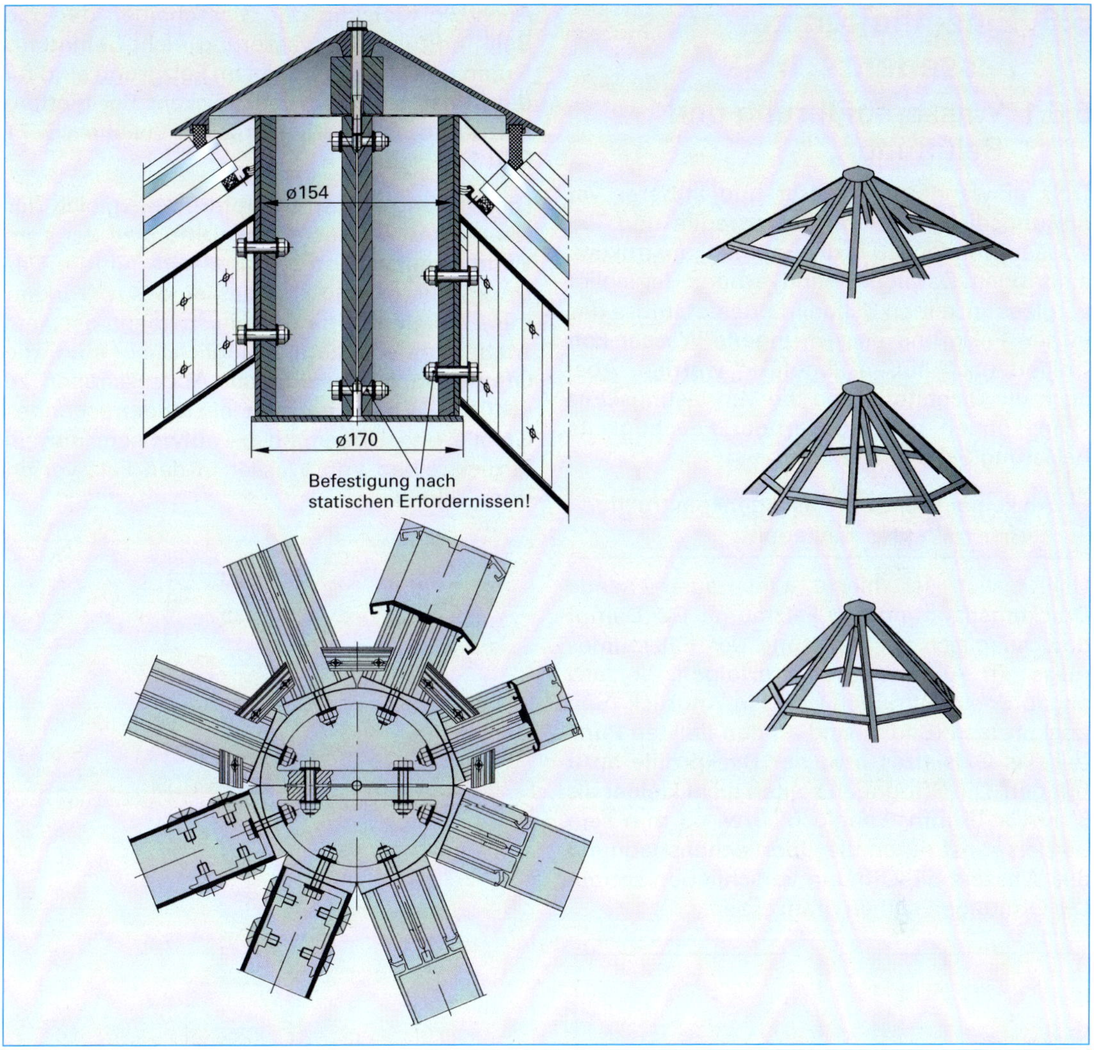

Bild 1: Oberer Anschluss einer Pyramide

Arbeitsfolge: Bau einer Pyramide

- Vorgabe des Auftraggebers beachten: Maße und Geometrie der Grundrissfläche, Winkel α der Dachfläche zur Grundrissebene, Angaben zur Verglasung, Baukörperanschlüsse, Zubehör,
- Profile nach statischer Vorbestimmung auswählen,
- Zuschnitt- und Einrollwinkel für die Gratsparren ermitteln,
- Glasauflage der Gratsparrenprofile anrollen,
- Gratsparren ablängen,
- Verbinder Gratsparren/Druckring zuschneiden und bohren,
- Verbinder an Druckring montieren,
- Schlitze für Fußpunktfolie in Gratsparren fräsen,
- Druckring mit Gratsparren verbinden,
- Schifter-Schnittwinkel und -länge ermitteln,
- Schifter zuschneiden,
- Pfetten-Schnittwinkel- und länge ermitteln,
- Pfetten zuschneiden,
- Schifter und Pfetten montieren,
- Dichtungen eindrücken,
- Isolatorenprofil einsetzen,
- Verglasung mit Butylband abdichten,
- Deckschalen anpassen und montieren,
- Fußpunkt montieren.

5.6 Einzelheiten zur Fassadentechnik

5.6.1 Wasserabführung und Belüftung

Trotz einwandfreier innerer und äußerer Verglasungsdichtung kann Schlagregen und Tauwasser (Kondensat) in die Rahmenkonstruktion eindringen. Damit der Randverbund der Isolierverglasung keinen Schaden erleidet, muss das in den Falzgrund eingedrungene Wasser kontrolliert nach außen abgeführt werden. Aber auch die Dichtstoffe und die Verglasungsklötzchen können bei andauernder Feuchtigkeitsbelastung Schaden nehmen.

> An keiner Stelle der Fassadenkonstruktion darf sich Wasser aufstauen.

Unerlässlich ist hierzu eine ausreichende Druckentspannung aller Falzräume. Der Dampfdruckausgleich zur Belüftung des Falzraumes muss zur Außenseite hin erfolgen. Versetzt angeordnete Öffnungen in den Andruck- und Deckprofilen (Bild 1) sind an den tiefsten Punkten des Glasfalzes bzw. der Deckprofile anzubringen. Die Öffnungen sollten nicht kleiner als 5 mm × 15 mm (Langloch) bzw. ⌀8 mm sein, da sich sonst durch die Oberflächenspannung des Wassers die Öffnung verschließen könnte. Die Öffnungen sollten gratfrei sein.

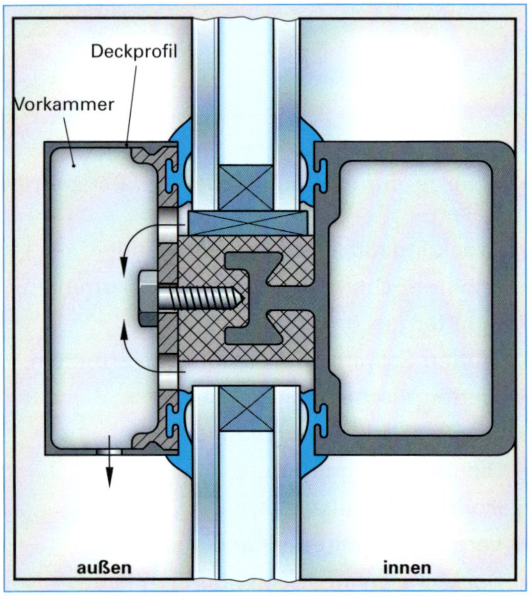

Bild 1: Dampfdruckausgleich und Entlüftung

Auch die Klotzung der Glasscheiben darf die Belüftung und Entwässerung nicht behindern. Nuten und Unebenheiten im Falzgrund sind für die Klötze stabil zu überbrücken. Bei glattem Falzgrund sind Klotzbrücken (siehe S. 71, Bild 1) erforderlich.

Die Öffnungen zum Dampfdruckausgleich dürfen nicht direkt aus dem Falzraum zu der vom Wind beaufschlagten Außenseite führen. Das Deckprofil in Bild 1 bildet eine Art Vorkammer, die dem Druckausgleich dient. Ist kein „Mehrkammersystem" möglich, so sind die Öffnungen mit geeigneten Abdeckkappen zu schützen. Diese müssen ein entsprechendes Gefälle und Überstand h_0 aufweisen, die ein Zurücktreiben von Wasser in den Falz verhindern (Bild 2).

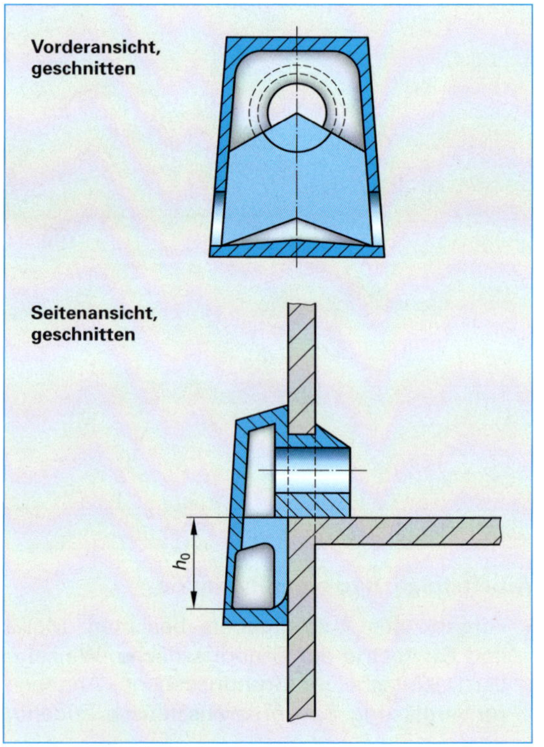

Bild 2: Abdeckkappe aus PVC

Bei Fassaden unterscheidet man Einzelfeld- und Mehrfeldbelüftung.

Einzelfeldbelüftung

Bei der Einzelfeldbelüftung (siehe S. 219, Bild 1) wird jedes Fassadenfeld **einzeln** belüftet und das evtl. anfallende Wasser aus jedem einzelnen Element nach außen abgeführt.

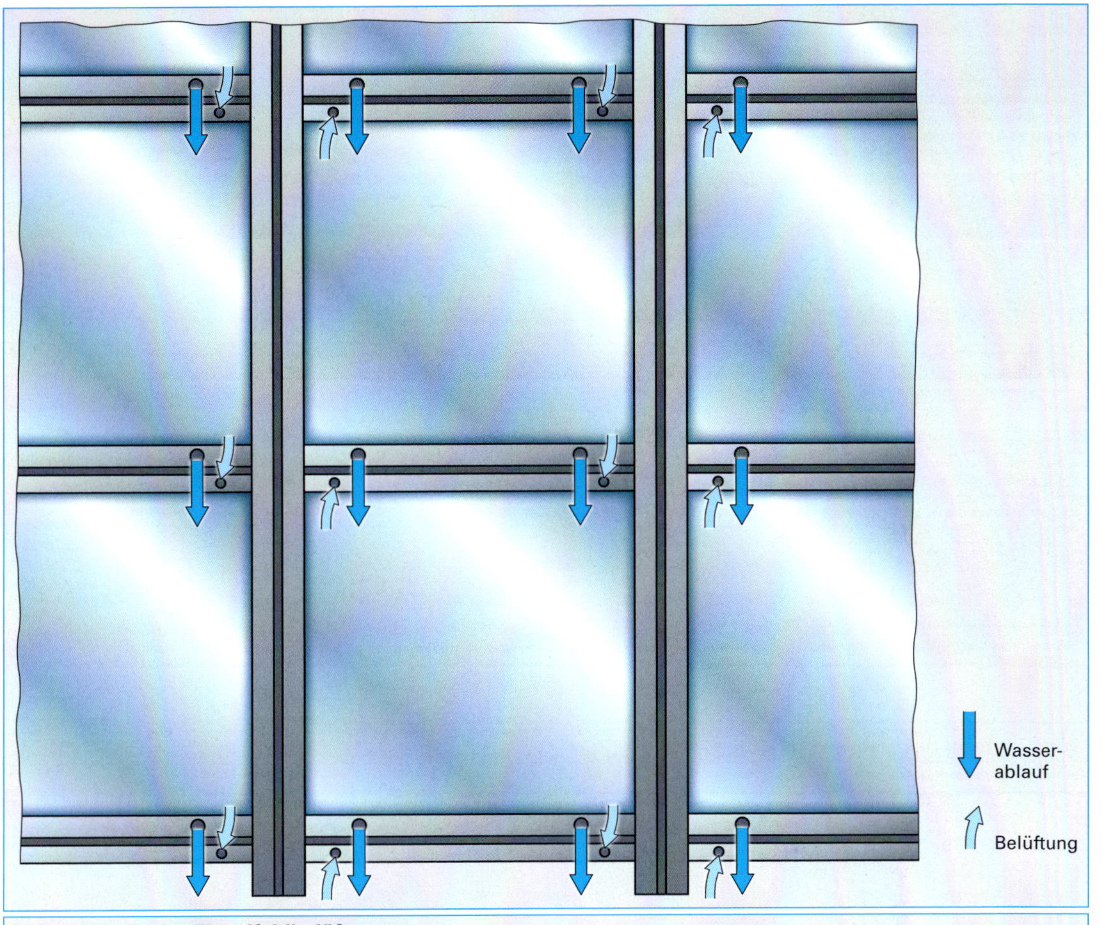

Bild 1: Prinzip der Einzelfeldbelüftung

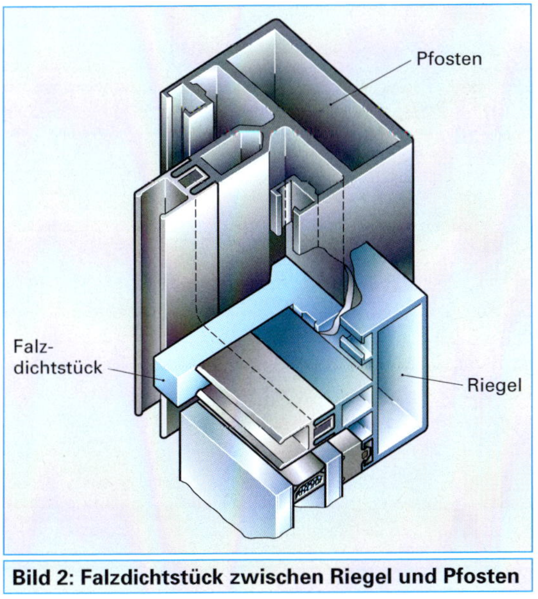

Bild 2: Falzdichtstück zwischen Riegel und Pfosten

Die Glasfalze der einzelnen Felder haben untereinander keine Verbindung – sie sind durch Falzdichtstücke zwischen Riegel und Pfosten nach oben und unten abgedichtet (Bild 2).

Mehrfeldbelüftung

Bei größeren Fassaden, geneigten Konstruktionen und Lichtdächern hat sich das Prinzip der Mehrfeldbelüftung durchgesetzt (siehe S. 220, Bilder 1 u. 2).

Im Gegensatz zur Einzelfeldbelüftung sind bei der Mehrfeldbelüftung mehrere übereinanderliegende Fassadenfelder **nicht** gegeneinander abgedichtet, sondern hier sind Riegel und Pfosten über seitlich geöffnete Glasfalze miteinander verbunden. Anfallendes Wasser fließt von den Riegeln zu den Pfosten (bzw. von den Pfetten in die Sparren bei einer Schrägverglasung) und über den Pfostenfußpunkt ins Freie.

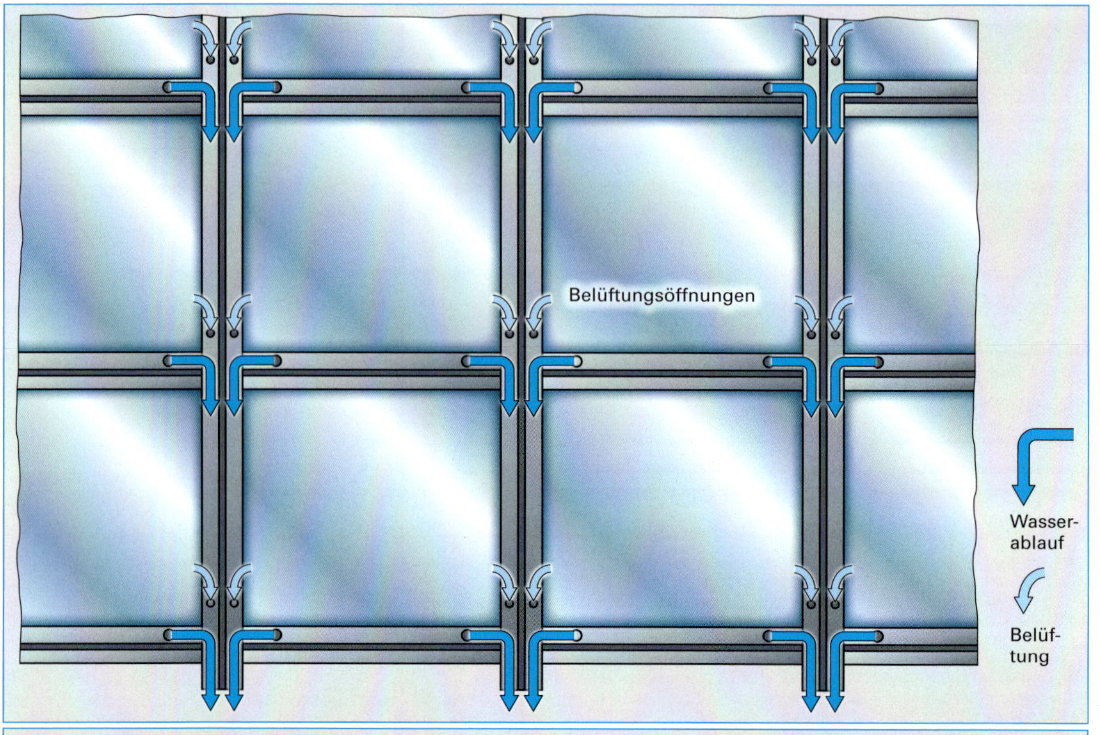

Bild 1: Prinzip der Mehrfeldbelüftung

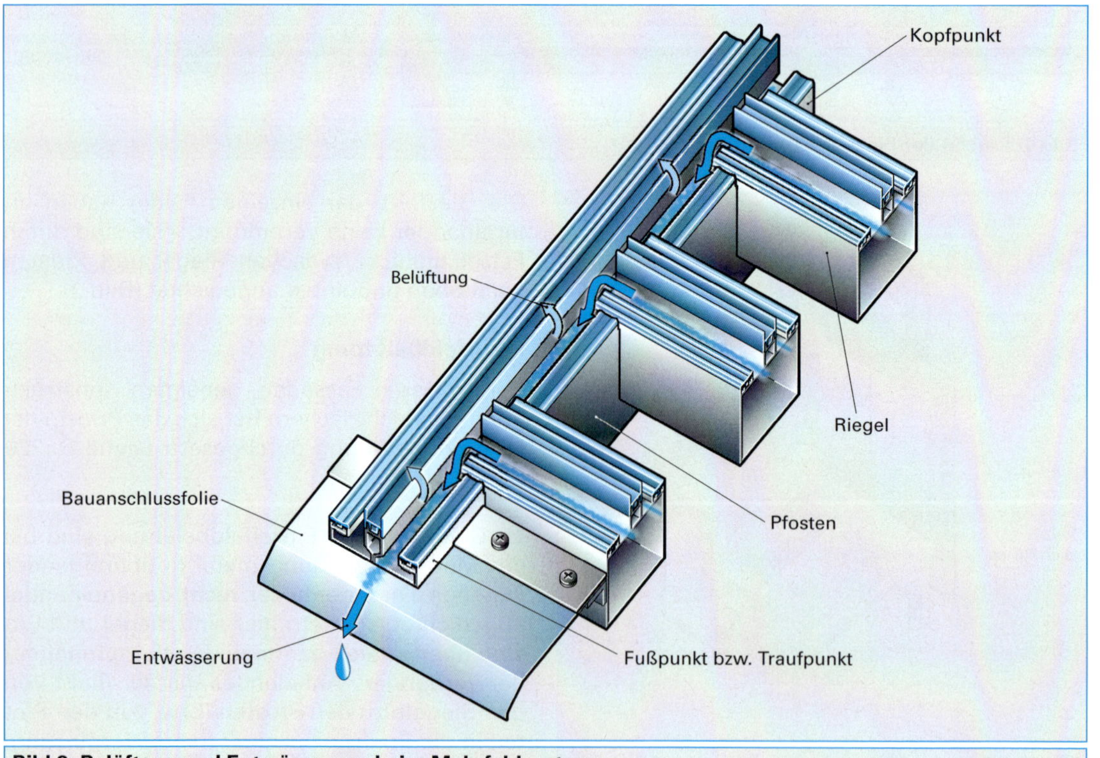

Bild 2: Belüftung und Entwässerung beim Mehrfeldsystem

5.6.2 Montage und Lastabtragung

Die Befestigung der Fassaden-Unterkonstruktion ist besonders sorgfältig auszuführen, damit alle entstehenden Kräfte aus Eigengewicht, Winddruck, Windsog und Wärmebewegung in das Bauwerk abgetragen werden. Auf keinen Fall dürfen Kräfte aus dem Bauwerk, z. B. Dachlasten, die Unterkonstruktion belasten.

Vorgehängte Fassaden werden an Verankerungs- und Stützpunkten mit den Elementen des Tragwerks (Deckenstirnfläche, Fußpunkte) kraftschlüssig verbunden. Die Verbindungselemente müssen das Eigengewicht der Fassadenteile und die Windlasten an das Tragwerk weiterleiten. Die Lagersymbole (Bild 1) in den folgenden Abbildungen bedeuten:

Bild 1 a:
Loslager bzw. bewegliches Lager (statisch einwertiges Lager). Es erlaubt Bewegungen in Längsrichtung der Pfosten. Hier sind es vertikale Bewegungen aus dem Eigengewicht, temperaturbedingte Bewegungen und Drehungen im Lagerpunkt. Das Lager trägt die Belastungen aus Winddruck und Windsog.

Bild 1 b:
Festes Lager (statisch zweiwertiges Lager). Es verhindert Verschiebungen rechtwinklig zur Lagerfläche und in Längsrichtung der Pfosten bzw. der senkrechten Fassadenteile. Es erlaubt aber noch Drehungen um den Lagerpunkt. Das Lager trägt die Belastungen aus Winddruck und Windsog und das Eigengewicht der Fassade.

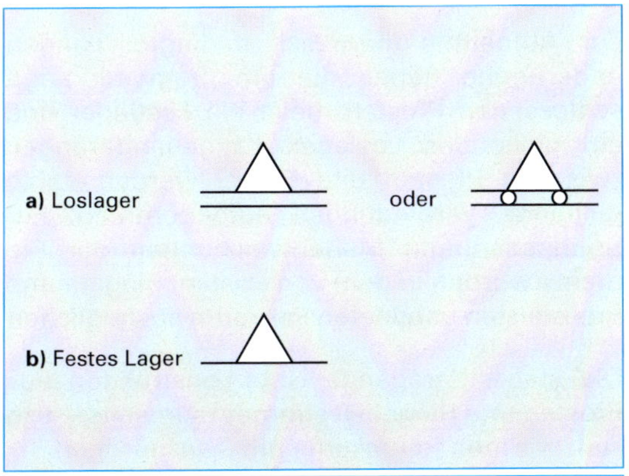

Bild 1: Lager- und Gelenksymbole

Man unterscheidet drei Prinzipien:

- Bei der **stehenden** Fassadenkonstruktion (Bild 2) sind die Pfosten (oder Elemente) unten aufgestellt. Das Biegemoment ergibt sich aus der geometrischen Addition aus der Windlast W und dem Eigengewicht F_G. Eine Minderung des Momentes ist bei durchlaufenden Fassadenpfosten über mehrere Geschosse zu erreichen. Ein Sonderfall ist die Ableitung des Eigengewichtes direkt in die Fundamente.

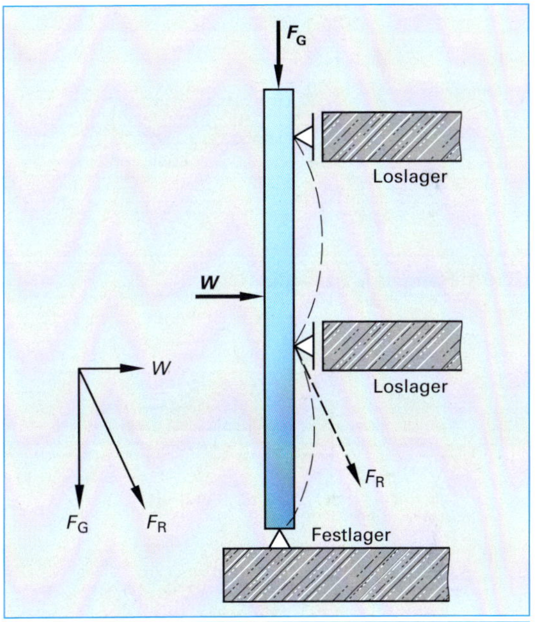

Bild 2: Stehende Fassade

- Bei der **oben aufgehängten** Fassadenkonstruktion (siehe S. 222, Bild 1) verringert das Eigengewicht der Fassade das aus der Windkraft hervorgerufene Biegemoment (Biegung und Zugkraft). Die hängenden Fassadenpfosten können schlanker dimensioniert werden. Auch hier ist eine weitere Minderung der Belastung mit durchlaufenden Pfosten möglich („Durchlaufwirkung").
- Bei einer **Elementfassade** erfolgt die Lastabtragung über Festlager an der Deckenstirnfläche (siehe S. 222, Bild 2 u. S. 192, Bild 4). Dehnungsstöße zwischen den einzelnen Fassadenpfosten sind einzuplanen. Hier dienen Einschieblinge aus Vier- oder Rechteckstahlrohre zur Aussteifung der Pfosten. Die Einschieblinge ermöglichen die Fertigung von Elementen über mehrere Geschosse.

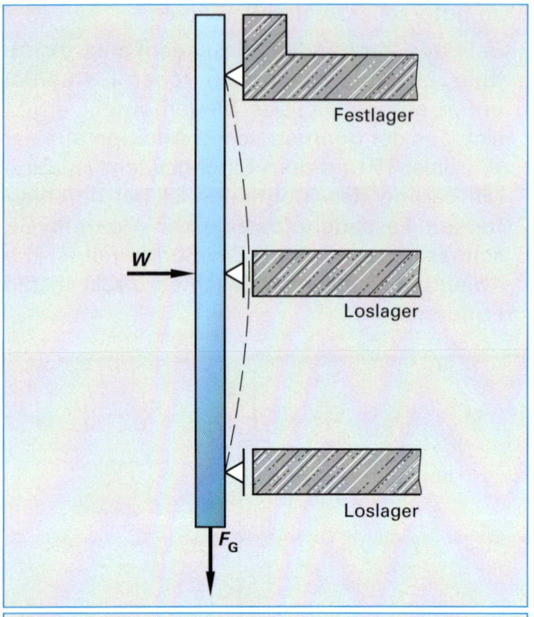

Bild 1: Hängende Fassade

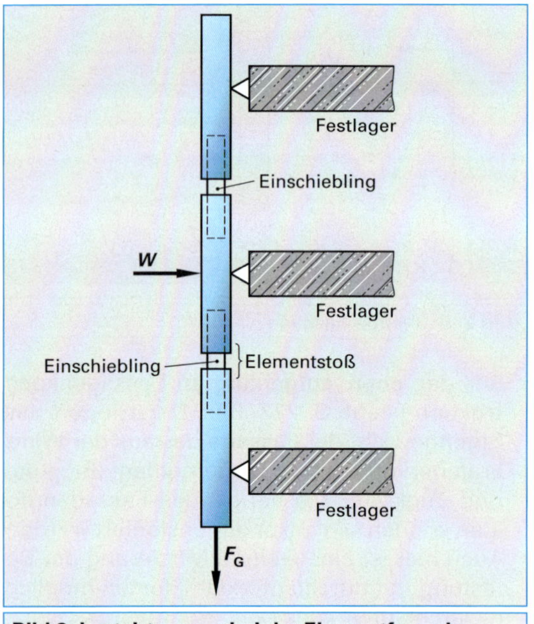

Bild 2: Lastabtragung bei der Elementfassade

Die Befestigung der Fassade muss verschiedene Bedingungen erfüllen:

- Übertragung von Horizontal- und Vertikallasten,
- Aufnahme von thermisch und mechanisch bedingten Längenänderungen,
- Einfache Montage,
- Justierbarkeit in drei Richtungen x, y und z[1],
- Materialverträglichkeit,
- Korrosionsbeständigkeit.

Die Justierbarkeit ist erforderlich, um Bauwerkstoleranzen auszugleichen. Die Unterkonstruktion muss absolut lotrecht und zwängungsfrei am Baukörper montiert werden.

Bild 3 zeigt die Befestigung von Fassadenpfosten oder Fassadenelementen mit Lagerschuhen an den Baukörper. Oft sind dort bereits Stahlplatten oder Ankerschienen an den Befestigungspunkten einbetoniert. Langlöcher und Gleitelemente in den Lagerschuhen ermöglichen die Verschiebbarkeit und damit die Justierbarkeit in allen drei Richtungen.

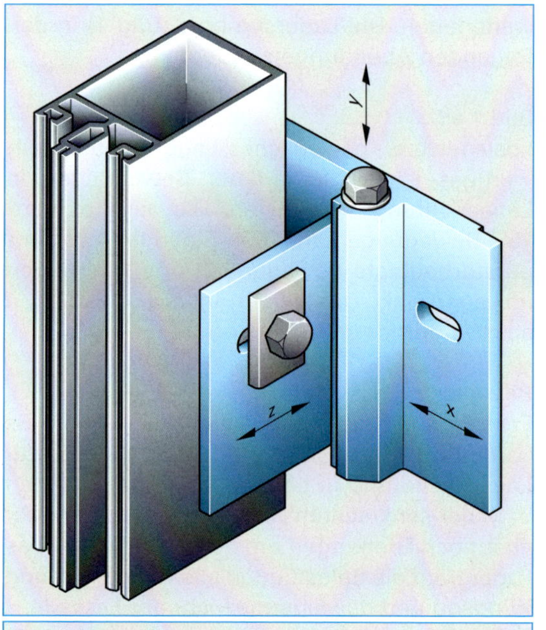

Bild 3: Verstellbare Lagerschuhe

Zur Aufnahme thermisch bedingter Längenänderungen haben die am Tragwerk angeschlossenen Pfosten meist ein Festlager und ein gleitendes Loslager. Längenänderungen zwischen Pfosten und Riegel werden durch gleitende Verbindungen aufgenommen. Fertigungsbedingte Maßabweichungen der Elemente werden in dem von Posten, Riegeln und Pressleisten gebildeten Falzraum ausgeglichen.

Die statisch tragende Unterkonstruktion aus Pfosten und Riegeln ist immer raumseits – also zum warmen Raumklima hin – anzuordnen.

[1] Koordinatensystem nach DIN 66217

Daher werden die Einsatzelemente von außen eingesetzt. Die Befestigung der Fassadenelemente (Verglasung, Fenster, Paneele) ist durch eingepresste Isolatoren von der Unterkonstruktion getrennt (Bild 1). Aus diesen Gründen sind thermisch bedingte Längenänderungen nur in geringem Maße zu erwarten.

Bei großen Fassadenfeldern muss man aber die Längenausdehnung der Profile zur Dehnungsaufnahme berücksichtigen. Vorausgesetzt, die statisch tragenden Profile sind (wie vorgeschrieben) raumseits angeordnet, stellen sich etwa folgende Temperaturdifferenzen ein:

- Minimale Raumtemperatur: $\vartheta_1 = +10\,°C$,
- Maximale Raumtemperatur: $\vartheta_2 = +30\,°C$,
- Temperaturunterschied: $\Delta\vartheta = 20\,°C$.

Der Längenausdehnungskoeffizient von Aluminium beträgt $23 \cdot 10^{-6}$ 1/ °C.

Je 1 m Profillänge errechnet sich eine Längenänderung Δl von

$\Delta l = 1000\text{ mm} \cdot 20\text{ K} \cdot 23 \cdot 10^{-6}\text{ 1/ °C}$
$\Delta l = 0{,}46\text{ mm}$

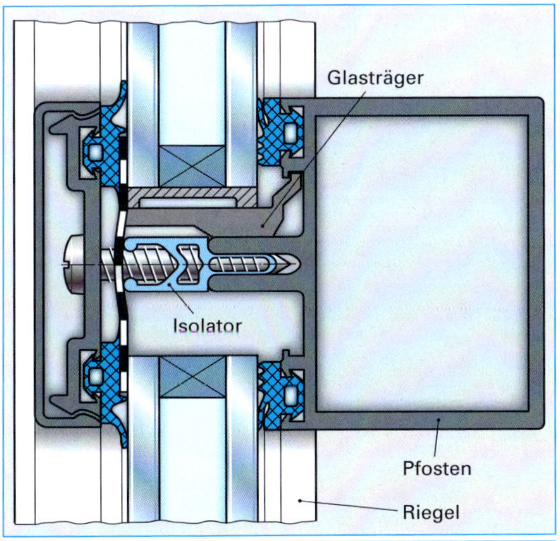

Bild 1: Thermische Trennung von Pfosten und Riegel

Bei kleineren Elementen kann man die Dehnung der Riegel vernachlässigen. Bei größeren Feldbreiten oder größeren Temperaturschwankungen wird der Riegel kürzer geschnitten und eine Stoßdichtung (Falzdichtstück) eingesetzt oder es kommen Montagepfosten als Dehnpfosten (s. S. 225, Bild 3) zur Anwendung.

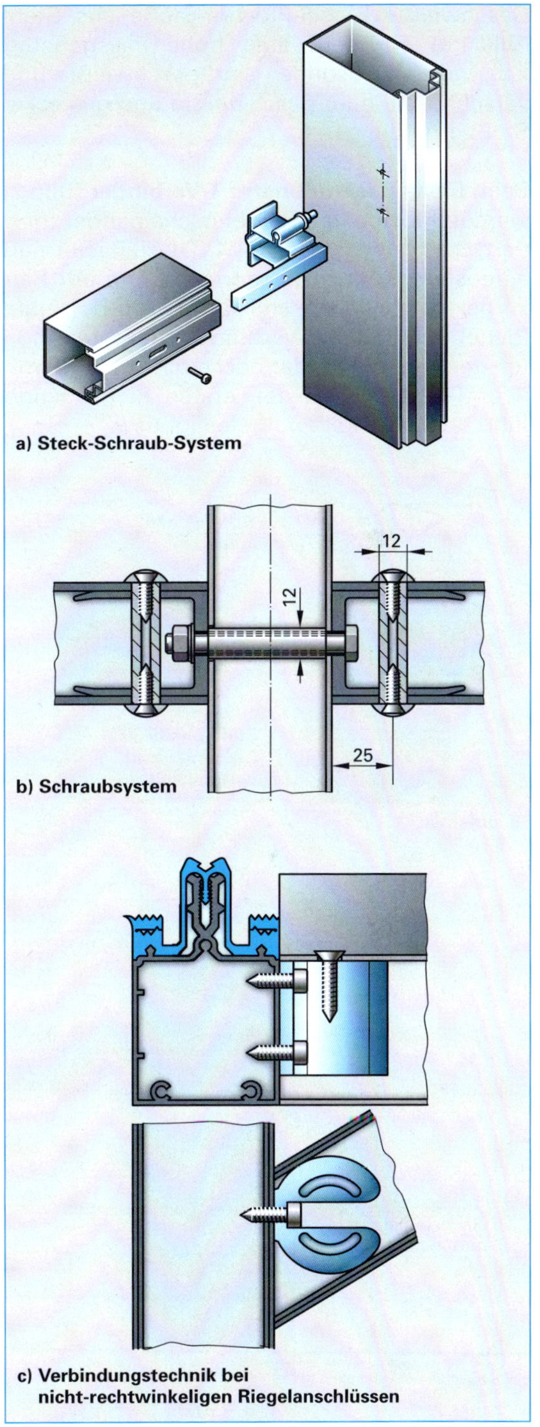

Bild 2: T-Verbinder

Bei der Pfosten-Riegel-Bauweise bedingen unterschiedliche Montagearten und Werkstoffe auch unterschiedliche T-Verbinder (Bild 2).

Geschweißte Riegel-Pfosten-Stöße aus Stahl (Bild 1 a) erfordern eine hohe Passgenauigkeit. Variable Lösungen sind geschweißte und verschraubte oder geschweißte und gesteckte Stoßverbindungen (b, c).

Beim Einsatz **schraubbarer T-Verbinder** (Bild 2) werden Pfosten und Riegel nacheinander montiert: Der erste Pfosten (1) wird nach Rastermaß aufgestellt, lotrecht ausgerichtet und am Baukörper befestigt. Anschließend wird der erste Riegel (2) auf den T-Verbinder am ersten Pfosten geschoben und der nächste Pfosten (3) mit dem T-Verbinder in den ersten Riegel eingeführt, ausgerichtet und befestigt usw.

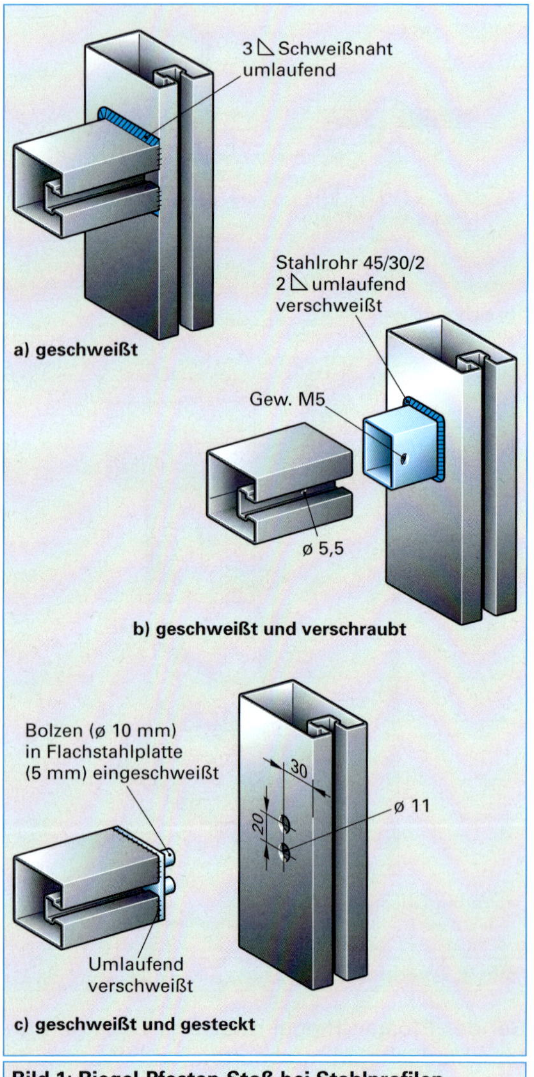

Bild 1: Riegel-Pfosten-Stoß bei Stahlprofilen

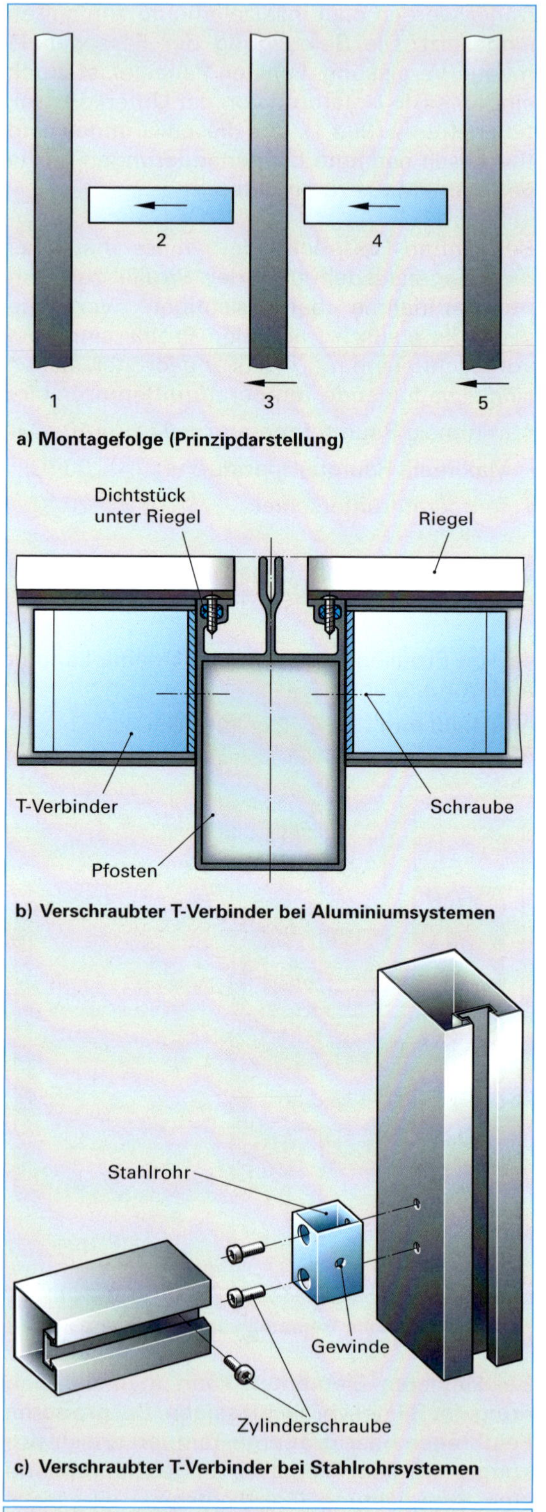

Bild 2: Pfosten-Riegelmontage mit schraubbaren T-Verbindern

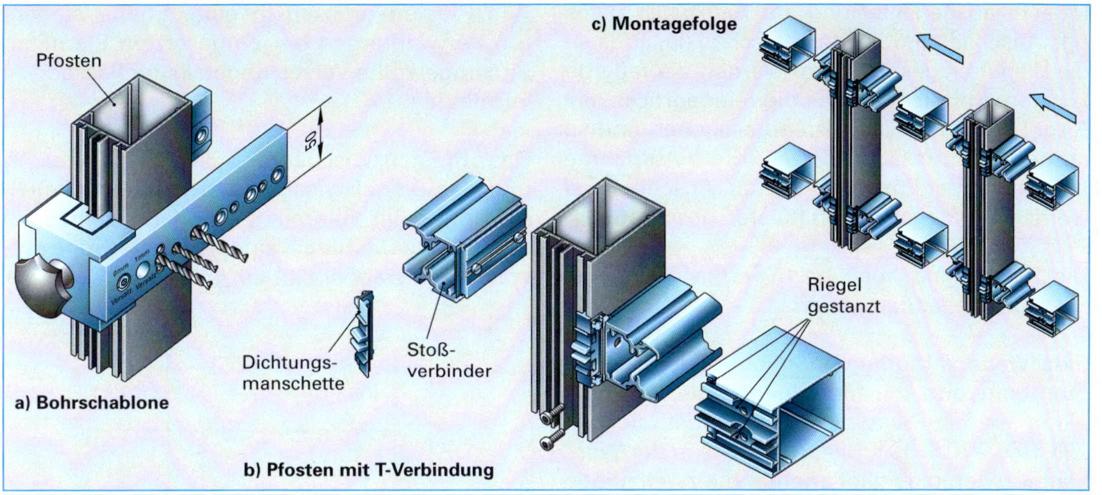

Bild 1: Riegelanschlüsse

Stoßdichtungen gleichen mögliche Längenbewegungen aus, vermindern Geräuschbildung (Knacken) und füllen den Spalt zwischen Pfosten und Riegel unauffällig aus. Diese Riegel mit schraubbaren T-Verbindern sind nicht mehr demontierbar. Bild 1 zeigt detaillierte Einzelheiten einer Pfosten-Riegelfassade. Bohrschablonen ermöglichen ein genaues Setzen der T-Verbinder.

Bei der „**Leiter-Bauweise**" kommen T-Verbinder mit Federbolzen (Bild 2) zum Einsatz. Zunächst werden die Pfosten nach Rastermaß aufgestellt,

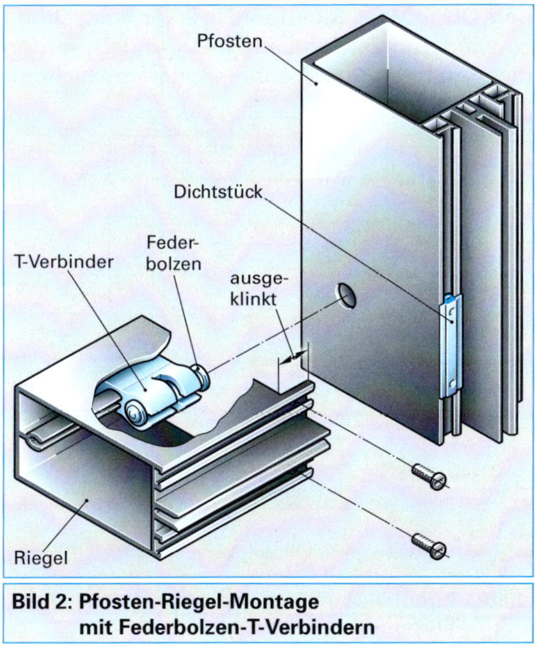

Bild 2: Pfosten-Riegel-Montage mit Federbolzen-T-Verbindern

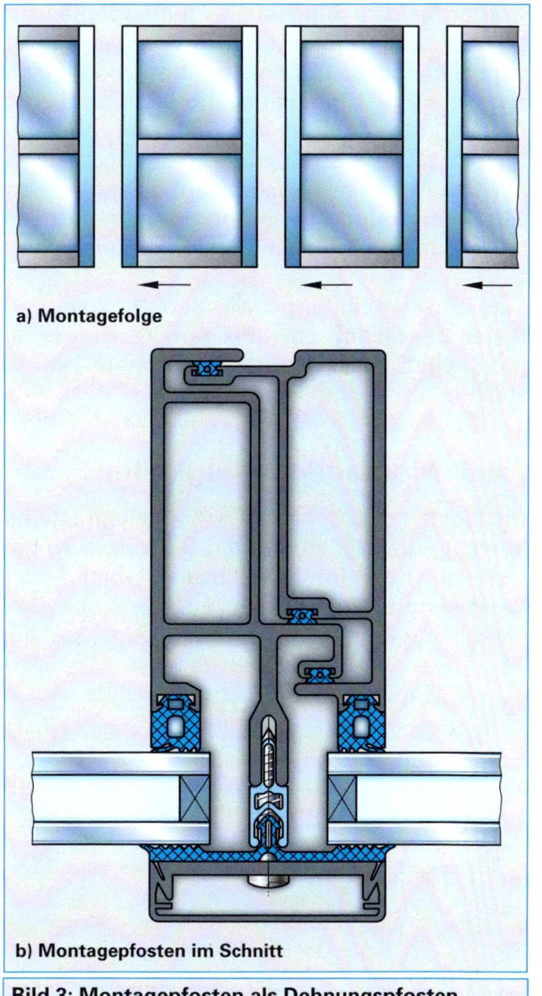

Bild 3: Montagepfosten als Dehnungspfosten

lotrecht ausgerichtet und am Baukörper befestigt. Anschließend werden zwischen den Pfosten die Riegel eingesetzt. Dazu werden die federbelasteten Bolzen riegelbündig eingedrückt, die Riegel zwischen die Pfosten geschoben und so ausgerichtet, dass die Bolzen in die Aufnahmebohrungen der Pfosten einrasten. Anschließend werden die Riegel an den Pfosten geschraubt.

Die Riegel sind auch nach Fertigstellung der Fassade wieder demontierbar.

Eine weitere Montagemöglichkeit ist die **Elementbauweise** mit Montagepfosten, auch als „Komponenten-Bauweise“ bezeichnet (siehe S. 225, Bild 2 u. S. 191, Bild 1). Bereits in der Werkstatt werden die Füllelemente, die zweiteiligen Montagepfosten und Riegel zu einzelnen Elementen zusammengefügt. Auf der Baustelle werden sie dann aufgestellt, ineinandergeschoben und oben, unten und im Wandanschlussbereich befestigt. Die Konstruktion erlaubt eine ausreichende Längenausdehnung der Riegelprofile und Aufnahme von Bau- und Montagetoleranzen. Alle Stoßverbindungen müssen einen kontrollierten Wasserablauf gewährleisten. Die T-Verbindung zwischen Montagepfosten und Riegel erfolgt „fest“ und ohne Spiel.

Eine Stoßverbindung zwischen Pfosten und Riegel bei **nicht** rechtwinkligem Anschluss ist im Kapitel „Lichtdachkonstruktionen“ dargestellt.

5.6.3 Montagegenauigkeiten

Die Pfosten sind der Rasterbreite entsprechend lotrecht aufzustellen und am Baukörper zu befestigen. Die Symmetrieachsen S (Bild 1) der Pfosten müssen senkrecht auf der geplanten Fassadenaußenfläche (Fassadenebene) stehen.

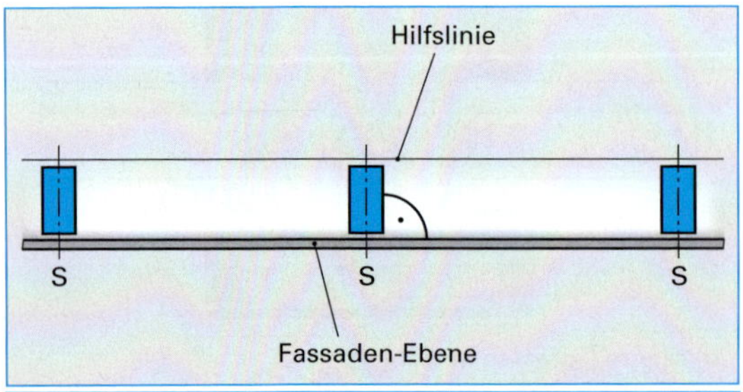

Bild 1: Pfosten in einer Ebene ausgerichtet

Alle Pfosten müssen in **einer** Ebene stehen, um Verwindungen der eingesetzten Elemente und ungewollte Verzerrungen in der Fassade zu vermeiden.

Das Pfostenzwischenmaß (lichte Weite) P_z und das Riegelzwischenmaß (lichte Weite) R_z sind mit einer Toleranz von ± 1 mm einzuhalten (Bild 2). Die Riegel sind der Rasterhöhe entsprechend waagerecht einzubauen.

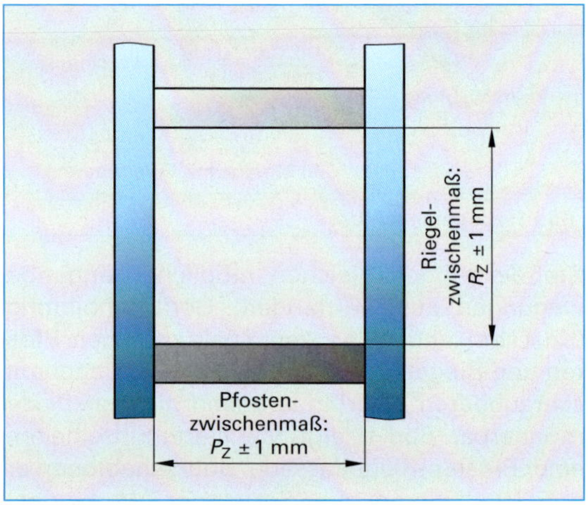

Bild 2: Montagegenauigkeit

Die Felddiagonalen D_1 und D_2 sind entsprechend Bild 3 zu messen. Damit kann überprüft werden, ob die Pfosten zueinander parallel stehen. Diese Messungen sind in jeder Ausfachung zu wiederholen. Die Längen D_1 und D_2 dürfen nicht mehr als 2 mm voneinander abweichen.

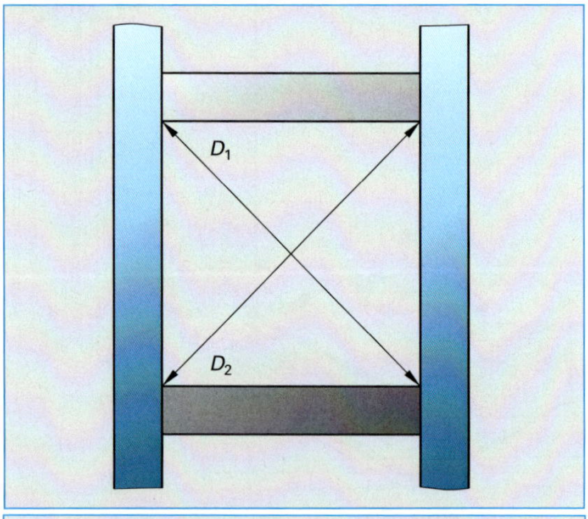

Bild 3: Erforderliche Montage-Genauigkeiten einer Pfosten-Riegel-Konstruktion

5.6.4 Bauwerksanschlüsse

Bei der Erstellung von Gebäuden muss man mit Maßabweichungen nach DIN 18 202 „Toleranzen im Hochbau" einplanen (siehe S. 57, Tabelle 1). Um die Fassadenteile in der Werkstatt vorfertigen zu können, sind Befestigungsmittel erforderlich, die Maß-, Lot- und Fluchtfehler ausgleichen. Die Befestigungsmittel

- verbinden die Pfosten mit dem Bauwerk,
- nehmen die Bewegungen der Fassade und des Baukörpers aufgrund von Durchbiegung und Temperaturschwankungen auf,
- gleichen Bau- und Montagetoleranzen aus,
- stellen sicher, dass die Unterkonstruktion frei von anderen Lasten bleibt und sich zwängungsfrei auf den Baukörper legt,
- sollen sich leicht montieren lassen.

Der Metallbauer informiert sich über

- die Lage der Bezugsebene für den ersten Pfosten und die weiteren Rastermaße,
- die Lage und Art der Pfostenverankerung bzw. Festlegung der Los- und Festlager,
- die vorgesehenen Höhenmaße.

Dann montiert er die Verankerungssysteme (Konsolen, Anschlusswinkel). Senklot, Wasserwaage, Schlauchwaage, Nivelliergerät und Baulaser sind Prüfmittel, um die Maßabweichungen am Bau zu ermitteln.

Fuß- und Kopfpunkt

Meist steht der Pfosten auf dem Fundament mit einem als unverschiebliches Auflager (Festlager) ausgebildeten Fußpunkt. In manchen Fällen ist es von Vorteil, wenn der Pfosten am Kopfpunkt aufgehängt ist – dann ist der Fußpunkt ein Loslager und der Pfosten wird auf Zug beansprucht. Bild 1 zeigt einen Fußpunkt als Festlager und den Kopfpunkt als Loslager – beide aus vorgelochten Aluminiumprofilen (Meterware) gefertigt.

Beide Konsolen ermöglichen eine Verschiebung in y-Richtung (Pfostenlinie) um ± 15 mm und in x-Richtung (Riegellinie) um ± 9 mm.

Der Kopfpunkt ist zur Verbesserung der Gleiteigenschaften farbbeschichtet und sorgfältig entgratet. Wichtig ist eine waagerechte Lage der Fußpunkt-Aufstandsfläche. Bei Abweichungen wird die Differenz mit Futterstücken ausgeglichen.

Teurer als die Eigenfertigung, aber mit mehr Verstellmöglichkeiten versehen, ist der in Bild 1, folgende Seite dargestellte Fußpunkt. Er ermöglicht eine Verstellung in x-, y- und z-Richtung von je ± 15 mm.

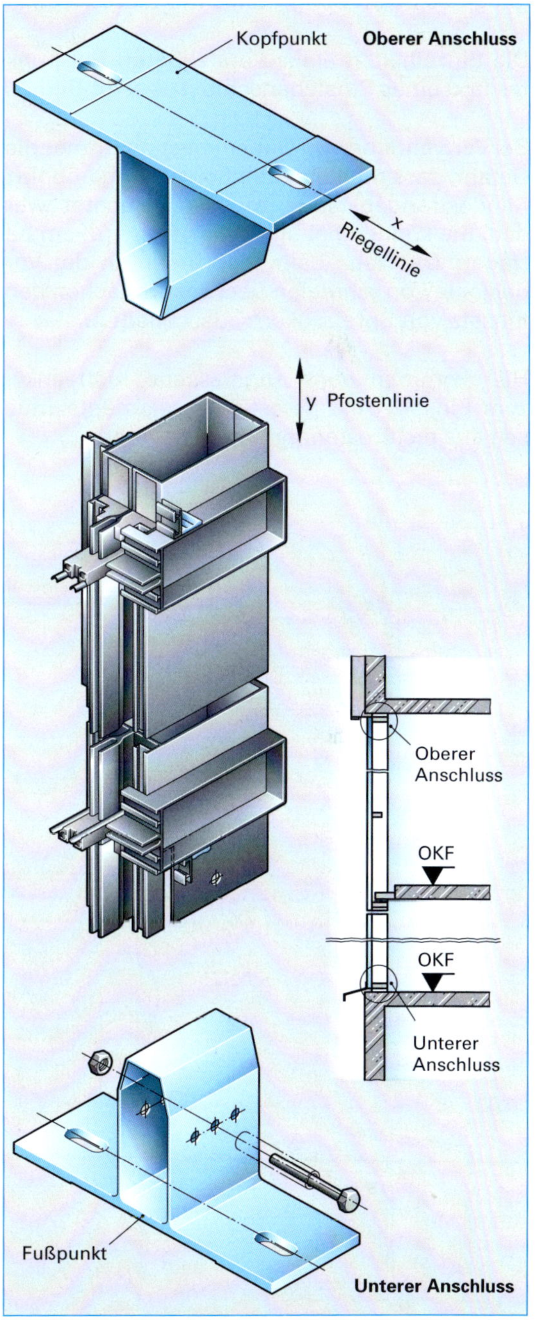

Bild 1: Befestigungsmittel für den Kopf- und Fußpunkt

Die Verankerung der Pfosten erfolgt mit Ankerschrauben in einbetonierten Ankerschienen oder mit bauaufsichtlich zugelassenen Ankern (Dübeln). Ankerschienen haben den Vorteil, dass man die Unterkonstruktion auch in stark bewehrten Stahlbetonteilen ohne Beschädigung des Bewehrungsstahls montieren kann.

Die Einzelheiten eines verstellbaren Fußpunktes und eines Pfostenanschlusses zeigt Bild 2.

Bei Verwendung von Dübeln besteht immer die Gefahr, dass man die Stahlbewehrung anbohrt. Mindestrandabstände müssen beachtet werden. Sie können bei üblichen Ankern 16 cm betragen. Das kann beim Anbringen an der Vorderkante von schmalen Deckenstirnflächen den Einsatz von Spreizankern ausschließen.

Hier kommen dann zugelassene Klebeanker zum Einsatz. Alle Befestigungselemente müssen aus nichtrostendem Stahl bestehen.

Deckenbefestigung

Im Deckenbereich werden die Pfosten je nach Konstruktion „stehend“ oder „hängend“ mit Fest- oder Loslagern am Baukörper befestigt. In Bild 1, S. 229 sind die Pfosten mit **Festlagern** angeschlossen; es wechseln sich Montagepfosten

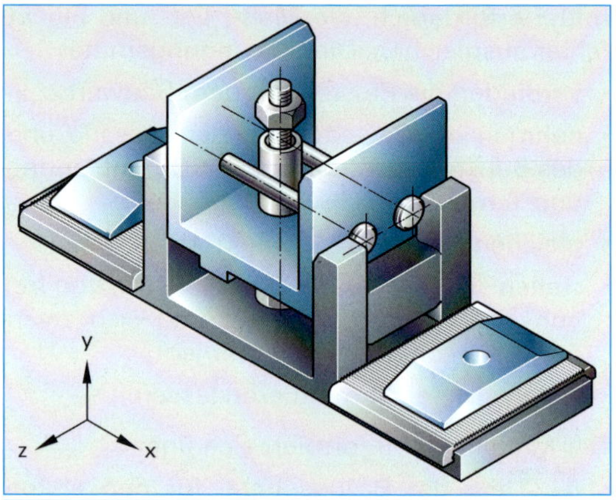

Bild 1: Universell verstellbarer Fußpunkt

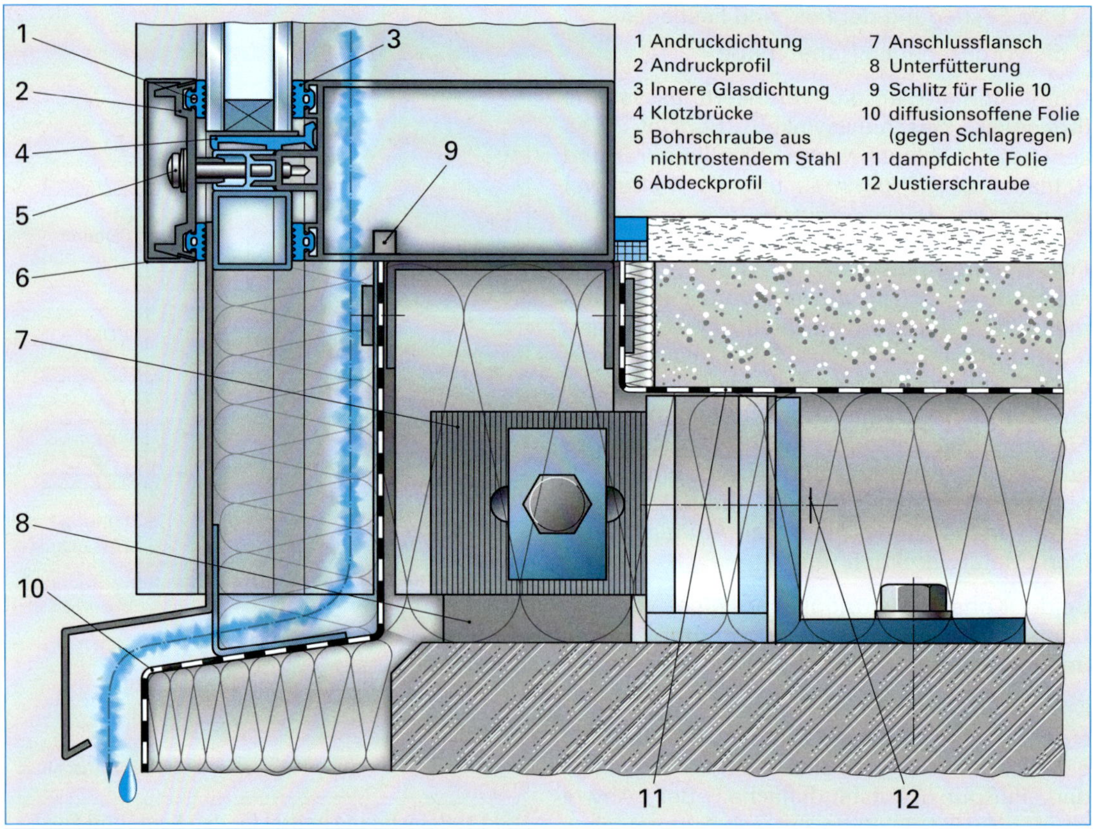

Bild 2: Einzelheiten eines Fußpunktes

und einfache Pfosten ab. Da es sich um eine Komponentenmontage (siehe S. 191, Bilder 1 u. 2) handelt, müssen die Konsolen bewegliche Anschlussflansche aufweisen. Abgeklappte Anschlussflansche ermöglichen die Montage des neuen Fassadenelementes.

Sind bei einer Deckenbefestigung **Loslager** vorgesehen, kommen Konsolen mit verschiebbaren Anschlussflanschen zur Anwendung. An die abgekanteten Enden der Flansche sind Polyamid-Gleitschuhe vulkanisiert, die für ein geräuschloses Gleiten sorgen (siehe S. 230, Bild 1). Aus Bild 2 und Seite 230, Bild 2 geht die Montagefolge eines vorgefertigten Fassadenelementes hervor. Auch hier wechseln sich Montagepfosten und einfache Pfosten ab.

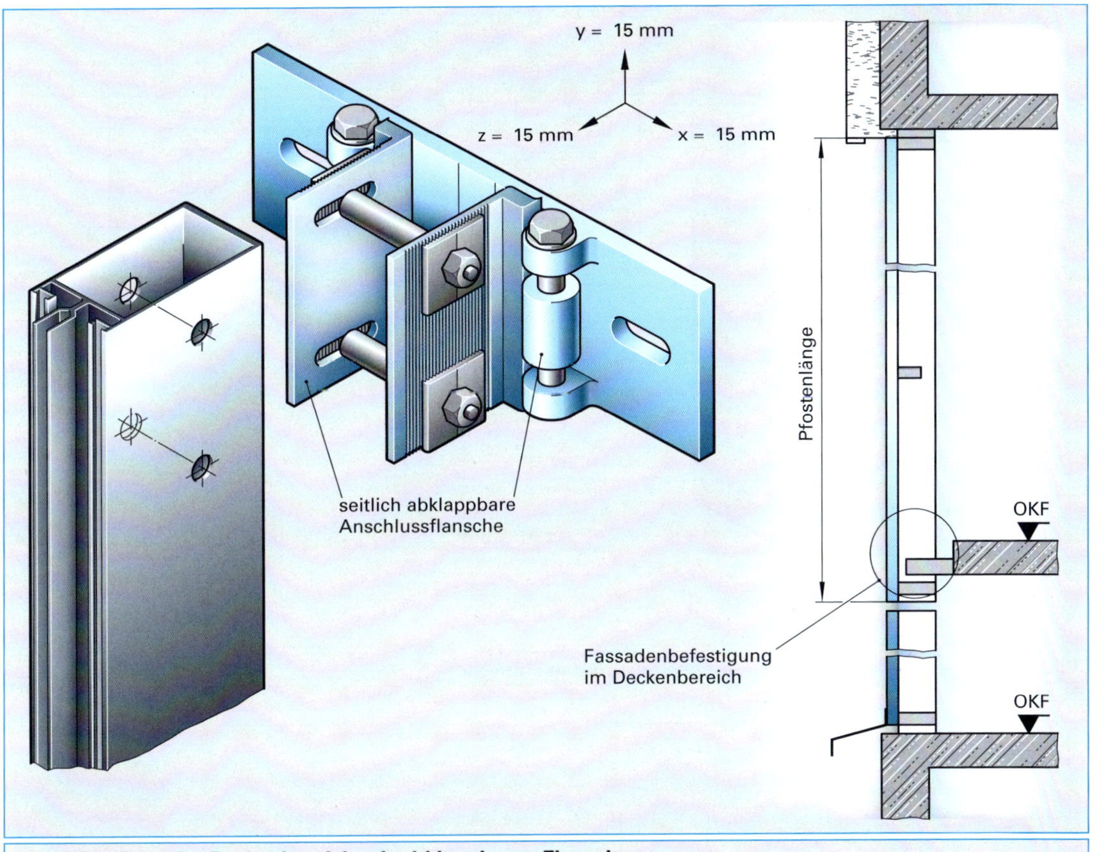

Bild 1: Festlager im Deckenbereich mit abklappbaren Flanschen

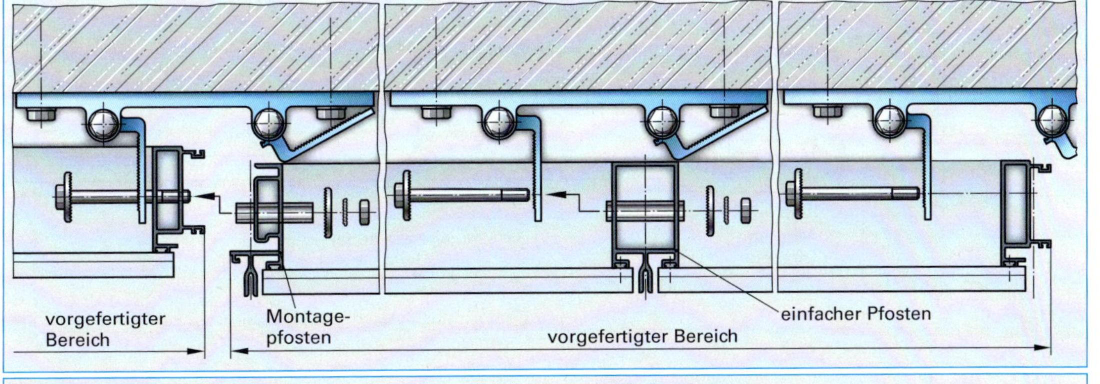

Bild 2: Anordnung der Pfosten bei einer Deckenbefestigung mit Festlagern

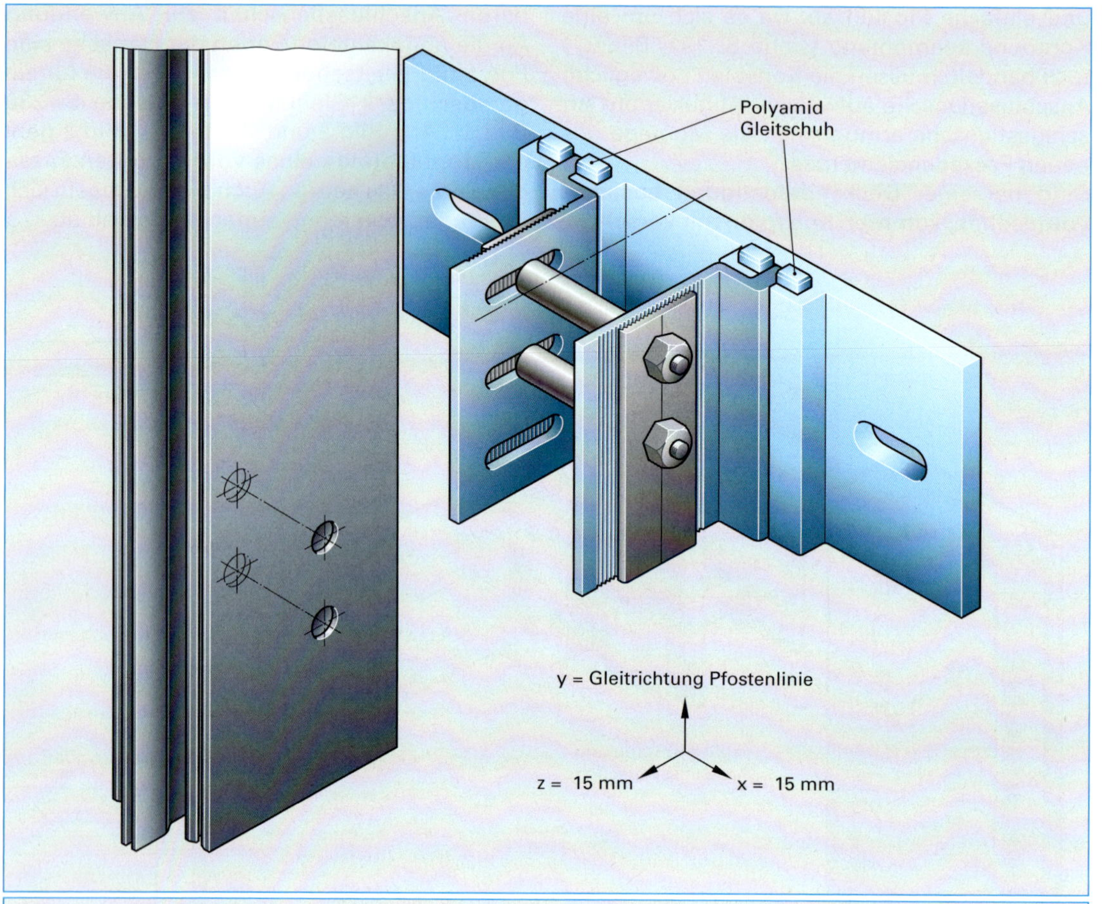

Bild 1: Loslager im Deckenbereich mit verschiebbaren Flanschen

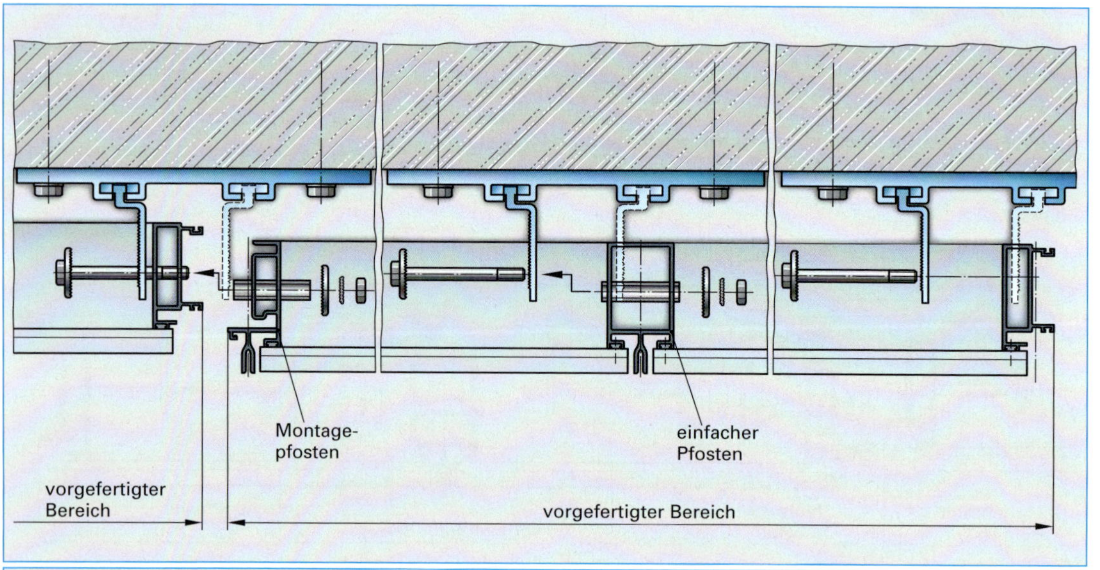

Bild 2: Anordnung der Pfosten mit Loslagern

Arbeitsfolge zum Einsetzen der Füllelemente:

- Korrekter Sitz der inneren Verglasungsdichtung prüfen.
- Einklipsen der Isolatoren in die Pfosten und Riegel.
- Klotzbrücken in die unteren Riegel legen.
- Füllelement (Glasscheibe als Festelement, Paneel, Fenster usw.) einsetzen, ausmitteln und oben und unten mit Montagehilfen vorfixieren. Als Montagehilfe eignen sich kurze Stücke des Andruckprofils.
- Im seitlichen Bereich links und rechts oben Distanzklötze einkleben.
- Flächenbündigkeit der eingesetzten Elemente überprüfen.
- Andruckdichtung in die Pfosten einsetzen.
- Vertikales Andruckprofil anschrauben.
- Andruckprofil endgültig festschrauben.
- Horizontale Andruckdichtung zuschneiden und in den Riegel einsetzen.
- Dichtungsstoß zum Pfosten wasserdicht unterlegen. Horizontales Andruckprofil befestigen.
- Andruck mit Stichlehre kontrollieren.

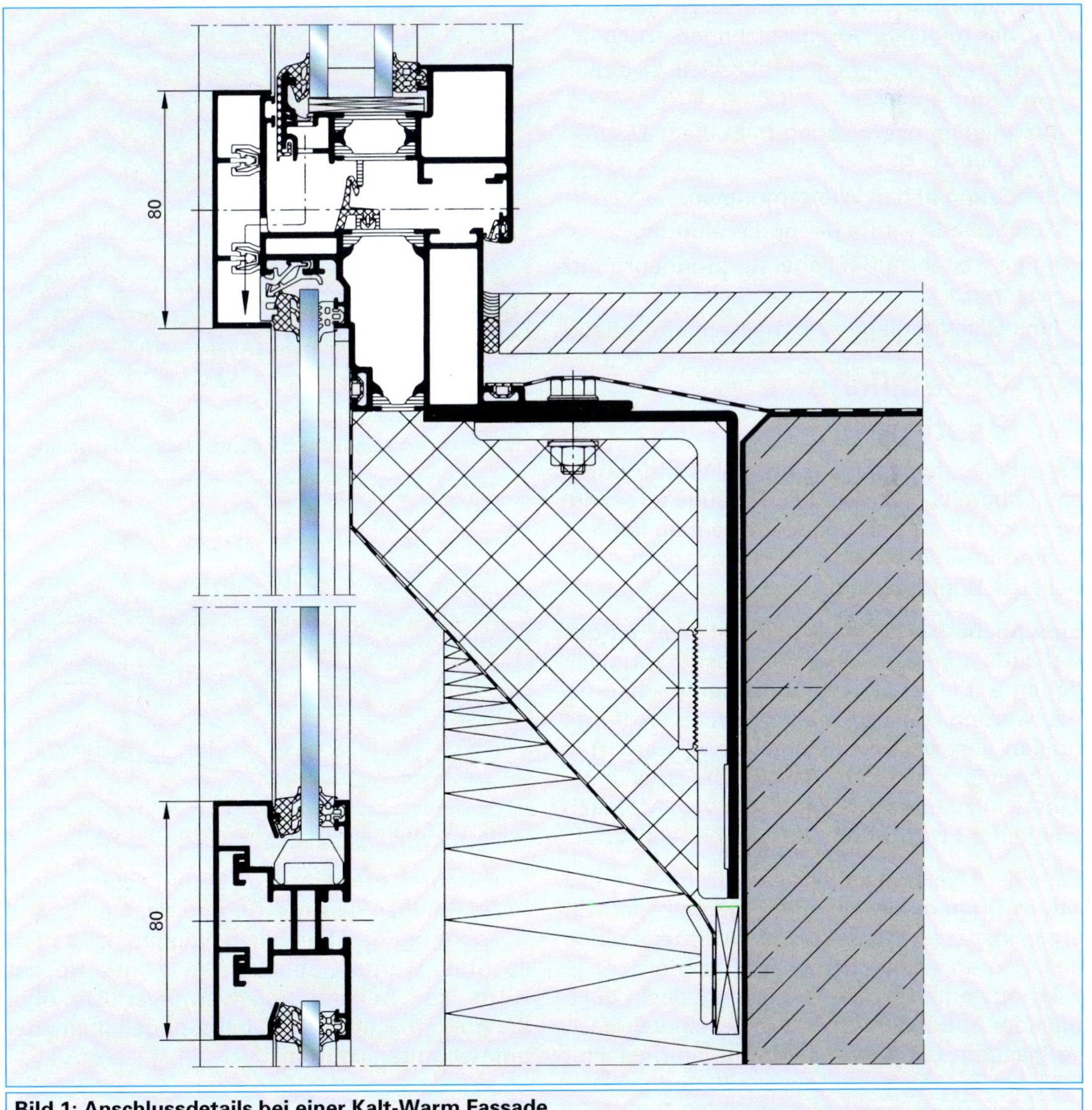

Bild 1: Anschlussdetails bei einer Kalt-Warm Fassade

6 Wintergärten

Zu den Glasanbauten, die der Metallbauer fertigt und montiert, gehören neben Überdachungen, Schutzverkleidungen an Balkonen und Freisitzen und Galerien insbesondere Wintergärten. Wintergärten sind verglaste Vorbauten an bestehenden Gebäuden (Bild 1). Sie erbringen mehrfachen Nutzen:

- Wohnraumerweiterung,
- Verbindung mit Natur, Wetter und Landschaft,
- Wärmegewinn,
- gestalterische Aufwertung der Gebäude.

Die energiesparendste Bauweise ist das Glashaus, das folgende Voraussetzungen erfüllt:

- Temperatur im Innenraumbereich zwischen + 4 °C und + 35 °C,
- Wärmedämmverglasung mit einem U_g-Wert < 1,2 W/(m^2 · K),
- Beheizung in den Wintermonaten,
- Ausreichend große Be- und Entlüftung,
- Innen- oder außenliegende Sonnenschutzsysteme,
- Eine Glastüranlage zum massiven Kernhaus.

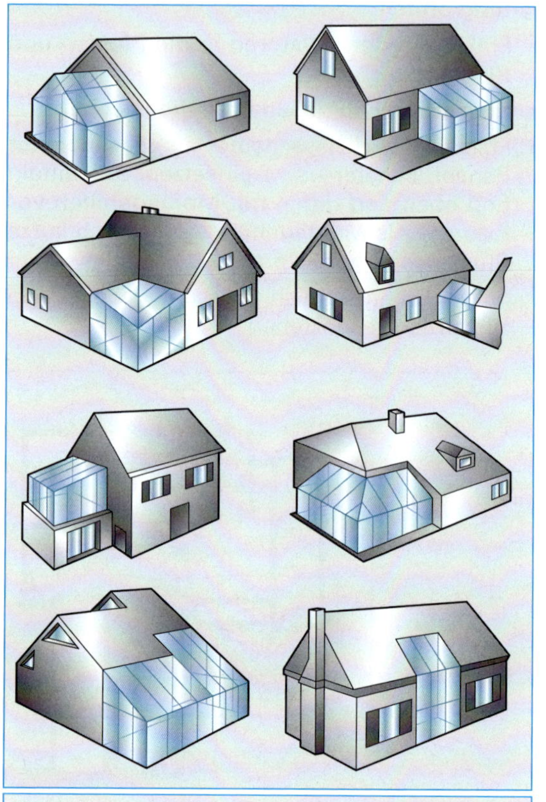

Bild 1: Unterschiedliche Bauformen von Glasanbauten

6.1 Gesetzliche Bestimmungen

Es ist zu unterscheiden, ob ein Wintergarten an ein bereits bestehendes Gebäude angebaut wird oder ob es sich um einen Neubau handelt. Weiterhin unterscheidet man unbeheizte und beheizte Wintergärten.

Ein **unbeheizter Wintergarten** ist zwar an das Gebäude angebaut, aber von diesem räumlich getrennt (Bild 2). Bei einem nachträglichen Anbau werden keine wärmetechnischen Anforderungen gestellt. Gleiches gilt für Wintergärten von weniger als 15 m^2 Nutzfläche oder einer Jahresnutzung von weniger als vier Monaten oder einer Erwärmung von weniger als 12 °C.

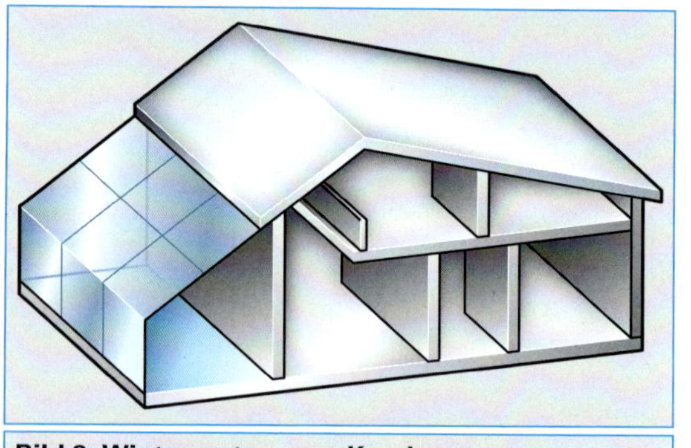

Bild 2: Wintergarten vom Kernhaus getrennt

Bei einem **Neubau** können zur Ermittelung des Jahres-Primärenergiebedarfs gemäß der Energieeinsparverordnung die Wärmegewinne des Wintergartens berücksichtigt werden: je wärmedämmender die Verglasung, desto günstiger der Abminderungsfaktor. Bei einer Einfachverglasung beträgt der Abminderungsfaktor 0,87, bei Zweifachverglasung 0,76 und bei Wärmeschutzverglasung 0,5[1] (siehe S. 98, Tabelle 1).

Der Jahres-Primärenergiebedarf eines Referenzgebäudes gleicher Geometrie, Fläche und Ausrichtung darf bei einem Neubau nicht überschritten werden. Ebenso müssen die Höchstwerte der Transmissionswärmeverluste über die Außenfläche des Neubaus eingehalten oder unterschritten werden.

[1] DIN 4108-6

Ein **beheizter Wintergarten** mit oder ohne offene Verbindung zu einem Wohnraum (Bild 1) gilt als Teil der Außenhülle des Gebäudes. Bei der Erstellung von **Neubauten** gilt: Liegt der Fensterflächenanteil einschließlich der Wintergartenverglasung unter 30 % und entsprechen die Wärmebrücken den anerkannten Regeln der Technik (z. B. DIN 4108-2), kann der vereinfachte Nachweis erfolgen. Bei einem Fensterflächenanteil über 30 % muss der Nachweis mittels Monatsbilanzverfahren erstellt werden. Zusätzlich ist der sommerliche Wärmeschutz durch Einhaltung der höchstzulässigen Sonneneintragskennwerte nachzuweisen.

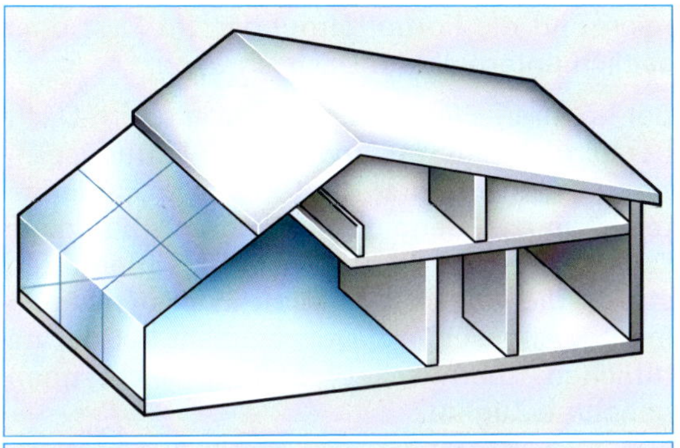

Bild 1: In das Haus integrierter beheizter Wintergarten

Bei einem **nachträglichen Anbau** stellt der beheizte Wintergarten praktisch eine Wohnraumerweiterung dar. Beim erforderlichen Nachweis wird dieser Wintergarten als ein eigenständiger Gebäudeteil behandelt.

Liegt die Gebäudenutzfläche unter 50 m^2, gilt der beheizte Wintergarten als „Gebäude mit geringem Volumen" und es sind bestimmte Höchstwerte der Wärmedurchgangskoeffizienten einzuhalten:

Fenster, Fenstertüren $U_{max} = 1{,}3\ W/(m^2 \cdot K)$

Verglasungen $U_g = 1{,}1\ W/(m^2 \cdot K)$

Vorhangfassade $U_{max} = 1{,}5\ W/(m^2 \cdot K)$

Übersteigt die Gebäudenutzfläche des Wintergartens 50 m^2, ist ein eigenständiger Nachweis wie bei einem Neubau zu führen.

6.2 Lage

Je nach Gebäudeorientierung ergeben sich unterschiedliche Nutzungsarten (Bild 2).

Bild 2: Gebäudeorientierung von Wintergärten

Ein Wintergarten in **Ostlage** nutzt schon am frühen Vormittag die Sonnenwärme aus und ist vor der heißen Nachmittagssonne geschützt. Die **Südlage** hat die längste Sonnen-Einstrahlzeit, auch im Winter. Die **Westlage** bringt die höchste Erwärmung, weil die tagsüber ohnehin erwärmte Luft bis spätabends weiter aufgeheizt wird. Wie bei einer Südlage müssen Sonnenschutzsysteme im Dachbereich und Lüftungsmöglichkeiten mit eingeplant werden. Die spärliche Wintersonne bringt in Westlage wenig Nutzen. Die **Nordlage** ist die Arbeitslage, gut für ein Studio oder Atelier. Kaum Sonne, aber gutes, blendfreies Licht. Nordlagen sind gute Klimapuffer oder Eingangsschützer.

6.3 Werkstoffe

Als Rahmenwerkstoff haben sich im Metallbau wärmegedämmte Aluminiumprofile durchgesetzt, weil sich die unterschiedlichen Profile im Strangpressverfahren einfach herstellen lassen und die Weiterverarbeitung in der Werkstatt wenig Probleme bereitet.

Stahlprofile haben statische Vorteile und kommen deshalb mit geringeren Ansichtsbreiten und größeren Pfostenabständen aus. Weitere Vorteile von Stahl sind die einfache Schweißbarkeit, der hohe Vorfertigungsgrad und der Preis. Äußere Deckprofile aus Aluminium sind witterungs-, korrosionsbeständig und wirken auf der Stahlkonstruktion des Wintergartens dekorativ.

Wintergärten aus einer Holz-Aluminium-Konstruktion verbinden die Vorteile beider Werkstoffe (siehe S. 236, Bild 1). Die Holzprofile sorgen für eine wohnliche und warme Atmosphäre im Innenraum und übernehmen die Tragfunktion. Der niedrige *U*-Wert des Holzes sorgt für gute Wärmedämmung. Die außenliegenden Aluminiumprofile sind wartungsarm und lassen sich farblich durch Eloxieren, Thermolackieren oder Pulverbeschichtung vielfältig gestalten. Für die Auswahl der Glasarten sind die in den Kapiteln „Sonnenschutzglas" und „Überkopfverglasungen" beschriebenen Grundsätze zu beachten.

Der Werkstoff Holz und Kunststoffprofile kommen aufgrund ihrer geringeren Biegefestigkeit gegenüber Stahl- und Aluminiumprofilen bei kleineren Wintergartenobjekten zur Ausführung. Ebenso fordert der Pflegeaufwand für Schutzanstriche bei Holzprofilen (etwa alle 5 - 10 Jahre) bei vielen Bauherren die Entscheidung bei kleineren Wintergärten für Kunststoffprofile.

6.4 Sonnenschutz und Belüftung

Verursacht durch den Glashauseffekt (siehe S. 264, Bild 2) kann sich der Wintergarten stark aufheizen. Sonnenschutz und Lüftung sind besonders für West- und Südlagen daher unabdingbar. Außenliegende Sonnenschutzanlagen sind am effektivsten, erreichen aber oft nicht die gewünschte Lebensdauer, da sie voll der Witterung ausgesetzt sind. Innenliegende Sonnenschutzeinrichtungen reflektieren zwar einen Teil der Strahlung; der entstehende Hitzestau zwischen Glas und Sonnenschutz muss aber durch ausreichend große Lüftungsöffnungen in den Dach- und Wandflächen nach außen abgeleitet werden.

Die **thermische Lüftung** nutzt die Kaminwirkung zwischen dem Lufteintritt und dem Luftaustritt: Die Frischluft strömt durch Zuluftöffnungen ins Rauminnere, nimmt die warme Luft, die aufgrund der geringeren Dichte nach oben steigt, auf und trägt sie durch die Fortluftöffnungen mit nach außen. Bei der effektivsten Lüftungsart, der Dachlüftung (Bild 1), befinden sich die Zuluftöffnungen im bodennahen Bereich und die Fortluftöffnungen im First oder seitlich unterhalb der Dachschrägen.

Bei höheren Windgeschwindigkeiten im Dachbereich können das erwünschte Lüftungsprinzip „Fortluft im First- und Zuluft im Bodenbereich" in das Gegenteil umkehren. Die Folge: Durch den Staudruck auf den Wintergarten strömt die warme Außenluft in das Gebäudeinnere. Abgesehen davon entsteht bei der natürlichen (thermischen) Lüftung leicht unangenehme Zugluft.

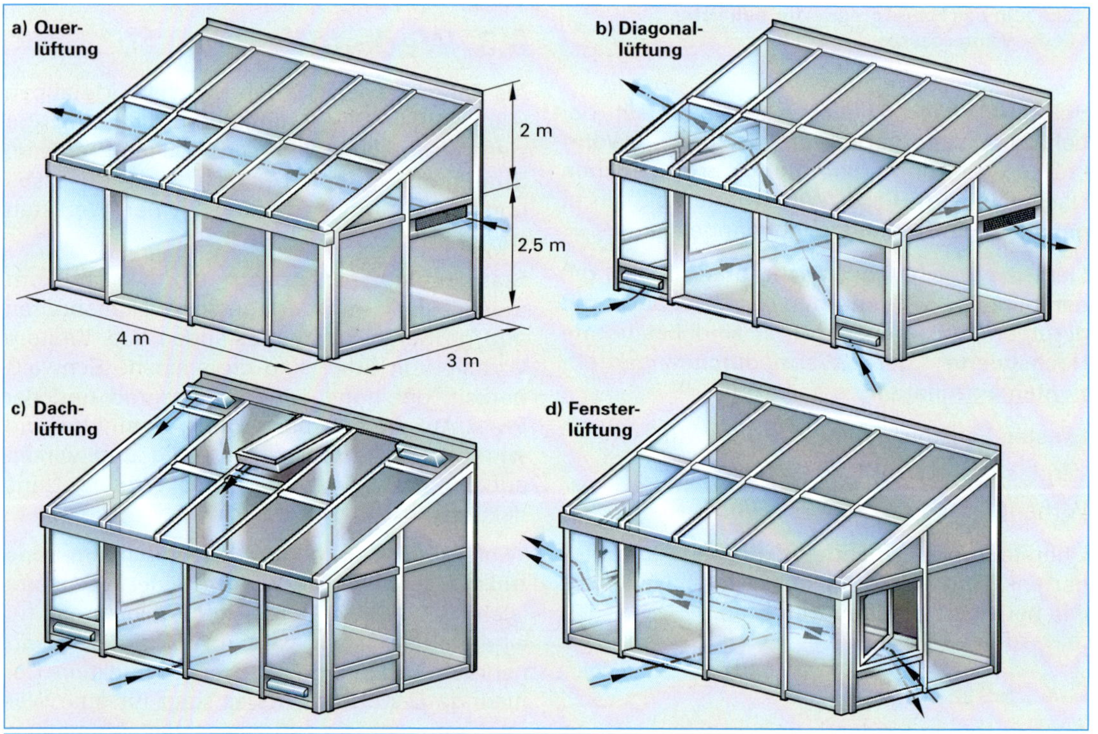

Bild 1: Belüftungsvarianten

Bei der **Zwangsbelüftung** übernehmen motorbetriebene Lüfter mit Thermo-Schaltungen die Abfuhr der Überschusswärme. Sie saugen im Firstbereich die Warmluft an und blasen sie aus; im Fußbereich strömt kältere Luft nach. Schutzgitter halten Insekte ab.

In der Heizsaison transportieren die Lüfter Warmluft aus dem Wintergarten in das Haupthaus und liefern so einen Beitrag zur Energieeinsparung. Im Winter bleiben die Geräte abgeschaltet und die Klappen A und B geschlossen (Bild 1). Ein günstiger Nebeneffekt: Die feuchte Luft aus dem Wintergarten wird in das meist zu trockene Haupthaus transportiert.

Für jeden Wintergarten muss die erforderliche Leistung der Lüftungsgeräte individuell errechnet werden. Dabei spielen Dachschräge, Speichermaterialien und der Standort eine wichtige Rolle.

Beispiel:

Ein Wintergarten verfügt über ein Raumvolumen von 42 m^3. Bei einem außenliegenden Sonnenschutz mit einem Abminderungsfaktor von 0,4 ist bei extremer Sonneneinstrahlung ein 10-facher Luftwechsel pro Stunde erforderlich.

Ergebnis: 420 m^3 Luft pro Stunde sind vom Be- und Entlüftungssystem umzuwälzen.

6.5 Konstruktion

Die tragende Konstruktion erfolgt meist in Pfosten-Riegel-Bauweise, bei der die Glaselemente auf ein zuvor erstelltes tragendes Pfosten-Riegel-Skelett montiert werden. Möglich ist auch die Rahmenbauweise (Elementbauweise). Hier werden die vorgefertigten Rahmen miteinander zu einem tragenden Gerüst verbunden.

Für die Pfosten und Riegel kommen die bekannten Profile der Systemanbieter zur Anwendung. Auch für den Wandanschluss (First) und die Traufe gibt es spezielle Profile. Wie auch im Fenster- und Fassadenbau kommt es darauf an, dass das Profilsystem alle Lasten aufnimmt, eine thermische Trennung (bei Metallprofilen) aufweist und eine Abführung von Kondenswasser ermöglicht.

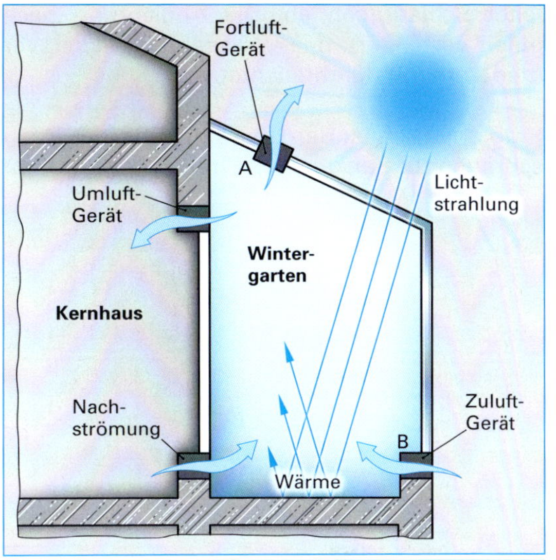

Bild 1: Automatischer Luftaustausch und Sonnenenergienutzung für das Kernhaus

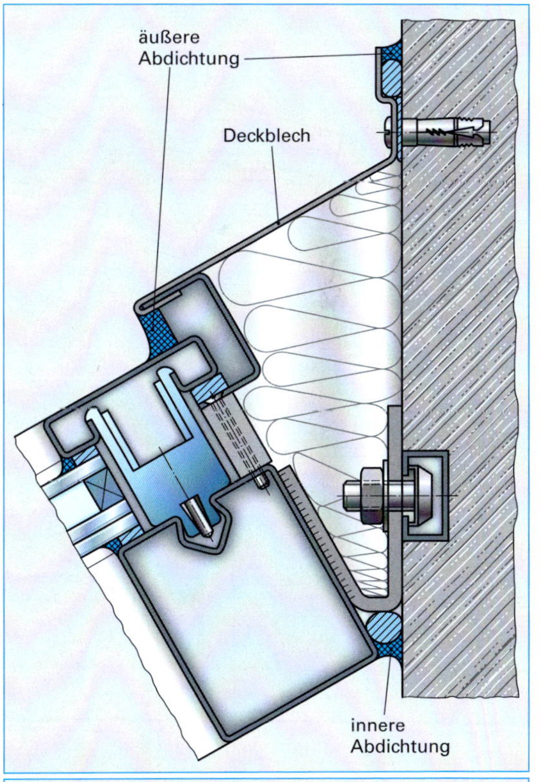

Bild 2: Bauanschluss einer Konstruktion aus Stahlprofilen

Bild 2 zeigt den oberen Wandanschluss eines aus Stahlhohlprofilen gefertigten Wintergartens. Besonders sorgfältig ist die Abdichtung nach außen vorzunehmen, damit ein Wassereinbruch nach innen auch bei Winddruck vermieden wird. Ein überkragendes Deckblech leitet Schlagregen ab. Die Abdichtung nach innen verhindert, dass Wasserdampf die Wärmedämmung durchfeuchtet.

Problematisch ist der Übergang von der Dachschrägen zur Senkrechten (Traufe). Hier kommt es darauf an, stehendes Wasser zu vermeiden. In Bild 1 ragt im Traufbereich die Verglasung (hier Stufenglas) in die Regensammelrinne hinein, in Bild 2 auf der nachfolgenden Seite sorgen ein Dichtband und ein spezielles Traufprofil für einen ungestörten Wasserablauf.

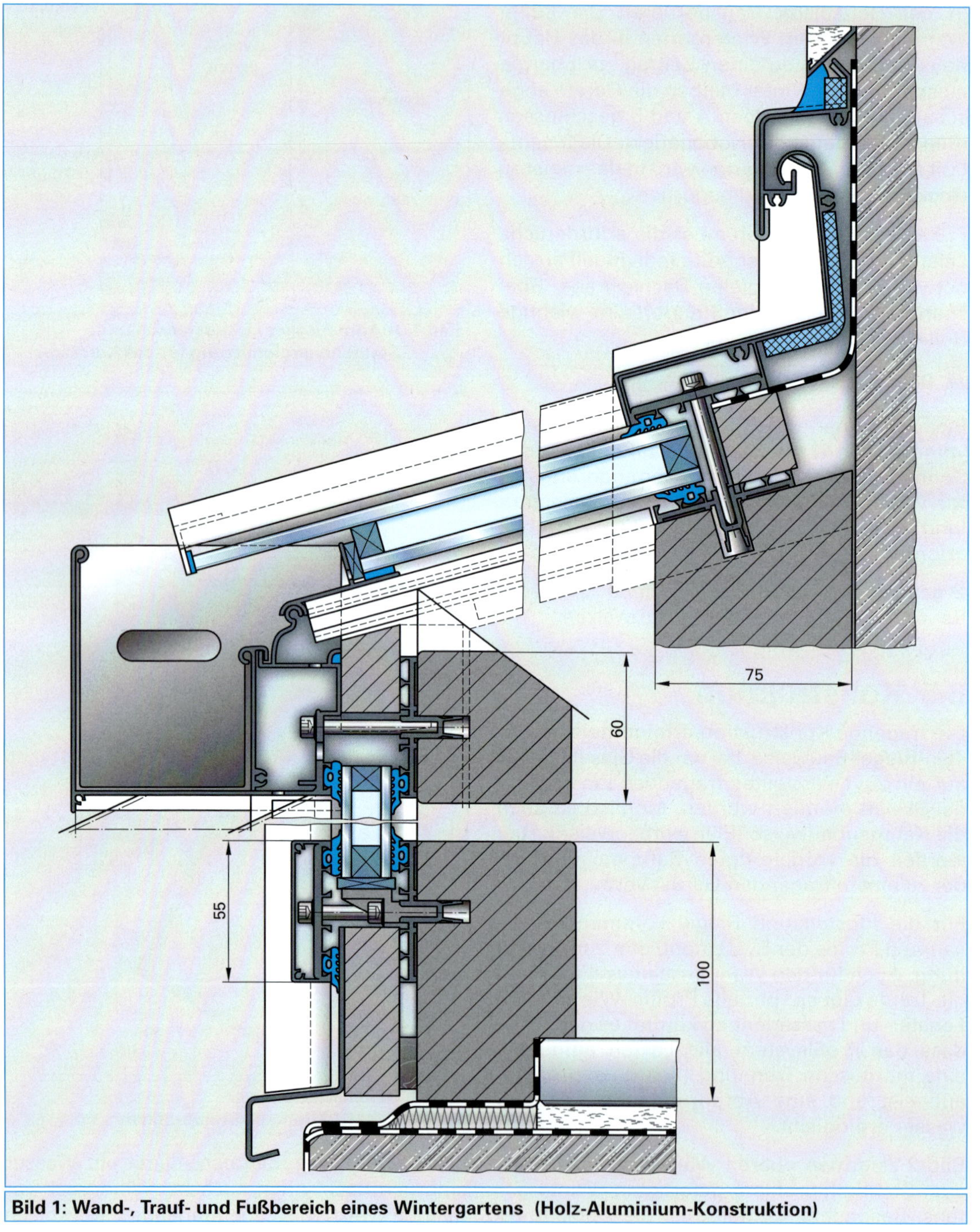

Bild 1: Wand-, Trauf- und Fußbereich eines Wintergartens (Holz-Aluminium-Konstruktion)

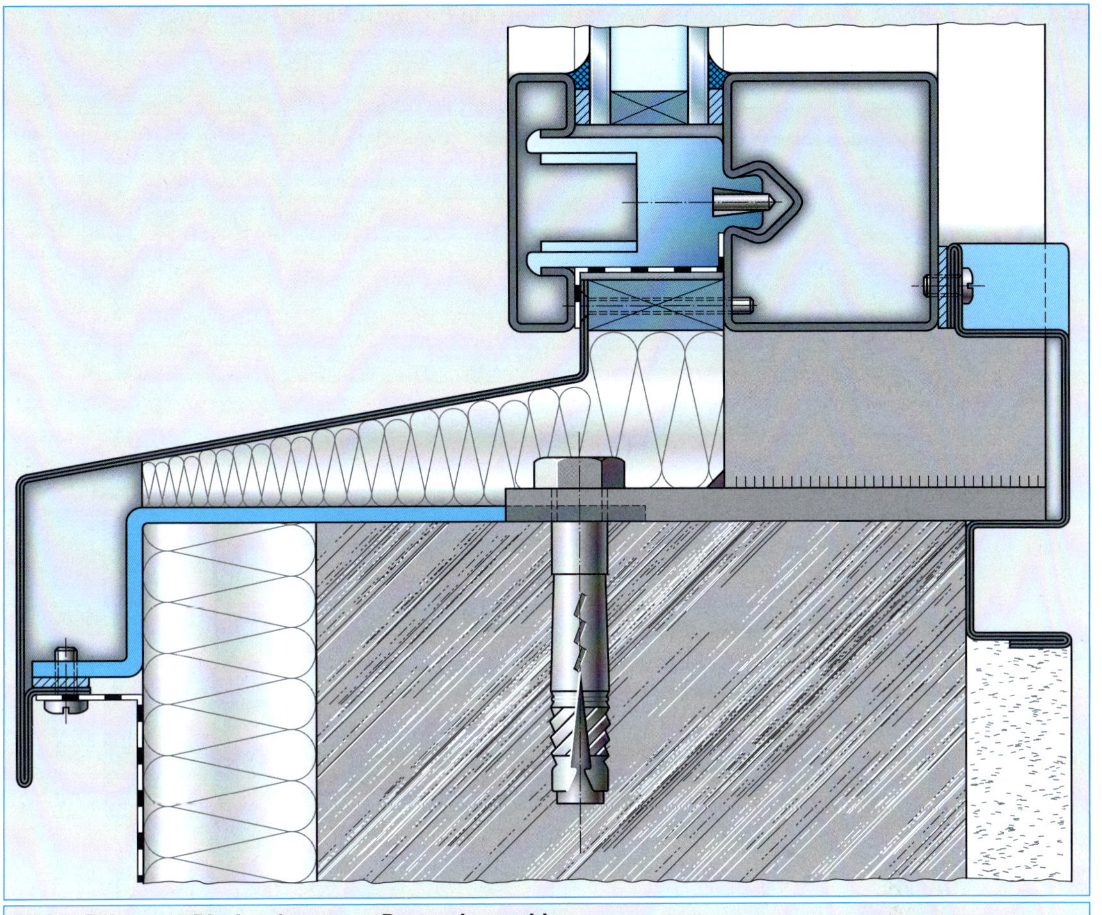

Bild 1: Gekantete Bleche als unterer Bauwerksanschluss

Wintergärten werden fest an der Gebäudewand und auf einem **Fundament** verankert (Bild 1). Von der Tragfähigkeit des Untergrundes hängt es ab, ob ein Streifen- oder lediglich ein Punktfundament angelegt werden muss. Auf jeden Fall muss ein Fundament aus statischen und wärmetechnischen Gründen frostfrei gegründet werden, also 80 - 100 cm tief sein. Bei einem beheizten Wintergarten sollte die Bodenplatte wärmegedämmt und gegen Feuchtigkeit geschützt sein. Steinplatten oder keramisches Material in dunklen Farbtönen weisen eine gute Wärmespeicherfähigkeit auf.

Im Wintergarten wechseln die Temperaturen sehr schnell, deshalb ist eine Fußbodenheizung nicht von Vorteil, da sie nur träge reagiert. **Heizkörper** mit Thermostatventilen können sich schneller auf den Wechsel von Sonne und Wolken, Tag und Nacht einstellen und wirkungsvoll reagieren.

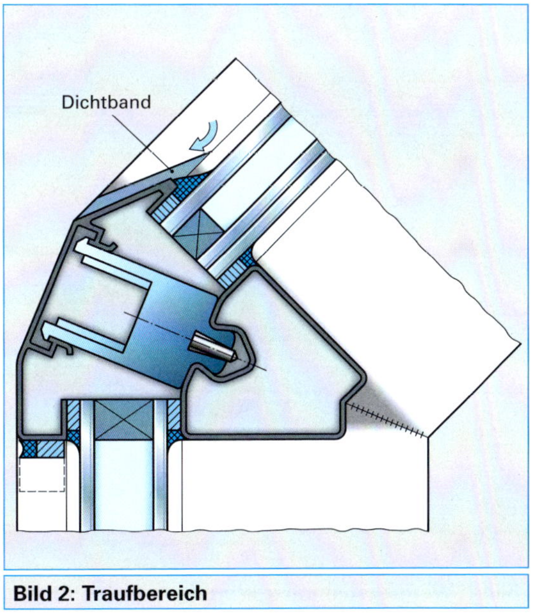

Bild 2: Traufbereich

Bild 1 zeigt Schnittdarstellungen eines Wintergartens in Pfosten- Riegel- Konstruktion.

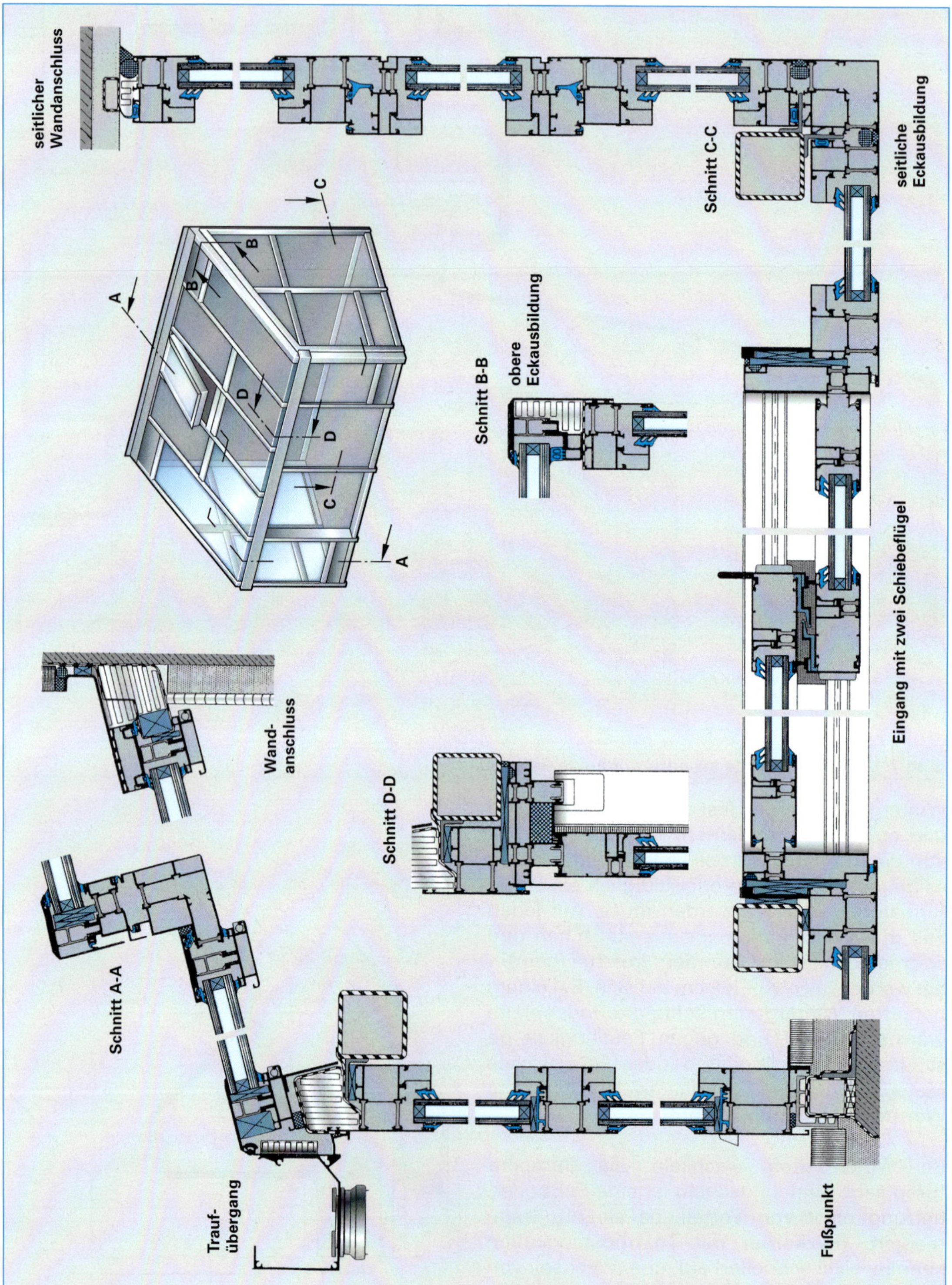

Bild 1: Wärmegedämmter Wintergarten aus Aluminiumprofilen

7 Statische Vorbemessung

Die statische Berechnung der Tragprofile von Fenstern, Fensterwänden und Fassaden erfordert einen hohen mathematischen Aufwand. Sie ist daher für die Praxis des Metallbaubetriebs wenig geeignet. Stattdessen reicht meist eine statische Vorbemessung aus, mittels derer Vorentscheidungen über die Art und Größe der Tragprofile für Pfosten und Riegel (Kämpfer) getroffen werden können. Damit sind Aussagen zur Vorkalkulation und Konstruktion möglich. **Die Vorbemessung ersetzt allerdings keine statische Berechnung.** Eine endgültige prüffähige statische Berechnung ist jedoch nur dann zu erstellen, wenn ein Objekt zur Ausführung kommt und eine Statik gefordert wird.

Eine statische Bemessung für Fenster und Fensterwände war nach DIN 18056 erforderlich, wenn die Fläche der Fensterwand größer als 9 m² und die kurze Seite länger als 2 m ist. Wenngleich DIN 18056 inzwischen als überholt angesehen werden kann, so war auch ein entsprechender jahrelang gültiger Bezug in der VOB, siehe DIN 18360, Metallbauarbeiten zu finden. Außenwandbekleidungen sind nach DIN 18506 statisch zu bemessen.

Bei einem Fenster oder einer Fensterwand erfährt der Blendrahmen keine Biegebeanspruchung, da die auftretenden Kräfte aus dem Flügelrahmen direkt über die Befestigungselemente in den Baukörper abgeleitet werden. Hierzu dürfen die Abstände der Verankerungsstellen des Blendrahmens z. B. bei Aluminiumfenstern 800 mm nicht überschreiten.

Da auch die beweglichen Flügel keine statische Bemessung erfordern, werden nur die freistehenden Pfosten und Riegel (bzw. Kämpfer) einer Vorbemessung unterzogen und auf Durchbiegung überprüft.

7.1 Grundsätzliche Zusammenhänge

Die Formeln und Kennwerte, die für eine statische (Vor-)Bemessung benötigt werden, finden sich u. a. in entsprechenden Nachschlagewerken. Grundsätzlich gilt – in Verbindung mit einem entsprechend eingeübten Grundverständnis: „Nicht wissen, sondern wissen, wo es steht“.

Eine Vorbemessung findet zumeist iterativ statt. Das bedeutet, man prüft unter den gegebenen (geometrischen und lasttechnischen) Randbedingungen, ob ein zuvor ausgewähltes Profil ausreicht. Ergebnis ist entweder eine Über- oder Unterdimensionierung. Im nächsten Schritt wird wieder berechnet, dann wieder angeglichen usw.. Um schnell ans Ziel zu gelangen, ist es hilfreich, die wirksamsten Stellschrauben zu kennen und einzusetzen.

Diese Stellschrauben werden nachfolgend anhand der rechnerischen Zusammenhänge erläutert. Hierbei sind zum einen die maßgeblichen Profilquerschnittswerte W (Widerstandsmoment) und I (Flächen- bzw. Trägheitsmoment relevant und zum anderen die „Resultate“ unter Last, nämlich die maximale Spannung σ im belasteten Profil sowie die Verformung f des Profils.

Querschnittswerte *W* und *I*

Widerstandsmoment *W*

In Bezug auf die zulässige Spannung innerhalb eines Profils unter Belastung ist das Widerstandsmoment W der entscheidende Kennwert des Profilquerschnitts. Die maximale Spannung ergibt sich aus der Formel $\sigma = M/W$ (M ist das maximale Biegemoment, in den meisten Fällen in Feldmitte).

Die Spannung σ ist demnach proportional zu W, d. h. eine Verdopplung von W führt einer Halbierung der Spannung im Profil.

Das Widerstandmoment w wiederum errechnet sich aus der Geometrie des Profilquerschnittes. Für einen einfachen, massiven Rechteckquerschnitt lautet die Formel $W = b \times h^2 / 6$. Hierbei ist h die Querschnittshöhe, die sich der einwirkenden Kraft entgegenstellt, b die Breite orthogonal zur Kraftrichtung.

Da h im Quadrat in die Berechnungsformel eingeht, führt eine Verdopplung der Profilhöhe zu einer Vervierfachung des Widerstandsmomentes und damit zu einer Viertelung der Spannung.

W-Werte für komplizierte Querschnitte sind entsprechenden Formelsammlungen zu entnehmen. Auch einige CAD-Programme bieten die Möglichkeit, W-Werte von Profilquerschnitten zu errechnen. Der Grundzusammenhang ist aber immer der gleiche: Die Profilhöhe geht im Quadrat in das Ergebnis ein.

Trägheitsmoment / Flächenmoment

Das Trägheits-/ oder Flächenmoment I eines Querschnittes ist relevant für die Errechnung der Durchbiegung eines Profils.

Die Berechnungsformel ähnelt jener von W – allerdings mit einem kleinen Unterschied mit großer Auswirkung: $I = [b \cdot h^3] / 12$.

Die Querschnittshöhe geht hier also sogar in dritter Potenz ein, d. h. eine Verdopplung der Profilhöhe führt zu einer Verachtfachung des Trägheitsmoments.

Ebenso wie W-Werte sind auch I-Werte entsprechenden Formelsammlungen zu entnehmen oder mittels CAD-Programmen zu errechnen.

Spannung und Verformung

Spannung

Im Abschnitt „Widerstandsmoment“ wurde bereits der Zusammenhang zwischen Profilgeometrie und Spannung erläutert.

Die maximale Spannung $\sigma = M/W$ in einem Profil unter Last hängt neben W also vom maximalen Biegemoment M ab, das mittels entsprechender Formeln zu errechnen ist, und zwar in Abhängigkeit von der Art des statischen Systems und der Lasteinwirkung. Im Bereich Fenster/Fassade wird man es in der überwiegenden Anzahl der Fälle mit einem herkömmlichen beidseitig gelenkig gelagerten Einfeldträger unter Linienlast zu tun haben.

Für einen solchen Einfeldträger errechnet sich das maximale Feldmoment nach:

$$M = \frac{q \cdot l^2}{8}$$

Die Linienlast q geht in einfacher Potenz in die Formel ein, d. h. doppelte Last führt zu doppeltem Moment und damit zur doppelten Biegespannung und Durchbiegung.

Die Trägerlänge bestimmt das Ergebnis wiederum überproportional in zweiter Potenz. Bedeutet: Doppelte Trägerlänge führt bei gleicher Last zur vierfachen Spannung.

Verformung

In die Formel zur Errechnung der Verformung gehen neben dem Trägheitsmoment I die Last q, die Trägerlänge l und der Elastizitätsmodul E ein.

Für einen Einfeldträger unter Linienlast errechnet sich die maximale Verformung in Feldmitte nach:

$$f_{max} = \frac{5 \cdot q \cdot l^4}{384 \cdot E \cdot I}$$

Im Nenner erkennt man das Trägheitsmoment I, das bereits im Abschnitt zuvor beschrieben wurde. I steht hier in einfacher Potenz, d. h. eine Verdopplung von I führt zu einer Halbierung der Durchbiegung.

Ebenfalls in einfacher Potenz geht die Linienlast q in die Formel ein, doppelte Last erzeugt also doppelte Durchbiegung.

Überproportionale Relevanz besitzt die Trägerlänge l, denn sie geht in vierter Potenz (!) in die Formel ein.

Das heißt: Eine Verdopplung der Spannweite hat eine 16-fache Verformung zur Folge.

Beispiel: Für ein Stulp-Fenster mit 110 cm Höhe wird anhand der Profilquerschnitte und der Windlast die maximale Verformung in Feldmitte errechnet. Sie beträgt 2 mm und liegt damit weit unter der zulässigen Verformung. Die Annahme, dass für eine gleich breite, aber 220 cm so hohe Balkontür die gleichen Profilquerschnitte ausreichen, ist falsch: Hier beträgt die Verformung dann über 3 cm! Sie kann direkt ohne detaillierte Formel anhand des Zusammenhangs abgeleitet werden:

$l_{Balkontür} = 2 \cdot l_{Fenster}$

$f_{Balkontür} = 16 \cdot f_{Fenster}$

Zusammenfassung

1. Aufgrund des überproportionalen Einflusses der Trägerlänge auf die Durchbiegung ist in der Regel der Durchbiegungsnachweis relevant für die Dimensionierung von Fenster-/Fassadenprofilen. Gleichwohl sollte stets auch der Spannungsnachweis geführt werden, sinnvollerweise für das jeweils kritischste Element.

2. Aufgrund der hohen Relevanz der Profilhöhe (beeinflusst den I-Wert in dritter Potenz) und der Trägerlänge (beeinflusst die Verformung in vierter Potenz) kann es durchaus wirtschaftlich sinnvoll sein, innerhalb eines Projekts unterschiedliche Profilkombinationen zu verwenden. Anders herum betrachtet wäre es zwar technisch korrekt und in Bezug auf die Zeit für die Berechnung effizient, nur das kritischste (Fenster-)Element eines Bauvorhabens zu betrachten – aber damit wären unter Umständen alle anderen Elemente weit überdimensioniert. Eine grobe Faustregel lautet: Etwa 20 % mehr Trägerlänge führen zu einer Verdopplung der Verformung.

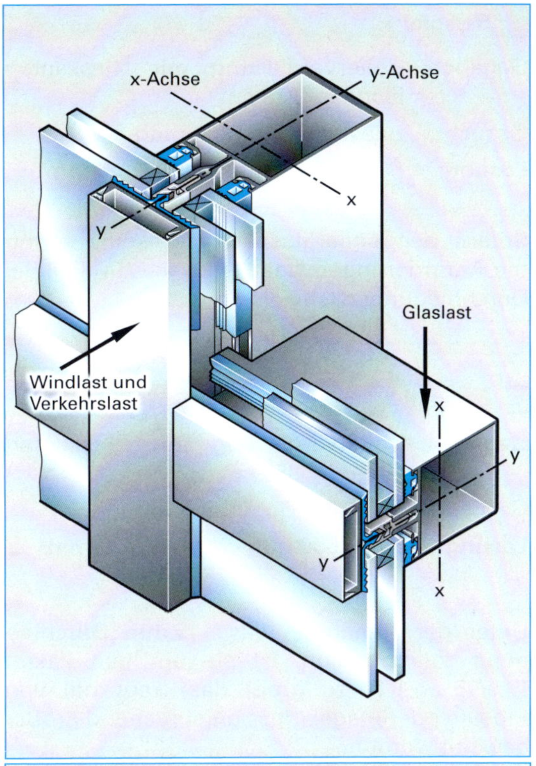

Bild 1: Anordnung der Profilachsen

7.2 Belastung durch horizontale Kräfte

Die rechnerische Durchbiegung für Pfosten und Riegel rechtwinklig zur Fensterebene, also in Richtung der Windkräfte (Bild 1), darf bestimmte Werte nicht überschreiten.

Maßgeblich für die Berechnung eines Pfostenprofils auf Durchbiegung f ist seine Steifigkeit. Diese wird bestimmt vom Elastizitätsmodul E des Pfostenmaterials und vom Flächenmoment I bzw. von der Geometrie des Profilquerschnittes.

Der Elastizitätsmodul E für Stahl beträgt 210000 N/mm², für Aluminium 70000 N/mm², für Holz (parallel zur Faser) etwa 10000 N/mm², für PVC (hart) etwa 3000 N/mm² und für Glas 70000 N/mm².

Das Flächenmoment I, auch Trägheitsmoment genannt, eines Profils wird i. d. R. vom Hersteller ermittelt und in Tabellen dem Anwender zur Verfügung gestellt (siehe S. 321).

Die Vorauswahl eines Pfostens bzw. eines Riegels durch den Anwender (Metallbaubetrieb) wird über die rechnerische Ermittlung des erforderlichen Flächenmomentes I des Profils vorgenommen. In diese Rechnung gehen neben dem Elastizitätsmodul des verwendeten Fenstermaterials, die Länge des Profils, die Belastung aus Winddruck und Windsog und die maximale zulässige Durchbiegung f_{zul} ein.

Die maximale zulässige Durchbiegung des Profils wird bestimmt durch die Begrenzung der Durchbiegung der Verglasung. Geregelt wird dies in DIN 18008-2, „Linienförmig gelagerte Verglasungen". Hiernach beträgt die maximal zulässige Durchbiegung entlang des tragenden Profils $l/200$ bzw. 15 mm. Einige Hersteller von Isoliergläser stellen aber zusätzliche Anforderungen und beschränken die maximale Durchbiegung des Scheibenrandes von $l/300$ bzw. 8 mm. Es ist also im Einzelfall zu prüfen, welche Anforderung relevant ist.

Beispiel 1:

Gegeben: Isolierverglasung mit Glaskantenlänge l = 210 cm

Gesucht: zulässige Durchbiegung f_{zul}

Lösung: f_{zul} = 2100 mm · l/200 = 10,5 mm

Sofern der Isolierglashersteller keine erhöhten Anforderungen stellt, ist in diesem Fall der Durchbiegungsnachweis erfüllt.

Beispiel 2:

Gegeben: Isolierverglasung mit Glaskantenlänge l = 350 cm

Gesucht: zulässige Durchbiegung f_{zul}

Lösung: f_{zul} = 3500 mm · l/200 = 17,5 mm

Unter der Annahme, dass 15 mm Durchbiegung zulässig sind, ist sie um den Faktor 17,5/15 = 1,17 zu groß; das Tragprofil von Pfosten oder Riegel muss entsprechend größer gewählt werden.

Zusätzlich ist bei Riegel- bzw. Kämpferprofilen zu beachten, dass die vertikale Verformung (siehe S. 245, Bild 1) infolge des Eigengewichtes der oberen Scheibe nicht größer als 3 mm bzw. 1/500 werden darf.

Bei Sonderverglasungen können andere zulässige Grenzwerte für die Durchbiegung vorgeschrieben sein. Ebenso kann der Auftraggeber andere zulässige Durchbiegungen fordern.

Bild 2 zeigt, wie bei der statischen Bemessung eines Profils die zulässige Durchbiegung des Pfostens (bzw. der Scheibe) berücksichtigt wird, wenn die Glasfläche durch einen Riegel unterteilt wird. Die Durchbiegungsbegrenzung f_1 ist dann nur für die einzelne Isolierglaskante l_1 maßgebend.

Zusammengefasst: Es sind grundsätzlich zwei Durchbiegungsnachweise zu führen: Zum einen der Nachweis, dass sich das gesamte Profil maximal 1/200 bzw. 15 mm durchbiegt und zum zweiten – sofern dies der betreffende Isolierglashersteller fordert –, dass die Durchbiegung im Bereich jeder einzelnen Isolierglaskante 1/300 diese Kantenlänge bzw. max. 8 mm nicht überschreitet.

Bestimmend für die Durchbiegung von Pfosten, Riegeln und Isolierverglasung ist u. a. die Höhe der Windlast aus Druck- und Sogkräften. Wird der Wind durch ein Hindernis (z. B. Fenster, Fassade) abgebremst, so wird Bewegungsenergie in Druckenergie bzw. Spannungsenergie umgewandelt. Durch Umlenkung an einer Gebäudekante oder einem Dach erfährt der Wind eine zusätzliche Kraftkomponente, durch die Unterdruck entsteht.

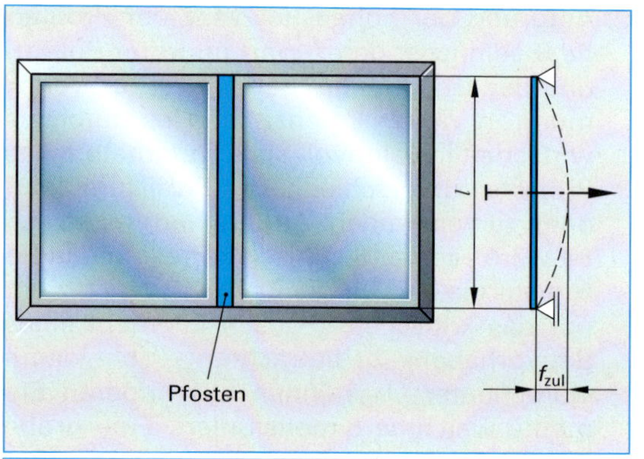

Bild 1: Zulässige Durchbiegung f_{zul} des Pfostens einer Fensterwand

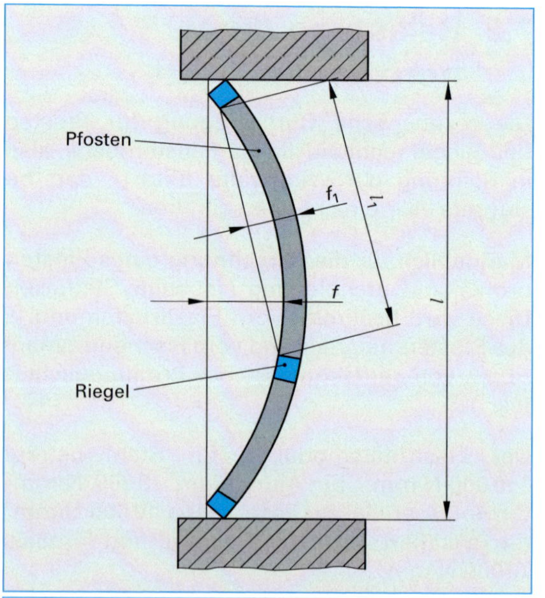

Bild 2: Durchbiegung einer Glasfläche, die durch einen Riegel unterteilt ist.

An der windabgewandten Seite (Lee) können daher Sogbelastungen in Größenordnung der Staudrücke entstehen (Bild 1).

Die anzunehmende Windlast, die auf Fenster, Außentüren und Fassade eines Gebäudes auftrifft und für die Profilbestimmung und Riegel rechnerisch zu erfassen ist, wird zunächst einmal von der geographischen Lage des Gebäudes bestimmt. Bild 2 zeigt die Windlastzonen in Deutschland nach DIN EN 1991-1-4. In Tabelle 1 werden den Windlastzonen 1 bis 4 entsprechende Windlasten zugeordnet, die aus langjährigen Messungen und Wetterstatistiken ermittelten Windgeschwindigkeiten abgeleitet wurden.

Der Winddruck, der für die Profilverformung bzw. für die Profildimensionierung maßgeblich ist, ergibt sich als Produkt aus dem Geschwindigkeitsdruck q und dem Außendruckbeiwert c_{pe} also:

$$w = q \cdot c_{pe}$$

Der Außendruckbeiwert c_{pe} berücksichtigt die aerodynamischen Verhältnisse an einem Gebäude, d. h. die Gebäudehöhe, das Verhältnis der einzelnen Gebäudeseite zur Höhe des Gebäudes, die Windrichtung und die Fenstergröße.

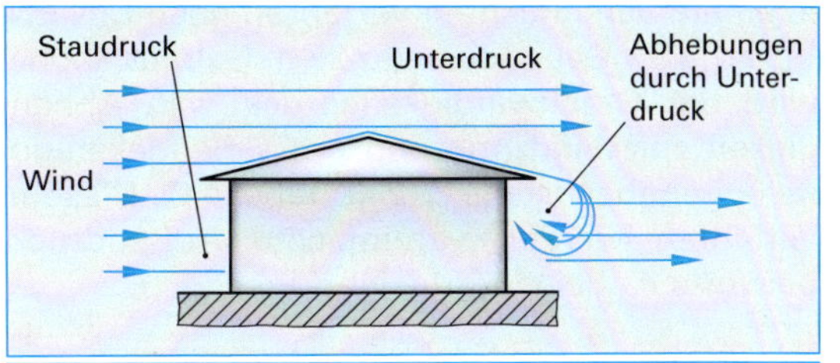

Bild 1: Druck und Sogkräfte an einem Gebäude

Bild 2: Windzonen in Deutschland

Tabelle 1: Windzonen, Windgeschwindigkeiten und Geschwindigkeitsdrücke

Zone	$v_{b,0}$ in m/s	$q_{b,0}$ in kN/m²	Windstärke (nach *Beaufort*)
1	22,5	0,32	9
2	25,0	0,39	10
3	27,5	0,47	10
4	30,0	0,56	11

Tabelle 2: Geschwindigkeitsdrücke *q* in kN/m² für vereinfachtes Berechnungsverfahren

Windzone		$h \leq 10$ m	10 m $< h \leq$ 18 m	18 m $< h \leq$ 25 m
1	Binnenland	0,50	0,65	0,75
2	Binnenland	0,65	0,80	0,90
	Küste und Inseln der Ostsee	0,85	1,00	1,10
3	Binnenland	0,80	0,95	1,10
	Küste und Inseln der Ostsee	1,05	1,20	1,30
4	Binnenland	0,95	1,15	1,30
	Küste der Nord- und Ostsee und Inseln der Ostsee	1,25	1,40	1,55
	Inseln der Nordsee	1,40	–	–

Der Außendruckbeiwert c_{pe} kann mit positiven Vorzeichen für Winddruck und mit negativen Vorzeichen für Windsog versehen sein.

In einem vereinfachten Verfahren nach DIN EN 1991-1-4 für Gebäude unter 25 m Gebäudehöhe wird der Geschwindigkeitsdruck q in Abhängigkeit zur Windzone und der Geländekategorie angegeben (siehe S. 243, Tabelle 2). Diesem Verfahren werden vereinfachte Außendruckbeiwerte c_{pe} beigeführt (siehe Tabelle 1).

Windlasten werden als senkrecht auf die Elemente wirkende Flächenlasten angesetzt. Als statisches System werden Pfosten und Riegel als „Träger auf zwei Stützen" (Einfeldträger) mit einer Lastaufteilung unter 45° auf die Rahmenprofile angenommen. Durch Halbierung der Eckenwinkel bis zur Scheibenmitte ergeben sich Trapez- oder Dreieckflächen, bei quadratischen Elementen nur Dreiecksflächen (Bild 1).

Der Mittelpfosten muss die Windkräfte beider Fensterflächen aufnehmen. Die Trapezflächen oder Dreieckslasten geben den Kraftanteil wieder, den beide Fensterflächen anteilmäßig auf den Mittelpfosten übertragen.

Tabelle 1: Vereinfachte Außendruckbeiwerte C_{pe}

Gebäude-bereich	Hauptflächen		Ecke
h/d	max. Sog	max. Druck	max. Sog
< = 0,25	-1,1	+1,0	-1,4
1	-1,1	+1,0	-1,4
5	-1,1	+1,0	-1,7

d	Gebäudeseite parallel zur Windrichtung (*m*)
h	Gebäudehöhe (*m*)
Ecke	1/5 der Länge parallel zur Windrichtung oder 2 · *h* (der kleinere Wert ist maßgebend)
Hauptflächen	Alle übrigen Flächen

Die Windlast W ist gleich dem Winddruck w multipliziert mit der Belastungsbreite a.

$$W = w \cdot a$$

Für die Ermittlung des erforderlichen Flächenmoments I_x bei Trapezlast gilt die Formel:

$$I_x = [(W \cdot l^4) / (1920 \cdot E \cdot f_{zul})] \cdot [(25 - 40(a^2/l^2) + 16(a^4/l^4)]$$

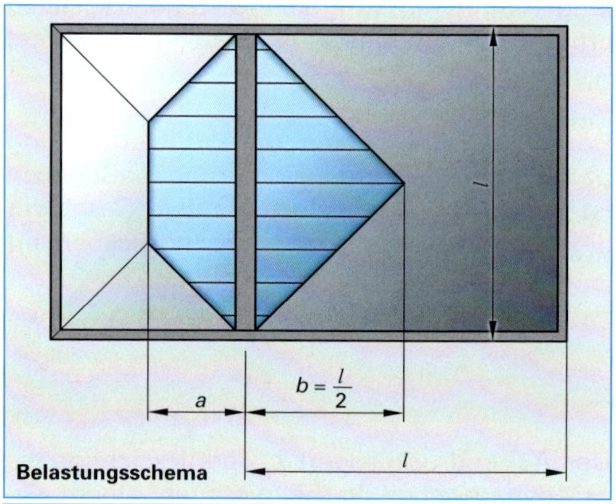

Bild 1: Fensterelement mit Pfosten

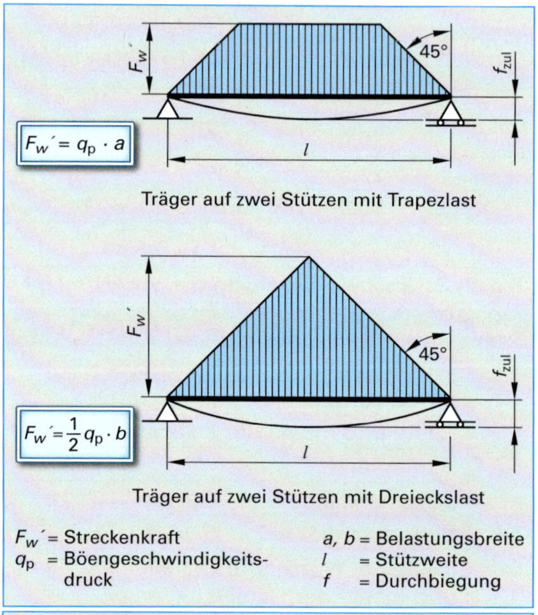

Bild 2: Statische Systeme

Für die Ermittlung des erforderlichen Flächenmoments I_x bei Dreieckslast gilt die Formel:

$I_x = [(W \cdot l^4) / (120 \cdot E \cdot f_{zul})]$

Je größer die Stützweite und je stärker ein Pfosten belastet ist, desto größer ist die Durchbiegung. Die von den Systemherstellern herausgegebenen Tabellen berücksichtigen diesen Sachverhalt und geben als Eingangsgrößen die Stützweite und die Belastungsbreite vor (siehe S. 321). Der Belastung durch Wind und die dadurch verursachte Verformung setzt das beanspruchte Profil sein Flächenmoment (und seine Steifigkeit, beschrieben durch den Elastizitätsmodul E) entgegen. Dabei ist die Richtung der Biegebeanspruchung zu berücksichtigen. Bei Pfosten- und Riegelprofilen liegt die x-Achse rechtwinklig zur Windlast, so dass das Flächenmoment I_x die Hauptbelastung durch den Wind aufnimmt. Rechtwinklig zur y-Achse des Riegelprofils wirkt die Gewichtskraft der Verglasung und belastet das Flächenmoment I_y (siehe S. 241, Bild 1).

7.3 Kombinierte Belastung durch horizontale und vertikale Kräfte

Ein Riegel wird nicht nur durch die Windlast, sondern auch durch die Gewichtskraft F_G der über ihm liegenden Glasscheibe belastet (das Eigengewicht des Riegels kann meist vernachlässigt werden). Aufgrund dieser Last wird sich der Riegel zusätzlich in vertikaler Richtung durchbiegen. Die Achse, um die sich das Profil biegen wird, ist die y-Achse (siehe S. 241, Bild 1). Daher muss neben dem Flächenmoment I_x noch das Flächenmoment I_y ermittelt werden.

Der Riegel wird als frei aufliegender Träger auf zwei Stützen angenommen (Bilder 1 u. 2).

Die Berechnung erfolgt mit der Formel:

$$I_y = \left[\frac{F_G}{2} \cdot a \cdot (3 \cdot l^2 - 4a^2)\right] / (24 \cdot E \cdot f_{zul})$$

Die maximale Durchbiegung des Riegels um die y-Achse darf höchstens 3 mm betragen (Bild 1). Grund für diese sehr geringe zulässige Durchbiegung ist, dass die Unterseite des Riegels keinesfalls die darunterliegende Verglasung berühren darf.

Die Einzellast $F_G/2$ ist die halbe Glaslast (Bild 2). Sie wirkt senkrecht an den Punkten der Verklotzung auf die y-Achse des Riegelprofils. a ist der Klotzabstand, der von den Ecken aus i. d.R. 15 cm beträgt. Ein geringerer Eckabstand wäre zwar günstig für die Profilstatik, würde aber zu erhöhten Spannungen und damit zu einem erhöhten Bruchrisiko in der Verglasung führen.

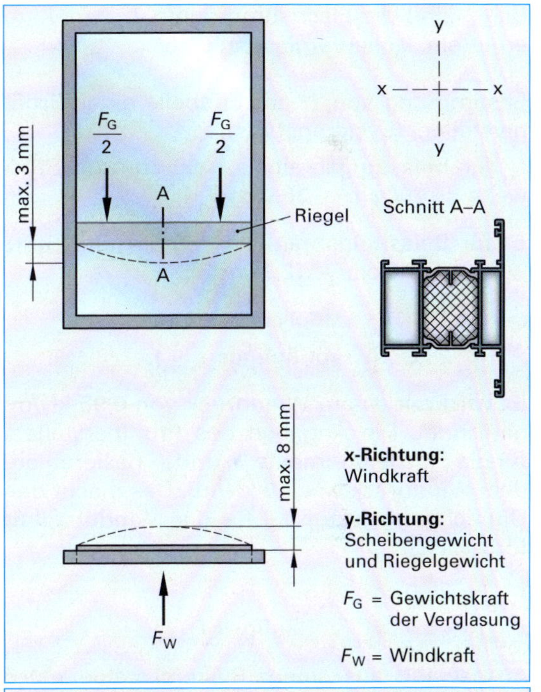

Bild 1: Vertikale und horizontale Belastung des Riegels

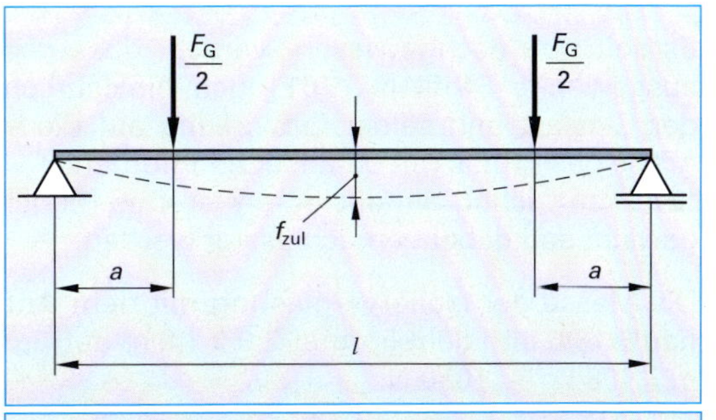

Bild 2: Statisches System für die Berechnung eines Riegels auf Glaslast

Die Eigenlast einer Verglasung ergibt sich aus der aufsummierten Glasdicke der Einzelscheiben. Will man die Gewichtskraft der Scheibe berechnen, nimmt man an, dass je mm Glasdicke eine 1 Quadratmeter große Glasscheibe eine Masse von 2,5 kg hat. Eine 2 m² große Isolierglasscheibe mit Aufbau 4 /16/4 hat demnach eine Masse von 2 m² · 2. 4 mm · 2,5 kg/mm · 1/m² = 40 kg und damit eine Gewichtskraft von ~ 400 N = 0,4 kN.

Beispiel:

Für den Riegel aus Aluminium in Bild 1 und Bild 2 sind die Flächenmomente I_x und I_y zu ermitteln. Isolierverglasung 6/16/6.

Bestimmung von I_x nach Tabelle eines Profilherstellers (Systemgebers):

I_{xa} für Belastungsbreite a = 90 cm und Stützweite l = 200 cm ~ 16,9 cm⁴

I_{xb} für Belastungsbreite b = 50 cm und Stützweite l = 200 cm ~ 12,1 cm⁴

$$I_{x\,ges} = I_{xa} + I_{xb} = 16{,}9\ \text{cm}^4 + 12{,}1\ \text{cm}^4$$
$$= 29{,}0\ \text{cm}^4 \text{ (vorläufiges } I_{x\,ges}\text{)}.$$

Es wird mit einem Winddruck von 0,95 kN/m² gerechnet. Die Angaben des Profilherstellers für die Flächenmomente I_x und I_y basieren auf dem Winddruck w = 1,0 kN/m². Das macht den Umrechnungsfaktor 1,6 für den Winddruck erforderlich.

$$I_{x\,ges} = 29{,}0\ \text{cm}^4 \cdot 1{,}6$$
$$I_{x\,ges} = 46{,}4\ \text{cm}^4 \text{ (vorläufiges } I_{x\,ges}\text{)}$$

Ausgewählt aus einem Systemkatalog eines Profilherstellers wird ein Riegelprofil mit I_x = 47,6 cm⁴ (Profil-Nr, 761). Das Flächenmoment in y-Richtung beträgt bei diesem Profil I_y = 187,9 cm⁴.

Es soll nun nachgewiesen werden, dass das ausgewählte Profil Nr. 761 auch hinsichtlich der Glaslast und seiner Einwirkung auf die y-Achse des Profils mit dem Flächenmoment I_y = 187,9 cm⁴ richtig dimensioniert ist. Das Riegelgewicht soll dabei vernachlässigt werden.

Die Masse der Isolierverglasung mit dem Aufbau 6/16/6 und dem Format 2,0 x 1,8 m beträgt m = 108 kg ~ 1080 N.

Hieraus ergibt sich das erforderliche Trägheitsmoment wie folgt:

$$I_y = [540\ \text{N} \cdot 15\ \text{cm} \cdot ((3 \cdot (200\ \text{cm})^2 - 4 \cdot (15\ \text{cm})^2)]/$$
$$[24 \cdot 7\,000\,000 \cdot \text{N/cm}^2 \cdot 0{,}3\ \text{cm}]$$

Mit einer Glaslast von 1080 N (Einzellast $F_G/2$ = 0,540 kN) ergibt sich ein erforderliches Flächenmoment von I_y = 19,14 cm⁴

Das gewählte Riegelprofil mit einem I_y = 187,9 cm⁴ ist ausreichend. Auf die Berechnung des Flächenmoments I_y für das Eigengewicht des Riegels kann verzichtet werden, weil das vorhandene Flächenmoment des Riegels mit I_{yvorh} = 187,9 cm⁴ weit über dem erforderlichen Flächenmoment für das Glasgewicht liegt.

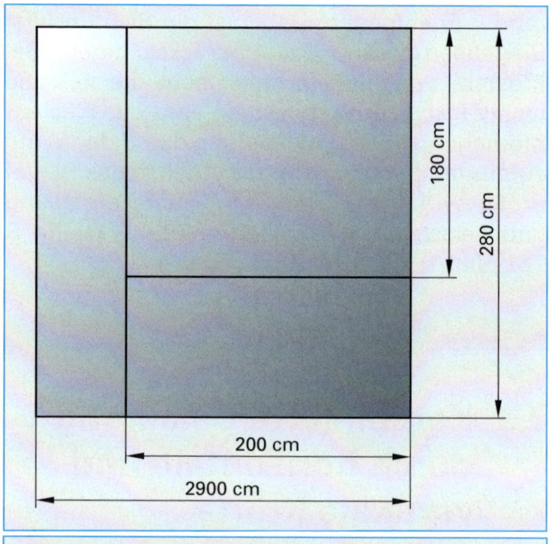

Bild 1: Fensterelement mit Zwischenriegel

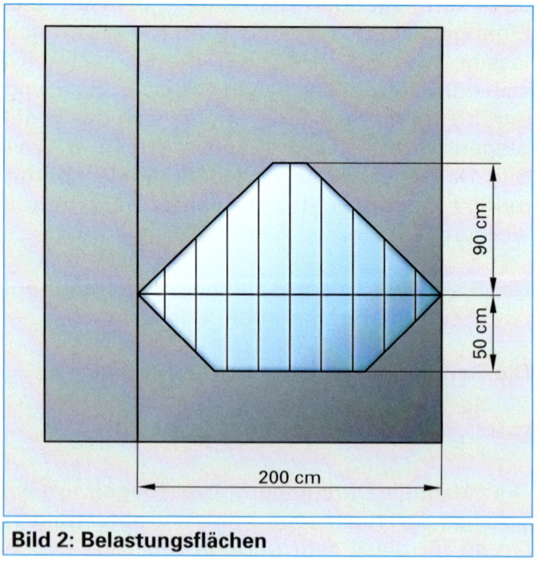

Bild 2: Belastungsflächen

Bild 1 auf Seite 248 erlaubt ein sofortiges Ablesen des Trägheitsmoments I_y, wenn Scheibenhöhe *h*, Stützweite *l* und Glasart bekannt sind. Bei der vorliegenden Scheibenhöhe von h = 1,8 m und der Stützweite von l = 2 m ergibt sich für eine Zweischeiben-Isolierverglasung nach diesem Diagramm ein erforderliches Flächenmoment von $I_y \sim 20\ \text{cm}^4$.

7.4 Belastung durch weitere Kräfte

Werden Verglasungen bis in Bodennähe gebaut oder befinden sie sich in verkehrsgefährdender Lage (auch im Gebäudeinneren!), so müssen in nicht öffentlichen Gebäuden Seitenkräfte (waagerechte Verkehrslasten) von p = 0,5 kN/m und in öffentlichen Gebäuden p = 1,0 kN/m nachgewiesen werden.

Zu den Verkehrslasten, die vom Rauminneren nach außen angesetzt wirken (können), kommt auch noch als mögliche äußere Belastung der Windsog hinzu (Bild 1). Als Größe für den Windsog nimmt man den Betrag des Winddruckes w_n an. Das erforderliche (Gesamt-)Flächenmoment für Pfosten und Riegel setzt sich zusammen aus dem Flächenmoment aufgrund der Verkehrslast und dem Flächenmoment aufgrund der Belastung durch Windsog.

Ein Metallbaubetrieb benutzt zur Vorbemessung der Tragprofile Computerprogramme, Tabellen oder Diagramme.

7.5 Beispiel einer statischen Vorbemessung für eine Fensterkonstruktion

Eine statische Vorbemessung für Fenster umfasst grundsätzlich drei zu führende Betrachtungen:

1. Spannungsnachweis

Mithilfe des Spannungsnachweises wird sichergestellt, dass die Profile die auftretenden Lasten versagensfrei an die Unterkonstruktion weiterleiten können. Ist dies nicht der Fall, können Profile im schlimmsten Fall brechen und damit Leib und Leben gefährden. Deswegen werden beim Spannungsnachweis an mehreren Stellen Sicherheitsbeiwerte berücksichtigt, die sicherstellen sollen, dass die Konstruktion auch beim Zusammentreffen ungünstigster Umstände nicht versagt.

2. Nachweis der Gebrauchstauglichkeit

Die Gebrauchstauglichkeit betrifft das Thema Durchbiegung, wie bereits in den vorangegangenen Abschnitten erläutert.

3. Nachweis der Befestigung am Baukörper

Alle Kräfte, die über die Profile zum Bauanschluss weitergeleitet werden, müssen durch die Befestigung adäquat in den Baukörper weitergeleitet werden. Im Befestigungsnachweis ermittelt man insofern die erforderliche Art und Anzahl der Befestigungsmittel – die generell einer allgemeinen bauaufsichtlichen Zulassung bedürfen. Besondere Relevanz besitzt das Thema Befestigung, wenn beispielsweise ein bodentiefes Fensterelement auch absturzsichernde Wirkung gewährleisten muss.

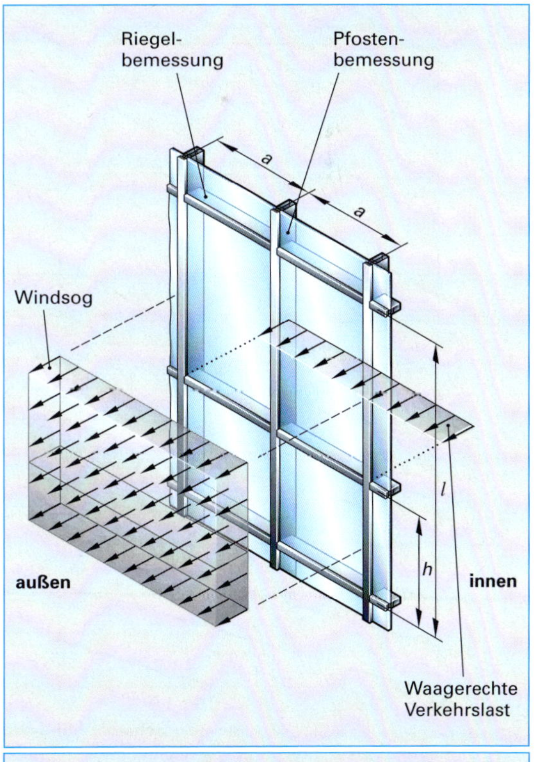

Bild 1: Pfosten- und Riegelbemessung aufgrund vertikaler Belastungen

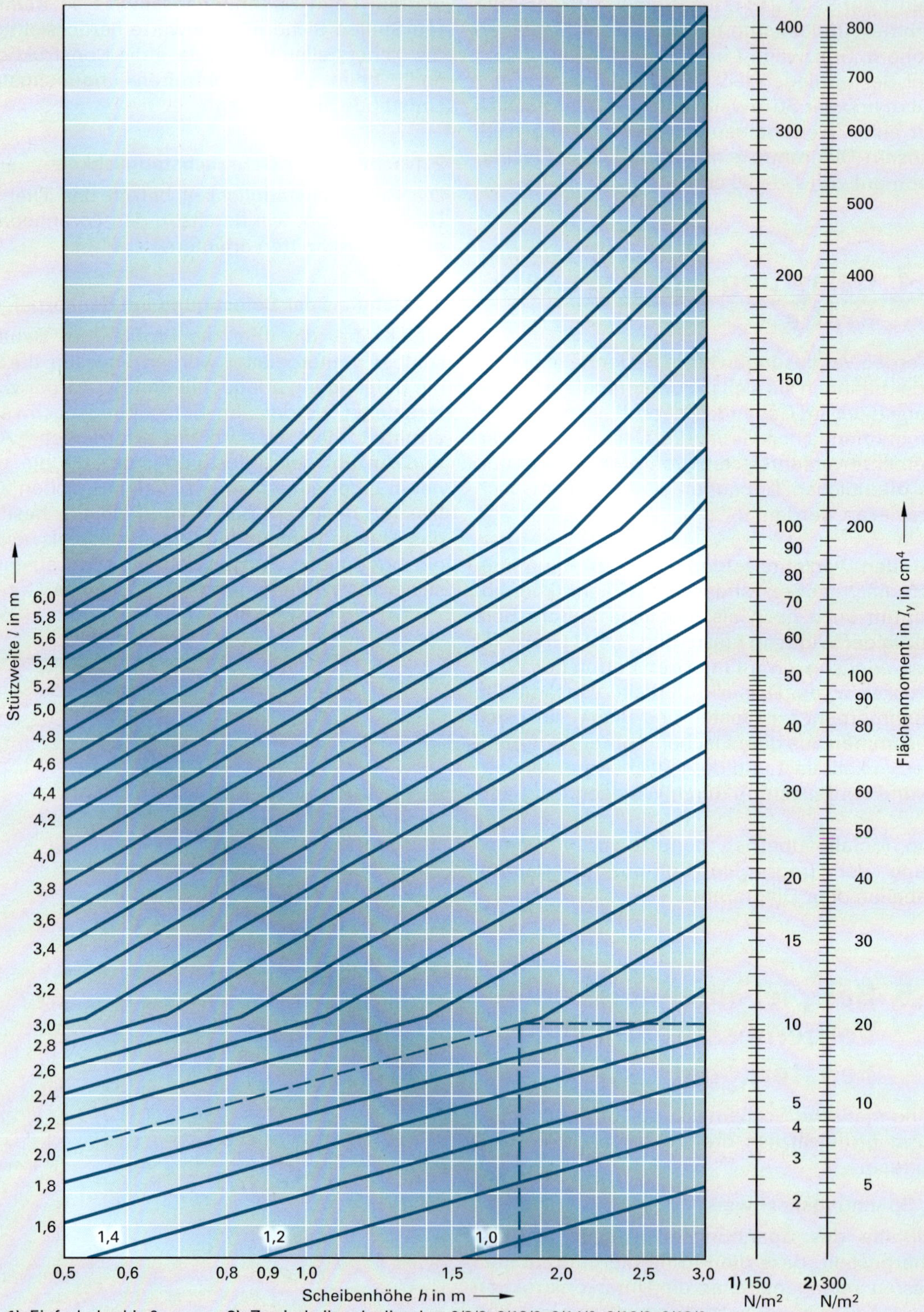

1) Einfachglas bis 6 mm 2) Zweischeiben-Isolierglas: 6/8/6, 6/12/6, 6/14/6, 6/16/6, 6/18/6

Bild 1: Flächenmomente I_y für Aluminiumprofile

Auf den nachfolgenden Seiten folgt eine beispielhafte statische Vorbemessung eines typischen mehrteiligen Fensterelements. Das Thema Befestigung wird hierbei nicht behandelt, da es zu viele Randbereiche tangiert, die den Rahmen an dieser Stelle sprengen würden (z. B. Art und Qualität des Betons, Art und Typ der Dübel, Befestigungskonsolen usw.).

Es wird lediglich der grundsätzliche Aufbau einer Profil-Vordimensionierung verdeutlich, d. h. die Ermittlung der Eingangsgrößen (Geometrie, Lastannahmen) und darauf basierend dann die Profildimensionierung aufgrund von Spannung und Durchbiegung.

Das Beispiel (Bild 1) ist bewusst so aufgebaut, dass die Konstruktion im ersten Schritt mitunter nicht ausreicht und entsprechend ertüchtigt werden muss.

Beispielbemessung

Zu Beginn jeder (Vor-)Bemessung erfolgt die Aufnahme der geometrischen und geografischen Gegebenheiten bzw. Lastannahmen.

Zunächst die Elementgeometrie:

Elementabmessungen:	
Pfostenlänge:	2540 mm
Riegellänge:	2850 mm
Teilungsmaß horizontal:	950/950/950
Teilungsmaß vertikal:	1560/980

Dann die Lastannahme nach DIN EN 1991-1-4:

Standort des Gebäudes sei Stuttgart → Windlastzone 1

Randhöhe des Flachdaches (Attika)	= + 16,185 m
Geländehöhe min	= + 1,43 m
Gebäudehöhe	= 16,185 m + 1,43 m = 17,615 m

Einbaulage der Fenster:	1.OG, 2.OG, 3.OG
Relevante Höhe für Windlast:	10 – 18 m
Geschwindigkeitsdruck	q_p = 0,65 kN/m²
Gebäudebreite:	78,71 m
Gebäudetiefe:	40 m
h/*d* (Höhe/Breite):	< 1

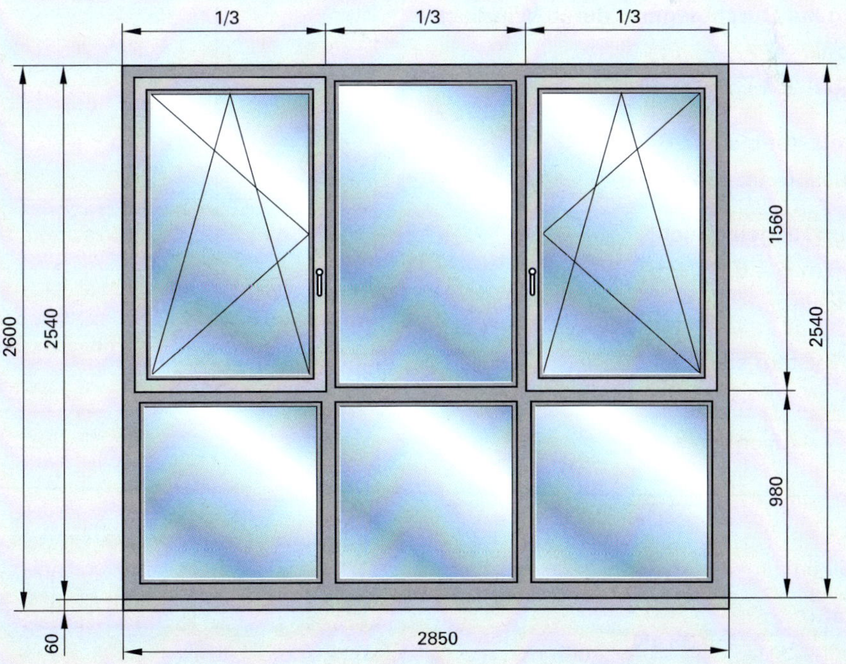

Bild 1: Mehrteiliges Fensterelement

Außendruckbeiwerte:

Die betrachtete Fensterposition befindet sich im Eckbreich des Gebäudes und ist daher erhöhten Soglasten ausgesetzt

Lasteinzugsfläche: 2,54 m · 2,85 m = 7,23 m²

Beiwerte:

Sog: $c_{pe,10} = -1{,}2$

$c_{pe,1} = -1{,}4$

$c_{pe,7.23} = -1{,}4 - (-1{,}4 + 1{,}2) \cdot \log(7{,}23)$

$= -1{,}229$

Druck: $c_{pe,10} = 0{,}8$; $c_{pe,1} = 1{,}0$

$c_{pe,7.23} = 1{,}0 - (1{,}0 - 0{,}8) \cdot \log(7{,}23)$

$= 0{,}829$

Windlast:

Sog: $w = q_p \cdot c_{pe} = 0{,}65\ \text{kN/m}^2 \cdot -1{,}229$

$= -0{,}798\ \text{kN/m}^2$

Druck: $w = q_p \cdot c_{pe} = 0{,}65\ \text{kN/m}^2 \cdot 0{,}829$

$= 0{,}539\ \text{kN/m}^2$

Relevant für die Bemessung:
Soglast; gerundet **– 0,8 kN/m²**

Bemessung auf Durchbiegung durch Windlast

Pfostenprofil

Pfostenlänge: 254 cm

System / Belastung siehe Bild 1.

Max. Einflussbreite: 950 mm (l/3)

Linienlast im Riegelbereich:

$q = w \cdot 0{,}95\ \text{m} = -0{,}8\ \text{kN/m}^2 \cdot 0{,}95\ \text{m}$

$q = -0{,}76\ \text{kN/m}$

Statisches System siehe Bild 2.

$l = 254\ \text{cm}$

$a = \dfrac{95\ \text{cm}}{2} = 47{,}5\ \text{cm};\ a = c$

$b = 254\ \text{cm} - 95\ \text{cm} = 159\ \text{cm}$

$\alpha = \dfrac{a}{l} = \dfrac{47{,}5\ \text{cm}}{254\ \text{cm}} = 0{,}19$

Auflagerkräfte:

$A = B = \dfrac{q}{2} \cdot (l - a) = \dfrac{-0{,}38\ \text{kN}}{m} \cdot 2{,}065\ \text{m}$

$= -0{,}79\ \text{kN}$

Verformung in Feldmitte:

$$f = \left(\frac{q \cdot l^4}{E \cdot I \cdot 1920}\right) \cdot (25 - 40\,\alpha^2 + 16\,\alpha^4)$$

$E = 210\,000\ \text{N/mm}^2$

$I_{vorh} = 4{,}18\ \text{cm}^4$ (Angabe des Profilerstellers bezogen auf den E-Modul von Stahl)

$f_{max} = 4{,}43\ \text{cm}$

$f_{zul} = \dfrac{l}{200}$ bzw. 15 mm = 1,27 cm

Ergebnis:

$f_{vorh} > f_{zul}$ → gewähltes Profil reicht **nicht** aus!!!

Erforderlicher I-Wert:

$$I_{erf} = \left(\frac{q \cdot l^4}{E \cdot f_{zul} \cdot 1920}\right) \cdot (25 - 40\,\alpha^2 + 16\,\alpha^4)$$

$= 14{,}6\ \text{cm}^4$

Maßnahme: Stahlprofil auf Pfostenrücken aufgeschraubt als Aussteifungsprofil

Gewählt:

Rechteckrohr 50 · 30 · 3 mm; $I = 14{,}2\ \text{cm}^4$

$I_{ges} = 14{,}2\ \text{cm}^4 + 4{,}18\ \text{cm}^4 = 18{,}38\ \text{cm}^4 > 14{,}6\ \text{cm}^4$

$f_{vorh} = 1{,}01\ \text{cm} < f_{zul}$ → Nachweis erfüllt.

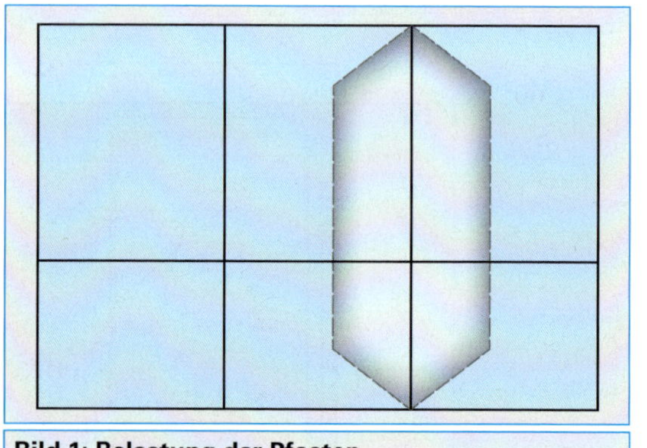

Bild 1: Belastung der Pfosten

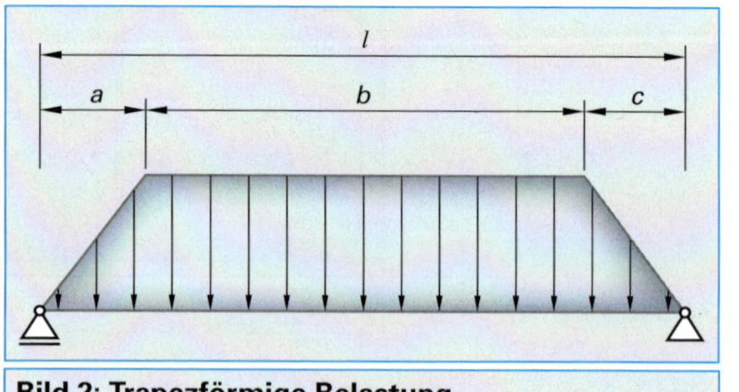

Bild 2: Trapezförmige Belastung

Riegelprofil

Riegellänge: 950 mm

System / Belastung siehe Bild 1.

Max. Einflussbreite: 950 mm

Linienlast im Regelbereich:

$q = w \cdot 0{,}95\ \text{m} = -0{,}8\ \text{kN/m}^2 \cdot 0{,}95\ \text{m}$
$= -0{,}76\ \text{kN/m}$

Statisches System siehe Bild 2.

$l = 95\ \text{cm}$

$a = \dfrac{95\ \text{cm}}{2} = 47{,}5\ \text{cm}$

$b = 95\ \text{cm} - 95\ \text{cm} = 0\ \text{cm}$

$\alpha = \dfrac{a}{l} = \dfrac{47{,}5\ \text{cm}}{95\ \text{cm}} = 0{,}5$

Auflagerkräfte:

$A = B = \dfrac{q}{2} \cdot (l - a) = \dfrac{-0{,}38\ \text{kN}}{m} \cdot 0{,}475\ \text{m}$
$= -0{,}18\ \text{kN}$

Verformung:

$f = \left(\dfrac{q \cdot l^4}{E \cdot I \cdot 1920}\right) \cdot (25 - 40\ \alpha^2 + 16\ \alpha^4)$

$I_{vorh} = 4{,}18\ \text{cm}^4$

Verformung in Feldmitte: $f_{max} = 0{,}06\text{cm}$

$f_{zul} = \dfrac{l}{200}$ bzw. $15\text{mm} = 0{,}48\ \text{cm}$

Ergebnis: $f_{vorh} << f_{zul}$ → Profil reicht aus!

Bemessung des Riegelprofils auf Durchbiegung durch Glaslast

Klotzabstand aus der Ecke: 15 cm

Glasart: Dreifachverglasung 9-12-4-12-6

Gesamtglasdicke: 19 mm

Flächengewicht:
$1{,}9\ \text{cm} \cdot 0{,}25\ \text{kN/m}^2\text{cm} = 0{,}48\ \text{kN/m}^2$

Scheibengröße: 0,95 m · 1,56 m

Fläche: $1{,}482\ \text{m}^2$

Glaslast: $G = 1{,}482\ \text{m}^2 \cdot 0{,}48\ \text{kN/m}^2 = 0{,}7\ \text{kN}$

Last je Klotz: $G_1 = G_2 = \dfrac{G}{2} = 0{,}35\ \text{kN}$

Statisches System siehe Bild 3.

Auflagerkräfte:

$A = B = \dfrac{G}{2} = 0{,}35\ \text{kN}$

Verformung:

$f = \dfrac{G \cdot l^3}{E \cdot I \cdot 24} \cdot (3\ \alpha - 4\ \alpha^3)$

$I_{vorh} = 3{,}0\ \text{cm}^4$ (Stahlarmierung 35 · 32 · 1,5 mm)

Benötigt: $I_{erf} = 0{,}9\ \text{cm}^4$

Ergebnis: $I_{vorh} >> I_{erf}$ → Profil reicht aus!

Bemessung des Riegelprofils auf Anpralllast/ Holmlast in Kombination mit Windlast

Linienlast (siehe Bemessung Riegelprofil gg. Windlast): $q = 0{,}76\ \text{kN/m}$

Holmlast: $p = 0{,}5\ \text{kN/m}$ (siehe Kapitel 7.4)

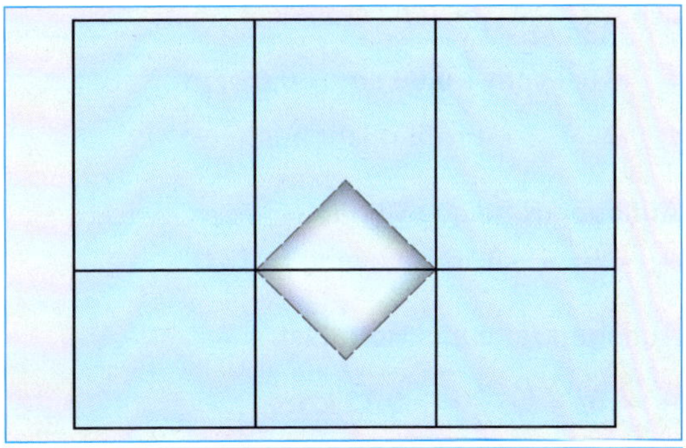

Bild 1: Belastung der Riegel

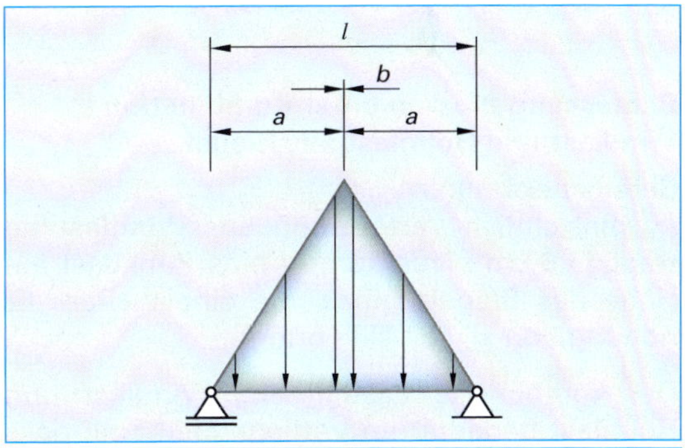

Bild 2: Dreieckförmige Belastung

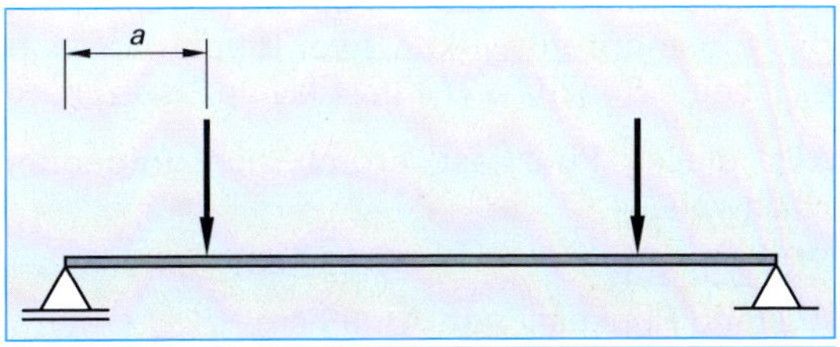

Bild 3: Glaslast

Kombination 1:

$$q_1 = \frac{q}{2} + p = 0{,}38\ \text{kN/m} + 0{,}5\ \text{kN/m} = 0{,}88\ \text{kN/m}$$

Kombination 2:

$$q_2 = \frac{p_2}{2} + q_1 = 0{,}25\ \text{kN/m} + 0{,}88\ \text{kN/m} = 1{,}13\ \text{kN/m}$$

Relevante Kombination für Bemessung:
Volle Windlast plus halbe Holmlast!

Zul. Verformung: Verformung aus Windlast bereits bekannt: 0,06 cm (siehe S. 251)

Hinzu kommt die Verformung aus der halben Holmlast

$$f_h = \frac{q_2 \cdot l^4 \cdot 5}{384 \cdot E \cdot I} = 0{,}03\ \text{cm}$$

$$f_{ges} = 0{,}03\ \text{cm} + 0{,}06\ \text{cm} = 0{,}09\ \text{cm}$$

$f_{vorh} << f_{zul} \rightarrow$ Profil reicht aus!

Auflagerkräfte aus Wind:

$A_w = B_w = -0{,}18$ kN (siehe S. 251)

Auflagerkräfte aus Holmlast:

$$A_h = B_h = \frac{p}{2} \cdot \frac{l}{2} = -0{,}12\ \text{kN}$$

Auflagerkräfte resultierend:

$$A_{res} = B_{res} = A_w + \frac{A_h}{2} = -0{,}24\ \text{kN}$$

Bemessung Pfosten unter Kombination Windlast und Holmlast aus Riegel

Bereits bekannt:
I_{erf} hinsichtlich Verformung aus Windlast beträgt 14,6 cm⁴. Nun kommt eine Punktlast auf Höhe des Riegels hinzu, die eine weitere Erhöhung von I_{erf} mit sich bringt.

Der kombinierte Lastfall aus Windlast und Holmlast bedeutet im vorliegenden Fall, dass die volle Windlast mit der halben Holmlast überlagert wird. Die Auflagerkraft der Holmlast im Riegel (bereits bekannt) beträgt 0,12 kN. Auf das Pfostenprofil wirken zwei Riegel ein, d. h. es ist eine Punktlast $H = 0{,}24$ kN anzusetzen.

Aus dieser Punktlast ergibt sich folgender Nachweis:

Pfostenlänge: 254 cm
Abstand Punktlast von A: 98 cm

Auflagerkräfte aus H:

$$A_h = \frac{0{,}24\ \text{kN} \cdot 156\ \text{cm}}{254\ \text{cm}} = 0{,}15\ \text{kN}$$

$$B_h = \frac{0{,}24\ \text{kN} \cdot 98\ \text{cm}}{254\ \text{cm}} = 0{,}09\ \text{kN}$$

Auflagerkräfte resultierend:

$$A_{res} = A_w + A_h = -0{,}79\ \text{kN} - 0{,}15\ \text{kN} = 0{,}94\ \text{kN}$$

$$B_{res} = B_w + B_h = -0{,}79\ \text{kN} - 0{,}09\ \text{kN} = 0{,}88\ \text{kN}$$

Verformungsnachweis:
Verformung aus *h*:

$$f_h = \left| \frac{F \cdot l^3}{48 \cdot E \cdot I} \right| \cdot (3\,\alpha - 4\,\alpha^3)$$

$I_{vorh} = 18{,}38\ \text{cm}^4$ (siehe S. 250)

$f_H = 0{,}15$ cm

Verformung aus *w*: $f_w = 1{,}01$ cm

Verformung ges.:

$f_{res} = 1{,}01\ \text{cm} + 0{,}15\ \text{cm} = 1{,}16\ \text{cm}$

Zul. Verformung:

$$f_{zul} = \frac{l}{200}\ \text{bzw. } 15\ \text{mm} = 1{,}27\ \text{cm}$$

Ergebnis: $f_{vorh} > f_{zul} \rightarrow$ Profil reicht aus!!!

Spannungsnachweis:

$$M_{max,h} = \frac{0{,}24\ \text{kN} \cdot 0{,}98\ \text{m} \cdot 1{,}56\ \text{m}}{2{,}54\ \text{m}} = 0{,}15\ \text{kNm}$$

$M_{max,w} = 0{,}59$ kNm

$$\sigma = \frac{M}{W}$$

$\sigma_{zul} = 218{,}2\ \text{N/mm}^2 = 21{,}8\ \text{kN/cm}^2$

$M_{max,hw} = M_{max,w} + 0{,}7\ M_{max,h} \cdot \gamma_Q$
$= (0{,}59\ \text{kNm} + 0{,}15\ \text{kNm}) \cdot 1{,}5 = 1{,}11\ \text{kNm}$
$= 111\ \text{kNcm}$

$$W_{erf} = \frac{M_{maxh,w}}{\sigma_{zul}} = \frac{111\ \text{kNcm}}{21{,}8\ \text{kN/cm}^2} = 5{,}09\ \text{cm}^3$$

W Verstärkungsstahlprofil = 5,69 cm³

W Stahlarmierung Pfosten (Rechteckrohr 32 · 35 · 1,5) = 2,0 cm³

$W_{ges} = 5{,}69\ \text{cm}^3 + 2{,}0\ \text{cm}^3 = 7{,}69\ \text{cm}^3 > W_{erf} \rightarrow$ Nachweis erfüllt!

8 CE-Kennzeichnung

Für die Herstellung von Türen, Fenstern und Fassaden kommt ein Betrieb heute an der CE-Kennzeichnung seiner Produkte nicht vorbei.

Neben der qualitativ hochwertigen Herstellung dieser Konstruktionen wird ein Unternehmen heute mit einem umfangreichen Regelwerk konfrontiert und hat zusätzliche Aufgaben innerhalb des Betriebes wahrzunehmen.

8.1 Idee und Zielsetzung

Im Sinne gleicher Wettbewerbsbedingungen und vergleichbarer Marktchancen im Europäischen Wirtschaftsraum[1] (EWR) wurden und werden europäisch abgestimmte Produktnormen durch das Europäische Komitee für Normung[2] (CEN) erarbeitet. Diese legt die wesentlichen mandatierten (durch die CEN in Auftrag gegeben) Eigenschaften für Produktgruppen[3] wie z. B. Bauprodukte, fest und bilden die Grundlagen für die CE-Kennzeichnung.

Während das CE-Kennzeichen früher mit Community European gleichgesetzt wurde, so ist es heute nur als ein grafisches Symbol zu verstehen. Das CE-Kennzeichen kann sozusagen als „Reisepass" innerhalb des Europäischen Wirtschaftsraumes betrachtet werden und ist daher nicht als Qualitätszeichen oder Gütesiegel zu verstehen (siehe S. 254, Bild 1). Die CE-Kennzeichnung gilt auch für Bauprodukte aus den EU-Mitgliedsstaaten. Werden die Gesetze und Prüfungen zur CE-Kennzeichnung erfüllt, darf die Einfuhr nicht be- oder verhindert werden. Bauprodukte ohne CE-Kennzeichnung dürfen nicht im EU-Nachbarland vertrieben werden. Das Deutsche Institut für Bautechnik koordiniert die Marktüberwachung für den deutschen Markt. Die missbräuchliche Verwendung als Kennzeichen für z. B. „China-Export" wird durch die Mitgliedsstaaten des EWR strafrechtlich verfolgt.

8.2 Konformitätsnachweis

Für die Bauprodukte Außen- und Innentüren, Türen und Fenster mit und ohne Feuer- und Rauchschutz, Markisen, Vorhangfassaden, Isolierglas und Tore liegen europäisch abgestimmte Produktnormen vor oder sind als Entwurf veröffentlicht worden (siehe S. 328). Eine CE-Kennzeichnung ohne zugrundeliegende europäisch abgestimmte Normen ist nicht möglich. Für Fenster und Außentürern müssen nach der Produktnorm DIN EN 14351 22 mandatierte Eigenschaften durch geeignete, genormte Prüfverfahren nachgewiesen werden (siehe S. 323).

Beispiele dafür sind:

- Luftdurchlässigkeit,
- Schlagregendichtheit,
- Widerstand gegen Windbelastung,
- Wärmedurchgangskoeffizient,
- Schallschutz,
- Stoßfestigkeit,
- Höhe und Breite.

Neben den geforderten mandatierten Eigenschaften kann es freiwillig zugesicherte Produkteigenschaften geben, die zwischen den Vertragspartnern ausgehandelt werden (siehe S. 322).

Wenn keine Anforderungen an bestimmte Eigenschaften vom Auftraggeber gefordert werden, kann eine Kennzeichnung mit „npd" (no performance determined) erfolgen. Daher muss bereits in der Planungsphase des Auftrages festgelegt werden, welche mandatierten Eigenschaften im Rahmen der CE-Kennzeichnung, die geforderten Mindestwerte einhalten müssen (siehe S. 322, Tabellen 1 u. 2).

Der Nachweis der geforderten Eigenschaft z B. eines Fenstersystems muss über eine Typen-Erstprüfung (ITT, Initial Type Test) oder einen Produktpass mit Systembeschreibung erfolgen. Hierfür ist das Deutsche Institut für Bautechnik zuständig.

Diese liefern der Systemgeber der verwendeten Profilhalbzeuge durch die, von ihm im Rahmen der genormten vorgenommenen Prüfverfahren, an den mit ihm vertraglich verbundenem Verarbeiter dieser Systemelemente. Beispiel für eine Konformitätserklärung: siehe S. 324.

[1] Hierzu zählen die EU-Mitgliedsstaaten und die EFTA-Staaten Island, Lichtenstein und Norwegen.

[2] Das ist eine private, nicht gewinnorientierte Institution zur Förderung der Wirtschaft in Europa. Es ist u. a. verantwortlich für die Erarbeitung und Herausgabe für europäische Normen (EN). Neben den Mitgliedsstaaten des EWR sind zahlreiche weitere Staaten angegliederte Mitglieder oder Partner im Rahmen der CEN-Institutionen (z. B. Australien und Russland).

[3] Weitere Produktgruppen sind beispielsweise Aufzüge, Maschinen, Persönliche Schutzausrüstungen, Spielzeug.

8.3 Die werkseigene Produktionskontrolle

Im Rahmen des CE-Kennzeichnungsverfahrens muss der verarbeitende Betrieb eine werkseigene Produktionskontrolle (WKP) vornehmen. Ziel ist es dabei die Leistungsmerkmale des betreffenden Bauprodukts dauerhaft zu gewährleisten.

Hier muss der Auftragnehmer sein Herstellungsverfahren und die zugehörigen Prüfabläufe und -ergebnisse dokumentieren. Zu den Prüfabläufen gehören die Materialkontrolle der gelieferten Profile und Zubehörteile, die Fertigungsstationen, die Kontrolle der fertigen Konstruktion, die Auftragsabwicklung und die Montage der Konstruktion auf der Baustelle. Grundlage der WKP ist das Qualitätsmanagement-System (QM-System) des Betriebes.

Im Einzelfall muss die WKP folgende Informationen enthalten:

- Produktbezeichnung,
- Fertigungsverfahren und Datum der Herstellung,
- Formblätter mit den Prüfverfahren und den Prüfungsergebnissen einschließlich Datum,
- Gegenüberstellung der geforderten Eigenschaften aus der Produktnorm mit den eigenen Prüfungsergebnissen,
- Erstinspektion der Konstruktion und der werkseigenen Produktionskontrolle durch eine Überwachungsstelle,
- Unterschrift des für die WKP Beauftragten und Freigabe zur CE-Kennzeichnung.

Alle diese Kontrollen müssen kontinuierlich dokumentiert und für mindestens 10 Jahre archiviert werden.

Konformitiitserklärung und die werkseigene Produktionskontrolle führen zur berechtigen Kennzeichnung des Produktes mit dem CE-Kennzeichen (Bild 1) bzw. die Aufnahme des Zeichens in den Begleitdokumenten zum Auftrag (siehe S. 324).

Die CE-Kennzeichnung beinhaltet daneben beispielsweise für Fenster und Außentüren folgende Angaben:

- Hersteller,
- Jahr der Herstellung,
- Zugrundeliegende Produktnorm,
- Verwendungszweck,
- Werte oder Klassen der mandatierten
- Eigenschaften.

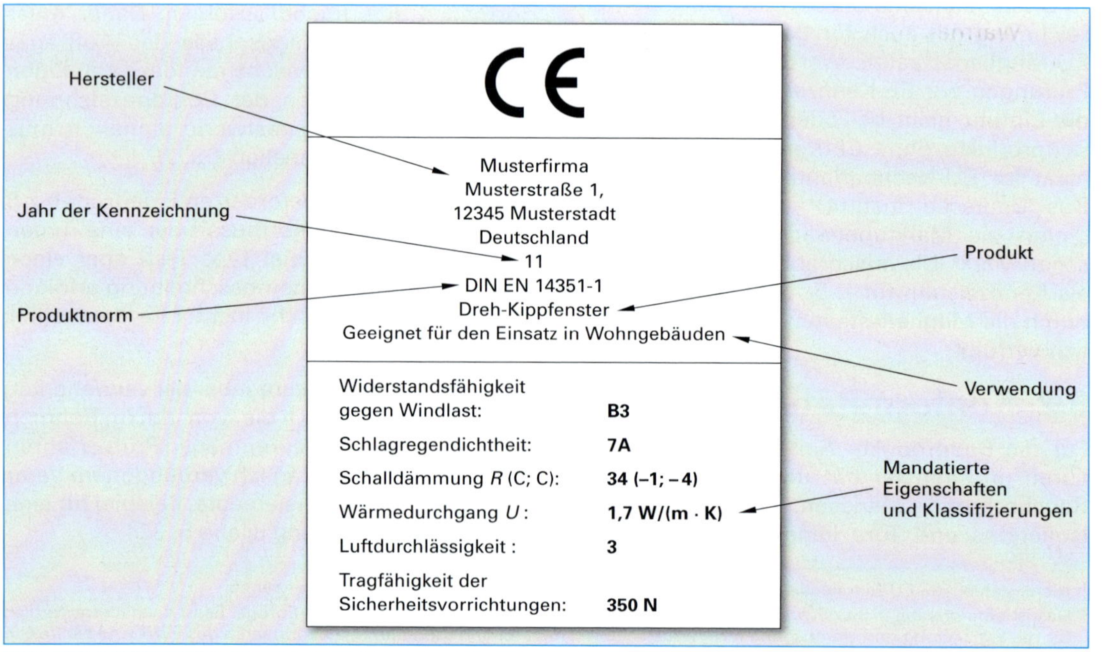

Bild 1: CE-Kennzeichnung für Fenster (Beispiel)

9 Bauphysik

Von einem Metallbauer und auch von einem Holztechniker werden bauphysikalische Kenntnisse erwartet. Eine Nichtbeachtung von physikalischen Gesetzmäßigkeiten kann zu schwerwiegenden Bauschäden, erhöhten Heizkosten oder mindestens zu berechtigten Reklamationen führen. Womit befasst sich die Bauphysik?

Beheizte Gebäude sollen möglichst geringe Wärmeverluste aufweisen und ein angenehmes Raumklima bewahren. Wettereinflüsse und Lärm von außen sollen fern gehalten werden, Sonnenstrahlen einerseits für Belichtung sorgen, andererseits sollen übermäßiger Licht- und Wärmestrahlungseinfall gemindert werden. Wünschenswert sind in der Heizungsperiode Wärmegewinne durch Sonnenstrahlen, während im Sommer bei hohen Außentemperaturen ein guter Sonnenschutz erforderlich ist. Wasserdampf aus den beheizten Räumen soll durch die Außenwände diffundieren, ohne zu kondensieren. Brandschutzmaßnahmen sollen die Ausbreitung von Feuer und Rauchgasen verhindern. Thermische Längenänderungen erfordern entsprechende Baufugen oder gleitende Lagerungen.

9.1 Wärmeschutz

Unter Wärmeschutz versteht man alle Maßnahmen, die eine Wärmeübertragung zwischen Räumen und der Außenluft bzw. zwischen Räumen unterschiedlicher Temperatur verringern. In früheren Zeiten wurde der bauliche Wärmeschutz zwar auch beachtet, man stand jedoch nicht unter dem Zwang, Heizenergie zu sparen. Mit der ersten Ölkrise 1973 ist das Energiesparen in das Bewusstsein des Verbrauchers eingedrungen.

Eine wirksame Sparmöglichkeit ist der Wärmeschutz am Gebäude, denn rund 52 % des Energieverbrauches im Haushalt entfällt auf die Erzeugung der Raumwärme (Bild 1). Der Wärmeschutz am und im Gebäude zielt dabei auf unterschiedliche Maßnahmen ab. Zentral stehen dabei im Vordergrund den Nutzungsgrad der Heizungstechnik durch effiziente technische Entwicklungen zu steigern und Wärmedämmmaßnahmen an der Außenfläche des Gebäudes vorzunehmen, um den Wärmedurchgang zu reduzieren. Dabei zählen eine verstärkte Wärmedämmung der Außenwände, Profilsysteme oder Werkstoffe für Fenster und Türen mit geringen Wärmedurchgangswerten einzusetzen und entsprechend hochwertige Isoliergläser zum Einsatz zu bringen. Weiterführende Maßnahmen zur Senkung des Heizenergiebedarfs für ein Gebäude sind dabei z. B. Entwicklungen in der Lüftungstechnologie, die Nutzung der Sonneneinstrahlung über die Fensterfläche, die Einbeziehung der Erdwärme, der Wärmeabstahlung der technischen Geräte und der Abwärme der dort lebenden Personen.

Ein dem Stand der Technik entsprechender Wärmeschutz bewirkt:

- Reduzierung des Energieverbrauchs,
- Schonung der Ressourcen an Öl, Gas und Kohle,
- Geringere Emissionen und damit einen Beitrag zum Schutz der Erdatmosphäre,
- Ein behagliches Raumklima,
- Einen wesentlichen Beitrag zur Bauwerkserhaltung durch Vermeidung von Tauwasser.

Durch das Gebäudeenergiegesetz (GEG) von 2020 bleiben das Niedrigstenergiehaus und das Passivhaus mit einem Energiebedarf von 45-60 kWh/($m^2 \cdot a$) weiterhin die energiepolitische Richtung unseres Staates, um die Klimaschutzziele nach dem Kyoto-Protokoll von 1997 umzusetzen. Ehrgeiziges Ziel für 2030 ist die Reduzierung der Treibhausgasemission auf 55 % gegenüber dem Stand von 1990. Daher erwarten Fachleute für 2023 eine Überprüfung und Weiterentwicklung des Gebäudeenergiegesetzes, die mit gesteigerten Anforderungen an den Wärmeschutz für Neubauten abgefasst sein wird. Das hochgesteckte Ziel der Bundesregierung ist es, bis zum Jahr 2050 in Deutschland einen klimaneutralen Gebäudebestand zu

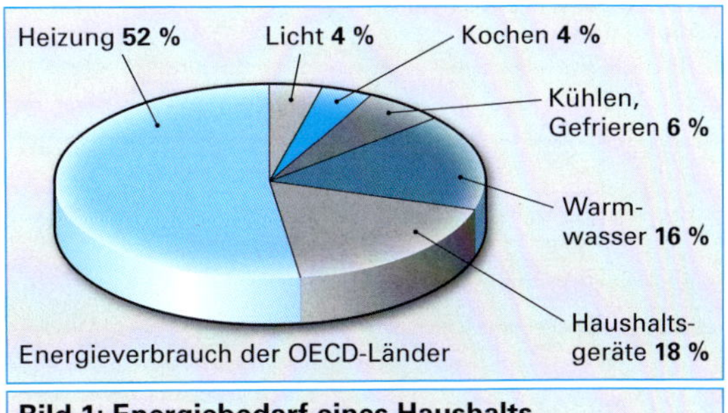

Bild 1: Energiebedarf eines Haushalts

erreichen. Zwei wesentliche Ziele werden verfolgt: Die knappen Energiereserven der Erde zu schonen und den Ausstoß der klimaschädigenden Gase, wie z. B. CO_2 u. a., zu reduzieren. Sie gelten als Hauptverursacher des Treibhauseffektes (Bild 1).

9.1.1 Strahlungshaushalt der Erde

Die mittlere Oberflächentemperatur der Erde ist die entscheidende Größe für das Leben auf unserem Planeten. Sie wird im Wesentlichen durch die Sonnenstrahlung und die Wechselwirkung der Strahlung mit der Atmosphäre bestimmt.

Ein Teil der Sonnenstrahlen gelangt zur Erde, wo sie von der Atmosphäre absorbiert oder von den Wolken zurück in den Weltraum reflektiert wird. Etwa die Hälfte der einfallenden Strahlung gelangt zur Erdoberfläche und erwärmt sie.

Die erwärmte Erdoberfläche als annähernd schwarzer Körper sendet entsprechend ihrer Temperatur langwellige Infrarotstrahlung aus, in geringerem Maße gibt sie auch Wärme durch Konvektion (Wärmeströmung) von Luft und Wasserdampf ab. Beide Vorgänge kühlen die Erdoberfläche wieder ab.

Die mehratomigen Gase in der Atmosphäre (die sogenannten Treibhausgase) absorbieren den größten Teil der Infrarotstrahlung. Dadurch erwärmt sich die Atmosphäre wieder und strahlt die aufgenommene Energie in alle Richtungen ab. Ein Teil dieser Strahlung geht in den Weltraum; der größere Anteil aber geht zur Erdoberfläche zurück und erwärmt diese zusätzlich. Es stellt sich ein Gleichgewicht von Temperatur und Energieströmen ein.

Wird die Konzentration der Treibhausgase durch menschliche Einflussnahme erhöht, so wird ein größerer Anteil der von der Erdoberfläche ausgehenden Infrarotstrahlung in der Atmosphäre absorbiert und entsprechend mehr zur Erdoberfläche zurückgestrahlt (Bild 1). Es stellt sich ein neues Gleichgewicht bei höherer Temperatur ein. Für diese negative Entwicklung ist die Beheizung der Gebäude mit Gas und Öl maßgeblich verantwortlich.

9.1.2 Grundlagen der Wärmelehre

Temperatur ϑ, T

Die Temperatur ist ein Maß für den Wärmezustand eines Körpers. Je schneller sich die kleinsten Teilchen (Atome, Moleküle) bewegen, desto höher ist die Temperatur. Bei – 273 °C, der tiefsten möglichen Temperatur, sind die kleinsten Teilchen in Ruhe (genauer Wert: – 273,15 °C). Hier, am absoluten Nullpunkt, beginnt die Kelvin-Temperaturskala mit 0 Kelvin (0 K). Bild 1 auf der nachfolgenden Seite veranschaulicht diesen Zusammenhang.

Zur Angabe von (thermodynamischen) Temperaturen und Temperaturunterschieden verwendet man in der Technik die Einheit Kelvin (K).

Beispiel

$\vartheta_1 = 50$ °C ($T_1 = 323$ K), $\vartheta_2 = 20$ °C ($T_2 = 293$ K).
Der Temperaturunterschied beträgt sowohl $\Delta\vartheta = 30$ °C als auch $\Delta T = 30$ K.

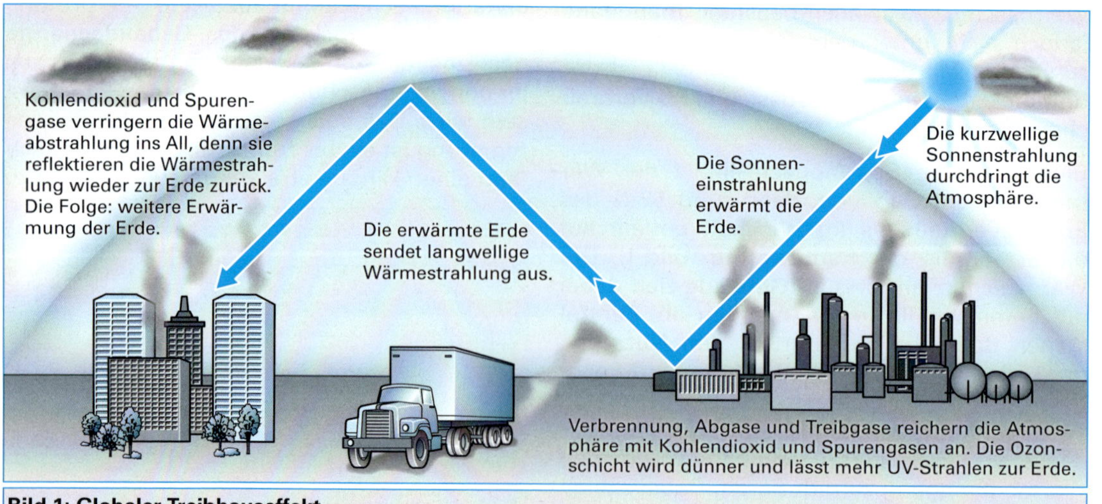

Bild 1: Globaler Treibhauseffekt

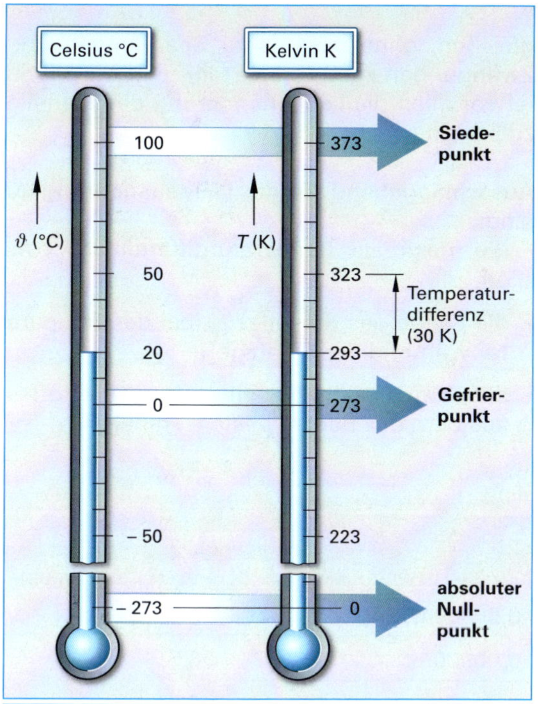

Bild 1: Die Temperaturskalen Celsius ϑ und Kelvin T

Wärme, Wärmemenge Q

Wärme ist eine Energieform, die durch Umwandlung anderer Energieformen entsteht. Wenn sich ein heißer und ein kälterer Körper berühren, bezeichnet man die überfließende Energiemenge als Wärme. Dabei erhöht sich die innere Energie des kälteren Körpers. Aber nicht nur Wärme (Bild 2), auch mechanische Arbeit kann die innere Energie eines Körpers erhöhen (Bild 3).

Wärme strömt mit dem Temperaturgefälle zum Bereich der niedrigen Temperatur hin. Es findet ein Temperaturausgleich statt.

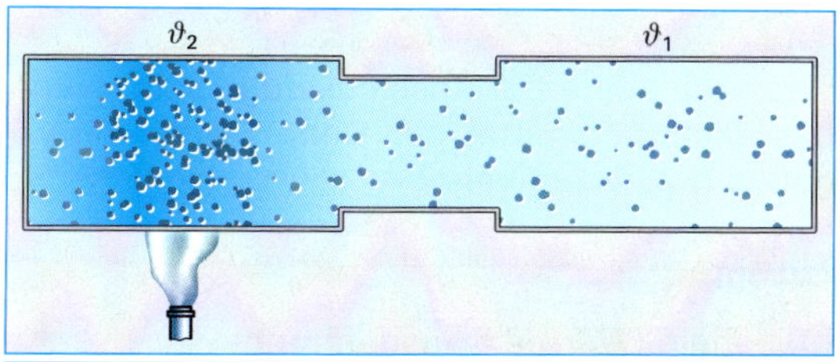

Bild 2: Erhöhung der inneren Energie durch Wärme

Wärme = Masse · spezifische Wärmekapazität · Temperaturunterschied

$$Q = m \cdot c \cdot (\vartheta_2 - \vartheta_1) \text{ bzw. } Q = m \cdot c \cdot (T_2 - T_1)$$

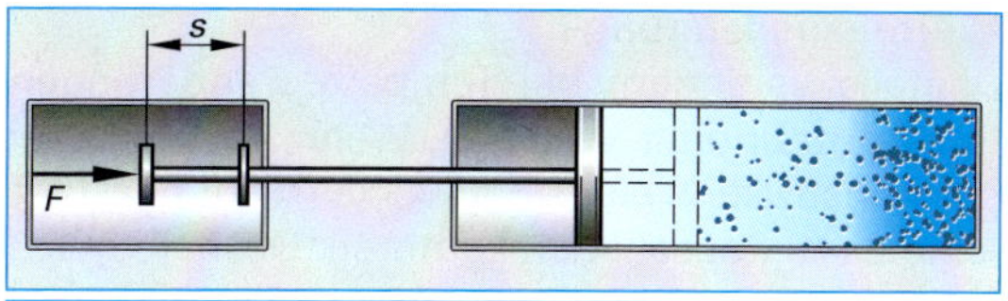

Bild 3: Erhöhung der inneren Energie durch Arbeit

Arbeit = Kraft · Weg

$$W = F \cdot s$$

Wie bei jeder anderen Energieform ist die Einheit der Wärme das Joule (J). Man benötigt eine Wärmemenge von Q = 4200 J (genauer Wert: 4190 J), um 1 kg Wasser um 1 K zu erwärmen. Da die Beträge der Wärmemengen große Zahlen annehmen, gibt man die Einheit meist in Kilojoule (kJ) oder Megajoule (MJ) an. Im Bauwesen und im Metall- und Heizungsbau gibt man die Heizwärme meist in Kilowattstunden (kWh) an: 1 kWh = 3600 kJ. In der Fachliteratur wird die Einheit der Wärmemenge meist in Wattsekunden (Ws) angegeben: 1 J = 1 Ws. Wie hoch ist der Jahres-Primärenergiebedarf an Heizöl bzw. an Erdöl?

Faustregel:
10 kWh Endenergie entsprechen etwa 1 Liter Heizöl oder 1 m³ Erdgas.

Beispiel:

Für ein Niedrigenergiehaus soll der Heizwärmebedarf Q_h nicht mehr als 70 kWh pro m² Gebäude-Nutzfläche und Jahr überschreiten. Wieviel Liter Heizöl oder m³ Erdgas sind das im Jahr?

Lösung:

70 kWh entsprechen etwa 7 Liter Heizöl oder 7 m³ Erdgasverbrauch pro Quadratmeter Gebäudefläche und Jahr.

Beispiel:

Welche Wärmemenge ist erforderlich, um 100 kg Wasser von 10 °C auf 90 °C zu erwärmen? Wie viel Liter leichtes Heizöl werden benötigt?

Lösung:

$Q = m \cdot c \cdot \Delta\vartheta$ = 100 kg · 4,2 kJ/(kg·K) · 80 K

Q = 33600 kJ = 9,3 kWh

Nach der oben angegebenen Faustregel werden dafür 0,93 l Heizöl oder 0,93 m³ Erdgas benötigt.

Wärmeausdehnung l

Bauteile verändern bei Temperaturänderungen ihre Form und ihr Volumen. Wenn man dies bei der Konstruktion eines Bauwerkes nicht beachtet, kann es zu Bauschäden kommen. Deshalb muss man temperaturbedingte Ausdehnungen und Schrumpfungen von Bauteilen berücksichtigen.

Die meisten Körper vergrößern ihr Volumen beim Erwärmen. Bei Bauteilen, die größeren Temperaturschwankungen ausgesetzt sind (Stahlkonstruktionen im Außenbereich, Balkongeländer, Dacheindeckungen, Fassaden, Fensterwände) müssen gleitende Lagerungen oder Dehnfugen die Volumenänderungen ausgleichen, ohne dass es zu Spannungen und Zwängungen kommt. Im Stahl- und Metallbau ist vor allen die **Längenänderung** der Bauteile zu beachten.

Ausschlaggebend für die Längenänderung Δl sind:

- die maximale Temperaturdifferenz $\Delta\vartheta$ bzw. ΔT,
- die Länge des Bauteiles l_0 (bei der Temperatur während der Montage!),
- die Temperaturdehnzahl α des Werkstoffes, aus dem das Bauteil besteht (Tabelle 1).

Tabelle 1: Temperaturdehnzahlen in mm/(m · K) (Auswahl)

Material	α in mm/(m · K)	α in 1/K	Δl in mm/m bei einem Temperaturunterschied von 100 K
Holz (Fichte)	0,004	0,000004	0,4
Mauerwerk aus Vollziegel	0,005	0,000005	0,5
Glasbetonsteine	0,008	0,000008	0,8
Glas	0,009	0,000009	0,9
Stahl (weich)	0,012	0,000012	1,2
Beton (Stahlbeton)	0,012	0,000012	1,2
Aluminium, hell	0,023	0,000023	2,3
Aluminium, dunkel	0,048	0,000048	4,8
PVC, hart	0,070	0,000070	7,0

Die maximale Längenänderung wird von der Lage des Bauteils innerhalb des Gebäudes, von seiner Sonneneinstrahlung oder Beschattung, von der Wärmeabsorption der unterschiedlich farbigen Oberflächen und von der unterschiedlich schnellen Wärmeableitung in den Untergrund beeinflusst.

Die Temperaturdehnzahl α (frühere Bezeichnung: thermischer Längenausdehnungszahl) gibt an, um wie viel mm sich ein 1 m (1000 mm) langes Bauteil aus einem festen Baustoff bei einer Temperaturdifferenz von 1 Kelvin ausdehnt oder zusammenzieht.

Beispiel:

Wie viel mm beträgt die größte Ausdehnung und Schrumpfung eines 2 m breiten wärmegedämmten Fensterelementes aus hellem Aluminium, das bei 10 °C montiert wurde. Im Sommer soll die höchste Oberflächen-Temperatur 80 °C betragen, im Winter soll es bis auf – 20 °C abkühlen.

Wie breit sollte die Anschlussfuge sein, wenn das Dichtungsmittel ein Dehn-Stauch-Vermögen von 25 % aufweist?

Lösung:

Maximale (Wärme-) Ausdehnung:

$\Delta l = l \cdot \Delta\vartheta \cdot \alpha$

Δl = 2 m · 70 K · 0,023 mm/(m · K); Δl = 3,22 mm

Maximale (Kälte-) Schrumpfung:

Δl = 2 m · 30 K · 0,023 mm/(m · K);

Δl = 1,38 mm

Die gesamte temperaturbedingte Bewegung beträgt im Höchstfall 3,22 mm + 1,38 mm = 4,6 mm, die sich auf beide Anschlussfugen verteilt. Zu beachten ist, dass sich bei Erwärmung die Bewegungsfuge verkleinert, während sie sich bei der Kälteschrumpfung vergrößert. Jede Fuge übernimmt demnach 4,6 mm : 2 = 2,3 mm.

Die Fugenbreite b ist auf das Dehn-Stauch-Vermögen des Dichtstoffes auszulegen. Demnach darf bei einem Dichtstoff mit einem Dehn-Stauch-Vermögen von 25 % die Gesamtverformung höchstens 25 % der Fugenbreite b betragen (siehe S. 91). Nach der Dreisatzrechnung gilt: 25 % Dehn-/Stauchvermögen erfordern eine $b \leq 2{,}3$ mm breite Fuge. 100 % benötigen eine $b = 2{,}3 \text{ mm} \cdot 100/25$

$b = 9{,}2$ mm breite Fuge.

Gewählt wird $b = 10$ mm.

Vergleich zwischen Temperatur ϑ, T und Wärmemenge Q

Zur Erwärmung eines Körpers braucht man eine umso größere Wärmemenge Q, je größer die Masse m des Körpers und je größer die gewünschte Temperaturerhöhung $\Delta\vartheta$ bzw. ΔT ist. Für die Erwärmung des Wassers im Topf B (Bild 1) mit $m_2 = 20$ kg und $\Delta\vartheta_2 = 25$ K wird eine größere Wärmemenge benötigt als für das Wasser im Topf A ($m_1 = 5$ kg, $\Delta\vartheta_1 = 85$ K).

Die Anfangstemperatur beider Wassermengen soll 5 °C betragen. Die spezifische Wärmekapazität c ist auf der nachfolgenden Seite der Tabelle 1 zu entnehmen. Für das Wasser im Topf A werden $Q_1 = 5 \text{ kg} \cdot 4{,}2 \text{ kJ/(kg·K)} \cdot 85 \text{ K} = 1785$ kJ, für das Wasser im Topf B werden $Q_2 = 20 \text{ kg} \cdot 4{,}2 \text{ kJ/(kg·K)} \cdot 25 \text{ K} = 2100$ kJ Wärme benötigt. Im Topf B ist mehr „Wärme" enthalten, obwohl die Temperatur geringer ist.

Die spezifische Wärmekapazität c

Die benötigte Wärmemenge Q ist nicht nur von der Masse m und dem Temperaturunterschied ΔT abhängig, sondern auch noch vom Stoff des erwärmten Körpers. Die spezifische Wärmekapazität c ist die Wärmemenge, die 1 kg eines Baustoffes (Materials) um 1 K erwärmt oder abkühlt. In der Tabelle 1 auf der nachfolgenden Seite sind für einige Stoffe die Wärmemengen angegeben, die notwendig sind, um 1 kg um 1 K zu erwärmen.

Beispiel:

Welche Wärmemenge Q wird benötigt, um
a) 10 kg Wasser
b) 10 kg Beton von 5 °C auf 60 °C zu erwärmen?

Lösung:

a) $Q = m \cdot c \cdot \Delta\vartheta = 10 \text{ kg} \cdot 4{,}2 \text{ kJ/(kg·K)} \cdot 55 \text{ K}$
$Q = 2310$ kJ

b) $Q = m \cdot c \cdot \Delta\vartheta = 10 \text{ kg} \cdot 0{,}88 \text{ kJ/(kg·K)} \cdot 55 \text{ K}$
$Q = 484$ kJ

Von (fast) allen Stoffen hat Wasser die größte spezifische Wärmekapazität. Da mit steigenden Werten der spezifischen Wärmekapazität auch die Wärmespeicherfähigkeit (Wärmespeichervermögen) eines Stoffes ansteigt, wird Wasser in der Warmwasserheizung, in der Solarheizungsanlage und als Kühlmittel in technischen Prozessen eingesetzt.

Beispiel:

Welche Wärmemenge ist in einer 100 t schweren und 60 °C warmen Mauer aus Kalksandstein gespeichert, wenn die Lufttemperatur 20 °C beträgt?

Lösung:

$Q = m \cdot c \cdot \Delta\vartheta$
$Q = 100\,000 \text{ kg} \cdot 1{,}0 \text{ kJ/(kg·K)} \cdot 40 \text{ K}$
$Q = 4\,000\,000 \text{ kJ} = 4\,000 \text{ MJ}$

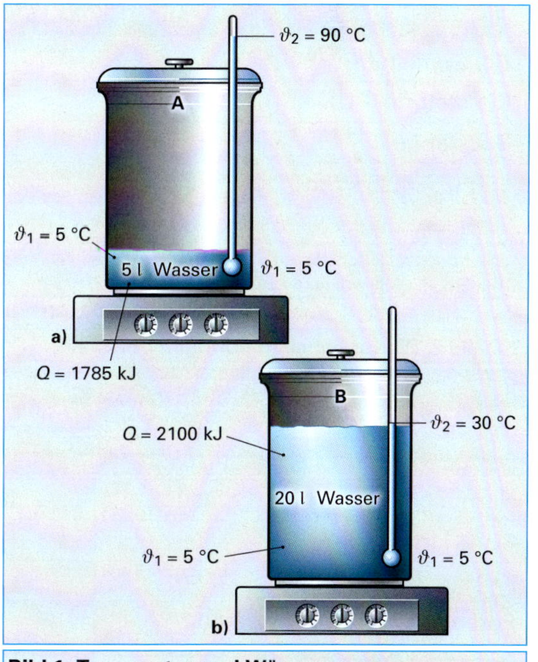

Bild 1: Temperatur und Wärmemenge

Beispiel:

Welche Wärmemenge Q ist in einer 20 m^2 großen und 24 cm dicken Wand aus Kalksandstein gespeichert? Welche Wärmemenge gibt die Wand ab, wenn die Temperatur von 15 °C auf – 10 °C absinkt? Die Dichte für den Baustoff ist der Tabelle 2 zu entnehmen.

Lösung:

$Q = m \cdot c \cdot \Delta\vartheta = A \cdot s \cdot \varrho \cdot c \cdot \Delta\vartheta$

$Q = 20\ \text{m}^2 \cdot 0{,}24\ \text{m} \cdot 1800\ \frac{\text{kg}}{\text{m}^3} \cdot 1{,}0\ \frac{\text{kJ}}{(\text{kg} \cdot \text{K})} \cdot 25\ \text{K}$

$Q = 216\,000\ \text{kJ}$

Wärmespeichervermögen (Wärmekapazität) *C*

Das Wärmespeichervermögen C eines Bauteils gibt an, wie viel Wärme ein homogener Stoff von 1 m^2 Oberfläche und der Dicke s bei der Temperaturerhöhung um 1 K speichern kann.

Wärmespeichervermögen = Spezifische Wärmekapazität × Rohdichte × Schichtdicke

$$C = c \cdot \varrho \cdot s$$

Die Einheit des Wärmespeichervermögens ist $\text{kJ}/(\text{m}^2 \cdot \text{K})$.

In Tabelle 2 sind für einige Baustoffe das Wärmespeichervermögen bezogen auf die Dicke des Baustoffes aufgeführt.

Das Wärmespeichervermögen von Beton und Kalksandstein ist um ein Vielfaches höher als das von Dämmstoffen. Beton und Kalksandstein können also erheblich mehr Wärme speichern als Dämmstoffe.

Allerdings ist bei einem großen Wert auch eine größere Energiemenge notwendig, um einen Raum um 1 K aufzuheizen. Umgekehrt gibt ein kleiner Wert an, dass ein Raum schneller erwärmt werden und auch schneller auskühlen kann. Je größer daher das Wärmespeichervermögen ist, desto langsamer können Temperaturschwankungen ausgeglichen werden. Das bedeutet beispielsweise, dass bei einer Nachtabsenkung der Heiztemperatur die tagsüber im Baustoff gespeicherte Wärme nachts in den Innenraum langsam, träge abgegeben wird.

Wärmedämmfähigkeit

Die Wärmedämmfähigkeit (der Dämmwert) darf nicht mit dem Wärmespeichervermögen verwechselt werden. Der Dämmwert gibt an, wie lange eine Konstruktion braucht, um abzukühlen. Meist haben Materialien mit einem hohen Dämmwert ein geringeres Wärmespeichervermögen als Materialien mit schlechtem Dämmwert.

Tabelle 1: Spezifische Wärmekapazität *c* (in kJ/(kg · K) (Auswahl)

Stoff	*c* in kJ/(kg · K)	Stoff	*c* in kJ/(kg · K)
Holzwerkstoffe	2,1[1]	Beton	0,88
Kunststoffe (PU)	1,5	Aluminium	0,89
Baustahl	0,48	Steine	1,0
Luft (ρ = 1,25 kg/m³)	1,0	Wasser	4,2
Textilien	1,3	Glas	0,72

[1] Die hohe spezifische Wärmekapazität ist auf den Feuchtegehalt von Holz zurückzuführen, der i. d. R. 20 Gewichtsprozent beträgt.

Tabelle 2: Wärmespeichervermögen (Auswahl)

Material	Rohdichte ϱ	Spezifische Wärmekapazität c	Dicke s	Wärmespeichervermögen C
	kg/m³	kJ/(kg · K)	mm	kJ/(m² · K)
Normalbeton	2400	0,88	160	337,9
PUR-Hartschaum	30	1,5	105	4,7
Kalksandstein	1800	1,0	240	432,00
Porenbetonstein	600	1,1	250	165
Backstein (N)	1300	0,9	200	234

Wärmestrom Φ, $\dot{Q}$

Die Wärmemenge Q, die pro Zeitintervall Δt zwischen zwei Körpern ausgetauscht wird, bezeichnet man als Wärmestrom Φ[1]. Die Einheit des Wärmestromes ist Joule/Sekunde (J/s) oder Watt (W).

$$\Phi = \frac{\text{Wärmemengenänderung}}{\text{Zeitintervall}}$$

$$\Phi = \frac{\Delta Q}{\Delta t}$$

Beispiel:

Welchen Wärmestrom gibt eine Heizplatte ab, die in 35 min 20 kg Wasser um 25 K erwärmt?

Lösung:

$$\Phi = \frac{\Delta Q}{\Delta t}$$

$$\Phi = \frac{20\text{ kg} \cdot 4200\text{ J} \cdot 25\text{ K}}{2100\text{ s}} = 1000\,\frac{\text{J}}{\text{s}} = 1000\text{ W}$$

Umgekehrt erhält man die Wärmemenge Q, wenn man den Wärmestrom Φ und die zeitliche Dauer des Wärmestromes kennt. Der Wärmestrom Φ wird auch als „Wärmeleistung" bezeichnet.

Beispiel:

Ein Tauchsieder hat eine Wärmeleistung von $\Phi = 0{,}5$ kW. Welche Wärmemenge Q kann er in $t = 30$ min an den zu erwärmenden Körper abgeben?

Lösung:

$Q = \Phi \cdot t = 500\text{ W} \cdot 1800\text{ s} = 900000\text{ Ws}$

$Q = 900\,000\text{ J} = 900\text{ kJ} = 0{,}9\text{ MJ}$

Man darf den Wärmestrom nicht mit der Wärme(menge) verwechseln. Ein Vergleich mit mechanischen Größen macht den Unterschied deutlich (Tabelle 1).

Wärmetransport H_T, H_V

Überall dort, wo es Temperaturunterschiede gibt, wird Wärme von einem Körper mit höherer Temperatur zu einem Körper mit niedrigerer Temperatur übertragen. Oft ist der Wärmetransport mit einem unerwünschten Wärmeverlust verbunden. Erfolgt der Wärmeaustausch durch geschlossene Flächen, spricht man vom **Transmissionswärmeverlust**[2]. Der **Lüftungswärmeverlust**[3] hingegen liegt vor, wenn die Wärme durch offene Fenster, Türen oder undichte Fugen „entweicht" (Bild 1).

Der Transport kann durch Wärmeleitung, Wärmeströmung oder Wärmestrahlung erfolgen.

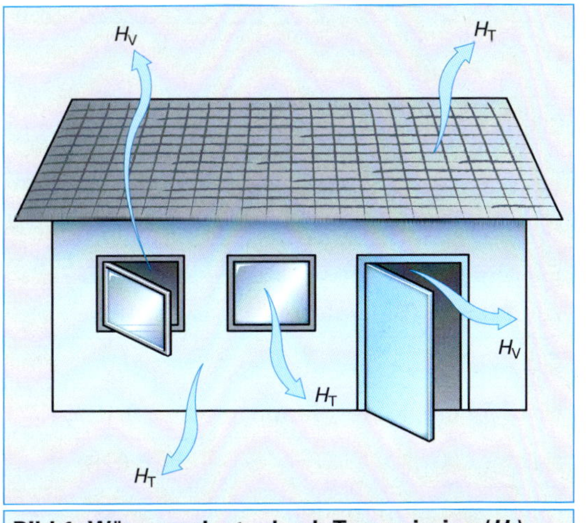

Bild 1: Wärmeverluste durch Transmission (H_T) und Lüftung bzw. Undichtheiten (H_V)

Tabelle 1: Wärmestrom und Wärme(menge)

Wärmelehre	Mechanik
Wärme(menge) Q (in J, kJ, Ws oder kWh)	Volumen V (in l)
Wärmestrom Φ bzw. $\dot{Q}$ (in J/s, W oder kW)	Volumenstrom $\dot{V}$ (in l/s)

[1] Auch mit $\dot{Q}$ bezeichnet
[2] In der Energieeinsparverordnung mit H_T bezeichnet
[3] In der Energieeinsparverordnung mit H_V bezeichnet

Wärmeleitung λ

Die Wärme wird innerhalb eines homogenen Körpers (bzw. in Flüssigkeiten oder Gasen) von Molekül zu Molekül weitergegeben (Bild 1). Wärmeleitung erfolgt auch bei der Berührung von Körpern unterschiedlicher Temperatur. Verschiedene Stoffe unterscheiden sich in ihrer Wärmeleitfähigkeit (Tabelle 1).

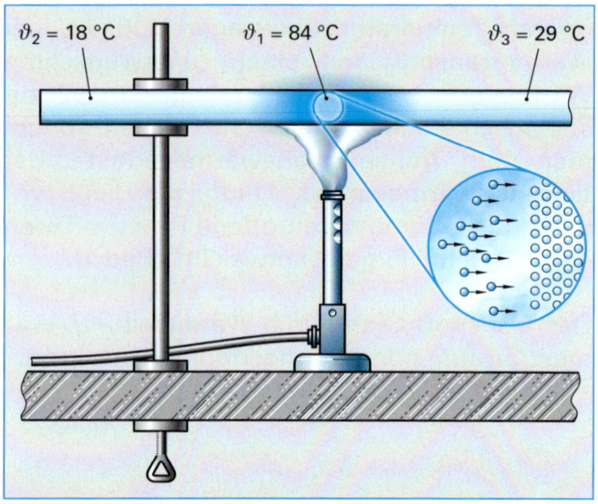

Bild 1: Wärmeleitung (Beispiel)

Tabelle 1: Wärmeleitfähigkeit λ (Auswahl)

Stoff	Wärmeleitfähigkeit λ in W/(m·K)
Aluminium (Si-Legierung)	180
Glas	0,8
Holz: Fichte, Kiefer, Tanne	0,13
Luft	0,026
Mauerwerk (Vollziegel)	0,33
Mineralfaser-Dämmstoff	0,04
Normalbeton (Stahlbeton)	2,3
Porenbeton	0,10
Gipsplatte	0,25
PVC-U, hart	0,17
Stahl	50
Wasser	0,6

Versuch:

Zuerst berührt man die Tischbeine aus Stahl, dann die Tischplatte aus Holz. Obwohl die Tischbeine und die Platte die gleiche Temperatur haben, fühlt sich das Metall kälter an. Stahl leitet die Handwärme 50/0,13 ≈ 385 mal schneller ab als Holz.

Die Wärmeleitfähigkeit gibt die Wärmemenge an, die in 1 Sekunde durch einen Querschnitt von 1 m^2 eines 1 m dicken ebenen Körpers durch Wärmeleitung übertragen wird, wenn der Temperaturunterschied beider Oberflächen 1 K beträgt. Da 1 Joule je Sekunde (1 J/s) der Einheit 1 Watt (1 W) entspricht, ist die gebräuchliche Einheit der Wärmeleitfähigkeit λ W/(m·K).

Die Wärmeleitfähigkeit hängt ab:

- von der Dichte des Materials und damit von dem Anteil an Poren. Schwere Stoffe mit großer Dichte und dadurch geringem Porenanteil haben eine höhere Wärmeleitfähigkeit als Stoffe mit geringer Dichte;
- von der Größe und der Verteilung der Poren. Gute Dämmstoffe sind Baustoffe mit kleinen, gleichmäßig verteilten, geschlossenen Poren;
- vom Feuchtigkeitsgehalt. Wasser leitet die Wärme 23 mal besser als trockene Luft.

Baustoffe mit hoher Dichte (z. B. Stahl) sind gute Wärmeleiter, porige Baustoffe wie Holz und Faserdämmstoffe schlechte Wärmeleiter – also gute Dämmstoffe.

> Je geringer die Wärmeleitfähigkeit, desto besser ist der Wärmeschutz.

Beispiel:

Welche Wärmemenge (in kWh) wird mittels Wärmeleitung in 12 Stunden durch eine 45 cm dicke und 25 m^2 große Betonwand transportiert, wenn der Temperaturunterschied 30 K beträgt?

Gegeben: $t = 12$ h, $d = 45$ cm, $A = 25$ m^2, $\Delta T = 30$ K, $\lambda = 1$ W/(m·K);

Lösung: $Q = \dfrac{\lambda \cdot A \cdot \Delta\vartheta \cdot t}{d}$

$$Q = \frac{2{,}3\ \text{W} \cdot 25\ \text{m}^2 \cdot 30\ \text{K} \cdot 12\ \text{h}}{\text{m} \cdot \text{K} \cdot 0{,}45\ \text{m}}$$

$$Q = 46\,000\ \text{Wh} = 46\ \text{kWh} \mathrel{\hat=} 165\,600\ \text{kJ}$$

Wärmeströmung

Die Wärmeströmung (ein anderes Wort für Wärmeströmung ist **Konvektion**) erfolgt durch den Wärmetransport in Flüssigkeiten und Gasen. Beim Erwärmen dehnen sich die Flüssigkeiten und Gase aus, ihre Dichte verringert sich und sie steigen nach oben, während kältere Flüssigkeiten oder Gase an ihre Stelle treten (Bild 1). In festen Körpern gibt es keine Wärmeströmung, weil die Moleküle ihren Platz nicht verlassen können.

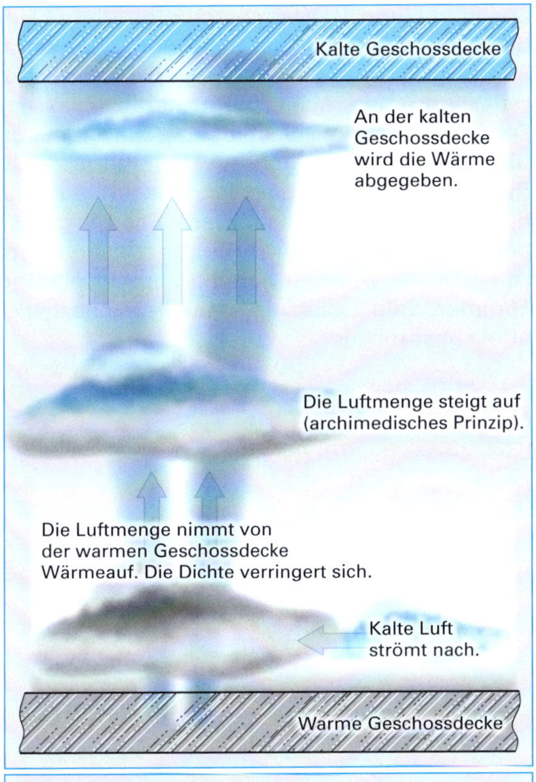

Bild 1: Wärmeströmung

Werden die Wärme mitführenden Stoffe (wie Luft und Wasser) zusätzlich durch Pumpen oder Ventilatoren bewegt, um die Strömungsgeschwindigkeit zu erhöhen, spricht man von **erzwungener Konvektion.**

Wärmestrahlung (neu: Temperaturstrahlung)

Hat ein Körper eine höhere Temperatur als seine Umgebung, wird Wärme in Form von Strahlung an die Umgebung abgegeben. Die Strahlen benötigen zur Übertragung von Wärme keinen Stoff. Sie durchdringen die Luft, ohne sie merklich zu erwärmen. Schwarze Körper werden von den auftreffenden Strahlen stark erwärmt, denn sie absorbieren einen großen Teil der Strahlungsenergie. Helle Körper werden wenig erwärmt, weil bei ihnen die Reflexion überwiegt. Für die Abgabe der Wärme gilt das gleiche: Dunkle Körper geben mehr, helle geben weniger Wärme in Form von Strahlung ab.

Versuch (Bild 2):

Eine Heizsonne bestrahlt drei mit Wasser gefüllte Gefäße. Die Form und das Material der Gefäße, die Abstände zur Heizsonne, die Menge des Wassers und die Anfangstemperatur sind gleich. Die Oberfläche von Gefäß 1 ist schwarz eingefärbt, die von Gefäß 2 weiß und Gefäß 3 hat eine metallisch glänzende Oberfläche. Nach 5 Minuten ist die Temperatur im Gefäß 1 wesentlich höher als in den beiden anderen Gefäßen. Körper mit dunkler Oberfläche nehmen durch Strahlung übertragene Wärme besser auf als metallisch glänzende oder helle Körper.

Stahlungsvermögen

Das Strahlungsvermögen eines Stoffes wird durch die sog. Strahlungszahl angegeben. Sie liegt bei Stahl etwa 13 mal höher als bei

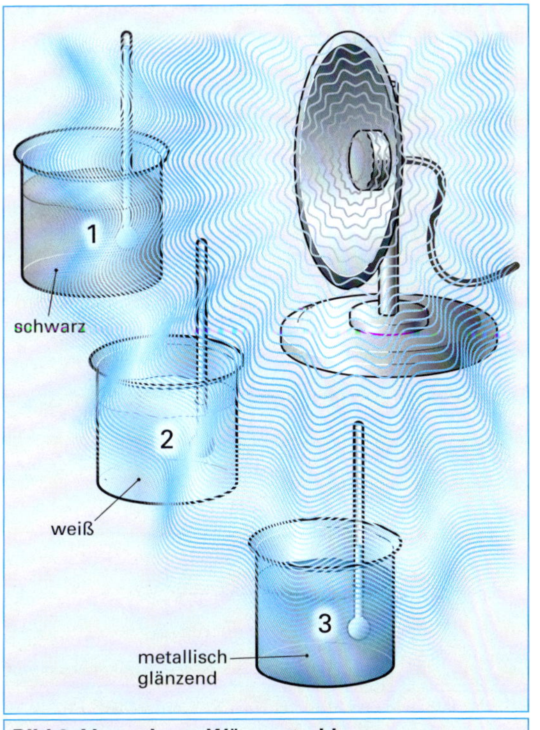

Bild 2: Versuch zur Wärmestrahlung

blankem Aluminium. Aluminium strahlt also bedeutend weniger Wärme ab als Stahl. Das darf man nicht mit dem Reflexionsvermögen verwechseln: Wird Aluminium angestrahlt, so wird ein größerer Teil zurückgeworfen als bei Stahl. Zu beachten ist noch:

- Reflektiert ein Körper nahezu alle auftreffenden Strahlen, so erwärmt er sich selbst nicht. Ein Beispiel dafür ist die Heizsonne in Bild 2, S. 263.
- Treffen Wärmestrahlen auf einen Körper, werden diese (je nach Beschaffenheit und Farbe des angestrahlten Körpers anteilmäßig unterschiedlich) reflektiert, durchgelassen oder absorbiert (Bild 1).
- Ein beheizter Raum kühlt sich auch durch Wärmestrahlung ab. Der von innen nach außen durchgelassene Teil der Wärmestrahlung ist für die Raumerwärmung verloren.
- Je mehr ein Körper die auftreffenden Wärmestrahlen verschluckt, desto stärker erwärmt er sich. Wasser verschluckt fast die gesamte Wärmestrahlung und hat daher die größte spezifische Wärmekapazität (siehe S. 260, Tabelle 1).
- Je besser die Wärmeleitfähigkeit eines Stoffes, desto tiefer dringt die Strahlungswärme ins Innere.

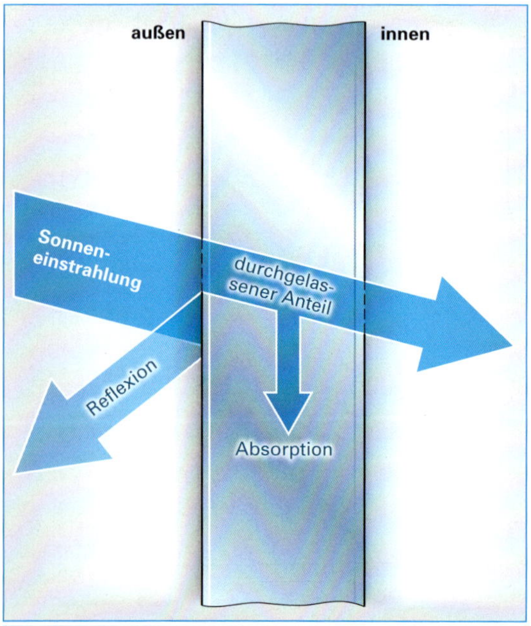

Bild 1: Wärmestrahlen treffen auf eine Einfachglasscheibe

Glashauseffekt

Von der gesamten Strahlungsenergie der Sonne entfallen etwa 44 % auf das sichtbare Licht, 53 % auf die (ultrarote) Wärmestrahlung und 3 % auf den ultravioletten Bereich. Alle drei Anteile werden durch das Fensterglas mehr oder weniger hindurchgelassen – z. B. beträgt die Lichtdurchlässigkeit einer einfachen Isolierglasscheibe 80 %.

Die durchgelassene Strahlung wird im Rauminneren von den Wänden und Gegenständen absorbiert und in Wärmestrahlung umgewandelt. Diese langwellige Strahlung wird vom Fensterglas zum großen Teil absorbiert und reflektiert, also nicht mehr herausgelassen. Die Temperatur der Scheibenoberfläche steigt bis zur Raumtemperatur an. Dann heizen sich Raum und Glasscheibe solange weiter auf, bis die nach außen abtransportierte Energie gleich der eindringenden ist. Im Sommer kann es so zu einer unerwünscht hohen Raumtemperatur kommen (Bild 2). Es wird dann vom Glashauseffekt gesprochen.

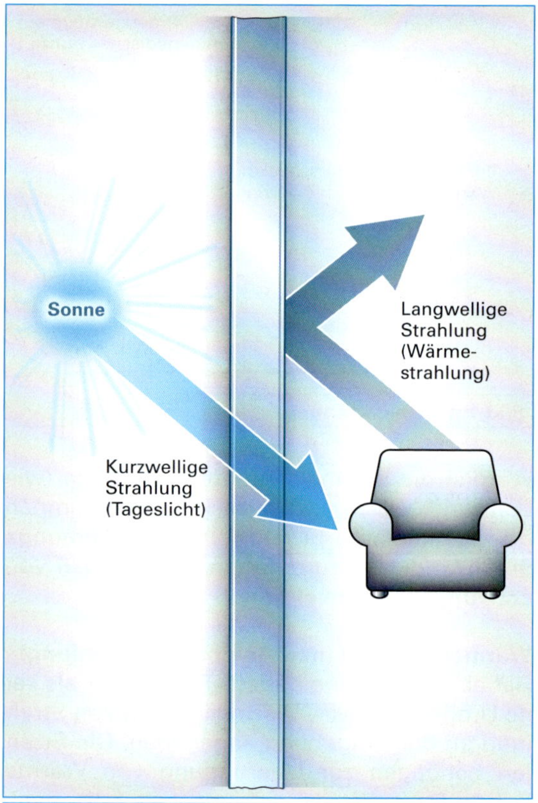

Bild 2: Glashauseffekt

Wärmedurchgang durch Bauteile

Unter Wärmedurchgang versteht man den Wärmestrom der Luft von der warmen Seite eines Bauteils durch das Bauteil hindurch und weiter zur kalten Seite. Der Wärmestrom bewegt sich in Richtung des Temperaturgefälles. Man bezeichnet die Wärme, die aus einem Gebäude durch die Außenwände verloren geht, auch als **Transmissionswärme**.

Der Wärmedurchgang durch Bauteile hängt ab von:

- der Größe der Bauteilfläche *A*,
- der Wärmeleitfähigkeit λ des Baustoffes,
- der Dicke *d* (bzw. *s*) des Bauteils,
- der Luftbewegung und der Wärmestrahlung an der inneren und der äußeren Wandoberfläche, gekennzeichnet durch die Wärmeübergangszahlen α_i und α_a (siehe unten),
- der Temperaturdifferenz $\Delta\vartheta$.

Den gesamten **Wärmedurchgang** durch ein einschichtiges Bauteil kann man in drei Teilvorgänge zerlegen (Bild 1):

- den **Wärmeübergang** von der warmen Raumluft an die kältere Innenwand,
- den **Wärmedurchlass** durch das Bauteil,
- den **Wärmeübergang** von der kalten Außenwand an die noch kältere Außenluft.

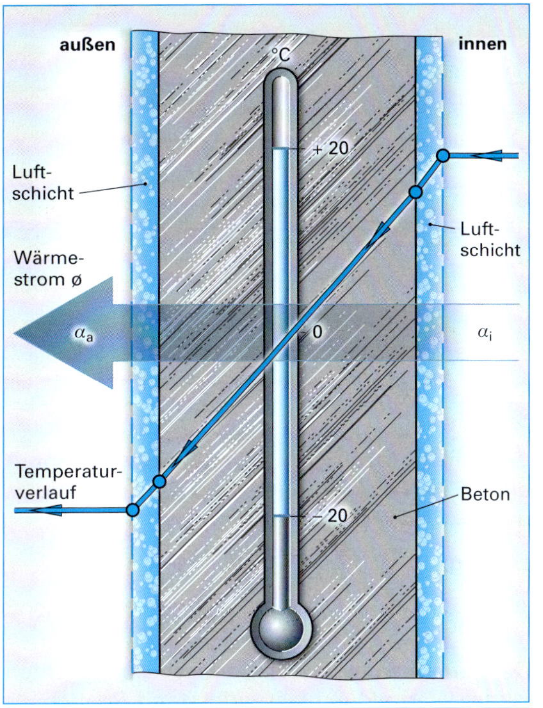

Bild 1: Wärmestrom durch eine Betonwand

Wärmeübergangskoeffizient α und Wärmeübergangswiderstand R_s

Der Wärmeübergangskoeffizient α ist eine Kennzahl für die Wärmemenge, die von den Bauteiloberflächen in die angrenzende Luftschicht übergeht. Der innere Wärmeübergangskoeffizient α_i kennzeichnet den Wärmeübergang von der warmen Raumluft an die kältere Innenwand; der äußere Wärmeübergangskoeffizient α_a kennzeichnet den Wärmeübergang von der kälteren Außenwandoberfläche an die noch kältere Außenluft. Die Einheit des Wärmeübergangskoeffizienten ist $W/(m^2 \cdot K)$.

> Die Wärmeübergangskoeffizienten α_i und α_a sind Kennzahlen für den Wärmestrom zwischen einer 1 m^2 großen Oberfläche und der angrenzenden Luftschicht bei einem Temperaturunterschied von 1 K.

Beeinflusst wird der Wärmeübergang bei Fenstern, Türen und Fassaden vor allem durch die Luftbewegung an den Oberflächen. Man muss sich vorstellen, dass die schwach bewegten Luftschichten vor und hinter den Bauteilflächen eine wärmedämmende Zone bilden.

Der Wärmeübergangswiderstand ist der Kehrwert des Wärmeübergangskoeffizienten. Er wird mit R_{Si} (Raumseite) bzw. R_{Se} (Außenseite) bezeichnet und hat entsprechend zum Wärmedurchlasswiderstand die Einheit $m^2 \cdot K/W$.

Für den inneren Wärmeübergang zwischen der Innenluft und einer Außenwand hat die DIN EN ISO 10077-1 einen Wärmeübergangswiderstand für Glasoberflächen von $R_{Si} = 0{,}13$ $(m^2 \cdot K)/W$ und $R_{Se} = 0{,}04$ $(m^2 \cdot K)/W$ vereinfacht festgelegt.

Wärmedurchlasskoeffizient Λ und Wärmedurchlasswiderstand *R*

Das Maß für den Wärmedurchlass durch ein Bauteil hindurch ist der Wärmedurchlasskoeffizient Λ (Großbuchstabe Lambda). Λ gibt das Verhältnis der Wärmeleitfähigkeit λ zur Bauteildicke *d* an. Zur Veranschaulichung von Wärmeleitfähigkeit λ und Wärmedurchlasskoeffizient Λ siehe Bild 1 auf der nachfolgenden Seite.

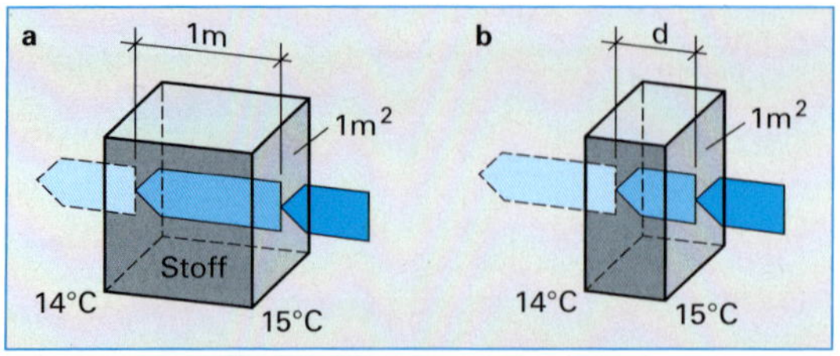

Bild 1: a) Wärmeleitfähigkeit λ [W/m·K]
b) Wärmedurchlasskoeffizient Λ [W/m²·K]

$$\Lambda = \frac{\lambda}{d}$$

Beispiel:

Gesucht ist der Wärmedurchlasskoeffizient Λ einer 5 mm dicken Fensterscheibe aus Bauglas mit $\lambda = 0{,}8$ W/(m·K).

Lösung:

$$\Lambda = \frac{\lambda}{d} = \frac{0{,}80 \text{ W}}{0{,}005 \text{ m} \cdot \text{m} \cdot \text{K}} = 160 \text{ W/(m}^2\cdot\text{K)}$$

Der Kehrwert des Wärmedurchlasskoeffizienten ist der Wärmedurchlasswiderstand R (auch als Wärmedämmwert bezeichnet): $R = 1/\Lambda$. Er wird in (m²·K)/W angegeben. In diesem Beispiel hat die Glasscheibe einen Wärmedurchlasswiderstand von:

$$R = \frac{1}{\Lambda} = \frac{d}{\lambda} = \frac{0{,}005 \text{ m}}{0{,}80 \text{ W/(m}\cdot\text{K)}} = 0{,}006 \frac{\text{m}^2\cdot\text{K}}{\text{W}}$$

Besteht ein Bauteil aus mehreren Schichten, so setzt sich der gesamte Wärmedurchlasswiderstand aus der Summe der Einzeldurchgangs-Widerstände zusammen:

$$R = \frac{1}{\Lambda} = \frac{d_1}{\lambda} + \frac{d_2}{\lambda} + \frac{d_3}{\lambda} + \ldots$$

Beispiel:

Bestimmen Sie für ein Paneel aus 6 mm Stahlblech, 10 mm Platte aus harten PVC-U und einer 20 mm dicken Holzplatte (λ-Werte siehe S. 262, Tabelle 1) den gesamten Wärmedurchlasswiderstand R.

Lösung:

$$R = \frac{1}{\Lambda}$$

$$R = \frac{0{,}006 \text{ m}\cdot\text{m}\cdot\text{k}}{50 \text{ W}} + \frac{0{,}01 \text{ m}\cdot\text{m}\cdot\text{k}}{0{,}17 \text{ W}} + \frac{0{,}02 \text{ m}\cdot\text{m}\cdot\text{k}}{0{,}13 \text{ W}}$$

$$R = 0{,}213 \frac{\text{m}^2\cdot\text{K}}{\text{W}}$$

Wärmedurchgangswiderstand R_T

Ähnlich wie bei einer Reihenschaltung von elektrischen Widerständen summieren sich die einzelnen Wärmewiderstände zum gesamten **Wärmedurchgangswiderstand**, der mit R_T bezeichnet wird:

$$R_T = \frac{1}{\alpha_i} + \frac{1}{\Lambda} + \frac{1}{\alpha_a}$$

Es ist der Gesamtwiderstand, den ein Bauteil dem Wärmestrom entgegenstellt. Bild 2 zeigt eine Gegenüberstellung des elektrischen Gesamtwiderstandes einer Reihenschaltung von drei Einzelwiderständen mit dem Wärmedurchgangswiderstand von drei Wärme(einzel)widerständen.

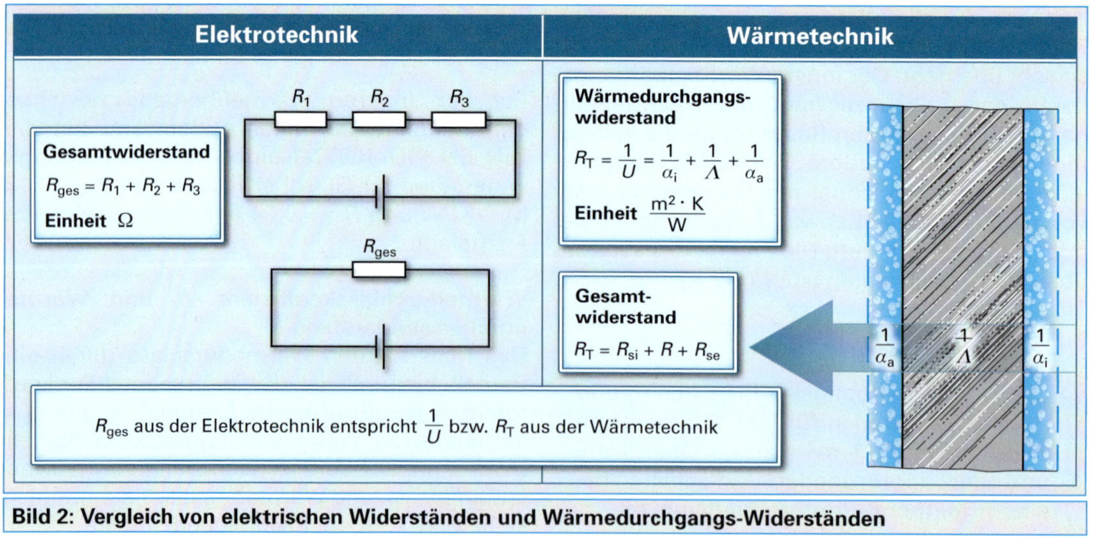

Bild 2: Vergleich von elektrischen Widerständen und Wärmedurchgangs-Widerständen

> Ein Maß für die Wärmedämmung ist der Wärmedurchgangswiderstand. Er setzt sich zusammen aus den Wärmeübergangswiderständen an der Innen- und Außenseite des Bauteils und dem Wärmedurchlasswiderstand des Bauteils.

Wärmedurchgangskoeffizient *U*[1]
Der Wärmedurchgangskoeffizient U ist der Kehrwert des Wärmedurchgangswiderstandes R_T.

$$U = \frac{1}{R_T}$$

> Der U-Wert ist eine Kennzahl für die Wärmemenge, die pro Sekunde bei 1 K Temperaturunterschied durch 1 m² Bauteilfläche von der warmen Raumluft zur kalten Außenluft hindurchgeht.[2] Die Einheit des U-Wertes ist J/(s · m² · K). Gebräuchlicher ist die Einheit: W/(m² · K).[3]

Will man den U-Wert eines Bauteils bestimmen, so müssen dazu der Wärmedurchlasswiderstand $R = 1/\Lambda$ des Bauteils und die jeweiligen Wärmeübergangswiderstände R_{Si} und R_{Se} bekannt sein. Mit Hilfe des U-Wertes lassen sich ermitteln:

- der Wärmebedarf von Gebäuden,
- die Oberflächentemperaturen von Bauteilen,
- den möglichen Ausfall von Tauwasser.

Im Metallbau bezieht man den U-Wert auf ein bestimmtes Bauteil und versieht ihn mit einem entsprechenden Kennbuchstaben. Beispiele:

- U_f = U-Wert des Rahmens und der Profilabwicklungsfläche ($_f$ = engl. frame, alte Bezeichnung k_R),
- U_g = U-Wert der Verglasung ($_g$ = engl. glazing, alte Bezeichnung k_V),
- U_w = U-Wert des Fensters ($_w$ = engl. window, alte Bezeichnung k_F).

Der U_w-Wert eines Fensters setzt sich anteilmäßig aus dem U_f-Wert des Rahmens, der Verglasung (U_g) und des Glasrandverbundes zusammen. Er wird meist als Ganzes auf Prüfständen ermittelt. Sind die U-Werte und die Flächenanteile von Rahmen und Glas bekannt (z. B. aus der Norm DIN 4108-4 oder der DIN EN ISO 10077-1), kann man den U_w-Wert des Fensters berechnen (siehe S. 309 ff). Eine Übersicht der wärmetechnischen Fachbegriffe gibt Bild 1.

1 Alte Bezeichnung: k-Wert
2 Im Sommer umgekehrt: Von der warmen Außenluft zur kühlen Raumluft.
3 Die Wärmemenge pro Sekunde ist gleich dem Wärmestrom Φ mit der Einheit J/s bzw. W.
4 Für die Wärmeübergangskoeffizienten für Oberflächen von Bauteilen werden nach DIN EN ISO 6946 die Kurzzeichen h_i und h_e verwendet.

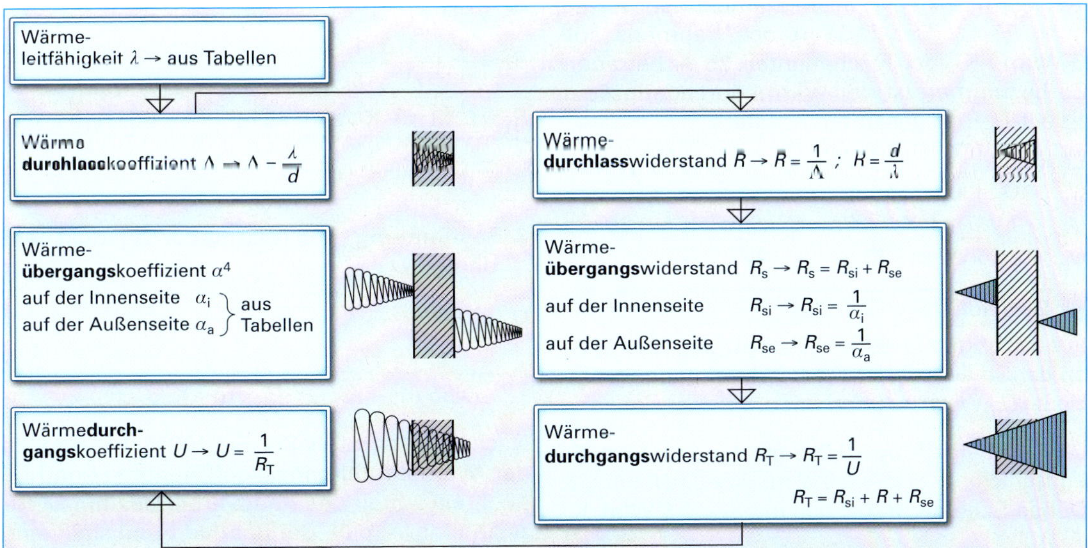

Bild 1: Kenngrößen für den Wärmedurchgang durch Bauteile

Zusammenfassend ist festzustellen:

- Je kleiner die Wärmeleitfähigkeit λ eines Bauteils, desto schlechter die Wärmeleitung und desto größer die Wärmedämmung.
- Der Wärmedurchgangskoeffizient U unterscheidet sich vom Wärmedurchlasskoeffizient Λ dadurch, dass im Wärmedurchgangskoeffizient U die Wärmeübergangskoeffizienten α_i für den Wärmeübergang von der Raumluft zur Bauteil-Innenseite und α_a für den Wärmeübergang von der Außenseite des Bauteils an die Außenluft enthalten sind.
- Je kleiner der Wärmedurchgangskoeffizient U, desto besser der Wärmedämmwert und desto geringer die Wärmeverluste.
- Je größer der Wärmedurchlasswiderstand R[1], umso besser die Dämmwirkung des Bauteils bzw. die Wirksamkeit des Dämmstoffes.
- Man benötigt den Wärmedurchlasswiderstand R eines Bauteils, um sicher zu wissen, dass ein Bauteil die Mindestwerte des Wärmeschutzes nach den gültigen Normen erfüllt.
- Wie bei der Reihenschaltung von Widerständen in der Elektrotechnik, addieren sich die Wärmeübergangswiderstände R_{si} und R_{se} und der Wärmedurchlasswiderstand R zum so genannten Wärmeduchgangswiderstand R_T.

Beispiel:

Der U_g-Wert einer Isolierglasscheibe beträgt 2,0 W/(m²·K), der Flächenanteil der Verglasung 75 %. Der U_f-Wert des Rahmens soll 3 W/(m²·K), der Flächenanteil 25 % betragen. Zu bestimmen ist der Wärmedurchgangskoeffizient U_w des gesamten Fensters.

Lösung:

$U_w = U_g + U_f$

$U_w = 2\ \text{W/(m}^2\cdot\text{K)} \cdot 0{,}75 + 3\ \text{W/(m}^2\cdot\text{K)} \cdot 0{,}25$

$U_w = 2{,}25\ \text{W/(m}^2\cdot\text{K)}$

Beispiel:

Für das abgebildete Schallschutzglas (Bild 1) ist an der Stelle A-A der Wärmedurchgangskoeffizient (U_g-Wert) zu berechnen.

Dicke Scheibe: $d_1 = 0{,}008\ \text{m}$, $\lambda_1 = 0{,}8\ \text{W/m}\cdot\text{K}$
Luftschicht: $d_2 = 0{,}012\ \text{m}$, $\lambda_2 = 0{,}026\ \text{W/m}\cdot\text{K}$
Dünne Scheibe: $d_3 = 0{,}006\ \text{m}$, $\lambda_3 = 0{,}8\ \text{W/m}\cdot\text{K}$

[1] Der Wärmedurchlasswiderstand R wird auch als Wärmedämmwert $1/\Lambda$ bezeichnet.

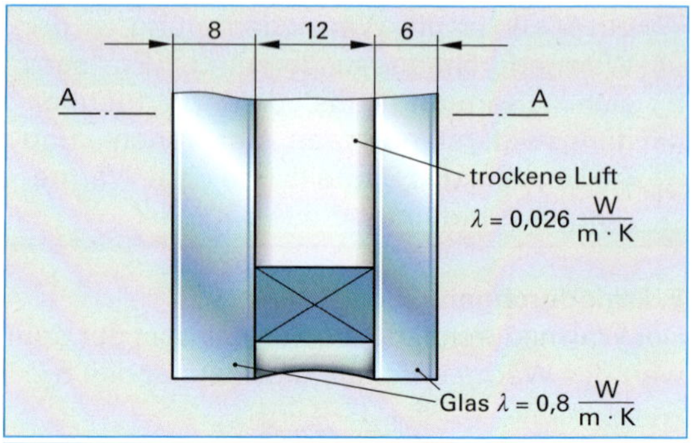

Bild 1: Berechnung des U_g-Wertes eines Schallschutzglases

Lösung:

1. Bestimmung des Wärmedurchlasswiderstandes $R = 1/\Lambda$

$$R = \frac{1}{\Lambda} = \frac{d_1}{\lambda_1} + \frac{d_2}{\lambda_2} + \frac{d_3}{\lambda_3}$$

$$R = \frac{1}{\Lambda} = \frac{0{,}008\ \text{m}}{0{,}8\ \text{W/m}\cdot\text{K}} + \frac{0{,}012\ \text{m}}{0{,}026\ \text{W/m}\cdot\text{K}} + \frac{0{,}006\ \text{m}}{0{,}8\ \text{W/m}\cdot\text{K}}$$

$$R = \frac{1}{\Lambda} = 0{,}48\ \text{m}^2\cdot\text{K/W}$$

2. Bestimmung des Wärmedurchgangswiderstandes R_T

Für Glasoberflächen gilt: $R_{Si} = 0{,}13\ \frac{\text{m}^2\cdot\text{K}}{\text{W}}$

und $R_{Se} = 0{,}04\ \frac{\text{m}^2\cdot\text{K}}{\text{W}}$.

$$R_T = R_{Si} + R + R_{Se}$$

$$R_T = \frac{1}{\alpha_i} + \frac{1}{\Lambda} + \frac{1}{\alpha_a}$$

$$R_T = 0{,}13\ \text{m}^2\cdot\text{K/W} + 0{,}48\ \text{m}^2\cdot\text{K/W} + 0{,}04\ \text{m}^2\cdot\text{K/W}$$

$$R_T = 0{,}65\ \text{m}^2\cdot\text{K/W}$$

3. Bestimmung des Wärmedurchgangskoeffizienten U_g

$$U_g = \frac{1}{R_T}$$

$$U_g = \frac{1}{0{,}65\ \text{m}^2\cdot\text{K/W}} = 1{,}54\ \frac{\text{W}}{\text{m}^2\cdot\text{K}}$$

Nach der Norm DIN EN ISO 10077-1 kommt zu den Wärmedurchgangskoeffizienten U_f und U_g noch ein Anteil des Randverbundes hinzu: Bezeichnung Ψ (psi). Der Randverbund stellt eine früher nicht beachtete Wärmebrücke dar (siehe Bild 1 auf der nachfolgenden Seite).

Die Berechnung des U_w-Wertes eines kompletten Fensters erfolgt nach der Formel:

$$U_w = \frac{A_g \cdot U_g + A_f \cdot U_f + l_g \cdot \Psi_g}{A_g + A_f}$$

A_g und A_f sind die Ansichtsflächen der Verglasung bzw. des Rahmens, l_g ist der sichtbare Umfang der Scheibe. Im Vergleich zu früheren Fenster-k-Werten ist der U_w-Wert durch die Einbeziehung des Randverbundes um ca. 0,2 W/(m²·K) größer als nach den früheren Berechnungsverfahren.

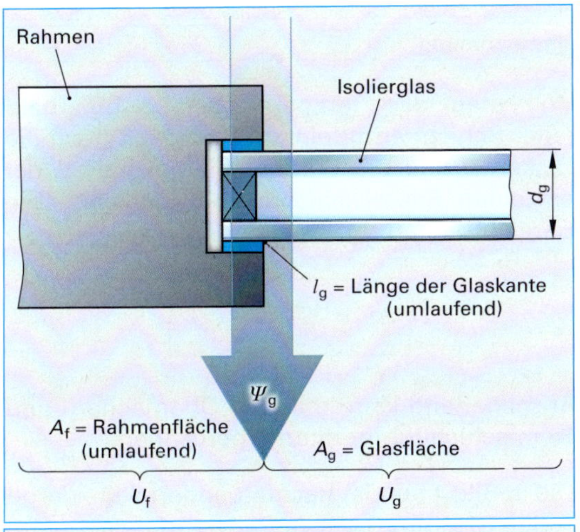

Bild 1: Faktoren für Wärmedurchgangsberechnung am Fenster

Vereinfachte Berechnung des Wärmebedarfs

Beispiel:

Welcher Wärmestrom geht durch eine 3 m² große Einfachverglasung mit dem U-Wert = 6,0 W/(m²·K), wenn der Temperaturunterschied 40 K beträgt? Welche Wärmemenge muss die Heizung in 24 Stunden ersetzen?

$$\Phi = U \cdot A \cdot \Delta\vartheta$$

Lösung:

$\Phi = U \cdot A \cdot \Delta\vartheta$

$\Phi = 6\ \text{W/(m}^2\cdot\text{K)} \cdot 3\ \text{m}^2 \cdot 40\ \text{K}$

$\Phi = 720\ \text{W}$ oder 0,72 kW oder 720 J/s

Das sind 720 W Heizenergie, die pro Sekunde durch die Glasscheibe transmittieren und somit für den Innenraum verloren sind. Dieser Wärmeverlust muss durch Heizen wieder ausgeglichen werden. Berücksichtigt man die zeitliche Dauer des Verluststromes, so erhält man den Heizwärmeverlust Q.

$Q = \Phi \cdot t$

$Q = 0{,}72\ \text{kW} \cdot 24\ \text{h}$

$Q = 17{,}3\ \text{kWh}$

Nach Faustformel (siehe S. 257) entspricht das 1,73 Liter Heizöl oder 1,7 m³ Erdgas.

Der Heizwärmeverlust eines Raumes setzt sich aus zwei Anteilen zusammen: dem Transmissionswärmeverlust (H_T) und dem Strömungswärmeverlust (H_V) aufgrund von Lüftung, Fugen und anderen Undichtigkeiten (siehe S. 261, Bild 1). Der U-Wert bezieht sich **nur** auf die Verluste durch Transmission. Er kennzeichnet die Qualität des Wärmeschutzes: ein kleiner U-Wert entspricht einem gutem Wärmeschutz.

Berechnung der Oberflächentemperaturen

Neben der Raumlufttemperatur ist die Oberflächentemperatur der Wände, Fenster und Türen maßgeblich für die Behaglichkeit. Kalte Wände und Fenster sind eine Folge zu geringer Wärmedämmwirkung. Sie vermindern das Behaglichkeitsempfinden und können zu Tauwasserbildung auf der inneren Oberfläche mit anschließenden Feuchteschäden führen. Aus der Oberflächentemperatur an der Innenseite der Fensterrahmen oder Isolierverglasungen lässt sich ableiten, ob Tauwasserbildung auftreten kann. Bekannt sein müssen:

- die Temperatur der Außenluft ϑ_a,
- die Temperatur der Innenluft ϑ_i,
- der U-Wert des gesamten Bauteils,
- der Wärmeübergangswiderstand $1/\alpha_i$.

Die Oberflächentemperatur an der Fensterinnenseite lässt sich berechnen:

$$\vartheta_{io} = \vartheta_i + U\,(\vartheta_a - \vartheta_i)\,\frac{1}{\alpha_i}$$

In der Gleichung bedeuten:

ϑ_{io} Oberflächentemperatur, innen,

ϑ_i Innentemperatur,

ϑ_a Außentemperatur,

U U-Wert des jeweiligen Bauteils (Rahmen U_f, Glas U_g oder Fenster U_w),

$\frac{1}{\alpha_i}$ innerer Wärmeübergangswiderstand; nach DIN EN ISO 10077-1: R_{si}.

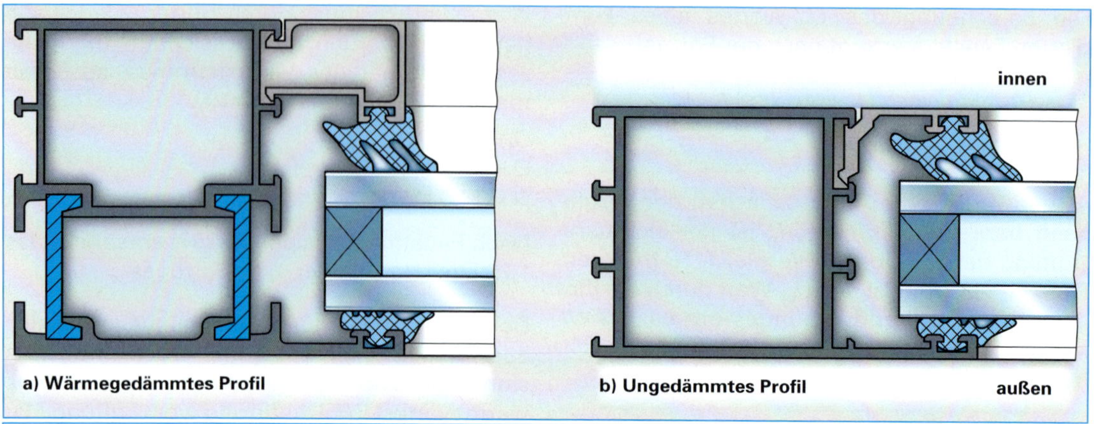

Bild 1: Fensterprofile aus Aluminium mit und ohne Wärmedämmung

Beispiel:

Durch eine Vergleichsrechnung sollen die Oberflächentemperaturen von a) wärmegedämmten und ungedämmten Aluminiumprofilen (Bild 1) überprüft werden. Kann Tauwasser auftreten?

Gegeben sind:

a) wärmegedämmter Aluminiumrahmen $U_f = 3{,}0\ \text{W/(m}^2\cdot\text{K)}$,
b) ungedämmter Aluminiumrahmen $U_f = 6{,}0\ \text{W/(m}^2\cdot\text{K)}$,
Innentemperatur $\vartheta_i = 20\ °\text{C}$,
Außentemperatur $\vartheta_a = -10\ °\text{C}$,
Innerer Wärmeübergangswiderstand $R_{si} = 1/\alpha_i = 0{,}13\ (\text{m}^2\cdot\text{K})/\text{W}$.

Lösung:

a) $\vartheta_{io} = \vartheta_i + U \cdot (\vartheta_a - \vartheta_i) \cdot \frac{1}{\alpha_i}$

$$\vartheta_{io} = 20\,°\text{C} + 3\,\frac{\text{W}}{\text{m}^2\cdot\text{K}}\,(-10\,°\text{C}-(+20\,°\text{C}))\cdot 0{,}13\,\frac{\text{m}^2\cdot\text{K}}{\text{W}}$$

$$\vartheta_{io} = 20\ °\text{C} - 11{,}7\ °\text{C} = +\,8{,}3\ °\text{C}$$

b) $\vartheta_{io} = \vartheta_i + U \cdot (\vartheta_a - \vartheta_i) \cdot \frac{1}{\alpha_i}$

$$\vartheta_{io} = 20\ °\text{C} + 6\,\frac{\text{W}}{\text{m}^2\cdot\text{K}}\,(-10\,°\text{C}-(+20\,°\text{C}))\cdot 0{,}13\,\frac{\text{m}^2\cdot\text{K}}{\text{W}}$$

$$\vartheta_{io} = 20\ °\text{C} - 23{,}4\ °\text{C} = -\,3{,}4\ °\text{C}$$

Unter den vorliegenden Verhältnissen wird sich auch in beiden Fällen Tauwasser bilden und auf der Rahmenoberfläche gefrieren.

Die Tauwasserbildung ist unter anderem von der relativen Luftfeuchtigkeit abhängig. Bei einer Rahmenoberflächentemperatur von + 8,3 °C kann sich erst bei einer Raumtemperatur von 20 °C und einer relativen Luftfeuchtigkeit knapp unterhalb von 50 % Tauwasser bilden (siehe S. 285, Tabelle 1).

Will man das Temperaturgefälle **innerhalb** jeder Schicht ermitteln, müssen auch noch die Dicken d und die Wärmeleitfähigkeiten λ der einzelnen Bauteilschichten bekannt sein. Die Berechnung erfolgt nach der Formel:

$$\Delta\vartheta = \frac{1/\lambda}{R_T}(\vartheta_i - \vartheta_a)$$

Anschließend kann man die Oberflächen- und Trennschichttemperaturen berechnen.

Die in Bild 1 auf der nachfolgenden Seite dargestellte 375 mm dicke Außenwand besteht von innen nach außen aus folgenden Schichten (Tabelle 1):

Tabelle 1: Aufbau einer Außenwand

Schicht Nr.	1	2	3	4
Baustoff	Gipsputz	Kalksandstein	Polystyrol	Zementputz
Schichtdicke *d*	0,015 m	0,24 m	0,1 m	0,020 m
Wärmeleitfähigkeit λ	0,70 W/(m · K)	0,99 W/(m · K)	0,04 W/(m · K)	1,40 W/(m · K)
Wärmedurchlasswiderstand *R* = *d*/λ = 1/Λ	0,02 m²·K/W	0,24 m²·K/W	2,50 m²·K/W	0,01 m²·K/W

Die Oberflächen- und Trennschichttemperaturen sind eingetragen und geradlinig miteinander verbunden. So kann man an jeder Stelle im Bauteil die Temperatur ablesen. Die Frostgrenze befindet sich hier in der Mitte der Wärmedämmschicht (Bild 1).

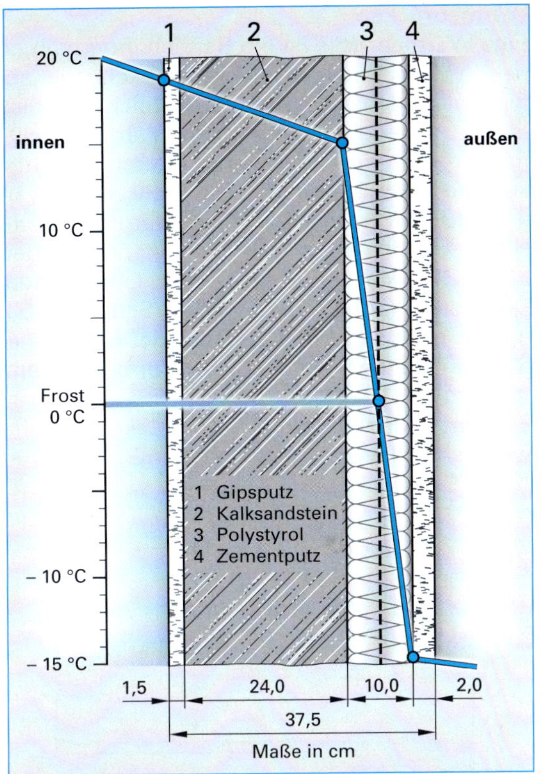

Bild 1: Beispiel Temperaturverlauf in einer Außenwand

Beispiel:

Gegeben:
Außenmauer Bild 1,
Raumtemperatur ϑ_i = 20 °C,
Außentemperatur ϑ_a = – 15 °C,
Temperaturdifferenz 35 K.

Die Wärmeübergangswiderstände betragen R_{si} = 0,13 (m² · K)/W und R_{se} = 0,04 (m² · K)/W (siehe Seite 265). Die Wärmedurchlasswiderstände R_1, R_2, R_3 und R_4 werden nach der Formel $R = d/\lambda$ errechnet (siehe S. 270, Tabelle 1).

Gesucht:
Temperaturgefälle und Temperaturen an den Oberflächen und in der Trennschicht, *U*-Wert der Wand.

Lösung:

Wandaufbau – Schicht	Dicke *d* mm	Wärmeübergangswiderstände R_{si}, R_{se} in (m²·K)/W	Wärmedurchlasswiderstände R_1, R_2, R_3, R_4 in (m²·K)/W	Temperaturgefälle $\Delta\vartheta$ in K $\Delta\vartheta = \frac{1/\Lambda}{R_T}(\vartheta_i - \vartheta_a)$	Temperaturen ϑ: $\vartheta_{i,1}$ = innere Oberflächentemperatur; $\vartheta_{1,2 \ldots 3,4}$ = Trennschichttemperatur; °C
innen		0,13		1,6	$\vartheta_{i,1}$ = 20 – 1,6 = 18,4
1. Gipsputz	15		0,02	0,2	$\vartheta_{1,2}$ = 18,4 – 0,2 = 18,2
2. Kalksandstein	240		0,24	2,9	$\vartheta_{2,3}$ = 18,2 – 2,9 = 15,3
3. Polystyrol	100		2,5	29,8	$\vartheta_{3,4}$ = 15,3 – 29,8 = – 14,5
4. Zementputz	20		0,01	0,1	$\vartheta_{4,a}$ = – 14,5 – 0,1 = – 14,6
außen		0,04		0,5	ϑ_a = – 14,6 – 0,5 = – 15,1
gesamter Wärmedurchgangswiderstand R_T	375	$R_T = R_{si} + R_1 + R_2 + R_3 + R_4 + R_{se}$; R_T = 2,94 (m²·K)/W			
Wärmedurchgangskoeffizient *U* für die Außenwand: $U = 1/R_T$ = 1/2,94 (m²·K)/W = 0,34 W/(m²·K)					

Wärmebrücken

Eine Wärmebrücke ist ein Bereich innerhalb einer Konstruktion, in der die Wärme schneller abfließt als in den angrenzenden Bereichen. Meist ist die Innenoberfläche einer Wärmebrücke im Vergleich zur Raumtemperatur besonders kalt und die Außenoberfläche relativ warm. Wärmebrücken verursachen hohe Wärmeverluste. Hinzu kommt, dass sich bei entsprechender Luftfeuchtigkeit an den kühlen Oberflächen Tauwasser niederschlägt und sich Schimmel bildet. Je nach Ursache unterscheidet man materialbedingte und geometrische Wärmebrücken.

Eine **materialbedingte Wärmebrücke** entsteht, wenn sich innerhalb eines ebenen Bauteils verschiedene Materialien mit stark unterschiedlicher Wärmeleitfähigkeit abwechseln und so den gleichmäßigen Verlauf des Wärmestromes stören. Beispiele rund um das Fenster sind die Leibung mit den Befestigungselementen, die Fugenausbildung, die Brüstung mit Fensterbrett, der Sturz und der Rollladenkasten. Weitere Beispiele: Sparren in einem vollwärmegedämmten Dach und ein durchgehender Stahlträger in einer gemauerten Wand (Bild 1).

Eine **geometrische Wärmebrücke** ist eine Konstruktion, die auf der kalten Seite eine größere Fläche aufweist als auf der Innenseite (Bild 2). So ist z. B. die kalte Außenseite einer Außenwand bei einem 36,5 cm dicken Mauerwerk 72 cm län-

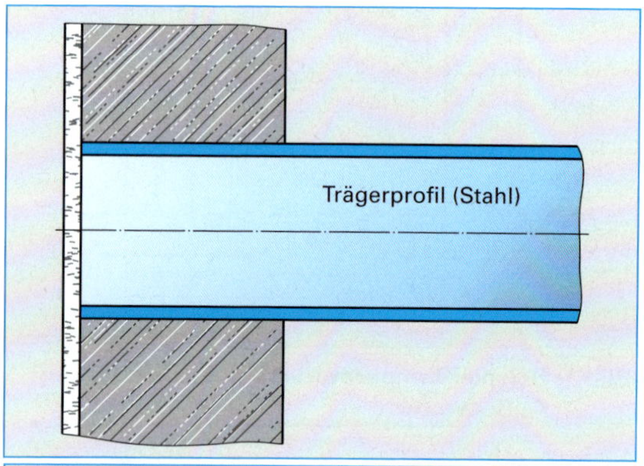

Bild 1: Schwerwiegende materialbedingte Wärmebrücke

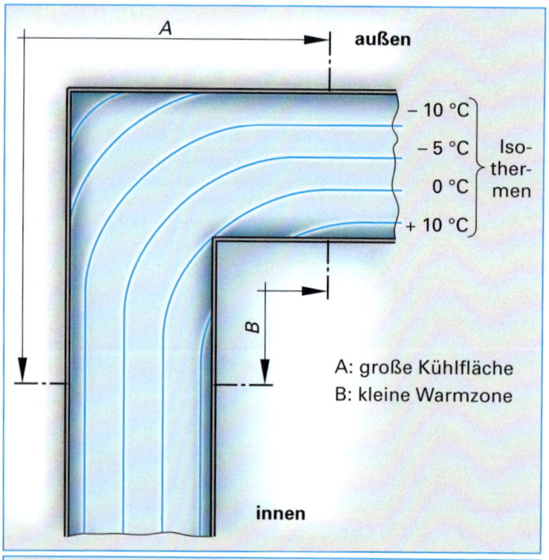

Bild 2: Kühlrippeneffekt einer geometrischen Wärmebrücke

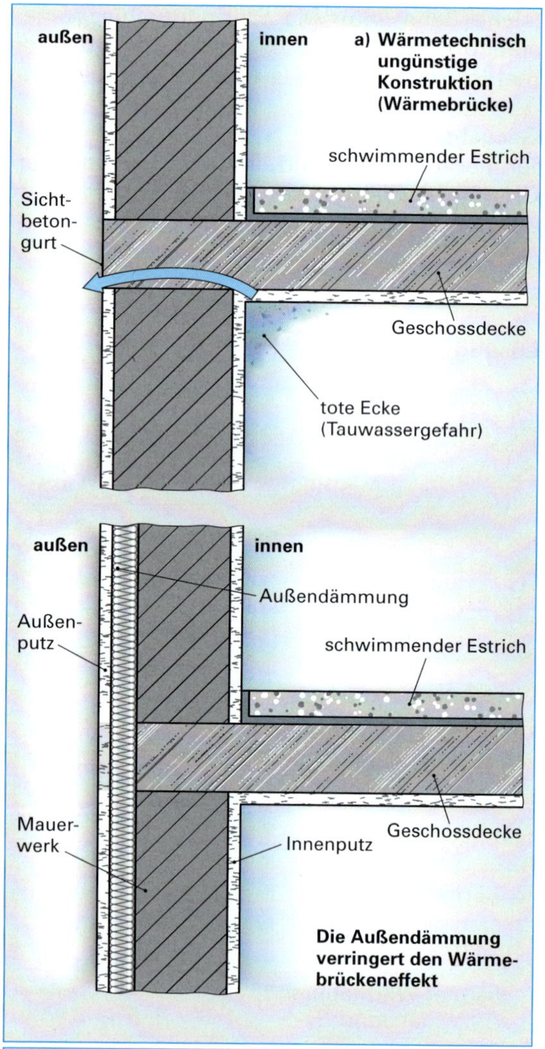

Bild 3: Deckenanschluss

ger als die Innenseite, die aufgewärmt wird. An der Innenecke ist bei Temperaturen unter 10 °C mit Tauwasser zu rechnen.

Gleiches entsteht beim Einbau eines Fensters: Da das Fenster immer ein Stück von der Außenwandoberfläche zurückgesetzt eingebaut wird, entsteht eine Maueraußenecke mit einer längeren auskühlenden Strecke. Weitere Beispiele sind der Anschluss einer Geschossdecke an die Außenwand, die zur Balkonplatte hin verlängerte Geschossdecke, das Erkerfenster oder das über die Gebäudedecke geführte Fenster.

Bei **materialbedingten und geometrischen Wärmebrücken** kommen die beiden Ursachen zusammen. Bild 3 (siehe S. 272) zeigt einen zwar konstruktiv richtigen, aber wärmetechnisch ungünstigen Deckenanschluss. Erst eine durchgehende zusätzliche Dämmschicht verringert den Effekt der Wärmebrücke.

Je nach Ausdehnung unterscheidet man punktförmige (z. B. durch Befestigungsmittel) und flächenförmige Wärmebrücken.

Wärmebrücken lassen sich mit Thermographieaufnahmen (Infrarotaufnahmen) sichtbar machen (Bild 1). Flächen mit starker Wärmeabstrahlung (also Wärmebrücken) erscheinen auf diesem Bild hell, solche mit geringer Abstrahlung dunkel.

Die Thermographie ist ungeeignet für Glas, Metalloberflächen und hinterlüftete Oberflächen.

Einen wesentlichen Einfluss auf die Bildung von Wärmebrücken hat die Lage des Fensters im Baukörper. Bild 1 auf der folgenden Seite zeigt den falschen und den richtigen Anschlag eines Fensters in einer einschaligen massiven Außenwand. Im oberen Bildbeispiel auf der Seite 274 entsteht eine Wärmebrücke, weil die 10 °C-Isotherme[1] mit einer starken Krümmung das Mauerwerk verlässt, um dann wieder in den Blend- und Flügelrahmen einzumünden. An den Stellen, wo die 10 °C-Isotherme an die Oberfläche tritt, sinkt die Oberflächentemperatur unter 10 °C. Tauwasserniederschlag, Nachdunkelungen (Stockflecken) und Schimmelbildung sind die Folge.

Beim richtigen Einbau verläuft die 10 °C-Isotherme vom Mauerwerk über die wärmegedämmte Bauanschlussfuge zum Blend- und Flügelrahmen. Im Idealfall nimmt die 10 °C-Isotherme ihren Weg nur durch wärmegedämmte Bereiche. Das kann durch einen mittigen Stumpfanschlag und durch eine von außen wärmegedämmte Wand erreicht werden (siehe S. 274, Bilder 2 u. 3).

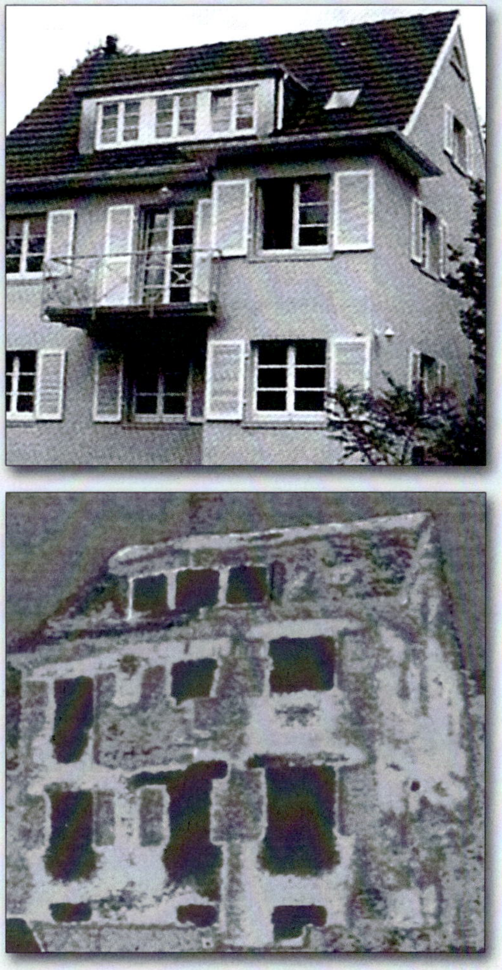

Bild 1: Foto (oben) und Thermographie (unten) eines Wohnhauses bei einer Außentemperatur von – 10 °C

Am unteren Bauanschluss vermeidet ein Basisprofil aus Kunststoff und eine 20 mm bis 30 mm dicke Dämmschicht eine Wärmebrücke. Gleichzeitig verringern sich störende Geräusche, die bei starkem Regenfall auf die Außenfensterbank auftreten.

[1] Neben der 10 °C-Isotherme hat in der Bautechnik die 13 °C-Isotherme Bedeutung als kritische Temperatur für die Schimmelpilzbildung im Gebäude. Siehe Seite 289, Bild 2.

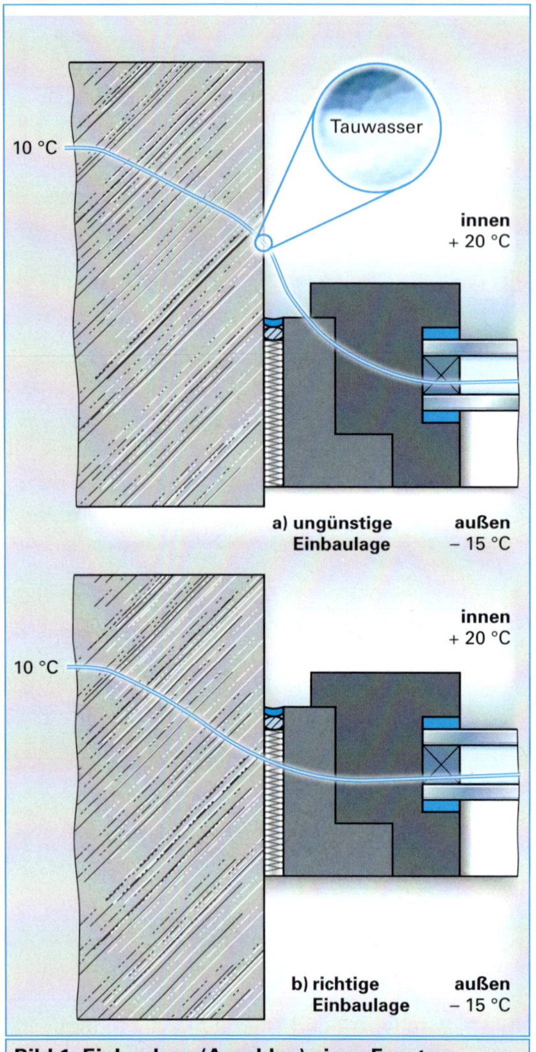

Bild 1: Einbaulage (Anschlag) eines Fensters

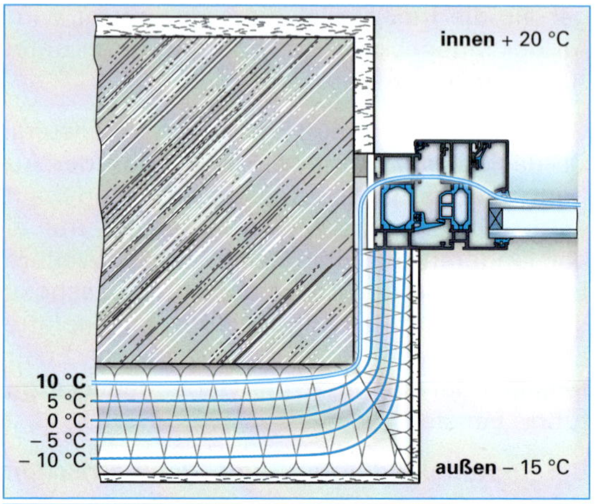

Bild 2: Fensteranschluss (fast) ohne Wärmebrücke

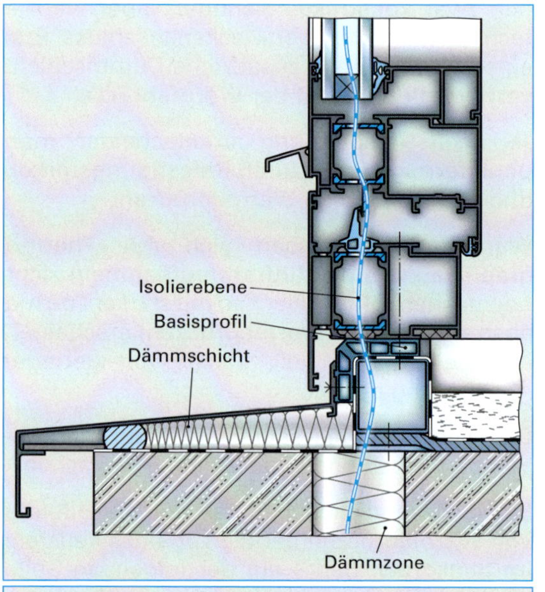

Bild 3: Unterer Bauanschluss eines Fensters (fast) ohne Wärmebrücke

Grundregeln zur Vermeidung von Wärmebrücken:

- Möglichst kompakte (beheizte) Gebäudehülle ausführen. Ein stark gegliedertes Gebäude erhöht die Zahl der Wärmebrücken.
- Die Gebäudehülle sollte nur stumpfwinklige Ecken aufweisen.
- Durchdringungen der Gebäudehülle und der Dämmebenen vermeiden (z. B. keine durchlaufenden Stahlträger).
- Warme und kalte Bauteile thermisch trennen (z. B. Balkonplatte von Außenwand).
- Außendämmung bevorzugen.
- Dämmebene nicht verspringen lassen (Bild 1). Dämmebene und Dämmung an Bauteilanschlüssen nicht unterbrechen.
- Bei mehrschaligem Aufbau: Dämmzone und Isolierebene des Fensters (Funktionsebene) sollten in einer Ebene liegen (Bild 3).
- Dämmsysteme sind konsequent durchzubilden (siehe S. 275, Bild 1).
- Bei gleicher Verglasungsfläche die Fläche der Fensterrahmen möglichst klein halten (oder wenige große statt viele kleine Fenster wählen).
- Dämmstoff fugenfrei verlegen.

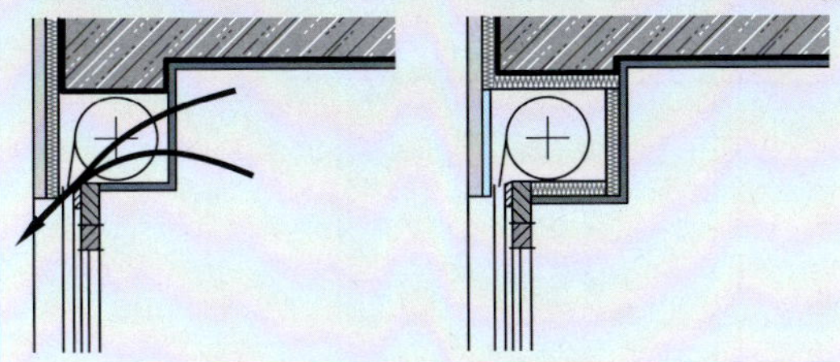

Bild 1: Der Rollladenkasten als Wärmebrücke

Wärmespeicherfähigkeit

Unter Wärmespeicherfähigkeit (auch als „Wärmespeichervermögen" bezeichnet) von Baustoffen und Bauteilen versteht man ihre Eigenschaft, bei Temperaturveränderungen Wärmeenergie aufzunehmen und wieder abzugeben. Dadurch werden die Schwankungen der Wärmebelastung und der Raumlufttemperatur ausgeglichen.

Grundsätzlich gilt, dass die **Massivbauweise** aufgrund der höheren Speicherfähigkeit ein angenehmeres Raumklima aufweist als Gebäude in **Leichtbauweise**. Die Massivbauweise benötigt aber nach der Auskühlung eine längere Aufheizzeit.

Dauerbeheizte Räume (z. B. Klassenräume) sollen bei verminderter Wärmezufuhr die vorhandene Wärme möglichst lange speichern. Im Sommer wird bei guter Wärmespeicherung die Sonnenwärme in den Wänden und Dächern gespeichert und erst an die Raumluft abgegeben, wenn es außen kälter wird. Umgekehrt gilt: Für nur vorübergehend beheizte Räume ist die Leichtbauweise wärmetechnisch günstiger.

Eine gute Wärmedämmung ist nicht gleichbedeutend mit guter Wärmespeicherung. Dichte, feste Stoffe mit einer großen Masse an Beton und Steinen speichern die Wärme besser als porige, leichte Stoffe. Umgekehrt: Styropor speichert wenig Wärme, hat aber eine gute Wärmedämmung. Holz hat im Unterschied zu anderen Werkstoffen sowohl eine gute Wärmespeicherfähigkeit als auch eine gute Wärmedämmwirkung.

Innendämmung

Bei einer Innendämmung (Bild 2) erwärmt sich die Raumluft bei Heizbeginn sehr schnell, kühlt aber auch bei Heizende ebenso rasch ab. Überall, wo Räume nur kurzfristig benutzt werden

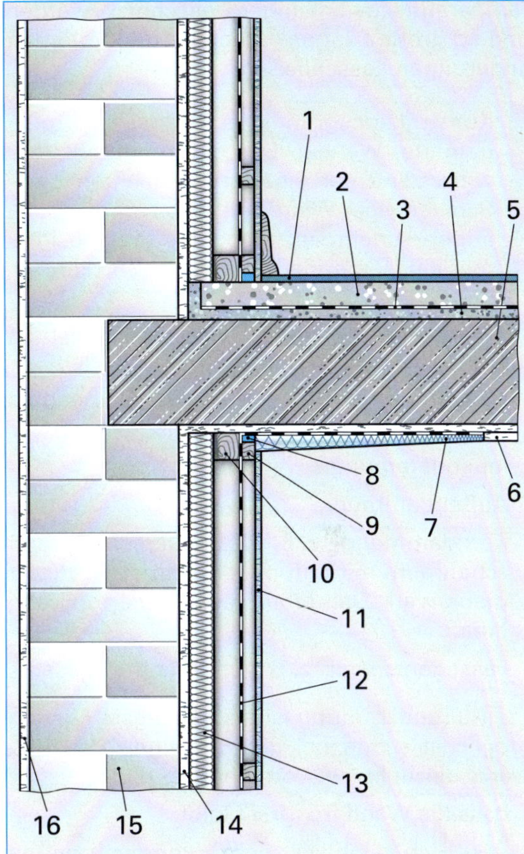

1 PVC-Bodenbelag
2 Estrichschicht
3 PE-Folie
4 Estrichdämmplatte
5 Betondecke
6 Deckenputz
7 Dämmkeil
8 Fugendichtband
9 Traglattung
10 Unterkonstruktion
11 Gipskartonplatte
12 PE-Folie
13 Polystyrol-Hartschaumplatte
14 alter Innenputz
15 Ziegelmauerwerk
16 Außenputz

Bild 2: Innendämmung einer Außenwand mit Dämmschicht auf der warmen Innenseite

(Kinos, Konzertsäle, Wochenendhäuser) und sie sich möglichst schnell aufheizen sollen, bietet die Innendämmung wärmetechnische Vorteile. Außerdem ist die Innendämmung einfacher zu montieren und ein Wetterschutz entfällt.

Außendämmung

Bei einer Außendämmung (siehe S. 276, Bilder 1 u. 2) erwärmt sich die Raumluft bei Heizbeginn langsam und bei Heizende kühlt sie sich entsprechend langsam ab. Sie empfiehlt sich daher in dauernd bewohnten Gebäuden. Ein weiterer Vorteil ist, dass die Wände vor großen

Temperaturschwankungen geschützt werden und so große Längen-, Flächen- und Volumenänderungen ausschließen.

> Konstruktionsgrundsatz für außen gedämmte Wände: Der Wärmedurchlasswiderstand der einzelnen Schichten und Schalen einer Wand sollte von innen nach außen zunehmen, damit die Wärme immer langsamer nach außen fließen kann.

Für den Wärmeschutz, den die Außenwand übernimmt, gibt es prinzipiell fünf Möglichkeiten:

- Monolithische Bauweise, z. B. Außenputz, Hohllochziegelwand, Innenputz,
- Innendämmung,
- Außendämmung,
- Kerndämmung, z. B. Vormauerschale, Zwischenraum mit Luft oder Dämmstoff, Hintermauerwerk, Dampfbremse, Gipskartonplatte innen,
- Fassadentechnik, z. B. vorgehängte Fassade.

Die Außendämmung ist als günstigste Lösung möglichst schon bei der Erstellung des Bauwerks einzuplanen. Vorteilhaft ist dabei,

- dass die Wand frostfrei bleibt,
- dass sich keine Wärmebrücken nach außen bilden,
- dass die Wärmedehnung der tragenden Bauteile gering ist,
- dass die Wand temperaturausgleichend wirkt.

Man findet die Außendämmung vor allem bei Räumen, die ständig benutzt und bewohnt werden, wie z. B. Wohnhäuser, Altenheime und Krankenhäuser (Bilder 1 u. 2).

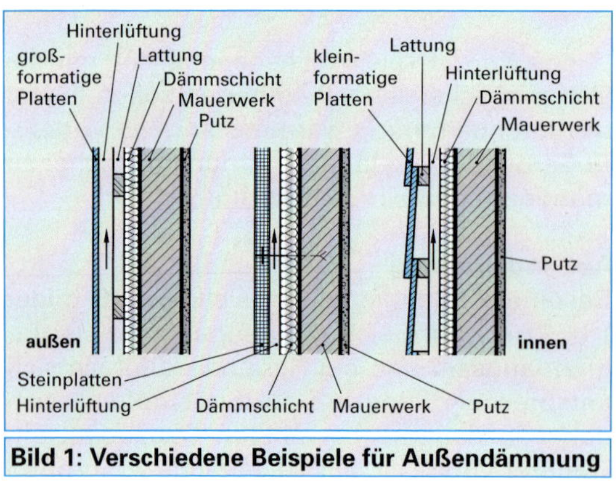

Bild 1: Verschiedene Beispiele für Außendämmung

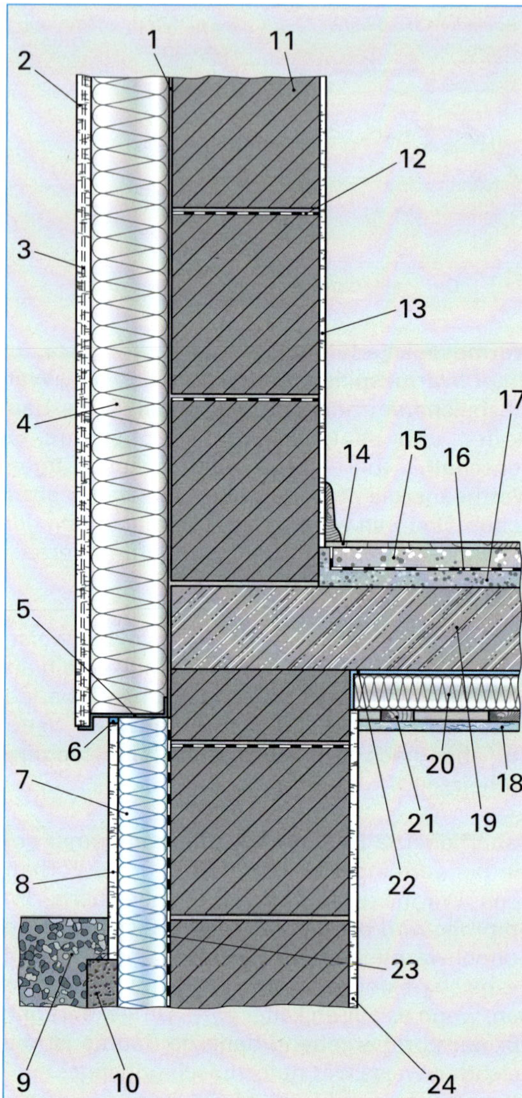

1 Klebemörtel
2 Außenputz
3 Armierputz mit Glasseidengewebe
4 Polystyrol-Hartschaum
5 Abschlussprofil
6 Fugendichtband
7 Perimeter-Dämmschicht (Extrudiertes Polystyrol)
8 Sockelputz
9 Kiesschicht im Erdreich
10 Sickerplatte abgedeckt mit Filtervlies
11 Kalksandsteinmauerwerk
12 Bitumenschicht
13 Innenputz
14 PVC
15 Estrichschicht
16 PE-Folie
17 Estrichdämmplatte
18 Gipskartonplatte
19 Betondecke
20 Polystyrol-Hartschaum
21 Lattung
22 Baukleber
23 Bitumenschicht
24 Innenputz

Bild 2: Außendämmung einer Außenwand

Kerndämmung

Eine Kerndämmung (Bild 1) findet man häufig bei Fassaden aus Sichtbeton oder Sichtmauerwerk. Hier wird die Dämmung zwischen zwei Schalen angebracht.

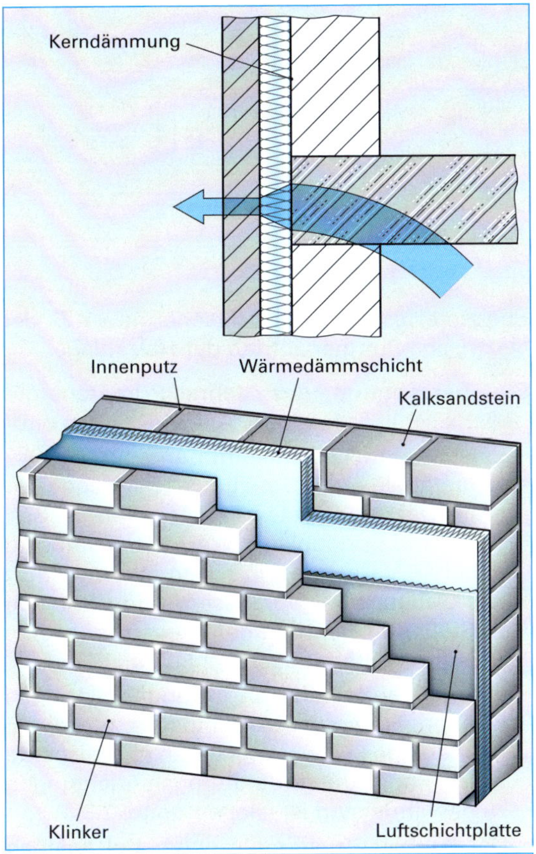

Bild 1: Kerndämmung an zweischaliger Außenwand

9.1.3 Energieeinsparung

Das 2020 verabschiedete Gebäudeenergiegesetz (GEG) fußt auf der Energieeinsparverordnung, dem Energiespargesetz und dem Erneuerbare-Energien-Wärmegesetz. Mit der Zusammenführung und Vereinheitlichung dieser Gesetze soll der Jahres-Primärenergiebedarf in Wohn- und Nutzgebäuden abgesenkt werden. Hierzu zählt auch die Nutzung der erneuerbaren Energien in der Haustechnik. Die Kernfrage bleibt dabei die Bezahlbarkeit von Bauen und Wohnen. Daher wurde das bisherige hohe Niveau der Anforderungen im GEG nicht weiter gesteigert. Das Fernziel der Bundesregierung für das Jahr 2050 ist es einen klimaneutralen Gebäudebestand anzustreben.

Würde man z. B. alle wärmetechnisch wenig effizienten Altfenster mit einem schlechten Wärmedurchgangswert austauschen mit Fenstern, die einen U_w-Wert von 1,0 W/(m² · K) aufweisen, so könnten jährlich nach Berechnungen der Deutschen Energieagentur etwa 8,6 Milliarden Liter Heizöl eingespart werden. Solche Berechnungen gehen davon aus, dass etwa 40 % der klimaschädlichen CO_2-Emission durch den Einsatz von Primärenergie (Bild 2) für Heiz- und Kühlzwecke für Gebäude in Deutschland aufgebracht werden. Die Reduzierung des Primärenergieverbrauchs setzt daher an, dem Baugewerbe und dem Baunebengewerbe einen effizienten Wärmeschutz zu verordnen, um den Jahresheizwärmebedarf für Gebäude zu verringern, um damit den Verbrauch von Primärenergie zu reduzieren, um schließlich einen nachhaltigen Beitrag zur Absenkung des CO_2-Ausstoßes in Deutschland[1] zu leisten.

Mit der Umsetzung des GEG und den späteren Fortschreitungen mit zu erwartenden weiter steigenden Anforderungen an den Wärmeschutz im und am Gebäude kommen große Herausforderungen auf die Glasindustrie, den Produzenten von Sonnenschutzanlagen und den Herstellern von Systemprofilen für den Fenster-, Türen- und Fassadenbau zu. Es bedeutet auch für andere Bereiche der Gebäudetechnik, z. B. für den Heizungsbau, für die Klima-, Warmwasser- und Solartechnik und die Dämmstoffindustrie eine große technologische Herausforderungen für das nächste Jahrzehnt.

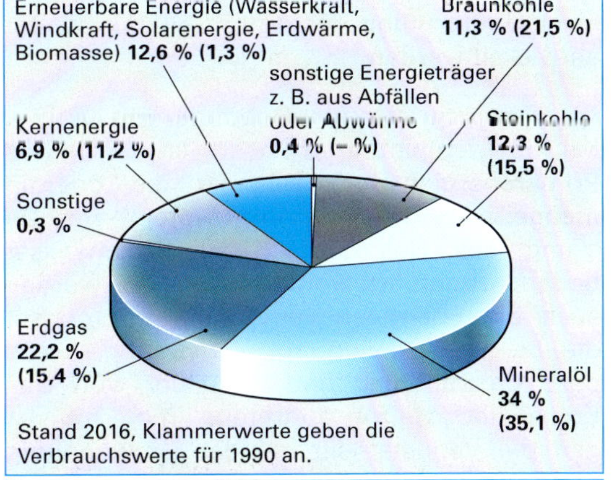

Bild 2: Primärenergieverbrauch

[1] Es werden etwa 600 Millionen Tonnen CO_2 jährlich in Deutschland an die Umwelt abgegeben. Weltweit: etwa 36 Milliarden Tonnen CO_2.

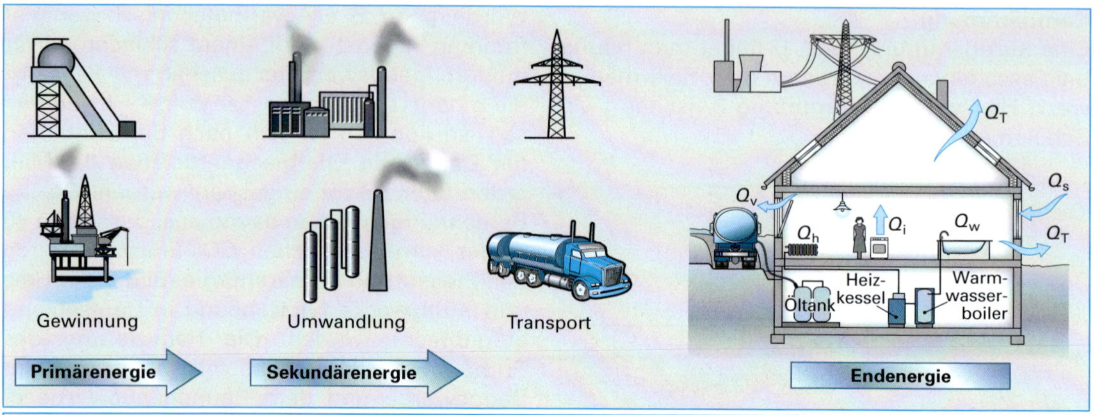

Bild 1: Von der Primärenergie zur Endenergie

Mit der EnEV 2009 wurde erstmalig für alle bestehenden, veränderten oder erweiterten Gebäude und für Neubauten ein Energieausweis zur Pflicht. Hausbesitzer mussten seit diesem Datum den neuen Mietern oder Eigentümern den Energieausweis für das betreffende Gebäude vorlegen. Damit diente die EnEV einerseits einem erweiterten Verbraucherschutz und andererseits durch das Aufzeigen von Vergleichswerten für den Endenegiebedarf schuf sie Anreize zur Verbesserung der Energieeffizienz von Gebäuden durch die Eigentümer.

Nach dem Gebäudeenergiegesetz (GEG) wird der Energieausweis um den Abschnitt Kohlendioxidemission erweitert. In Immobilienanzeigen für Verkauf oder Vermietung müssen die energetischen Kennwerte angegeben werden. Ab etwa 2033 soll das GEG auf der Grundlage einer Überprüfung der Anfroderungen weiterentwickelt werden.

Die Bezugsgröße für Gebäude mit normalen Innentemperaturen (19 °C) ist der **Jahres-Primärenergiebedarf**. Das ist die Energiemenge, die dem Heizungssystem zur Deckung des Heizwärme- und Warmwasserbedarfs zugeführt werden muss. Es werden auch die Energieaufwendungen mit erfasst, die bei der Gewinnung, Veredelung, Transport, Umwandlung und Verteilung von Gas, Kohle und Heizöl auftreten. Immerhin liegen die Verluste, die bei der Umwandlung dieser Energieträger entstehen, im Durchschnitt bei 20 % der Gesamtverluste in der Energiebilanz eines Gebäudes. Bei bestimmten Bauweisen und ineffizienter Anlagentechnik können diese Verluste bis zu 30 % betragen.

Ebenso erfasst wird die Hilfsenergie – z. B. der elektrische Pumpenantrieb der Heizanlage.

Die Berechnung des Jahres-Primärenergiebedarfs schließt folgende Anforderungen ein:

- Eine erhöhte Wärmedämmung für alle Außenbauteile eines Gebäudes, wie Wände, Decken, Dächer, Fenster, Fenstertüren, Außentüren und Bodenplatte. **Wärmebrücken** sind dabei zu vermeiden, um den Wärmeschutz des Gebäudes zu verbessern und um feuchte Stellen in den Räumen wegen möglicher Schimmelbildung auszuschließen.
- Eine Gebäudehülle mit luftundurchlässigen Flächen, Fugen und Anschlüssen, wobei der notwendige **Luftwechsel** durch natürliche Belüftung oder durch Belüftungseinrichtungen zu gewährleisten ist (siehe Kapitel 2.3.4).
- Der Einbau energieeffizienter **Heizanlagen** durch verbesserte Brennwertkessel oder anderer Anlagentechniken.
- Eine erhöhte Wärmedämmung für Wärme- und Warmwasserverteilungsleitungen und den Einbau von energiesparenden **Regelungssystemen**.
- Einen energiesparenden **sommerlichen Wärmeschutz**, der evtl. notwendige energieverbrauchende Klimaanlagen auf ein Minimum reduziert.
- Die Nutzung **solarer Wärmegewinne**, die durch Fenster mit einem hohen Gesamtenergiedurchlassgrad erreicht werden kann.
- Die Nutzung **interner Wärmegewinne** von wärmeabgebenden elektrischen Geräten, wie Beleuchtungskörper, Herde, Kühlschränke usw. einschließlich der Wärmeabgabe der Bewohner des Hauses.

Für den Fenster-, Türen- und Fassadenbau bedeutet die geforderte Energieeinsparung gerade in Hinblick auf zu erwartenden weiter ansteigenden Anforderungen an den Wärmeschutz dieser Bauteile folgende Entwicklungsrichtungen seitens der Profilhersteller und der Glasindustrie:

- Systemprofile aus Stahl, Aluminium und Kunststoff mit erhöhter Anzahl der Kammern, eine verbesserte Wärmedämmzone mit mehreren Dichtungsebenen.
- Reduzierung der Profilbreiten in Hinblick auf einen höheren Glasanteil und einem tieferen Glaseinstand.
- Neue Randverbundtechniken beim Isolierglas.
- Isoliergläser mit optimierten Beschichtungen und Gasfüllungen im Scheibenzwischenraum.
- Verstärkte Anwendung von Dreifachisolierglas.
- Einsatz von Vakuum-Isolationspaneelen (VIP) mit verbesserter Dämmwirkung (Wärmeleitfähigkeit: 0,004 W/(m·K).
- Reduzierung der Lüftungswärmeverluste durch verbesserte Dichtigkeit und kontrollierte elektronisch gesteuerte Lüftungstechniken.
- Nutzung des Zwischenraumes bei Doppelfassaden (siehe S. 200, Bild 1) für Sonnenschutz, Lichtlenkung, Lüftungseinrichtungen und Energiegewinnungstechniken.
- Verbesserte Tageslichtnutzung durch Lichtleittechnik (siehe S. 103, Bild 2).
- Verstärkter Einsatz der Fotovoltaik.
- Integration von Sensoren in der Fassadentechnik für Sonnenschutz, Beleuchtung und Klimatechnik.

Neu in der EnEV 2009 war ein vereinfachtes Referenzgebäudeverfahren. Dieses Verfahren wurde in den späteren Fassungen des GEG beibehalten. Dabei wurde der zulässige Primärenergiebedarf anhand eines Referenzgebäudes (Bild 1) mit gleicher Geometrie, Nutzfläche, Lage und Ausrichtung unter der Annahme standardisierter Bauteile und Anlagentechnik ermittelt. In der Gegenüberstellung der Berechnung des Jahres-Primärenergiebedarf des vorliegenden Gebäudes mit dem Referenzgebäude darf der Referenzwert nicht überschritten werden (Modellgebäudeverfahren). Es gilt nach DIN 4108-6 und DIN V 4701-10:

$$Q_{\mathrm{p\,vorh}} \leq Q_{\mathrm{p\,ref}}$$

$$Q_{\mathrm{p}} = e_{\mathrm{p}} \cdot (Q_{\mathrm{h}} + Q_{\mathrm{w}})^{1)} \quad \text{in kWh/a}$$

$Q_{\mathrm{p\,vorh}}$ = Primärenergiebedarf
$Q_{\mathrm{p\,ref}}$ = Primärenergiebedarf des Referenzgebäudes
e_{p} = Anlagenaufwandszahl (mit Einrechnung des Primärenergiefaktor)
Q_{h} = Heizwärmebedarf
Q_{w} = Trinkwasserwärmebedarf

$Q_{\mathrm{p\,vorh}}$ beschreibt den Gesamtenergiebedarf eines Gebäudes an fossiler Energie.

$Q_{\mathrm{p\,ref}}$ ist der Primärenergiebedarf des zugrundeliegenden Referenzgebäudes.

e_{p} ist die Anlagenaufwandszahl, die das Verhältnis der verbrauchten Primärenergie zur erzeugten Nutzwärmemenge ausdrückt.

Nach dem GEG ist das Niedrigstenergiehaus das Ziel. Der Endenergiebedarf soll bei 45 bis 60 kWh/(m² · a) liegen.

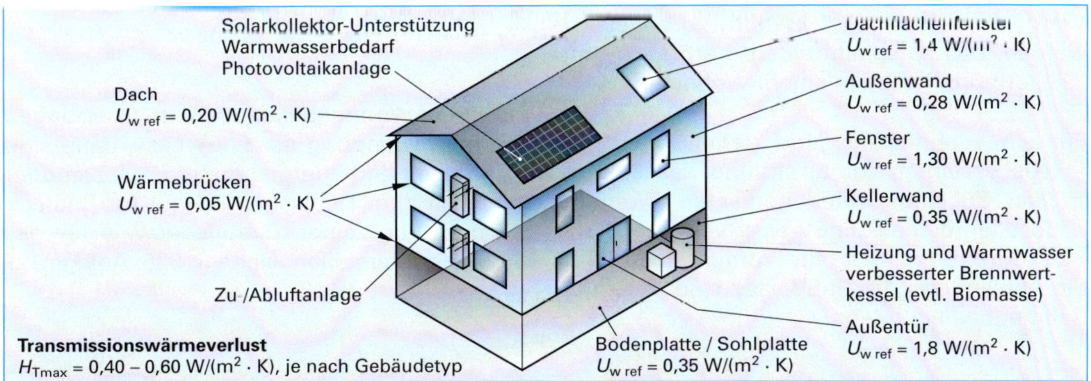

Bild 1: Referenzgebäude „Freistehendes Wohnhaus" (Neubau)

[1] Die detailierte Fortführung dieser Formel ist zu finden im „Tabellenbuch für Metallbautechnik", Verlag Europa-Lehrmittel

Beispiel: ein alter Gasheizkessel mit einem Jahresnutzungsgrad von 70 % wird mit einer Erzeugeraufwandszahl von 1,43 berechnet. Der Primärenergiefaktor für Erdgas beträgt 1,1 (Vergleich: Strom 1,8) und durch die Multiplikation mit der Erzeugeraufwandszahl von 1,43 erhält man die Anlagenaufwandszahl von 1,57. Diese Zahl besagt in diesem Beispiel, dass 57 % mehr Primärenergie verbraucht wird als die im Haus genutzten Wärmemenge.

Q_h ist die Energiemenge, die innerhalb einer Heizepoche einem Gebäude zuzuführen ist, um die gewünschte Innenraumtemperatur (z. B. 19 °C) zu gewährleisten. Der Heizwärmebedarf ist u. a. abhängig von der Bauform und der Wärmedämmung des betreffenden Gebäudes. In die unterschiedlichen Ausführungen der Wärmedämmung an einem Gebäude werden auch die Fensterflächen, die Lage der Wand- und Fensterflächen nach Himmelsrichtungen, der geplante Sonnenschutz für die Fenster und die Wärmegewinne durch Sonneneinstrahlung eingerechnet. In die Berechnung des Heizwärmebedarfs gehen ebenfalls die Wärmeverluste durch Wärmeleitung in Bauteilen und durch den Wärmeübergang an Bauteiloberflächen (Transmissionswärmeverluste H'_T) und die Wärmeverluste aufgrund von Lüftung im Gebäude ein. Ziel ist es ebenfalls die Wärmeverluste aufgrund von Wärmetransmission (siehe S. 261, Bild 1) durch geeignete Maßnahmen zu senken.

Q_w ist der Zahlenwert, der die Energiemenge benennt, die zur Erwärmung von Wasser in Trinkwasserqualität einem Gebäude zugeführt werden muss. Der Trinkwasserwärmebedarf kann pauschal mit 12,5 kWh/(m .a) angesetzt werden. Das entspricht einem Verbrauch von 23 Litern pro Person in einem Wohngebäude.

Für ein vereinfachtes und damit zeiteinsparendes Verfahren zur Ermittlung des energetischen Zustands eines geplanten Wohngebäudes wurde das **„EnEV-easy-Verfahren"** als PC-Programm entwickelt. Voraussetzung für die Anwendung der EnEV-easy sind folgende Rahmenbedingungen:

- Das geplante Gebäude wird als Wohngebäude genutzt.
- Es kommt keine Klimaanlage zur Anwendung.
- Alle bautechnischen Wärmebrücken werden nach den Musterlösungen der DIN 4108, Beiblatt 2 ausgeführt.
- Die Dichtheit des Gebäudes wird nach den Vorgaben der EnEV geprüft.
- Die vorgegebenen Grenzwerte zur Gebäudedichtheit werden eingehalten.
- ein ausreichender sommerlicher Wärmeschutz ist vorhanden.
- Das Gebäude erfüllt die Vorgaben nach Größe, Geschosshöhe, Bruttogeschossfläche, Umfang der beheizten Bruttogeschossfläche, Flächenanteil der Fenster und Außentüren.
- Für die Anlagentechnik für Heizenergie werden bestimmte energieeffiziente Ausstattungsvarianten vorgeschlagen, z. B. Brennwertkessel mit Trinkwarmwasser, Solaranlage und Zu- und Abluftanlage zur Wohnungsbelüftung.
- Auflistung der einzelnen Bauteile einschließlich der Fenster und Türen des Gebäudes hinsichtlich der geplanten U-Werte.

Das PC-Programm weist zum Ende des Eingabeverfahrens für das Wohngebäude den jährlichen Energiebedarf, die Effizienzklasse, den Primärenergiebedarf und die jährlichen Transmissionswärmeverluste aus.

Erfüllt ein Wohngebäude die Voraussetzungen für die Anwendung der EnEV-easy, dann sind Architekten und Energieberater im Zusammenhang mit dem Deutschen Institut für Bautechnik berechtigt einen Energieausweis für das Gebäude zu erstellen (siehe S. 326, Anlage 12).

9.1.4 Blower-Door-Test

Nach der Energieeinsparverordnung 2009 sind Gebäude so zu errichten, dass die wärmeübertragende Umfassungsfläche (Gebäudehülle) dauerhaft luftundurchlässig nach den Regeln der Technik (DIN 4108-7) ausgeführt wird. Die geforderte Luftdichtheit eines Gebäudes hat das oberste Ziel im Rahmen des Klimaschutzes den Jahres-Primärenergieverbrauch für Heizenergie zu senken. Damit werden für den Eigentümer eines Gebäudes ebenfalls die Kosten für Heizenergie gesenkt. Eine luftdichte Gebäudehülle ist auch Voraussetzung dafür, dass moderne Heizungsanlagen, Fenster und Türen erst dadurch ihre Leistungsmerkmale voll zur Geltung bringen können. Für Lüftungsanlagen werden in luftdichten Gebäuden optimale Bedingungen für eine kontrollierte Lüftung hergestellt. Luftdichtheit sollte nicht mit Dampfdiffusionsdichtheit verwechselt werden. Zur technischen Überprüfung der Luftdurchlässigkeit eines neu errichteten oder sanierten Wohnhauses oder beheizten Gewerbegebäudes kommt der Blower-Door-Test (blower, engl. für Gebläse) nach DIN EN ISO 9972 zur Anwendung. Mit ihm wird einerseits die Luftdichtheit eines Gebäudes zuverlässig gemessen und andererseits dient der Test auch dazu, um Leckagen (Undichtigkeiten) aufzuspüren und zu beseitigen.

Für die Luftdichtheit eines Gebäudes wird nach DIN EN 13829 gefordert, dass bei einem aufgebrachten Luftdruckunterschied von 50 Pa zwischen innen und außen pro Stunde höchstens 3 × ein Luftwechsel stattfinden darf. Bei Gebäuden mit raumlufttechnischen Anlagen (Klimaanlagen) wird die Luftwechselrate auf 1,5 × pro Stunde bei einer Druckdifferenz von 50 Pa festgeschrieben. Zum Vergleich: die Luftwechselraten liegen bei Altbauten bei 4 × bis 12 × pro Stunde, bei Neubauten bei 3 × bis 7 × pro Stunde, bei Niedrigenergiehäusern bei 1 × bis 2 × pro Stunde und bei Passivhäusern bei 0,1 bis 0,6 × pro Stunde (gemessen jeweils bei einer Druckdifferenz von 50 Pa).

Für eine durchzuführende Prüfung auf Luftdichtheit ist es wichtig, dass alle Außentüren, Fenster und Dachluken verschlossen sind und alle erst bei der Fertigstellung des Gebäudes zu verschließenden Öffnungen mit Folien- und Klebeband abgeklebt werden. Dann ist es notwendig, das exakte Volumen der beheizten Räume des Gebäudes zu ermitteln. Beim eigentlichen Test wird ein Aluminiumrahmen in die zu prüfende Tür (Hauseingangstür, Terrassentür oder Balkontür) eingesetzt. Der Aluminiumrahmen nimmt einen oder mehrere stufenlos regelbare Ventilatoren auf und schließt die Türöffnung ab. Ein Druckfühler wird außen platziert. Bei der zunächst beginnenden Luftdichtigkeitsprüfung wird mit einem Unterdruck von 50 Pa geprüft. In einem zweiten Schritt wird der Unterdruck schrittweise um jeweils 10 Pa auf 60 Pa bis 100 Pa gesteigert. Parallel dazu können mit einem Windmesser kritische Stellen (z. B. Fensteranschluss) daraufhin gemessen werden, wie stark die Luft (Wind) an diesen Stellen einströmt. In der dritten Prüfphase wird mit einem Überdruck von 50 Pa gearbeitet. In jeder Phase der Prüfung wird der Luftvolumenstrom gemessen, erfasst und in einem Computerprogramm ausgewertet. Das Ergebnis ist der Drucktestwert n50. Dieser gibt an, wie hoch die verbleibende Restleckage beim Referenzdruck von 50 Pa ausgefallen ist. Am Ende des Blower-Door-Test erhält der Auftraggeber eine Bescheinigung über den Zustand der Luftdichtheit seines Gebäudes. Anhand der mit dem Windmesser erfassten Leckagen kann nun mit der Beseitigung dieser Baumängel begonnen werden.

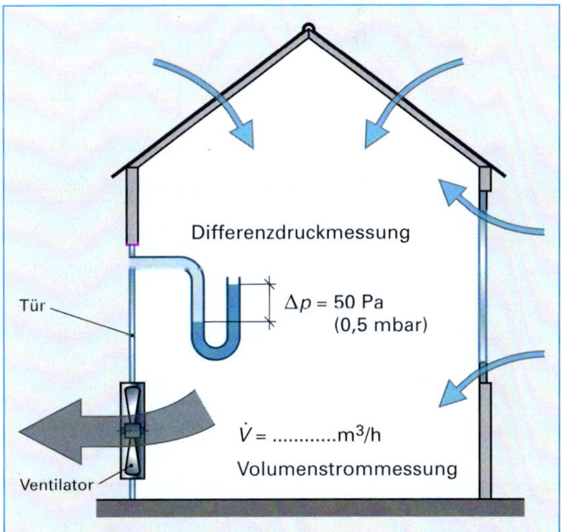

$$n\,50 = \ldots\ldots\ldots \frac{\text{Volumenstrom}}{\text{Gebäudevolumen}} \;[1/h]$$

Bild 1: Blower-Door-Test

9.2 Feuchteschutz

> Aufgabe des Feuchteschutzes ist es, Außenbauteile gegen Schlagregen zu schützen und Tauwasseranfall auf der Innenseite und am Bauanschluss zu verhindern.

Schlagregen, Bodenfeuchte und Tauwasser erfordern bauliche Schutzmaßnahmen. Im Folgenden wird allein der Tauwasserschutz beschrieben.

Beobachtung: An kalten Wintertagen können sich an der Innenseite von Fensterscheiben Wassertröpfchen bilden. Das ist der in der Raumluft vorhandene Wasserdampf, der an kalten Bauteilen zu Wasser kondensiert.

Versuch: Eine in einem Kühlschrank abgekühlte Glasplatte in warme, feuchte Luft halten. Das Glas beschlägt und es bilden sich Wassertröpfchen.

Die Aufnahmefähigkeit der Luft für Wasserdampf ist begrenzt und von der Temperatur abhängig. Warme Luft kann mehr Wasserdampf aufnehmen als kalte Luft. Diejenige Wasserdampfmenge, die bei einer bestimmten Lufttemperatur höchstens aufgenommen werden kann, bezeichnet man als Sättigungsmenge oder **maximale Luftfeuchte c_s**.

$$c_s = \frac{\text{größte mögliche Masse an Wasserdampf in der Luft (g)}}{\text{Volumen der feuchten Luft (m}^3\text{)}}$$

Beispielsweise beträgt die maximale Luftfeuchte bei einer Lufttemperatur von $\vartheta_L = 20$ °C $c_s = 17{,}3$ g Wasserdampf pro Kubikmeter Luft (siehe Tabelle 1). Erst beim Erreichen dieser (maximalen) Wasserdampfmenge ist die Luft bei dieser Temperatur nicht mehr in der Lage, noch weiteres Wasser in Form von Wasserdampf aufzunehmen.

Tabelle 1: Maximale Luftfeuchtigkeit c_s im Temperaturbereich von ϑ_L = – 18 °C bis c = + 70 °C

ϑ_L (°C)	c_s (g/m³)	ϑ_L (°C)	c_s (g/m³)	ϑ_L (°C)	c_s (g/m³)
– 18	1,08	+ 12	10,65	+ 42	56,7
– 16	1,29	+ 14	12,1	+ 44	62,5
– 14	1,53	+ 16	13,65	+ 46	68,5
– 12	1,82	+ 18	15,4	+ 48	75,3
– 10	2,15	+ 20	17,3	+ 50	83,0
– 8	2,55	+ 22	19,4	+ 52	91,0
– 6	3,005	+ 24	21,8	+ 54	99,6
– 4	3,53	+ 26	24,35	+ 56	109,3
– 2	4,14	+ 28	27,2	+ 58	119,6
0	4,84	+ 30	30,35	+ 60	130,2
+ 2	5,59	+ 32	33,85	+ 62	141,9
+ 4	6,395	+ 34	37,65	+ 64	154,5
+ 6	7,28	+ 36	41,7	+ 66	167,9
+ 8	8,27	+ 38	46,2	+ 68	182,4
+ 10	9,4	+ 40	51,15	+ 70	196,1

$$\text{Absolute Feuchte} = \frac{\text{Masse des in der Luft tatsächlich enthaltenen Wasserdampfes (g)}}{\text{Volumen der feuchten Luft (m}^3\text{)}};\ c = \frac{m}{V}$$

Normalerweise enthält die Luft nur einen kleineren Anteil der größtmöglichen Feuchte, die **absolute Feuchte**. Es ist diejenige Wassermenge in Gramm, die in einem Kubikmeter Luft **tatsächlich** vorhanden ist.

Unter der absoluten Luftfeuchte versteht man die in der Luft tatsächlich gespeicherte Wassermasse, unabhängig von der Lufttemperatur.

Versuch: Man stellt ein Hygrometer (Messgerät für die relative Luftfeuchtigkeit) in ein möglichst großes Glasgefäß und verschließt es luftdicht (Bild 1). So ist sichergestellt, dass sich die tatsächliche absolute Wasserdampfmenge in der eingeschlossenen Luft nicht verändert. Verändert man jetzt die Umgebungstemperatur, indem man das Glasgefäß z. B. in einen Kühlschrank stellt, zeigt das Hygrometer eine größere relative Luftfeuchtigkeit. Umgekehrt sinkt die Luftfeuchtigkeit bei Erwärmung.

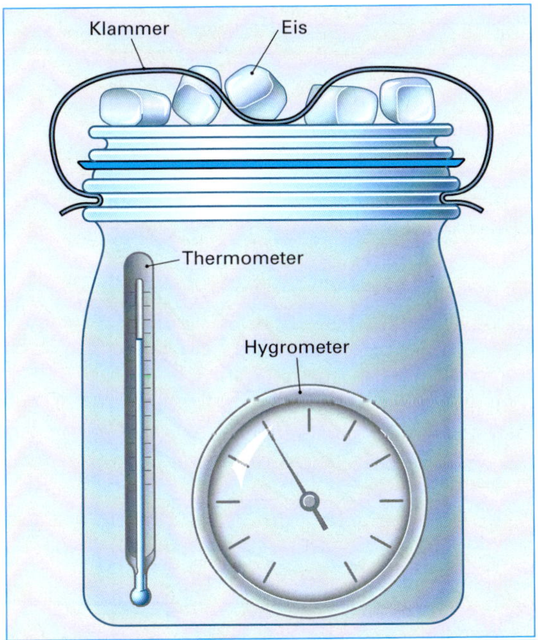

Bild 1: Versuch zum Nachweis der Veränderung der relativen Luftfeuchtigkeit bei gleich bleibendem absoluten Wasserdampfgehalt

Das Verhältnis der absoluten Feuchte zur maximalen Feuchte ist die relative Luftfeuchte (Kurzzeichen φ).

$$\text{Relative Feuchte} = \frac{\text{absolute Luftfeuchte } c}{\text{maximale Luftfeuchte } c_s}$$

$$\varphi = \frac{c \cdot 100}{c_s}\ \%$$

Beispiel:

In einem Kubikmeter Luft mit der Temperatur von $\vartheta_L = 10$ °C befinden sich $m = 5$ g Wasser. Wie groß ist die relative Luftfeuchte φ in %?

Aus Tabelle 1 auf Seite 282 entnimmt man die maximale Feuchte: $c_s = 9{,}4$ g/m³.

Lösung:

$$\varphi = \frac{5\ \text{g/m}^3 \cdot 100\ \%}{9{,}4\ \text{g/m}^3} = 53\ \%$$

oder als Zahl: $\varphi = 0{,}53$

Ist die maximale Konzentration an Wasserdampf in der Luft überschritten, so kann der Überschuss an Wasserdampf nicht mehr in der Luft gebunden werden und fällt in flüssiger Form (Tröpfchen) aus. Ausfallender (kondensierter) Wasserdampf schlägt sich als Tauwasser an Oberflächen fester Stoffe nieder. Sind keine festen Stoffe vorhanden, so entsteht Nebel oder es bilden sich Wolken.

Beispiel:

20 °C warme Luft kann maximal 17,3 g/m³ Wasser enthalten. Enthält sie nur die Hälfte an Wasser (8,65 g/m³), so beträgt die relative Luftfeuchte 50 %. Bei einer Temperatur von 8 °C ist die Sättigungsmenge bei einer relativen Luftfeuchte von 50 % überschritten und es bilden sich 8,65 g/m³ – 8,27 g/m³ = 0,38 g/m³ Tauwasser (siehe S. 282, Tabelle 1).

Beim Erwärmen feuchter Luft sinkt die relative Luftfeuchtigkeit. Bei Abkühlung steigt sie an, bis bei einer Luftfeuchtigkeit von 100 % der Sättigungsgehalt an Wasserdampf erreicht ist. Weil dieser Wert nicht überschritten werden kann, wird der überschüssige Wasserdampf als Wasser ausgeschieden.

Der Taupunkt ist diejenige Temperatur, bei der Wasserdampf aus der Luft an kälteren Gegenständen zu Tauwasser kondensiert. Tauwasser tritt nicht auf, wenn die Oberflächentemperatur angrenzender Bauteile höher ist als die Taupunkttemperatur.

Nach DIN 4108-2 sind für ein „Normklima" festgelegt:

- Innenklima + 20 °C und relative Luftfeuchtigkeit 50 %,
- Außenklima – 15 °C und relative Luftfeuchtigkeit 80 %.

Eine relative Luftfeuchtigkeit von 50 % wird als angenehm empfunden (Bild 1). Nimmt man die „Innen-Norm-Temperatur" von 20 °C an, zeigt das Diagramm (Bild 2), dass es unter diesen Bedingungen bei einer Oberflächentemperatur der Fensterscheibe von 9,3 °C (gerundet 10 °C) zur Kondensation kommen muss. Ablesebeispiel: Bei 20 °C Lufttemperatur und 70 % relativer Luftfeuchtigkeit kommt es bei ca. 14 °C an kühlen Flächen zur Tauwasserbildung. Siehe auch Tabelle 1 auf der nachfolgenden Seite.

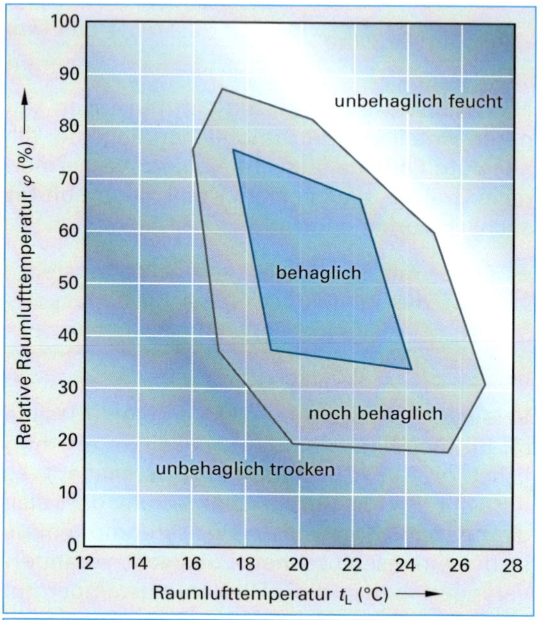

Bild 1: Zusammenhang von Raumlufttemperatur und relative Luftfeuchte nach Leusden und Freymark

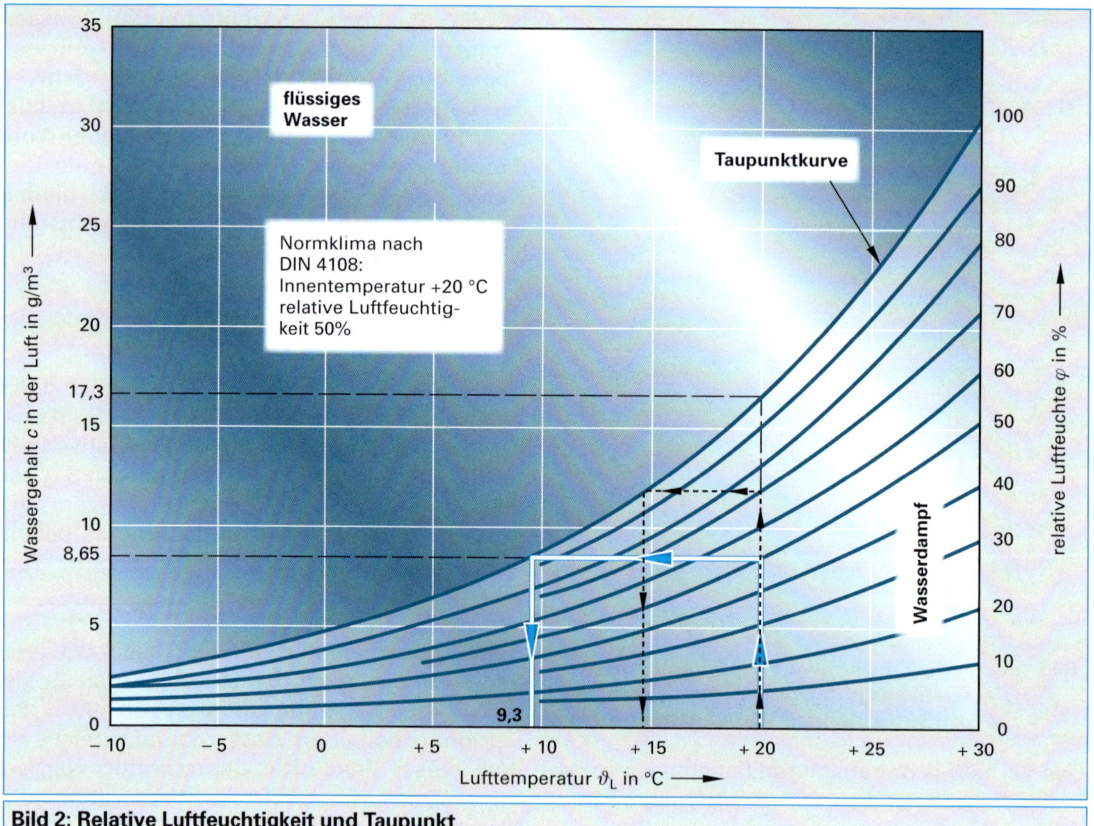

Bild 2: Relative Luftfeuchtigkeit und Taupunkt

Tabelle 1: Taupunkttemperatur ϑ_s der Luft in Abhängigkeit von Temperatur und relativer Feuchte φ der Luft

Lufttemperatur ϑ	Taupunkttemperatur ϑ_s[1] in °C bei einer relativen Luftfeuchte von													
	30 %	35 %	40 %	45 %	50 %	55 %	60 %	65 %	70 %	75 %	80 %	85 %	90 %	95 %
30	10,5	12,9	14,9	16,8	18,4	20,0	21,4	22,7	23,9	25,1	26,2	27,2	28,2	29,1
29	9,7	12,0	14,0	15,9	17,5	19,0	20,4	21,7	23,0	24,1	25,2	26,2	27,2	28,1
28	8,8	11,1	13,1	15,0	16,6	18,1	19,5	20,8	22,0	23,2	24,2	25,2	26,2	27,1
27	8,0	10,2	12,2	14,1	15,7	17,2	18,6	19,9	21,1	22,2	23,3	24,3	25,2	26,1
26	7,1	9,4	11,4	13,2	14,8	16,3	17,6	18,9	20,1	21,2	22,3	23,3	24,2	25,1
25	6,2	8,5	10,5	12,2	13,9	15,3	16,7	18,0	19,1	20,3	21,3	22,3	23,2	24,1
24	5,4	7,6	9,6	11,3	12,9	14,4	15,8	17,0	18,2	19,3	20,3	21,3	22,3	23,1
23	4,5	6,7	8,7	10,4	12,0	13,5	14,8	16,1	17,2	18,3	19,4	20,3	21,3	22,2
22	3,6	5,9	7,8	9,5	11,1	12,5	13,9	15,1	16,3	17,4	18,4	19,4	20,3	21,1
21	2,8	5,0	6,9	8,6	10,2	11,6	12,9	14,2	15,3	16,4	17,4	18,4	19,3	20,2
20	1,9	4,1	6,0	7,7	9,3	10,7	12,0	13,2	14,4	15,4	16,4	17,4	18,3	19,2
19	1,0	3,2	5,1	6,8	8,3	9,8	11,1	12,3	13,4	14,5	15,5	16,4	17,3	18,2
18	0,2	2,3	4,2	5,9	7,4	8,8	10,1	11,3	12,5	13,5	14,5	15,4	16,3	17,2
17	−0,6	1,4	3,3	5,0	6,5	7,9	9,2	10,4	11,5	12,5	13,5	14,5	15,3	16,2
16	−1,4	0,5	2,4	4,1	5,6	7,0	8,2	9,4	10,5	11,6	12,6	13,5	14,4	15,2
15	−2,2	−0,3	1,5	3,2	4,7	6,1	7,3	8,5	9,6	10,6	11,6	12,5	13,4	14,2
14	−2,9	−1,0	0,6	2,3	3,7	5,1	6,4	7,5	8,6	9,6	10,6	11,5	12,4	13,2
13	−3,7	−1,9	−0,1	1,3	2,8	4,2	5,5	6,6	7,7	8,7	9,6	10,5	11,4	12,2
12	−4,5	−2,6	−1,0	0,4	1,9	3,2	4,5	5,7	6,7	7,7	8,7	9,6	10,4	11,2
11	−5,2	−3,4	−1,8	−0,4	1,0	2,3	3,5	4,7	5,8	6,7	7,7	8,6	9,4	10,2
10	−6,0	−4,2	−2,6	−1,2	0,1	1,4	2,6	3,7	4,8	5,8	6,7	7,6	8,4	9,2

[1] Näherungsweise darf gradlinig interpoliert werden

Isolierglasscheiben und besonders Wärmefunktionsgläser verhindern, dass sich auch bei tiefen Außentemperaturen die raumseitige Glasscheibe auf Taupunkttemperatur abkühlt.

Taupunkttemperaturen können an einer Isolierglasscheibe an verschiedenen Stellen auftreten:

- Bei undichten Isolierglasscheiben bildet sich Tauwasser im Scheibenzwischenraum. Eine hochwertige Scheibe sollte über eine Taupunkttemperatur ≤ – 60 °C verfügen. Dieser Temperaturwert ist ein wesentliches Qualitätsmerkmal von Isolierglas.
- Tauwasser bildet sich auf der Raumseite der Scheibe. Das kann bei extremer Abkühlung der Glasscheibe bei gleichzeitiger hoher absoluter Luftfeuchtigkeit im Rauminnern auftreten. Wenn kalte Raumluft stark mit Feuchtigkeit angereichert wird, wie z. B. in Küchen und Badezimmern, können die Scheibenoberflächen ebenfalls beschlagen. Die Kondensationsneigung kann durch den Einsatz von Wärmefunktionsglas erheblich gemindert werden. Auch sachgemäßes Lüften verhindert einen hohen Wasserdampfanfall.
- Unter bestimmten Bedingungen (hohe äußere Luftfeuchtigkeit, kleiner *U*-Wert der Verglasung) kann es auch bei einem Wärmefunktionsglas auf der Scheibenaußenseite zur Kondensatbildung kommen.

> Funktionstüchtiger Wärmeschutz vermeidet Tauwasser auf der inneren Oberfläche von Bauteilen.

Aus den Taupunktdiagrammen (siehe S. 286, Bild 1) lässt sich die Außentemperatur ermitteln, bei der eine Fensterscheibe mit einem bestimmten U_g-Wert und der Fensterrahmen bei einem bestimmten U_f-Wert auf der Raumseite beschlägt.

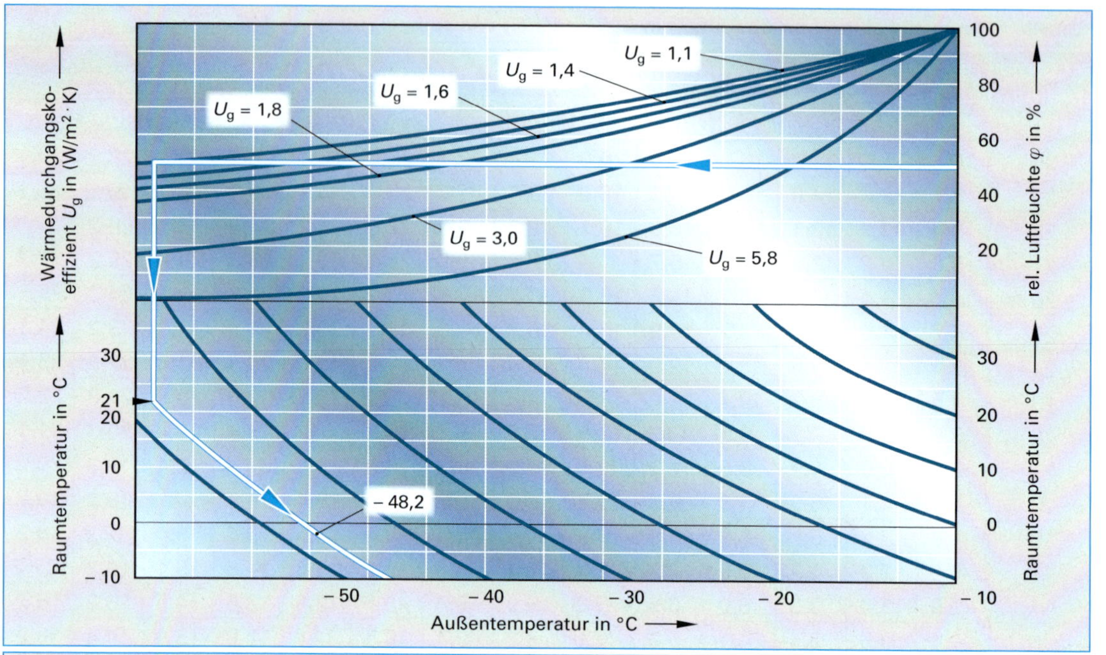

Bild 1: Taupunktdiagramm für Fensterscheiben mit unterschiedlichen U_g-Werten

Beispiel:

Bei welcher Temperatur beschlägt die Raumseite einer Wärmefunktionsscheibe, die einen U_g-Wert von 1,1 W/(m²·K) aufweist, wenn die Raumtemperatur 21 °C und die relative Luftfeuchtigkeit 50 % beträgt? Siehe Bild 1.

Ergebnis:

Erst bei – 48,2 °C beschlägt die raumseitige Scheibe!

Beispiel:

Bei welcher Temperatur beschlägt die Raum-Seite einer Isolierverglasung, die einen U_g-Wert von 3,0 W/(m² · K) aufweist, wenn die Raumtemperatur 20 °C und die relative Luft-Feuchtigkeit 50 % beträgt?

Ergebnis:

Schon bei einer Außentemperatur von – 8 °C beschlägt die raumseitige Scheibe der Isolierverglasung. Hier macht sich der ungünstige U_g-Wert der Verglasung bemerkbar.

Tabellen können die Arbeit mit Diagrammen erleichtern. Siehe Tabelle 1.

Auch die Tauwasserbildung auf der raumseitigen Rahmenfläche eines Fensterrahmens kann in Diagrammen dargestellt werden (siehe S. 287, Bild 1).

Beispiel:

Ab welcher relativen Luftfeuchtigkeit kommt es zur Tauwasserbildung auf dem Rahmen? Die

Tabelle 1: Scheibentemperaturen von Verglasungen mit unterschiedlichen U_g-Werten (k_V-Werten)

Außenscheibe Außenluft –15 °C	U_g-Wert der Verglasung in W/(m² · K)	Innenscheibe Raumluft +20 °C	Scheibenart
– 6,2 C	5,8	– 5,4 C	Einfachglas
– 10,4 C	3,0	+ 6,9 C	Isolierglas
– 13 C	1,3	+ 14,3 C	
– 13,9 C	0,7	+ 16,9 C	

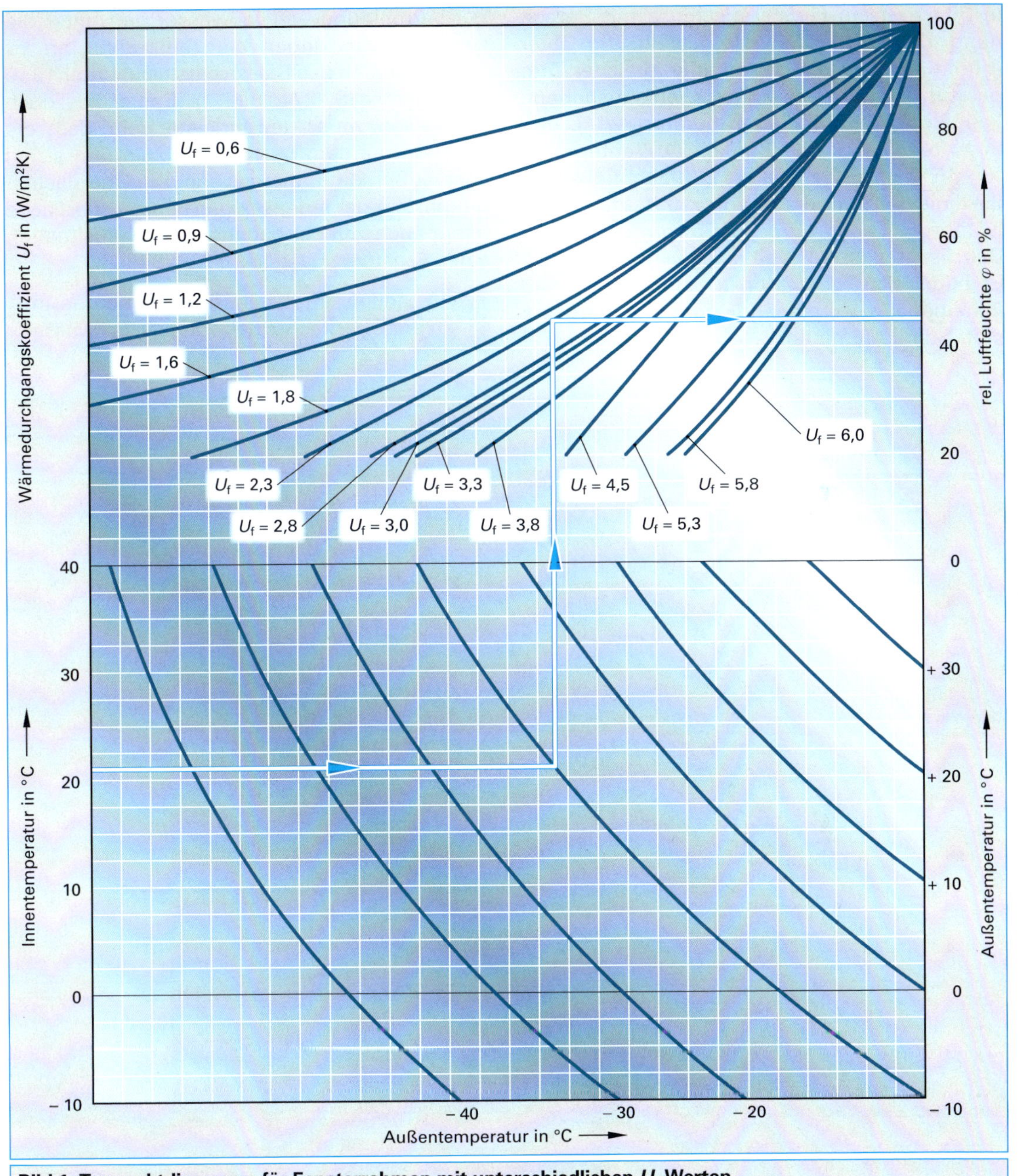

Bild 1: Taupunktdiagramm für Fensterrahmen mit unterschiedlichen U_f-Werten

Raumtemperatur soll + 21 °C, die Außentemperatur – 10 °C und der U_f-Wert des Rahmens 2,3 W/(m²·K) betragen. Siehe Bild 1.

Ergebnis:

Ab einer relativen Luftfeuchtigkeit von 45 % besteht die Gefahr der Tauwasserbildung auf dem Rahmen (raumseitig).

Die 10 °C-Isotherme

Sind die raumseitige Oberflächentemperatur eines Bauteils und die Taupunkttemperatur des Raumklimas bekannt, kann man eine Aussage machen, ob Tauwasser anfällt. An flächigen Bauteilen ist die Oberflächentemperatur einfach zu ermitteln. Die Problemfälle liegen meist im Eckbereich, und hier ist eine Berechnung nur noch mit Hilfe der EDV möglich.

In Bild 1 ist ein Fensteranschluss mit Berechnung der Isothermen dargestellt; im Querschnitt sind verschiedene Linien gleicher Temperatur (Isothermen) eingetragen. Ausgehend vom Normklima (Innentemperatur +20 °C und 50 % relative Luftfeuchtigkeit; Außentemperatur −15 °C und 80 % relative Luftfeuchtigkeit) ist die Linie der Temperatur von +10 °C (die „10 °C-Isotherme" oder „red line") von Bedeutung. Das Fenster ist zu weit nach außen gesetzt: Es bildet sich Tauwasser in der Rahmen- und Scheibenecke – unabhängig vom Rahmenwerkstoff Stahl, Aluminium, Holz oder Kunststoff.

Zur Vermeidung von Tauwasser darf unter diesen Voraussetzungen die Temperatur an kritischen Stellen des Baukörpers nicht unter 10 °C fallen (siehe S. 274, Bild 1). Sollte dies doch geschehen, muss gewährleistet sein, dass die Feuchte in einem bestimmten Zeitraum sicher nach außen diffundieren kann. Die Oberflächentemperatur der innenseitigen Fensteroberfläche hängt auch von der gegebenen Einbausituation eines Fensters ab (siehe S. 289, Bild 1).

An Stellen, an denen die 10 °C-Isotherme an die Oberfläche tritt, entsteht Tauwasser.

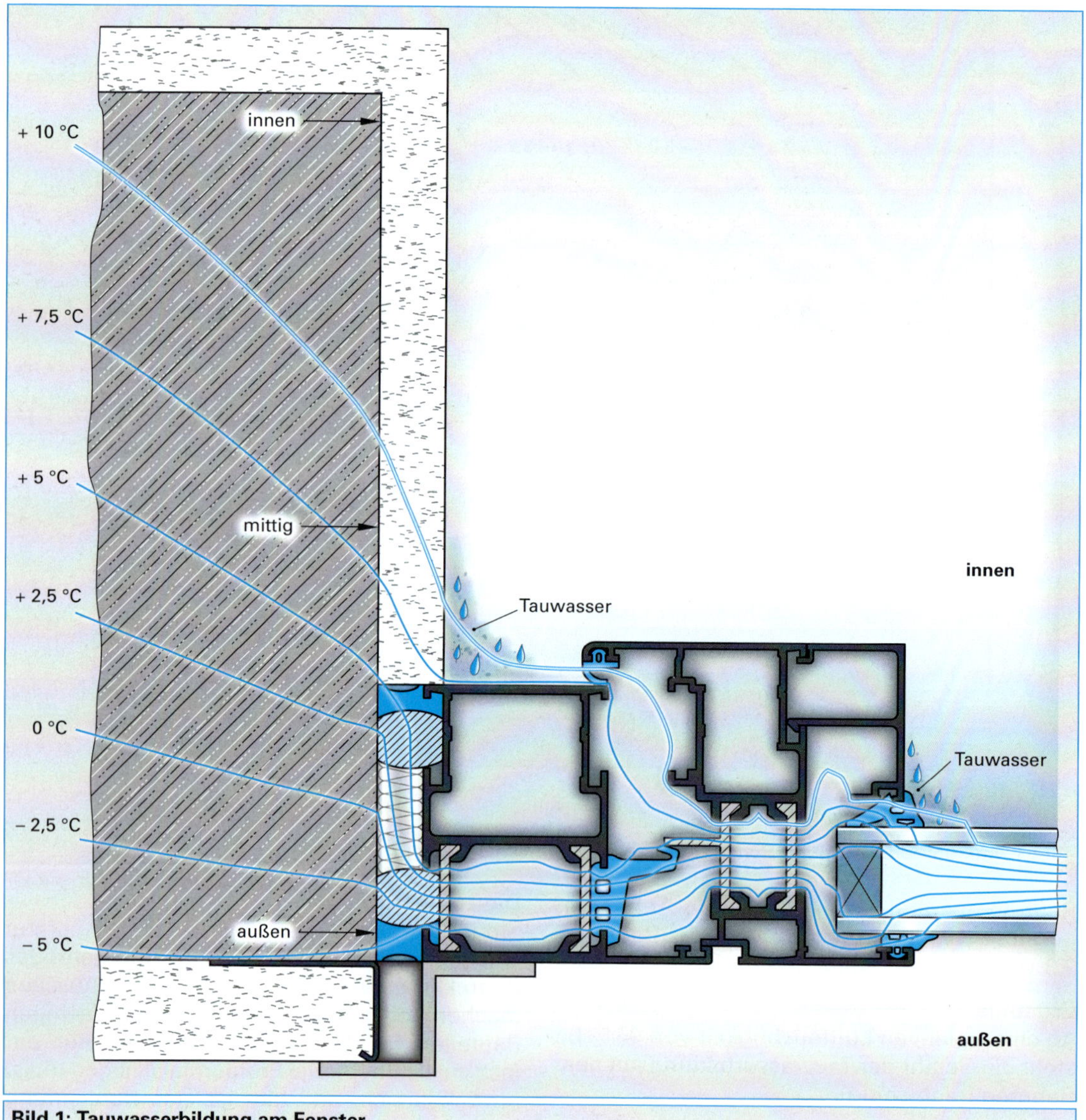

Bild 1: Tauwasserbildung am Fenster

Luftwechselzahl

Elastische Falzdichtungen und dichte Baukörper-Anschlussfugen führen dazu, dass sich der natürliche Luftwechsel und der Lüftungswärmeverlust erheblich verringern. Damit verändert sich aber auch der Zustand der Raumluft und es kommt zu erhöhter Luftfeuchtigkeit.

Bei undichten Gebäuden treten Luftwechselzahlen von 4 pro Stunde und mehr auf (das bedeutet einen eineinhalbmaligen kompletten Austausch des Luftvolumens pro Stunde und ein entsprechender Heizwärmeverlust).

Bei Luftwechselraten von 0,3 pro Stunde und weniger steigt die relative Luftfeuchtigkeit auf Werte bis über 80 % an. Tauwasseranfall und Schimmelpilzprobleme sind die Folge (Bild 2). Abhilfe schafft richtiges Lüften: Kurze Stoßlüftung, bei der die Drehkippflügel nicht gekippt, sondern ganz geöffnet werden, führt größere Feuchtigkeitsmengen schnell nach außen (siehe Kapitel 2.3.4).

Steigen die Anforderungen an die Luftdichtheit weiter an, kommen Gebäude nicht mehr ohne den Einbau geregelter Lüftungsanlagen aus.

Wasserdampfdiffusion

Der Wasserdampfgehalt und die Lufttemperatur bewirken einen bestimmten Dampfdruck. Im Winter ist in der kalten Außenluft weniger Wasserdampf enthalten als in der warmen Innenluft. Da mit höherer Luftfeuchte der Wasserdampfdruck ansteigt, ist der Dampfdruck innen größer als außen und bestrebt, sich auszugleichen. Die Folge ist, dass der Wasserdampf durch das Bauteil (Wand, Fenster) nach außen wandert (siehe S. 290, Bild 1). Wird auf dem Weg durch das Bauteil die Taupunkttemperatur erreicht, kondensiert hier der Dampf und durchfeuchtet die Umgebung. Verminderte Wärmedämmung, Korrosion, Tapetenablösung, Pilzbefall und bröckliges Material sind die Folge.

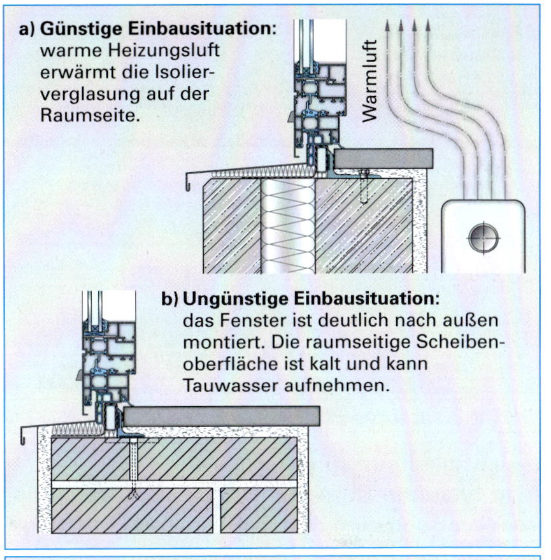

Bild 1: Einbausituationen

Für die Verhinderung der Schimmelpilzbildung im Gebäude ist die 13 °C-Isotherme im Blickfeld der Bautechnik (Bild 2).

Auch im Sommer kann bei stark unterschiedlichen Temperaturverhältnisse eine Dampfdiffusion von außen nach innen stattfinden.

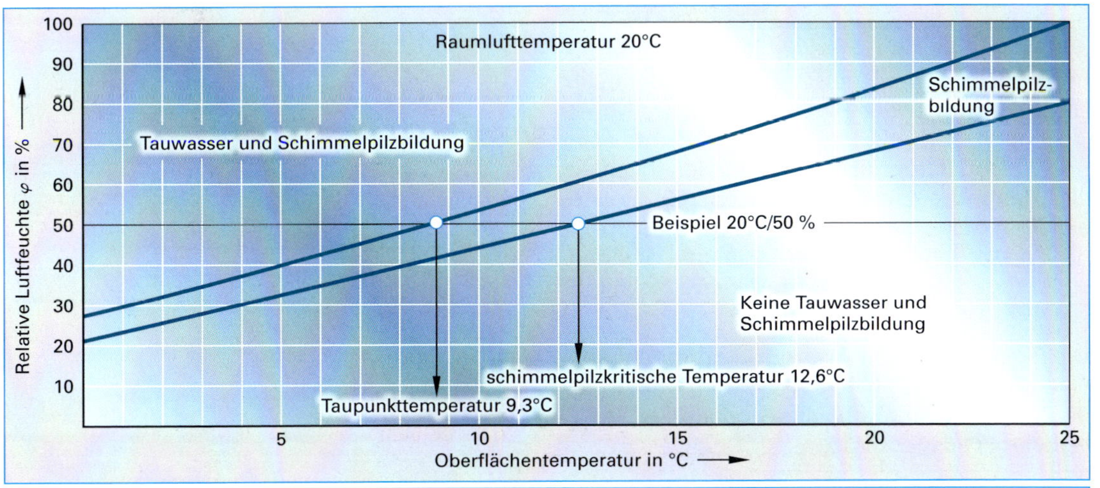

Bild 2: Verhältnis Taupunkttemperatur und schimmelpilzkritische Temperaturen

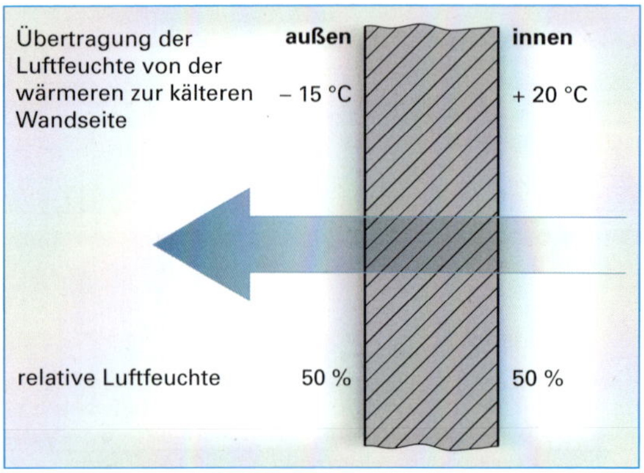

Bild 1: Wasserdampfdiffusion

Feuchtigkeitsmitführung

Aber nicht nur durch Diffusion, auch durch die vom Warmen zum Kalten strömende Luft (Konvektion) wird eine erhebliche Menge an Wasserdampf transportiert. Das macht sich besonders an Fugen und Spalten bemerkbar, wo sich an den kälteren Stellen Wasser niederschlagen kann. Es wurden Tauwassermengen nachgewiesen, die den Wasserdampfstrom infolge von Diffusion um mehr als das Hundertfache übertrafen[1].

Dampfbremse, Dampfsperre

Wasserdichte Baustoffe sind noch lange nicht wasserdampfdicht. Ein Wassermolekül hat die Größe von ca. 1/100 000 mm, ein Wasserdampfmolekül ist dagegen nur ca. 1/10 000 000 mm groß. Wasserundurchlässige Poren sind für die hundertmal kleineren Wasserdampfmoleküle immer noch durchlässig.

Von wasserdichten Stoffen spricht man, wenn die Poren so klein sind, dass sie keine Wassermoleküle mehr durchlassen. Die Baustoffe Beton, Klinkermauerziegel, Dachziegel, aber auch Dichtungsstoffe wie Bitumenanstriche, Kunststofffolien usw. sind zwar **wasserdicht**, aber noch nicht **dampfdicht**. Sie werden deshalb als „**Dampfbremse**" bezeichnet (Bild 2). Besitzt ein Stoff keine Poren mehr, so dass auch keine Wasserdampfmoleküle passieren können, spricht man von einer „**Dampfsperre**" (siehe S. 291, Bild 1).

Die Eigenschaft, dem Wasserdampfdurchgang einen Widerstand entgegenzusetzen, wird durch die Wasserdampfdiffusionswiderstandszahl μ (Tabelle 1) ausgedrückt:

$$\mu = \frac{\text{Dampfdichtigkeit Material}}{\text{Dampfdichtigkeit Luft}}$$

Tabelle 1: Wasserdampfdiffusionswiderstandszahlen (μ-Werte) ausgewählter Stoffe

Stoff	Wasserdampf-diffusionswiderstandszahl μ
Luft	1
Faserdämmstoff	1
Kork	5
Vollziegel-Mauerwerk	5 bis 10
Holz	40
Beton	70 bis 150
PVC-Folie	20000 bis 50000
Metall	∞ (dicht, Dampfsperre)

Die Multiplikation des μ-Wertes mit der Dicke des vorliegenden Bauteils ergibt den Wasserdampfdurchlässigkeitswert s_d. Dieser bezeichnet eine vergleichbare Luftschichtdicke mit gleichem Diffunsionswiderstand. Hat z. B. eine PE-Folie einen s_d-Wert von 20 m, so entspricht der Diffusionswiderstand der Folie die einer 20 m dicken Luftschicht.

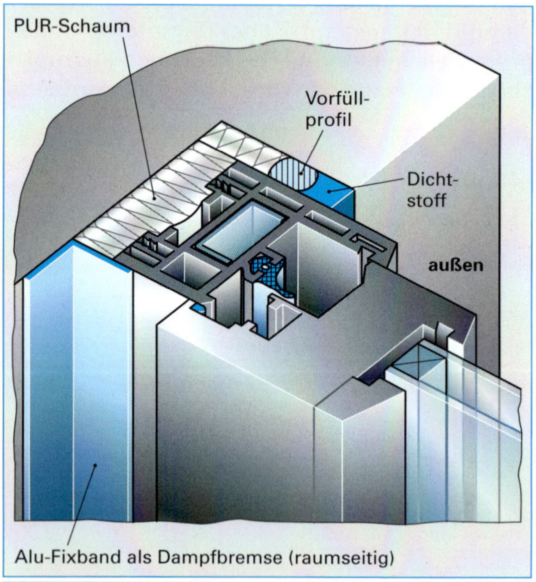

Bild 2: Bauanschluss eines Fensters mit Dampfbremse

[1] Schulze H.: Vermeidung von Feuchteschäden. Forschungsbericht TU Braunschweig (Aug. 1990)

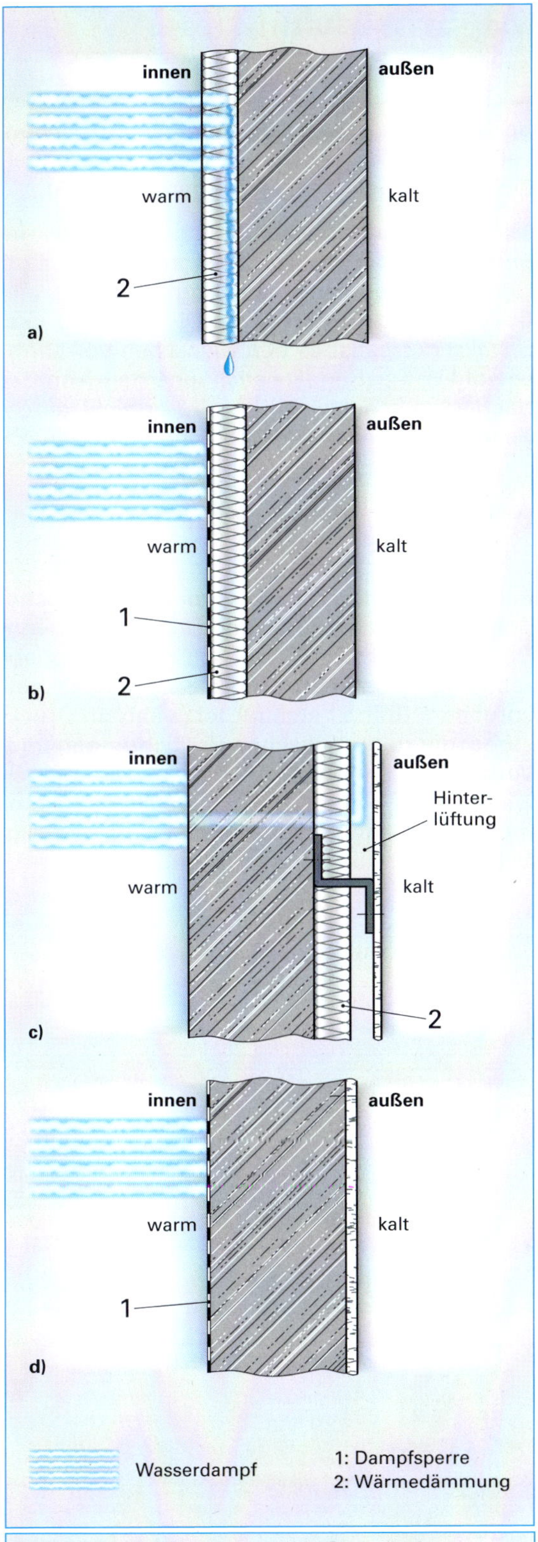

Bild 1: Wärmedämmung an Außenwänden

Bei den heute üblichen mehrschichtigen Bauteilen kann man durch eine günstige Schichtenfolge Tauwasseranfall im Inneren von Bauteilen verhindern oder zumindest verringern (Bilder 1b bis e).

Bild 1a: Im ungünstigsten Fall befindet sich die Wärmedämmschicht auf der warmen Innenseite. Der Wasserdampf staut sich hinter der Dämmschicht; die Taupunkttemperatur wird an der Betonoberfläche erreicht und es bildet sich Tauwasser.

Bild 1b: Eine Dampfsperre (1) ist immer dann erforderlich, wenn die Wandinnenseite eine Dämmung (2) erhält. Die Dampfsperre muss auf der warmen Seite der Dämmschicht angebracht sein.

Bild 1c: Eine dichte Außenwandverkleidung (Holz, Glas, Metall, Steinplatte, Faserzement) muss hinterlüftet werden. In dem Raum zwischen Verkleidung und Wandoberfläche führt die durchströmende Luft Wasserdampf ab und verhindert eine Durchfeuchtung der außenseitig angebrachten Wärmedämmung.

Bild 1d: Ist keine Hinterlüftung möglich, ist auf der warmen Seite der Wand eine Dampfsperre (1) aufzubringen.

Bild 1e (siehe S. 292, Bild 1): Eine Dämmschicht ist auf der Außenseite einer Betonwand aufgebracht. Der Beton mit seinem großen Diffusionswiderstand befindet sich auf der warmen Bauteilseite. Nur eine sehr geringe Menge an Wasserdampf wandert durch den Beton hindurch. Die Dämmschicht mit dem geringen Diffusionswiderstand lässt den restlichen Wasserdampf durch, ohne dass dieser kondensiert.

Die Wasserdampfdiffusionswiderstandszahlen μ der einzelnen Schichten sollen von innen nach außen abnehmen. Feuchtigkeit, die in die eine Schicht gelangt, sollte durch die nächste leichter hindurchgehen und von der nächsten wiederum leichter, um eine Feuchtigkeitsanreicherung im Inneren der Bauteile zu verhindern. Die Wärmedurchlasswiderstände der Schichten sollen dagegen von innen nach außen zunehmen: die wärmedämmende Schicht sollte auf der äußeren (kalten) Seite angebracht sein.

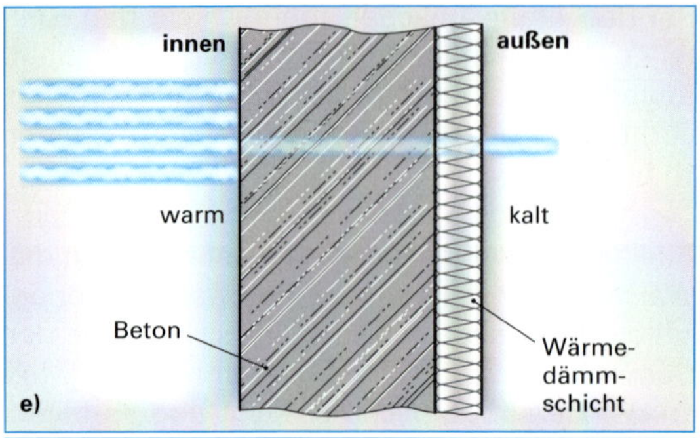

Bild 1: Wärmedämmung an Außenwänden

Auch die Einbaulage eines Fensters oder einer Tür hat einen erheblichen Einfluss auf die Bildung von Tauwasser. Bei einer mehrschichtigen Außenwand liegt die ideale Einbauposition für Fenster grundsätzlich in der Ebene der Wärmedämmung (siehe S. 274, Bild 3).

> Bauteile, an deren Innenseite sich Tauwasser bildet, haben meist eine ungenügende Wärmedämmung.

Der höchstzulässige *U*-Wert zur Vermeidung von Tauwasser an der Bauteiloberfläche errechnet sich nach folgender Formel:

$$\text{zul. } U = \alpha_i \frac{\vartheta_i - \vartheta_\tau}{\vartheta_i - \vartheta_a}$$

Es bedeuten:

α_i innere Wärmeübergangszahl α_i ist 7,7 W/(m²·K); $\alpha_i = \frac{1}{R_{Si}}$ (siehe S. 271, Bild 2)

ϑ_i Lufttemperatur im Raum

ϑ_τ Taupunkt-Temperatur

ϑ_a Lufttemperatur außen

Beispiel:

Gegeben: Fensterscheibe, $\vartheta_i = 20\ °C$, $\vartheta_a = -15\ °C$, $\alpha_i = 7{,}7\ W/(m^2 \cdot K)$, relative Luftfeuchte $\varphi = 50\ \%$.

Gesucht: a) ϑ_τ b) zulässiger *U*-Wert zur Vermeidung von Tauwasser

Lösung:

a) Aus Tabelle 1 auf Seite 285: $\vartheta_\tau = 9{,}3\ °C$

b) $\text{zul. } U = \alpha_i \frac{\vartheta_i - \vartheta_\tau}{\vartheta_i - \vartheta_a}$

$\text{zul. } U = 7{,}7\ W/(m^2 \cdot K) \frac{20\ °C - 9{,}3\ °C}{20\ °C - (-15\ °C)}$

$\text{zul. } U = 2{,}4\ W/(m^2 \cdot K)$

9.3 Schallschutz

Alles, was mit dem Gehör wahrnehmbar ist, bezeichnet man als Schall. Lärm ist unerwünschter Schall, der stört, belästigt oder Gehörschäden verursacht. Er ist um so schädlicher, je höher der Schallpegel ist und je länger er einwirkt.

Mit wachsender Technisierung von Industrie und Verkehr nimmt der Lärm immer mehr zu. Die dauernde Lärmeinwirkung gefährdet die Gesundheit des Menschen. Die Aufgabe des Schallschutzes ist es den Menschen vor Lärm, sowohl von außen, als auch innerhalb von Gebäuden zu schützen. Dies wird erreicht durch Schalldämmung und durch Schallschluckung.

9.3.1 Entstehung und Ausbreitung des Schalls

Schall entsteht, wenn ein Körper mechanische Schwingungen erzeugt, die sich in Form von Druckschwankungen wellenförmig fortpflanzen. Ein Beispiel: Die Membran eines Lautsprechers (Bild 2) erzeugt fortwährend Druckstöße, die zu periodischen Verdichtungen und Verdünnungen der Luft führen. Die Schallwellen gelangen an das Ohr, wo sie das Trommelfell in Schwingungen versetzen und die Schallempfindung verursachen.

> Schall benötigt ein Medium, um sich auszubreiten.

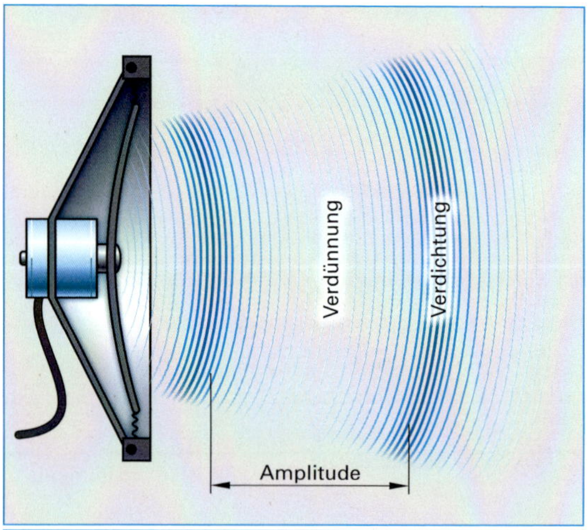

Bild 2: Ein Lautsprecher bringt Luft zum Schwingen

Versuch: Über das eine Ende eines offenen Glasrohres ist eine Gummimembran gestülpt. Dicht vor dem anderen Ende befindet sich eine Kerzenflamme. Lässt man die Kugel eines Pendels gegen die Membran prallen, hört man den Aufprall und beobachtet, dass die Flamme hin und her zuckt (Bild 1).

Bild 1: Modellversuch zur Schallübertragung

Die Schallgeschwindigkeit in Luft beträgt bei 20 °C und 1000 mbar Luftdruck 340 m/s. In anderen Stoffen liegt die Schallgeschwindigkeit wesentlich höher. Sie beträgt in Wasser z. B. 1480 m/s und in Stahl etwa 5000 m/s.

Trifft Luftschall auf eine Wand, gerät sie in Schwingung. Dabei wird je nach Beschaffenheit der Wand sowie Stärke und Art des Schalls ein gewisser Teil der Schallenergie durchgelassen (Bild 2). Andere Anteile werden reflektiert oder als **Körperschall** weitergeleitet. Körperschall, der beim Auftreten auf den Fußboden entsteht, nennt man **Trittschall**.

> Im Hochbau ist neben dem Körperschall und Trittschall vor allem der Luftschall, verursacht durch Verkehrslärm, der bedeutendste Störfaktor.

9.3.2 Schallmessung, Maßeinheiten

Jeder hat schon einmal Schall der gleichen Lautstärke als unangenehmen Lärm empfunden, jedoch ein andermal daran Gefallen gehabt, z. B. als laute Diskomusik. Ob die Wahrnehmung des Schalls als störend oder angenehm empfunden wird, hängt von den Eigenschaften des Schalls und dem subjektiven Empfinden des Hörers ab. Der Hörer bemerkt am Schall die physikalischen Größen **Tonhöhe** und **Schallstärke**.

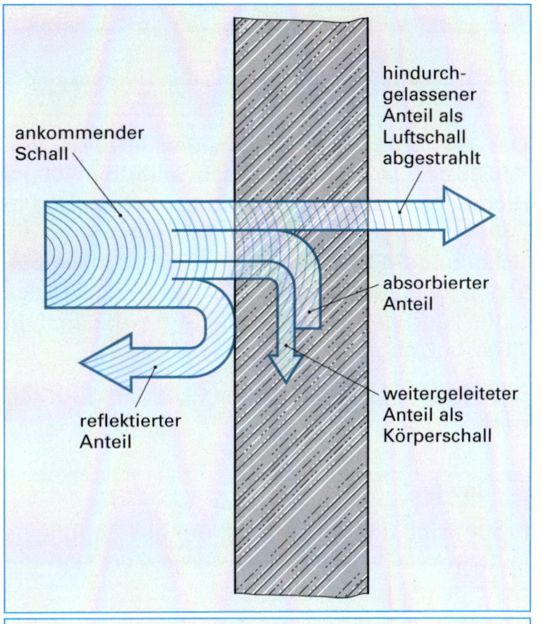

Bild 2: Ausbreitung des Luftschalls

Als **Frequenz *f*** wird die Anzahl der Schwingungen pro Sekunde bezeichnet. Die Maßeinheit der Frequenz ist das Hertz (Hz). Das gesunde menschliche Ohr kann Töne im Frequenzbereich von etwa 16 Hz bis maximal 20000 Hz wahrnehmen. Im Wohnungsbau ist der Bereich zwischen 100 Hz und 3200 Hz von Bedeutung, in dem das menschliche Ohr besonders empfindlich ist.

Die Tonhöhe ist abhängig von der Frequenz. Große Frequenzen entsprechen hohen, kleine Frequenzen entsprechen tiefen Tönen.

Zur Feststellung der Schallstärke werden die Druckschwankungen gemessen, den die schwingenden Luftmoleküle auf das Messgerät ausüben. Je größer die Druckschwankungen, desto größer ist die vom Ohr empfundene Lautstärke (siehe S. 294, Bild 2).

Die Einheit des Schalldrucks p ist N/m^2 ($1\ N/m^2 = 1\ Pa$).

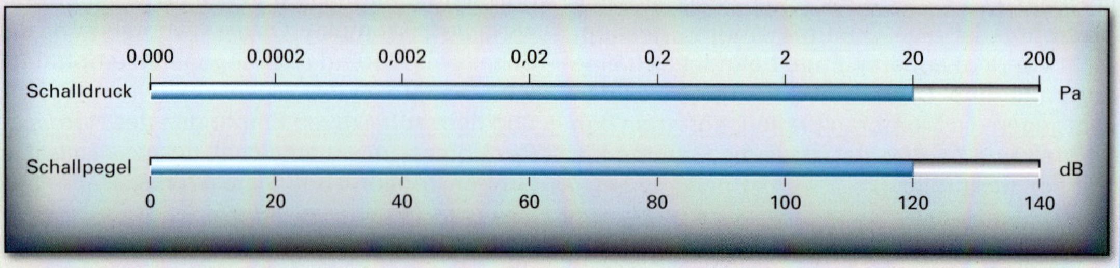

Bild 1: Zusammenhang zwischen Schalldruck und Schallpegel

Das menschliche Ohr kann Schalldrücke von 0,00002 Pa (= 20 µPa, Hörschwelle) bis 200 Pa (Schmerzgrenze) wahrnehmen, aber nur 6 Druckstufen unterscheiden. Deshalb wurde die **Schallpegel-Skala** eingeführt, die dem gemessenen Schalldruck eine entsprechende Druckstufe zuordnet, wobei eine Stufe die Einheit 1 Dezibel, abgekürzt dB, erhielt (Bild 1).

Die Abstufung ist nicht linear, sondern logarithmisch.

Beispiel:

Erhöht sich der Schalldruck um das Zehnfache (z. B. von 2 Pa auf 20 Pa), vergrößert sich der Schallpegel um 20 dB.

Die Wahrnehmung des Schalldrucks und die schädlichen Wirkungen des Lärms sind auch von der Frequenz abhängig: Niedrige Frequenzen (= tiefe Töne) werden bei gleichem Schallpegel leiser empfunden als hohe Frequenzen (= hohe Töne).

Beispiel:

Bei einer Frequenz von 1000 Hz soll der Schallpegel 40 dB betragen. Sinkt die Frequenz auf 100 Hz, empfindet man den gleichen Schallpegel nur noch mit 21 dB.

Dieses subjektive Empfinden berücksichtigt man bei Messungen durch einen in das Messgerät eingebauten Filter. Ein derart **frequenzbewerteter Schallpegel** (A-Schallpegel) wird in der Einheit dB(A) ausgedrückt. Schallpegelwerte bekannter Geräusche und Schallpegelgrenzwerte sind in der Tabelle 1 auf der nachfolgenden Seite angegeben.

Wenn Lärm mehrerer Lärmquellen gleichzeitig auf den Menschen einwirkt, erhöht sich der Schallpegel. Der höhere Schallpegel ist jedoch nicht so hoch wie die Summe der Schallpegelwerte der einzelnen Lärmquellen.

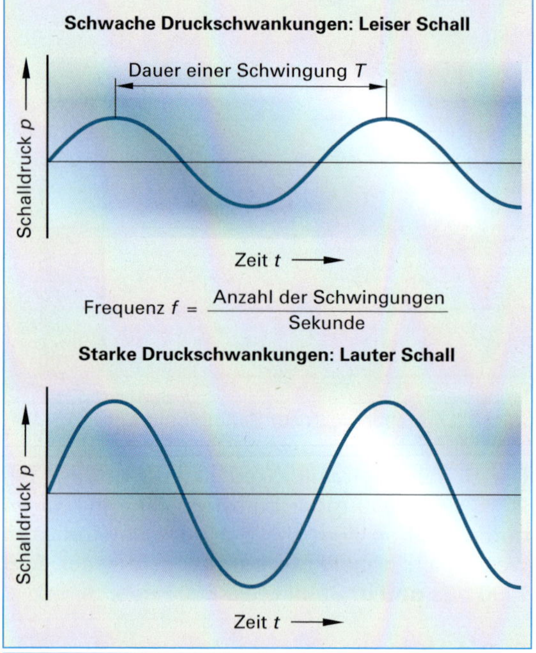

Bild 2: Unterschiedliche Lautstärke bei gleicher Frequenz

Beispiel:

Zwei Schlagbohrmaschinen mit Schallpegelwerten von je 80 dB(A) ergeben nicht etwa 160 dB(A), sondern einen Gesamtschallpegel von 83 dB(A).

Steigt der Schallpegel um 3 dB(A), empfindet man den Lärm als doppelt so laut. Bei 6 dB(A) liegt eine Vervierfachung, bei 9 dB(A) eine Verachtfachung der Lautstärke vor.

Tabelle 1: Bewertete Schallpegel bekannter Geräusche und Schallpegelgrenzwerte in dB(A)

Schallpegel in dB(A)	Schallquelle, Empfindung, Schalldruck, Gefährdung
0	Hörschwelle, Schalldruck 20 µPa
10 - 20	schwaches Blätterrauschen, sehr ruhiges Zimmer, Schalldruck 200 µPa
20 - 30	Trittschall bei sehr guter Isolierung, leise
35	leises Flüstern, obere zulässige Grenze der Nachtgeräusche in Wohnvierteln, Schalldruck 2 mPa
45	vorbeifahrende Pkw bei geschlossenem Fenster, obere zulässige Grenze der Tagesgeräusche in Wohnvierteln
50 - 60	Unterhaltungsgespräche, Bürolärm, normal, Schalldruck 20 mPa
60 - 70	lautes Rufen, ab 65 dB: Schädigung des vegetativen Nervensystems
70 - 90	Hauptverkehrsstraße, laut, Schlagbohrmaschine, Schalldruck 200 mPa
90	ab 85 dB(A) Gehörschäden bei Dauerbelastung möglich, Gehörschutzmittel erforderlich
90 - 100	Autohupe, Bohrhammer, laut bis unerträglich, Schalldruck 2 Pa
100 - 120	Baukreissäge, Schlagschrauber, Handschleifmaschine, Motorsäge
120	Schmerzschwelle, Schalldruck 20 Pa
130 - 140	Drucklufthammer, Düsentriebwerk 10 - 25 m entfernt, Schalldruck 200 Pa, Gehörschäden auch bei kurzer Einwirkung möglich
150 - 160	Geschütz, Explosion, dadurch Verletzung des Gehörs

Eine Schädigung durch Lärm hängt außerdem von der Einwirkungsdauer ab. Der **Beurteilungspegel** (in dB(A)) ist das Maß der Lärmeinwirkung bezogen auf eine 8-Stunden-Arbeitsschicht.

Beispiel:

Eine 15-minütige Lärmeinwirkung mit einem 100 dB(A)-Winkelschleifer hat den gleichen Beurteilungspegel wie eine 8-stündige Arbeit mit einer 85 dB(A)-Schlagbohrmaschine.

Ein Arbeitsbereich mit einem Beurteilungspegel ≥ 85 dB(A) ist ein **Lärmbereich**, der mit blau-weißen Gebotsschildern zu kennzeichnen ist (Bild 1). Für Beschäftigte in Lärmbereichen sind persönliche Gehörschutzmittel ab 85 dB(A) vorgeschrieben, ab 80 dB(A) sind sie vom Arbeitgeber bereitzustellen.

Bild 1: Gebotsschild „Gehörschutz benutzen"

Gehörschutzmittel sind z. B. Gehörschutzwatte (bis 105 dB(A)), Gehörschutzstöpfel (bis 110 dB(A)), Kapselgehörschützer (bis 120 dB(A)), Schallschutzanzug (ab 125 dB(A)).

9.3.3 Schallschutz im Hochbau

Unter Schallschutz fallen alle Maßnahmen, die gegen die Schallentstehung gerichtet sind und zur Verminderung der Schallübertragung beitragen. Die DIN 4109 und die VDI-Richtlinie 2719 stellen schalltechnische Anforderungen an Fenster, Türen- und Fassadenkonstruktionen im eingebauten Zustand. Eine Wohnung gilt als schallgeschützt, wenn Sprache mit normaler Sprechweise in der Nachbarwohnung „im Allgemeinen nicht verstehbar ist".

Die Verminderung kann durch **Schalldämmung** und/oder **Schallschluckung** (Schalldämpfung, Schallabsorption) erfolgen (Bild 1).

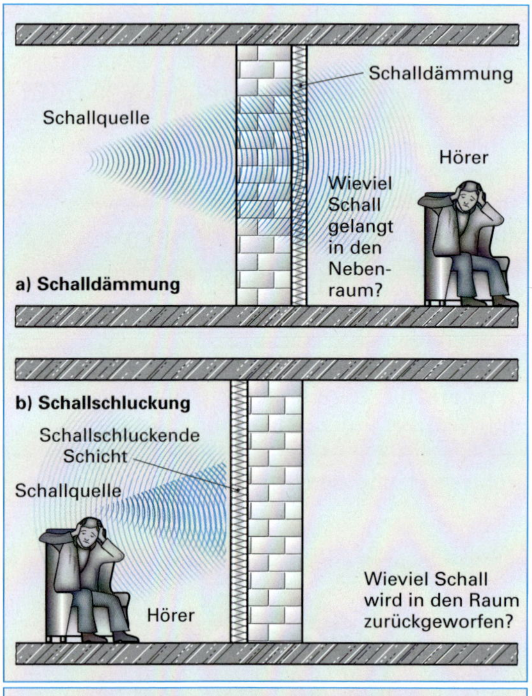

Bild 1: Unterschied zwischen Schalldämmung und Schallschluckung

Schalldämmung

Unter Schalldämmung versteht man die Senkung des Schalldurchganges durch ein Bauteil. Schallquelle und Hörer sind dabei in **verschiedenen** Räumen. Durch Fußböden, Decken, Fenster und Wände tritt Schallenergie hindurch und gelangt in die Wohn- oder Arbeitsräume. Die dort ankommende Schallenergie ist abgeschwächt, da alle Bauteile mehr oder minder den Schall dämmen. Je nachdem, ob Luft- oder Körperschallwellen auf ein Bauteil auftreffen, unterscheidet man Luft- und Körperschalldämmung z. B. Trittschalldämmung (Bild 2).

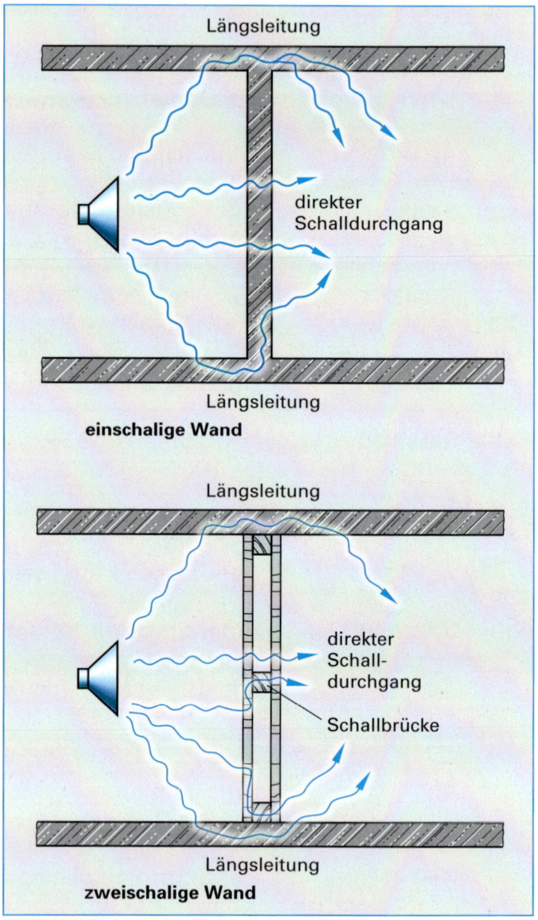

Bild 2: Wege des Luftschalls bei Wänden

Die Luftschalldämmung macht eine Aussage darüber, wie leicht bzw. schwer ein Bauteil durch die auftreffenden Luftschallwellen in Schwingungen versetzt wird. Das Schalldämm-Maß R bezeichnet den Widerstand eines Bauteiles gegen den Durchgang von Schall (Tabelle 1).

Tabelle 1: Mittlere Schalldämm-Maße einiger Bauteile

Bauteil, Baustoff	Schalldämm-Maß R_w
Ziegelmauerwerk, verputzt, 30 cm dick	52 dB
Ziegelmauerwerk, verputzt, 11,5 cm dick	45 dB
Betonwand, 20 cm dick	48 dB

Das Maß der Schalldämmung eines Bauteiles ergibt sich aus der Differenz zwischen dem ankommenden und dem von der anderen Oberfläche des Bauteils durchgelassenen und wieder abgestrahlten Schallpegel. Das Labor-Messergebnis **ohne äußere Einflüsse** ist das Schalldämm-Maß R_w (gemessen in dB). Das kleine w besagt, dass das Schalldämm-Maß „bewertet" wurde, die Frequenz wurde mit berücksichtigt.

> Je höher der R_w-Wert, desto besser ist die Schalldämmung.

Werden Schallmessungen am Bau unter Einschluss der Schallnebenwege vorgenommen, so ergibt sich das bewertete Schalldämm-Maß R'_w. Es ist stets größer als das Labormaß R_w [1] und der für die Baupraxis wichtigere Wert. Nebenwege der Schallübertragung sind bei Messungen an einem Fenster z. B. der Bauanschluss, die Wände und die Decke.

> Das **bewertete** Schalldämm-Maß R'_w gibt an, um welchen Betrag (in dB) sich der Schallpegel beim Durchgang durch ein fertig eingebautes, funktionsfähiges Bauteil (z. B. ein Fenster) verringert. Die Frequenz der Schallquelle beträgt dabei 1000 Hz.

Eine Wand mit dem Schalldämm-Maß R'_w = 40 dB verringert die Lärmempfindung eines Außenlärms von z. B. 90 dB auf 50 dB (Bild 1).

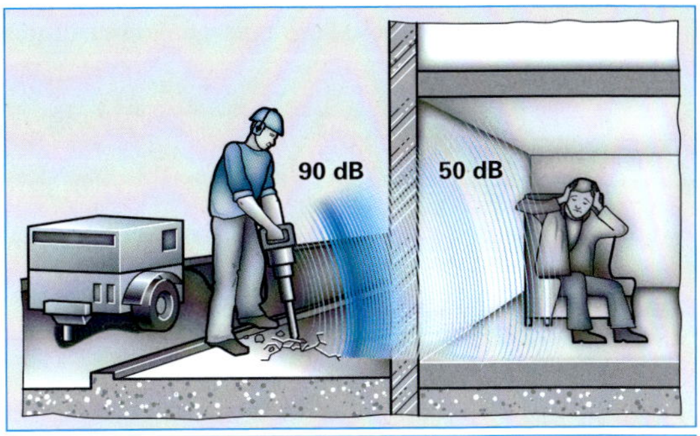

Bild 1: Bewertetes Schalldämm-Maß der Wand R'_w = 40 dB

Erforderliche Schalldämmung

Besondere Anforderungen an den Schallschutz werden bei Fassaden, Fenstern und Türen gestellt. Ausgehend vom maßgeblichen Außenlärmpegel vor Hausfassaden (Tabelle 1) wird das erforderliche resultierende Schalldämm-Maß erf. $R'_{w,\ res}$ (siehe S. 298, Tabelle 2) aller Außenbauteile ermittelt.

DIN 4109 teilt die Mindestanforderungen an die Luftschalldämmung in sieben Lärmpegelbereiche mit maßgeblichen Außenlärmpegeln ein (siehe S. 298, Tabelle 1). Die Außenwand wird dabei mit berücksichtigt. Grundsätzlich gilt, dass der Außenlärm und der gewünschte Innenraumpegel die Schalldämmung der Außenwand des Raumes bestimmen. Fenster und

Tabelle 1: Maßgeblicher Außenlärmpegel vor Hausfassaden für typische Straßenverkehrssituationen (aus DIN 4109)

Art der Straße	Verkehrsbelastung in Kfz pro Tag	Maßgeblicher Außenlärmpegel in dB (A) – Entfernung zur Straßenmitte in m: 10	50	100	500	1000
Autobahn und Autobahnzubringer	100000	–	–	75	64	59
	10000	–	70	65	54	49
Bundes- und Gemeindeverbindungsstraßen	50000	–	–	70	59	54
	5000	73	65	61	50	45
Gemeinde- und Hauptverkehrsstraßen	20000	–	67	63	52	46
	2000	66	57	53	42	–
Wohn- und Wohnsammelstraßen	5000	67	58	54	43	–
	500	57	48	44	–	–

Zuschlag + 3 dB (A), wenn der Raum an einer Straße mit beidseitig geschlossener Bebauung liegt.
Zuschlag + 2 dB (A), wenn die Straße eine Längsneigung von mehr als 5 % hat oder wenn der Raum weniger als 100 m von der nächsten ampelgesteuerten Kreuzung oder Einmündung entfernt ist.
Abminderung für Gebäudeseiten, die von der maßgeblichen Lärmquelle abgewandt sind: – 5 dB (A) bei offener Bebauung, – 10 dB (A) bei geschlossener Bebauung bzw. Innenhöfen.
Zur Bestimmung des Außenlärmpegels kann auch das Nomogramm der DIN 4109-2 herangezogen werden.

[1] R_w sind im Labor gemessene Schalldämm-Maße

Tabelle 1: Anforderungen an die Luftschalldämmung von Außenbauteilen (verkürzt aus DIN 4109)

Lärmpegel-bereich	Maßgeblicher Außenlärm-pegel	Bettenräume in Krankenanstalten und Sanatorien	Aufenthaltsräume in Wohnungen, Übernachtungs-räume in Hotels, Unterrichtsräume und Ähnliches	Büroräume und Ähnliches [1]
	dB(A)	erf. $R'_{w,res}$ des Außenbauteils in dB		
I	bis 55	35	30	–
II	56 bis 60	35	30	30
III	61 bis 65	40	35	30
IV	66 bis 70	45	40	35
V	71 bis 75	50	45	40
VI	76 bis 80	[2]	50	45
VII	über 80	[2]	[2]	50

[1] An Außenbauteile von Räumen, bei denen der eindringende Außenlärm aufgrund der in den Räumen ausgeübten Tätigkeiten nur einen untergeordneten Beitrag zum Innenraumpegel leistet, werden keine Anforderungen gestellt.
[2] Die Anforderungen sind hier aufgrund der örtlichen Gegebenheiten festzulegen.

Türen sind Teile dieser Außenwand. Die Schalldämmung richtet sich nach ihrem Flächenanteil (%) in der Wand und ihrem Schalldämmverhalten. Bei zusammengesetzten Bauteilen nennt man das erforderliche gemeinsame Schalldämm-Maß erf. $R'_{w,\ res}$.

In der Tabelle 2 sind die Mindestanforderungen für die erforderliche Luftschalldämmung von Außenbauteilen mit unterschiedlicher Aufteilung der Fensterflächen aufgelistet. Die Mindestanforderungen sind abhängig von der Lärmbelästigung (Lärmpegelbereich) und der Art der Raumnutzung (Tabelle 1). Den empfohlenen Schalldämmwerten werden in einem nächsten Schritt entsprechende Schallschutzklassen für Fenster und Türen zugeordnet. Siehe Tabelle 1 auf der nachfolgenden Seite.

Beispiel:

An einem Autobahnzubringer beträgt in 100 m Entfernung der Außenlärmpegel 65 dB (siehe S. 297, Tabelle 1). Nach Tabelle 1 müssen Wände und Fenster in einem anliegenden Wohnhaus ein erforderliches Mindestschalldämm-Maß von 35 dB aufweisen (Lärmpegelbereich III). Im Wohnraum darf demnach nur noch eine Lautstärke von 65 dB – 35 dB = 30 dB auftreten.

Beträgt der Fensterflächenanteil an der Wand zum Beispiel 30 %, so ergibt sich ein rechnerisches Schalldämm-Maß $R'_{w,\ res}$ für die Wand von 35 dB und für das Fenster $R'_{w,\ res}$ von 32 dB (Tabelle 2). Das komplette Bauteil Fenster (Rahmen, Glas und Baukörperanschluss) muss nach der VDI-Richtlinie 2719 und den Messvorschrif-

Tabelle 2: Erforderliche Schalldämm-Maße erf. $R'_{w,res}$ für Außenwände mit Fenstern (verkürzt aus DIN 4109-2)

erf. $R'_{w,res}$ in dB	Schalldämm-Maße für Wand / Fenster in dB / dB bei folgenden Fensterflächenanteilen					
	10 %	20 %	30 %	40 %	50 %	60 %
30	30/25	30/25	35/25	35/25	50/25	30/30
35	35/30	35/30	35/32	40/30	40/32	45/32
40	40/32	40/35	45/35	45/35	40/37	40/37
45	45/37	45/40	50/40	50/40	50/42	60/42
50	55/40	55/42	55/45	55/45	60/45	–

Diese Tabelle gilt nur für Wohngebäude mit Raumhöhen von etwa 2,5 m und Raumtiefen von etwa 4,5 m.

ten nach DIN 52210 die Anforderungen der Schallschutzklasse SSK 2 erfüllen (Tabelle 1).

Bild 1 zeigt ein Beispiel: Ein Fenster soll einen Schall von ≥ 35 dB absorbieren (SSK 3). Bei einem Prüfzeugnis für das Fenster wird außerdem ein Vorhaltemaß[1] von 2 dB verlangt. Das Fenster muss also mindestens 37 dB absorbieren.

In Tabelle 1 werden die Fenster entsprechend ihrer Schalldämmwirkung in sechs Schallschutzklassen eingeteilt. Zur Klasse 1 gehören Verbundfenster mit schmaler Isolierverglasung ohne zusätzliche Dichtungen. Sie erreichen R'_w-Werte von 25 dB bis 29 dB. Kastenfenster der Klasse 5 mit dicker Isolierverglasung, großem Scheibenabstand und besonderen Dichtungen erreichen R'_w-Werte von 45 dB bis 49 dB.

Empfehlungen für den Innenschallpegel in Aufenthaltsräumen sind der Anlage 13 (siehe S. 327) zu entnehmen.

Seite 15, Bild 1 zeigt eine asymmetrisch aufgebaute Isolierglasscheibe. Die Einbauposition der dickeren Scheibe ist für den Schallschutz unerheblich. Aus statischen und optischen Gründen sollte aber die dickere Scheibe außen angebracht werden.

Die Schalldämmung eines Fensters ist von vielen Faktoren abhängig. Es muss deshalb als Gesamtelement betrachtet werden. Besondere Bedeutung hat die Dichtheit zwischen Flügel- und Blendrahmen[2].

Die Schalldämmung eines Fensters (bzw. Tür, Fassade) wird verbessert durch:

- Mehrfachverglasungen oder Verbundfenster.
- Erhöhung der Glasdicke. Je schwerer die Scheibe, desto besser ist die Schalldämmung. Die Beschläge müssen dem Scheibengewicht angepasst sein.
- Gute Dämmung und fachgerechte Abdichtung der Bauanschlussfuge.
- Mehrfache Verriegelungspunkte für einen verstärkten Flügelandruck.

Tabelle 1: Schallschutzklassen von Fenstern (verkürzt nach VDI-Richtlinie 2719)

Schallschutzklasse SSK	Bewertetes Schalldämm-Maß R'_w des am Bau funkionsfähig eingebauten Fensters in dB, geprüft nach DIN EN ISO 16283-1, -3	Erforderliches bewertetes Schalldämm-Maß R_w des im Labor funktionsfähig eingebauten Fensters in dB, geprüft nach DIN 52210-2
1	25 bis 29	27
2	30 bis 34	32
3	35 bis 39	37
4	40 bis 44	42
5	45 bis 49	47
6	50	52

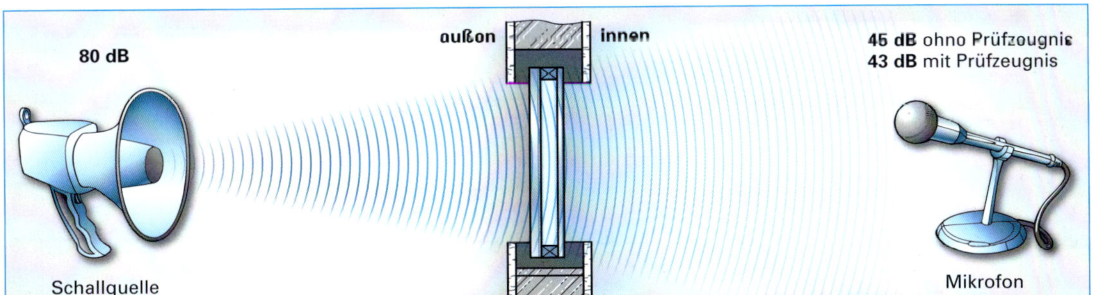

Bild 1: Schallprüfung nach DIN 52210-2 für die Schallschutzklasse 3

[1] R'_w sind Rechenwerte für das bewertete Schalldämm-Maß von Bauteilen. Ein sog. Vorhaltemaß von 2 dB bei Fenstern und 5 dB bei Türen ist abgezogen. Das Vorhaltemaß ist ein Korrekturwert, der die idealen Bedingungen im Prüfstand an die realen Verhältnisse im Gebäude anpassen soll.

2 Der zu erfüllende Dichtheitsgrad ist in DIN 18055 festgelegt und richtet sich nach der Gebäudehöhe.

- Dichtheit zwischen Blend- und Flügelrahmen (ab 40 dB sind zwei Flügelfalzdichtungen erforderlich).
- Eine größere Anzahl von Dichtungen (Außen-, Innen- und Mitteldichtung).
- Verringerung der Scheibengröße und Vergrößerung des Scheibenabstandes.
- Verwendung von Spezialgasfüllungen im Scheibenzwischenraum.

Für den fachgerechten Bauwerksanschluss gelten folgende Schallschutz-Regeln:

- Nicht zu schmale Fugen ausführen, weil sie sich ordentlich verfüllen lassen müssen.
- Spritzkork oder Mineralfasern dienen sowohl dem Wärmeschutz als auch dem Schallschutz. Fugen mit einer hohen Anforderung an den Schallschutz müssen sowohl innen als auch außen versiegelt werden. Dabei ist der bauphysikalische Grundsatz „innen dichter als außen" zu beachten. Die Außenfugen dürfen nicht dampfdicht ausgeführt werden.
- Ab der Schallschutzklasse 4 ist eine zweite innen liegende Versiegelung notwendig.
- Dichtbänder aus Schaum-Kunststoff mit hohen Kompressionsgraden einsetzen. Diese sind im Außenbereich gleichzeitig schlagregendicht.
- Dämmstoffe mit hohen Strömungswiderständen (feinfaseriges Material) einsetzen.
- Die Fugen müssen umlaufend mit Dämmstoff ausgefüllt und gestopft werden.

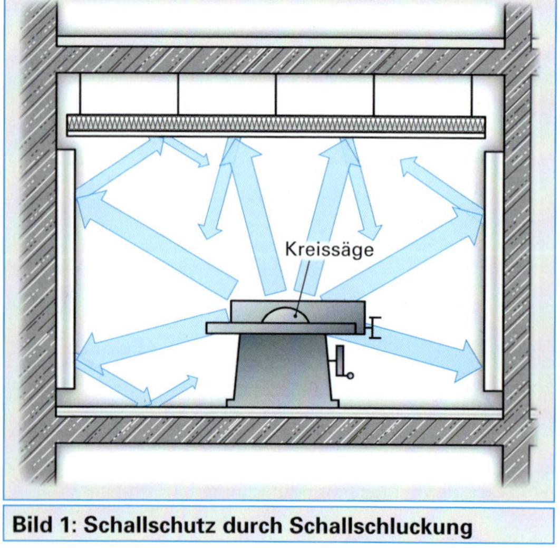

Bild 1: Schallschutz durch Schallschluckung

Das Rahmenmaterial hat keinen Einfluss auf die Schalldämmung: Man kann gleichberechtigt nebeneinander die Werkstoffe Holz, Aluminium, Stahl oder Kunststoff einsetzen.

Fenster (und Außentüren) sollen in erster Linie den Außenlärm zurückhalten. Aber neben dem Luftschall tritt auch noch Körperschall (Trittschall) über Decken und Wände auf.

Bei Fensterbändern und Fassaden kommt es oft zu unerwünschter Schallübertragung über angrenzende Bauteile wie Fensterbänke, Deckleisten, Deckschalen und Paneelanschlüsse. Eine fehlende Längsschalldämmung (siehe S. 296, Bild 2) kann die beste Luftschalldämmung wirkungslos machen.

Schalldämpfung (Schallschluckung, Schallabsorption)

Der Schallschutz erfolgt durch Schalldämpfung, wenn sich die Schallquelle und der Empfänger **im selben** Raum befinden. Die Verminderung des entstehenden Schalls erfolgt durch die Umgebungsbauteile **innerhalb** des Raumes (Bild 1).

Schallschluckende Schichten haben auf der Schallquelle zugewandten Seite kleine Poren und Öffnungen, sind aber auf der abgewandten Seite geschlossen. Die ankommenden Schallwellen werden mehrfach reflektiert und wandeln dabei durch Absorption einen großen Teil ihrer Schallenergie in Wärme um (Bild 2). Wie die Schalldämmung ist auch die Schalldämpfung stark frequenzabhängig: Poröse Schichten schlucken mehr die kurzen, hohl verlegte Platten mehr die langen Wellen.

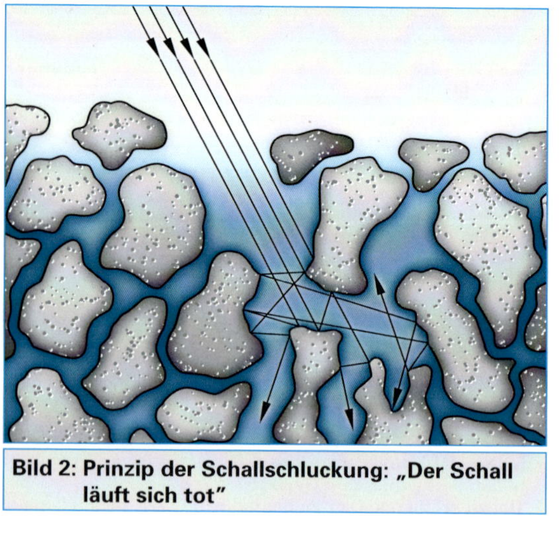

Bild 2: Prinzip der Schallschluckung: „Der Schall läuft sich tot"

Versuch: Ein kräftiger Wasserstrahl trifft auf den Boden eines Blecheimers. Dann wird in den Eimer ein dicker Schwamm gelegt. Das Geräusch des jetzt auftreffenden Wasserstrahls ist stark gedämpft.

Türen und Fenster einschließlich der Verglasung haben nur ein geringes Schallschluckvermögen. Vorhänge und innere Sonnenschutzeinrichtungen, die möglichst mit kleinem Abstand zum Fenster angebracht sein sollten, begünstigen die Absorption.

Schallübertragung zwischen Räumen
Zwischen angrenzenden Räumen wird über die Fassadenkonstruktion Körperschall übertragen. Die relativ geringen Massen der Fassadenbauteile (Glas, Profile, Paneele, Dämmung) begrenzen die Schalldämmung. Auch sind die Profilrohren, die verschiedenen Bauanschlüsse, Wandrinnen, Klimakanäle und Durchbrüche für die Versorgungsleitungen usw. vom Standpunkt der Schalldämmung problematisch. Werden Lüftungsanlagen eingebaut, sind meist besondere schalltechnische Berechnungen erforderlich.

Schallerzeugung durch Wind
Als Folge von Windeinflüssen können Teile der Fassade Schall an den Baukörper abgeben. Außen liegende Sonnenschutzvorrichtungen, offene Profile, aber auch größere Fugen können dafür die Ursache sein. Aus diesem Grund sind ausreichend schwere Konstruktionen, die nicht klappern, zu empfehlen. Offene Enden von Profilrohren sind zu schließen oder sorgfältig abzudichten, um störende Pfeifgeräusche auszuschließen. Auch ist ein Metall-auf-Metall-Kontakt beweglicher Teile ist nach Möglichkeit zu vermeiden.

9.3.4 Zusammenfassung

Schallleistung *P*
Die von der Schallquelle gelieferte akustische Energie pro Zeit ist die Schallleistung *P*. Die Einheit ist W. Der zugehörige Energiestrom wandert mit der Schallwelle in den Raum hinaus und „verdünnt" sich mit wachsender Entfernung von der Schallquelle.

Schallstärke, Schallintensität *I*
Der Energiestrom pro Flächeneinheit *A* (senkrecht zur Ausbreitungsrichtung gemessen) wird auch Schallintensität oder Energiestromdichte genannt. Die Einheit der Schallstärke bzw. Schallintensität I ist W/m². Im freien Raum verringert sich die Schallstärke mit dem Quadrat des Abstandes von der Schallquelle.

$$I = \frac{P}{A}$$

Schalldruck *p*
Für die Wirkung auf das Trommelfell ist der effektive Schalldruck *p* (Einheit Pa; 1 Pa ≙ 1 N/m²) maßgebend. Zwischen der Schallstärke bzw. Schallintensität I und dem effektiven Schalldruck besteht die Beziehung:

$$I = \frac{p^2}{\varrho \cdot c}$$

und umgestellt nach *p*:

$$p = \sqrt{I \cdot \varrho \cdot c}$$

Hier bedeutet ϱ die Dichte der Luft (Einheit kg/m³) und c die Schallgeschwindigkeit (Einheit m/s). Die Größe $\varrho \cdot c$ heißt in der Akustik auch „Schallwellenwiderstand" z (Einheit N · s/m³). Die Gleichung ist analog zu der Formel für die elektrische Leistung:

$$P = \frac{U^2}{R}$$

Beispiel:
Die Schallleistung der menschlichen Stimme beträgt bei normaler Unterhaltungslautstärke ca. $P = 25$ µW. Die zugehörige Lautstärke (= Schallintensität) im Abstand von $r = 2$ m ergibt sich, indem man durch die Kugelfläche $4\pi r^2$ teilt: Das Ergebnis ist $\boldsymbol{I = 0{,}5}$ **µW/m²**.
Der Schallwellenwiderstand z der Luft beträgt bei 20 °C:

$z = \varrho \cdot c = 1{,}2\ \text{kg/m}^3 \cdot 344\ \text{m/s} = 413\ \text{kg/(m}^2\cdot\text{s)}$
bzw. N · s/m³

Der Schalldruck beträgt dann:
$p = \sqrt{I \cdot \varrho \cdot c} = \sqrt{0{,}5\ \mu\text{W/m}^2 \cdot 413\ \text{kg/(m}^2\cdot\text{s)}}$
$p = 0{,}014\ \text{Pa} = 14\ \mu\text{Pa} = 0{,}014\ \text{N/m}^2$

In das Ohr des Gesprächspartners (Eintrittsfläche 1 cm² = 10^{-4} m²) gelangt dabei eine Schallleistung von „nur" 0,00005 µW:

$P = I \cdot A = 0{,}5\ \mu\text{W/m}^2 \cdot 0{,}0001\ \text{m}^2$
$P = 0{,}00005\ \mu\text{W}$

Schallpegel (Schallpegel L)

Der Empfindlichkeitsbereich des menschlichen Gehörs umfasst rund zwölf Größenordnungen der Schallstärke (bzw. sechs Größenordnungen des Schalldrucks). Der Bereich von der Hörschwelle (Schallstärke $I_b = 10^{-12}$ W/m²) bis zur Schmerzgrenze (I = 1 W/m²) ist nicht linear, sondern logarithmisch unterteilt. Nach dem Weber-Fechnerschen Gesetz hängt die Intensität der Schallempfindung logarithmisch von der Reizstärke ab.

$$L = 10 \lg \frac{I}{I_b}$$

Der Faktor 10 schafft glatte Zahlenwerte für den Schallpegel. Man dividiert den Faktor durch 10 und erhält den Zahlenwert 1. Der Schallpegel L ist ein dimensionsloser Wert. Allerdings schreibt man als Maßeinheit für den Schallpegel üblicherweise Dezibel, abgekürzt dB. Ein dB ist der zehnte Teil eines Bels. Mit dieser Hilfseinheit soll an den Erfinder des Telefons Graham Bell (1847 – 1922) erinnert werden. Die Angabe dB (A) für die Lautstärke gibt den frequenzbewerteten Schallpegel an (A-Schallpegel).

Beim Zusammenwirken mehrerer Schallquellen wird der Schallpegel nicht einfach, sondern logarithmisch addiert.

Beispiel:

Zwei vorbeifahrende Lkw mit einem Schallpegel von je 60 dB verursachen nicht L = 60 dB + 60 dB = 120 dB, sondern L = 60 dB + 10 lg n dB (mit n als Anzahl der Schallquellen - hier gleich 2).

L = 60 dB + 10 lg 2 dB
= 60 dB + 3 dB
= **63 dB**

Bei einer Verdopplung des Schallpegels erhöht sich der Gesamtschallpegel um lediglich 3 dB.

Lautstärke

Die dB-Skala ist für Lärmmessungen ungeeignet, weil die Empfindlichkeit des menschlichen Gehörs stark von der Frequenz abhängt. Im Frequenzbereich von 4 kHz ist das Gehör besonders empfindlich und fällt zu tiefen und hohen Frequenzen hin ab. Man hat den Begriff „Lautstärke" eingeführt, um diese Frequenzabhängigkeit zu berücksichtigen. Die in dB(A) angegebene Lautstärke ist gleich dem Schallpegel in dB eines gleich laut empfundenen Tones der Frequenz 1 kHz. Bild 1 zeigt die aus den Angaben vieler Personen gewonnenen Kurven gleicher Lautstärke. Während Dezibel (dB) eine pysikalische Größe darstellt, wird mit der Angabe „phon" das subjektive Empfinden des Schalldruckes angegeben.

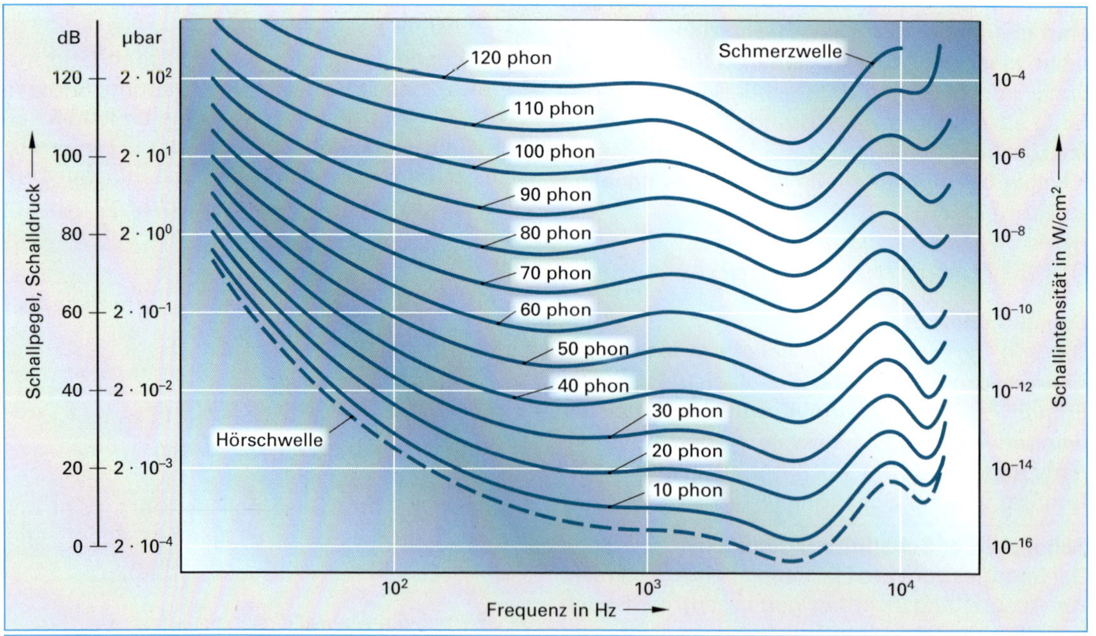

Bild 1: Kurven gleicher Lautstärke nach DIN 45630

9.4 Brandschutz

Zum vorbeugenden Brandschutz für Gebäude gehören alle Maßnahmen für ein Gebäude, die eine Brandentstehung verhindern und im Brandfall die Ausbreitung von Feuer und Rauch begrenzen. Ziel ist es dabei Menschenleben nicht zu gefährden und Rettungs- und Löscharbeiten durch die Feuerwehr zu ermöglichen.

Für den baulichen Brandschutz steht die zu erwartende Brandlast im Zentrum aller Planungen und Vorschriften. Die Brandlast entsteht durch alle brennbaren Stoffe, die in einem Gebäude je nach Nutzung verbaut oder eingebracht werden. Die Brandlast wird nach der Menge und vom Heizwert der Stoffe eingestuft. Brandlasten werden in kWh/m^2 oder in kWh/m^3 angegeben. Es ist also das anzunehmende Wärmepotential bezogen auf eine Flächen- oder Volumeneinheit im Brandfall in einem Gebäude. Die DIN 18230-1 gibt Fachhinweise zur Ermittlung der Brandlast bei Industriebauten.

Der bauliche Brandschutz legt daher u. a. die Verwendung von Baustoffen, Bauteilen und Anlagen hinsichtlich ihrer Brennbarkeit und ihres Feuerwiderstandes fest. Er schreibt die Flucht- und Rettungswege hinsichtlich deren Anzahl, Lage, Länge, Breite und Beschaffenheit vor. Zum baulichen Brandschutz gehören auch Vorschriften für betriebliche Einrichtungen wie z. B. Brandmelder, Rauch- und Wärmeabzüge, Löscheinrichtungen und abwehrende Maßnahme zur Brandbekämfung. Hierzu wird unterschieden nach der Gebäudenutzung (z. B. Wohnhaus, Schulgebäude oder Chemiefabrik) und Anzahl der im Brandfall zu rettenden Menschen im Gebäude (Gebäudegröße; Gebäudeklassen 1 – 5).

Je nach Bundesland wird der Brandschutz in den Landesbauordnungen der einzelnen Bundesländer gesetztlich festgelegt.

9.4.1 Brandvorgang

Die Verbrennung ist ein chemischer Vorgang. Bei der schnellen Oxidation wird Energie in Form von Licht und Wärme frei. Eine Flamme bildet sich, wenn der brennbare Stoff infolge der hohen Temperatur in den gasförmigen Zustand übergeht und dabei die Zündtemperatur erreicht.

Damit ein Brand entsteht, müssen drei Voraussetzungen vorliegen:

- Der Stoff muss brennbar sein.
- Es muss genügend Sauerstoff vorhanden sein.
- Die Entzündungstemperatur muss erreicht sein.

Bei einem Brand entstehehen erhebliche Mengen an Rauchgasen, die für einen Menschen gefährlich werden können. Hochgefährlich sind die Anteile an Kohlenmonoxid im Rauchgas. Weiterhin sind korrosive Bestandteile im Brandrauch gefährlich, die die Lunge und Atemwege verletzen können. Daher sind Brandtote meistens Rauchtote.

9.4.2 Brandverhalten der Baustoffe

Die DIN EN 13501-1 unterscheidet zwischen nicht brennbaren Baustoffen der Klasse A und brennbaren Baustoffen der Klasse B bis Klasse F (siehe S. 319, Tabelle 3).

In der Klasse A wird dabei noch unterschieden zwischen den **nicht brennbaren** Baustoffen der Klasse A1 und den Baustoffen mit geringen brennbaren organischen Bestandteilen der Klasse A2. Von den Baustoffen der Klasse A2 darf keine Sichtbehinderung durch Rauchentwicklung ausgehen und es dürfen innerhalb von 10 Minuten keine brennbaren Partikel abtropfen oder abfallen. Die Kennzeichnung eines Baustoffes der Klasse A2 hinsichtlich seiner Brandschutzeigenschaft ist: A2 –s1, d0. Beispiele für Baustoffe der Klasse A2 –s1, d0 sind: Gipskartonplatten, Gipsfaserplatten, Glasfasermatten, Polystyrolbeton, Faserzement.

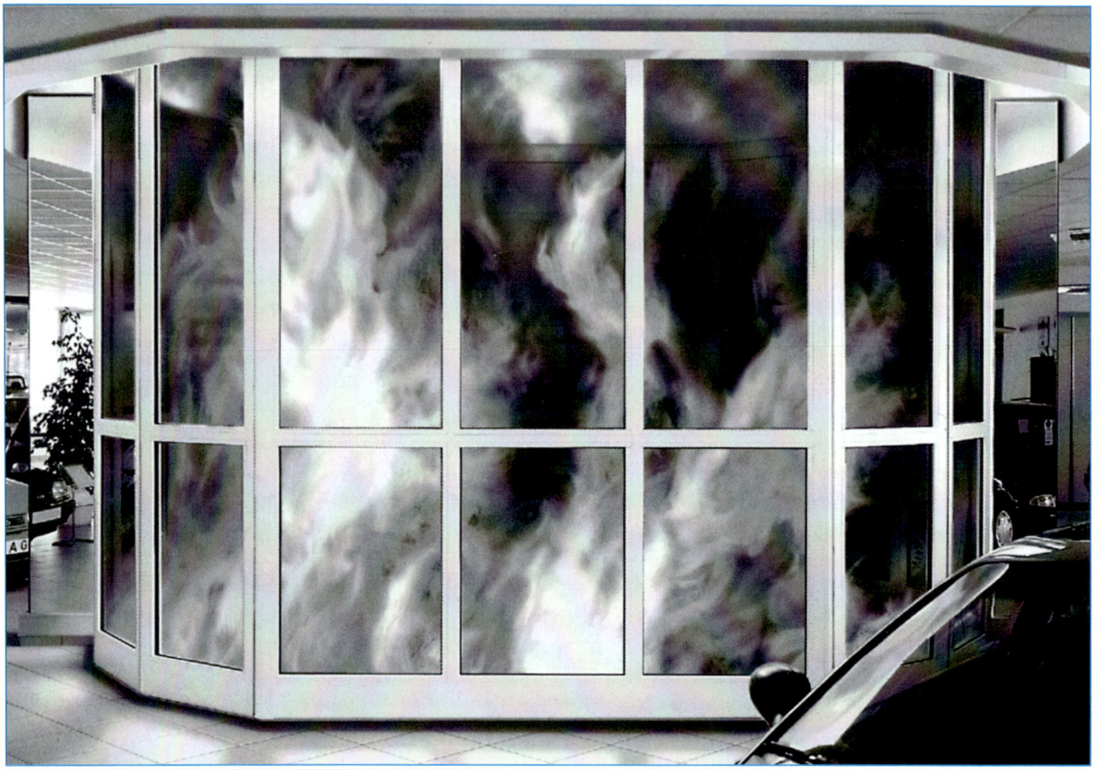

Bild 1: Pavillon aus nicht brennbaren Baustoffen

Beispiele für nicht brennbare Baustoffe der Klasse A1 sind Sand, Kies Beton, Stahl, Gusseisen, Aluminium, Steinwolle, Mörtel, Gips, Keramik, Ziegel, Glas.

Aber auch von Bauteilen aus nicht brennbaren Baustoffen können im Brandfall Gefahren ausgehen. Sie können sich ausdehnen und dadurch Druck auf andere Bauteile ausüben, sie können als tragende Konstruktion ihre Festigkeit verlieren, reißen, zerspringen oder ihr Gefüge verändern.

Die **brennbaren** Baustoffe werden danach unterschieden, wie schnell der betreffende Baustoff entflammt. Daher sind sie unterteilt in die Klassen schwer entflammbare, normal entflammbare und leicht entflammbare Baustoffe. Alle Baustoffe werden noch einmal Klassifiziert in die Gruppe s1: keine Sichtbehinderung durch Rauchentwicklung, s2: Sichtbehinderung durch Rauchentwicklung und s3: starke Sichtbehinderung durch Rauchentwicklung. Ebenso findet eine nähere Beschreibung des Abtropfverhaltens im Brandfall in den Klassen d0, d1 und d2 statt. Siehe S. 319, Tabelle 3.

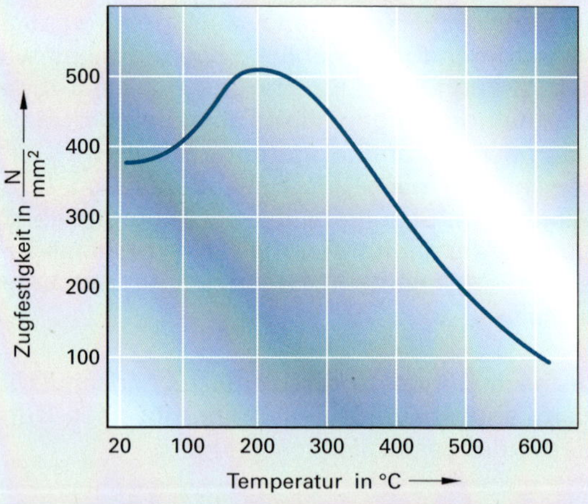

Bild 2: Zugfestigkeit von Baustahl S 235 mit steigender Temperatur

In den Klassen für schwer entflammbare Baustoffe sind hauptsächlich die Klassen B und C aufgeführt. Beispiele dafür sind: Holzwolle-Leichtbauplatten, zementgebundene Spanplatten. Allerdings werden auch einzelne Baustoffe der Klasse A2 (z. B. A2 – s2; d0, A2 – s3, d0) hier eingegliedert.

Die Klasse der normal entflammbaren Baustoffe werden in den Klassen D und E aufgeführt. Beispiele dafür sind: Holzwerkstoffe, Holzfaserdämmplatten, Spanplatten, Bitumenpappe, PVC-Beläge. Für die Klasse der leicht entflammbaren Baustoffe steht die Klasse F zur Verfügung. Beispiele für leicht entflammbare Baustoffe sind: Holzwolle, Holzspäne, Stroh, Papier.

Stahl gehört zwar zu den nicht brennbaren Baustoffen, verliert aber bei 500 °C etwa die Hälfte seiner ursprünglichen Festigkeit (siehe S. 304, Bild 2). Aufgrund der großen Wärmeleitfähigkeit (λ = 48 – 58 W/(m · K)) erwärmt sich Stahl schon nach wenigen Minuten auf diese kritische Temperatur.

Gleichzeitig dehnt sich Stahl pro Meter Baulänge um 0,000012 m bei 1 °C Temperaturerhöhung aus. Ein 6 m langes Bauteil hat sich bei 500 °C bereits um 36 mm ausgedehnt! Diesem Druck hält im Brandfall kein anderer angrenzender Baustoff stand. Statisch wichtige Bauteile aus Stahl wie Stützen, Decken- und Dachträger müssen deshalb (dort, wo Brandschutz gefordert wird) gegen Feuer und große Wärme geschützt werden. Brandschutzmaßnahmen sind Verzögerung des Wärmedurchgangs durch **Bekleidung** und **Ableitung** der Wärme durch Wärmespeicherung.

Auch **Beton** gehört zur nicht brennbaren Baustoffklasse A1. Im Konstruktionsbau findet meist der Verbundwerkstoff Stahlbeton Anwendung. Da hier der Stahl das tragende Gerüst bildet, z. B. nimmt die Stahlbewehrung in einer Stahlbetondecke die Zugkräfte bei Durchbiegung auf, steht und fällt die Standsicherheit im Brandfall mit der Festigkeit der Bewehrung.

Bild 1: Spritzputz als Brandschutzbeschichtung

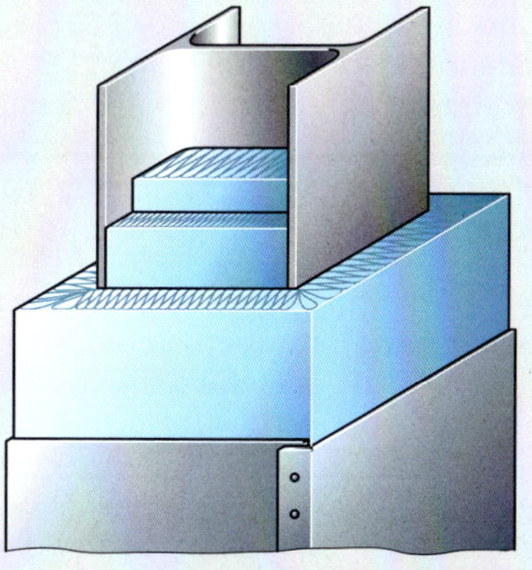

a) Mineralfasermatten und Blechverkleidung

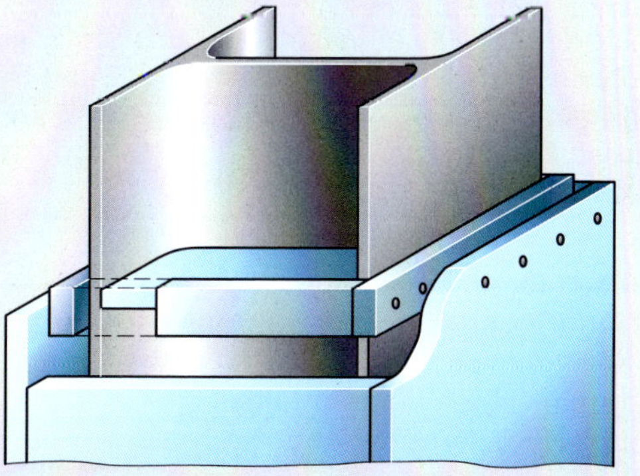

b) Silikatplatten, glasfaserverstärkt

Bild 2: Ummantelung einer Stahlstütze

Aluminium gehört zur Baustoffklasse A1. Im Brandfall ergeben sich aber Nachteile:

- Die Wärmeleitfähigkeit ist dreimal, die Wärmeausdehnung zweimal höher als bei Stahl.
- Aufgrund der niedrigen Schmelztemperatur von 660 °C besteht die Gefahr, dass das flüssige Metall tropft und den Brand in unten liegende Bereiche trägt.

Glas ist zwar nicht brennbar, hat aber im Brandfall ebenfalls Nachteile:

- Glas ist spröde und zerspringt schnell.
- Glas ist lichtdurchlässig und auch für Wärmestrahlen durchlässig.

Brandschutzgläser (siehe Kapitel 1.2.5) dagegen erfüllen die Vorschriften des Brandschutzes.

Holz und Kunststoffe werden in Hinblick auf ihr Verhalten im Brandfall in die Baustoffklassen B und C eingeteilt (siehe S. 319, Tabelle 3). Entsprechende Holzbauteile sind z. B. Stützen, Holzbalkendecken, Dachstühle, brettschichtverleimte Hallenbinder, Leichtbauwände, Innenwandverkleidungen, Außenwandverschalungen und Deckenverschalungen, Türen und Treppen.

Bei der Zuordnung der Baustoffe zu Baustoffklassen sind Entflammbarkeit und Flammenausbreitung die entscheidenden Kriterien. Das Verhalten von Holz und Holzbauteilen bei Feuereinwirkung wird beeinflusst vom Holz selbst, von der Konstruktion sowie von chemischen Schutzmaßnahmen, wobei diese Faktoren häufig erst im Verbund eine ausreichende Schutzwirkung erbringen.

Viele der am Bau eingesetzten Kunststoffe sind Polyvinylchlorid PVC, Polyethylen PE und Polyurethan PUR. Sie gehören der Brandschutzklasse D oder E an, tropfen im Brandfall und entwickeln zum Teil toxische Gase.

Schutz durch Bekleidung

- Aufbringen von Spritzputz aus Wärmedämmstoffen (siehe S. 305, Bild 1) gemischt mit anorganischen Bindemitteln
- Verkleiden mit vorgefertigten Mineralfasermatten und zusätzlicher Blechverkleidung oder Ummantelung mit Platten aus Fiber-Silikat oder Kalcium-Silikat (siehe S. 305, Bild 2). Je nach Dicke der Ummantelungen ist jede gewünschte Feuerwiderstandsdauer zu erreichen.
- Dämmschichtbildende Beschichtungen oder Anstriche, die bei Wärmeeinwirkung aufschäumen und dabei den Wärmedurchgang verzögern.

Schutz durch Wärmeableitung

- Betongefüllte Hohlstützen,
- Wassergefüllte hohle und im Kreislaufsystem miteinander verbundene Stahlrohrstützen.

Einen **indirekten** Schutz erhält man durch abgehängte Decken aus dämmenden Putzen auf Streckmetall oder HPL-Platten (Hochdruck-Schichtpressstofflaminate), Mineralfaser- und Gipskartonplatten.

Konstruktive Schutzmaßnahmen

Holz ist im Gegensatz zu Stahl oder Stahlbeton ein brennbarer Baustoff. Trotzdem können entsprechend dicke Bauteile aus Holz die Feuerwiderstandsdauer bis zu 90 Minuten erreichen. Holz hat die besondere Eigenschaft, bei Brandeinwirkung an der Oberfläche zu verkohlen. Diese Holzkohlenschicht an den Außenzonen der Bauteile bildet eine Schutzschicht, die den weiteren Abbrand des Holzes stark verzögert. Durch die geringe Abbrandgeschwindigkeit von nur etwa 3,5 cm pro Stunde an der Oberfläche der Bauteile und die geringe Wärmeleitfähigkeit bleibt die Festigkeit und Tragfähigkeit der Bauteile verhältnismäßig lange erhalten; das Tragverhalten hängt also wesentlich vom Querschnitt ab.

Außerdem hat Holz im Gegensatz zu Stahl noch den Vorzug, im Brandfall durch charakteristisches Knistern den Zusammenbruch des Bauwerks anzukündigen, was bei Lösch- und Rettungsarbeiten von Bedeutung sein kann. Günstig ist beim Verbrennen von unbeschichtetem Holz, dass es keine lebensbedrohlichen Gase entwickelt und sich die Rauchentwicklung in Grenzen hält.

Um die Entflammung des Holzes und die Flammenausbreitung an Holzbauteilen einzuschränken, werden vorbeugende Maßnahmen getroffen. Dazu gehören werkstofftechnische, baulich-konstruktive und chemische Maßnahmen.

Anlagen

Anlage 1

- **Licht- und Strahlungsemissionsgrad von Glas**
- **Zulässige Spannungen von Vertikalverglasungen**

Tabelle 1: Lichttransmissionsgrad und Strahlungstransmissionsgrad von Floatglas[1]

Nenndicke in mm	Lichttransmissionsgrad[2] in $\tau_{V\,min}$	Strahlungstransmissionsgrad[2] in $\tau_{e\,min}$
3	0,88	0,83
4	0,87	0,80
5	0,86	0,77
6	0,85	0,75
8	0,83	0,70
10	0,81	0,65
12	0,79	0,61
15	0,76	0,55
19	0,72	0,48

[1] Die Tabelle gilt für nicht eingefärbte Gläser mit planparallelen Oberflächen.

[2] Es sind Mindestwerte für nahezu senkrechte Sonneneinstrahlung.

Der Lichttransmissionsgrad τ_V drückt den direkt durchgelassenen, sichtbaren Strahlungsanteil aus.
Unter Strahlungsemissiongrad τ_e versteht man den Anteil der Strahlung im Sonnenspetrum, der durch die Verglasung direkt durchgelassen wird.

Tabelle 2: Zulässige Spannungen von Vertikalverglasungen (Auswahl)

Statischer Nachweis	
σ_{zul} Floatglas	18 N/mm^2
σ_{zul} VSG aus Floatglas	22,5 N/mm^2
σ_{zul} ESG	50 N/mm^2
σ_{zul} Drahtglas	10 N/mm^2
σ_{zul} TVG[1]	29 N/mm^2

[1] Nicht bauaufsichtlich geregeltes Produkt. Es bedarf zusätzlich der Zustimmung im Einzelfall.

Anlage 2

• Wärmedurchgangskoeffizienten U_g von Zweischeiben- und Dreischeiben-Isolierverglasung nach DIN EN ISO 10077-1

Verglasung				Wärmedurchgangskoeffizient für verschiedene Arten des Gaszwischeraumes[1]				
Typ	Glas	Üblicher Emissionsgrad	Glasdicke in mm	Luft	Argon	Krypton	Spezialglas SF6	Xenon
Zweischeiben-Isolierverglasung	Unbeschichtetes Glas (Normalglas)	0,89	4-6-4	3,3	3,0	2,8	3,0	2,6
			4-8-4	3,1	2,9	2,7	3,1	2,6
			4-12-4	2,8	2,7	2,6	3,1	2,6
			4-16-4	2,7	2,6	2,6	3,1	2,6
			4-20-4	2,7	2,6	2,6	3,1	2,6
	Eine Scheibe beschichtetes Glas	≤ 0,2	4-6-4	2,7	2,3	1,9	2,3	1,6
			4-8-4	2,4	2,1	1,7	2,4	1,6
			4-12-4	2,0	1,8	1,6	2,4	1,6
			4-16-4	1,8	1,6	1,6	2,5	1,6
			4-20-4	1,8	1,7	1,6	2,5	1,7
	Eine Scheibe beschichtetes Glas	≤ 0,15	4-6-4	2,6	2,3	1,8	2,2	1,5
			4-8-4	2,3	2,0	1,6	2,3	1,4
			4-12-4	1,9	1,6	1,5	2,3	1,5
			4-16-4	1,7	1,5	1,5	2,4	1,5
			4-20-4	1,7	1,5	1,5	2,4	1,5
	Eine Scheibe beschichtetes Glas	≤ 0,1	4-6-4	2,6	2,2	1,7	2,1	1,4
			4-8-4	2,2	1,9	1,4	2,2	1,3
			4-12-4	1,8	1,5	1,3	2,3	1,3
			4-16-4	1,6	1,4	1,3	2,3	1,4
			4-20-4	1,6	1,4	1,4	2,3	1,4
	Unbeschichtetes Glas (Normalglas)	≤ 0,05	4-6-4	2,5	2,1	1,5	2,0	1,2
			4-8-4	2,1	1,7	1,3	2,1	1,1
			4-12-4	1,7	1,3	1,1	2,1	1,2
			4-16-4	1,4	1,2	1,2	2,2	1,2
			4-20-4	1,5	1,2	1,2	2,2	1,2
Dreischeiben-Isolierverglasung	Unbeschichtetes Glas (Normalglas)	≤ 0,89	4-6-4-6-4	2,3	2,1	1,8	1,9	1,7
			4-8-4-8-4	2,1	1,9	1,7	1,9	1,6
			4-12-4-12-4	1,9	1,8	1,6	2,0	1,6
	Zwei Scheiben beschichtet	≤ 0,2	4-6-4-6-4	1,8	1,5	1,1	1,3	0,9
			4-8-4-8-4	1,5	1,3	1,0	1,3	0,8
			4-12-4-12-4	1,2	1,0	0,8	1,3	0,8
	Zwei Scheiben beschichtet	≤ 0,15	4-6-4-6-4	1,7	1,4	1,1	1,2	0,9
			4-8-4-8-4	1,5	1,2	0,9	1,2	0,8
			4-12-4-12-4	1,2	1,0	0,7	1,3	0,7

[1] Die Gaskonzentration beträgt ≥ 90 %

Anlage 3 • Bestimmung des Wärmedurchgangskoeffizienten U_w für Fenster nach DIN EN ISO 10077-1

Art der Verglasung	U_g in W/(m²·K)	U_f in W/(m²·K)												
		0,8	1,0	1,2	1,4	1,6	1,8	2,0	2,2	2,6	3,0	3,4	3,8	7,0
		Wärmedurchgangskoeffizienten U_w für typische Arten von Abstandshaltern												
Einscheibenverglasung	5,8	4,2	4,3	4,3	4,4	4,5	4,5	4,6	4,6	4,8	4,9	5,0	5,1	6,1
	3,3	2,7	2,8	2,8	2,9	2,9	3,0	3,1	3,2	3,3	3,4	3,5	3,6	4,5
	3,2	2,6	2,7	2,7	2,8	2,9	2,9	3,0	3,1	3,2	3,3	3,5	3,6	4,4
	3,1	2,6	2,6	2,7	2,7	2,8	2,9	2,9	3,0	3,1	3,3	3,4	3,5	4,3
	3,0	2,5	2,5	2,6	2,7	2,7	2,8	2,8	3,0	3,1	3,2	3,3	3,4	4,2
	2,9	2,4	2,5	2,5	2,6	2,7	2,7	2,8	2,9	3,0	3,1	3,2	3,4	4,2
	2,8	2,3	2,4	2,5	2,5	2,6	2,6	2,7	2,8	2,9	3,1	3,2	3,3	4,1
	2,7	2,3	2,3	2,4	2,5	2,5	2,6	2,6	2,7	2,9	3,0	3,1	3,2	4,0
	2,6	2,2	2,3	2,3	2,4	2,4	2,5	2,6	2,7	2,6	2,9	3,0	3,2	4,0
	2,5	2,1	2,2	2,3	2,3	2,4	2,4	2,5	2,6	2,5	2,8	3,0	3,1	3,9
	2,4	2,1	2,1	2,2	2,2	2,3	2,4	2,4	2,5	2,5	2,8	2,9	3,0	3,8
Zweischeiben- oder Dreischeiben-Isolierverglasung	2,3	2,0	2,1	2,1	2,2	2,2	2,3	2,4	2,5	2,4	2,7	2,8	3,0	3,8
	2,2	1,9	2,0	2,0	2,1	2,2	2,2	2,3	2,4	2,3	2,6	2,8	2,9	3,7
	2,1	1,9	1,9	2,0	2,0	2,1	2,2	2,2	2,3	2,3	2,6	2,7	2,8	3,6
	2,0	1,8	1,9	2,0	2,0	2,1	2,1	2,2	2,3	2,5	2,6	2,7	2,8	3,6
	1,9	1,8	1,8	1,9	1,9	2,0	2,1	2,1	2,3	2,4	2,5	2,5	2,7	3,6
	1,8	1,7	1,8	1,8	1,9	1,9	2,0	2,1	2,2	2,3	2,4	2,6	2,7	3,5
	1,7	1,6	1,7	1,7	1,8	1,9	1,9	2,0	2,1	2,2	2,4	2,5	2,6	3,4
	1,6	1,6	1,6	1,7	1,7	1,8	1,9	1,9	2,1	2,2	2,3	2,4	2,5	3,3
	1,5	1,5	1,5	1,6	1,7	1,7	1,8	1,8	2,0	2,1	2,2	2,3	2,5	3,3
	1,4	1,4	1,5	1,5	1,6	1,7	1,7	1,8	1,9	2,0	2,2	2,3	2,4	3,2
	1,3	1,3	1,4	1,5	1,5	1,6	1,6	1,7	1,8	2,0	2,1	2,2	2,3	3,1
	1,2	1,3	1,3	1,4	1,5	1,5	1,6	1,6	1,8	1,9	2,0	2,1	2,3	3,1
	1,1	1,2	1,3	1,3	1,4	1,4	1,5	1,6	1,7	1,8	1,9	2,1	2,2	3,0

Anlage 4 • Bestimmung des Wärmedurchgangskoeffizienten für Fenster nach DIN EN ISO 10077-1 • Wärmedurchgangskoeffizienten für Abstandshalter

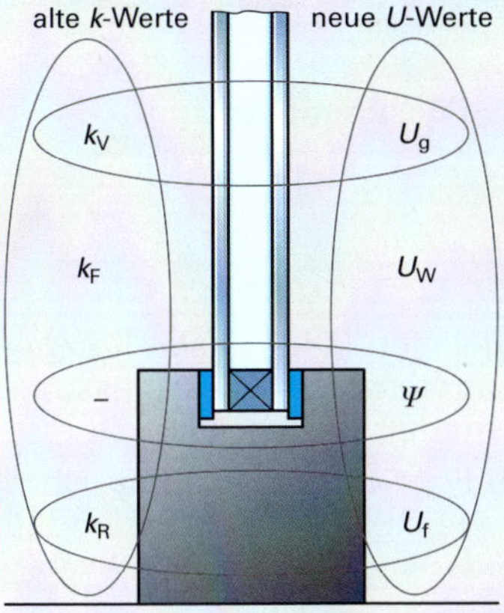

k-Wert ist **nicht** gleich *U*-Wert!

Ψ = Psi
= längenbezogener Wärmedurchgangskoeffizient

$$U\text{-Wert des Fensters} = \frac{\left(\begin{array}{c}\textbf{Rahmen}\\ \text{Fläche} \cdot U\text{-Wert}\end{array}\right) + \left(\begin{array}{c}\textbf{Verglasung}\\ \text{Fläche} \cdot U\text{-Wert}\end{array}\right) + \left(\begin{array}{c}\textbf{Glasrand}\\ \text{Länge} \cdot \text{Psi-Wert}\end{array}\right)}{\text{Fenstergesamtfläche } A_W}$$

$$U_W = \frac{A_f \cdot U_{f,BW} + A_g \cdot U_g + l_g \cdot \Psi}{A_W}$$

Folgendes Zahlenbeispiel zeigt die einfache Berechnung des Fenster-*U*-Wertes U_W

Eingangsdaten:

Bezeichnung		Wert	Einheit
Fenstergröße	A_w	1,82	m^2
Rahmenfläche	A_f	0,62	m^2
Verglasungsfläche	A_g	1,20	m^2
Glasrandlänge	l_g	4,41	m
U-Wert Rahmen	U_f	1,6	$W/(m^2 \cdot K)$
U-Wert Verglasung	U_g	1,1	$W/(m^2 \cdot K)$
Psi-Wert Glasrand	Ψ [1]	0,070[1]	$W/(m \cdot K)$

[1] Der Ψ-Wert beträgt für Aluminiumfenster bei Isolierglas-Abstandhalter aus Aluminium 0,11 W/(m · K), Edelstahl 0,07 W/(m · K) und aus Kunststoff 0,05 W/(m · K)

$$U_W = \frac{0{,}62 \cdot 1{,}6 + 1{,}2 \cdot 1{,}1 + 4{,}41 \cdot 0{,}07}{1{,}82}$$

Ergebnis: $U_W = 1{,}4\ W/(m^2 \cdot K)$

U_W = Wärmedurchgangskoeffizient, w = window; Fenster (Rahmen und Glas)[1]
U_f = Wärmedurchgangskoeffizient, f = frame; Rahmen- und Profilabwicklungsfläche
U_g = Wärmedurchgangskoeffizient, g = glazing; Verglasung

Nach DIN EN ISO 10077 wird zusätzlich ein längenbezogener Wärmedurchgangskoeffizient Ψ (Wärmebrückeneffekte) berücksichtigt.

Berechnung des U_W-Wertes eines Fensters nach DIN 10077-1

Ψ-Werte des längenbezogenen Wärmedurchgangskoeffizienten für Abstandshalter in der Isolierverglasung in W/(m · K)

Rahmenwerkstoff	Zweischeiben- oder Dreischeiben-Isolierverglasung, unbeschichtetes Glas, Luft- oder Gaszwischenraum	Zweischeiben- oder Dreischeiben-Isolierverglasung, mit niedrigem Emissionsgrad, Luft oder Gaszwischenraum	Zweischeiben- oder Dreischeiben-Isolierverglasung, unbeschichtetes Glas, Luft- oder Gaszwischenraum	Zweischeiben- oder Dreischeiben-Isolierverglasung, mit niedrigem Emissionsgrad, Luft- oder Gaszwischenraum
	Aus Aluminium und Stahl		Mit wärmetechnisch verbesserter Leistungsfähigkeit	
Holz- oder PVC-Rahmen	0,06	0,08	0,05	0,06
Metallrahmen mit wärmetechnischer Trennung	0,08	0,11	0,06	0,08

Anlage 5 • Bestimmung des Wärmedurchgangskoeffizienten für Fenster und Fenstertüren nach DIN 4108-4

Die Bestimmung des Wärmedurchgangskoeffizienten U_w von Fenstern und Fenstertüren kann entweder durch Messung (DIN EN 674, DIN EN 675), Berechnung (DIN EN ISO 10077-1, -2), tabellarischer Erfassung (DIN EN ISO 10077-1, siehe Anlagen 2 u. 3) oder aus der Tabelle 1 (DIN 4108-4) ermittelt werden.

Der Wärmedurchgangskoeffizient U_w von Fenstern wird rechnerisch bestimmt durch:

- den Wärmedurchgangskoeffizient des Rahmens U_f,
- den Wärmedurchgangskoeffizienten der Verglasung U_g,
- die Flächenanteile f_g bzw. f_f (in %) der beiden Elemente.

$$U_w = U_f \cdot f_f + U_g \cdot f_g$$

Die U_g-Werte werden über ein Prüfzeugnis vom Glas-Hersteller geliefert. Die Fenster-Rahmenwerkstoffe sind über den U_f-Wert (Tabelle 3) gekennzeichnet und führen zum $U_{f,\,BW}$-Bemessungswert, mit deren Hilfe aus der Tabelle 1 der U_w-Wert des Fensters ermittelt werden kann.

Dem Berechnungsverfahren für die Bestimmung des U_w-Wertes liegt das sogenannte Normfenster (Standardfenster) für Fenstergrößen bis 2,3 m² (Abmessungen 1,23 m · 1,48 m) und für Fenstergrößen über 2,3 m² (Abmessungen 1,48 m · 2,18 m) zugrunde.

Tabelle 1: Nennwerte der Wärmedurchgangskoeffizienten von Fenstern und Fenstertüren U_w in Abhängigkeit vom Nennwert des Wärmedurchgangskoeffizienten für Verglasung U_g und vom Bemessungswert des Wärmedurchgangskoeffizienten des Rahmens $U_{f,\,BW}$

$U_{f,\,BW}$ W/(m² · K)		0,8	1,0	1,2	1,4	1,8	2,2	2,6	3,0	3,4	3,8	7,0
Art der Verglasung	U_g W/(m² · K)	U_w W/(m² · K)										
Einfachglas	5,7	4,2	4,3	4,3	4,4	4,5	4,6	4,8	4,9	5,0	5,1	6,1
Zweischeiben-Isolierverglasung	3,3	2,6	2,7	2,8	2,8	2,9	3,1	3,2	3,4	3,5	3,6	4,4
	3,2	2,6	2,6	2,7	2,8	2,9	3,0	3,2	3,3	3,4	3,5	4,3
	3,1	2,5	2,6	2,6	2,7	2,8	2,9	3,1	3,2	3,3	3,5	4,3
	3,0	2,4	2,5	2,6	2,6	2,7	2,9	3,0	3,1	3,3	3,4	4,2
	2,9	2,4	2,4	2,5	2,5	2,7	2,8	3,0	3,1	3,2	3,3	4,1
	2,8	2,3	2,4	2,4	2,5	2,6	2,7	2,9	3,0	3,1	3,3	4,1
	2,7	2,2	2,3	2,3	2,4	2,5	2,6	2,8	2,9	3,1	3,2	4,0
	2,6	2,2	2,3	2,3	2,4	2,5	2,6	2,8	2,9	3,0	3,1	4,0
	2,5	2,1	2,2	2,3	2,3	2,4	2,6	2,7	2,8	3,0	3,1	3,9
	2,4	2,1	2,1	2,2	2,2	2,4	2,5	2,7	2,8	2,9	3,0	3,8
	2,3	2,0	2,1	2,1	2,2	2,3	2,4	2,6	2,7	2,8	2,9	3,8
	2,2	1,9	2,0	2,0	2,1	2,2	2,3	2,5	2,6	2,8	2,9	3,7
	2,1	1,9	1,9	2,0	2,0	2,2	2,3	2,4	2,5	2,7	2,8	3,6
	2,0	1,8	1,8	1,9	2,0	2,1	2,2	2,4	2,5	2,6	2,7	3,6
	1,9	1,7	1,8	1,8	1,9	2,0	2,1	2,3	2,4	2,5	2,7	3,5
	1,8	1,6	1,7	1,8	1,8	1,9	2,1	2,2	2,4	2,5	2,6	3,4
	1,7	1,6	1,6	1,7	1,8	1,9	2,0	2,2	2,3	2,4	2,5	3,3
	1,6	1,5	1,6	1,6	1,7	1,8	1,0	2,1	2,2	2,3	2,5	3,3
	1,5	1,4	1,5	1,6	1,6	1,7	1,9	2,0	2,1	2,3	2,4	3,2
	1,4	1,4	1,4	1,5	1,5	1,7	1,8	2,0	2,1	2,2	2,3	3,1
	1,3	1,3	1,4	1,4	1,5	1,6	1,7	1,9	2,0	2,1	2,2	3,1
	1,2	1,2	1,3	1,3	1,4	1,5	1,7	1,8	1,9	2,1	2,2	3,0
	1,1	1,2	1,2	1,3	1,3	1,5	1,6	1,7	1,9	2,0	2,1	2,9
	1,0	1,1	1,1	1,2	1,3	1,4	1,5	1,7	1,8	1,9	2,0	2,9

Weist die Isolierverglasung eines Fensters einen wärmetechnisch verbesserten Randverbund oder Sprossen auf, so ist der U_w-Wert mit dem Korrekturwert ΔU_w (Tabelle 2) zu berücksichtigen und führt zum U_w-Bemessungswert $U_{w,\,BW}$.

Es gilt: $U_{w,\,BW} = U_w + \Sigma\,\Delta U_w$

Tabelle 2: Korrekturwerte ΔU_w zur Berechnung der $U_{w,\,BW}$-Bemessungswerte

Bezeichnung des Korrekturwertes	Korrekturwert ΔU_w W/(m² · K)	Grundlage
Korrektur für wärmetechnisch verbesserten Randverbund des Glases	– 0,1	Randverbund erfüllt die Anforderung nach Anhang C
	± 0,0	Randverbund erfüllt die Anforderung nach Anhang C nicht
Korrekturen für Sprossen		Abweichungen in den Berechnungsannahmen und bei der Messung
Aufgesetzte Sprossen	± 0,0	
Sprossen im Scheibenzwischenraum (einfaches Sprossenkreuz)	+ 0,1	
Sprossen im Scheibenzwischenraum (mehrfache Sprossenkreuze)	+ 0,2	
Glasteilende Sprossen	+ 0,3	

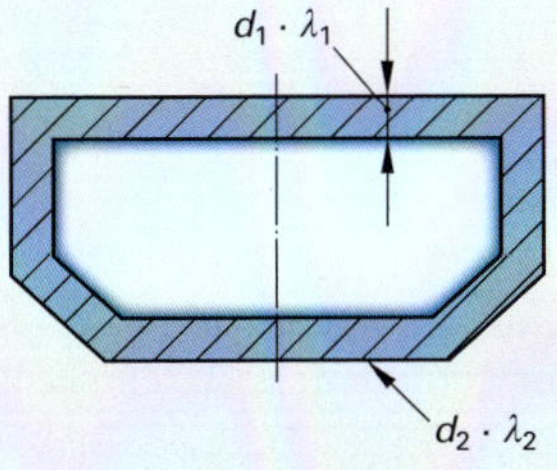

Bild 1: Randverbund für Isolierglas

Als wärmetechnisch verbesserter Randverbund für Isolierglas gilt nach DIN 4108-4 ein Abstandshalter, der folgende Bedingungen erfüllt:

$$\Sigma\,(d \cdot \lambda) \leq 0{,}007\,\frac{\text{W}}{\text{k}}$$

Die Rahmenhersteller liefern über ein Prüfzeugnis den Nachweis des Wärmedurchgangskoeffizienten U_f für das Fensterprofil (siehe S. 314, Bild 2). Die Bestimmung des U_f-Wertes erfolgt aufgrund von Messungen (DIN EN 12412-2) oder aufgrund von Berechnungen (DIN EN SO 10077-2).

Tabelle 3: Zuordnung der U_f-Werte von Einzelprofilen zu einem $U_{f,\,BW}$-Bemessungswert für Rahmen

U_f-Wert für Einzelprofile W/(m² · K)		$U_{f,BW}$-Bemessungswert W/(m² · K)
	< 0,90	0,80
≥ 0,90	< 1,1	1,0
≥ 1,1	< 1,3	1,2
≥ 1,3	< 1,6	1,4
≥ 1,6	< 2,0	1,8
≥ 2,0	< 2,4	2,2
≥ 2,4	< 2,8	2,6
≥ 2,8	< 3,2	3,0
≥ 3,2	< 3,6	3,4
≥ 3,6	< 4,0	3,8
	> 4,0	7,0

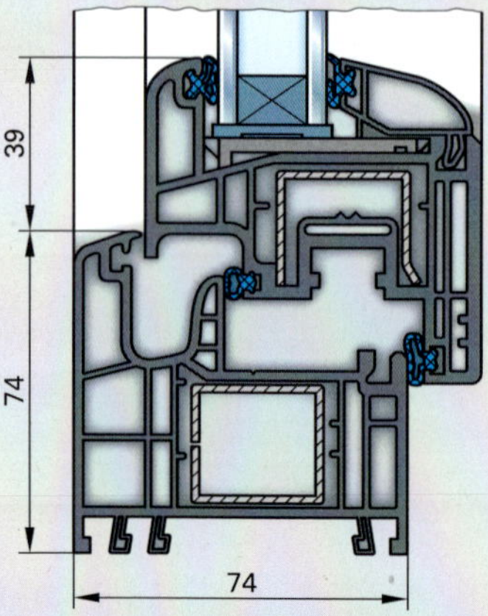

Profil-nummer	Berechnungs-protokoll	Berechnungs-verfahren	U_f-Wert in W/(m²·K)
7008/7066 (mit Stahl)	01 7 02 04 7066 01	DIN EN ISO 10077-2	1,3
7008/7081 (mit Stahl)	01 7 02 04 7081 01	DIN EN ISO 10077-2	1,4
7008/7076 (mit Stahl)	01 7 02 04 7076 01	DIN EN ISO 10077-2	1,4
7011/7093 (mit Stahl)	01 7 02 04 7093 02	DIN EN ISO 10077-2	1,3
7011/7066 (mit Stahl)	01 7 02 04 7066 02	DIN EN ISO 10077-2	1,3
7011/7081 (mit Stahl)	01 7 02 04 7081 02	DIN EN ISO 10077-2	1,4
7011/7076 (mit Stahl)	01 7 02 04 7076 02	DIN EN ISO 10077-2	1,4
7014/7093 (mit Stahl)	01 7 02 04 7093 03	DIN EN ISO 10077-2	1,3
7014/7066 (mit Stahl)	01 7 02 04 7066 03	DIN EN ISO 10077-2	1,3
7014/7081 (mit Stahl)	01 7 02 04 7081 03	DIN EN ISO 10077-2	1,3
7014/7076 (mit Stahl)	01 7 02 04 7076 03	DIN EN ISO 10077-2	1,3

Alle Profilkombinationen sind mit Stahlaussteifung geprüft

Bild 2: Nachweise der Berechnungsprotokolle für Fensterrahmen aus PVC

Eine einfache Zuordnung von Fensterprofilen aus Kunststoff ermöglicht die Tabelle 4 (DIN EN ISO 10077-1). Die U_f-Werte für Holzrahmen mit einem Feuchtegehalt von 12 % können aus dem Diagramm (Bild 3) entnommen werden.

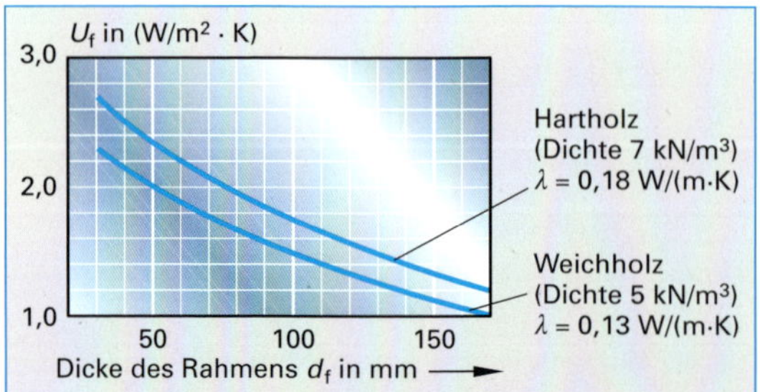

Bild 3: Bestimmung des Wärmedurchgangswertes für Fenster-Rahmenprofile aus Holz U_f nach DIN EN ISO 10077-1

Tabelle 4: Wärmedurchgangskoeffizienten von Kunststoffrahmen mit Metallaussteifungen

Rahmen-material	Rahmentyp			U_f W/(m² · K)
Poly-urethan	Mit Metallkern Dicke von PUR ≥ 5 mm			2,8
PVC-Hohl-profile[1]	Zwei Hohl-kammern	außen-seitig 	raum-seitig	2,2
	Drei Hohl-kammern	außen-seitig 	raum-seitig	2,0

[1] Mit einem Abstand zwischenden Wandflächen der Hohlkammern von mindestens 5 mm.

Anlage 6

- **Klassifizierung von Fenster und Außentüren für Widerstand gegen Winddruck, Schlagregendichtheit und Luftdurchlässigkeit**
- **Einsatzempfehlungen für Fenster und Außentüren nach Windzonen**
- **Definition der Geländekategorien**

Tabelle 1: Klassifizierung von Fenstern und Außentüren für Widerstand gegen Winddruck, Schlagregendichtheit und Luftdurchlässigkeit nach DIN EN 14351-1

Eigenschaft	Wert/Einheit		Klassifizierungswert									
Widerstandsfähigkeit gegen Winddruck	Rahmendurchbiegung	npd[2]	A ≤ 1/150 · l		B[1] ≤ 1/200 · l		C ≤ 1/300 · l					
	Prüfdruck P1 (Pa)		1 400	2 800	3 1200	4 1600	5 2000	Exxx[3] (>2000)				
Schlagregendichtheit	Ungeschützt (A)	npd	1 A	2 A	3 A	4 A	5 A	6 A	7 A	8 A	9 A	Exxx
	Prüfdruck (Pa)		0	50	100	150	200	250	300	450	600	>600
	Geschützt (B)		1 B	2 B	3 B	4 B	5 B	6 B	7 B			
	Prüfdruck (Pa)		0	50	100	150	200	250	300			
Luftdurchlässigkeit	Maximaler Prüfdruck Pa	npd	1 150	2 300	3 600	4 600						
	Referenz-Luftdurchlässigkeit bei 100 Pa ($m^3/(h \cdot m^2)$) oder ($m^3/(h \cdot m)$)		50 oder 12,50	27 oder 6,75	9 oder 2,25	3 oder 0,75						

[1] Für Deutschland gilt für Standardverglasungen die Rahmendurchbiegung Klasse B.
[2] npd: Es wird keine Prüfung vorgenommen (no performance determined).
[3] Prüfungen oberhalb der Klasse 5 werden mit Exxx klassifiziert.

Tabelle 2: Einsatzempfehlung für Fenster nach Windzonen[1]

Kriterien	0 - 10 m				> 10 - 18 m				> 18 - 25 m			
	Geländekategorie				Geländekategorie				Geländekategorie			
Windzone	Binnenland Inland	Küste und Inseln der Ostsee	Küste der Nordsee	Inseln der Nordsee	Binnenland	Küste und Inseln der Ostsee	Küste der Nordsee	Inseln der Nordsee	Binnenland	Küste und Inseln der Ostsee	Küste der Nordsee	Inseln der Nordsee
1	B2-4A-2 0,50 kN/m²				B2 4A-3 0,65 kN/m²				B2-4A-3 0,75 kN/m²			
2	B2-4A-2 0,65 kN/m²	B2-4A-2 0,85 kN/m²			B2-4A-3 0,80 kN/m²	B3-7A-3 1,00 kN/m²			B2-4A-3 0,90 kN/m²	B3-7A-3 1,10 kN/m²		
3	B2-4A-2 0,80 kN/m²	B3-7A-2 1,05 kN/m²			B2-4A-3 0,95 kN/m²	B3-7A-3 1,20 kN/m²			B3-7A-3 1,10 kN/m²	B3-7A-3 1,30 kN/m²		
4	B2-4A-2 0,95 kN/m²	B3-7A-2 1,25 kN/m²	B3-7A-2 1,25 kN/m²	B3-7A-3 1,40 kN/m²	B3-7A-3 1,15 kN/m²	B3-7A-3 1,40 kN/m²	B3-7A-3 1,40 kN/m²	Berechnung erforderlich	B3-7A-3 1,30 kN/m²	B4-9A-3 1,55 kN/m²	B4-9A-3 1,55 kN/m²	Berechnung erforderlich

[1]Ablesebeispiel auf der nachfolgenden Seite

Ablesebeispiel zu den Tabellen 2 und 1 auf der vorhergehenden Seite:
Es sind Fenster zu fertigen, die im Binnenland in 16 m Höhe montiert werden sollen. Dabei sind in der betreffenden Region ein Winddruck bzw. eine Windkraft bis zu 0,80 kN /m² anzunehmen. Die herzustellenden Fenster müssen nach Tabelle 2 den Anforderungen der Klasse „B2-4A-3" entsprechen. Das bedeutet nach Tabelle 1:

Die Fensterprofile werden, wie in Deutschland üblich, dimensioniert nach der Durchbiegungsbegrenzung für die Profile gegen Windkräfte nach der Klasse **B**: ≤ 1/200 × *l*. Die Prüfung eines Referenzfensters hat dabei mit dem Prüfdruck P1 in der Klasse **2** mit 800 Pa zu erfolgen. Das Referenzfenster soll auf Schlagregendichtheit mit einem Prüfdruck von 150 Pa nach Klasse **4** geprüft werden. Die zu fertigenden Fenster kommen im ungeschützten Bereich eines Gebäudes zum Einsatz: Klasse **A**. Die Luftdurchlässigkeit wird für die Klasse **3** mit einem Prüfdruck von 600 Pa geprüft.

Die Profile des Systemgebers müssen den Eigenschaften der Klasse „B2-4A-3" entsprechen. Der Nachweis darüber erfolgt durch Typenprüfung und einer Konformitätserklärung des Systemgebers (siehe S. 324). Der Fertigungsbetrieb muss durch werkseigene Produktionskontrollen nachweisen, dass er die Profile entsprechend den Fertigungsrichtlinien des Systemgebers verarbeitet hat.

Tabelle 3: Definition der Geländekategorien

Geländekategorie	Beschreibung
0[1]	See, Küstengebiete, die der offenen See ausgesetzt sind.
I	Offene See; Seen mit mindestens 5 km freier Fläche in Windrichtung; glattes flaches Land ohne Hindernisse.
II	Gelände mit Hecken, einzelnen Gehöften, Häusern oder Bäumen; z. B. landwirtschaftliches Gebiet.
III	Vorstädte; Industrie- oder Gewerbegebiete; Wälder.
IV	Stadtgebiete, bei denen mindestens 15 % der Fläche mit Gebäuden bebaut sind, deren mittlere Höhe 15 m überschreitet.
Mischprofil Küste	Übergangsbereich zwischen Geländekategorie I und II.
Mischprofil Binnenland	Übergangsbereich zwischen Geländekategorie II und III.

[1] Die Geländekategorie 0 wird in Deutschland nicht berücksichtigt.

Anlage 7

- **Lichter Durchgang bei 90°-Öffnungswinkel von Türen**
- **Lichtes Durchgangsmaß für Fluchtwege**

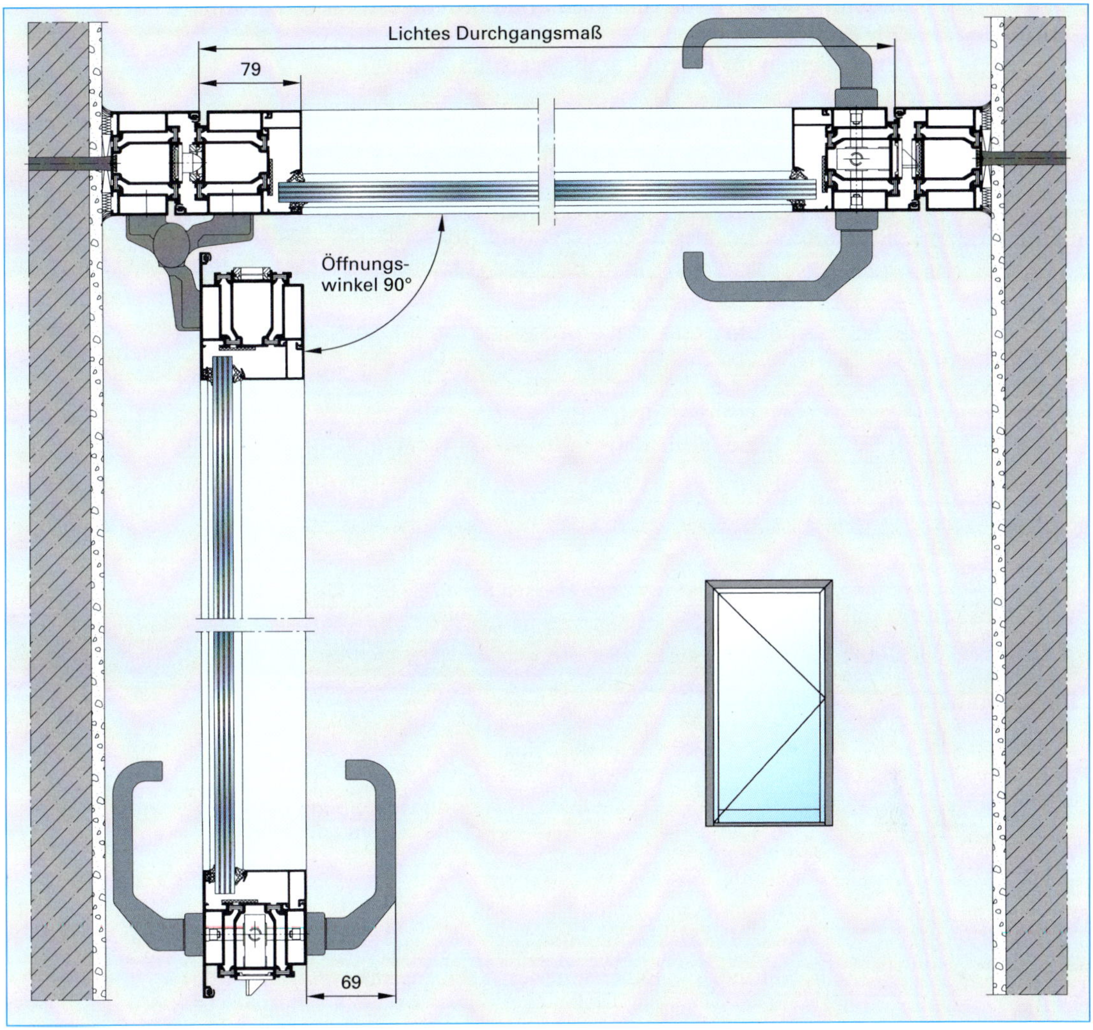

Für Fluchtwegbreiten beträgt die Toleranz an Türen ≤ 0,15 m bei einer Mindestbreite von ≥ 0,8 m. Die Fluchtwegbreite richtet sich nach der Personenanzahl im Gebäude (Technische Regeln für Arbeitsstätten, ASR A2.3):

Anzahl der Personen	Lichtes Durchgangsmaß in m
bis 5	0,875
bis 20	1,0
bis 200	1,2
bis 300	1,8
bis 400	2,4

Anlage 8

- **Gegenüberstellung der Feuerwiderstandsklassen nach DIN EN 13501-1,- 2 und DIN 4102**
- **Erläuterungen zu den Feuerwiderstandsklassen nach DIN EN 13501-1, -2**
- **Baustoffklassen nach DIN 4108 und Euroklassen für Bauprodukte nach DIN EN 13501-1**
- **Unterklassen für Brand-Parallelerscheinungen**

Tabelle 1: Gegenüberstellung der Feuerwiderstandsklassen nach DIN EN 13501-1,-2 und DIN 4102

Tragende Bauteile		Nichttragende		Feuerschutzabschlüsse		Brandschutzverglasung	Bauaufsichtliche Benennung
ohne Raumabschluss	mit Raumabschluss	Innenwände	Außenwände	ohne Rauchschutz	mit Rauchschutz		
R 30 F 30[1]	REI 30 F 30[1]	EI 30 F 30[1]	E 30 (i→o)[2] EI 30 (i←o)[2] W 30[1]	EI_2 30 - C T 30[1]	EI_2 30-S_{200} - C T 30[1]	E 30 G 30[1]	feuerhemmend
R 90 F 90[1]	REI 90 F 90[1]	EI 90 F 90[1]	E 90 (i→o)[2] EI 90 (i←o)[2] W 90[1]	EI_2 90 - C T 90[1]	EI_2 90-S_{200} - C T 90-RS[1]	EI 90 G 90[1]	feuerbeständig

[1] nach DIN 4102 [2] Erläuterung siehe Tabelle 2

Tabelle 2: Erläuterungen zu den Feuerwiderstandsklassen nach DIN EN 13501-1, -2

Herleitung des Kurzzeichens	Kriterium	Anwendungsbereich
R (Résistance)	Tragfähigkeit	zur Beschreibung der Feuerwiderstandsfähigkeit
E (Étanchéité)	festschließender Raumabschluss	
I (Isolation)	Wärmedämmung unter Brandeinwirkung	
W (Radiation)	Begrenzung des Strahlungsdurchtritts	
M (Mechanical)	Mechanische Einwirkung auf Wände (Stoßbeanspruchung)	
S (Smoke)	Begrenzung der Rauchdurchlässigkeit (Dichtheit, Leckrate)	Rauchschutztüren (als Zusatzanforderung auch bei Feuerschutzabschlüssen), Lüftungsanlagen einschließlich Klappen
C... (Closing)	Selbstschließende Eigenschaft (ggf. mit Anzahl der Lastspiele) einschl. Dauerfunktion	Rauchschutztüren, Feuerschutzabschlüsse einschließlich Abschlüsse für Förderanlagen)
P (Power)	Aufrechterhaltung der Energieversorgung und/ oder Signalübermittlung	Elektrische Kabelanlagen allgemein
I_1, I_2	unterschiedliche Wärmedämmungskriterien	Feuerschutzabschlüsse (einschließlich Abschlüsse für Förderanlagen)
... 200, ... 300, ... (°C)	Angabe der Temperaturbeanspruchung	Rauchschutztüren
i→o i←o i←o (in - out) {innen - außen}	Richtung der klassifizierten Feuerwiderstandsdauer	Nichttragende Außenwände, Installationsschächte/ -kanäle, Lüftungsanlagen/ -klappen

Tabelle 3: Zuordnung der europäischen Brandklassen nach DIN EN 13501-1 zu den Baustoffklassen nach DIN 4102-1

Bauaufsichtliche Anforderung	kein Rauch	kein brennendes Abtropfen / Abfallen	Europäische Brandklasse nach DIN EN 13501-1	Brandklasse nach DIN 4102-1	Beispiele
Nichtbrennbar	X	X	A1	A1[1]	Gusseisen, Mineralwolle
	X	X	A2 – s1, d0	A2[1]	Baustoffe mit geringen organischen Bestandteilen
Schwerentflammbar	X	X	B1 – s1, d0	B1[2]	mineralisch gebundene Holzwolleleichtbauplatten
			C – s1, d0		
		X	A2 – s2, d0		
			A2 – s3, d0		
			B1 – s2, d0		
			B1 – s3, d0		
			C2 – s2, d0		
			C2 – s3, d0		
	X		A2 – s1, d1		
			A2 – s1, d2		
			B1 – s1, d1		
			B1 – s1, d2		
			C2 – s1, d1		
			C2 – s1, d2		
			A2 – s3, d2		
			B1 – s3, d2		
			C2 – s3, d2		
Normalentflammbar		X	D3 – s1, d0	B2[3]	Kunststoffe
			D3 – s2, d0		
			D3 – s3, d0		
			E		
			D3 – s1, d1		
			D3 – s2, d1		
			D3 – s3, d1		
			D3 – s1, d2		
			D3 – s2, d2		
			D3 – s3, d2		
			E4 – d2		
Leichtentflammbar			F	B3[4]	Papier, Stroh

[1] Wesentlicher Brandbeitrag. Eine Brandausbreitung durch Wärmestrahlung wird nicht ausgelöst. Kein Brandüberschlag.
[2] Eine Brandausbreitung durch Wärmestrahlung (Flash over) wird ausgelöst. Brandüberschlag nach 10 - 20 Minuten.
[3] Brandüberschlag nach 2 - 10 Minuten.
[4] Brandüberschlag nach 0 - 2 Minuten.

Tabelle 4: Unterklassen für Brand-Parallelerscheinungen

s1 = keine Sichtbehinderung durch Rauchentwicklung, geringe Rauchentwicklung
s2 = Sichtbehinderung durch Rauchentwicklung, mittlere Rauchentwicklung
s3 = starke Sichtbehinderung durch Rauchentwicklung, hohe Rauchentwicklung
d0 = kein brennendes Abtropfen oder Abfallen innerhalb von 600 s
d1 = brennendes Abtropfen oder Abfallen über max. 10 sec. (während eines 10 min. Tests)
d2 = brennendes Abtropfen oder Abfallen mehr als 10 Sekunden (während des 10 min. Tests)

Hinweis: Mit den Unterklassen s1 bis s3 wird die Rauchentwicklung (Smoke) erfasst.
Mit den Unterklassen d0 bis d2 wird das Abfallen brennender Tröpfchen (droplets) benannt.

Anlage 9 • Überwachungsbestätigung für Feuerabschlüsse

Diese Überwachungsbestätigung erhält der Hersteller nach der erfolgreichen Erstüberwachung:

®

ÜBERWACHUNGSBESTÄTIGUNG

Der Firma:

wird hiermit auf Grund der am abgenommenen Fertigung das Recht zur Führung des Überwachungszeichens unserer Überwachungsgemeinschaft für den nachstehenden angeführten Feuerschutzabschluss verliehen.

Bezeichnung des
Feuerschutzabschlusses:

Zulassungsbescheid-Nr.:

vom:
bis:

Bei Fertigung ist dieser Feuerschutzabschluss mit einem Überwachungszeichen zu versehen. Es dürfen nur solche Abschlüsse mit dem Überwachungszeichen versehen werden, die dem o. a. Zulassungsbescheid in sämtlichen Einzelheiten entsprechen.

Diese Überwachungsbestätigung gilt nur für den oben näher bezeichneten Fertigungsbetrieb und ist nicht übertragbar.

Sie ist zurückzugeben, falls ihr Inhaber aus der Überwachungsgemeinschaft austritt oder aus derselben ausgeschlossen wird.

Diese Überwachungsbestätigung verliert am , doch spätestens ein Jahr nach Ausstellung ihre Gültigkeit.

Sie ist Bestandteil des mit der Firma abgeschlossenen Überwachungsvertrages.

Die Zustimmung zu dieser Überwachungsbestätigung wurde vom Institut für Bautechnik Berlin gemäß dem vorstehend ausgeführten Zulassungsbescheid allgemein erteilt.

ÜBERWACHUNGSGEMEINSCHAFT
FÜR FEUERSCHUTZ-, RAUCH- UND
SCHUTZRAUMABSCHLÜSSE

Anlage 10 • Flächenmomente I_x für Stahlprofile (Trapezlasten)

Erforderliche Flächenmomente I_x für Stahlprofile (Trapezlasten)

Belastungsbreite in cm	Stützweite in cm															
	250	240	230	220	210	200	190	180	170	160	150	140	130	120	110	100
20	3,60 *5,76* 7,92	3,02 *4,86* 6,64	2,68 *4,28* 5,90	2,34 *3,74* 5,15	2,03 *3,25* 4,46	1,76 *2,82* 3,85	1,50 *2,40* 3,30	1,28 *2,05* 2,82	1,07 *1,71* 2,36	0,89 *1,42* 1,96	0,73 *1,17* 1,61	0,59 *0,94* 132	0,47 *0,75* 1,03	0,37 *0,59* 0,81	0,28 *0,45* 0,62	0,20 *0,32* 0,44
30	5,33 *8,54* 11,7	4,52 *7,24* 9,94	3,97 *6,35* 8,74	3,46 *5,53* 7,61	3,00 *4,80* 6,60	2,58 *4,13* 5,68	2,21 *3,53* 4,86	1,87 *2,99* 4,11	1,56 *2,50* 3,44	1,29 *2,06* 2,84	1,06 *1,69* 2,33	0,85 *1,36* 1,87	0,67 *1,07* 1,48	0,52 *0,83* 1,14	0,39 *0,62* 0,86	0,29 *0,46* 0,64
40	6,95 *11,1* 15,3	5,91 *9,45* 13,0	5,20 *8,32* 11,4	4,51 *7,21* 9,90	3,90 *6,24* 8,58	3,35 *5,36* 7,36	2,85 *4,56* 6,26	2,40 *3,84* 5,28	2,00 *3,20* 4,40	1,65 *2,64* 3,63	1,34 *2,14* 2,95	1,07 *1,71* 2,36	0,83 *1,33* 1,83	0,64 *1,02* 1,41	0,47 *0,75* 1,05	0,34 *0,54* 0,75
50	8,53 *13,7* 18,8	7,19 *11,5* 15,8	6,29 *10,1* 13,8	5,47 *8,75* 12,0	4,71 *7,53* 10,4	4,03 *6,45* 8,87	3,42 *5,47* 7,25	2,86 *4,57* 6,30	2,37 *3,79* 5,22	1,94 *3,11* 4,27	1,56 *2,50* 3,43	1,23 *1,97* 2,71	0,95 *1,52* 2,09	0,71 *1,14* 1,56	0,51 *0,82* 1,12	0,35 *0,56* 0,77
60	9,91 *15,9* 21,8	8,33 *13,3* 18,3	7,28 *11,6* 16,0	6,28 *10,1* 13,8	5,43 *8,70* 12,0	4,61 *7,38* 10,1	3,89 *6,22* 8,55	3,24 *5,18* 7,13	2,67 *4,27* 5,87	2,16 *3,45* 4,75	1,72 *2,75* 3,78	1,33 *2,13* 2,92	1,01 *1,62* 2,22	0,74 *1,18* 1,63		
70	11,2 *17,9* 24,6	9,39 *15,0* 20,6	8,15 *13,0* 17,9	7,05 *11,3* 15,5	6,00 *9,60* 13,2	5,10 *8,16* 11,2	4,26 *6,81* 9,37	3,52 *5,63* 7,74	2,87 *4,59* 6,31	2,29 *3,66* 5,04	1,79 *2,86* 3,94	1,37 *2,19* 3,02				
80	12,2 *19,6* 27,0	10,3 *16,5* 22,8	8,86 *14,2* 19,5	7,62 *12,2* 16,8	6,48 *10,4* 14,3	5,43 *8,70* 11,9	4,52 *7,24* 9,94	3,69 *5,90* 8,12	2,97 *4,75* 6,53	2,34 *3,74* 5,15						
90	13,2 *21,3* 28,9	11,0 *17,5* 24,1	9,43 *15,1* 20,8	8,00 *12,8* 17,6	6,77 *10,7* 14,9	5,67 *9,07* 12,5	4,64 *7,42* 10,2	3,75 *6,16* 8,25								
100	13,8 *22,2* 30,4	11,4 *18,3* 25,2	9,76 *15,6* 21,5	8,29 *13,3* 18,2	6,91 *11,1* 15,2	5,72 *9,15* 12,6										
110	14,3 *22,9* 31,4	11,8 *18,8* 25,9	9,96 *16,0* 21,9	8,40 *13,4* 18,5												
120	14,6 *23,4* 32,3	11,9 *19,0* 26,1														
130																
140																
150																
160																
170																
180																
190																
200																

Flächenmomente (cm^4)
Einbauhöhe von 0 bis 8 m
Boengeschwindigkeitsdruck
q_p = 0,6 kN/m^2

Flächenmomente (cm^4)
Einbauhöhe von 8 bis 20 m
Boengeschwindigkeitsdruck
q_p = 0,96 kN/m^2

Flächenmomente (cm^4)
Einbauhöhe von 20 bis 100 m
Boengeschwindigkeitsdruck
q_p = 1,32 kN/m^2

Die angegebenen Flächenmomente gelten für Stahlprofile.

Berechnungsgrundlage: DIN EN 1991 1 4

Zulässige Durchbiegung: l/200
max. 15 mm

Anwendung: Profillänge (Stützweite) und Belastungsbreite feststellen, in die Tabelle übertragen und am Schnittpunkt das erforderliche Flächenmoment ablesen.

Beim Vorliegen anderer Boengeschwindigkeitsdrücke werden die abgelesenen Zahlenwerte umgerechnet.

Bei Kämpfern, Pfosten und Elementverbindungen ist darauf zu achten, dass jedes Flächenmoment getrennt abgelesen werden muss. In diesem Fall dürfen die beiden Belastungsbreiten nicht addiert werden, sondern es muss für jede Belastungsbreite das Flächenmoment festgestellt werden und dann addiert werden.

Anlage 11

- **Mandatierte Eigenschaften von Fenster und Außentüren**
- **Freiwillige, nicht mandatierte Eigenschaften von Fenster und Außentüren**
- **Normung von Produkteigenschaften**
- **EG-Konformitätserklärung**
- **CE-Kennzeichnung für Fenster (Beispiel)**

Tabelle 1: Mandatierte Eigenschaften für Fenster und Außentüren

Eigenschaft	F	T	DF	Eigenschaft	F	T	DF
Schutz gegen Brand von außen	–	–	+	Höhe und Breite	–	+	–
Brandverhalten	–	–	+	Fähigkeit zur Freigabe	–	+[2]	–
Schlagregendichtheit	+	+	+	Bedienkräfte (nur bei automatischen Vorrichtungen)	–	+	–
Gefährliche Substanzen	+	+	–	Schallschutz	+	+	+
Widerstandsfähigkeit gegen Windbeanspruchung	+	+	+	Wärmedurchgangskoeffizient	+	+	+
Widerstandsfähigkeit gegen Schnee- und Dauerlasten	–	–	+	Strahlungseigenschaften	–	–	+
Stoßfestigkeit	–	+[1]	+	Luftdurchlässigkeit	+	+	+
Tragfähigkeit von Sicherheitsvorrichtungen	+	+	+	F = Fenster T = Haustür DF = Dachflächenfenster			

[1] nur Glastüren mit Verletzungsgefahr
[2] nur abgeschlossene Türen in Fluchtwegen

\+ Mandatierte Eigenschaft
– Nicht mandatierte Eigenschaft

Tabelle 2: Freiwillige, nicht mandatierte Eigenschaften für Fenster und Außentüren

- Bedienkräfte,
- Mechanische Festigkeit,
- Lüftung/Ventilation,
- Durchschusshemmung,
- Sprengwirkungshemmung,
- Mechanische Dauerhaftigkeit/Dauerfunktionsprüfung (Widerstandsfähigkeit gegen wiederholtes Öffnen und Schließen),
- Differenzklimabelastung,
- Einbruchhemmung,
- Spezielle Anforderungen.

Tabelle 3: Normung von Produkteigenschaften

Merkmal	Fenster	Türen	Vorhangfassaden
Schlagregendichtheit	DIN EN 1027, DIN EN 12208	DIN EN 1027, DIN EN 12208	DIN EN 12155, EN 12154 Freiwillig: DIN EN 13050 (dynamisch) Freiwillig: DIN EN 13051 (Baustelle)
Widerstand gegen Eigenlast	–	–	DIN EN 1991
Widerstandsfähigkeit gegen Windlast	DIN EN 12211, DIN EN 12210	DIN EN 12211, DIN EN 12210	DIN EN 12179, DIN EN 13116
Stoßfestigkeit	DIN EN 13049	nur verglaste Türen mit Verletzungsrisiko DIN EN 13049	DIN EN 12600, DIN EN 14019
Temperaturwechsel-beständigkeit	–	–	Mandatiert ohne Prüfnorm
Widerstand gegen Horizontallasten	–	–	DIN EN 1991-1-1
Luftdurchlässigkeit	DIN EN 1026 DIN EN 12207	DIN EN 1026 DIN EN 12207	DIN EN 12153 DIN EN 12152
Wasserdampf-durchlässigkeit	–	–	Mandatiert ohne Prüfnorm
Wärmedurchgang	DIN EN ISO 12567-1, -2 DIN EN ISO 10077-1, -2 DIN EN 410, DIN EN ISO 52022-1	DIN EN ISO 12567-1, -2 DIN EN ISO 10077-1, -2 DIN EN 410, DIN EN ISO 52022-1	DIN EN ISO 12631
Luftschalldämmung	DIN EN ISO 10140-2 DIN EN ISO 717-1	DIN EN ISO 10140-2 DIN EN ISO 717-1	DIN EN ISO 10140-1, -2, -3, -4, -5
Dauerhaftigkeit	–	–	Mandatiert ohne Prüfnorm
Brandverhalten	–	–	DIN EN 13501-1
Feuerwiderstand	–	–	DIN EN 1364-4, DIN EN 13501-2
Brandausbreitung	–	–	Mandatiert ohne Prüfnorm
Rauchableitung	DIN EN 12101-2	–	–
Gefährliche Substanzen	Mandatiert ohne Prüfnorm	Mandatiert ohne Prüfnorm	–
Tragfähigkeit von Sicherheits-vorrichtung	DIN EN 13126-5	–	–
Bedienkräfte	–	DIN EN 12046-2, DIN EN 12217	–
Höhe	–	Mandatiert	–

EG-Konformitätserklärung
Nach EN 13830 und EN 14351 müssen folgende Informationen enthalten sein:

(1) Name und Anschrift des Herstellers oder seines im Europäischen Wirtschaftsraum ansässigen bevollmächtigten Vertreters und Produktionsort.

(2) Produktionsbeschreibung (Typ, Kennzeichnung, Anwendung usw.) und Kopie der Begleitinformationen zur CE-Kennzeichnung.

Besondere, für die Anwendung des Produktes geltende Bedingungen (z. B. Festlegung für den Einsatz unter bestimmten Bedingungen usw.).

EG-Konformitätserklärung

(1)

Fassadenbau, Mustermann, Musterstraße 1, D-12345 Musterdorf, Deutschland

erklärt, dass das Erzeugnis Vorhangfassade

(2)

FW 50+ Vorhangfassade nach EN 13830 als Pfosten-Riegel-Kostruktion für gewerbliche und private Gebäude

- mit den auf dem CE-Zeichen erklärten Produkteigenschaften

(3) **EN 13830 Annex ZA**

entspricht

(4)

Erstprüfungen wurden durch die folgenden notifizierenden Stellen durchgeführt:
Notified Body1, Postfach 0001, 1234 Musterort1, Musterland1
Notified Body2, Postfach 0002, 5678 Musterort2, Musterland2

(5) Datum: 2005-12

(6) W. A. Mustermann, Geschäftsführer von Fassadenbau GmbH

(3) Festlegungen, denen das Produkt entspricht.

(4) Name und Anschrift des (der) zugelassenen Instituts (Institute).

(5) Jahr und Monat der Ausstellung.

(6) Name und Position der Person, die zur Unterzeichnung der Erklärung im Namen des Herstellers oder seines bevollmächtigten Vertreters berechtigt ist.

CE-Zeichen für Fenster (Beispiel), produktbegleitend:

CE

Hersteller:	Fensterbau Mustermann, Beispielstraße 1, 12345 Musterhausen		
Herstellungsjahr:	10		
Produktnorm:	EN 14351-1:2006		
Fenster Typ:	AWS 75.SI Anwendung im Wohnung- und Nichtwohnungsbau		
Widerstandsfähigkeit gegen Windlast – Prüfdruck:		Klasse 5	2000 Pa
Widerstandsfähigkeit gegen Windlast – Rahmendurchbiegung:		Klasse B	l/200
Schlagregendichtheit:		Klasse 9A	600 Pa
Schallschutz:		R_w(C; Ctr)(dB)	33 (–1; –5)
Wärmedurchgangskoeffizient:		U_w(W/(m^2 · K))	1,3
Strahlungseigenschaften – Gesamtenergiedurchlassgrad:		0,55	(g)
Strahlungseigenschaften – Lichttransmissionsgrad:		0,79	(τ_v)
Luftdurchlässigkeit:		Klasse 4	600 Pa

oder als Typenschild:

CE

Bauteilnummer: 1234567

Fensterbau Mustermann, Beispielstraße 1, 12345 Musterhausen	10	EN 14351-1:2006
Fenster Typ: AWS 75.SI		
Widerstandsfähigkeit Windlast – Prüfdruck/Rahmendurchbiegung:	Klasse 5/B	2000 Pa/l/200
Luftdurchlässigkeit:	Klasse 4	600 Pa
R_w(C; Ctr)(dB) = 33 (–1; –5)	Klasse 9A	600 Pa
U_w(W/(m^2 · K)) = 1,3	(g) = 0,55	(τ_v) = 0,79

Anlage 12 • Energieausweis als Bedarfsausweis

ENERGIEAUSWEIS für Wohngebäude

gemäß den §§ 16 ff. der Energieeinsparverordnung (EnEV) vom [1]

Berechneter Energiebedarf des Gebäudes

Registriernummer [2]
(oder: „Registriernummer wurde beantragt am...“)

2

Energiebedarf

CO_2-Emissionen [3] kg/(m²·a)

Endenergiebedarf dieses Gebäudes
kWh/(m²·a)

A+ | A | B | **C** | D | E | F | G | H

0 25 50 75 100 125 150 175 200 225 >250

kWh/(m²·a)
Primärenergiebedarf dieses Gebäudes

Anforderungen gemäß EnEV [4]

Primärenergiebedarf
Ist-Wert kWh/(m²·a) Anforderungswert kWh/(m²·a)

Energetische Qualität der Gebäudehülle H_T'
Ist-Wert W/(m²·K) Anforderungswert W/(m²·K)

Sommerlicher Wärmeschutz (bei Neubau) □ eingehalten

Für Energiebedarfsberechnungen verwendetes Verfahren

- □ Verfahren nach DIN V 4108-6 und DIN V 4701-10
- □ Verfahren nach DIN V 18599
- □ Regelung nach § 3 Absatz 5 EnEV
- □ Vereinfachungen nach § 9 Absatz 2 EnEV

Endenergiebedarf dieses Gebäudes
[Pflichtangabe in Immobilienanzeigen] **kWh/(m²·a)**

Angaben zum EEWärmeG [5]

Nutzung erneuerbarer Energien zur Deckung des Wärme- und Kältebedarfs auf Grund des Erneuerbare-Energien-Wärmegesetzes (EEWärmeG)

Art: **Deckungsanteil:** %
%
%

Ersatzmaßnahmen [6]

Die Anforderungen des EEWärmeG werden durch die Ersatzmaßnahme nach § 7 Absatz 1 Nummer 2 EEWärmeG erfüllt.

- □ Die nach § 7 Absatz 1 Nummer 2 EEWärmeG verschärften Anforderungswerte der EnEV sind eingehalten.
- □ Die in Verbindung mit § 8 EEWärmeG um % verschärften Anforderungswerte der EnEV sind eingehalten.

Vergleichswerte Endenergie

A+ | A | B | C | D | E | F | G | H

0 25 50 75 100 125 150 175 200 225 >250

Effizienzhaus 40, MFH Neubau, EFH Neubau, EFH energetisch gut modernisiert, Durchschnitt Wohngebäudebestand, MFH energetisch nicht wesentlich modernisiert, EFH energetisch nicht wesentlich modernisiert

7

Erläuterungen zum Berechnungsverfahren

Die Energieeinsparverordnung lässt für die Berechnung des Energiebedarfs unterschiedliche Verfahren zu, die im Einzelfall zu unterschiedlichen Ergebnissen führen können. Insbesondere wegen standardisierter Randbedingungen

Es wird zwischen einem Bedarfsausweis (siehe hier) und einem Verbrauchsausweis unterschieden. Für den Bedarfsausweis wird der theoretische Energiebedarf eines Gebäudes aufgrund der vorliegenden qualitativen Gegebenheiten von Heizung, Fenster, Türen oder der Dämmung ermittelt. Er wird für Neubauten obligatorisch ausgestellt und ist auch verpflichtend für unsanierte Altgebäude mit höchstens vier Wohneinheiten, die nicht die Vorgaben der Wärmeschutzverordnung einhalten. Der Verbrauchsausweis wird für Mehrfamilienhäuser mit mindestens fünf Wohneinheiten ausgestellt, die nach der Wärmeschutzverordnung von 1977 oder nachfolgenden Verordnungen gebaut worden sind. Der Verbrauchsausweis wird auf der Grundlage von mindestens drei Abrechnungszeiträumen für alle Wohneinheiten des betreffenden Gebäudes ermittelt. Er gibt die realen Verbrauchsdaten der zurückliegend erfasste Zeit an. Er wird nur für Wohngebäude und nicht für einzelne Wohnungen ausgestellt.

Anlage 13 • Empfehlungen für Innenschallpegel in Aufenthaltsräumen

Raumart		A-bewertete	
		Mittelungspegel L_m in dB	Mittlere Maximalpegel L_{max} in dB
Schlafräume nachts	In reinen und allgemeinen Wohngebieten, Krankenhaus und Kurgebieten.	25 bis 30	35 bis 40
	In allen übrigen Gebieten.	30 bis 35	40 bis 45
Wohnräume tagsüber	In reinen und allgemeinen Wohngebieten, Krankenhaus und Kurgebieten.	30 bis 35	40 bis 45
	In allen übrigen Gebieten.	35 bis 40	45 bis 50
Kommunikations- und Arbeitsräume tagsüber	Unterrichtsräume, ruhebedürftige Einzelbüros, wissenschaftliche Arbeitsräume, Bibliotheken, Konferenz- und Vortragsräume, Arztpraxen, Operationsräume, Kirchen, Aulen.	30 bis 40	40 bis 50
	Büros für mehrere Personen.	35 bis 45	45 bis 55
	Großraumbüros, Gaststätten, Schalterräume, Läden.	40 bis 50	50 bis 60

Anlage 14 • Produktnormen

Produktnormen

Nummer	Titel	Ausgabedatum
DIN EN 13830	Vorhangfassaden – Produktnorm	07/2015
DIN EN 14351-1	Fenster/Außentüren ohne Feuer- und Rauchschutzeigenschaften	09/2019
DIN EN 14351-2	Innentüren ohne Feuer- und Rauchschutz-eigenschaften	01/2019
prEN 16034	Fenster/Türen mit Feuer- und Rauchschutz-eigenschaften	12/2014
DIN EN 13241	Tore – Produktnorm – Teil 1: Produkte ohne Feuer- und Rauchschutz	12/2016
DIN EN 13659	Äußere Abschlüsse und Außenjalousien	07/2015
DIN EN 13561	Markisen, Leistungs- und Sicherheits-anforderungen	08/2015

Firmenverzeichnis / Bildnachweis

Wir bedanken uns bei den nachfolgend aufgeführten Firmen, die uns bei der Erstellung des Buches durch Beratung, Druckschriften und Bereitstellung von Bildmaterial geholfen haben. Kennzeichnung von Bildmaterial z. B. 2/47: 2 bezeichnet die Bildnummer, 47 gibt die Seite an.

Alumat Frey, Kaufbeuren 3/131
Baumgartner, Willich 1/122, 1/123
BUG Alutechnik, Vogt 1 u. 2/97
Bundesinnungsverband für das Glashandwerk, Hadamar 1/23, 1/74
BMH, Heiligenhaus 1/68, 1/167
Dictator, Neusäß 1 u. 2/145
Dorma, Ennepetal 3/159, 1/160, 1, 2 u. 3/172, 1 u. 2/173, 1/174, 1/75, 1/77, 1 u. 2/179 , 1 u. 2/180, 1/181
ENBEMA Becks GbR, Geldern-Walbeck 2/44
Erwilo, Bochum 2/106, 2/107
Fischer-Befestigungstechnik, Waldachtal 1/140
Flabeg Solar International, Köln 1/205, 1 u. 2/206
Forster, Arbon (Bodensee) 1/137, 1a/159, 1/170, 1 u. 2/237, 2/235
Fuhr; Heiligenhaus 2/168
GEALAN, Oberkotzau 2/44
Geze, Leonberg 1/175
Gluske, Kerpen 1/72
Gutmann, Weißenburg 2/97
Hekatron, Sulzburg 1/146, 2/147
Henkel Bautechnik, Düsseldorf 2/93, 1/94
Hörmann, Steinhagen 1/126
Hueck-Hartmann, Lüdenscheid 2/62, 3/63, 3/106, 1/133, 1/199, 1/204, 1/288
Institut für Fenstertechnik e. V., Rosenheim 1, 2 u. 3/89, 1/252
Industrieverband Dichtstoffe e. V., Düsseldorf 1/78
Interpane, Lauenförde 1/10, 1/15, 2/16, 2/203
Jansen, Oberriet 3/27, 1/28, 2/119, 1/224, 2c/224
MEPLA Software 2/23
Optima, Erlangen 2/30
Pohl, Köln 2/195
Reynolds Bausysteme, Alcoa, Iserlohn 1a - d/85
Roto Frank AG, Leinfelden-Echterdingen 1/37
RP-Technik (Mannesmann), Wickede 2a/223
Schott Glaswerke, Mainz 1/205
Schüco, Bielefeld 1/9, 2/16, 2/28, 1 u. 2/29, 1/30, 1/32, 1/34, 2/35, 1/39, 1 u. 2/40, 1/41, 1 u. 2/42, 1/44, 2/45, 1 u. 2/46, 3/51, 1/53, 1/54, 3/56, 1/60, 1/61, 1 u. 2/62, 1, 2, 3, u. 4/63, 1/74, 1/102, 1/109, 1/110, 2/115, 2/119, 2/120, 2/123, 1 u. 3/126, 1/127, 1/128, 1 u. 2/130, 1 u. 2/132, 2/135, 2/139, 1/157, 1/161, 2/191, 3/193, 1/194, 1/196, 1 u. 2/197, 1/198, 2/200, 1/201, 1/202, 1/203, 1/204, 1/208, 1/212, 1/213, 1/214, 1 u. 2/216, 1/217, 1/219, 1 u. 2/220, 1, 2 u. 3/222, 2a u. 2b/223, 3/225, 1/227, 1 u. 2/228, 1 u. 2/229, 1 u. 2/230, 1/231, 1/241, 1/248, 1/317.
Starz Metallbau, Aalen 1/134
Tekla, Verl 1 u. 2/149
Unilux, Salmtal 1/38
VBH Vereinigter Baubeschlag-Handel, Korntal-Münchingen 2/55
Vegla, Aachen 3/18, 1/23
WAREMA Renkhoff, Marktheidenfeld 1/209
WERU, Rudersberg 1/249
Wicona, Ulm 1, 2 u. 3/206

Sachwortverzeichnis